프렌즈 시리즈 24

프렌즈
미국 동부

이주은·한세라 지음

Eastern
USA

중앙books

Prologue
저자의 말

20세기 이후 세계 초강대국의 자리를 지켜오고 있는 미국은 그 규모만으로도 너무나 압도적인 나라입니다. 짧은 시간의 여행으로 미국을 다 알기는 어렵지만, 여행을 통해 보고 경험한 것들을 토대로 보다 넓은 눈을 가지고 한 나라를 이해할 수 있게 되는 것도 사실입니다.

미국의 북동부 지역은 세계의 정치·경제를 좌우하는 지역일 뿐만 아니라 미국의 역사가 시작된 곳으로 매우 다채로운 볼거리가 있습니다. 그리고 미국의 남동부 지역은 연중 온화한 날씨로 휴양과 엔터테인먼트를 즐길 수 있는, 미국의 전혀 다른 모습을 볼 수 있는 곳입니다. 따라서 미국 동부에는 치열한 경쟁을 통해 부와 문명을 쌓아온 미국의 모습이 있는 반면 느긋한 자본주의의 미소도 느낄 수 있는 곳입니다.

이 책은 미국 동부를 여행하는 사람들이 손 쉽게 양질의 정보를 얻어 알찬 여행을 할 수 있도록 돕기 위해 만들어졌습니다. 날마다 쏟아지는 수많은 정보 중에서 정확하면서도 유용한 정보를 찾기 위해 직접 경험해 보고, 비교해 보고, 발로 뛰어다니는 일을 마다하지 않았습니다. 미국을 찾는 여행자들에게 쓸모 있는 책이 되기를 바라며, 책이 나오기까지 도움을 주신 중앙북스 허진 에디터님께 감사의 말씀을 전합니다.

2024년, 이주은·한세라

How to Use
일러두기

이 책에 실린 정보는 2024년 5월까지 수집한 정보를 바탕으로 하고 있습니다. 그러나 현지 사정에 따라 운영시간, 요금, 교통노선 등이 수시로 바뀔 수 있으며, 식당이나 상점은 갑자기 문을 닫는 경우도 있습니다. 특히 도시별로 비수기에는 운영시간이 단축됩니다. 따라서 여행 직전에 홈페이지를 통해 재차 확인해 보실 것을 당부드립니다.

미국은 코로나 팬데믹이 가장 빨리 종식된 나라이지만 여전히 그 후유증이 남아 있습니다. 수십 년간 규칙적으로 운영되던 곳이 문을 닫거나 단축 운영을 하고, 자유롭게 드나들던 장소에서 예약을 요구하는 등 많은 것이 변했습니다. 인플레이션 또한 여행자를 힘들게 하는 부분입니다.

이를 항상 감안하여 계획을 세우시고 혹여 불편이 있더라도 양해 부탁드립니다. 새로운 소식이나 변경된 정보가 있다면 아래로 연락 주시기 바랍니다. 바른 정보를 위해 귀 기울이겠습니다.

저자 이메일 junecavy@gmail.com

깊이 있는 미국 동부 여행

〈프렌즈 미국 동부〉는 역사, 문화예술, 건축, 자연 등 주제별로 다양한 테마 여행을 제안하고 있다. 세계문화유산부터 볼거리에 얽힌 비하인드 스토리는 물론 지역별 대표 미술관 및 박물관 관람 가이드까지 깊이 있는 해설을 담아 전문 가이드 없이도 폭넓게 여행을 즐길 수 있도록 했다. 여기에 저자가 소개하는 알짜배기 여행 팁과 여행지를 더 세세하게 뜯어보는 Zoom In 코너, 여행의 즐거움을 배가시키는 Special Page 코너를 참고하면 더욱더 알찬 여행을 즐길 수 있다.

지도에 사용한 기호

관광	식당	쇼핑	숙소	엔터테인먼트	공항	학교
버스정류장	지하철역	철도	교회	고속도로	국도 60 195 74C	

약자

- **거리** Blvd : Boulevard (대로), Ave : Avenue, Dr : Drive, St : Street
- 주소나 지역에 붙는 S, W, E, N, SW, SE, NW, NE는 방위를 뜻한다. 즉, SW는 Southwest다.

Contents
미국 동부

저자의 말 002

일러두기 003

미국 전도 | 앰트랙 지도 | 그레이하운드 지도

고속도로 지도 | 도시별 거리 지도 006

미국 동부 미리보기
Before You Go

미국 동부의 대표 도시 018

숨은 보석같은 도시 020

꼭 봐야 할 랜드마크 021

미국 동부 최고의 전망대 022

미국 동부 버킷리스트 024

꼭 먹어봐야 할 음식 026

미국 동부 테마 여행 028

미국 동부 추천 여행 일정
Itineraries

일정별 코스 038

테마별 코스 040

미국 동부 여행 준비 & 실전
Plan Your Trip

국가 기본 정보 | 여행 준비 |

출국·귀국하기 | 교통 | 숙박 | 식사 |

쇼핑 | 생활 및 응급 042

지역별 여행 정보
City Guide

뉴욕 New York 112

• Special 20세기 현대 미술의 중심,
　　　　　뉴욕 현대미술관 150

• Special 맨해튼이 한눈에 보이는 전망대 154

• Special 브로드웨이와 뮤지컬 158

• Special 서구 문명의 교과서,
　　　　　메트로폴리탄 박물관 168

• Special 뉴요커들의 휴식처 센트럴 파크 172

• Special 자연의 역사를 한눈에, 자연사 박물관 176

• Special 뉴욕의 푸드코트 186

• Special 미국 최고의 커피 in 뉴욕 188

• Special 맨해튼의 루프탑 바 Top 3 190

보스턴 Boston 196

• Special 교육의 도시 케임브리지 226

• Special 아이비 리그 대학 탐방 236

• Special 프로빈스타운과 플리머스 240

필라델피아 Philadelphia 242

올랜도 Orlando 424
• Special 디즈니 월드 예약 팁 431
• Special 해리포터 팬들이 열광하는
          유니버설 올랜도 450
• Special 케네디 스페이스 센터 458
➕올랜도 근교 세인트 어거스틴 St. Augustine 462

마이애미 Miami 466
➕마이애미 근교 포트 로더데일
          Fort Lauderdale 492
          팜 비치 Palm Beach 496
          에버글레이즈 국립공원 Ever-
          glades National Park 500
          키 웨스트 Key West 505

INDEX 508

볼티모어 Baltimore 268

워싱턴 DC Washington D.C. 280
• Special 세계를 움직이는 미연방 기관들 310
• Special 위대한 희생의 발자취를 따라서 313
➕워싱턴 DC 근교 알렉산드리아 Alexandria 325
          리치먼드 Richmond 330
• Special 히스토릭 트라이앵글
          윌리엄스버그 l 제임스타운 l 요크타운 336

나이아가라 폴스 Niagara Falls 342
• Special 꼭 맛봐야 할 아이스와인 358

시카고 Chicago 364
• Special 시카고 여행의 필수 코스, 건축 크루즈 378
• Special 시카고 워킹 투어 381
• Special 시카고의 루프탑 바 & 레스토랑 404

애틀랜타 Atlanta 410

CANADA

밴쿠버 Vancouver

빅토리아 Victoria

올림픽 국립공원
Olympic NP

시애틀 Seattle

WASHINGTON

오리건 코스트
Oregon Coast

포틀랜드 Portland

MONTANA

NORTH
DAKOTA

OREGON

IDAHO

옐로스톤 국립공원
Yellowstone NP

마운트 러쉬모어
Mt. Rushmore NP

크레이지 호스
Crazy Horse

SOUT
DAKO

그랜드티턴 국립공원
Grand Teton NP

데블스 타워
Devils Tower

자이언 국립공원
Zion Canyon NP

WYOMING

나파 밸리
Napa Valley

앤털로프캐니언
Antelope Canyon

브라이스캐니언 국립공원
Bryce Canyon NP

NEBRASKA

소노마 카운티
Sonoma County

새크라멘토
Sacramento

NEVADA

솔트레이크시티
Salt Lake City

로키산 국립공원
Rocky Mt. NP

샌프란시스코
San Francisco

오클랜드 Oakland

UTAH

아스펜
Aspen

덴버 Denver

산호세 San Jose

요세미티 국립공원 Yosemite NP

아치스 국립공원
Arches NP

콜로라도 스프링스
Colorado Springs

몬터레이 Monterey

세쿼이아&킹스캐니언 국립공원
Sequciz&Kings Canyon NP

캐니언랜즈 국립공원
Canyonlands NP

KANSAS

카멜 Carmel

CALIFORNIA

모뉴먼트 밸리
Monument Valley

COLORADO

샌 루이스 오비스포
San Luis Obispo

라스베이거스
Las Vegas

메사 버드 국립공원 Mesa Verde NP

데스 밸리 국립공원
Death Valley NP

포 코너스
Four Corners

타오스 Taos

산타바버라
Santa Barbara

그랜드캐니언 국립공원
Grand Canyon NP

캐니언 드 셰이
Canyon de
Chelly NM

산타페 Santa Fe

앨버커키
Albuquerque

로스앤젤레스
Los Angeles

팜 스프링스
Palm Springs

세도나
Sedona

차코 문화 국립역사공원
Chaco Culture NHP

NEW MEXICO

샌디에이고 San Diego

ARIZONA

로스웰 Roswell

티후아나
Tijuana

화이트 샌즈 White Sands

칼스배드 동굴 국립공원
Carlsbad Caverns NP

TEXAS

샌안토니
San Anto

MEXICO

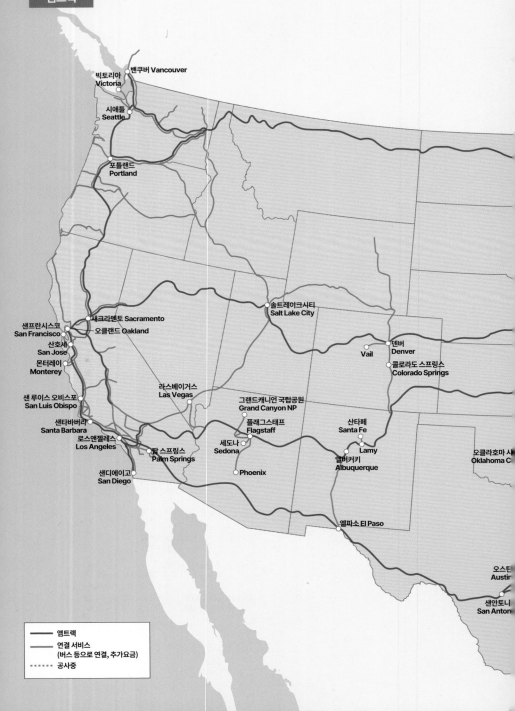

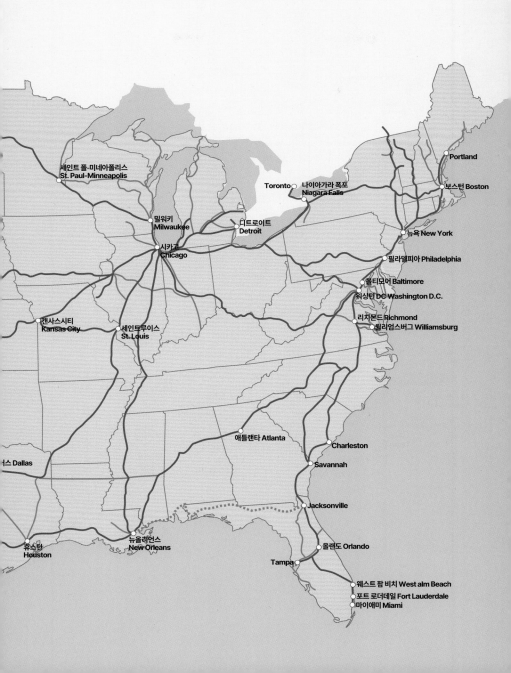

세인트 폴-미네아폴리스
St. Paul-Minneapolis

밀워키
Milwaukee

시카고
Chicago

디트로이트
Detroit

Toronto

나이아가라 폭포
Niagara Falls

Portland

보스턴 Boston

뉴욕 New York

필라델피아 Philadelphia

볼티모어 Baltimore

워싱턴 DC Washington D.C.

리치몬드 Richmond
윌리엄스버그 Williamsburg

캔사스시티
Kansas City

세인트루이스
St. Louis

스 Dallas

애틀랜타 Atlanta

Charleston

Savannah

Jacksonville

휴스턴
Houston

뉴올리언스
New Orleans

올랜도 Orlando

Tampa

웨스트 팜 비치 West alm Beach

포트 로더데일 Fort Lauderdale

마이애미 Miami

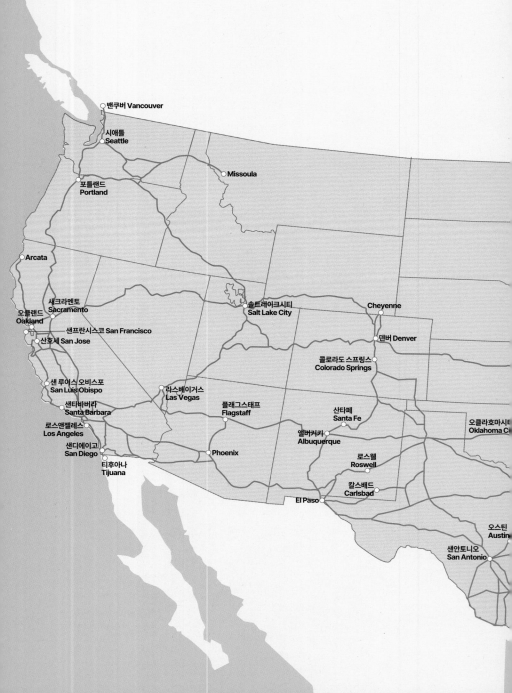

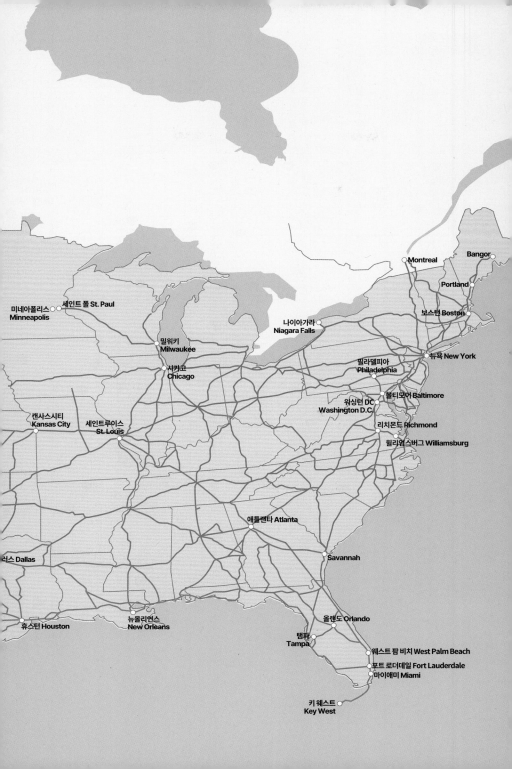

도시별 거리(마일)

※ 미국에서 사용되는 길이 단위인 마일 기준. 1 마일 mi(mile) = 1.6km

도시명	미국 동부							
	애틀랜타 Atlanta	볼티모어 Bltimore	보스턴 Boston	시카고 Chicago	마이애미 Miami	뉴욕 New York	필라델피아 Phila delphia	워싱턴 DC Washing ton D.C.
애틀랜타 Atlanta		927	1,505	944	974	1,200	1,070	871
볼티모어 Bltimore	927		578	973	1,539	272	144	57
보스턴 Boston	1,505	578		1,367	2,022	306	435	634
시카고 Chicago	944	973	1,367		1,912	1,145	1,069	956
마이애미 Miami	974	1,539	2,022	1,912		1,756	1,643	1,487
뉴욕 New York	1,200	272	306	1,145	1,756		130	328
필라델피아 Philadelphia	1,070	144	435	1,069	1,643	130		199
워싱턴 DC Washington D.C.	871	57	634	956	1,487	328	199	

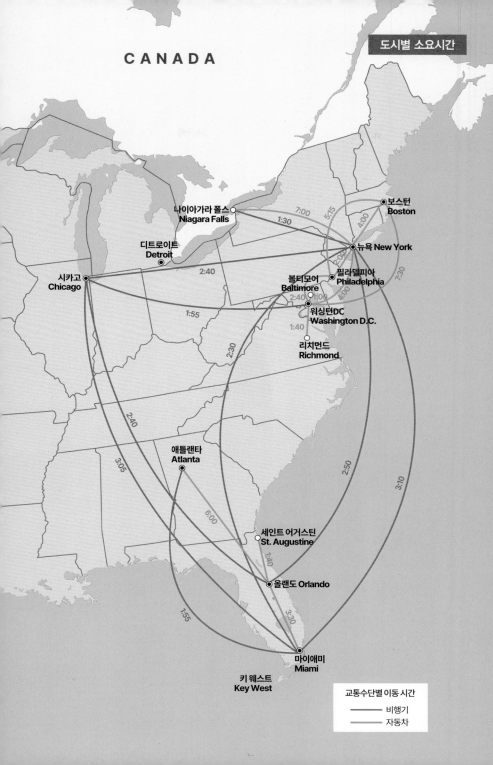

CANADA

나이아가라 폴스
Niagara Falls

디트로이트
Detroit

시카고
Chicago

보스턴
Boston

뉴욕 New York

볼티모어
Baltimore

필라델피아
Philadelphia

워싱턴DC
Washington D.C.

리치먼드
Richmond

애틀랜타
Atlanta

세인트 어거스틴
St. Augustine

올랜도 Orlando

마이애미
Miami

키 웨스트
Key West

7:00
5:15
4:00
1:30
2:40
2:05
7:30
2:40
1:55
2:40
1:00
2:30
1:40
2:40
3:05
6:00
2:50
3:10
1:40
1:55
3:30

교통수단별 이동 시간
──── 비행기
──── 자동차

미국 동부 미리보기
Before You Go

미국 동부의 대표 도시
숨은 보석같은 도시
꼭 봐야 할 랜드마크
미국 동부 최고의 전망대
미국 동부 버킷리스트
꼭 먹어봐야 할 음식
미국 동부 테마 여행

미국 동부의
대표 도시

뉴욕 New York   P.112 ▶

'세계의 수도'라 불리는 뉴욕은 세계 경제와 문화의 중심지이자 먹거리의 천국이다. 초고층 건물들이 만들어내는 엄청난 스카이라인을 볼 수 있다.

시카고 Chicago   P.364 ▶

'윈디 시티'라 불리는 바람의 도시. 거대한 호수를 중심으로 초고층 건물들이 만들어내는 스카이라인과 훌륭한 박물관을 만나볼 수 있다.

워싱턴 DC Washington D.C.   P.280 ▶

미국 정치는 물론 세계를 움직이는 거대한 힘이 집중된 도시다. 박물관의 천국으로 볼거리도 풍부하다.

보스턴
Boston P.196

미국의 역사를 간직한 오래된 도시로 고풍스러움과 변화함이 공존하고 있다. 또한 학구적인 분위기가 물씬 풍기는 교육의 도시다.

필라델피아
Philadelphia P.242

미국 건국의 역사를 간직한 매우 역사적인 도시로 현대적인 빌딩과 유서 깊은 건물이 공존하는 자유와 독립의 도시다.

볼티모어
Baltimore P.268

미국 국가(國歌)의 가사가 탄생한 곳으로 오랜 역사를 보존하면서도 현대적인 모습을 갖춘 항구 도시다.

애틀랜타
Atlanta P.410

미국 남부의 수도라 불리는 곳이자 수많은 다국적 기업들이 들어선 상업 도시다.

올랜도
Orlando P.424

온종일 놀아도 끝이 없는 테마파크의 천국. 전 세계 아이들의 소망이자 어른들까지도 동심으로 만들어버리는 바로 그곳.

마이애미
Miami P.466

끝없이 펼쳐지는 야자수 해변을 따라 높이 솟은 빌딩들이 교차하는 곳. 변화함 속에 열대우림을 느낄 수 있는 멋진 휴양 도시다.

숨은 보석 같은 도시

프로빈스타운
Provincetown P.240

청교도들이 메이플라워호를 타고 맨 처음 도착한 곳으로 아름다운 해변을 간직한 휴양 도시다.

포트 로더데일
Fort Lauderdale P.492

미국의 베네치아라 불리는 운하의 도시. 부호들의 요트가 오가는 운하와 대서양을 향해 있는 해변이 이어지는 휴양 도시다.

알렉산드리아
Alexandria P.325

미국의 수도인 워싱턴 DC 근교에 자리한 항구 도시. 아기자기한 유럽풍 건물들이 늘어서 있어 운치를 더한다.

세인트 어거스틴
St. Augustine P.462

16세기 초에 발견된 미국에서 가장 오래된 도시로 스페인풍의 이국적인 분위기를 느낄 수 있다.

키 웨스트
Key West P.505

미국의 땅끝 마을. 미국 최남단 도시로 야자수가 가득한 섬 풍경이 이국적이면서도 낭만적이다.

꼭 봐야 할
랜드마크

자유의 여신상
Statue of Liberty　뉴욕 P.133

미국을 상징하는 너무나도 유명한
조각물이자 미국인들이 가장 사랑
하는 기념물이다.

국회의사당
The U.S. Capitol　워싱턴 DC P.297

미 연방법을 제정하는 입법 기관
으로 미국 민주주의 정치의 상징
이자 전 세계의 이목이 늘 집중되
는 곳이다.

엠파이어 스테이트 빌딩
Empire State Building　뉴욕 P.155

뉴욕 마천루의 상징이자 뉴욕의
밤을 더욱 아름답게 빛내는 첨탑
이다.

매직 킹덤
Magic Kingdom　올랜도 P.434

전 세계 어린이들이 꿈꾸는 동화
속의 아름다운 성이다.

윌리스 타워
Willis Tower　시카고 P.380

시카고의 초고층 빌딩들 중에서도
단연 최고를 자랑하는 빌딩이다.

미국 동부 **최고의 전망대**

록펠러 센터 탑 오브 더 록 Top of the Rock 　뉴욕 P.154 ▶

맨해튼의 거대한 빌딩숲과 센트럴 파크의 풍경이 한눈에 들어오는 멋진 전망대다.

홈페이지 www.topoftherocknyc.com

에지 Edge 　뉴욕 P.155 ▶

맨해튼에 새로 입성한 초고층의 360도 전망대로 시원하게 펼쳐진 야외 테라스가 압권이다.

홈페이지 www.edgenyc.com

존 핸콕 센터 360 시카고

360 Chicago 　시카고 P.398 ▶

시카고의 아름다운 호반 풍경과 야경을 감상할 수 있는 전망대다.

홈페이지 www.hancockobservatory.com

엠파이어 스테이트 빌딩 전망대
Empire State Building Observatories 뉴욕 P.155

맨해튼 빌딩숲 중심에 자리한 빌딩으로 2개층의 전망
대를 가지고 있다. 영화 〈킹콩〉의 배경이 된 곳이다.

홈페이지 www.esbnyc.com

윌리스 타워 스카이데크
Willis Tower Skydeck 시카고 P.380

다운타운의 빌딩숲이 한눈에 들어오는 시카고 최고
층 건물의 전망대다.

홈페이지 www.theskydeck.com

탑 오브 더 월드 전망대
Top of the World Observation 볼티모어 P.276

볼티모어의 세계무역센터에 자리해 이너 하버의 시
원한 풍경이 펼쳐지는 전망대다.

홈페이지 www.topoftherocknyc.com

뷰 보스턴 View Boston 보스턴 P.220

보스턴을 관통하는 찰스강은 물론 근교 도시인 케임
브리지까지 시원하게 볼 수 있는 전망대다.

홈페이지 https://viewboston.com

미국 동부 버킷리스트

엠파이어 스테이트 빌딩에서 보이는 전경

맨해튼 스카이라인 감상하기
P.154

초고층 건물로 둘러싸인 세계의
수도 뉴욕 전망대에 올라 거대한
빌딩숲을 내려다보자!

바람의 동굴 Cave of the Winds에서 가장 가까이 즐길 수 있다.

나이아가라 폭포를 온몸으로 느끼기
P.351

폭포의 거대한 물줄기 앞에
가까이 다가가 비옷을 입고
흥겹게 마주하자!

디즈니월드 매직 킹덤의 메인 스트리트

세계 최고의 테마파크에서 판타지 여행
P.434

마법의 마을에서 롤러코스터에
올라 근심과 걱정을 털어내자!

시카고 여행의 묘미 건축 크루즈

시카고 건축 크루즈 즐기기
P.378

현대 건축의 도시 시카고에서 강변의 건축물들을 돌아보는 멋진 크루즈에 오르자!

마이애미에서 키 웨스트로 가는 길

물 위를 달리는 환상의 드라이브 코스
P.504

미국의 최남단까지 끝없이 이어지는 렌터카 여행의 별미 오버시스 하이웨이를 달려보자!

내셔널 몰의 방문자센터가 있는 스미스소니언 성

세계 최대의 무료 박물관 관람
P.299

무료 박물관들이 가득 모여 있는 워싱턴 DC의 내셔널 몰에서 온전히 하루를 보내자!

꼭 먹어봐야 할 **음식**

크랩 케이크
Crab Cake　　　　　볼티모어

게살로 만든 고소한 맛이 우리 입맛에도 잘 맞으며 일반 레스토랑에서 애피타이저로 많이 먹는다. 원조는 볼티모어다.

필리 치즈 스테이크
Philly Cheesesteak　　　　　필라델피아

얇게 썬 스테이크 사이로 녹아내리는 치즈의 맛이 일품인 샌드위치로 겨울철에 특히 인기다. 필라델피아에 원조 식당이 많다.

스톤 크랩
Stone Crab　　　　　마이애미

캐리비안에서만 잡히는 거대한 집게발인 스톤 크랩은 마이애미에서 꼭 먹어봐야 할 명물 요리다. 싱싱한 크랩을 그대로 쪄서 레몬즙을 뿌리고 버터에 찍어 먹는다.

랍스터
Lobster　　　　　보스턴

뉴잉글랜드 지방은 랍스터 뷔페가 있을 정도로 랍스터가 풍부하다. 바다에서 갓 건져 올린 랍스터를 그대로 쪄서 버터에 찍어 먹는다.

랍스터 롤

Lobster Roll　　보스턴▸

랍스터를 저렴하고 간편하게 즐길 수 있도록 만든 샌드위치다. 보스턴을 중심으로 한 뉴잉글랜드 지방에서는 버터를 바른 빵에 랍스터 살을 아낌없이 넣어 준다.

클램 차우더

Clam Chowder　　보스턴▸

조개가 주재료인 클램 차우더는 지역마다 스타일이 조금씩 다른데 원조는 뉴잉글랜드다. 크림과 감자를 넣어 더욱 구수하며 굴 크래커를 찍어 먹는 것이 정통 방식이다.

그리츠

Grits　　미국 동남부▸

아메리카 원주민들에게서 유래된 음식으로 미국의 남부와 동남부 지역에서 많이 먹는다. 부드러운 옥수수죽이라 아침식사로 좋으며 새우 등을 넣어 함께 먹기도 한다.

딥 디시 피자

Deep Dish Pizza　　시카고▸

일명 시카고 피자라 불리는 두툼한 피자다. 얇은 뉴욕식 피자는 한국에서도 맛있는 집을 찾을 수 있지만 딥 디시 피자는 역시 시카고에서 맛을 봐야 한다.

스테이크

Steak　　뉴욕▸

스테이크의 나라 미국에 방문한다면 푸짐하고 육즙 가득한 정통 스테이크를 맛보는 것도 잊지 말자.

햄버거

Hamburger　　뉴욕▸

미국에서 원조의 맛을 즐겨보자. 다양한 속재료와 덜 익힌 '레어' 패티가 있을 정도로 디테일한 수제 버거를 맛볼 수 있다.

역사의 현장

미국은 역사가 짧은 만큼 건국의 역사가 상당히 잘 보존되어 있다.
자유와 독립을 향한 치열했던 역사의 발자취를 따라가다 보면 미국의 저력을 새삼 느낄 수 있다.

영국의 첫 번째 영구 정착지

제임스타운

Jamestown P.340

앞서 실패한 경험을 교훈 삼아
1607년 처음으로 영국이 정착에
성공한 마을이다.

미국 역사의 태동

프로빈스타운

Provincetown P.240

1620년 청교도들이
메이플라워호를 타고 자유를 찾아
아메리카 대륙에 처음 당도한
해변 마을이다.

미국인의 고향

플리머스

Plymouth P.241

박해를 피해 대서양을 건너온
청교도들이 마을을 이루고
정착해서 살기 시작한 마을이다.

영국 식민지의 중심지

윌리엄스버그
Williamsburg P.337

영국 식민지 시대였던 18세기의
생활 모습을 그대로 재현해 놓은
역사 테마파크다.

미국 독립 역사의 성지

보스턴
Boston P.196

영국의 식민 지배에 대항해
자유와 독립의 의지를 불태웠던
투쟁의 현장이다.

미국 국가의 탄생

필라델피아
Philadelphia P.242

1776년 식민지 대표들이
독립선언문에 서명하고
연방 헌법의 초안을 작성한
역사적인 도시다.

남북 전쟁의 종식

리치먼드
Richmond P.330

게티즈버그 전투의 엄청난
희생을 치르고 1865년 함락된
남부연합의 수도다.

문화예술의 보고

미국 동북부의 대도시들은 그 명성에 걸맞은 훌륭한 박물관과 미술관으로 가득하다.
제2차 세계대전 이후 세계 미술의 주도권이 유럽에서 미국으로 넘어왔다는 것을 실감할 수 있을 만큼
전시품의 규모는 물론 질적으로도 뛰어나다.

메트로폴리탄 박물관 Metropolitan Museum of Art 뉴욕 P.167

뉴욕의 자랑이자 관광 명소로도 인기가 많은 이곳은 과거와 현대를 아우르는 훌륭한 작품과 고대 유적들이
많으며 규모도 상당히 큰 편이다.

홈페이지 www.metmuseum.org

시카고 미술관 The Art Institute of Chicago

시카고 P.389

웅장한 외관의 본관과 렌조 피아
노의 설계로 지어진 신관으로 나
뉘어 있으며 우리에게 잘 알려진
유명한 유럽 회화작품들이 많다.

홈페이지 www.artic.edu

보스턴 미술관 Boston Museum of Fine Arts

보스턴 P.221

오랜 역사와 함께 방대한 소장품을
자랑하는 미술관으로 유명한 회화
작품뿐만 아니라 고대 미술품이나
유적까지 다양하게 전시하고 있다.

홈페이지 www.mfa.org

뉴욕 현대미술관 Museum of Modern Art
뉴욕 P.149

훌륭한 작품들의 전시는 물
론 교육과 연구를 병행하는
세계 최초의 현대미술관으로
우리 눈에 익숙한 작품이 많
아 보는 재미가 있다.

홈페이지 www.moma.org

필라델피아 미술관
Philadelphia Museum of Art   필라델피아 P.257

미국의 건국 100주년을 기념해
건국의 도시 필라델피아에 자랑
스럽게 지어진 미술관으로, 신
전 모양의 건물은 영화 〈록키〉
의 배경지로도 유명하다.

홈페이지 www.philamuseum.org

국립 미술관
National Gallery of Art   워싱턴 DC P.300

미국에서 다빈치의 회화작품을
볼 수 있는 유일한 미술관으로
회화, 조각, 현대 작품들이 서관
과 동관에 나뉘어 전시되고 있다.

홈페이지 www.nga.gov

구겐하임 미술관
Solomon R. Guggenheim Museum   뉴욕 P.165

프랭크 로이드 라이트의 마지막
건물로 유명한 이곳은 20세기
현대미술 작품들로 가득하다.

홈페이지 www.guggenheim.org

미국 동부 여행 테마 3

건축의 향연

미국의 부흥과 함께 성장한 20세기 현대 건축은 고층 건물들로 가득한 시카고와 뉴욕에서
여전히 그 빛을 발하고 있다.

현대 건축의 탄생지, 시카고 Chicago 시카고 P.364

1871년 대화재를 겪으며 다시 태어난 도시로, 철저한 재정비를 통해 건축의 도시로 거듭났다. 시카고강과 미
시간 호수를 끼고 아름다운 스카이라인을 만들어 내며 개성있는 고층 건물들이 끊임없이 생겨나고 있다. 강
과 호수를 따라 건축물을 돌아보는 건축 크루즈 투어는 시카고 여행의 백미다.

초고층 빌딩의 전시장, 뉴욕 New York 뉴욕 P.112

5,000개가 넘는 고층 빌딩으로 둘러싸인 뉴욕의 맨해튼섬은 20세기 건축의 전시장이다. 아름다운 아르데코
양식에서부터 고딕 리바이벌, 하이테크 건축물로 가득하며 19세기 말에 돌로 지어진 주택들도 남아 있어 운
치를 더한다.

미국 동부 여행 테마 4

광활한 자연

끝없이 펼쳐지는 압도적인 스케일의 대자연은 빼놓을 수 없는 미국 여행의 매력이다.
화려한 도시를 벗어나 광대한 아메리카 대륙을 몸소 느껴보자.

거대한 물줄기를 거침없이 뿜어내는 웅장한 스케일, 나이아가라 폭포 Niagara Falls P.342

캐나다와 국경을 면하고 있는 나이아가라 폭포는 북미 최고의 폭포로 꼽히는 너무나도 유명한 관광지다. 시원한 물줄기와 함께 웅장한 아름다움을 느낄 수 있는 곳으로 거대한 폭포를 모두 보려면 캐나다 국경을 넘나들어야 한다.

거대한 늪지대, 에버글레이즈 국립공원 Everglades National Park P.500

유네스코 세계유산에 등재된 거대한 습지대로 북미 유일의 아열대 지역이기도 하다. 미국이 얼마나 크고 다양한 생태계를 지닌 나라인지를 실감케 하는 곳으로 멕시코만과 플로리다만에 걸쳐 200여 개의 작은 섬들로 이루어져 있다.

미국 동부 여행 테마 5

우주를 향한 끝없는 도전

워싱턴 DC에 본부를 두고 있는 미국 항공우주국(NASA)은 1958년에 설립됐으며 60년대부터
우주 개발에 박차를 가하며 1969년에 인류 최초로 달에 첫발을 내딛는다.
2019년에 미국은 달착륙 50주년을 맞아 크고 작은 행사를 열기도 했다.

케네디 우주 센터 Kennedy Space Center (KSC)

플로리다 메리트섬 P.458

플로리다의 동부 해안 메리트섬에 자리한 우주선 발
사 및 통제센터로 일부 시설을 개방해 일반인들도 방
문할 수 있다. 우주를 향한 인류의 위대한 꿈의 여정
을 직접 느껴볼 수 있는 곳이다.

국립 항공우주 박물관 National Air & Space Museum (NASM)

워싱턴 DC P.305

세계 최대의 항공우주 박물관으로 대형 우주선과 테
스트용으로 만들었던 아폴로 달 착륙선 등을 볼 수
있으며 냉전 시대 소련과의 우주 경쟁을 한눈에 볼
수 있게 전시해 놓고 있다.

미국 동부 여행 테마 6

신나는 테마파크

미국은 테마파크의 천국이다. 테마파크가 처음 생겨난 곳이자, 가장 많은 테마파크가 있는 곳이며,
또한 최고의 테마파크가 있는 곳 역시 미국이다.

월트 디즈니 월드 Walt Disney World P.430

테마파크 6개가 한데 모여 거대한 단지를 이루고 있
다. 상상을 초월하는 엄청난 규모로 하루에 한 곳만
가도 6일이 걸려 모두 보는 데 일주일이 걸린다. 그만
큼 비용도 많이 들지만 바
로 이곳에 오기 위해 몇 년
간 돈을 모은다고 할 정도
로 미국인들의 버킷리스트
이기도 하다.

유니버설 올랜도 Universal Orlando P.446

3개의 테마파크가 모여 있는 유니버설 스튜디오의
야심작으로 해리포터와 마블 시리즈를 내세워 디즈
니 월드와 경쟁하고 있다. 마법사의 마을 호그스미드
와 마법도구를 살 수 있는 다이애건 앨리, 그리고 마
법 학교가 있는 호그와트성을 멋지게 재현해 해리포
터 덕후들의 성지로 알려져 있다.

미국 동부 추천 여행 일정
Itineraries

일정별 추천 코스
테마별 추천 코스

일정별 추천 코스

여행 일정을 짤 때는 여행 기간과 가고 싶은 도시들을 정하는 것이 우선이다. 그런 다음 정해진 기간 내에 가장 효율적으로 다닐 수 있는 동선을 구체적으로 짜보는 것이다. 미국은 워낙 땅이 넓어 도시간 이동은 물론 도시 내 이동에서도 시간을 허비하기 쉽다. 따라서 동선과 이동 수단을 고려해 세밀한 계획을 세우고 대중교통을 이용하는 경우라면 항상 시간을 여유 있게 잡도록 하자.

4박 6일 일정

한 도시를 집중적으로 돌아보거나, 근교의 다른 도시를 당일치기 또는 1박으로 다녀올 수 있다.

❶ 뉴욕(4박)
❷ 뉴욕(3박) / 워싱턴 DC(1박)
❸ 뉴욕(3박) / 보스턴(1박)
❹ 뉴욕(4박) / 필라델피아(당일)

❺ 워싱턴 DC(4박) / 윌리엄스버그(당일)
❻ 마이애미(4박) / 키 웨스트(당일)
❼ 시카고(4박)
❽ 올랜도(4박)

6박 8일 일정

대도시 한 곳을 깊이 있게 돌아보면서 근교에 다녀오거나, 또는 2~3개 도시를 돌아볼 수 있다.

❶ 뉴욕(4박) / 워싱턴 DC(2박)
❷ 뉴욕(4박) / 필라델피아(당일) / 워싱턴 DC(2박)
❸ 뉴욕(4박) / 보스턴(2박)
❹ 뉴욕(4박) / 나이아가라 폴스(2박)

❺ 워싱턴 DC(4박) / 리치먼드(2박) / 윌리엄스버그(당일)
❻ 올랜도(4박) / 마이애미(2박)
❼ 뉴욕(4박) / 시카고(2박)
❽ 마이애미(6박) / 키 웨스트, 에버글레이즈, 포트 로더데일(당일)

8박 10일 일정

일주일 이상의 일정이라면 장거리 여행도 가능하다. 또는 한 지역을 선정해 그 주변부를 자동차로 차근차근 옮겨 다니는 것도 좋다.

❶ 뉴욕(3박) / 워싱턴(3박) / 나이아가라 폴스(2박)

❷ 뉴욕(4박) / 필라델피아(당일) / 워싱턴(2박) / 보스턴(2박)

❸ 뉴욕(4박) / 필라델피아(당일) / 워싱턴(3박) / 리치먼드(1박) / 윌리엄스버그(당일)

❹ 올랜도(4박) / 마이애미(4박) / 키 웨스트(당일)

❺ 애틀랜타(2박) / 올랜도(4박) / 마이애미(2박)

❻ 애틀랜타(2박) / 뉴올리언스(3박) / 올랜도(3박)

❼ 시카고(2박) / 뉴욕(3박) / 워싱턴(3박)

10~14일 일정

10일 이상의 일정이라면 주변 지역뿐만 아니라 항공을 이용해 멀리 떨어진 도시까지도 도전해 볼 만하다.

❶ 뉴욕(3박) / 보스턴(2박) / 나이아가라 폴스(2박) / 필라델피아(1박) / 볼티모어(당일) / 워싱턴 DC(2박) / 리치먼드(1박) / 윌리엄스버그(당일)

❷ 올랜도(5박) / 팜 비치(1박) / 포트 로더데일 / 마이애미(4박) / 키 웨스트, 에버글레이즈(당일)

❸ 뉴욕(3박) / 올랜도(4박) / 마이애미(4박) / 키 웨스트, 에버글레이즈(당일)

❹ 뉴욕(4박) / 보스턴(2박) / 필라델피아(1박) / 워싱턴 DC(3박) / 윌리엄스버그(당일) / 올랜도(3박)

테마별 추천 코스

테마별 추천 코스는 직장인이 휴가를 내서 미국 여행을 다녀올 수 있는 평균 여행 기간인 8~9일을 기준으로 삼았다. 핵심 도시만을 돌아보는 코스 두 가지와 휴양 목적의 여행 코스로 나눠 소개한다.

핵심도시 A 코스

미국의 정치, 경제, 역사를 한눈에 볼 수 있는 핵심 도시만 짚었다. 일정을 1~2일 추가한다면 마음에 드는 곳을 더욱 깊이 있게 둘러볼 수 있다. 참고로 겨울철은 폭설이 잦아 버스 이동은 추천하지 않는다.

	여행지	교통	숙박
1일	인천 → 보스턴	항공 13시간 30분	보스턴
2일	보스턴		보스턴
3일	보스턴 → 뉴욕	기차 4시간	뉴욕
4일	뉴욕		뉴욕
5일	뉴욕		뉴욕
6일	뉴욕 → 워싱턴	기차 3시간 30분	워싱턴
7일	워싱턴		워싱턴
8일	워싱턴 → 인천	항공 14시간 40분	기내
9일	인천		

핵심도시 B 코스

미국의 정치와 경제를 움직이는 대도시이면서 특히 화려한 건축의 도시인 시카고를 묶었다. 빡빡한 일정이므로 도시간 이동은 가급적 밤에 하는 것이 시간을 절약하는 길이다. 겨울은 폭설이 잦아 버스 이동은 추천하지 않는다.

	여행지	교통	숙박
1일	인천 → 뉴욕	항공 14시간	뉴욕
2일	뉴욕		뉴욕
3일	뉴욕 → 워싱턴	기차 3시간 30분	워싱턴
4일	워싱턴		워싱턴
5일	워싱턴 → 시카고	항공 2시간 10분	시카고
6일	시카고		시카고
7일	시카고	항공 14시간	기내
8일	인천		

휴양도시 코스

미국의 동남부 플로리다는 내륙과 매우 다른 분위기를 지닌 곳이다. 기후뿐 아니라 문화적으로도 여느 미국 도시들과는 사뭇 다르다. 어른들의 휴양지 마이애미와 아이들의 천국 올랜도는 가족 여행지로 특히 인기 있다. 참고로 여름철은 무덥고 습한 기후가 이어지므로 추천하지 않는다.

	여행지	교통	숙박
1일	인천 → 마이애미	항공 17시간	마이애미
2일	마이애미		마이애미
3일	마이애미 → 키 웨스트	자동차 3시간	마이애미
4일	마이애미 → 올랜도	자동차 3시간 30분	올랜도
5일	올랜도		올랜도
6일	올랜도		올랜도
7일	올랜도	항공 18시간	기내
8일	인천		

※ 자연을 좋아한다면 키 웨스트 대신 에버글레이즈로 대체 가능하다.

미국 동부 여행 준비 & 실전
Plan Your Trip

국가 기본 정보
여행 준비
출국·귀국하기
교통
숙박
식사
쇼핑
생활 및 응급

제1장 ★ 국가 기본 정보

국가 개요

공식 명칭 아메리카 합중국
United States of America
수도 워싱턴 DC

면적 9,833,520㎢
통화 미국 달러 $ United States Dollar(USD)
환율 $1=약 1,380원 (2024년 5월 매매기준율)
언어 영어 78.1%, 스페인어 13.5%, 인도·유럽어
3.7%, 아시아어 3.5%, 기타 1.1%
대통령 조 바이든 Joe Biden
인구 약 3억 4천 명(2024년 추정)
1인당 GDP $80,035(2023년 추정)
국제전화 코드 +1
전압 110v
응급 번호 911

TYPE A

역사

미국 땅에 처음 인간이 살기 시작한 것은 수만 년 전 빙하기에 수위가 낮았던 지금의 베링해를 건너온 아시아인으로 추정되고 있다. 이들은 여러 지역에 퍼져서 발달한 농경문화와 종교의식을 지니고 있었으며, 건축기술과 도기 제조기술 등도 발달해 있었다. 하지만 기록을 통해 미국의 역사가 시작된 것은 불과 500여 년 전인 1492년 크리스토퍼 콜럼버스가 아메리카 대륙을 발견하면서부터다. 콜럼버스의 신대륙 발견 이후 유럽인들은 앞다투어 아메리카 대륙에 식민지를 건설하기 시작했다. 그리고 그들 중 영국의 식민지가 세력을 확장해 자리를 잡아가면서 결국에는 본국으로부터 독립해 미국이라는 국가가 탄생하게 된다.

1773년 미국 독립전쟁의 불씨가 되었던 보스턴 차 사건

1776년 7월 4일 13개 식민지 대표들이 모여 미국의 독립선언서에 서명

1776년 얼어붙은 델러웨어강을 건너 독립전쟁의 반전을 이룬 워싱턴 장군

1863년 남북전쟁의 전환점을 이끌었던 게티스버그 전투

미국 역사의 주요 연표

연도	사건	연도	사건
1492년	크리스토퍼 콜럼버스가 인도로 항해를 시작해 바하마에 도착	1849년	남부–북부 갈등 심화
1513년	스페인의 후안 폰세 데 레온이 플로리다 해안 탐험	1860년	링컨 대통령 당선, 사우스캐롤라이나 연방 탈퇴
1565년	스페인의 플로리다 식민지 건설	1861년	탈퇴한 주들이 남부연합 결성, 남북전쟁 발발
1585년	최초의 영국 식민지가 로아녹 섬에 정착 (사라짐)	1863년	노예해방 선언, 남부 항복
1607년	버지니아에 영국 식민지 건설	1865년	남북전쟁 종료, 노예제 폐지
1619년	버지니아에서 최초의 식민지의회 시작, 흑인 노예 도착	1869년	최초로 대륙횡단철도 완성
1620년	영국의 청교도들이 메이플라워 호를 타고 케이프코드에 정착	1871년	미국 군함 5척 조선 강화도 상륙 신미양요
1624년	알바니와 뉴욕에 네덜란드 식민지 건설	1898년	미국 스페인 전쟁 발발, 하와이 병합, 필리핀, 푸에르토리코 획득
1626년	네덜란드가 인디언들로부터 맨해튼섬을 구입해 뉴암스테르담으로 명명	1903년	콜롬비아로부터 독립선언을 한 파나마와 운하 조약 체결
1664년	뉴암스테르담 영국령이 되어 뉴욕으로 개칭	1917년	제1차 세계대전 발발
1676년	뉴잉글랜드에서 인디언 전쟁으로 인디언들 살육	1920년	여성참정권 인정
1763년	프랑스 인디언 전쟁에서 영국의 승리로 캐나다와 미시시피강 동쪽 지역 획득	1929년	검은 목요일과 대공황
1770년	영국군들의 보스턴 학살 사건	1933년	루스벨트의 뉴딜정책
1773년	보스턴 차 사건	1939년	제2차 세계대전 발발
1774년	제1차 대륙회의	1941년	일본의 진주만 공격
1775년	제2차 대륙회의에서 미국 독립선언서 기초 작업, 워싱턴 장군을 총사령관으로 한 대륙군 창설, 영국에 대한 독립전쟁 시작	1945년	일본에 원자폭탄 투하로 제2차 세계대전 승리, 국제연합 창설, 한국신탁통치 결정
1776년	7월 4일 13개 식민지 대표가 미국 독립선언에 서명, 연방법을 제정하고 아메리카 합중국 수립	1949년	북대서양조약기구 설립
1778년	새러토가 전투에서 독립군이 첫 승리	1950년	한국전쟁 참전
1783년	프랑스와 독립군 연합부대의 요크타운 전쟁 승리로 파리 조약을 통해 영국은 미국의 독립 인정	1958년	인공위성 발사 성공, 미항공우주국 설립
1789년	미합중국이 공식적으로 발족, 초대 대통령 조지 워싱턴 취임	1959년	알래스카와 하와이가 주로 편입
1800년	워싱턴 DC가 수도로 지정됨	1962년	쿠바 위기
1803년	프랑스로부터 루이지애나 지역 구입, 서부개척시대 돌입, 인디언 학살	1963년	케네디 대통령 피살
1808년	노예수입 금지	1964년	인종차별 철폐법 가결
1812년	미국–영국 제2차 전쟁 시작	1965년	베트남전쟁에 본격 참전
1815년	미국 전쟁 승리	1968년	마틴 루서 킹 목사 피살
1819년	스페인으로부터 플로리다 지역 구입	1969년	아폴로 우주선 달착륙
1830년	인디언 보호구역 강제수용과 본격적인 인디언 말살정책	1972년	워터게이트 사건
1836년	텍사스가 멕시코에서 독립 선언	1979년	중국과 국교 수립
1845년	텍사스 병합	1989년	몰타 회담을 통해 냉전 종식
1846년	멕시코 전쟁 발발	1990년	걸프 전쟁
1848년	캘리포니아 금광 발견, 멕시코로부터 캘리포니아 지역 획득	2001년	9·11 테러
1849년	캘리포니아 골드러시 시작	2003년	이라크 침공

미국은 워낙 땅이 큰 나라이다 보니 시간대도 여러 개로 나뉜다. 대륙 내에서는 크게 4개의 시간대가 있는데 이 시간대는 주에 따라 정한 것이 아니라 자오선에 맞춰서 정한 것이기 때문에 플로리다, 인디애나, 미시간 등은 두 개의 시간대가 있다.

미국은 넓은 지역에 걸쳐 있기 때문에 기후대도 매우 다양하게 나타난다. 그림에서 파란색으로 나타나는 곳은 우리나라와 비슷한 대륙성 기후로 여름에는 고온다습하며 겨울에는 한랭건조한 편이다.
녹색으로 나타나는 남부지역은 아열대 기후로 여름에 매우 덥고 습하지만 겨울에는 그리 춥지 않은 편이다. 빨간색으로 나타나는 플로리다 반도 끝의 마이애미 부근은 미국에서 유일한 열대기후로 1년 내내 덥고 여름에는 허리케인을 동반하는 매우 습한 기후다.

일광 절약 시간제(서머타임제)
Daylight Saving Time(DST)

미국은 2005년 개정된 에너지정책 조항에 따라서 전국에 걸쳐 에너지 절약 시간제를 실시하고 있다. 이에 따라 3월 둘째 일요일부터 11월 첫째 일요일까지는 시간을 한 시간 앞당겨 사용하고 있다. 위성시계를 사용하는 휴대폰이나 컴퓨터 등에서는 자동으로 시간이 맞춰지지만 각자의 시계는 각자가 맞춰야 한다. 3월이나 11월에 여행하게 된다면 비행기 시각이나 대중교통 시각 등에 차질이 빚어지지 않도록 주의하자.

공휴일	
1월 1일	설날 New Year's Day
1월 셋째 월요일	마틴 루서 킹의 날 Martin Luther King Jr. Day
2월 셋째 월요일	대통령의 날 Presidents' day
5월 마지막 월요일	메모리얼 데이(현충일) Memorial Day
7월 4일	독립기념일 Independence Day
9월 첫째 월요일	근로자의 날 Labor Day
10월 둘째 월요일	콜럼버스의 날 Columbus Day
11월 11일	재향군인의 날 Veterans' Day
11월 넷째 목요일	추수감사절 Thanksgiving Day
12월 25일	크리스마스 Christmas

미국의 공휴일은 특정한 날짜가 아니라 대부분 요일로 정한다. 그리고 추수감사절을 제외하면 모두 월요일이다. 따라서 추수감사절은 목요일부터 연휴가 시작되며, 나머지는 대부분 금요일부터 월요일까지 연휴가 되므로 공항이나 여행지가 복잡하다. 특히 추수감사절과 크리스마스는 우리나라의 설날과 추석처럼 며칠 전부터 전날까지 공항이 매우 붐비고 외곽으로 나가는 도로들도 복잡한 편이다. 추수감사절과 크리스마스 당일에는 문을 닫는 곳이 많지만 다음 날부터는 정상 영업을 하는 편이다. 다른 공휴일들엔 은행이나 우체국 등이 문을 닫지만 여행지는 항상 붐빈다.

여행 성수기

미국 여행의 성수기는 보통 **메모리얼 데이 Memorial Day부터 시작해 근로자의 날 Labor Day까지**다. 인기 여행지들은 이때부터 바빠지며 영업시간도 조금씩 연장된다. 그리고 최고 성수기는 7~8월과 12월 중순~1월 초순까지다. 이 기간에는 어디든 사람이 많고 공항도 복잡하다.

영업시간

미국은 우리와 비슷한 듯하지만 의외로 일요일에 문을 일찍 닫거나 휴무인 곳이 많으니 영업장별 운영 시간도 알아둘 필요가 있다.

★ 레스토랑

영업장마다 차이가 크지만, 보통 11:00~22:00 영업하며 금요일과 토요일에는 늦게까지 영업하는 편이고 일요일에는 일찍 닫는 편이다. 또한 메뉴에 따라 저녁에만 오픈하거나 낮에만 오픈하는 곳도 있고, 점심과 저녁 사이 브레이크 타임에 문을 닫는 곳도 있다.

★ 상점

평일에는 보통 10:00~18:00, 금요일이나 토요일은 더 늦게까지(20:00 또는 21:00) 영업하는 곳이 많으며 일요일 영업 시간은 11:00~17:00 정도로 평일보다 늦게 열고 일찍 닫는 편이다.

★ 마켓·약국

작은 슈퍼마켓이나 약국은 일반 상점과 비슷하게 운영되지만, 대형 슈퍼마켓과 드러그스토어는 23:00 또는 다음 날 01:00까지 영업하거나 24시간 영업하는 곳도 있다.

★ 은행·우체국

은행은 보통 월~금요일 09:00~17:00 또는 18:00까지 영업하지만, 대도시의 큰 영업점은 토요일에 오픈하기도 한다. 우체국은 보통 월~토요일 09:00~17:00 영업하지만 작은 출장소는 더 일찍 문을 닫기도 하고 규모가 큰 곳은 더 늦게까지 하기도 한다.

폐관 시간에 주의하세요!

박물관이나 미술관, 전망대 등 대부분의 명소는 폐관 시간보다 30분~1시간 정도 입구를 일찍 닫는다. 즉, 폐관 시간이 가까워지면 매표소나 정문을 닫아 버려 아예 못 들어갈 수 있으니 항상 여유 있게 도착하자. 또한 비수기에는 단축 운영을 하는 곳이 많고, 사정에 따라 시간이 바뀌기도 하니 현지에서 반드시 시간을 확인하고 가자.

판매세(소비세) Sales Tax

미국에서는 물건을 구입하거나 식당에서 음식 값을 지불하는 등 모든 소비에 대한 세금을 따로 내야 한다(우리나라는 가격에 이미 포함되어 있다.). 따라서 현금으로 결제할 때에는 항상 제시된 가격보다 10% 정도 여유 있게 준비해두자.

판매세는 주(state)와 지방정부(county나 city)에서 거두기 때문에 주마다 다르고 또 같은 주라고 해도 카운티나 도시마다 차이가 커서 대도시일수록 비싸다. 지역마다 물품에 따라 판매세가 면제되는 경우도 있으니 알아두자.

① **판매세 전체 면제**
델라웨어, 뉴햄프셔
② **의류 면제**
뉴저지, 펜실베이니아
③ **일정 금액까지 의류 면제**
매사추세츠($175), 뉴욕($110), 로드아일랜드($250)
④ **식료품(조리된 음식 제외)에 면제**
코네티컷, 워싱턴 DC, 플로리다, 메릴랜드, 매사추세츠, 미시건, 뉴저지, 뉴욕, 펜실베이니아, 로드아일랜드, 사우스캐롤라이나
⑤ **일반 의약품 면제**
코네티컷, 워싱턴 DC, 뉴저지, 뉴욕, 펜실베이니아, 버지니아

도량형

1875년에 체결된 국제미터협약에 의해 많은 나라에서 표준 도량형을 사용하는데 미국은 아직도 독자적인 단위를 사용하고 있어 상당히 불편하다. 여행 중 사용하는 단위는 다음을 참고하자. (사이즈 단위는 「쇼핑」편 참고)

★ 길이 Liner
운전 시 자동차에 마일로 표시되어 있어 어렵지 않지만, 내비게이션 길안내에서 종종 피트와 마일로 설명하기 때문에 알아두는 것이 좋다.
1인치 in(inch) = 2.54cm
1피트 ft(feet) = 12 in = 30.48cm
1마일 mi(mile) = 1760 yd = 1.6km

★ 무게 Weight
1온스 oz(ounce) = 28.35g
1파운드 lb(pound) = 16oz = 453.6g
1톤 ton = 2000lb = 907.185kg

★ 부피(액량) Liquid
주유소에 표시된 휘발유 가격은 갤런 단위다.
1파인트 pint = 0.4723리터 L(Liter)
1쿼트 quart = 2pints = 0.9464리터 L(Liter)
1갤런 gal(gallon) = 4quart = 3.7853리터 L(Liter)

★ 온도 Temperature
화씨를 섭씨로 계산하는 것은 복잡하니 몇 가지를 암기해 두는 것이 편리하다. 가장 쾌적한 온도는 화씨 70도 정도다.
화씨 32도 ≒ 섭씨 0도
화씨 50도 ≒ 섭씨 10도
화씨 60도 ≒ 섭씨 16도
화씨 70도 ≒ 섭씨 21도
화씨 80도 ≒ 섭씨 26.7도
화씨 90도 ≒ 섭씨 32도
화씨 100도 ≒ 섭씨 37.8도

[계산법]
섭씨 Celsius = (화씨−32)×5/9
화씨 Fahrenheit = 섭씨×9/5+32

생활방식

★ 인사
미국 사람들은 인사를 잘하는 편이다. 길에서 모르는 사람과 눈이 마주치면 서로에게 웃어주며 상점이나 레스토랑에 들어가면 종업원들이 항상 인사를 한다. 일방적으로 받기만 하는 인사가 아니라 보통 'How's it going?' 이라고 질문하는데 이때 무뚝뚝하게 입을 꼭 다물고 있지 말고 간단히 'Good!' 이라고 대답해 주자.

★ 프라이버시
미국 사람들은 프라이버시를 매우 중시한다. 따라서 길에서 어깨가 부딪치거나 발을 밟았을 때에는 I'm sorry라고 미안함을 표시하는 것이 예의다. 다른 사

Merry Christmas 대신 Happy Holidays!

크리스마스 연휴는 모두에게 즐거운 휴가철이지만 '메리 크리스마스!'라고 인사하면 유대인 등 각자의 종교적 신념이 강한 사람들은 다소 냉담한 표정을 짓기도 한다. 다양한 인종과 종교가 섞여 있는 미국에서는 종교적인 색채가 없는 '해피 홀리데이!'라고 하는 것이 무난하다.

람 옆을 지나갈 때에도 가능한 한 상대방 앞을 지나갈 때에는 미리 Excuse me라고 말하는 것이 예의다. 또한 줄을 서 있을 때에도 앞사람에게 너무 가까이 않도록 하고, 공항, 안내소, 매표소 등에서도 앞사람이 업무가 완전히 끝나기 전까지는 카운터로 다가가지 않도록 한다.

★ 팁

미국에는 팁문화가 일반화되어 있어 거의 의무적으로 내야 한다. 금액도 어느 정도 정해져 있으므로 미리 알아두

었다가 그에 맞게 계산해서 주도록 하자.

① 호텔

- **벨보이** : 짐을 들어주는 벨보이에게 $1~2 정도
- **메이드 서비스** : 시트와 타월을 갈아주고 청소를 해주는 메이드에게 하루에 $1~2 정도
- **룸 서비스** : 방에서 음식을 시켰을 경우 서빙하는 사람에게 음식값의 15~18% 정도
- **도어맨** : 택시를 불러주거나 주차한 차를 가져다 주는 도어맨 또는 주차맨에게 $1~2 정도

② 택시

택시 요금의 15% 정도 주며 짐이 많은 경우에는 20%까지도 준다.

③ 레스토랑

세금을 제외한 금액의 15~20% 준다. (뉴욕은 18~25% 정도)

④ 발레파킹

발레파킹(대리 주차) 요금이 정해진 경우에는 따로 주지 않아도 되며 그렇지 않은 경우에는 $1~2 정도 준다.

★ 흡연

대부분의 공공장소나 건물 안에서 담배를 피우는 것이 금지되어 있으며 도시에 따라서는 건물 주변에서 담배를 피우는 것도 금지되어 있다.

★ 음주문화

미국은 음주에 있어서 상당히 보수적인 문화를 지니고 있다. 우리나라 미성년보다 나이가 많은 만 21세 이하에게는 절대로 술을 팔지 않기 때문에 술집이나 마트에서 항상 신분증을 확인한다. 또한 대부분의 주에 '오픈 컨테이너 법 Open container laws'이라는 것이 있어 길거리, 공원, 경기장 등 공공장소나 자신의 승용차에서도 (지역에 따라) 술을 마시거나 뚜껑이 열린 술병을 들고 다니는 것이 금지되어 있다.

★ 대마초

마리화나 Marijuana 또는 카나비스 Cannabis라고 불리는 대마초는 미국의 주마다 허용 범위가 다르다. 현재 미국 동

부의 모든 주가 의료용으로 허용하고 있으며, 뉴욕, 뉴저지, 코네티컷, 매사추세츠, 버지니아 등 많은 동북부 지역에서는 오락용도 가능하다. 하지만 대한민국 국민은 해외에서도 금지되어 있어 귀국 후 처벌받을 수 있다.

★ 복장

미국인들은 평소에 캐주얼한 옷을 즐겨 입지만 유럽과 달리 보수적인 면이 있어 해변에서 토플리스 차림은 금지되어 있다. 그리고 고급 레스토랑이나 클럽, 오페라 하우스 등에서는 드레스 코드(복장 규정)가 있어 이를 따르지 않으면 출입이 제한될 수도 있으니 주의해야 한다.

★ 1월 1일 New Year's Day
신년 공휴일로 도시에 따라 퍼레이드가 열리는 곳
도 있지만 대부분 특별한 행사는 없다. 전날인 새해
전야 New Year's Eve에 주로 파티를 즐기기 때문에
다음날인 1월 1일은 대부분 쉬면서 보낸다. 상점이나
박물관 등 많은 곳이 문을 닫는다.

★ 1~2월의 음력설 중국 신년축제 Chinese New Year
우리와 같이 음
력설을 지내는
중국인들은 특
히 설날이 매우
큰 명절이다.
도시마다 차이

나타운을 중심으로 화려한 축제가 펼쳐지는데, 특히
차이나타운이 발달한 뉴욕에서는 도시 축제의 분위
기로 성대하게 펼쳐진다.

★ 3월 17일 성 패트릭스 데이 St. Patrick's Day
아일랜드의 수호성인 성 패트릭을 기념하는 날로,
주로 아일랜드인들이 많이 사는 동부의 도시들에서
큰 행사가 열린다. 이날 벌어지는 퍼레이드에는 참
가자들이 모두 녹색의 옷을 입고 거리를 행진하는
것이 특징이다. 특히 시카고는 시내를 관통하는 강
전체가 녹색으로 물들어 멋진 풍경을 연출한다.

★ 2월 14일 밸런타인 데이 St. Valentine's Day
원래는 성 밸런타인이 순교한 날을 기념하는 날이었
으나 현재는 종교적 의미가 흐려지고 누구나 자신이
사랑하는 사람들에게 카드와 초콜릿 등의 선물을 주

면서 마음을 전하는 날이다. 우리나라와 달리 연인
끼리뿐만 아니라 주변 사람들에게 많이 선물한다.

★ 4월 부활절 Easter Day
그리스도의 부활을 기념하는 날로 춘분 후의 보름달
다음 일요일이다. 이날은 일요일이므로 교회에서는
부활절 예배를 올리며, 사람들은 계란에 그림을 그
려 서로에게 선물한다. 아이들을 위한 행사로는 정
원에 숨겨놓은 계란을 찾아다니는 Easter Egg Hunt
같은 행사가 있다.

★ 5월 5일 싱코 데 마요 Cinco de Mayo
멕시코가 푸에블라
전투에서 프랑스에
승리한 것을 기념하
는 날로, 멕시코인들
이 많이 사는 남서부

도시에서 큰 행사가 열린다. 보통 이날은 멕시코 전
통의상을 입은 사람들이 거리에 모여 흥겹게 춤을
추고 노래를 부르며 음식축제도 벌어진다.

★ 6월 말 프라이드 퍼레이드 Pride Parade
도시마다 날짜가 다른데, 보통 여름이 시작되는 6월
말 주말에 게이와 레즈비언들이 벌이는 화려한 퍼레
이드다. 1969년 6월 28일 뉴욕에서 경찰에 대항하
는 게이들의 스톤월 폭동 Stonewall riots을 기념해
1970년에 로스앤젤레스, 시카고, 뉴욕 등에서 게이
들이 행진했던 것을 시작으로 샌프란시스코, 애틀랜
타 등 대도시에서도 연중 행사로 자리잡았는데, 화
려한 의상과 분장으로 관광객들의 눈길을 끈다.

★ 7월 4일 독립기념일 Independence Day

1776년 7월 4일 대륙회의에서 식민지 대표들이 독립 선언서에 서명하고 미합중국을 수립했던 것을 기념하는 날이다. 이날은 전국에 걸쳐 기념행사와 퍼레이드가 펼쳐지는데 특히 여름밤을 밝히는 불꽃놀이가 장관이다. 특히 워싱턴 DC에서 열리는 화려한 행사가 유명해 전국에서 사람들이 모여들기도 한다.

★ 10월 둘째 월요일 콜럼버스의 날 Columbus Day

1492년 크리스토퍼 콜럼버스가 신대륙을 발견한 것을 기념하는 날로 학교나 거리에서 크고 작은 행사들이 있으며 특히 뉴욕에서는 퍼레이드와 함께 콜럼버스가 탔던 범선을 당시 모습으로 재현하여 퍼레이드를 벌이고 허드슨 강에 배를 띄우기도 한다.

★ 10월 31일 핼러윈 Halloween

켈트족의 풍습에서 유래한 것으로 무서운 마녀나 유령 등으로 분장을 한 아이들이 집집마다 돌아다니며 사탕을 얻고 젊은이들은 재미난 복장으로 파티를 벌이며 밤늦도록 즐거운 시간을 보낸다.

★ 11월 넷째 목요일 추수감사절 Thanksgiving Day

추수감사절은 우리나라의 추석처럼 한 해의 수확에 대한 감사를 드리는 날로, 온 가족이 모여 함께 식사를 하며 시간을 보내는 명절이다. 영국에서 건너온

청교도인들이 인디언들로부터 농사짓는 법을 배워 이듬해 추수를 하며 3일 동안 감사의 축제를 벌였다는 데서 시작되었다. 이날은 보통 가족들과 칠면조 요리로 만찬을 즐기고 TV로 풋볼 중계를 보며 시간을 보낸다. 추수감사절은 목요일이기 때문에 주말까지 긴 연휴를 즐길 수 있다. 이처럼 가족 명절인 추수감사절이지만 도시에 따라 퍼레이드가 열리는 곳도 있으며, 다음날인 금요일부터는 연중 가장 큰 세일 시즌인 블랙 프라이데이 Black Friday가 시작된다.

★ 12월 25일 크리스마스 Christmas

예수의 탄생을 기념하는 날로, 기독교인들에게는 종교적으로 매우 중요한 날이며 일반인들에게는 주변 사람들에게 한 해 동안의 감사를 표시하는 날로 서로 카드와 선물을 주고받는다. 젊은이들은 친구들끼리 파티를 열기도 하지만 보통은 온 가족이 모여 만찬을 즐기는 가족 명절로서, 휴가철이기 때문에 멀리 떨어져 살았던 가족과 친지들이 고향에 모여서 크리스마스 트리 밑에 선물들을 쌓아놓고 밤늦도록 이야기를 나눈다. 아이들에게는 산타클로스의 선물이 기다려지는 날이기도 한다. 화려한 크리스마스 장식으로 유명한 디즈니랜드는 가족 단위로 몰려든 수많은 인파로 가득하다.

★ 12월 31일 새해 전야 New Year's Eve

한 해를 마감하며 새해를 맞이하는 날로서, 친한 사람들과 모여 파티를 벌이며 밤 12시가 되면 'Happy New Year!'를 외치며 서로 안아주고 키스를 한다. 특히 뉴욕의 타임스 스퀘어에서 펼쳐지는 유명한 볼 드로핑 Ball Dropping 행사는 미국 전역에 생중계되어 TV를 통해 다함께 카운트다운과 'Happy New Year!'를 외친다. 이날 밤 또 하나의 복잡한 지역은 바로 디즈니랜드다. 따뜻한 올랜도와 캘리포니아에 위치한 디즈니랜드는 밤새도록 화려한 불꽃놀이가 이어져 수많은 가족과 연인들로 가득하다.

미국인들에게 스포츠는 일상 생활이자 건강한 취미이며, 프로 스포츠는 스트레스를 해소하는 신나는 볼거리다. 특히 미식축구, 야구, 농구, 아이스하키 네 종목은 주요 도시마다 연고팀이 있을 만큼 호응이 크고 미국의 4대 스포츠 리그로 꼽히는 인기 스포츠다.

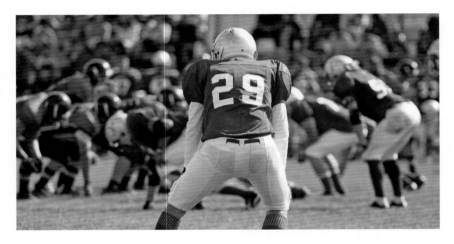

★ 미식축구 NFL

미국에서 축구는 사커 Soccer로 구분하고 있으며 풋볼은 무조건 미식축구 American Football를 뜻한다. 미국인들에게 가장 인기 있는 스포츠로 특히 내셔널 풋볼 리그 National Football League(NFL)는 해마다 수많은 팬들을 열광케 한다.

현재 총 32개 팀이 있으며, 해마다 9월 초부터 정규 리그가 시작되어 이듬해 2월 첫째 일요일은 '슈퍼 선데이'라 하여 챔피언을 가리는 슈퍼볼 Super Bowl 경기가 열린다. 슈퍼볼 경기는 미국에서 가장 큰 스포츠 행사로 1억 명이 넘는 미국인이 시청할 정도다. 해마다 천문학적인 광고비로 막강한 스폰서들이 경쟁하며 하프타임 쇼에는 최정상급 가수가 축하 공연을 벌이는 국민 축제다.

공식 홈페이지 www.nfl.com

대학 미식축구 즐기기

프로 미식축구는 연간 회원제로 티켓을 팔고 있어 경기장에서 티켓을 구하기가 쉽지 않다. 경기장 매표소나 각종 티켓 예매 사이트에서 구하더라도 저렴한 좌석이 $100 이상이고, 보통은 $300~600를 넘어간다. 슈퍼볼 경기의 경우 $2,500부터 $1만 이상인 티켓도 있다.

풋볼 시즌이 되면 스포츠 채널에서는 매주 일요일에 NFL 중계를 해주는데, 바로 전날인 토요일에는 대학 미식축구를 중계한다. NFL보다 더 역사가 깊은 대학 풋볼은 프로농구 NBA나 프로야구 MLB보다도 인기 있는 스포츠로 지역별 연고가 강해 도시 전체가 들썩이는 재미난 경험을 할 수 있다. 또한 NFL보다 저렴한 가격에 티켓을 구할 수 있으므로 대학 풋볼을 보는 것도 좋은 대안이다. 티켓은 경기장 매표소나 티켓 예매 사이트에서 구할 수 있다.

★ 야구 MLB

미국 메이저리그 Major League Baseball(MLB)는
한국인 선수들이 진출해 활약하는 꿈의 무대로 우리
에게도 낯설지 않다. 1876년 내셔널리그를 시작으로
1903년 설립되어 오랜 역사를 자랑하며 내셔널리
그, 아메리칸리그로 나뉘어 각 15개 팀 모두 30개 팀
이 참가하는데(6개 구역 각 5개 팀) 미국 팀이 29개,
캐나다 팀이 1개다. 매년 4월부터 정규리그를 통해
팀당 162경기를 치르고 10월부터 플레이오프가 시
작되어 양대 리그 우승팀끼리 월드시리즈를 통해 최
종 경기를 펼친다.

공식 홈페이지 www.mlb.com

★ 농구 NBA

미국에서는 동네마다 작은 농구 코트에서 운동하는
사람들을 쉽게 볼 수 있을 만큼 친숙하고 대중적인
스포츠로 장비 부담 없이 언제 어디서든 즐길 수 있
는 국민 스포츠다. 프로농구는 미국에서의 인기가 프
로풋볼보다 못하지만 전 세계 팬들에게는 가장 인기
있는 프로 스포츠다. 전설적인 스포츠 스타들을 탄
생시킨 미국의 프로농구 NBA(National Basketball
Association)는 1946년 전미농구협회로 시작해
1949년 NBA로 이름이 바뀌었고 현재 30개 팀으로

구성되어 있다(캐나다 팀 1개). 매년 11월 초에 정규
시즌을 시작해 총 82경기를 치르며 시즌이 끝나가
는 4월 말쯤 동서부 각 컨퍼런스의 상위 8개 팀, 총
16개 팀이 플레이오프에 진출한다. 시카고 불스의
전설적인 영웅이었던 마이클 조던이 1998년 은퇴하
면서부터는 서부 팀들이 막강해지고 있다.

공식 홈페이지 www.nba.com

★ 아이스하키 NHL

각 6명의 선수로 구성된 양 팀이 빙판 위에서 스틱을 이용해 퍽을 골대에 넣는 경기인 아이스하키는 북미 지역의 인기 스포츠로 아이들부터 성인 프로 팀까지 많은 사람이 보고 즐긴다. 내셔널 하키 리그 NHL(National Hockey League)는 북미 지역의 인기 프로 아이스하키 리그로 1917년 캐나다 4개 팀으로 시작해 100년의 역사를 가지고 있으며 현재 미국 24팀, 캐나다 7팀이 경기를 벌인다.

매년 가을이 되면 북미를 달구기 시작하며 10월 초 정규 시즌이 시작된다. 이듬해 4월 중순 정규 시즌이 끝나면 동부와 서부 상위권 각 8팀이 벌이는 플레이오프가 시작되며 6월 최종 우승팀에게는 스탠리컵이 수여된다. 특히 경기 도중 보디체크라 불리는 몸싸움이 일정 정도 용인되기 때문에 경기 내내 팽팽한 긴장이 계속되며 경기가 거칠고 격렬하기로 유명하다. 관중들은 이에 더 열광하기도 한다.

공식 홈페이지 www.nhl.com

인터넷 예매

인터넷 예매는 크게 두 가지 방법이 있다. 하나는 각 구단의 공식 홈페이지를 통해서다. 정상 가격이지만 시즌 중에 다양한 프로모션을 진행하므로 가끔 좋은 기회를 잡을 수도 있다.

그리고 다른 방법은 티켓 예매 전문 사이트다. 가장 유명하고 비싼 곳은 티켓마스터다. 티켓 수량이 많고 종류도 다양하지만 수수료가 있어 가격이 비싼 편이다. 그다음에 유명한 곳은 스텁허브와 싯긱으로 시즌 티켓 소지자들이 내놓은 티켓을 정가보다 저렴한 가격에 구할 수도 있다. 이외에도 수많은 예매 사이트가 있으니 가격을 비교해보는 것이 좋다.

티켓마스터 www.ticketmaster.com

스텁허브 www.stubhub.com 또는 www.stubhub.co.kr(한국어라 편리하지만 NBA와 MLB만 된다)

싯긱 www.seatgeek.com

Part 1
서류 준비

여권 만들기

해외 여행의 가장 기본이 되는 준비물인 여권은 해외에서 자신의 신분을 증명해 주는 유일한 수단이다. 국가별 출입국 심사와 호텔 체크인은 물론이고, 신용카드 사용, 자동차 렌트 등 다양한 상황에서 신분증 역할을 한다. 여권을 발급받으면 서명란에 바로 서명을 해두고 여행 중에는 이와 동일한 서명을 사용해야 한다. 여행 중 여권을 분실했을 경우 해외 공관에서 재발급을 받아야 한다.

외교부 여권 안내 홈페이지 www.passport.go.kr

★ 여권의 종류
여권은 크게 일반여권(복수여권)과 단수여권으로 나뉜다. 일반여권은 발급 후 10년간 사용 가능하고 단수여권은 발급 후 1년 안에 1회만 사용할 수 있다. 여권 발급 업무는 외교통상부 여권과에서 담당하고 있으며, 접수는 가까운 구청이나 시청, 도청 등 전국의 여권사무 대행기관에서 가능하다.

★ 여권 발급 절차
다음의 구비 서류를 준비해 해당 구청이나 시청, 도청 등 담당 기관에 직접 찾아가서 신청하면 된다.

① 여권 발급 신청서
해당 기관에 구비되어 있으며 인터넷에서 미리 다운받아 작성할 수도 있다.

② 여권용 사진
여권용 사진은 가로 3.5cm×세로 4.5cm의 컬러사진으로 얼굴 크기가 2.5cm×3.5cm가 되어야 한다. 바탕은 배경이 없는 밝은색으로, 얼굴선이 드러나게 찍어야 하며 모자나 머리카락, 선글라스 등으로 얼굴을 가려서는 안 된다. 또한 최근 6개월 이내에 촬영된 것이어야 하므로 신분증과 같은 사진일 경우에는 신분증이 6개월 이내 발급된 것이어야 한다.

③ 신분증
주민등록증 또는 운전면허증

④ 수수료

구분		수수료	
복수여권	10년	58면	53,000원
		26면	50,000원
단수여권	1년	20,000원	

⑤ 병역관계서류
25세 이상 병역 미필자나 복무 중인 경우 국외여행 허가서(병무청 발급)

국외여행 허가서 신청 방법
단기 여행의 경우 병무청 홈페이지에 접속해, 병무민원포털 → 국외여행/체제민원으로 들어가 세부사항을 입력한다(증빙서류는 이미지파일로 전송). 약 2일 후에 결과가 나오면 이를 출력하여 사용한다. 출국 전 국외여행허가 취소를 원하는 경우에도 병무청 홈페이지에서 신청하면 된다.

병무청 홈페이지 www.mma.go.kr
전화 1588-9090

미국 비자

한국과 미국은 비자면제협정을 체결했지만 아직 실험단계이므로 조건부로 시행되고 있다. 즉, 신원조회를 통해 비자면제 가능 여부를 미리 확인한 후에 통과된 사람은 무비자로 입국이 가능하며, 통과되지 못한 사람은 예전과 같은 비자발급 절차를 받아야 한다. 만약 비자발급을 신청했는데도 거절되었다면 아예 입국이 불가능하다.

❶ 비자면제 프로그램 VWP(Visa Waiver Program)

2008년부터 한국인은 비자면제 프로그램을 통과한 경우 최대 90일간의 무비자 미국 여행이 가능해졌다. 즉, 신원조회를 통해 여행 허가를 받은 사람은 전보다 편리하게 입국이 가능해졌지만 그렇지 않은 사람은 전과 마찬가지로 미국 대사관에 비자 발급 신청을 따로 하고 인터뷰를 받아야 한다.

★ 전자여행허가 ESTA(Electronic System for Travel Authorization) 받기

비자면제 프로그램에 따라 미국에 비자 없이 방문하려면 반드시 사전에 '전자여행허가(ESTA)'를 받아야 한다. 즉, 출국하기 전에 인터넷을 통해 신원조회를 받고 무비자 입국이 가능한지를 먼저 확인해야 한다. 절차는 다음과 같이 간단하다.

① 가장 먼저 필요한 것은 전자여권이다.

② https://esta.cbp.dhs.gov/esta/에 접속해(한국어 선택 가능) 자신의 신상정보를 입력한다.

③ 수수료 $21를 결제하고 신청이 완료되면 발급받은 신청 번호를 메모해둔다.

④ 잠시 후 신청 번호를 입력해 허가승인여부를 확인한다. 결과는 보통 몇 시간 뒤, 늦어도 72시간 이내에 나온다.

⑤ 만약을 대비해 승인이 완료된 화면을 인쇄해 입국 시 가져가도록 한다. 승인되지 않은 경우에는 비자면제 프로그램을 이용할 수 없으니 입국비자를 신청해야 한다.

● 유의사항

① 과거에 입국이 거부된 적이 있거나 불법체류, 불법취업, 벌금 체납, 범죄 경력 등이 있거나 2011년 이후 이란, 이라크, 수단, 시리아, 리비아, 예멘, 소말리아, 북한을 방문한 경우 전자여행허가가 승인되지 않는다.

② 전자여행허가를 받았다고 해서 입국이 보장되는 것은 아니며, 미국 입국 심사관에게 최종 결정 권한이 있다.

❷ 비자 발급 절차

전자여행허가를 받지 못한 경우 미국 대사관에서 비자를 받아야 한다. 비자를 받으려면 먼저 인터넷으로 신청하고 정해진 날짜에 대사관에 가서 인터뷰 심사를 받아야 한다. 전자여행허가보다 좀 더 복잡하지만 혼자 할 수 있으며 절차는 다음과 같다.

① 미국대사관 홈페이지에서 신청
[비자업무] – [비이민비자] 메뉴로 들어가면 [비자 신청 절차] 링크가 걸려있어 미국비자 신청사이트인 www.ustraveldocs.com/kr_kr/kr-niv-visaapply. asp로 연결된다.

② 서류 작성과 수수료
온라인 상에서 신청서(DS-160)를 작성하고 비자수수료 $160를 지불한다.

③ 인터뷰 예약
온라인으로 인터뷰 날짜를 예약할 때에는 온라인 신청서 번호와 수수료 납부 영수증 번호, 여권 번호가 필요하다.

④ 대사관 인터뷰
인터뷰 예약확인서, 비자신청서(DS-160) 확인페이지, 6개월 내에 찍은 사진 한 장, 현재 여권과 과거에 사용했던 모든 여권을 가지고 대사관에 가서 인터뷰 한다. 인터뷰 시간을 반드시 엄수해야 하며, 늦게 도착하면 인터뷰를 할 수 없다.

⑤ 비자 수령
인터뷰에서 비자가 거부되면 그 자리에서 모든 서류와 여권을 돌려주며, 비자가 승인되면 인터뷰 예약

시 지정한 주소로 배송된다.

[주한 미국대사관] 주소 서울시 종로구 세종대로 188 전화 02-397-4114 홈페이지 https://kr.usembassy.gov

국제운전면허증

미국에서 운전을 하려면 국제운전면허증이나 영문 운전면허증을 발급받아 가야 한다. 국내에서 운전면허증이 있다면 누구나 간편하게 국제운전면허증을 발급받을 수 있다. 유효기간은 발급일로부터 1년이

다. 2019년 9월부터 발급 가능해진 영문 운전면허증은 미국 동부에서는 아직 공식적으로는 뉴욕주, 코네티컷주, 매사추세츠주 등에서만 사용할 수 있다.

★ 발급 장소
전국에 위치한 운전면허시험장이나 경찰서 민원실에 가면 바로 발급받을 수 있다.

안전운전 통합민원

1577-1120 www.safedriving.or.kr

★ 구비 서류
여권, 운전면허증, 여권용 사진 1매, 수수료 8,500원 (대리인 신청 시 대리인 신분증과 위임장)

국내 면허증과 여권도 함께 소지하세요!

우리가 국제운전면허증이라고 부르는 것은 사실 면허증이 아닌 허가증이다. 이는 영어로 International Driving Permit(IDP) 라 하여, 1949년 제네바 '도로 교통에 관한 협약'에 가입한 국가 간에 내주는 허가증이다. 즉, 자국의 운전면허증이 있는 사람이 제네바 협약에 따라 외국에서의 운전을 허가한다는 것으로, 어디에도 면허증 License이라는 말은 없다. 따라서, 외국에서 운전하려면 국제운전면허증과 함께 반드시 자국의 면허증을 소지해야 하며, 국제 신분증인 여권도 소지해야 한다.

여행자 보험

여행 중 사고나 도난 등이 발생한 경우 일정 부분 보상받을 수 있는 여행자 보험은 출발 전에 가급적 들어 두는 것이 좋다. 특히 미국은 의료보험이 없는 경우 의료비가 엄청나게 비싸기 때문에 보험에 가입하고 떠날 것을 권한다.

★ 보험료
연령, 기간, 보상 수준, 보상 항목 등에 따라 보험사마다 다른데 10일 기준으로 했을 때 보통 1만~5만 원정도다.

★ 유의사항
미국 여행 시에는 휴대물품 보상이나 국내 치료비보다 해외 치료비의 보상금이 높은 상품을 추천한다. 그리고 국내에 실손 의료보험이 있는 경우 국내 치료비는 중복 보상되지 않아 불필요하다. 보험 가입은 공항에서도 가능하지만 인터넷을 통해 직접 하면 좀 더 저렴하다.

★ 보험금 청구
현지에서 병원을 이용한 경우 진단서와 진료비 청구서 및 영수증을 챙겨 두었다가 귀국 후 보상받을 수 있고 도난을 당한 경우 경찰서에서 도난신고서를 작성해 오면 소정의 보상비를 받을 수 있다. 본인의 과실로 인한 분실이나 원래 앓고 있었던 지병, 자해, 자살, 음주 운전, 무면허 운전, 천재지변, 위험한 액티비티로 인한 사고 등에 대해서는 보험금이 지급되지 않는다.

★ 보험회사
회사마다 보험금 내역이나 조건, 보상 범위 등이 다 조금씩 다르므로 가입 전에 약관을 꼼꼼히 읽어보자. 인터넷 홈페이지를 통해 가입할 수 있는 보험회사는 다음과 같다.

KB 손해보험 다이렉트 www.kbdi.co.kr

DB 손해보험 다이렉트 www.directdb.co.kr

삼성화재 다이렉트 https://direct.samsungfire.com

현대해상 다이렉트 https://direct.hi.co.kr

한화 다이렉트 www.hanwhadirect.com

Part 2
항공권

항공권 가격은 여행 시기, 운항 스케줄, 항공편(항공사), 좌석 등급, 환승 여부, 수하물 여부, 마일리지 적립률 등에 따라 달라진다. 일단 여행 계획이 세워졌다면 가능한 빨리 항공권을 예매해야 저렴한 가격에 구할 수 있다. 스카이스캐너, 네이버항공권, 인터파크 등을 비롯한 온/오프라인 여행사와 소셜 커머스를 활용하면 보다 쉽게 항공권 가격을 비교할 수 있다.

할인 항공권

우리가 보통 여행사나 인터넷 등을 통해 항공권을 구입할 때는 다양한 조건이 붙어 할인된 항공권을 구입하게 된다. 따라서 어떠한 조건으로 할인된 것인지가 중요하지 무조건 할인이 많이 되었다고 좋은 것이 아니다. 자신의 상황과 조건에 잘 맞는 저렴한 항공권을 구입하기 위해서는 다음과 같은 조건들을 알아둘 필요가 있다. 제약 조건이 많이 붙을수록 가격이 저렴해진다.

★ 날짜 변경 불가
날짜 변경 불가 등 구입 당시 조건들을 변경할 수 없는 조건이므로 일정이 불확실할 때에는 주의하도록 하자. 하지만 7~8월의 성수기에는 날짜를 변경할 수 있다고 해도 좌석이 없어서 어차피 탈 수 없는 경우가 많으니 이러한 할인 조건을 이용하는 것도 좋다.

★ 환불 불가
항공권을 사용하지 않은 경우라도 환불되지 않는 조건이다. 보통 출발 전에는 환불 수수료를 떼고 환불해주지만 출발 후에는 아예 환불이 안되는 경우가 많다.

★ 신분 할인
연령을 기준으로 할인해 주는 경우에는 항공권 구입 시 여권 사본 등의 증명서류가 있어야 하며 학생 할인의 경우에는 대체로 유학생이나 어학연수생에 해

당하므로 입학허가서가 필요한 경우가 많다. 장애인 할인 역시 증명서류가 필요하다.

★ 경유지 할인
목적지까지 바로 가는 직항보다 다른 도시를 경유하는 노선을 이용하면 가격이 저렴하다. 대부분의 미국행 노선은 일본이나 캐나다 또는 미국내 도시를 경유하는데, 경유 노선을 이용할 때에는 대기시간이 얼마나 걸리는지 꼭 확인해봐야 한다. 미국내 첫 도착 도시에서는 입국수속을 해야하므로 연착을 대비해 2시간 이상 여유있는 것이 좋다.

★ 조기 예약
항공사에서는 조금이라도 일찍 손님들을 확보해 수급 문제를 해결하려 하기 때문에 일정 기간 내에 미리 발권하는 경우 할인된 가격을 제공하기도 한다. 보통 비수기에 이런 할인이 많으며 출발일로부터 날짜가 이를수록 가격이 저렴하다.

★ 비수기 할인
미주 노선의 경우 2월, 4월, 5월, 10월, 11월이 비수기이며, 같은 비수기라도 주말보다 평일이 더 저렴하다. 또는 여름 휴가철, 설날 연휴, 추석 연휴, 연말연시는 성수기 중에서도 최고 성수기라 요금이 비싼 것은 물론, 좌석을 구하기도 어렵다.

★ 마일리지 적립 불가
최근 해외여행 횟수가 늘어나면서 마일리지 적립을 통한 보너스 항공권에 관심을 갖는 사람들도 많아졌는데, 할인 항공권 중에는 마일리지를 적립할 수 없는 경우가 종종 있으니 미리 알아두자.

항공권 예약

① 여행 일정을 가급적 빨리 확정 짓고 예약 날짜와 출발·도착하는 도시를 정한다.
② 항공권 예약 사이트에서 날짜와 목적지를 입력해 이용 가능한 항공권을 검색한다.
③ 항공사, 요금, 소요 시간, 스케줄 등을 비교해서 조건에 맞는 항공권을 선택한다.
④ 여권과 일치하는 정확한 영문명, 여권 번호, 이메일 주소 등을 입력한다.
⑤ 변경 조건, 환불 규정 등 약관을 확인하고 마지막 단계에서 결제한다.
⑥ 확인 메일이 오면 e티켓을 다운받아 휴대폰에 저장해 두거나 인쇄해 둔다.

★ 주의사항

① 할인 항공권은 날짜를 변경할 경우 대부분 20~30만 원 상당의 추가 요금을 내야 하므로 날짜 선택을 신중히 하고, 환불의 경우는 수수료가 크거나 아예 안 되는 경우도 있으니 특히 주의한다.
② 휴가철, 추석, 설 등 연휴 기간에는 2~6개월 전부터 예약이 마감되는 경우가 있으므로 미리 예약을 하지 않으면 아주 비싸거나 아예 못 가게 될 수도 있다.
③ 예약 시 입력하는 영문 이름은 여권과 정확히 일치해야 한다. 철자 수정 시 수수료가 크거나 아예 안되는 경우도 있다.

★ 항공 예약 사이트

항공사 홈페이지에서 직접 예약할 수도 있고 항공 예약 사이트를 이용할 수도 있다. 국적기인 대한항공과 아시아나항공은 홈페이지가 잘 갖춰져 있어 예약이 편리하며, 항공 예약 사이트의 경우 여행사 수수료가 붙지만 다양한 항공사를 비교할 수 있고 카드 할인 등의 다양한 이벤트가 있어 저렴한 가격에 예매가 쉬운 편이다.

스카이스캐너 www.skyscanner.co.kr
온라인투어 www.onlinetour.co.kr
카약 www.kayak.co.kr
인터파크 투어 fly.interpark.com
네이버 항공 https://m-flight.naver.com
구글 플라이트 www.google.com/travel/flights

항공사

★ 항공 노선

우리나라에서 직항(Nonstop)으로 갈 수 있는 미국 동부의 도시는 뉴욕, 시카고, 보스턴, 워싱턴 DC, 애틀랜타, 디트로이트다. 그 외 도시는 경유편을 이용해야 한다. 미국 내에서는 시애틀, 애틀랜타, 뉴욕, 댈러스, 샌프란시스코 등이 경유 도시로 자주 이용되며 캐나다의 토론토나 밴쿠버도 거리가 짧아 종종 이용된다.

★ 마일리지 합산이 가능한 항공 동맹체

같은 동맹체에 속한 항공사를 이용하면 마일리지를 합산할 수 있어 보다 쉽게 보너스 여행의 기회를 얻을 수 있다. 하지만 할인이 많이 된 항공권의 경우 마일리지 적립이 안 되는 경우도 있으니 예약 시 미리 확인하자.

[스타 얼라이언스 Star Alliance]
홈페이지 www.staralliance.com
[스카이 팀 Sky Team]
홈페이지 www.skyteam.com
[원 월드 One World]
홈페이지 www.oneworld.com

★ 마일리지 이용법

• 대한항공과 아시아나항공은 한쪽으로 몰아주는 것이 마일리지를 빨리 모을 수 있다. 대한항공이 아시아나항공보다 노선이 다양하지만, 항공 동맹체를 생각한다면 스타 얼라이언스가 다양하므로 자신이 자주 이용하는 목적지를 고려해서 정한다.
• 경유편이 직항보다 마일리지를 많이 적립할 수 있다. 단, 마일리지 적립이 가능한 티켓인지 확인한다.
• 보너스 항공권으로 편도 노선을 이용할 경우 왕복의 절반에 해당하는 마일리지만 있어도 되기 때문에 편도 항공권을 사는 것보다 저렴하다.
• 대한항공과 아시아나항공의 마일리지 프로그램은 가족 합산이 가능하므로 가족으로 등록하면 가족끼리 마일리지를 공유할 수 있다.
• 마일리지는 좌석 승급에도 사용할 수 있다. 즉, 이코노미 클래스로 항공권을 구입해 비즈니스 클래스로 승급할 수 있는데, 가끔 좌석 승급이 불가능한 티켓도 있으니 미리 확인하자.

Part 3

여행 경비

어느 곳으로 떠나든지 항상 여행을 떠나기 전에 먼저 생각해봐야 할 문제가 바로 여행 경비다. 해외 여행은 항공을 이용하는 것부터가 큰 비용이 들기 때문에 무리하지 않도록 계획을 세워야 한다. 불필요한 지출이 없도록 계획적인 소비를 하는 것은 물론, 때로는 자신의 예산에 맞춰서 일정을 줄이거나 저렴하게 여행하는 방법을 고려해봐야 할 것이다. 전체적으로 봤을 때 미국은 우리나라보다 물가가 비싸기 때문에 현지에서 사용하는 경비도 넉넉하게 준비하도록 하자.

경비 내역

★ 항공권

항공권은 여행 경비에서 상당히 큰 부분을 차지한다. 가능하면 최대한 일찍(6개월~1년 전) 예매하는 것이 유리하다. 그리고 요일이나 시즌에 따라 항공 요금이 달라지기 때문에 여건이 된다면 일정을 조정해 저렴하게 구입할 수도 있다.

최근 전쟁으로 인한 유가 불안정과 고환율로 항공료가 비싼 편이다. 미주노선 이코노미 클래스의 경우 출발일과 목적지에 따라 120~300만 원으로 가격 차가 매우 크다.

★ 숙박

여행 일정이 길수록 여행경비에서 큰 차이가 나는 부분이다. 특히 미국은 도시별로 숙박요금의 차이가 매우 커서 목적지에 따라 예산도 달라진다. 대도시 중심부에서는 $200 이하의 좋은 호텔을 찾을 수 없지만 지방의 중소도시에서는 $100로도 괜찮은 호텔을 찾을 수 있다.

저렴한 곳을 찾는다면 호스텔을 이용해 하루에 $30~60 정도로 예산을 잡을 수도 있지만, 이런 곳은 방이나 욕실을 공동 사용하거나 위치가 불편하며 좀 괜찮은 곳은 예약을 일찍하지 않으면 자리가

없는 경우가 많다. 그 다음으로 저렴한 곳은 모텔인데, 하루에 $60~120 정도로 예산을 잡을 수 있으나 가격 대비 시설이 괜찮은 곳은 대개 시 외곽에 있다. 일반 중급 호텔은 적어도 $200~300 정도, 시내 중심이나 성수기라면 $300~400은 예산을 잡아야 한다. 차가 있는 경우에는 시내에서 조금 떨어진 곳을 이용하면 호텔비도 저렴하고 주차비도 저렴하다. 자세한 내용은 제5장 '숙박'편을 참조하자.

★ 식사

식사 역시 가격 차이가 크게 나는 부분이다. 즉, 슈퍼마켓의 물가는 우리와 큰 차이가 나지 않고 식료품에는 판매세가 붙지 않는 반면, 레스토랑에서 식사를 하면 음식값은 물론 세금과 팁까지 내야 하기 때문에 꽤 큰돈이 들어간다. 그렇다고 무조건 패스트푸드만 먹는다면 미국 여행을 제대로 즐길 수 없으니 간단한 델리나 패스트푸드, 레스토랑 등을 적절히 분배해서 식사를 하는 것이 좋다.

보통 간단한 식사는 $20~30 정도, 레스토랑을 이용하면 $50~60 예산을 잡아야 하니 하루 식비로는 $90~120 정도 잡는 것이 좋고 한번쯤 고급 레스토랑을 이용한다면 한 번에 $160~300 정도 예상해야 한다.

★ 관광

관광에 들어가는 비용, 즉, 입장료나 투어, 크루즈 등 구경을 하면서 쓰게 되는 비용도 만만치 않다. 박물관이나 미술관 등을 관람하려면 보통 $10~30정도 입장료가 있으며 오디오 가이드 투어를 하려면 추가로 $5~10 정도, 그리고 시내를 간단히 버스로 돌아보는 시티투어를 하려면 $30~50 정도, 도시마다 한번쯤 올라가줘야 하는 전망대는 $30~80 정도 들며, 디즈니랜드나 유니버설 스튜디오, 시 월드 같은 테마파크에 간다면 $80~160, 디너 크루즈나 헬기 투어 등을 이용할 경우에는 $80~350 정도 예상해야 한다. 또한 국립공원에 가는 경우에도 자동차 한 대당 입장료가 $30 정도다.

따라서 관광 비용은 여행지마다, 개인마다 차이가 큰데, 간단하게 시내만 돌아본다면 하루에 $30~100 정도 예상하면 된다.

★ 교통비

미국은 땅이 넓다 보니 이동 경비가 많이 든다. 국내선 항공 왕복 이코노미 클래스로 $100~400 정도이며, 기차나 버스라고 해서 그리 저렴하지도 않다. 렌터카를 이용하면 가솔린이 저렴하고 기동력이 있어 대중교통보다 편리하다. 하지만 장거리를 이동할 경우 중간에 숙박비까지 예상해야 하므로 비용과 시간 면에서 항공 이동이 무난하다. 한편 도시 안에서 대중교통을 이용할 경우 하루에 $5~10, 렌터카를 이용하면 하루에 $80~100 정도 예상해야 한다.

예산 짜기

위의 내용을 기준으로 1일 예산은 다음과 같다.

내역	경비	조건
항공권	$1,000~1,600 (1인)	최성수기 제외
숙박	하루 $150~300	중급 호텔 2인실
식사	하루 $90~120	1인당
관광	하루 $30~100	테마파크, 투어 제외
교통	하루 $10	대중교통 기준

※ 1인당 경비는 비싼 편이지만 4인 가족이 한 방을 잡거나 함께 렌터카를 이용하면 경비를 절약할 수 있다.

★ 미국의 물가

위에서는 매우 간단하게 예측 수준으로 잡아본 것이지만, 보다 구체적인 예산을 위해서는 여행준비 초기에 들어가는 항목들은 물론 미국 현지의 물가 수준도 알아두는 것이 좋다. 특히 여행 일정이 긴 경우라면, 현지에서 들어가는 비용이 많아지기 때문에 현지의 물가를 미리 가늠해 보는 것이 좋다.

· 물값

흔히 사 마시는 500㎖ 페트병 생수는 마트나 자동판매기에서 사면 $1~1.50 정도지만 관광지에 가면 $2~3, 레스토랑에서는 $3~5 정도다.

· 기름값

주마다, 카운티마다 세금이 달라서 휘발유(Gasoline) 값도 조금씩 다른데, 보통 갤런(3.8L) 당 $3.50~4.50 정도다.

· 패스트푸드

가장 만만하게 끼니를 때울 수 있는 곳이 맥도날드나 버거킹, 웬디스 같은 패스트푸드점이다. 일단 전국적으로 지점이 많아 찾기도 쉽다. 보통 햄버거와 탄산음료, 감자튀김을 포함한 세트 메뉴가 세금 포함 $12~15 정도다.

· 커피숍

전국적으로 지점이 많아 쉽게 찾을 수 있는 스타벅스 커피점은 브루 커피(Pike Place Roast) $3.70, 아메리카노(Caffe Americano) $4.85이며 캐러멜마키아토나 프라푸치노 등은 세금을 포함하면 $7~8정도다.

· 슈퍼마켓

슈퍼마켓의 물가는 지역마다 다르고 가게마다 다르지만, 전체적으로 보면 우리나라와 비슷한 편이다. 보통 과일, 야채, 쌀과 같은 농산물과 육류는 미국이 저렴한 편이며 해산물은 지역에 따라 차이가 난다. 그리고 가공식품의 경우에는 우리나라보다 비싼 편이지만 세일을 자주 하기 때문에 이를 이용하면 저렴하게 구입할 수 있다.

<Part 4>

환전과 해외여행카드

여행을 떠나기에 앞서 꼭 준비해야 할 것 중 하나가 환전과 카드 발급이다. 미국 공항에 도착하는 순간부터 물이라도 사서 마시려면 달러 현찰이나 카드가 있어야 한다. 대부분의 상점이나 식당에서 카드 결제가 가능하지만 간혹 안되는 경우도 있고 현찰로 팁을 내야 하는 경우도 생길 수 있으니 소액이라도 환전해 가는 것이 좋다.

환전하기

미국은 현금보다는 주로 카드를 사용하지만, 일부 식당이나 길거리 음식, 팁 등에 현금이 필요할 수 있다. $1, $5, $10짜리 소액권 위주로 조금만 환전해 가

1¢ 페니 penny

5¢ 니켈 nickel

10¢ 다임 dime

25¢ 쿼터 quarter

$1

$20

$5

$50

$10

$100

자. 달러화는 거래 은행의 외환 창구에서 구할 수 있는데 모바일이나 인터넷 환전을 이용하면 좀더 유리한 환율을 받을 수 있다. 온라인으로 환전 신청을 하고 공항지점에서 수령하는 것도 방법이다.

신용카드 Credit Card

통장에 잔고가 부족하더라도 신용을 담보로 당장 사용할 수 있는 카드다. 해외에서 사용할 때에는 수수료가 높았는데 최근에는 수수료를 낮추거나 없앤 카드들도 출시되고 있다. 하지만 카드 이용 대금 연체 시 이자가 매우 높으니 주의해야 한다.

미국 여행 시에는 비상용으로라도 하나쯤 꼭 가져가는 것이 좋다. 자동차를 빌리거나 호텔을 이용할 때 디포짓의 수단으로 신용카드를 요구하는 경우가 많기 때문이다.

★ 신용카드 수수료

해외에서 사용하는 신용카드 수수료는 은행마다 조금씩 차이가 있지만 보통 사용 금액의 1~3%인데, 그 내역을 보면 글로벌 결제회사인 비자나 마스터에 수수료를 지불하고 거기에다 국내 은행에서 환차손과 결제일까지의 이자 등을 계산한 환가료를

지국 통화 결제 (DDC) 주의하세요!

해외에서 카드를 사용할 때 가끔 결제창에 통화를 선택하라는 문구가 뜰 때가 있다. 즉, 미국 달러(USD)로 결제할지, 한국 원화(KRW)로 할지 선택하라는 것이다. 얼핏 보면 원화가 편리해 보이지만 수수료가 3~8% 추가된다. 이는 DCC(Dynamic Currency Conversion)라는 악명 높은 자국통화 결제시스템이니 주의하고 반드시 현지 통화인 달러(USD)를 선택하자. 헷갈릴 수 있으니 출국 전에 카드사에서 원화결제 서비스를 차단하고 가는 것이 좋다. 최근에는 은행이나 카드사에서 미리 신청해주기도 한다.

추가한 것이다. 사용 금액이 커지면 수수료도 꽤 커지는 만큼 가급적 수수료가 낮거나 없는 카드로 가져가자.

체크카드 Check Card

ATM 카드 또는 현금카드로도 불리는 체크카드는 자동인출기(ATM)에서 자신의 계좌에 있는 현금을 인출하거나 상점 등에서 결제할 수 있는 카드다. 계좌에 있는 잔액만큼만 사용할 수 있다는 점이 신용카드와 다르고, 그 때문에 발급절차도 간단하다.
해외에서 사용할 때에는 ATM 인출 시 현지 화폐로 나오기 때문에 편리하지만 건당 수수료가 높다는 단

점이 있었다. 그러나 최근 여러 회사에서 해외여행에 특화된 카드들이 출시되면서 수수료가 면제되거나 할인되고 환율 우대 등 다양한 혜택이 추가되어 사용빈도가 늘고 있다.

트래블 체크카드

환전 수수료, ATM 출금 수수료, 결제 수수료 등 각종 수수료를 낮추거나 없애서 해외여행 시 편리하고 유용한 카드다. 특히 뉴욕 등 일부 도시에서는 교통 티켓을 따로 구매할 필요없이 바로 쓸 수 있는 컨택리스(Contactless; 비접촉식 결제) 기능이 내장되어 있어 교통카드로도 사용할 수 있다. 이 때에도 결제 수수료가 붙지 않기 때문에 교통 티켓을 구입하는 것보다 편리하면서도 경제적이다.
카드사의 앱을 이용해 환전이나 충전도 쉽게 할 수 있다. 발행사마다 경쟁을 하다 보니 혜택이 종종 바뀌기도 하는데 환율, 사용 한도, 자동 충전 기능, 환급 수수료 등의 조건을 비교해 보고 자신에게 맞는 것으로 발급받아 가자. 체크카드는 연회비가 없으니 2개 정도 가져가서 도난이나 분실에 대비해 따로 보관해 두는 것이 좋다.

컨택리스 기능

우리나라에서는 아직도 마그네틱을 긁거나 IC칩을 꽂아서 결제를 하는 경우가 많지만, 해외에서는 교통카드처럼 단말기에 가까이 대기만 해도 결제되는 비접촉식 결제방식, 즉 컨택리스가 일반화되고 있다. 해외에서 사용하는 트래블 카드에는 대부분 자동으로 이 기능이 추가되어 있으니 자신의 카드에 컨택리스 로고가 있는지 확인해보자.

카드에 이 로고가 있다면
컨택리스 결제 가능

미국 동부의 경우 도시마다 차이는 있지만 코로나 이후 이러한 컨택리스 결제가 빠르게 확산되고 있으며 특히 뉴욕과 마이애미 등에서는 교통요금도 티켓을 따로 사지 않고 자신의 컨택리스 카드로 바로 결제할 수 있어서 매우 편리하다. 앞서 설명된 수수료가 없는 트래블 체크카드를 이용한다면 더욱 부담없이 이용할 수 있다.

이 로고가 있는
단말기에서 사용 가능

트래블월렛 (VISA) www.travel-wallet.com
트래블로그 (MASTER) https://m.hanacard.co.kr
토스뱅크 (MASTER) www.tossbank.com
신한SOL트래블 (MASTER) www.shinhancard.com
KB국민 트래블러스 (MASTER) https://card.kbcard.com

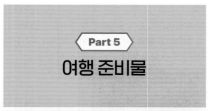

Part 5
여행 준비물

여행을 준비하는 과정에서 귀찮으면서도 설레는 과정이 여행 가방을 싸는 일이 아닐까. 미국 여행이라고 해서 특별한 준비를 해야 하거나 걱정할 것은 없다. 밤늦게까지 영업하는 상점도 있고 약국도 많이 있기 때문에 현지에서 대부분 구매가 가능하다. 다만 시간과 비용을 절약하고 효율적인 여행을 위해 다음 사항을 알아두도록 하자.

★ 여행 가방
트렁크를 고를 때는 우선 크기를 고려해야 하는데, 만약 국내선 항공 이동이 잦은 경우라면 기내 반입용 작은 트렁크가 가장 편리하다. 미국의 항공사들은 미국 국내선 이용자들에게 수하물을 부칠 때마다 $30~40 정도의 수수료를 부과하기 때문에 수하물을 부치지 않고 기내에 반입하면 수수료도 없고 짐을 찾기 위해 기다리지 않아도 된다. 대신 가방 사이즈가 반드시 기내 반입용에 해당되어야 하며 액체류 반입 시 반드시 규정을 따라야 한다. 트렁크에서 가장 중요한 기능은 바퀴와 지퍼다. 이 두 가지를 꼼꼼히 체크하고 사도록 하자.

★ 작은 가방
큰 여행가방 이외에도 날마다 들고 다닐 수 있는 작은 가방이 필요하다. 물병을 꽂을 수 있는 작은 배낭도 편리하고, 손가방인 경우에는 어깨에 크로스로

멜 수 있는 것이 안전하다.
가방에는 지갑, 여권, 휴대폰, 책, 지도, 수첩, 펜, 물, 카메라, 물티슈 등 간단한 것들을 넣어 가지고 다니면 좋다.

★ 세면도구
호텔의 등급에 따라 구비된 세면도구들이 다르다. 즉, 고급 호텔의 경우 비누와 수건은 물론 샴푸, 린스, 샤워젤, 보디로션, 드라이어, 면도기, 면봉, 화장솜, 샤워캡 등이 모두 준비되어 있다. 일반 호텔은 비누, 샴푸, 수건, 드라이어 정도를 갖추고 있다. 공동 욕실의 유스호스텔에는 비누와 수건조차 없는 경우가 많으니 각자가 준비해 가야 한다. 고급 호텔이라고 하더라도 치약과 칫솔은 없거나 따로 사야하므로 미리 준비해 가도록 하자.

★ 전자제품
여행 중 유용한 전자제품이라면 노트북이나 태블릿, 휴대폰, 그리고 카메라를 들 수 있겠다. 노트북은 대개 110/220v 겸용이므로 상관이 없지만 충전기 등은 220v 전용인 경우가 있으니 반드시 미리 확인하도록 하자.

★ 플러그 어댑터

미국은 110v 전압을 사용하므로 우리나라에서 사용하는 220v 전용 전자제품은 가져가도 소용이 없으며 110/220v 겸용이라고 해도 우리나라식의 돼지코 모양 플러그는 맞지 않으니 여행용 어댑터를 준비해 가야 한다.

★ 화장품
화장품은 샘플 용량으로 가져가는 것이 편리하고, 특히 기내 반입용 가방에 넣으려면 100㎖가 안 되는 사이즈인지 확인하도록 하자. 클렌저, 토너, 로션이나 크림 등의 기초 제품과 함께 각자가 사용하는 메이크업 제품을 준비해 가면 된다. 특히 하루 종일 밖에서 돌아다니는 일이 많으니 자외선 차단제를 챙겨 가도록 하자.

★ 비상약품

항생제 등의 특별한 약은 반드시 의사의 처방전이 있어야만 구입할 수 있으니 자주 복용하는 약이 있다면 미리 준비해 가는 것이 좋다. 일회용 밴드, 연고, 소독약 등의 구급약이나 진통제, 소화제, 감기약 등 일반적인 기초 상비약은 24시간 약국에서 구입할 수 있지만 급한 상황에 대비해 조금 챙겨 가는 것이 좋다.

★ 카메라

여행 중에는 평소보다 사진을 많이 찍게 되고, 또 자주 백업을 해두기가 어려우므로, 여유 있는 메모리와 여분의 충전기를 준비해 가는 것이 좋다. 클라우드를 이용하는 것도 한 방법이다. 휴대폰 카메라를 많이 사용한다면 배터리가 빨리 방전될 수 있으니 휴대용 보조배터리도 준비하는 것이 좋다.

★ 선글라스

날씨와 지역에 따라 다르지만 햇볕이 강한 곳에 갈 때에는 선글라스를 챙겨 가도록 하자.

★ 우산

갑작스레 비를 만났을 경우를 대비해 작은 우산을 챙겨 가는 것도 좋다.

★ 손톱깎이

일정이 길다면 손톱깎이도 가져가는 게 좋다.

★ 옷

일단 비행기 안이 추우니까 여름이라도 긴 바지와 긴 소매 옷은 가지고 가는 것이 좋다. 그 외에는 계절에 따라 여행지 날씨를 미리 체크해서 긴바지, 반바지, 셔츠, 점퍼, 카디건, 속옷, 양말 등을 적당히 준비한다. 서부 지역은 여름에 일교차가 크니 긴팔 옷도 가져가는 것이 좋다. 여행 중에는 두꺼운 옷 한 벌보다 얇은 옷 여러 벌을 겹쳐 입는 것이 여러모로 편리하니 카디건이나 지퍼가 달린 후드티 같은 옷이 유용하다.

★ 신발

편한 신발은 하나쯤 꼭 가져가는 것이 좋고, 드레스

코드가 있는 고급 레스토랑을 이용할 때 신을 만한 구두도 가져가면 좋다. 호텔에서 신을 만한 슬리퍼가 있으면 아주 유용하다.

★ 기타

소형 망원경 스케일이 큰 국립공원에서는 야생동물들을 관찰할 수 있으며 뮤지컬이나 오페라 감상 시에도 유용하다.

반짇고리 중급 이상 호텔에는 방마다 구비되어 있거나 빌려주기도 하지만 비상용으로 가져가도 좋다.

여행 중에도 유용한 스마트폰

스마트폰은 여행 중에도 상당히 쓸모가 많다. 통화도 물론 가능하지만, 시계, 계산기, 알람, 노트패드, 사전, 카메라, GPS, 플래시 등 수많은 기능을 이용할 수 있으며 무선 인터넷이 가능한 곳에서는 카카오톡, 인터넷 전화 등 다양한 앱과 인터넷을 통한 검색이 가능하다. 또한 로밍서비스를 이용해도 문자받기는 무료다.

잊지말고 메모하자!! 위급 시 필요한 주요 정보

휴대폰에 저장	메모지에 적기
여권 사진부착면 찍어서 저장	여권번호, 발급일, 유효기간
항공권 e-티켓	항공 예약번호
신용카드 앞뒷면 사진	신용카드 번호, 분실신고 전화번호
호텔 예약 기록	호텔 예약 번호, 전화번호
여행자보험증(영문)	여행자보험증 영문 사본, 보험사 전화번호
지인 전화번호	현지 지인 전화번호
영사관 전화번호	영사관 전화번호 (위급상황 편 참조)

Part 6

가방 싸기

수하물 제한

수하물은 위탁 수하물과 휴대 수하물로 나뉜다. 위탁 수하물은 짐칸에 실어 부치는 짐이고, 휴대 수하물은 비행기에 직접 들고 타는 짐이다. 영어로는 캐리온(carry-on)이라고 한다.

★ 위탁 수하물

짐을 부칠 때는 무게와 크기, 개수에 제한이 있다. 항공사마다 규정이 다르지만 보통 미주노선 이코노미 클래스는 23kg 2개, 비즈니스 이상 클래스는 32kg 2개까지 가능하다. 용량을 초과했을 경우 추가 요금을 내야 한다. 추가 요금에 대한 규정 역시 항공사마다 다른데, kg당 계산을 하거나 또는 가방 추가로 계산을 해서 구간에 따라 12만~17만 원 정도 부과한다.

가방의 사이즈에도 제한이 있어서, 보통 3면의 합(가로+세로+높이)이 158cm가 넘으면 안 되며, 가방이 2개일 경우 총 합이 273cm가 넘으면 안 된다.

위탁 수하물에는 노트북, 카메라, 현금, 고가품과 160Wh 이상의 리튬배터리(충전용 보조배터리 등)는 넣을 수 없으니 직접 휴대해야 한다. 또한 자신의 가방을 구별하기 위해 스티커 등의 특별한 표시나 꼬리표를 붙이는 것이 좋다.

★ 휴대 수하물

기내로 반입하는 휴대 수하물은 제한이 더 까다롭다. 위탁 수하물처럼 추가 요금을 내면 해결되는 것이 아니라 아예 가지고 들어갈 수 없게 되어 있어 더욱 주의를 기울여야 한다.

이코노미 클래스는 여행 가방 1개에다가 작은 가방이나 노트북, 쇼핑백 등 추가로 1개까지 기내로 반입할 수 있다. 무게는 항공사마다 달라서 보통 8~12kg 정도이며, 가방 3면의 합(가로+세로+높이)이 115cm 이하여야 한다. 비즈니스 클래스 이상은 여행 가방이 2개까지 가능하고 추가로 작은 가방도 가능하다.

★ 기내 반입 금지 품목

모든 공항과 항공사에서는 테러나 하이제킹 등의 사고에 대비해 기내로 반입하는 휴대 수하물에 대해 검색을 강화하고 있는 추세다.

우선, 무기가 될 수 있는 날카롭거나 뾰족한 물건은 모두 안 된다. 예를 들어 부엌칼이나 맥가이버칼은 물론, 문구용 커터칼도 금지되어 있으며, 송곳, 면도칼, 뾰족한 우산 등은 모두 위탁 수하물로 부쳐야 한다. 또한 폭발 가능한 물건, 즉, 부탄가스, 라이터, 건전지, 스프레이, 본드 등도 안 된다. 모든 액체나 젤, 크림 종류는 1개당 100ml를 넘어서는 안 되고, 전체가 1,000ml를 넘어서는 안 되며, 가로×세로 20×20cm의 투명한 비닐백에 담아야 한다.

준비물 체크 리스트

☐ 여권	☐ 빗
☐ 한국돈	☐ 손톱깎이
☐ 달러(소액권)	☐ 물티슈
☐ 신용카드/체크카드	☐ 여성용품
☐ 국제운전면허증	☐ 비상약
☐ 메모지/볼펜	☐ 속옷
☐ 샤워 타월	☐ 양말
☐ 휴대폰	☐ 셔츠
☐ 화장품	☐ 바지
☐ 자외선 차단제	☐ 점퍼
☐ 샴푸, 린스	☐ 재킷, 카디건
☐ 샤워젤, 보디로션	☐ 추리닝/잠옷
☐ 칫솔, 치약	☐ 수영복
☐ 면도기/드라이어	☐ 슬리퍼, 운동화
☐ 멀티 어댑터	☐ 모자
☐ 카메라 (메모리카드, 배터리, 충전기, USB 케이블)	☐ 선글라스
	☐ 우산
	☐ 보조배터리

Part 7

면세품 쇼핑

면세점은 세금이 붙지 않아 일반 백화점보다 저렴할 뿐만 아니라 종종 세일을 하기 때문에 쇼핑을 즐길 수 있는 기회가 되기도 한다.

면세점을 이용하려면 출국 날짜와 시간, 비행기편명을 알아야 하며, 반드시 여권을 지참해야 한다. 구입 후 이러한 정보를 입력하고 공항의 출국장에 있는 면세품 인도장에서 물건을 받으면 된다.

★ 주의 사항

면세점에서의 구매는 제한이 없으나 귀국할 때 세관에서는 $800이 면세한도액이므로 주의해야 한다. 최근에는 전산망을 통해 여권번호와 구입 금액이 모두 기록되기 때문에 귀국 시 조사 대상에 오르기도 한다. $800이 넘는 물품에 대해 세관에서 신고를 하지 않았는데 적발되었을 경우 세금은 물론 벌금까지 내야 한다.

★ 추천 아이템

면세점 쇼핑에서 가장 무난한 것은 화장품이다. 국내 백화점보다 저렴할 뿐만 아니라 미국 면세점보다도 저렴하다. 용량이 큰 화장품의 경우에는 기내 반입이 불가능하지만 면세점에서 받은 포장을 뜯지 않은 것은 허용된다. 하지만 중간에 환승을 해야 하는 경우라면 경유지에서 다시 짐 검사를 하기 때문에 반드시 100㎖ 이하 용량으로 구입해야 한다.

반대로 전자제품의 경우는 면세점이 별로 권할 만하지 않다. 백화점보다는 조금 저렴하지만 특별히 세일을 하지 않는 한 일반 매장이나 인터넷 쇼핑몰보다 비싼 편이고 종류도 다양하지 않다. 출국일까지 물건을 만져보지 못하는 것도 별로 좋은 점은 아니다. 교환이나 환불도 어렵다.

면세점에서는 멤버십 할인이나 시즌 할인, 쿠폰 할인 등 다양한 할인제도가 있으니, 가기 전에 미리 확인해보고 이를 충분히 활용하도록 하자.

시내 면세점

시내에 위치해 있어 편리하게 쇼핑을 즐길 수 있으며 시간적으로도 훨씬 여유 있게 쇼핑할 수 있다. 또한 물건의 종류도 다양해 선택의 폭이 넓다.

공항 면세점

공항에서 출국 수속을 마친 후에 출국장으로 들어가면 다양한 면세점이 있어 탑승 전까지 쇼핑을 즐길 수 있다. 물건을 구입하고 바로 받거나, 액체류의 경우는 탑승 직전에 탑승구에서 매장 직원을 통해 전달받을 수 있다. 귀국 후 짐을 찾는 곳에도 작은 면세점이 있다.

인터넷 면세점

최근 점차적으로 이용 빈도가 늘어나고 있는 인터넷 면세점은, 물건을 직접 보고 고를 수 없다는 불편함이 있기는 하지만, 시내 면세점이나 공항 면세점보다 가격이 더 저렴하다. 신규 가입 시 할인 쿠폰이 증정되며 생일 쿠폰, 리뷰 쿠폰 등 다양한 할인 쿠폰이 있어 이들을 활용하면 뿌듯한 쇼핑을 즐길 수 있다. 가끔 매장에 없는 물건도 보유하고 있지만, 매장에는 있는데 인터넷에 없는 경우도 많다.

롯데 kor.lottedfs.com
신라 www.shilladfs.com
현대 www.hddfs.com
신세계 www.ssgdfm.com

Part 1
인천 공항

인천 공항은 서울에서 이동할 경우 1시간 이상 걸린다. 체크인은 보통 출발 2시간 전에 하면 되지만, 사람이 많을 것에 대비해 3시간 전쯤 공항에 도착하는 것이 좋다.

인천 공항 홈페이지 www.airport.kr
인천 공항 고객센터 1577-2600

입주 항공사

제1터미널	아시아나항공, 유나이티드항공, 에어프레미아, 아메리칸항공, 기타 외국항공사
제2터미널	대한항공, 델타항공 등 스카이팀 항공사

체크인

공항에 도착하면 맨 먼저 할 일이 체크인이다. 출국장에 도착하면 자신의 항공사 카운터로 찾아간다. 인천 공항은 매우 넓으니 안내판을 통해 항공사 카운터의 위치를 확인한 후 찾아가자. 25세 이상의 군미필자의 경우라면, 항공사 카운터로 가기 전에 먼저 병무신고센터로 가서 병무신고를 해야 한다.
체크인 카운터로 가면 여권을 제출하고 수하물로 부칠 짐을 올린다. 이때 짐의 무게가 항공사 규정을 초과하면 짐을 빼거나 추가요금을 내야 한다. 수하물에 관한 내용은 '가방싸기'편을 참조하자.
카운터 직원은 여권상의 영문 이름과 유효기간, 비자 등을 확인한 후 수하물을 부친다. 경유편을 이용하는 경우 수하물이 최종 목적지로 가는지 확인하자. 짐을 부치고 나면 탑승권(Boarding Pass)과 함께 수하물 영수증(Baggage Tag)을 준다. 수하물 영

수증은 추후에 짐을 찾을 때 필요할 수 있으니 잘 보관해 두고, 여권과 탑승권을 들고 출국 게이트로 향한다.

공항 내 편의시설

인천 공항에는 편의점을 비롯해 다양한 상점과 식당, 은행, 환전소, 우체국, 택배사, 보험사 카운터, 약국 등이 있다. 해외에서 인터넷을 사용하기 위해서 심카드를 사거나 통신사 로밍센터에서 로밍 서비스를 신청하거나 데이터 차단을 신청할 수도 있다.
출국 수속을 마치고 면세지역으로 들어가면 면세점

과 카페, 식당, 서점, 라운지 등이 있다. 시내 면세점에서 물품을 산 경우 면세품 인도장으로 가서 영수증을 보여주고 물품을 받는다. 이때 주의할 것은 액체나 크림 종류가 있는 물품은 포장을 뜯지 말아야 한다.

보안 검색 및 출국 수속

출국 게이트 안으로 들어가면 바로 보안 검색대가 나온다. 가방 안에 태블릿이나 노트북이 있는 경우 꺼내 놓아야 한다.

보안 검색대를 통과하면 출국 심사대가 보인다. 심사대에서 여권과 탑승권을 제시하면 출국 도장을 찍어준다. 출국 심사대를 지나면 바로 면세점 등이 있는 보세 구역이다. 이곳에서 면세점이나 카페테리아 등을 이용할 수 있다.

19세 이상의 전자여권을 소지한 국민은 심사관을 거치지 않고 기계에 여권을 직접 스캔하고 지문만 찍으면 되는 자동출입국심사 시스템이 있어 더욱 편리하다(7~18세는 사전등록 후 이용 가능).

탑승 수속

탑승권에는 탑승 시간(Bording Time)이 적혀 있는

데, 이 시간에 맞추어 탑승권에 적힌 탑승구(Gate)로 찾아간다. 탑승 수속이 시작될 때까지 라운지에서 기다리다가, 항공사 직원들의 안내에 따라 탑승구로 들어간다. 항공사마다 다르지만, 보통 기내 좌석에 따라 순서대로 구역(Zone)을 나누어 탑승권에도 표시를 해놓는데, 원활한 탑승을 위해 뒷좌석에 해당되는 구역부터 탑승을 시작한다(일부 항공사는 앞좌석부터 들어가기도 한다).

즉, 맨 처음에 퍼스트 클래스와 비즈니스 클래스 승객, 휠체어 승객과 어린이 동반 승객들이 탑승을 하고 나면, 나머지 이코노미 클래스는 뒷좌석 그룹부터 부른다. 탑승할 때는 탑승권과 여권을 보여주어야 하며, 돌려받은 탑승권에는 좌석이 적혀 있으니 찾아가서 앉으면 된다.

Part 2
환승하기

미국에 갈 때 직항 노선을 이용하지 않고 다른 도시를 경유할 때는 대부분 비행기를 갈아타야 하며 가끔 급유만을 위해 비행기에 머물러 있기도 한다. 환승 자체는 그리 어려운 일이 아니지만, 미국행 비행기의 경우 최종 목적지와 상관없이 미국에 맨 처음 도착한 도시에서(경유지라도) 무조건 입국 심사를 받고 짐을 찾아 세관 절차를 밟아야 하므로 시간도 더 걸리고 어렵게 느껴질 수 있다.

미국 외 도시에서 환승

① 경유지에 내리면 'Transit', 'Transfer' 또는 'Flight Connection'이라는 표지판을 따라간다.
② 출발지에서 경유편의 탑승권(Boarding pass)까지 받은 경우에는 상관없지만, 새로 탑승권을 받아야 하는 경우에는 항공사 카운터에서 다시 탑승 수속을 해야 한다.

③ 출발지에서 탑승권을 받은 경우라도, 정확한 탑승 게이트 번호가 적혀 있지 않다면, 환승 라운지 곳곳에 설치된 모니터에서 환승할 비행기 편명과 시각, 탑승구(Gate) 번호를 확인하고 해당 게이트로 가서 탑승하면 된다. 비행기가 연착될 시 탑승구가 바뀌기도 하므로 모니터나 탑승구 입구에서 최종 확인하는 것이 좋다.

미국 내 도시에서 환승하기

① 미국에 처음 도착하면 환승을 하기에 앞서 입국 심사를 해야 한다. 이 첫 도시에서 만약 입국이 거절되면 환승할 필요도 없이 본국으로 귀국해야 한다.
② 비행기에서 내리면 바로 'Immigration' 표지판을 따라간다. 비행기에서 내린 모든 사람이 이곳을 향해 가고 있으니 그냥 따라가면 된다. 맨 처음 도착하는 곳이 입국 심사대다.
③ 입국 심사를 마치고 나가면(입국 심사에 관한 내용은 다음의 「입국하기」 참조) 짐 찾는 곳(Baggage Claim)이 나온다. 여기서 짐을 찾아서 세관을 통과하면 미국에 완전히 입국한 것이고, 그다음에 국내선으로 환승한다.
④ 짐을 기내에 반입할 수 없다면 다시 위탁 수하물로 부쳐야 한다. 휴대 수하물 역시 다시 보안 검색을 해야 하고, 공항 라운지로 들어가 탑승 게이트를 찾아간다.

이처럼 미국 내에서 환승할 때에는 짐도 다시 찾아서 부쳐야 하고, 입국 심사에 소요되는 시간도 매우 오래 걸리기 때문에 환승 시간을 여유 있게 잡아두는 것이 좋다.

Part 3
입국하기

미국에 도착하면 누구나 입국 심사를 받아야 한다. 환승하는 경우라도 경유지에서 입국 심사를 받고 짐을 찾아 세관 검사를 거쳐야 환승이 가능하다. 최근에는 자동입국심사 기계가 있어 전자여행허가(ESTA)로 입국한 적이 있는 사람은 쉽게 입국이 가능해졌다. 하지만 그렇지 않은 사람들은 여전히 까다로운 입국 절차를 거쳐야 한다. 미국은 불법 체류나 테러의 가능성을 배제하기 위해 모든 외국인을 철저히 조사하고 있다. 특히 트럼프 행정부 이후 국토안보부 이민국의 권한이 더욱 강화되어 입국 허가와 체류 기간에 관한 최종 결정은 입국 심사관이 한다.

입국 심사 Immigration

① 비행기에서 내리면 'Immigration' 또는 'Passport Control'이라 적힌 안내판을 따라간다.
② 입국심사대가 나오면 [외국인 Alien] 라인에 줄을 선다.
③ 공항에 따라서 ESTA(전자여행허가)를 승인받은 사람은 따로 줄을 세우기도 한다.
④ 심사관은 방문 목적, 체류 기간, 숙소, 직업 등에 관해 질문을 한다. 가끔 귀국편 항공권이나 호텔 예약 등에 대해서 자세히 묻거나 보여달라고 하기도 한다.
⑤ 심사관의 지시에 따라 지문을 스캔하고 사진을 찍는다.

⑥ 별 문제가 없다면 ESTA의 경우 90일 체류 도장을 찍어준다.

짐 찾기 Baggage Claim

입국 심사를 마치고 나오면 그 다음에는 'Baggage Claim' 사인을 따라 짐을 찾는다. 모니터를 통해 자신의 항공기 편명을 찾아 컨베이어 번호를 확인하고 간다. 가방이 똑같은 경우가 종종 있으므로 짐을 찾을 때는 반드시 수하물 영수증의 번호를 확인하거나 가방을 열어서 자신의 짐인지 확인해보자. 간혹 도난 방지를 위해 공항의 안전요원들이 수하물 영수증(Baggage Tag)을 확인하는 경우가 있으니 체크인 시 받은 수하물 영수증을 잘 간수하도록 하자.

세관 통과 Customs

짐을 찾았다면 출구 쪽으로 나가면서 마지막으로 세관을 통과해야 한다. 신고할 물품이 없으면 녹색 마크가 있는 곳인 'Nothing to Declare' 쪽으로 가서 세관 신고서를 제출하면 된다. 짐이 많거나 X-ray 등에서 음식물이 발견된 경우에는 세관원이 가방을 열고 검사하기도 한다.

신고해야 할 물품이 있다면 빨간 마크가 있는 곳으로 가서 신고해야 하며, 간혹 자신의 수하물 안에 문제가 될 만한 물품이 있는 경우에는 짐을 찾을 때 가방에 빨간 꼬리표나 경보장치 등이 부착되어 있다. 이 경우에는 무조건 신고대로 가서 검사받아야 한다.

짐을 분실한 경우엔 Baggage Claim Office로

짐을 분실한 경우에는 근처에 있는 'Baggage Claim Office' 또는 'Lost Baggage' 센터로 간다. 카운터에 비치된 신고서 양식에 영문으로 가방의 색과 크기, 수하물 영수증 번호, 숙소 주소와 전화번호 등을 자세히 기입하고 접수증을 받은 후 잘 보관한다. 대부분 1~2일이면 보통 숙소로 직접 배달해 준다. 짐이 분실된 경우에는 항공사에서 정한 기준으로 보상 받을 수 있다.

세관 신고서 Customs Declaration Form

신고서는 금지 품목을 소지하고 있느냐는 질문에 예/아니요로 답을 하는 형식이기 때문에, 신고할 물품이 있는 경우에는 '예'라고 기입하고 세관에 미리 신고를 해야 하며, '아니요'라고 기입한 경우에는 바로 통과할 수 있다. 하지만 허위로 작성했다가 적발되면 공문서 위조 혐의까지 가중 처벌되므로 주의해야 한다. 세관 신고서는 한글로 된 것도 있다.

★ 세관 신고 및 금지 품목

① 과일, 채소, 식물, 흙, 육류, 육류제품, 농산물 등은 반드시 신고한 후에 검사를 받아야 한다. 신고하지 않고 반입하다 적발될 경우 벌금은 물론 압수된다.

② 규제 약물, 아동 포르노물, 지적재산권 침해물, 도난 물품, 독극물, 무기 등은 아예 반입 금지 품목이다.

③ 미국에 선물 등으로 남겨두고 갈 물품의 $100까지 면세가 적용되며 나머지는 관세를 내야 한다. 담배 1보루 이상, 술 1ℓ 이상인 경우에는 금액과 상관없이 세금을 내야 하며, 21세 미만인 경우에는 술 반입이 아예 안 된다.

④ 한 가족당 $10,000 이상의 화폐(현금, 수표, 채권 등 모든 통화)를 반입할 경우 신고해야 한다.

보다 자세한 사항을 알고 싶다면 미국 세관의 홈페이지(www.cbp.gov)를 참조하자.

Part 4

귀국하기

귀국 시 세관 통과

① 한국의 면세점이나 미국에서 $800 이상의 쇼핑을 했다면 세관에 신고하고 세금을 내야 한다. $1,000 이하인 경우에는 초과 금액의 20%에 해당하는 세금을 내지만 그 이상인 경우 간이세율도 높아지고 품목에 따라 특별소비세 등 세금 항목도 늘어난다

② 1인당 주류 2병, 담배 1보루, 향수 60㎖를 초과하는 경우 신고를 해야 하며, 미성년자는 선물용이라 하더라도 주류·담배 반입이 금지되어 있다.

③ 판매를 목적으로 하는 상품이나 견본품 등 상업적인 용도의 물품은 신고해야 한다.

④ 미화 1만 달러 상당액을 초과하는 지급수단(통화)을 소지한 경우 신고해야 한다. 신고 위반시는 1년 이하의 징역 또는 1억 원 이하의 벌금형을 받게 된다.

관세청 홈페이지 www.customs.go.kr

Part 1
도시 간 이동

미국은 워낙 땅이 넓어 도시 간 이동에 오랜 시간이 소요되기도 한다. 비행기가 가장 편리할 때도 있지만 기동력이 있는 렌터카가 좋은 수단이 될 때도 있고, 때로는 여행의 대부분을 운전하는 데 허비하기도 한다. 따라서 여행 일정을 짜는 과정에 미국 내 이동 수단에 대해 알아둘 필요가 있다. 다음 표는 주요 도시에서 다른 도시로 이동할 때 많이 이용되는 수단을 정리한 것이니 개인별 여건, 취향, 여행 스타일에 따라 다르지만 참고해보자.

항공

미국 내 10시간이 넘는 장거리 이동에서 편리하고 효율적인 수단이다. 장거리 이동에는 식사나 숙박 등의 추가 비용이 발생하기 때문에 상대적으로 저렴

한 방법이 될 수도 있다. 하지만 단거리라면 그렇지 않다. 공항으로 가서 체크인을 하고 보안절차를 밟고 탑승하고 다시 공항에서 시내로 나오는 것까지 생각한다면 자동차보다 불편하고 소요 시간도 별로 차이가 나지 않는다.

★ 항공 검색 및 예약

미국에서 국내선 항공을 예약할 때는 미국사이트를 이용하는 것이 좋다. 검색의 정확도는 물론이고, 다양한 옵션에 가격도 저렴한 항공권을 쉽게 찾을 수 있다. 항공권 예약은 항상 서두르는 것이 좋다. 일반적으로 출발일이 가까워질수록 항공권의 가격이 올

동쪽으로 이동하면 시간이 절약된다고??

비행기를 타고 동서 방향으로 이동을 하다 보면, 동쪽으로 가는 것이 서쪽으로 가는 것보다 비행시간이 짧다는 것을 알 수 있다. 즉, 로스앤젤레스에서 뉴욕으로 갈 때는 5시간 25분, 로스앤젤레스로 돌아올 때는 6시간 15분이 걸려 50분 정도의 시간차가 있다. 이는 한국과 미국을 왕복할 때에도 마찬가지로, 거리가 멀수록 시간차는 더 커진다. 이처럼 시간차가 생기는 이유는 제트기류 때문이다. 고도가 높은 지역에는 시속 60마일이 넘는 제트기류가 흐르는데, 지구의 자전으로 인한 전향력으로 이 제트기류는 서쪽에서 동쪽으로 흐른다. 따라서 동쪽으로 이동하는 경우에 비행 속도가 더 빨라지며 반대로 서쪽으로 이동할 때는 비행 속도가 느려지는 것이다.

도시	도시 간 이동			도심으로 접근성		
	항공	렌터카	기차/버스	공항	렌터카	기차역/버스터미널
뉴욕	★★★	★★	★★★	★★★	★★	★★★
보스턴	★★★	★★	★★	★★★	★★	★★
워싱턴 DC	★★★	★★	★★★	★★★	★★	★★★
시카고	★★★	★★	★	★★★	★★	★★
올랜도	★★★	★★★	★	★★	★★★	★
마이애미	★★★	★★★	★	★★	★★★	★

※여행자를 기준으로 했기 때문에 숙소는 관광지 주변으로 가정하였다.

라가는 데다 좋은 스케줄은 자리가 빨리 없어지기 때문이다. 하지만 너무 서둘러 예약을 하는 것도 주의해야 한다. 대부분의 예약사이트가 환불 규정이 까다로우며 특히 저렴하게 산 항공권은 환불이 거의 안 된다. 일부 항공사 사이트에서는 가예약을 할 수 있지만 그것도 24시간 이내에 발권하지 않으면 자동으로 예약이 취소된다.

[항공 검색 및 예약사이트]

구글 플라이트 www.google.com/flights

카약 www.kayak.com

모몬도 www.momondo.com

스카이스캐너 www.skyscanner.com

구글 플라이트

★ 국내선 이용 방법

① 수하물을 부칠 경우 출발 1시간 전, 휴대 수하물만 있다면 45분 전까지 체크인을 하면 된다.

② 대부분의 항공사가 수하물을 부칠 때 $30~40 정도의 요금을 부과하며, 작은 비행기는 휴대 수하물의 사이즈규정도 까다로운 편이다.

③ 9·11 테러 이후 공항 내 보안 검색이 강화되어 검색대를 지날 때 신발을 벗어야 하며, 노트북이나 태블릿은 따로 꺼내 놔야 한다.

④ 기내에서 식사, 간식, 담요, 헤드폰 등에도 요금을 부과하는 경우가 많다.

⑤ 국내선은 입국 심사나 세관 심사 없이 바로 짐만 찾아서 나가면 된다.

렌터카

미국 여행에서 가장 편리한 교통수단이다. 도시 간 이동은 물론 도시 내에서의 이동이 모두 연계되어 기동력이 뛰어나고 시간도 절약되며 짐을 들고 다니는 데에도 편리하다. 하지만 장거리 여행에서는 시간이 매우 오래 걸리며 대도시의 다운타운에서는 주차가 어렵고 주차비도 비싸다는 단점이 있다. 따라서 미국 동부의 한두 도시만 집중해서 여행한다면 대중교통이 더 편할 수도 있으며 도시 간 이동이 많거나 도시의 특성상 렌터카가 편리한 곳도 있다.

★ 렌터카 예약

예약은 한국에서 미리 하는 것이 편리하고 각종 할인 혜택을 받을 수 있어 좋다. 한국에서 예약하게 되면 일단 한국말로 할 수 있기 때문에 자세한 조건과 옵션을 정확하게 알 수 있다. 그리고 예약은 일찍 할수록 선택의 폭이 크고 가격 면에서도 유리하기 때문에 여행 일정이 정해지면 가급적 서둘러 예약하는 것이 좋다. 렌터카 예약은 대부분 취소 수수료가 없으며 결제는 현지에 도착해서 차를 픽업할 때 한다.

렌터카 회사는 여러 곳이 있는데 회사마다 장단점이 있고 요금 차이도 있으니 비교해 보고 조건에 맞는 것을 고른다. 예약은 전화나 홈페이지로 할 수 있으며 다음 사항들을 알아두도록 하자.

렌터카 회사

[허츠 Hertz] 홈페이지 www.hertz.co.kr
[알라모 Alamo] 홈페이지 www.alamo.co.kr
[버짓 Budget] 홈페이지 www.budget.co.kr
[식스트 Sixt] 홈페이지 www.sixt.co.kr

렌터카 비교 사이트

렌털카스 홈페이지 www.rentalcars.com
카약 홈페이지 www.kayak.co.kr/cars

① 날짜와 장소 선정

차량 픽업 장소를 공항으로 정하면 공항 이용세가 조금 붙지만 공항에서 영업소까지 무료셔틀로 연결되며 차량도 다양하게 보유하고 있다. 픽업 도시와 반납 도시가 다를 경우에는 거리에 따라 편도 비용이 크게 발생하기도 한다.

② 차량 선택

차량 등급은 회사마다 조금 다르지만 보통 이코노미 Economy, 콤팩트 Compact, 인터미디어트 Intermediate, 스탠더드 Standard, 풀사이즈 Fullsize, 프리미엄 Premium, 럭셔리 Luxury, SUV, 미니밴 Minivan 등으로 구분된다. 이코노미 차량은 렌트비뿐 아니라 연비도 좋다. 하지만 탑승자와 짐이 많다면 인터미디어트 정도가 무난하다. 비수기에는 현지에서 차량 업그레이드를 받을 수도 있다.

③ 보험 선택

자동차 보험은 종류도 많고 회사마다 사용하는 용어가 조금씩 달라서 더욱 어렵게 느껴진다. 모든 항목이 포함된 것이 안전하지만 그만큼 가격이 비싸다. 미국은 인건비나 의료비가 상당히 비싸서 작은 사고라도 엄청난 비용이 드는 경우가 있으니 보상 내용과 약관을 꼼꼼히 읽어보고 결정하자.

• **책임보험 LP(Liability Protection), LI(Liability Insurance)**
대인·대물, 즉, 상대방과 상대 차나 기물 등에 대한 기본 보상이다. 의무 사항이라서 렌터카 요금에 이미 포함되어 있다. 최소한의 보장이기 때문에 추가 책임보험을 드는 것이 좋다.

• **추가 책임보험 LIS(Liability Insurance Supplement), SLI(Supplement Liability Insurance), EP(Extended Protection)**
책임보험에 기본적으로 들어 있는 대인·대물 보상의 수준이 낮기 때문에 보상의 범위와 한도를 높이는 보험이다. 특히 미국은 의료비가 매우 비싸기 때문에 인명사고 시 천문학적 비용이 나올 수도 있으므로 꼭 들어야 한다. 보상의 범위와 한도도 확인하자(미국에 살면서 자동차를 소유하고 있다면 이 보험을 이미 가지고 있다).

• **자차보험 LDW(Loss Damage Waiver), CDW (Collision Damage Waiver)**
자신의 차량에 대한 손실 보상이다. 저렴한 보험의 경우 보상 수준이 낮거나 사고가 났을 때 일정 금액까지 운전자에게 자기부담금 Deductible을 부과하기도 한다. 자차보험이라도 유리창 파손이나 타이어 펑크 등 일부는 수리비를 청구하지만 큰 사고를 대비해 들어 두어야 한다.

• **풀커버 보험 Full Coverage, Super Cover**
추가 책임보험과 자차, 자손보험이 포함되는 등 보상 범위가 넓은 편이지만 한도액은 회사마다 다르다. 이름처럼 모든 것이 보장되는 것은 아니다. 조건과 예외 규정을 꼼꼼히 읽어보고 결정한다.

• **자손보험 PAI(Personal Accident Insurance)**
운전자와 동승자의 상해에 대한 보상이다. 여행자보험으로도 어느 정도 커버가 되니 보상 범위와 한도를 확인하고 결정한다.

• **휴대품 보험 PEC(Personal Effects Coverage)**
휴대품의 도난에 대한 보상이다. 보상 범위와 조건, 한도를 확인하고 결정한다.

• **긴급지원 서비스 RA(Roadside Assistance) 또는 RAP, ERA**
비상시 현지에서 연락해 도움을 받는 서비스다. 과실로 인한 상황에서는 수수료가 부과될 수 있고, 가입하지 않더라도 긴급상황 시 유료 서비스가 가능한 경우도 있다.

④ 옵션 선택

옵션 종류	내용
추가 운전자 Additional Driver	픽업 시 추가 운전자의 면허증이 필요하며 지역에 따라 등록비가 든다.
무제한 주행거리 Unlimited Mileage	이동 거리가 많다면 마일리지 제한이 있는지 확인하도록 한다. 주행거리 제한 시 초과 수수료가 비싼 편이다.
연료 옵션 Fuel Option	가득 채워서 받고 가득 채워 반납하는 'Full to Full' 옵션이 무난한데, 채우지 않고 반납하면 시중보다 조금 비싸게 연료비를 내야 한다. Fuel Purchase 옵션은 연료를 채우지 않아도 되지만 남은 연료에 대해 돈을 돌려주지는 않는다.
GPS (내비게이션)	스마트폰으로 구글맵(한국어 가능)을 이용하면 따로 필요하지 않다. 내비게이션은 구글맵보다 업데이트가 느리다.
카시트	미국은 카시트 규정이 엄격해 대부분의 주에서 체중 18kg 이하의 아동은 카시트가 필수이며, 주마다 다르지만 보통 8세 이하나 27kg 이하는 부스터 시트에 앉혀야 한다.
기타	계절에 따라 스노 타이어, 스노 체인, 스키 캐리어 등

⑤ 정보 입력

이메일 주소 등 기본 정보를 입력하고 결제 단계에서 신용카드 정보를 입력한다. 대부분의 렌터카 회사는 특별한 경우가 아니면 픽업 날짜로부터 1~3일 전까지 환불이 가능하다. 결제가 끝나면 이메일로 확인증이 온다.

렌터카 회사 외의 보험

렌터카 회사에서 직접 판매하지 않고 예약사이트나 가격비교사이트, 보험사이트 등에서 자사의 풀 커버리지 보험을 팔기도 하는데, 보험료는 저렴하지만 사고 시 운전자가 현지에서 우선 사고처리를 하고 한국에 돌아와 서류를 제출해 보상받는 방식이라 시간이 걸리고 다툼의 소지가 있다는 것도 알아두자.

★ 픽업하기

현지에 도착해 렌터카 사무실로 간다. 공항지점은 공항에서 출발하는 무료 셔틀버스를 이용하면 되고 시내 지점일 경우에는 택시나 대중교통으로 찾아간다. 차를 인수받는 것을 체크아웃 Check out 또는 픽업 Pick up이라고 한다. 공항이나 호텔에서 체크인이라고 하는 것과 반대다.

렌터카 사무실에 도착하면 카운터에 예약 확인증과 여권, 운전면허증, 국제면허증을 제시한다. 카운터 직원은 추가 옵션을 권하거나 차량 승급을 유도하기도 하는데, 이때 적당한 합의를 통해 옵션을 조금 추가하고 무료로 차량 승급을 받는 것도 괜찮다. 최종적으로는 신용카드로 결제하고 자동차 키를 받아 나온다.

★ 반납하기

차량을 반납하는 것은 체크인 Check in 또는 리턴 Return이라고 한다. 차량을 반납할 때에는 먼저 연료를 가득 채워야 하는데, 렌터카 회사보다는 일반

구글맵으로 길찾기

미국에서 구글맵은 더욱 막강하다. 목적지만 입력하면 정확히 찾아가고, 주변의 식당, 마트, 약국, 편의점, ATM, 주유소, 주차장 등도 잘 찾아낸다. 도착 예상 시각이나 소요 시간은 물론, 교통체증, 공사중, 교통사고 등 교통상황도 알 수 있으며 언어(한국어)와 도량형(미터)을 원하는 대로 설정할 수 있어 편리하다.

단, 외진 시골 등 인터넷이 잘 안 되는 곳으로 간다면 지도를 미리 다운받아 두자. 그럼 인터넷이 안 되더라도 GPS기능으로 지도에서 자신의 위치를 확인할 수 있다. 데이터 요금을 아끼고 싶을 때에도 마찬가지다. 길찾기 기능은 배터리를 많이 소모하기 때문에 차량에 충전기를 준비하는 것이 좋다.

주유소가 저렴한 편이다. 연료가 부족한 경우에는 연료비에 서비스료까지 부과하는 경우가 있다. 그리고 정해진 반납 시간을 지나면 추가 요금을 부과하므로 시간은 꼭 지키는 것이 좋다.

기차

미국은 대체로 기차여행이 편리한 나라가 아니지만, 북동부 지역은 예외라고 할 수 있다. 대도시가 가깝게 모여 있는 북동부 일부 지역에서는 기차가 꽤 편리한 시스템을 갖추고 있다. 비교적 정확한 스케줄로 움직이고 객차도 쾌적한 편이라 현지 비즈니스맨들도 종종 이용하는 구간이다. 하지만 그 외 구간에서는 대부분 스케줄이 한정적이고 소요 시간이 오래 걸리며 요금도 저렴하지 않다.

★ 앰트랙 Amtrak
앰트랙은 1971년에 설립된 미국 철도 여객 공사 (National Railroad Passenger Corporation)에서 운

앰트랙북동부

보스턴 Boston
뉴욕 New York
필라델피아 Philadelphia
볼티모어 Baltimore
워싱턴 DC Washington D.C.
리치몬드 Richmond

미국의 초고속 열차 '아셀라 익스프레스'

앰트랙의 다양한 노선 중에서 가장 많이 이용되는 노선인 동북간선 Northeast Corridor (NEC)에는 초고속 열차인 '아셀라 익스프레스 Acela Express'가 있다. 이 열차는 비즈니스용으로 많이 이용되는 워싱턴~보스턴 구간을 운행하며 볼티모어, 필라델피아, 뉴욕을 경유한다. 시속 120~240km로 진정한 초고속 열차는 아니지만, 일반 열차로 4~5시간의 뉴욕~워싱턴 구간을 2시간 45분으로 단축시켰다. 객차는 비즈니스 클래스와 퍼스트 클래스밖에 없으며 전 좌석에 테이블과 콘센트가 있고 스낵 칸에서는 간단한 식사와 음료를 즐길 수 있다.

영하는 여객철도 시스템이다. 500개가 넘는 도시들을 연결하는 철도망을 갖추고 있으며, 철로가 닿지 않는 지역은 버스 서비스(Thruway Motorcoaches)로 연결해준다.
예약은 홈페이지를 통해 어렵지 않게 할 수 있으며 이메일로 티켓을 받아 스마트폰에서 바로 사용할 수 있다.

홈페이지 www.amtrak.com

버스

미국에서의 장거리 버스 여행은 매우 고달프다. 대부분의 사람이 항공이나 자동차를 이용하다 보니 버스는 시설이 낡고 불편하며 버스 터미널도 외진 곳이 많다. 또한 공항이 없는 작은 마을 사람들이 이용하다 보니 중간에 들르는 정류장이 많아 시간도 매우 오래 걸린다.
하지만 미국의 북동부 지역은 도시 간 거리가 가까운 편이라 많은 사람이 이용하기 때문에 그만큼 버스회사도 많고 스케줄도 많으며 가격과 시설도 무난하다.

버스회사들은 서로 경쟁을 하다 보니 가격이나 시설이 대체로 비슷한 편이고 이용 방법도 거의 비슷하다. 회사별 차이보다는 노선별로 차이가 있으며 일찍 예약할수록 저렴하기 때문에 가격과 스케줄을 비교할 수 있는 예약사이트를 이용하는 것이 편리하다. 버스회사 홈페이지나 버스 검색 및 예약사이트를 통해 예약하면 이메일로 티켓을 받을 수 있다. 버스회사별로 정류장이 다른 경우가 많으니 출발 및 도착 정류장을 확인하도록 한다.

버스 회사

플릭스버스 Flix Bus www.flixbus.com
그레이하운드 Greyhound www.greyhound.com
메가버스 Megabus us.megabus.com
피터팬 버스 Peterpan Bus www.peterpanbus.com
차이나타운 버스 Chinatown Bus www.chinatown-bus.org

버스 검색 및 예약사이트

완더루 www.wanderu.com
버스버드 www.busbud.com
오미오 www.omio.com
겟바이버스 https://getbybus.com

기차 VS 버스
유용한 교통수단 고르기

Tip

기차는 날씨에 구애를 덜 받아서 폭우나 폭설 등의 악천후에 유리하다. 특히 동북부 지역의 겨울에 폭설이 내리면 버스는 운행이 취소되기도 하지만 기차는 일정대로 움직이는 경우가 많다. 버스의 장점이라면, 노선이나 스케줄이 훨씬 다양하고 소도시까지 연결되며 가격이 기차보다 저렴하다.

< **Part 2** >
도시 내 이동

미국은 도시별로 대중교통 발달의 차이가 크다. 뉴욕, 보스턴 등 미국 북동부의 역사가 오래된 대도시들은 대중교통이 발달한 편이고 다운타운에서 주차하기가 매우 어렵지만 올랜도, 마이애미 같은 동남부 도시들은 대중교통으로 다니기 불편한 곳이 많다. 하지만 어느 도시든 차량 공유 서비스인 우버나 리프트가 많이 이용되어 대중교통과 병행하면 굳이 렌터카가 없어도 편리한 여행이 가능하다.

도시	렌터카	지하철/ 버스	우버/ 리프트
뉴욕	★	★★★	★★
보스턴	★★	★★★	★★
워싱턴 DC	★	★★★	★★
시카고	★★	★★	★★
올랜도	★★★	★	★★★
마이애미	★★★	★	★★

※우버/리프트는 일종의 택시이므로 여행자에게 가장 편리하지만 가성비를 고려했다.

교통수단	장점	단점
렌터카	동선이 자유롭다. 기동력이 있다. 짐에 구애받지 않는다.	낯선 곳에서의 운전이 긴장될 수 있다. 주차가 어렵거나 비싼 곳이 많다. 교통 체증 시 일정이 꼬일 수 있다.
지하철	찾아가기 쉽다. 저렴하다. 빠르다.	노선이 제한적이고 주말에 운행이 줄어든다.
버스	저렴하다. 지하철보다 노선이 다양하다.	도시별로 노선이나 스케줄이 불편하다.
우버/ 리프트	운전을 안해도 되고 원하는 곳까지 편하게 이동할 수 있다. 택시보다 저렴하다.	처음 이용할 때는 생소할 수 있다.

우버 Uber / 리프트 Lyft

Tip

미국의 거의 모든 지역에서 운영되며 많은 사람이 이용하고 있다. 대중교통이 불편한 도시에서 특히 유용하며 가격도 저렴한 편이니 미리 어플을 다운받아 계정을 만들어두는 것이 좋다.

이용 방법

① 스마트폰에 애플리케이션을 다운받아 회원 가입을 한다.
② 계정을 만들 때 결제할 신용카드 정보를 입력해야 한다. 이때 입력된 결제방식으로 자동 결제되기 때문에 현지에서는 휴대폰만 있으면 된다.
③ 현지에서 차량이 필요할 때 앱을 열어 목적지를 입력한다. 출발지는 자동으로 현재 위치가 입력되며 바꿀 수도 있다.
④ 출발지와 목적지가 정해지면 지도에는 주변 차량이 검색된다. 차량에 따라 요금과 서비스가 조금씩 다르다.
⑤ 예상 요금을 확인하고 선택하면 픽업 위치가 나오고 운전기사의 정보가 나온다.
⑥ 정확한 픽업 장소로 가서 기다린다. 운전기사가 전화나 문자를 하기도 한다. 차량이 도착하면 차번호, 색상, 모델명 등으로 식별한다.
⑦ 목적지에 도착하면 하차 후 앱을 통해 평가할 수 있으며, 팁은 보통 10~15% 준다. 요금은 등록된 카드에서 결제된다.

유의사항

통화를 해야 하는 경우 휴대폰이 로밍 상태라면 국제전화를 이용해야 하고(드라이버가 거부할 수 있다), 심카드를 사용한다면 현지 전화번호를 입력해야 한다. 택시를 불렀다가 취소하면 벌금이 부과된다.

차량 종류, 위치와 · · · · · · · · · · · 팁 선택 메뉴
드라이버 표시

Part 3

운전하기

미국은 자동차 여행을 하기에 적합한 나라이기 때문에 많은 여행자가 렌터카를 이용한다. 미국에서 운전하는 것 자체는 어렵지 않지만, 운전 방식이나 문화가 우리와 다른 점이 많고 주마다 교통 법규가 다르므로 더욱 주의해야 한다.

주행에 앞서 주의할 점

① 운전자는 물론 조수석과 뒷좌석에 앉은 사람도 반드시 안전벨트를 착용해야 한다.
② 8세 이하나 체중이 22kg 이하(연령과 체중은 주마다 다름) 어린이는 반드시 카시트에 앉혀서 뒷좌석에 태워야 한다.
③ 6세 이하 아동은 잠시라도 차 안에 두고 나가면 안 된다. 12세 이상 동승자가 함께 있을 경우는 괜찮다.
④ 음주운전은 처벌 수위가 매우 높으며, 운전자가 음주 단속에 걸리면 조수석에 앉은 사람도 함께 처벌된다. 기침약 등 알코올이 포함된 약물을 많이 마신 경우에도 마찬가지다.
⑤ 주행 시 휴대폰 사용을 금하고 있으니 통화가 필요하다면 블루투스나 헤드셋 등을 준비한다. 문자메시지는 주에 따라 벌금이 더 무겁다.
⑥ 밀봉되지 않은 주류. 즉, 뚜껑을 열었던 맥주 등이 차 안에서 발견되면 처벌된다. 트렁크에 넣어둔 경우는 괜찮다.

⑦ 이 밖에도 교통법규 위반으로 걸렸을 때 뭘 먹고 있었거나 화장, 면도 등을 하고 있었다면 운전 중 부주의라는 명목으로 벌금이 가중될 수 있다.

시내 주행 시 주의할 점

시내에서 운전할 때에는 우리나라와 다른 점이 많기 때문에 특히 조심해야 한다. 한국에서 아무리 운전을 잘했더라도 미국의 교통법규를 모른다면 소용이 없다. 미국의 교통 범칙금은 상당히 비싸고 법원까지 출두해야 하는 일이 생길 수도 있으니 각별히 주의하자.

★ **멈춤 표시 Stop Sign**
'Stop' 표시가 있는 곳에서는 무조건 정지해야 한다. 완전히 서지 않고 속도만 줄이고 지나가다 걸리면

일반 규제 표지판

정지	양보	속도 제한 50마일	최저속도 45마일 이상	좌회전 또는 유턴금지
STOP	YIELD	SPEED LIMIT 50	MINIMUM SPEED 45	(좌회전·유턴금지 표지)
진입 금지	일방 통행	주차 금지	다음 시간에는 1시간만 주차 가능함	카풀 차선
DO NOT ENTER	ONE WAY →	(P)	ONE HOUR PARKING 8AM-8PM	HOV 2+ ONLY 2 OR MORE PERSONS PER VEHICLE

주의 및 경고 표지판

굽은 길	교차로	신호등	길이 좁아짐	미끄럼 주의	우측 차선 끝남	전방에 철도 건널목	자전거 주의
(굽은길)	(Y자 교차로)	(신호등)	ROAD NARROWS	(미끄럼 주의)	RIGHT LANE ENDS	R X R	(자전거)
학교앞 주의	야생동물 주의	권장 속도 35마일	도로가 끝남	교통 통제	도로 작업자 주의	창 밖으로 물건(빈 병, 휴지 등)을 던지지 말 것	
(학교앞 주의)	(사슴)	35 MPH	DEAD END	(교통 통제)	(도로 작업자)	NO LOITERING	

도로 안내 표지판

고속도로 번호	두 도로의 교차로	국도 번호	1마일 후 Phoenix 방향의 17번 고속도로 나타남	5번 출구	3rd St 출구로 나가려면 오른쪽 차선	Spot Rd 출구까지 1마일 남음	도시간 잔여 마일 수 (Quijotoa 까지 4마일)
INTERSTATE CALIFORNIA 10	JUNCTION 47 3	22	17 Phoenix 1 MILE	EXIT 5	3rd St RIGHT LANE	Spot Rd EXIT 1 MILE	Quijotoa 4 Roll 56 Salome 78

벌금이다. 사거리에 Stop 사인이 있는 경우에는 직진이나 좌회전 상관없이 먼저 정지한 차부터 지나간다. 신호등이 고장일 경우에도 Stop 사인과 같은 규칙으로 움직인다.

★ 앰뷸런스 Ambulance Car

응급차, 소방차나 경찰차가 사이렌을 울리며 지나가면 무조건 속도를 줄이고 우측 차선으로 옮기며 가급적 도로 쪽에 정차한다. 이동할 수 없는 경우에는 그 자리에 정차한다. 이때 주의할 것은 반대편 차선에서 오는 경우라도 차를 우측에 세워야 한다는 점이다. 이러한 구급차량은 중앙선을 넘어 역주행을 할 수 있기 때문이다.

★ 통학버스 School Bus

등·하굣길에서 통학버스가 정차해 빨간불을 켜거나 Stop 사인을 보낼 때에는 무조건 정지해야 한다. 특히 주의할 점은 스쿨버스가 반대쪽 차로에 있을 때도 아이들이 길을 건널 수 있으므로 역시 차를 세워야 한다.

★ 학교 주변 School Zone

아이들이 많은 학교 주변은 제한속도가 15~25마일로 매우 느리다. 아이들이 없는 경우라도 속도 위반으로 걸릴 수 있으니 주의해야 한다.

★ 좌회전 Left Turn

대부분의 주에서는 특별히 좌회전 금지 사인이 없는 경우 비보호로 좌회전할 수 있다. 따라서 사거리에서 직진할 경우에는 가급적 1차선에 있지 않는 것이 좋다. 교통이 복잡한 곳에서는 비보호 좌회전이 어려우므로 대기 신호 중 미리 앞으로 나가 있어도 된다. 특히 좌회전 표시가 없는 신호등 사거리에서는 보행신호 시 앞으로 나가 있다가 반대편에서 차가 오지 않는 것을 확인하고 보행신호 또는 신호가 바뀔 때 좌회전해야 한다.

★ 클리어 Clear Sign

도로 바닥에 'Clear'라고 씌어 있는 곳은 길이 막히는 중이라도 표시 지역 안에 머물러 있으면 안 된다. 다른 차량의 진입을 방해하는 행위이기 때문에 교통경찰에게 걸리면 벌금이다. 신호등에 걸려 꼬리가 물리지 않도록 주의한다.

★ 중앙 좌회전 차선

중앙선 대신 가운데에 도로가 있고, 도로 양쪽이 노란색의 점선과 실선으로 이루어진 것은 중앙 좌회전 차선이라고 하는데, 이 차선이 그려진 도로에서는 좌회전하거나 또는 도로 바깥쪽에서 좌회전해서 이 차선으로 들어올 수 있다. 보통 좌회전을 통해 건물로 들어가거나 나올 때 쓰인다. 하지만 이 도로는 주행 도로가 아니므로 60m 이상 주행할 수 없다.

★ 단속 카메라

교통체증이 심하거나 교통사고가 자주 일어나는 도심 사거리에는 간혹 단속 카메라가 있으니 주의한다.

교통 범칙금

미국의 교통 범칙금은 우리나라보다 훨씬 비싸다. 여행 중에 티켓을 받는 것만으로도 기분이 상하는데 벌금의 액수를 보면 아주 우울해진다. 벌금은 주에 따라 다르고 같은 주라도 도시에 따라 차이가 크게 나기도 한다. 또한, 교통경찰이 티켓을 끊을 때는 기본 벌금으로 나오지만, 실제 부과될 때에는 각종 수수료가 더해져 훨씬 높게 책정된다. 여행자들이 주로 티켓을 받는 경우는 속도 위반($45~300), 주차 위반($50~150, 장애인 주차 구역은 $250~450) 등이다.

미국의 고속도로

미국은 고속도로로 모든 지역이 연결되어 시스템이 잘 발달되어 있다. 이러한 고속도로 시스템

을 미리 알아두면 운전 시 도움이 된다. 시내에서만 운전을 하는 경우라도, 대도시에서는 시내를 관통하는 고속도로들이 있기 때문에 고속도로 시스템을 알아두는 것이 좋다.

① 하이웨이/프리웨이
고속도로 Highway는 크게 주의 경계를 넘어 미 대륙을 연결하는 인터스테이트 하이웨이 Interstate Highway와 스테이트 하이웨이 State Highway(또는 State Route)로 나뉘며 보통 통행료가 없기 때문에 프리웨이 Freeway라 부른다.

② 도로 번호
고속도로의 표기는 숫자로 하는데, 짝수번호의 도로는 동서로 달리는 도로이며 홀수는 남북으로 달리는 도로로다. 따라서 여러 개의 고속도로가 교차하는 곳에서 도로 번호를 보면 방향을 가늠할 수 있다.

③ 방향 표시
같은 숫자의 도로에서 North는 북쪽으로 가는 방향, South는 남쪽으로 내려가는 방향, East는 동쪽, West는 서쪽으로 가는 방향이므로 고속도로에 진입할 때는 항상 이 방향이 맞는지 확인한다. 간단하게는 N, S, E, W로 표기하며, 진입로에는 항상 방향을 표시하는 이정표가 있다.

④ 출구
고속도로에서 빠져나가는 출구를 Exit라고 한다. 대부분 오른쪽에 있지만 간혹 왼쪽에 있는 경우도 있다. 출구가 가까워지면 이정표가 나와 미리 확인할 수 있다. 출구를 잘못 나갔더라도 다시 고속도로로 진입하거나 반대 방향으로 가는 이정표가 있는 곳이 많다.

⑤ 출구 번호
고속도로의 출구 번호는 도로가 시작된 곳으로부터의 거리(마일)을 뜻한다. 물론 반대 방향이라면 도로가 끝나는 곳으로부터의 거리다. 따라서 자신의 목적지 출구 번호를 알면 현재 달리고 있는 곳의 출구 번호를 보고 얼마나 남았는지 알 수 있다. 도시로 진입하면 거의 1마일 간격으로 출구가 있으며 1마일 안에 출구가 여러 개 있는 경우에는 숫자에 알파벳을 붙여

표기한다. 예를 들어 45A, 45B, 46 이렇게 출구 번호가 있다면 1마일 안에 3개의 출구가 있는 것이다.

고속도로 주행 시 주의할 점

미국의 고속도로 운전은 우리나라와 크게 다르지 않지만 몇 가지는 꼭 알아두자.

① 실선 차선
맨 우측에 흰색의 실선 차선이 있는 경우는 출구로 나가는 차량만 주행할 수 있는 차선으로, 차선을 함부로 변경하면 안 된다. 맨 좌측(1차선)에 실선 차선이 있는 경우에도 역시 차선을 변경해서는 안 되며, 이 차선은 대개 카풀 차량만 주행할 수 있다.

② 카풀 차선
바닥에 흰색의 마름모 표시나 파란 표시가 있는 곳은 카풀 Car Pool 전용 차선이다. 한국에서는 카풀의 기준이 3명이지만 미국에서는 2명 이상이면 된다. 보통 좌측 1차선이 카풀 차선이며 시간제로 운행하는 도로도 있으니 안내판을 보자. 또한 자신이 카풀 상태라도 차선이 실선으로 된 곳에서는 진입할 수 없으므로 점선으로 바뀔 때까지 기다렸다가 진입해야 한다. 최근에는 하이브리드 자동차도 이 카풀 차선을 이용할 수 있는 곳이 많다.

③ 제한 속도
제한 속도는 항상 주의해서 지켜야 하지만, 주변의 차량들이 모두 빨리 달리는 상태에서는 제한 속도를 너무 고집할 필요가 없으며, 오히려 너무 늦게 달려서 교통의 흐름을 막는 경우에는 처벌될 수 있다.

④ 진입 신호등
시내에서 고속도로로 진입할 때에는 교통체증을 조절하기 위해 고속도로 진입로에 신호등이 있는 경우가 있다. 이 신호등은 일반 신호등과 달리 녹색불 하나만 깜박이는 신호등으로, 녹색불이 켜졌을 때 진입하고 꺼지면 정차해야 한다. 교통체증 시에는 한 대씩만 지나갈 수 있고 한산할 때에는 항상 초록색으로 켜져 있다. 그리고 진입도로라고 하더라도 카풀 차선인 경우에는 녹색불과 상관없이 진입할 수 있는 경우가 많다(안내판에 쓰여 있다).

주의! 교통 경찰이 부를 때

TIP

주행 중 교통경찰이 따라오며 신호를 보낼 경우에는 무조건 차를 도로변에 정차시킨 후 창문을 열고 양손을 핸들 위에 올려놓고 경찰관이 올 때까지 기다린다. 괜히 휴대폰이나 면허증 등을 꺼내기 위해서 콘솔 박스나 가방, 안주머니 등을 뒤진다거나 하면, 경찰은 총기를 꺼내는 것으로 오인해 먼저 발포할 수도 있으니 절대로 금물이다. 경찰이 지시를 내릴 때까지는 무조건 손을 핸들 위에 올려놓고 가만히 기다려야 한다. 경찰은 운전자가 정차하면 바로 오는 게 아니라, 먼저 차량번호판을 조회한다. 이때 시간이 걸려 한참 동안 경찰이 오지 않으면 궁금하고 불안한 마음에 차에서 나오려는 사람도 있는데 절대 차 문을 열고 나와서는 안 된다.

일반인들도 총기를 소지할 수 있는 미국에서는 경찰이 우리나라 포돌이처럼 친절하지 않다. 매우 권위적이며 때로는 강압적이다. 따라서 억울한 경우라도 대들지 말고 차분하게 대처해야 한다. 벌금이 부과된 경우 부당하다고 생각하면 이의신청(dispute)을 할 수 있으며, 기한 내 아무 조치를 취하지 않으면 렌터카 회사를 통해 신용카드로 벌금이 결제된다.

고속도로에서 고장이나 사고가 났을 때

미국의 고속도로는 곳에 따라 매우 한산해서 운전 중 차량이 고장 나도 주변에 차가 없어 도움을 청하지 못하는 경우가 있다. 또한 차가 많더라도 낯선 사람들에게 도움을 청하기란 쉽지 않은 일이다. 이러한 경우에는 먼저 고속도로상에 위치한 콜 박스 Call Box를 찾아야 한다. 다행히 미국의 고속도로에는 400m 간격으로 콜박스가 설치되어 있어 사고 지점에서 조금만 걸어가면 찾

을 수 있다. 콜박스에 있는 전화의 수화기를 들면 곧 교환원이 응답하며 이것저것 물어본다. 먼저 콜박스의 번호를 알려주면 위치를 추적할 수 있으며, 고장이나 사고가 난 상황을 설명하면 그에 맞게 견인차를 보내주거나 순찰대

원을 파견한다.

또한 교통정보 안내 서비스인 511에 전화하면 콜 박스와 비슷한 서비스를 해주는 경우가 있는데, 이는 도시와 주에 따라 다르지만, 휴대폰으로 511에 전화를 걸어 '프리웨이 에이드 Freeway Aid'라고 말하면 교환원을 연결해주는 경우도 있다.

주유

미국에서는 주유소를 '가스 스테이션 Gas Station'이라 하며, '가스 Gas'는 '가솔린 Gasolin'을 뜻한다. 그만큼 대부분 경유보다는 가솔린을 사용하며 가격도 경유가 더 비싸다.

지점이 많은 주유소는 Exxon, Esso, Chevron, Mobil, Shell, BP, Texaco 등이며, 뉴저지주와 오리건주를 제외하면 거의 셀프 주유의 형태로 영업하고 있다. 따라서 스스로 주유하는 방법을 알아두는 것이 좋다.

셀프 주유

① 주유소에 들어가 주유기 앞에 차를 주차한다. 자신의 렌터카 주유기 위치는 대부분 운전석 앞에 표시된 주유기 아이콘에 화살표로 나와 있다.

② 대부분의 주유소가 선불제이므로 주유기 옆에서 신용카드로 결제할 수 있다. (pay-at-the-pump 시스템) 도난카드 사용 방지를 위해 카드 청구지의 우편번호 Zip Code를 입력하라고 나오는 경우 00000을 입력하면 되는 곳도 있다. 카드가 안 되는 경우 주유소 가게로 가서 자신의 주유기 번호를 말하고 지불한다.

③ 현금으로 결제할 경우 금액을 말하면 그만큼 주

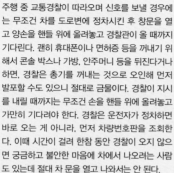

083

유된다.

④ 미국의 주유소는 대부분 가솔린을 취급하지만, 간혹 가솔린 바로 옆에 경유가 나란히 있는 곳도 있다. 보통은 경유기가 따로 있고 색깔도 다르지만, 가끔 실수를 저지르기도 하므로 주의해야 한다. 만약 경유를 넣어 엔진이 망가지면 렌터카 회사에 큰돈을 물어줘야 한다.

⑤ 주유기 Pump를 꺼내 주유구에 꽂고 가솔린의 종류를 선택하면 바로 주유할 수 있다.

⑥ 주유기 화면에는 가격이 표시된다. 단위는 갤런이며 1갤런은 약 3.8ℓ 다.

주유소 검색 어플

자신의 위치에서 가까운 주유소를 찾아주고 주유소별 가솔린 가격을 비교해 주는 무료 어플이 많은데 가장 유명한 것은 가스버디다. 로드 트립처럼 주유소를 자주 드나들 때 유용하다.

가스버디
GasBuddy

가스구루
Gas Guru

웨이즈
Waze

주차하기

★ 길거리 주차 Street Parking

길거리에 주차를 할 때에는 먼저 주차가 가능한 구역인지 확인해야 한다. 대부분의 차도에는
주차와 관련한 안내판이 있어 주차 여부를 알 수 있다. 교통량이 많은 도로에는 아예 주차가 안 되거나, 10~20분만 가능하거나, 또는 출퇴근 시간대를 피한 주차 가능 시간대가 적혀 있다. 이를 반드시 확인하도록 하자.

★ 주택가

주택가의 경우에는 매주 특정 시간에 청소차가 지나가 (Street Cleaning) 주차가 안 되거나 또는 그 지역 주민만 주차가 가능한 경우도 있다. 이러한 내용들 역시 안내판에서 확인할 수 있다. 또한 빨간색의 소화전 Fire Hydrant이 있는 곳에는 소방차 전용 주차 공간이므로 안내판이 없더라도 무조건 주차를 해서는 안 된다.

★ 연석의 색깔

보도블록 옆이나 바닥에 튀어나온 연석에는 가끔 색깔이 있는 페인트칠을 해놓은 경우가 있는데, 이러한 규칙은 우리에게 익숙하지 않으므로 주의해야 한다. 색깔은 주마다 다르지만 보통 흰색은 정차만 가능한 곳, 녹색은 제한 시간에만 주차가 가능한 곳, 노란색은 짐을 싣거나 내릴 때만, 파란색은 장애인 전용주차, 빨간색은 소방차나 경찰차 등 응급상황에만 주차 가능하다는 뜻이다. 하지만 오리건 주의 경우는 노란색이 주차금지를 뜻하는 등 주마다 약간 다르므로 주의하자. 대개는 안내판이 있으니 꼭 읽어보도록 하자.

★ 장애인 주차

미국은 어디를 가나 주차장에는 장애인 주차구역이 정해져 있다. 위와 같이 연석에 파란색 칠을 해놓은 경우도 있지만, 보통은 장애인 표지판이 세워져 있거나 바닥에 그려져 있다. 차량
번호판이나 앞좌석 등에 장애인 표시가 없는 차량이 이 자리에 주차를 하면 벌금이 상당히 세다.

주차 안내 표지판

Handicapped	장애인 주차 구역
Fire Lane	소방차선
Loading Zone	짐을 싣고 내리는 구역
Compact	소형차 전용
Staff Only	직원 전용
Tow-away Zone	견인 구역
Resident Parking	지역 주민 전용
Assigned Parking	지정차량 전용
Reserved Parking	등록차량 전용
No Parking Anytime	항상 주차 금지, 비상시를 위해 항상 비워두는 구역

★ 주차 미터기 Parking meter

주차를 할 때에는 물론 무료인지 유료인지도 확인해야 한다. 유료인 곳에는 주차 요금을 내는 미터기가 있는데, 이 주차 미터기의 종류가 매우 다양해 사용 방법도 다양하다. 보통 길거리에서 가장 흔히 볼 수 있는 것은 동전을 넣는 기계로 미터기 안쪽을 들여다보면 요금을 알 수 있다. 보통은 25센트짜리 동전을 사용하며 5센트짜리 동전까지 가능한 기계도 많다. 다운타운일수록 요금이 비싸 25센트짜리 동전이 많이 필요하므로 미리 차 안에 준비해 두는 것이 좋다. 보통 중소도시나 한산한 거리는 주차 요금이 저렴한 편이다.

주차 요원들이 돌아다니며 이 미터기를 체크하는데, 돈이 다 떨어지면 '0'으로 표시되므로 약간만 시간을 초과해도 티켓을 받을 수 있으니 여유 있게 동전을 넣어두는 것이 좋다. 미터기는 신용카드를 사용할 수 있는 것도 있다. 동전 미터기가 각 차량마다 하나씩 있는 것과 달리, 카드 미터기는 주차 지역에 한 곳만 설치되어 있어 자신이 주차한 곳의 번호를 눌러 요금을 결제하는 방식이다. 어떤 미터기는 결제만 하면 되는 것도 있지만 어떤 기계는 결제 후 영수증을 자신의 차량에 부착해야 한다. 보통 와이퍼에 끼워놓기도 하지만 보다 안전하게 하려면 차 안의 앞유리 쪽에 주차요원이 볼 수 있도록 놓는 것이 좋다.

간혹 중소도시나 시골 마을 같은 곳에는 나무상자 같은 것이 있어서 그 안에 돈을 넣어놓게 되어 있는 곳도 있다.

★ 주차장 Parking Lot

주차장에는 입구에서 티켓을 발부해 나갈 때 시간에 따라 돈을 내는 곳도 있지만, 어떤 곳은 먼저 주차를 한 후에 기계를 이용해 선불로 주차요금을 내는 경우도 많다. 자신이 주차한 곳에 적힌 번호를 기계에 입력하고 주차할 시간을 입력한 뒤 요금을 내면 영수증이 나온다. 길거리 주차와 마찬가지로, 영수증을 차에다가 끼워놓아야 하는 곳도 있으니 안내문을 잘 읽어보도록 하자. 신용카드를 받는 기계들도 있지만 오래된 기계는 그냥 자신의 번호가 입력된 상자에 돈을 넣으면 되는 것도 있다. 이러한 시스템은 주차장마다 다양하며 주의할 점은 시간을 항

상 여유 있게 잡으라는 것이다. 주차장 직원들이 수시로 돌아다니며 검사를 하는데 시간을 조금만 초과해도 벌금을 물리며 심지어 견인해 가버리는 경우도 있다.

특히 상점에 딸려 있는 작은 주차장은 시간제한이 있어서(보통 1~2시간) 시간이 너무 오래 지났거나 혹은 주차를 해놓고 다른 곳으로 가버린 경우 주인이 견인차를 불러 견인해 버리기도 한다.

★ 발레파킹 Valet parking

시내에 위치한 호텔, 레스토랑, 쇼핑센터, 공항, 병원 등에는 보통 발레파킹 서비스가 있다. 발레파킹은 편하기는 하지만 호텔 같은 곳에서는 $30~60을 훌쩍 넘어버리는 경우도 있다. 그리고 고급 레스토랑 같은 경우 발레파킹만 있는 곳도 많다. 발레파킹 요금이 이미 정해진 경우에는 그 요금만큼만 내면 되며, 그렇지 않은 경우에는 나중에 차를 가지고 온 사람에게 키를 받을 때 $2 정도 팁을 주는 것이 예의다. 발레파킹을 할 경우 가급적 차 안에 현금이나 귀중품을 두지 않도록 하자.

Part 1
숙소의 종류

여행에서 숙박은 매우 중요한 문제다. 아무리 고단한 일정이라도 편안한 숙소에서 하루를 마무리하며 단잠을 잔다면 다음 날의 일정이 더욱 즐겁고 활기차겠지만, 낯설고 불편한 숙소에서의 하룻밤은 여행을 망쳐버릴 수도 있기 때문이다. 편안한 여행을 위해 미국의 숙박에 대해서 알아두도록 하자.

호스텔 Hostel

저렴한 숙박 형태인 호스텔은 주로 10~20대 젊은이들이 애용하는 유스호스텔과 가족 단위나 나 홀로 여행족들이 즐겨 이용하는 일반 호스텔이 있다. 유스호스텔은 전 세계에서 온 여행자들과 친구를 사귀려는 젊은이들이 많아 밤늦도록 파티를 벌이기도 하므로 활기찬 분위기지만 시끄럽기도 하다. 대개 도미토리식으로 4~10명이 한 방을 사용하며 욕실도 공동으로 사용한다. 대부분 빵이나 와플, 커피 등의 아주 간단한 아침식사가 제공되기도 하며 부엌을 이용할 수 있는 곳도 많다. 대부분 인터넷을 사용할 수 있는 공간이 있거나 무료 와이파이가 가능하다.

단점이라면 위치가 썩 좋지 않은 곳들이 있고, 여럿이 방을 함께 사용하므로 사생활이 보호되지 않으며 소지품도 잘 관리해야 한다는 것이다. 가격은 보통 $30~50 정도로 혼자 여행할 때 가장 저렴한 방법이다.

유스호스텔의 경우 회원증이 없으면 $3을 추가로 내고 스탬프를 받아야 하는 곳이 있는데, 이 스탬프를 6번 받으면 자동으로 유스호스텔 회원이 되기 때문에 굳이 한국에서 유스호스텔 회원증을 만들어 가지 않아도 된다.

미국 공식 유스호스텔 홈페이지 www.hiusa.org

모텔 Motel

모텔은 운전자들(Motorists)을 위한 숙박 형태로 그 이름도 자동차가 발달한 미국에서 유래되었다. 땅이 넓은 미국에서는 도시 간 이동 시 중간에 잠을 자야 하는 경우가 많아 고속도로 부근에 저렴하게 형성된

저렴한 모텔 체인

★ 모텔 식스 Motel 6
미국과 캐나다에 1,400개가 넘는 지점이 있는 모텔 체인으로 저렴한 가격에 적당한 시설을 갖추고 있다. 지점에 따라 시설이 좋은 경우도 있지만 낡고 허름한 경우도 있다. 대개는 가격에 비례한다.
홈페이지 www.motel6.com

★ 수퍼 에이트 Super 8 Motel
모텔 식스보다 약간 수준이 높고 그만큼 가격도 약간 비싼 편이다. 지점에 따라서는 웬만한 호텔시설을 다 갖춘 곳도 있는데 그런 곳은 가격도 호텔급이다. 캐나다와 중국에까지 진출해 2,000개가 넘는 많은 지점 수를 자랑한다.
홈페이지 www.super8.com

★ 이코노 로지 Econo Lodge
미국에 700개가 넘는 지점을 둔 모텔 체인으로 역시 저렴한 가격과 무난한 시설을 갖추었다. 시설에 따라서 허름한 곳은 저렴한 편이며 위치가 좋거나 시설이 좋은 곳은 가격이 올라간다.
홈페이지 www.econolodge.com

것이 모텔의 시초다. 원래는 주차장에 바로 현관문이 면해 있어 차에서 내려 바로 들어가기 편리한 구조이지만 좋은 모텔들은 안전상의 이유로 정문을 통해 들어가는 구조가 많다.

고속도로 주변에 위치한 모텔들은 시내보다 가격이 저렴해 방 하나에 $60~100 정도에 주차가 무료다. 하지만 이름만 모텔이지 호텔 수준의 시설을 지닌 곳들도 있다. 이러한 곳들은 위치도 좋고 각종 부대시설과 서비스를 갖추고 있으며 가격도 비싼 편이다.

호텔 Hotel

전형적인 숙박 형태로 가격대가 매우 다양해서 $100~150 정도의 저렴한 호텔이 있는가 하면, 하룻밤에 $5,000이 넘는 초호화 호텔도 있다. 호텔 수준에 따라, 도시와 위치에 따라 가격이 천차만별이지만 보통 미국의 중저가 호텔은 $100~200 정도이며 뉴욕, 보스턴, 시카고 등 물가가 비싼 대도시에서는 $200~300 정도 잡아야 한다. 고급 호텔의 경우 대도시 중심이라면 $500 이상 예상해야 한다.

참고로 2023년 통계치에 따르면 도시별 평균 호텔비는 뉴욕 $504, 시카고 $305, 마이애미 $198 였다.

중저가 호텔 체인

★ 윈덤 호텔 Wyndham Hotels
전 세계 9,000개가 넘는 호텔을 보유한 거대한 호텔 그룹으로 20여 개 브랜드가 있다. Wyndham Ramada Plaza, Wyndham Garden, Hawthorn Suites, Wingate By Wyndham, Ramada 같은 중급 호텔과 Days Inn, Super 8, Travelodge와 같은 저렴한 호텔도 있다. Wyndham Rewards 멤버십에 가입하면 등급에 따라 다양한 혜택이 있다.
홈페이지 www.wyndhamworldwide.com

★ 초이스 호텔 Choice Hotels
전 세계 7,000개가 넘는 호텔을 보유하고 있으며 12개 브랜드가 대부분 중급 호텔들로 이루어져 있어 부담 없는 가격에 무난한 시설을 이용할 수 있다. 미국 내 주소가 있다면 Choice Privileges 회원으로 가입해 무료 숙박의 혜택을 받을 수 있다. 주요 브랜드는 Comfort Inn, Comfort Suites, Quality Inn, Sleep Inn, Clarion, Extended Stay Hotel, Econo Lodge, Rodeway Inn 등이다.
홈페이지 www.choicehotels.com

고급 호텔 체인

★ 힐튼 Hilton

Conrad hotels, Hilton, DoubleTree, Hilton Garden Inn, Homewood Suites by Hilton 등 22개 브랜드의 7,000개가 넘는 호텔이 있다.
홈페이지 hiltonworldwide.com

★ 인터컨티넨탈 InterContinental(IHG)
InterContinental, Crowne Plaza, Holiday Inn, Holiday Inn Express 등 18여 개 브랜드에 6,000개가 넘는 지점이 있다.
홈페이지 www.ihg.com

★ 하얏트 Hyatt
Park Hyatt, Grand Hyatt, Hyatt Regency, Hyatt Hotels 등 1,000개가 넘는 호텔이 있다.
홈페이지 www.hyatt.com

★ 메리어트 Marriott International
세계 최대의 호텔그룹으로 전 세계에 8,000개가 넘는 호텔이 있다. Ritz-Carlton, JW Marriott Hotels, St. Regis, Renaissance Hotels, W Hotels, Westin Hotels, Sheraton, Courtyard by Marriott, Four Points by Sheraton 등 유명 브랜드가 많다.
홈페이지 www.marriott.co.kr

레지던스 호텔 Residence Hotel

미국에서는 보통 레지덴셜 스타일이라고 부르는데, 호텔과 비슷하지만 취사가 가능하다는 것이 가장 큰 차이점이다. 시설이 좋은 곳은 넓은 스위트룸 형태에 부엌과 세탁실까지 갖추고 있으며 부엌용품과 식기들도 있어 장기 체류자나 가족 단위 여행자들이 선호한다.

이러한 레지던스 호텔은 고급 호텔 그룹에서도 독립된 브랜드로 운영하고 있는데, 힐튼 호텔에서는 Homewood Suites Hilton, 매리어트 호텔에서는 Residence Inn by Marriott, 인터콘티넨털 그룹에서는 Staybridge Suites를 운영하고 있다. 대부분 시내 중심보다는 약간 외곽이나 공항 근처에 있는 경우가 많아 가격이 무난한 편이다.

중저가 레지던스 호텔 체인 *Tip*

★ 익스텐디드 스테이 Extended Stay America
시설이 잘 갖춰진 편이며 장기 투숙 시 할인된다. 레지던스 호텔로는 가장 많은 지점이 있으며 주요 브랜드는 Extended StayAmerica, Homestead Studio Suites, Extended Stay Deluxe가 있다. 이중 Extended StayAmerica가 가장 유명하며 미국 내 주요 도시에 600여 개의 체인이 있다. 부엌은 기본이며 세탁기까지 갖춘 곳도 있다.
홈페이지 www.extendedstayhotels.com

★ 스튜디오 식스 Studio 6
Motel 6과 같은 회사로 가격이 저렴한 편이다. 지점에 따라 시설이 깨끗한 곳도 있고 낡은 곳도 있는데, 기본적으로 부엌이 있으며 공동세탁실이 있다.
홈페이지 www.staystudio6.com

★ 인타운 스위츠 InTown Suites
일주일 단위로 숙박할 수 있는 곳으로 한 달 숙박 시 할인된다. 욕실·부엌이 있으며 세탁은 공동이다. 중소도시에 있어 가격이 저렴하며 190여 개의 체인이 있다.
홈페이지 www.intownsuites.com

민박 B&B

민박은 B&B(Bed & Breakfast)라 불리며 아침식사가 제공된다. 대도시보다는 소도시나 지방, 특히 국립공원 주변에 많으며 실제로 자신들의 집에서 직접 운영하는 곳도 있다.

가격은 $80~220 정도로 국립공원 주변에 위치한 B&B는 시설에 따라 가격이 비싼 곳도 있다. 조용한 마을에서는 집주인이 직접 요리를 해주고 함께 식사하기도 하므로 미국의 가정문화를 느낄 기회가 되기도 한다.

★ 한인 민박

맨해튼과 같은 미국의 대도시 중심부는 숙소 가격이 비싸기 때문에 가성비 좋은 한인 민박을 이용하는 경우가 많다. 여러 명이 부엌을 공유하거나 한식을 제공해 주기도 하므로 저렴한 가격에 좋은 서비스로 한국인 여행자들에게 인기가 있다.

하지만 이러한 한인 민박업체들 중에는 간혹 무허가로 영업을 하는 경우가 있어 주의해야 한다. 시설이나 서비스, 위치 등은 후기를 꼼꼼히 읽어보면 대략 가늠할 수 있지만 가장 중요한 문제는 정확한 주소를 받아야 한다는 점이다. 미국은 입국 시 머무는 숙소에 대한 정보를 반드시 기입해야 하고 입국심사관도 자세히 묻는 경우가 많다. 따라서 예약 시에는 반드시 정확한 주소를 받아두도록 하자.

에어비앤비 Airbnb *Tip*

유명한 숙박 공유 서비스로 무수한 입소문과 기사들로 인해 기대와 불안을 동시에 주는 곳이다. 개인의 방이나 집을 빌리는 것이기 때문에 주인에 따라 훌륭한 장소를 저렴하게 구하기도 하고, 반대로 황당한 일을 겪을 수도 있다. 따라서 이용할 때는 후기를 꼼꼼히 읽어보고 가급적 경험자들의 추천을 받아 예약하는 것이 좋다. 또한 취소, 환불 규정을 반드시 미리 확인하자.
홈페이지 www.airbnb.co.kr

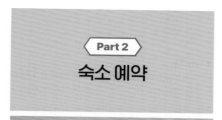

Part 2
숙소 예약

여행을 떠나기 전에 해야 할 중요한 숙제가 바로 숙소를 예약하는 것이다. 숙소의 가격은 시기별, 요일별, 도시별, 위치별, 등급별로 천차만별이다. 따라서 호텔 검색 및 예약사이트에 자주 들어가서 자신의 일정과 조건에 맞는 숙소를 골라 보고, 사진과 설명, 이용 후기를 꼼꼼히 읽어보고 정하도록 하자.

숙소 예약 시 주의사항

① 숙소의 위치를 확인해 보고, 다운타운에 위치한 경우라면 주차장 유무와 주차비도 따져봐야 한다. 심한 경우 하루 주차비가 $80를 넘기도 한다.
② 아침식사 유무와 wifi, 에어컨 등 부대시설을 확인한다. 로비에서의 wifi는 거의 무료지만 객실에서는 요금을 부과하는 경우가 있다.
③ 리조트 수수료(Resort Fee) 등 추가 요금 여부와 세금, 봉사료가 포함된 총액도 확인한다. 도시에 따라 세금이 높은 경우도 있다.
④ 예약 취소나 변경이 가능한지 알아보고, 무료 취소 기한과 환불 규정을 확인한다.
⑤ 대중교통을 이용해야 하는 경우, 무료 공항셔틀 서비스가 있는지 확인한다.

특가의 저렴한 숙소

특가로 저렴하게 나온 숙소가 있다면 대부분 이유가 있을 수 있겠지만, 자신의 조건에 맞는다면 핫딜이 될 수도 있으니 활용해 보자.

① 특가로 저렴하게 나온 숙소는 대부분 환불 불가의 조건이다. 확정된 일정이라면 시도해볼 만하지만 만약을 대비해 금액이 큰 경우에는 조심해야 한다.
② 아침식사가 포함되지 않은 경우가 많지만 아침 일찍 체크아웃을 해야 하는 경우라면 크게 문제되지 않는 조건이다.
③ 건물 일부가 공사 중인 경우가 있으니, 최근 후기들을 읽어보고 소음에 민감하지 않다면 시도해볼 만하다.

검색 및 예약 TIP

호텔스닷컴 www.hotels.com
부킹닷컴 www.booking.com
트리바고 www.trivago.co.kr
호텔스컴바인 www.hotelscombined.co.kr
카약 www.kayak.com
익스피디아 www.expedia.com
트래블로시티 www.travelocity.com
아고다 www.agoda.com
호스텔스닷컴 www.hostels.com
호스텔타임즈 www.hosteltimes.com
호스텔월드 www.hostelworld.com

★ 체크인 Check In

체크인은 보통 오후 3시 이후 시작되며 호텔에 따라 오후 4시 이후인 경우도 있다. 체크인 시간보다 일찍 도착했는데 준비된 방이 없다면 체크인 시간이 될 때까지 기다려야 하기 때문에 호텔에서는 짐을 보관해 준다.

★ 문 여닫기

호텔 키는 열쇠로 된 것도 있지만 대부분 카드 키를 사용한다. 카드 인식기에 카드를 대거나 넣었다가 빼면 표시등이 녹색으로 바뀌는데 이때 문고리를 돌려 여는 식이다. 방 안쪽 벽에 카드꽂이가 있다면 이곳에 카드키를 꽂아야 전기가 들어온다. 나갈 때는 문을 닫으면 자동으로 잠기니 키를 꼭 가지고 나가도록 한다.

★ 욕실 사용

서양의 욕실 바닥에는 배수구가 없으니 물이 흐르지 않도록 주의한다. 샤워 시 커튼은 욕조 안쪽으로 넣어 물이 밖으로 튀지 않도록 한다. 수건과 비누는 기본적으로 갖추어져 있으나 치약과 칫솔 등은 구입해야 하는 경우가 많다.

★ 미니 바 Mini Bar

소형 냉장고 안에 음료수, 주류, 스낵 등이 있는데 시중 가격보다 2~3배 비싸다. 보통 커피나 차는 무료로 제공하며 생수에도 'Complimentary'라고 써있는 것은 무료다.

★ Pay TV

지상파나 일반 케이블 방송은 무료지만 유료 채널을 시청할 경우에는 자동으로 요금이 청구될 수 있다.

★ 전화 이용

객실 내 전화는 교환원의 서비스를 거쳐야 하는 경우 세금에 봉사료가 추가되어 일반전화의 2~3배에 가까운 요금이 청구된다. 직통 시내전화는 무료다.

★ 안내 표시

호텔 직원들이 볼 수 있도록 문고리에 안내판을 걸어놓을 수 있는데, 낮에 방에서 쉬고 있을 때 청소하러 들어오는 것이 싫다면 'Don't Disturb' 사인을 걸어두면 된다. 룸서비스로 아침식사를 받을 경우 어떤 메뉴를 원하는지 표시해 놓는 경우도 있다.

★ 메이드 서비스

호텔에서는 날마다 메이드가 들어와 침대 정리, 타월 교체, 간단한 청소와 휴지통을 비워주는 일 등을 한다. 이러한 메이드들을 위해서 스탠드 옆이나 베개 위에 $1~2 정도 팁을 두고 나가도록 한다. 메이드 서비스가 필요 없다면 문고리에 'Don't Disturb' 사인을 걸어두면 된다.

★ 팁 Tip

고급 호텔에서는 팁을 줄 일이 많으니 $1짜리 지폐를 여유 있게 지니고 있는 것이 좋다. 짐을 들어주거나, 발레파킹을 해주거나, 택시를 잡아주는 등의 호텔 서비스를 받았을 경우 $1~2 정도의 팁을 주도록 한다(고급 호텔은 $2~5). 메이드 서비스는 하루에 한 사람당 $1~2 정도, 룸서비스로 음식을 갖다준 경우에는 음식값의 15~20% 정도를 준다.

★ 체크아웃 Check Out

체크아웃 시간은 보통 10~12시 정도다. 미니바, Pay TV, 전화 등 이용한 요금을 지불하고 방의 열쇠를 반납하는 것으로 간단히 끝난다.

Part 1
미국의 음식

미국 문화는 우리 생활 곳곳에 침투해 있어 식생 활 이그리 낯설지 않은 편이다. 미국은 역사가 짧은 만 큼 식문화에 고유의 전통보다는 서유럽의 음 식을 변형시킨 것이 많으며, 미국 식문화의 특징이라고 한다면 다문화주의인 만큼 다양한 음식이 공존한다 는 것이다.

★ 햄버거 Hamburger

가장 흔하게 접할 수 있는 음식 중 하나로, 보통 간 단히 버거 Burger라고 한다. 패스트푸드점은 물론 레스토랑에서도 쉽게 찾을 수 있다. 최근에는 채식 주의자들을 위해 두부나 버섯 등을 이용한 것도 많 이 나왔다. 햄버거 자체는 독일에서 유래했지만 치 즈 등을 함께 넣은 치즈버거는 미국에서 만들어졌 으며 패스트푸드점들을 통해 급속히 확산되어 어디 서나 쉽게 먹을 수 있게 되었다.

★ 피자 Pizza

햄버거와 함께 미국 어 디에서나 접할 수 있 는 너무나도 흔한 음식이다. 원래 는 이탈리아 음 식이지만 세계화

로 이끈 것은 역시 미국의 대형 체인들로 다양한 종 류와 서비스를 자랑한다. 지역에 따라 스타일이 달 라서 뉴욕 피자는 나폴리 스타일과 비슷해 얇고 바 삭하며 시카고 피자는 두툼하다.

★ 핫도그 Hot Dog

간단한 음식으로 극장이나 놀이공원 등에서 흔히 볼 수 있으며 가끔 길거리에서도 판다. 보통 소시지 가 한국보다 더 크고 짜며, 종류도 다양하다. 핫도그 에는 양파, 피클, 겨자, 케첩 등을 뿌려서 먹는다.

★ 샌드위치 Sandwich

언제 어디서나 간편히 즐기는 음식이다. 야 채가 많이 들어가 햄버 거나 핫도그보다 건강 에는 좋다고 하지만 재료 에 따라 꼭 그런 것도 아니다. 대체로 차게 먹지만, 따뜻한 고기가 들어간 필리 샌 드위치는 핫도그 같은 느낌이라 겨울에도 인기다. 넓은 의미로는 햄버거도 샌드위치라 부른다.

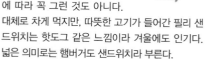

★ 바비큐 BBQ

숯불 등을 이용해 고기를 굽는 바비큐는 미국의 가 정이나 피크닉에서 흔히 접할 수 있는 음식문화다. 특히 여름철에는 집 뒤뜰이나 테라스, 또는 야외로 나가서 여러 사람들과 어울려 파티를 벌이면서 소 시지나 스테이크, 햄버거 등을 구워서 먹는다. 바비 큐 전문 레스토랑도 있다.

★ 스테이크 Steak

미국인들의 푸짐한 저녁식사에서 빼놓을 수 없는 메뉴다. 소고기, 돼지고기, 양고기 등을 부위별, 소스별로 다양하게 즐긴다. 식성에 따라서 굽기의 정도를 선택할 수 있는데, 덜 익힌 것을 레어 Rare라 하고, 중간 정도는 미디엄 Medium, 완전히 익힌 것을 웰던 Well done이라 한다. 각각의 중간 정도는 Medium rare, Medium Well done이라고 한다. 고급 스테이크 하우스일수록 질 좋은 고기의 맛을 느낄 수 있는 레어나 미디엄을 권한다.

소고기 스테이크의 부위별 명칭

Tip

★ 필레 미뇽 Filet Mignon
안심 중에서도 가장 끝쪽에 붙어있는 작은 부분으로 가장 부드럽지만 가격이 비싸고 양이 적다.

★ 립아이 스테이크 Rib eye steak
등심 중에서 최상급인 꽃등심 스테이크로 마블링이 잘되어 있어 부드럽다.

★ 서로인 스테이크 Sirloin steak
갈빗살 뒤쪽, 안심 위쪽에 위치한 등심 스테이크다. 안심보다는 질기지만 가격이 저렴한 편이다.

★ 텐더로인 스테이크 Tenderloin steak
가장 무난한 안심 스테이크다.

★ 티본 스테이크 T-bone steak
T자 모양의 갈빗대에 갈빗살이 붙어있는 스테이크다.

★ 뉴욕 스테이크 New York steak
채끝살 부위라서 고기가 연한 편이지만 등심보다 지방이 많다.

★ 프라임 립스 Prime ribs
지방이 많고 질긴 갈빗살 중에서도 가장 맛있는 부위다.

★ 브런치 Brunch

아침식사(Breakfast)와 점심식사(Lunch)의 합성어인 브런치는 말 그대로 아침 겸 점심을 말한다. 메뉴도 아침보다는 푸짐하고 점심보다는 간단한 스타일로 대개 오믈렛, 프렌치 토스트, 팬케이크, 와플 등이다. 브런치 전문 카페나 레스토랑에서는 날마다 준비되어 있지만 주말이나 일요일에만 메뉴가 마련되는 곳도 있다.

★ 컵케이크

보기만 해도 너무 예뻐서 먹기 아까운 컵케이크는 자를 필요가 없는 작은 케이크로 아이싱이 더 많아 일반 케이크보다 부드럽고 달콤하다. 한입 크기의 작은 사이즈부터 머핀 사이즈까지 다양하며 케이크 전문점은 물론 대형 슈퍼마켓에서도 살 수 있을 정도로 대중적인 디저트다.

★ 도넛

맛있는 빵을 기름에 튀기기까지 했으니 칼로리는 말할 것도 없고 당연히 그만큼 맛도 좋다. 하지만 컵케이크와 마찬가지로 미국의 디저트는 우리 입맛에 너무 달아 많이 먹을 수 없다. 최근에는 로컬 브랜드들이 늘어나고 고급화되면서 재료도 나아지고 있는 편이다.

Part 2

식당의 종류

★ 패스트푸드점 Fast-food restaurant

빠르고 저렴하게 식사를 해결할 수 있는 매우 대중적인 식당이다. 편리한 주문을 위해 콤보 세트메뉴가 많으며, 자동차에서 내리지 않고 창문을 통해 주문, 결제하고 바로 픽업해 갈 수 있는 Drive-thru 창구도 많다. 또한 셀프서비스로 자신이 직접 음식을 가져다 먹기 때문에 팁을 내지 않아도 된다.

★ 카페테리아 Cafeteria

음식이 세팅된 곳에서 쟁반을 들고 라인을 따라 이동하면서 놓인 음식들 중에서 자신이 원하는 것을 골라 마지막에 카운터에서 계산하는 식당이다. 샐러드부터 메인 음식, 디저트, 음료수까지 순서대로 진열되어 있다. 셀프서비스이므로 팁을 내지 않아도 되며, 음식을 직접 보고 고를 수 있어 편리하다. 학교나 박물관 등의 건물 안에 위치한 구내식당 등에서 쉽게 볼 수 있다.

★ 푸드코트 Food Court

여러 가지 간이식당들이 한데 모여 있는 곳으로 대형 쇼핑 몰에는 반드시 있다. 햄버거나 핫도그, 샌드위치 등과 함께 단골 메뉴는 피자와 중국 음식, 멕시칸 음식, 일본 음식 등이다. 대체로 가격이 저렴한 편이며 선택의 폭이 넓어서 식성이 다른 사람들과 함께 먹을 때 편리하다.

★ 델리 Deli

샐러드나 샌드위치, 간단히 조리된 음식, 수프, 커피, 음료, 과일, 스낵 등을 파는 곳이다. 간단한 식사를 하기에 좋아 아침이나 점심에 직장인들이 많이 찾는다.

★ 레스토랑 Restaurant

보통 커피나 디저트 위주로 파는 곳은 카페, 식사를 파는 곳은 레스토랑이라고 하지만 명확히 구분 짓지는 않는다. 다음은 몇 가지 특징이 있는 레스토랑이다.

① 피자리아 Pizzeria

피자를 전문으로 하는 곳으로 다양한 종류의 피자가 있으며 기본적인 파스타 종류도 갖추고 있다. 동네마다 크고 작은 피자리아가 있으며, 배달이나 포장 위주의 작은 곳에서부터 화덕까지 갖춘 정통 피자집까지 종류가 다양하다.

② 다이너 Diner

미국의 일반 가정에서 먹는 음식들을 파는 곳으로 아침 메뉴도 있다. 분위기는 평범하거나 좀 허름한 편이지만 가격이 비싸지 않으며 영업시간이 길어 24시간 하는 곳도 있다.

③ 스테이크 하우스 Steak House

스테이크를 전문으로 하는 곳으로 가격은 다소 비싼 편이지만 품질 좋은 스테이크를 맛볼 수 있다. 대부분의 매장에서 스테이크와 어울리는 와인도 갖추고 있으니 함께 곁들여도 좋다.

미국에서만 볼 수 있는 드라이브인 식당

1921년 텍사스의 댈러스에 처음 생긴 드라이브인 Drive-in 식당은, 차 안에서 식사를 하는 재미난 곳이다. 자동차 문화가 발달한 미국에서나 있을 법한 식당으로, 1950~1960년대에 큰 인기를 끌었지만 점차 사라져 최근에는 그리 흔하지는 않다. 하지만 큰길가에 넓은 공간에 위치해 있으니 운전 중이라도 눈에 띄면 한번쯤 시도해 보자. 건물 안쪽으로 주차를 해놓고 창문을 열고 기다리면 주문을 받으러 온다. 음식을 가져오면, 대부분 자동차 창문 옆에 꽂을 수 있는 쟁반을 가져와 차 안에서 편안하게 먹을 수 있다.

Part 3
레스토랑 이용법

★ 레스토랑 이용 순서

① 식당에 들어서면 먼저 종업원에게 인원을 말하고 안내를 받아 앉는다.

② 자리에 앉으면 웨이터가 메뉴판을 주며 먼저 음료를 물어본다. 음료는 바로 갖다주고 메뉴를 볼 시간을 주므로 음식은 천천히 고르면 된다.

③ 시작 메뉴로 전채 Appetizer, 샐러드 Salad, 수프 Soup가 있다. 이어 메인 요리 Entree를 주문한다.

④ 식사가 끝나면 웨이터가 테이블을 정리하고 디저트 메뉴판을 준다. 디저트는 두 명이 한 개만 시켜서 나누어 먹어도 괜찮다.

⑤ 계산은 카운터까지 가지 않고 테이블에서 한다. 웨이터에게 계산서(Bill 또는 Check)를 부탁하면 갖다준다. 현찰이면 그냥 테이블에 놓고 나오고, 카드인 경우에는 결제 후 다시 갖다주면 지불할 팁 금액을 적고 서명한다.

★ 예약

인기 있는 레스토랑은 미리 예약하는 것이 좋으며, 가끔 고급 레스토랑은 예약을 반드시 해야하는 경우도 있다. 많이 쓰이는 어플은 레시 Resy 와 오픈테이블 Open Table이다.

레시

오픈테이블

★ 팁

팁은 현찰이나 카드로 낼 수 있다. 카드로 낼 경우에는 사인할 때 금액을 직접 적는다. 팁은 보통 음식값의 18~20%이며 도시마다 분위기가 조금 달라서 뉴욕의 경우 20~25% 정도다. 단, 아주 간혹 팁을 포함시킨 계산서가 나오는 식당이 있는데, 이럴 경우에는 영수증에 쓰여 있으니 확인해보자. 또한 쿠폰 등을 사용해 총 금액이 아주 적게 나온 경우라도 원래 음식값을 기준으로 팁을 계산해야 한다.

★ 복장

고급 레스토랑의 경우 드레스 코드 Dress Code에 맞는 단정한 옷을 입어야 한다. 특히 여름철에 슬리퍼나 반바지 차림이라면 입장이 안 되는 경우도 있다. 최근에는 고급 레스토랑이라 할지라도 Smart Casual, Business Casual, Sophisticated Casual 등으로 정장보다는 칼라가 있는 셔츠, 콤비 재킷 정도면 괜찮다. 여성의 경우 원피스 드레스, 블라우스, 재킷 등이면 된다.

메뉴판 영어

고기		Calamari/Squid	오징어	Oyster	굴	Chilli	고추
Beef	소고기	Clam	조개(대합)	Prawn	참새우	Corn	옥수수
Chicken	닭고기	Cod	대구	Salmon	연어	Cucumber	오이
Duck	오리고기	Crab	게	Scallop	가리비	Eggplant	가지
Lamb	(새끼)양고기	Cuttlefish	갑오징어	Shellfish	조개	Garlic	마늘
Mutton	양고기	Eel	장어	Shrimp	새우	Ginger	생강
Pork	돼지고기	Halibut	넙치	Trout	송어	Mushroom	버섯
Turkey	칠면조	Jellyfish	해파리	Tuna	참치	Onion	양파
Veal	송아지고기	Lobster	바닷가재	채소		Radish	무
해물		Mackerel	고등어	Lettuce	상추	Scallion	대파
Anchovy	멸치	Mussel	홍합	Cabbage	양배추	Spinach	시금치
Bass	농어	Octopus	문어	Carrot	당근	Zucchini	애호박

Part 4

유명 체인점

패스트푸드

여행 중 간단하고 저렴하게 식사를 해결할 수 있어 편리하며, 특히 고속도로에서 장거리 주행을 할 때 쉽게 찾을 수 있어 종종 이용하게 된다. 맥도날드나 버거킹, KFC 등 이미 알고있는 체인이라면 한국에 없는 메뉴를 시도해 보고, 기왕이면 한국에 들어오지 않은 패스트푸드점을 이용해 보자.

치폴레 Chipotle

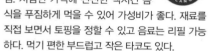

깔끔한 스타일의 멕시칸 패스트푸드점. 저렴한 가격에 신선한 멕시칸 음식을 푸짐하게 먹을 수 있어 가성비가 좋다. 재료를 직접 보면서 토핑을 정할 수 있고 음료는 리필 가능하다. 먹기 편한 부드럽고 작은 타코도 있다.

홈페이지 www.chipotle.com

파이브 가이스 Five Guys

FIVE GUYS
BURGERS and FRIES

재료를 원하는 대로 토핑해 주는 맞춤형 햄버거라서 수제버거 같은 느낌으로 즐길 수 있다. 가장 인기 있는 메뉴는 베이컨 치즈버거와 프렌치프라이다.

홈페이지 www.fiveguys.com

모스 사우스웨스트 그릴 Moe's Southwest Grill

2000년에 애틀랜타에 처음 오픈해 10년 만에 500개의 체인이 생겨난 멕시칸 패스트푸드점이다. 주로 미국 동부와 남부 지역에 있는 체인으로 신선한 살사가 인기다.

홈페이지 www.moes.com

하디스 Hardee's

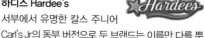

서부에서 유명한 칼스 주니어 Carl's Jr의 동부 버전으로 두 브랜드는 이름만 다를 뿐 같은 회사에서 운영한다. 특히 뉴욕은 두 브랜드 매장이 모두 있다. 속이 꽉 찬 푸짐한 버거가 인기다.

홈페이지 www.hardees.com

쉐이크쉑 Shake Shack

SHAKE
SHACK

부드러운 빵과 수제버거 같은 패티로 우리나라에서도 인기다. 감자튀김과 밀크셰이크도 인기지만 부드러운 맥주도 잘 어울린다.

홈페이지 www.shakeshack.com

칙필에이 Chick-fil-A

해마다 베스트 패스트푸드점 랭킹에 오르는 곳으로 음식 품질도 괜찮다. 치킨이 유명한 만큼 치킨샌드위치와 비스킷으로 구성된 아침 메뉴가 인기다.

홈페이지 www.chick-fil-a.com

알비스 Arby's

무난한 햄버거 체인점으로 인기 메뉴는 로스트비프샌드위치와 비프앤체다. 꼬불꼬불한 감자튀김인 컬리프라이가 대표적이다.

홈페이지 www.arbys.com

잭 인 더 박스 Jack in the Box

사워도우빵으로 만든 햄버거도 있고, 에그롤이나 스터프드 할라페뇨(할라페뇨에 치즈를 넣어 튀긴 것) 같은 독특한 메뉴도 있다.

홈페이지 www.jackinthebox.com

웬디스 Wendy's

지역이나 매장에 따라 메뉴판에 안 나와있지만 베이크드 포테이토(Baked Potato)에 체다치즈와 베이컨을 주문하면 만들어주고 더블베이컨을 부탁하면 듬뿍 담아준다.

홈페이지 www.wendys.com

파네라 Panera

간단한 식사를 할 수 있는 베이커리 카페로 따끈한 수프에 빵을 곁들여 먹기 좋다. 브레드볼은 빵 안에 수프가 담겨 나오고, 수프만 시킬 경우 작은 빵이 함께 나온다.

홈페이지 www.panerabread.com

대중 레스토랑

미국 여행 시 무난하게 이용할 수 있는 대중 레스토랑들은 보통 체인으로 전국적으로 퍼져 있다. 지역이나 매장에 따라서 차이가 나기도 하는데, 보통 이러한 대중 레스토랑들은 고급 레스토랑이 많은 대도시에서는 저렴한 식당으로 인식되지만 소도시에서는 고급 레스토랑처럼 인식되기도 한다.

치즈케이크 팩토리 The Cheesecake Factory
음식과 분위기가 전반적으로 깔끔하며 맛도 대체로 괜찮다.

홈페이지 www.thecheesecakefactory.com

애플비스 Applebee's
전형적인 미국식 레스토랑으로 푸짐한 음식과 각종 샘플러, 다양한 무알코올 음료들이 있다.

홈페이지 www.applebees.com

비제이스 레스토랑 & 브루하우스
BJ's Restaurant & Brewhouse
스포츠 채널을 즐기기 좋은 대형 스크린과 바가 있는 미국적인 분위기의 레스토랑으로 양도 푸짐하다.

홈페이지 www.bjsbrewhouse.com

버바 검프 쉬림프 컴퍼니
Bubba Gump Shrimp Company
영화 '포레스트 검프'에서 힌트를 얻어 만든 시푸드 레스토랑으로 T.G.I. Friday's와 비슷한 콘셉트다.

홈페이지 www.bubbagump.com

칠리스 Chili's
빨간색 고추가 로고인 이 레스토랑은 매콤한 멕시칸 음식이 많은 것이 특징이다.

홈페이지 www.chilis.com

데니스 Denny's
24시간 영업하는 다이너 스타일의
레스토랑으로 고속도로변이나 공항 부근에 많다.

홈페이지 www.dennys.com

아이홉 IHOP(The International House of Pancakes)

팬케이크 전문점으로 아침식사 메뉴도 다양하며 24시간 또는 늦게까지 영업한다.

홈페이지 www.ihop.com

올리브 가든 Olive Garden

이탈리안 레스토랑으로 푸짐한 파스타와 함께 리필 가능한 샐러드가 특징이다.

홈페이지 www.olivegarden.com

피에프 창스 차이나 비스트로
P.F. Chang's China Bistro

미국식 퓨전 중국요리 전문 레스토랑으로 대체로 분위기가 좋아 인기가 많은 편이다.

홈페이지 www.pfchangs.com

레드 랍스터 Red Lobster
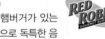
해산물 전문 레스토랑으로 랍스터나 킹크랩, 굴 등을 푸짐하게 즐길 수 있다.

홈페이지 www.redlobster.com

레드 로빈 Red Robin

20여 가지의 다양한 햄버거가 있는 햄버거 전문 레스토랑으로 독특한 음료수도 인기다.

홈페이지 www.redrobin.com

우노 Uno Pizzeria & Grill
시카고 딥디쉬 피자가 유명한 레스토랑 체인으로 피자 메뉴가 다양하고, 음식 맛과 분위기가 전반적으로 깔끔하다.

홈페이지 www.unos.com

롱 혼 스테이크하우스 LongHorn Steakhouse
주로 미국 동부와 남부 지역에 있는 스테이크하우스. 다른 미국 식당들과 마찬가지로 우리에겐 간이 조금 짜게 느껴질 수 있지만 미국 사람들에겐 인기다.

홈페이지 www.longhornsteakhouse.com

메뉴별 추천 패스트푸드점

패스트푸드의 천국 미국에는 수많은 종류의 체인 매장이 있어서 도대체 어디를 가야할 지 고민될 것이다. 메뉴별로 비슷한 가격대에 추천할 만한 곳을 소개한다.

멕시칸 푸드

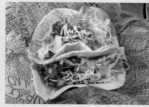 

칼멕스 CalMex(캘리포니아멕시칸) 또는 텍스멕스 TexMex(텍사스멕시칸) 등 미국의 음식 문화에 큰 부분을 차지하고 있는 멕시칸 푸드는 이제 피자처럼 일상적인 음식이 되었다. 부리토, 화히타, 치미창가, 나초스, 타키토스 등은 오히려 미국에서 발전해 멕시코로 역수출된 음식이기도 하다.

현지에서 멕시칸 식당은 매우 다양하고 많지만, 가성비 좋고 인기 있는 패스트푸드 체인점으로 치폴레 Chipotle를 추천한다. 갖가지 신선한 재료들을 토핑해서 입맛대로 즐길 수 있다.

햄버거

본고장인 미국에서 즐기는 햄버거 맛은 또 다르다. 수많은 햄버거 매장이 있지만 신선한 재료 맛을 그대로 느낄 수 있는 쉐이크쉑 Shake Shack이 단연 인기이며, 두툼한 패티의 육즙 가득한 아메리칸 버거를 맛보고 싶다면 팻버거 Fatburger나 파이브가이스 Five guys를 빼놓을 수 없다. 한 번쯤은 칼로리를 잊고 도전해 보자.

치킨버거

소고기패티 대신 프라이드 치킨을 넣은 치킨버거는 미국에서 보통 치킨샌드위치로 불린다. 치킨샌드위치, 그릴너겟, 치킨스트립, 치킨랩 등 다양한 치킨 패스트푸드로 인기 있는 곳이 칙필에이 Chick-fil-A다. 비슷한 가격대의 패스트푸드점보다 맛과 질이 좋은 것으로 평가받고 있다.

<Part 1>
쇼핑 장소

미국 여행의 즐거움 중 하나는 쇼핑이다. 미국은 다양한 사람들이 모여 사는 만큼 여러 종류의 상품과 디자인, 사이즈가 존재하며, 관세 때문에 비싸진 수입품들을 보다 저렴하게 살 수도 있다. 또한 다양한 상점들이 몰 Mall 형태로 모여 있어서 한 번에 돌아보며 쇼핑을 끝내기에 편리하다.

쇼핑 몰 Shopping Mall

미국의 전형적인 쇼핑 장소이며 흔히 쇼핑 센터 Shopping Center라고도 한다. 쇼핑 몰은 여러 건물이 한데 모여 있으며 보통 코너나 끝부분에는 백화점이 자리하고 있고 그 중간 부분을 연결하는 넓은 통로로 각종 상점들이 늘어서 있는 형태다. 보통 쇼핑 몰 바깥쪽으로는 거대한 주차장이, 쇼핑 몰 안에는 푸드코트가 있어 쇼핑과 식사를 한 번에 해결할 수 있다.

백화점 Department Store

미국의 백화점은 대게 규모가 작은 편이지만 여러 개의 백화점이 한 쇼핑 몰 안에 함께 있거나 가까운 거리에 모여 있는 경우가 많다. 백화점마다 수준이나 분위기가 조금 다르다.

메이시스 Macy's

미국의 가장 대중적인 백화점. 전국에 걸쳐 수많은 지점이 있으며 입점 매장들도 대중적인 브랜드가 많다.

홈페이지 www.macys.com

블루밍 데일스 Bloomingdale's

Macy's와 같은 계열 회사의 백화점으로 좀 더 고급 버전이다. 하지만 Saks fifth Avenue나 Neiman Marcus 보다는 대중적이며 랄프 로렌, 캘빈클라인, DKNY 등 미국 대표 브랜드들이 주를 이룬다.

홈페이지 www.bloomingdales.com

노드스트롬 Nordstrom

가장 무난하고 지점도 많은 백화점이다. 지점에 따라 다르지만 보통 Macy's보다는 고급스럽고 Saks fifth Avenue보다는 대중적인 편으로 Bloomingdale's와 비슷한 수준이다. Nordstrom Rack이라는 아웃렛도 있다.

홈페이지 www.nordstrom.com

삭스 피프스 애비뉴
Saks fifth Avenue

뉴욕에 본사를 둔 고급 백화점으로 흔히 '삭스 Saks'라 불린다. 명품 브랜드가 주를 이루며, Off Saks라는 아웃렛 매장도 운영하고 있다.

홈페이지 www.saksfifthavenue.com

니먼 마커스 Neiman Marcus
댈러스에 본사를 둔 고급 백화점으로 지점 수가 적은 편이지만 본사가 있는 텍사스주에는 다수 있다.

홈페이지 www.neimanmarcus.com

아웃렛 Outlet

아웃렛이 탄생한 나라답게 규모도 남다르다. 다양한 종류의 아웃렛이 있으며, 운이 좋으면 감동의 쇼핑을 즐길 수 있는 쇼퍼들의 천국이다. 여러 아웃렛이 모여있는 아웃렛 몰은 시 외곽에 있고, 시내에도 아웃렛 매장들이 있다.

★ 대형 아웃렛 몰
땅이 넓은 미국에서는 시 외곽으로 나가면 엄청난 규모의 대형 아웃렛 몰이 있어 온종일 쇼핑을 해도 시간이 부족하다. 아웃렛 판매용으로 따로 상품을 내놓는 브랜드가 있기는 하지만, 운이 좋으면 백화점에서 망설이던 물건들을 저렴하게 구할 수 있다. 또한 명품숍의 경우에는 한국과의 가격 차이가 매우 커서 흐뭇한 쇼핑을 즐길 수도 있다.

프리미엄 아웃렛 Premium Outlets
세계적인 아웃렛 체인으로 지점에 따라 규모와 수준이 다르다.

홈페이지 www.premiumoutlets.com

탠저 팩토리 아웃렛 센터
Tanger Factory Outlet Centers

첼시 프리미엄보다 지점이 적고 규모가 작은 편이다.

홈페이지 www.tangeroutlet.com

★ 시내 아웃렛 매장
대형 아웃렛 몰은 시내에서 멀리 떨어져 있어 교통이 불편하고 규모가 커서 둘러보기 부담스러울 수 있다. 다행히 시내에도 쉽게 방문할 수 있는 아웃렛 매장들이 있다. 지역과 지점에 따라 규모나 수준이 다르지만 다양한 재고 및 이월 상품들이 있어 현지 브랜드를 접하는 재미가 있다. 진열 상태는 재고 처리 매장처럼 복잡한 편이라 일일이 뒤져봐야 하지만 다 입어볼 수 있고 환불도 된다.

티제이 맥스 TJ Maxx
시내에 자리한 아웃렛 상점으로 물건이 좋은 편이라 인기가 많다.

홈페이지 www.tjmaxx.com

마샬스 Marshalls
티제이맥스와 같은 계열사 아웃렛 상점으로 콘셉트도 비슷하다. 전국에 걸쳐 매장이 있으며 상품의 수준은 티제이맥스와 비슷하거나 조금 떨어진다.

홈페이지 www.marshallsonline.com

로스 ROSS

티제이맥스와 마샬스와 비슷한 콘셉트이지만 더 저렴한 하위 브랜드 상품들이 많다. 그만큼 매장 분위기나 진열 상태도 떨어지지만 저렴하다.

홈페이지 www.rossstores.com

백화점 아웃렛 스토어

고급 백화점에서 팔던 재고나 이월 상품들을 판매하는 아웃렛으로 진정한 득템의 기회를 노려볼 수 있다. 진열 상태는 시내 아웃렛 매장과 마찬가지로 옷걸이에 빽빽하게 걸려있어 인내심이 필요하다. 아웃렛몰이나 쇼핑몰에 입점한 경우가 많다.

아웃렛 스토어 블루밍데일스
The Outlet Store Bloomingdale's

블루밍데일스 백화점의 아웃렛.

홈페이지 www.bloomingdales.com

노드스트롬 랙 Nordstrom Rack

노드스트롬 백화점의 아웃렛.

홈페이지 www.nordstrom.com

오프 삭스 Off Saks

삭스핍스애비뉴 백화점의 아웃렛.

홈페이지 www.off5th.com

니먼 마커스 라스트 콜
Neiman Marcus Last call

니먼마커스 백화점의 아웃렛.

홈페이지 www.lastcall.com

세일 활용 노하우

미국의 상점들은 연휴 기간이나 특정일에 작은 세일을 하며 큰 세일은 추수감사절 이후부터 시작되어 크리스마스가 끝나면 절정을 이룬다. 여름철에는 6월 말부터 세일이 시작되어 7월 중순~8월까지다. 이 두 시즌에는 아웃렛이 부럽지 않을 정도로 시원스레 할인해 주며, 아웃렛은 이에 질세라 할인가에서 또다시 할인을 해준다. 따라서 가격 면에서는 이때가 쇼핑의 천국이다.

하지만 단점도 있다. 사람이 너무 많아 옷을 입어 볼 때마다, 계산을 할 때마다 줄을 한참 서야 한다. 또한 사이즈가 없거나 깨끗하지 않은 물건들도 있다. 따라서 발 빠른 쇼핑족들은 세일이 시작될 때에 맞추어 평일 낮에 쇼핑을 한다. 이때는 상품도 훨씬 많고 깨끗하며 매장도 덜 복잡한 편이다.

미국의 사이즈

★ 남성복

미국에서는 남자 바지를 살 때 편리한 점이 있다. 즉, 허리는 물론, 길이별로 사이즈가 있어서 길이를 수선하지 않아도 된다. 예를 들어 같은 32 사이즈라고 해도 32-30, 32-32, 32-34 등 허리 사이즈 다음에 길이를 명시한다.
티셔츠는 S(Small), M(Medium), L(Large), XL(Extra Large) 등으로 표시하는데, 미국의 S는 우리나라의 M 정도라고 생각하면 된다. 정장셔츠의 경우에는 목길이와 팔길이도 사이즈로 구분되어 있어 편리하다.

★ 여성복

구분	XS	S		M		L		XL
미국 사이즈	2	4	6	8	10	12	14	16
가슴둘레(inch)	32.5	33.5	34.5	35.0	36.5	38	39.5	41
허리둘레(inch)	24.5	25.5	25.5	27.5	28.5	30	31.5	33
엉덩이둘레(inch)	35	36	37	38	39	40.5	42	44
한국 사이즈	44	55		66		77		88
	85	90		95		100		105

※같은 사이즈라도 P(Petite)라고 적혀 있으면 소매 길이와 바지 길이가 짧게 나온 것이다.

★ 아동복

신생아복은 Newborn이라고 표시하며, 유아복은 M(Month)으로 표시해 3개월부터 24개월 또는 36개월까지 나온다. 아동복은 T(Toddler)로 표시해 3T면 대체로 만 3세용이다. 하지만 의외로 미국의 아이들이 어렸을 때에는 한국 아이들보다도 체격이 작은 경우가 있어서 여유 있게 사는 것이 좋다.

★ 신발

신발 사이즈는 남자와 여자가 다르다. 같은 사이즈라도 볼이 넓게 나온 W(Wide), 보통은 M(Medium), 좁게 나온 N(Narrow)이 있는 경우도 있다.

남자		여자	
Size 6	240 mm	Size 5	220 mm
Size 6.5	245 mm	Size 5.5	225 mm
Size 7	250 mm	Size 6	230 mm
Size 7.5	255 mm	Size 6.5	235 mm
Size 8	260 mm	Size 7	240 mm
Size 8.5	265 mm	Size 7.5	245 mm
Size 9	270 mm	Size 8	250 mm
Size 9.5	275 mm	Size 8.5	255 mm
Size 10	280 mm	Size 9	260 mm
Size 10.5	285 mm		
Size 11	290 mm		

마트 쇼핑의 천국

슈퍼마켓의 원조인 미국은 마켓의 규모가 남다르다. 수퍼스토어, 메가스토어라 불릴 만큼 초대형 상점들이 많으며 규모뿐 아니라 물건의 종류가 매우 다양해서 구경하는 것만으로도 시간 가는 줄을 모른다. 마켓의 물가는 우리와 비슷한 편이며 품목에 따라 저렴한 것도 많다.

대형 마트

생활용품을 비롯해 식료품, 학용품, 전자제품, 운동용품, 의류 등 온갖 물품을 파는 대형 마트는 저렴한 가격에 원타임 쇼핑을 즐길 수 있어 편리하다.

타깃 Target

가장 깔끔한 스타일의 대형 마트. 진열 상태도 좋고 물건의 질도 무난하며 가격도 저렴한 편이다. 타깃 중에서도 초대형 규모의 슈퍼 타깃은 가구까지 웬만한 물건을 다 갖췄다.

홈페이지 www.target.com

월마트 Walmart

전 세계에 지점을 둔 대형 마트로 지점에 따라 다르지만 대체로 타깃보다 좀 떨어지는 편이다.

홈페이지 www.walmart.com

만원 이하의 원두커피

슈퍼마켓

미국에서는 식료품점을 '그로서리 스토어 Grocery Store'라 하고, 다른 물건을 함께 팔거나 대형인 경우에는 슈퍼마켓 Supermarket이라고 한다.

홀 푸즈 Whole Foods

유기농 마켓의 대표 브랜드로 다소 비싸지만 품질 좋은 식료품이 많아서 인기다. 매장이 크고 쾌적하며 간단한 카페테리아를 갖춘 곳도 있다. PB상품은 저렴하다.

홈페이지 www.wholefoodsmarket.com

순한 성분의 보디용품

유기농 차

트레이더 조스 Trader Joe's

중간 규모의 유기농 마켓으로 자체적으로 개발한 PB 상품들을 저렴하게 판매해 마니아층이 많다. 거품이

빠진 국가별 와인 셀렉션도 유명하다.

홈페이지 www.traderjoes.com

저렴하고 다양한 와인

앨버트슨스 마켓 Albertsons Market
슈퍼마켓 대형 체인으로,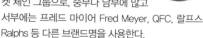
세이프웨이 Safeway, 본스
Vons 등 여러 브랜드가 있다. 깔끔한 매장에 무난한
가격대로 많은 사람들이 이용한다.

홈페이지 www.albertsonsmarket.com

크로거 Kroger
앨버트슨스와 경쟁하는 최대 슈퍼마
켓 체인 그룹으로, 중부나 남부에 많고
서부에는 프레드 마이어 Fred Meyer, QFC, 랄프스
Ralphs 등 다른 브랜드명을 사용한다.

홈페이지 www.kroger.com

세이프웨이 Safeway
앨버트슨스의 자회사로
주로 서부쪽에 많으며 동부에는 워싱턴 DC 부근에
있다.

홈페이지 www.safeway.com

퍼블릭스 Publix
주로 미국 동남부에 체인을 둔 슈퍼마켓으로 특히 플
로리다주에서 쉽게 찾을 수 있으며 중간 사이즈 규모

의 매장이 많다.

홈페이지 www.publix.com

드럭스토어

미국의 약국은 대개 마트와 함께 운영된다. 신선식
품보다는 생활용품이나 간단한 가공식품을 판매한
다. 편의점 수준의 작은 규모에서부터 대형 슈퍼마
켓처럼 큰 곳도 있으며 큰 매장은 대부분 늦게까지
영업한다.

월그린스 Walgreens
미국의 전역에 지점을 둔 거
대 기업형 약국이다. 미국 50개 주에 들어가 있으니
가장 찾기도 쉬운 약국이다.

홈페이지 www.walgreens.com

씨브이에스 CVS
월그린스와 경쟁하는 거대 기업형 약국으로 거의 모
든 주에 지점이 있다.

홈페이지 www.cvs.com

라이트 에이드 Rite Aid
월그린스나 CVS보다 지점이 적지만 매
장 분위기는 비슷하다.

홈페이지 www.riteaid.com

Part 2
전문 매장

미국 여행의 즐거움 중 하나는 쇼핑이다. 미국은 다양한 사람들이 모여 사는 만큼 여러 종류의 상품과 디자인, 사이즈가 존재하며, 관세 때문에 비싸진 수입품들을 보다 저렴하게 살 수도 있다. 또한 다양한 상점들이 몰 Mall 형태로 모여 있어서 한 번에 돌아보며 쇼핑을 끝내기에 편리하다.

가정용품

윌리엄스 소노마 Williams-Sonoma
주부들의 로망이라 불리는 부엌용품 전문점으로 고급 브랜드가 주로 입점해있다. 매장 인테리어가 화려하다.
홈페이지 www.williams-sonomainc.com

WILLIAMS-SONOMA

크레이트 앤 배럴
Crate and Barrel
포터리 반과 비슷한 컨셉으로 경쟁하는 브랜드다. 중저가의 부엌용품도 판매한다.
홈페이지 www.crateandbarrel.com

 **Crate&Barrel**

포터리 반 Pottery Barn
윌리엄스 소노마의 자회사로 가구를 비롯해 침실용품, 욕실용품, 식탁용품, 조명기구 등 고급 제품을 주로 판매한다.
홈페이지 www.potterybarn.com

POTTERY BARN

홈 데포 Home Depot
유명 하드웨어 전문점으로 나사, 못, 망치부터 조명기구, 욕조, 원예용품, 건축자재까지 판매한다.
홈페이지 www.homedepot.com

서 라 테이블 Sur La Table
부엌용품 전문점으로 요리 도구 등 다양한 주방용품을 판매한다.
홈페이지 www.surlatable.com

문구용품

스테이플스 Staples
미국 전역으로 퍼져 있는 대형 문구점이다. 각종 사무용품을 비롯해 컴퓨터용품, 전자제품에 이르기까지 다양한 물품을 갖추고 있다.
홈페이지 www.staples.com

오피스 데포 Office Depot
스테이플스와 경쟁하는 대형 문구마켓으로 품목도 비슷하다.
홈페이지 www.officedepot.com

아웃도어 / 스포츠용품

알이아이 REI
아웃도어 전문 매장. 다양한 물품들을 직접 만져보고 입어볼 수 있으며, 캠핑용품, 등산용품, 여행용품, 스키용품 등 각종 스포츠용품과 의류가 있다.
홈페이지 www.rei.com

104   미국 동부 여행 준비 & 실전

딕스 스포팅 굿즈 Dick's Sporting Goods

미국 최대의 스포츠 및 레저용품 전
문점이다. 스포츠 종목별로 다양한
브랜드가 입점해 있다.

홈페이지 www.dickssportinggoods.com

화장품

세포라 Sephora

다양한 브랜드의 화장품을 판매
하는 코스메틱 전문점. 항상 붐비는 이곳의 인기 비
결은 깔끔한 매장 분위기와 대부분의 화장품 테스터
를 마음껏 테스트해볼 수 있다는 점이다.

홈페이지 www.sephora.com

얼타 ULTA

세포라와 비슷한 멀티 브랜드 화장품
전문점. 세포라에서는 PB상품 외에는 대부분 고급 브
랜드인데 비해, 이곳은 마트 같은 분위기에 중저가 브
랜드나 드럭스토어 제품도 있어서 가격대가 다양하다.

홈페이지 www.ulta.com

서점

반스 앤 노블 Barnes & Noble

아마존과의 경쟁에서 유일하게 살아남은 대형서점.
스타벅스가 함께 입점하는 경우가 많아서 커피를 마
시며 편안히 책을 볼 수 있다.

홈페이지 www.barnsandnoble.com

전자제품

베스트 바이 Best Buy

미국 전역에 매장이 있는 대형 전자제품
전문점. 전시된 물건을 직접 테스트해볼 수 있어 좋
지만 그닥 저렴하지는 않다.

홈페이지 www.bestbuy.com

애플 스토어 Apple Store

애플사의 제품들을 직접 사용해볼 수 있
는 전시장 겸 오프라인매장이다.

홈페이지 www.apple.com

신발

풋락커 Foot Locker

신발 및 스포츠용품을 전문으로 하는 대형 체인점이
다. 스니커즈의 천국답게 온갖 스포츠 브랜드가 입점
해 있어 직구로도 유명하다.

홈페이지 www.footlocker.com

디에스더블유 DSW

디자이너 슈즈창고 Designer Shoe Warehouse의 약
자 DSW는 구두, 운동화, 샌들, 슬리퍼 등 각종 신발
을 취급한다. 브랜드가 다양하고 종류별로 진열되어
자유롭게 신어볼 수 있어 좋다.

홈페이지 www.dsw.com

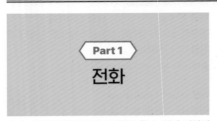

Part 1
전화

스마트폰으로 해외에서도 전화를 할 수 있게 되었지만 문제는 비용이다. 무료 wifi가 가능한 곳에서는 인터넷 전화로 무료 통화가 가능하지만 속도가 느리거나 연결 상태가 그리 좋지는 않다. 휴대폰을 사용할 수 없는 경우를 대비해 다음의 사항들을 알아두자.

공중전화 Payphone

휴대폰이 보급되면서 공중전화가 많이 사라졌지만, 공항이나 터미널, 지하철역 등에서는 찾을 수 있다. 보통 동전이나 신용카드를 사용하는 전화기가 많으며 공항에 있는 전화기에서는 인터넷이 가능한 경우도 있다. 또한 전화를 거는 것뿐만 아니라 받을 수 있는 전화기가 많아 공중전화 부스에 적혀있는 번호를 상대방에게 알려주면 전화를 받을 수 있다.

★ 시내전화 Local call
전화기마다 다르지만 보통 기본요금이 50센트이며 같은 지역이라면 추가요금 없이 무제한 통화할 수 있는 전화기가 많다. 전화를 걸 때 주의할 점은 국번이 같은 지역이라도 1+지역번호+전화번호를 눌러야 하는 경우가 많다. 군소 전화회사들의 시스템이 통합되지 않았기 때문이다.

★ 시외전화 Long distance call
시외전화는 요금을 정확히 모르기 때문에 먼저 다이얼을 눌러도 된다. 1+지역번호+전화번호의 순으로 누른다. 전화가 걸리면 기계음으로 전화요금을 알려준다. 동전을 알맞게 넣으면 통화가 연결된다.

★ 국제전화 International call
동전을 넣는 전화기로는 불가능하며 전화카드나 신용카드를 이용해서 전화를 걸 수 있다.
011+국가번호(한국은 82)+(0을 뺀)지역번호+전화번호

★ 수신자부담 전화 Collect call
수신자부담 전화는 당장 돈을 쓰지 않아 급할 때 사용하면 좋지만 통화료가 비싸다.

0+지역번호+전화번호
1+800+265 5328
(COLLECT)

휴대전화 로밍

스마트폰은 로밍이 간단하다. 미국에 도착해서 휴대전화를 켜면 자동으로 로밍된다. 로밍은 무조건 비싸다고 인식이 있는데, 전화나 데이터를 사용하지 않고 와이파이만 사용하다가 급할 때 문자만 이용한다면 요금이 얼마 나오지 않는다. 따라서 자신의 와이파이 환경이나 데이터 사용 습관 등을 고려해서 로밍할지 심카드를 사용할지 결정한다. 체류 일정이 길다면 심카드가 저렴하다.
무제한 요금제는 통신사별로 기간에 따라 저렴한 요금제도 있으니 출국 전에 확인하고 신청해 두자. 하루 요금제의 경우 사용하지 않은 날은 요금이 부과되지 않는다. 신청은 전화(114), 통신사 홈페이지나 어플, 또는 공항의 로밍센터에서 가능하다.

SK 텔레콤 troaming.tworld.co.kr

KT globalroaming.kt.com

LG U+ www.lguplus.com

유심 USIM

심카드라고도 하며 휴대폰 내부 심을 바꿔 끼워 사용하는 것이다. 심카드를 사용하는 동안에는 새 전화번호를 부여받기 때문에 기존 휴대폰의 전화번호를 사용할 수 없고 아이폰 14 이후 모델에서는 사용할 수 없다. 출국 전에 저렴한 별정 통신업체의 심카드를 구입하거나 미국 현지에서 살 수도 있다. 미국 공항에 자동판매기가 있는 곳도 있고 시내 통신사에서 살 수도 있다. 여러 통신사 중 티모바일 T-Mobile이 저렴하면서도 편리해 많이 이용한다. 심카드를 교체하는 것은 간단하지만 처음이라면 통신사 직원에게 부탁하자.

공항에 있는
심카드 자판기

이심 eSIM

유심과 개념은 비슷하지만 칩을 교체하는 대신 QR 코드 등을 통해 휴대폰에 다운받는 것이다. 이심을 국내에서 미리 설치한 경우 비활성화된 상태라서 현지에서 '모바일 데이터(갤럭시)' 또는 '셀룰러 데이터(아이폰)' 설정을 eSIM으로 변경해야 한다. 현지에서 설치하는 경우 QR 인식이 자동으로 되지 않는 기기라면 다른 사람의 휴대폰으로 QR을 찍어서 인식해야 한다.

이심의 가장 큰 장점은 자신의 전화번호와 이심에서 부여 받은 현지 전화번호를 모두 사용할 수 있다는 점이다(설정에서 선택과 변경 가능). 단, 아직 지원되지 않는 기기가 있으니 구입 전 자신의 기종을 확인하자(아이폰은 거의 가능, 갤럭시는 2022년 9월 이후 출시된 기기. 설정에 SIM 추가, 관리 등의 메뉴가 있는지 확인!).

편리하고 저렴한 여행용 이심 어플리케이션은 에어랄로와 마이텔로 등이 있다.

airalo   mytello

무선 인터넷 Wi-Fi

미국에서도 많은 지역에서 무선 인터넷 사용이 가능해졌다. 공항과 같은 공공장소나 도서관, 박물관, 장거리 버스, 그리고 여행자들이 머무는 호텔에서도 최소한 로비에서는 Wi-Fi가 가능하며 객실에서도 무료로 사용할 수 있는 경우가 많다. 카페나 식당에는 입구에 Wi-Fi 표시가 있는 곳이 많아졌으며 특히 스타벅스, 커피빈, 맥도날드 같은 유명 체인매장에서는 대부분 무료로 이용할 수 있다. 사람이 붐비는 관광지나 대도시의 경우 매장에 따라서는 비밀번호가 있어야만 하는 곳도 있다.

이럴 땐 이런 전화!   Tip

- 비상시 Emergency는 국번 없이 911(무료)
- 전화번호 문의는 국번 없이 411(유료)
  또는 1+800+555-1212
- 교통상황 정보는 국번 없이 511(무료)
- 지역번호가 800, 877, 888로 시작하는
  번호는 수신자 부담(Toll free)이다.

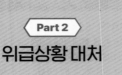

Part 2
위급상황 대처

여권 분실

미국에서 여권을 분실하면 자신의 신분을 증명할 길이 없어 불편한 경우가 많다. 특히 불법으로 체류하고 있는 사람들이 많다 보니 자칫하면 불법 체류자로 간주되어 추방당할 수도 있으므로 주의해야 한다. 일단 여권을 분실한 경우에는 가능한 한 빨리 영사관에 가서 여권이나 여행증명서를 발급받아야 한다. 단, 영사관 업무시간이 정해져 있으므로 휴일이 끼면 시간이 오래 걸린다. 이럴 때를 대비해 출발 전에 여권 안쪽에 사진과 개인정보가 있는 부분을 복사해서 따로 보관해두면 소요시간을 단축할 수 있다. 수첩에도 여권 번호와 발급일, 만기일을 따로 메모해 두면 좋다.

★ 여권 재발급

영사민원24에 예약 후(당일 예약 불가) 영사관에 방문해 분실신고서와 여권재발급 신청서를 작성한다. 여권을 재발급 받으면 한국에서 다시 여권을 발급받을 필요가 없으나 소요시간이 일주일 정도 걸린다.
시간이 없는 경우 대도시에 위치한 대한민국 영사관에 미리 연락하고 가서 긴급여권을 신청하면 대부분 48시간 내에 발급받을 수 있다. 단, 긴급여권은 1회용이므로 한국 귀국 후 만료된다.
대부분의 영사관은 점심 시간(12:00~13:00)에 업무를 하지 않으니 이 시간을 피해 가자. 여권 사진은 영사관에서 찍을 수 있으며 발급 수수료는 $53이다.
영사민원24 홈페이지 www.g4k.go.kr

현금 분실

우선 체크카드나 신용카드가 따로 있다면 카드를 사용하거나 현금서비스를 받을 수 있으며, 카드도 함께 잃어버린 경우에는 한국에 전화해서 송금 받아야 한다. 이때 가장 빠른 방법은 웨스턴 유니언 송금서비스이

미국 내 총영사관

대한민국 외교부
홈페이지 overseas.mofa.go.kr

워싱턴 DC
주소 2320 Massachusetts Ave., N.W. Washington, D.C. 20008 전화 (202) 939-5653

뉴욕
주소 335 E. 45th St.(4th Fl.) New York, NY 10017
전화 (646) 674-6000, (212) 692-9120

보스턴
주소 One Gateway Center 2nd Fl. Newton, MA 02458 전화 (617) 641-2830

시카고
주소 455 N. City Front Plaza, 27th Floor, Chicago, IL 60611 전화 (312) 822-9485

애틀랜타
주소 229 Peachtree St. N.E. #500, Atlanta, Georgia 90303 전화 (404) 522-1611

필라델피아(출장소)
주소 1500 John F Kennedy Blvd. Ste 1830, Philadelphia, PA 19102 전화 (267) 807-1830

고 심리적으로 안정적인 방법은 영사 콜센터를 이용하는 것이다.

소지품 분실

공공장소에서 소지품을 분실한 경우 먼저 근처에 분실물 센터가 있는지 확인해 본다.
그리고 분실의 경우는 할 수 없지만, 도난의 경우라면 여행자보험의 보상을 받기 위해 도난 증명서(경찰 증명서)를 발급받아야 한다. 가까운 경찰서로 가서 경찰 증명서 Police Report를 작성한다. 범인의 인상착의, 발생 장소, 시간, 도난 경위, 도난 물품명세 등을 자세히 기입하고 경찰서의 확인 도장을 받는다. 옷이나 신발 등의 물품은 거의 보상받지 못하며, 카메라 등의 고가품만 일부 보상받을 수 있다. 이때 분실(Lost)이 아닌 도난(Theft)임이 분명해야 보상받을 수 있다는 점을 명심하자.

웨스턴 유니언 송금서비스

웨스턴 유니언 Western Union은 송금 전문회사로, 여행 중 현금이 급하게 필요할 때 편리하게 이용할 수 있다.

웨스턴 유니언 가맹 은행(카카오뱅크, KB국민은행, IBK기업은행, KEB하나은행 등)에서 돈 받을 장소를 지정하고 입금하면 10자리 숫자의 송금번호(MTCN)가 나온다. 이 번호와 보내는 사람의 영문이름, 금액 등을 받을 사람에게 알려주면 송금후 불과 10여 분 만에 외국에서 현지 화폐로 찾을 수 있다. 미국에는 시내 곳곳에 웨스턴 유니언 지점이 있다. 수수료는 금액에 따라 차이가 나는데 은행보다 비싼 편이다. 지점의 위치나 자세한 수수료 등은 홈페이지를 참조하자.

홈페이지 www.westernunion.com

무료 영사 콜센터

외교부에서 연중무휴 24시간 운영하는 상담서비스로 사건·사고 접수, 통역 서비스, 신속해외송금 지원 등을 도와준다.

'영사콜센터 무료전화 어플로 전화하거나, 카카오톡의 카카오 채널에서 '영사콜센터' 채널을 친구추가해 채팅할 수 있다(두 방법 모두 Wifi가 아닌 경우에는 데이터 요금이 부과된다).

전화 (유료) +82-2-3210-0404 (무료공중전화)
011-800-2100-0404, 1-800-288-7358
홈페이지 www.0404.go.kr

응급상황 발생

응급상황이 발생하면 당황하지 말고 침착하게 911로 전화를 걸어 구조를 요청한다. 휴대폰보다는 유선전화가 가까운 응급센터로 직통 연결되어 더욱 신속히 대처할 수 있다. 공중전화를 통해서도 무료로 신속히 이용할 수 있다. 병원에 갔을 때에는 병원비가 많지 않은 금액일 경우 본인의 카드로 계산한 뒤 진단서와 진료비 계산서를 따로 챙겨 두었다가 귀국 후 여행자보험 회사에서 보상받을 수 있고, 만약 자신이 지불하기 어려운 고액이거나 입원 치료를 요하는 중한 상황일 때는 가입한 보험사에 연락해 지사나 협력사를 통해 현지에서 직접 보상받도록 하자.

★ 기본 의학용어와 구급약

감기	have a cold
독감	have a flu
기침	have a cough
콧물	have a runny nose
열	have a fever
인후통	have a sore throat
오한	have chills
두통	have a headache
치통	have a toothache
요통	have a back pain
생리통	have menstrual cramps
근육통	have muscle pain
삠(염좌)	have a sprain
골절	have a fracture
타박상	have a bruise
찰과상	have a scrape / a scratch
설사	have diarrhea
변비	have constipation
치질	hemorrhoid
복통	have abdominal pain
소화불량	have indigestion
자상(칼에 벤)	got cut
화상	get burned
실신	fainted
어지러움	feel dizzy
구역질	feel nauseous
구토	vomited / threw up
멀미	have motion sickness / car sickness
경련	spasm
발작	have seizures
알레르기	have an allergy
가려움증	itching
식중독	food poisoning
처방전	prescription
응급치료	first-aid
붕대	bandage
연고	ointment
감염	infection
진통제	painkiller
항생제	antibiotics
제산제(위산억제)	antacid
부작용	side effects

지역별 여행 정보
City Guide

New York
뉴욕

미국 북동부의 뉴욕주 New York State에 있는 뉴욕시 New York City는 오랜 역사를 간직함과 동시에 최첨단을 선도하는 도시다. 뉴욕시의 중심이 되는 맨해튼은 뉴욕의 역사가 시작된 곳이자 현재에도 가장 번화한 곳으로 미국은 물론 전 세계를 주도하는 경제와 문화의 중심지다. 초고층 빌딩숲에 둘러싸여 있지만 센트럴 파크를 비롯한 곳곳에 크고 작은 공원이 있어 자연과도 잘 어우러진 멋진 도시다.

이 도시 알고 가자!
❶ 뉴욕시는 미국에서 가장 인구가 많은 도시로 총 800만 명이 넘으며, 메트로폴리탄 지역을 포함하면 2,000만 명에 달한다.
❷ 맨해튼 Manhattan, 브롱크스 Bronx, 퀸스 Queens, 브루클린 Brooklyn, 스테이튼 아일랜드 Staten Island의 다섯 개 행정구로 나누어져 있다.
❸ 연간 5,000만 명이 넘는 관광객이 찾고 있는 세계적인 관광도시다.

여행 시기
뉴욕은 강과 바다로 둘러싸여 있어 날씨 변화가 크고 국지성 소나기가 잦은 편이다. 여행하기 가장 좋은 시기는 9~10월로 대체로 맑고 쾌적한 날씨가 이어진다. 4~5월은 온도는 적당하나 비가 자주 내리며, 6~8월과 크리스마스 시즌은 날씨가 좋지는 않지만 관광객이 가장 많은 시기이다.

기본 정보

▌유용한 홈페이지

뉴욕시 관광청 www.nyctourism.com   뉴욕주 관광청 www.iloveny.com

▌관광안내소

NYC Information Center at Macy's Herald Square

관광안내소는 도시 곳곳에 작은 부스 형태로 설치되어 있으며, 그중 공식 관광안내소는 헤럴드 스퀘어에 자리한 메이시스 백화점 안에 있다. 다양한 뉴욕 여행 정보는 물론이고 안내책자, 교통노선도, 할인 쿠폰, 각종 투어나 뮤지컬 정보 등을 알 수 있다. 여권을 제시하면 메이시스 백화점 할인 쿠폰도 받을 수 있다.

주소 151 W. 34th St 운영 월~금 10:00~22:00, 토 10:00~19:00, 일 11:00~19:00 휴무 추수감사절, 크리스마스 가는 방법 지하철 1, 2, 3, A, C, E - 34th St.–Penn Station, B, D, F, M, N, Q, R - 34th St.–Herald Sq.역 하차.

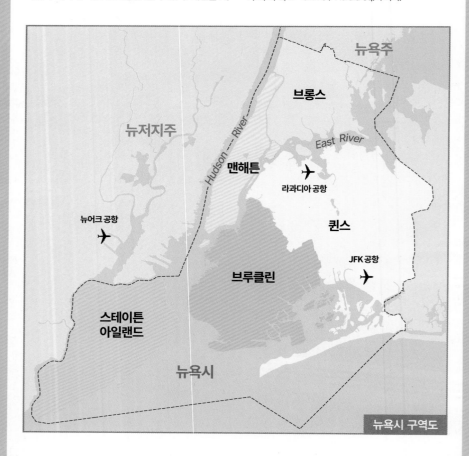

뉴욕주

브롱스

뉴저지주

Hudson River

East River

맨해튼

라과디아 공항

뉴어크 공항

퀸스

JFK 공항

브루클린

스테이튼 아일랜드

뉴욕시

뉴욕시 구역도

가는 방법

한국에서 출발하는 직항편과 경유편이 다양하게 있으며, 미국 내에서는 국내선 항공을 이용하거나 동북부 지역에서 기차나 버스로 이동할 수 있다. 자동차로 이동 시 보스턴에서 4시간 30분, 필라델피아에서 2시간 정도 소요된다(입국절차는 P71 참조).

비행기 ✈

한국에서 대한항공과 아시아나항공, 에어프레미아 직항편으로 이동할 경우 14시간 20분이 걸리며, 델타, 유나이티드, 에어캐나다 등 경유편으로는 17시간 이상 걸린다. 미국 국내선 항공편으로는 시카고에서 2시간 20분, 보스턴에서 1시간 20분 정도 소요된다. 공항은 뉴욕시에 2곳, 바로 옆의 뉴저지주에 1곳이 있어 총 3곳을 이용할 수 있다.

❶ 존 F 케네디 국제공항 John F Kennedy International Airport (JFK)

JFK 공항은 뉴욕 동남쪽 끝에 있어 구역상으로는 퀸스지만 브루클린과도 가깝다. 맨해튼 미드타운에서 26km 정도 떨어져 있어 1시간 정도 걸린다. 오래된 공항이라 곳곳에서 공사 중이며 매우 혼잡하다.

주소 Van Wyck and JFK Expressway, Jamaica, NY 11430 홈페이지 www.jfkairport.com

★ 공항에서 시내로

시내로 가는 방법엔 여러 가지가 있는데, 목적지가 대중교통으로 연결된다면 지하철을 이용하는 것도 괜찮다. 하지만 짐이 많다면 밴 서비스나 택시를 이용하는 것이 편리하다.

① 에어트레인 Air Train + 지하철

시내로 가는 가장 저렴한 방법이다. 먼저 각 터미널에서 에어트레인을 타고 지하철역으로 가서 지하철을 이용해 시내로 들어간다. 공항 근처의 지하철역은 두 곳이 있는데, 지하철 A선이 지나가는 하워드비치역 Howard Beach Station과 지하철 E, J, Z선, 롱아일랜드 레일로드 Long Island Railroad(LIRR) 열차가 지나가는 자메이카역 Jamaica Station이다. LIRR은 헌팅턴, 롱아일랜드, 맨해튼 등을 연결하는 열차로 지하철보다 비싸지만 더 빠르며 맨해튼의 펜실베이니아역 Pennsylvania Station에 정차한다.

에어트레인을 타기 위해 공항 터미널을 나오면 노선이 둘로 갈라지기 때문에 어느 지하철역으로 갈지를 정하고 승강장 위에 있는 전광판으로 경로를 확인해야 한다. 맨해튼으로 가는 여행자들은 지하철 노선이 다양한 자메이카역으로 가는 경우가 많다. 지하철 티켓을 따로 끊을 필요 없이 국내에서 발급받은 컨택리스 카드를 탭하면 된다(현재 국내에서 발급하는 모든 트래블 체크카드에 컨택리스 기능이 있다).

요금 $8.50(+지하철=$11.40)(공항 내 터미널 간 이동은 무료)
홈페이지 www.airtrainjfk.com

② 밴 서비스 Shared Ride Van

24시간 운행되며 원하는 장소에 내려주기 때문에 버스보다 편하다. 공항 내 밴 서비스 카운터나 온라인으로 예약하면 된다. 목적지에 따라 요금이 달라지며 짐이 많을 경우 운전사에게 추가로 팁을 주는 것이 관례다. 그랜드 센트럴역까지는 빠르고 저렴하나 그 외 지역은 동승자의 목적지에 따라 시간이 오래 걸릴 수 있다.

요금 $29~38 홈페이지 www.goairlinkshuttle.com

③ 한인 공항 셔틀

한국 회사에서 운영하는 공항 셔틀버스로 맨해튼의 타임스 스퀘어나 한인타운까지 운행한다. 빠르고 저렴한 편이지만 자신의 목적지에 따라 다시 갈아타야 할 수도 있다.

요금 $38

홈페이지 https://athometrip.com

④ 택시·우버

택시는 톨게이트 비용, 그리고 팁 15~20%가 추가되어 비싸지만 가장 편리한 방법이다. 공항에서 맨해튼까지는 정찰제라서 교통체증 시에도 요금이 올라갈까 걱정하지 않아도 된다. 맨해튼 이외 지역으로 갈 때에는 우버가 저렴하다.

요금 맨해튼 기준 $80~90(정찰요금 $70+톨게이트·세금·팁, 평일 16:00~20:00 추가요금 적용)

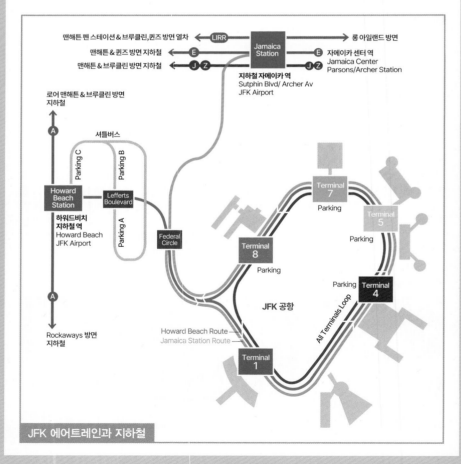

JFK 에어트레인과 지하철

❷ 뉴어크 국제공항 Newark Liberty International Airport (EWR)

뉴저지주에 있지만 맨해튼에서는 JFK 공항보다 좀 더 가깝다. 에어프레미아 항공이 도착하는 곳이며, 특히 유나이티드 항공의 허브 공항으로 경유편이나 국내선 이용 시 도착한다.
주소 3 Brewster Rd, Newark, NJ 07114 홈페이지 www. newarkairport.com

★ 공항에서 시내로

뉴어크 공항은 에어트레인 시스템이 잘 되어 있어 편리하며 그 밖에도 공항 버스나 밴 서비스를 이용할 수 있다. 택시는 뉴욕으로 갈 경우 요금이 많이 나오는 편이다.

① 공항 버스 Newark Airport Express
뉴어크 공항과 맨해튼을 오가는 버스다. 맨해튼의 그랜드 센트럴역, 브라이언트 파크, 오소리티 버스 터미널에 정차하며 15~30분 간격으로 운행된다.
운행 공항 출발 05:30~22:50 요금 $18.70(왕복 $33), 온라인 수수료 $1.50 + Fuel Surcharge $1.00 홈페이지 www. coachusa.com/airport-transportation

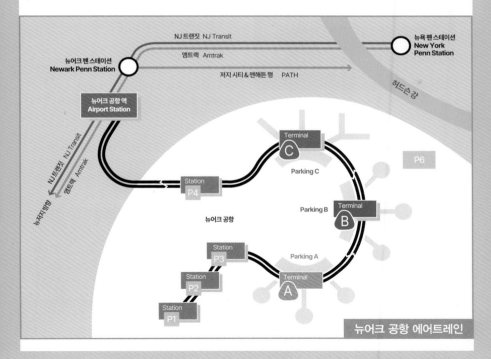

뉴어크 공항 에어트레인

② 에어트레인 Air Train

공항에서 시내로 가는 교통편을 연결해 주는 모노레일. 특히 뉴어크 공항의 에어트레인은 JFK 공항보다 더 편리해서 많은 사람들이 이용하고 있다. 공항에서 에어트레인 이정표를 따라가서 승차하면 바로 뉴어크 국제공항역 Newark International Airport Station에 도착한다. 여기서 뉴저지 트랜싯 NJ Transit으로 갈아타면 맨해튼의 펜실베이니아역 Pennsylvania Station에 도착한다.

운행 05:00~23:00에는 3~5분 간격, 23:00~05:00(일요일은 07:00까지)에는 15분 간격 요금 맨해튼까지 $13.75~15.25 (에어트레인+ PATH 또는 NJ 트랜싯) 홈페이지 www.airtrainnewark.com

③ 밴 서비스 Shared Ride Van

시간이 오래 걸리지만 원하는 곳에 세워주기 때문에 짐이 많을 경우 편리하다. 공항 내 카운터에서 탑승 신청을 하며 보통 1~2시간 걸린다.

요금 맨해튼 중심 $33~36 홈페이지 www.goairlinkshuttle.com

④ 택시·우버

가장 비싸지만 편리하다. 맨해튼 북쪽일수록 요금이 올라간다. 맨해튼 기준으로 운임이 $60~80 정도이며 혼잡 요금(평일 06:00~09:00, 16:00~19:00, 토·일요일 12:00~20:00) $5, 맨해튼 이스트 사이드로 갈 경우에도 $5 추가 요금이 붙는다. 여기에 톨게이트 요금과 15~20%가량의 팁이 추가된다. 우버

가 조금 더 저렴하지만 공항세나 톨게이트비는 마찬가지로 추가된다.

요금 맨해튼 미드타운 $70~90

❸ 라과디아 공항 LaGuardia Airport (LGA)

라과디아 공항은 JFK 공항이 생기기 전 뉴욕을 대표하는 국제공항이었으나, 현재는 국내선 항공만 이용하고 있다. 맨해튼 동쪽 퀸스에 있으며 맨해튼 업타운까지 10km 정도 거리로 가깝다.

주소 Queens, NY 11371 홈페이지 www.laguardiaairport.com

★ 공항에서 시내로

라과디아 공항은 시내에서 가까운 편이라 택시를 이용하는 것도 괜찮다. 이용 가능한 대중교통은 현재 버스뿐이다.

① 일반 버스

Q70 또는 M60-SBS 버스를 타고 지하철역으로 이동할 수 있다.

운행 24시간 요금 Q70은 무료, M60은 $2,900이나 지하철 환승 시 추가요금이 없어서 결국은 마찬가지다.

② 밴 서비스 Shared Ride Van

원하는 곳에 내려주므로 버스보다 편하지만 시간이 오래 걸린다. 공항 내 카운터에 신청한다.

요금 $33~36 홈페이지 www.goairlinkshuttle.com

③ 택시·우버

정류장까지 공항셔틀을 타고 가야 한다. 맨해튼 시내와 가장 가까운 공항이라 20~40분 정도면 도착한다. 요금은 $24~44에 톨게이트비, 15~20%의 팁을 포함하면 $35~60 정도다.

기차 🚇

뉴욕에는 2개의 기차역이 있다. 하나는 펜실베이니아역 Pennsylvania Station이며 다른 하나는 그랜드 센트럴역 Grand Central Station이다. 두 역 모두 맨해튼의 미드타운에 있으며 보스턴, 필라델피아 등 대도시로 이동할 때는 대부분 펜실베이니아역을 이용한다.

❶ 펜실베이니아역 Pennsylvania Station(Penn St.)
보통 펜 스테이션 Penn Station이라 부르며 수많은 열차가 오가는 주요 기차역이다. 캐나다를 비롯해 보스턴, 워싱턴, 시카고 등 미국 전역의 대도시들을 연결하는 앰트랙이 지난다. 뉴욕 내에서는 브루클린, 퀸스, JFK 공항, 롱아일랜드 지역을 연결하는 롱아일랜드 레일로드 Long Island Railroad(LIRR)와 뉴저지를 연결하는 뉴저지 트랜싯 NJ Transit이 이 역을 지난다. 역 내부는 지하도를 통해 지하철과 연결되어 있다.

주소 7 Ave. & W 32nd St. 홈페이지 www.amtrack.com

❷ 그랜드 센트럴역 Grand Central Station
외관이 아름다워 관광 명소로도 유명하다. 뉴욕의 북부지역과 코네티컷을 연결하는 메트로 노스 레일로드 Metro North Rail Road가 지나며, 지하철과 연결되어 통근용으로 많이 이용된다. 역 앞에 공항버스 정류장도 있다.

주소 87 E 42nd St. New York, NY 10017 홈페이지 https:// grandcentralterminal.com

버스 🚌

뉴욕을 오가는 버스는 매우 다양하다. 그레이하운드와 같은 장거리 이동 버스부터 가까운 근교나 특정 지역을 왕복하는 개인 버스회사에 이르기까지 종류가 많으며 정류장도 여러 곳이다.

❶ 포트 오소리티 버스 터미널
Port Authority Bus Terminal
뉴욕을 오가는 대부분의 시외버스들이 이용하는 중심 터미널이다. 그레이하운드, 그레이라인 등 장거리 고속버스들이 운행되고 있으며 우드베리 등 근교는 물론 보스턴, 워싱턴 등 대도시도 연결한다. 규모가 큰 터미널이라 지하철, 버스, 그리고 공항버스까지 잘 연결되고 터미널 내부에 식당이나 상점이 많다.

주소 625 8th Ave.(40th & 42th St.사이) 전화 800-221-9903 홈페이지 www.panynj.gov

❷ 조지 워싱턴 브리지 버스 터미널 George Washington Bridge Bus Terminal (GWB)

뉴욕의 북서쪽 지역으로 가는 버스의 터미널이다. 맨해튼과 뉴저지는 워싱턴 다리로 연결되어 있는데, 이 다리를 건너 뉴저지로 가는 버스들의 종착지로 주로 이용되며 뉴욕주의 로클랜드 Rockland 카운티로 가는 버스들도 있다. 맨해튼 시내와는 1번 지하철로 연결되며 미드타운에서 Express를 이용하면 30분 만에 갈 수 있다.

주소 4211 Broadway(178th & 179th St.사이) 홈페이지 www.panynj.gov

버스 예약

미국의 북동부 지역은 비교적 대중교통이 발달해 있어 버스 회사들이 많으며 뉴욕을 중심으로 다양한 노선이 있다. 가격 비교 사이트에서 각 버스의 요금을 비교할 수 있으며 일찍 예약할수록 할인율이 높다. 버스 회사마다 출·도착 정류장이 다르니 예약 시 반드시 확인하자.

가격 비교 및 예약

고투버스 www.gotobus.com
완더루 www.wanderu.com
버스버드 www.busbud.com

버스 회사

① 플릭스 버스 Flix Bus
홈페이지 www.flixbus.com
② 메가 버스 Megabus
홈페이지 www.megabus.com
③ 피터팬 버스 Peter Pan Bus
홈페이지 https://peterpanbus.com
④ 그레이하운드 버스 Greyhound
홈페이지 www.greyhound.com
⑤ 차이나타운 버스 Chinatown Bus
홈페이지 www.chinatown-bus.org

렌터카 🚐

맨해튼은 교통정체가 심하며 주차비도 비싼 편이다. 현지인들도 상당수가 대중교통을 이용하고 있으며 택시도 많기 때문에 대중교통을 이용하길 권장한다. 자동차를 렌트해야 한다면 공항이나 시내 곳곳의 렌터카 사무실에서 할 수 있다. 맨해튼에서 운전할 때에는 다음 사항을 특히 주의하도록 하자.

❶ 일방통행 One Way

맨해튼은 일방통행 도로가 많아 진입 시 주의해야 하며, 길을 잘못 들면 먼 길을 돌아가야 한다.

❷ 경적 금지 Don't Honk

번화가라도 소음제한 지역이 많아 'Don't Honk' 사인이 있는 곳에서 경적을 울리면 벌금을 내야 한다. 자그마치 $350.

❸ 속도 제한 Speed Limit

뉴욕 시내 일반 도로에서는 별도로 이정표가 없는 한 제한 속도가 25마일이므로 주의한다.

❹ 주차 Parking

맨해튼의 주차난은 매우 심각하다. 도로변은 물론 큰 건물에도 무료 주차가 거의 없어서 유료로 공공 주차장을 이용해야 한다. 주차장마다 가격 차가 크고 시간당 $15~40 정도로 비싸다. 불법주차로 견인되면 311로 전화해 견인장을 찾아가야 하며 견인비 $185~370에 보관비 등을 추가로 지불해야 한다.

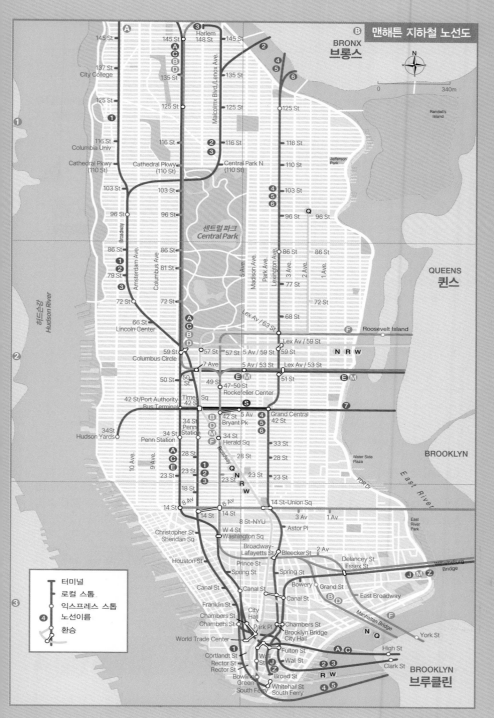

BRONX
브롱스

QUEENS
퀸스

센트럴파크
Central Park

하드슨강
Hudson River

BROOKLYN

BROOKLYN
브루클린

터미널
로컬 스톱
익스프레스 스톱
4 노선이름
환승

시내 교통

맨해튼은 대중교통이 잘 갖춰져 있다. 뉴욕의 교통국인 MTA(Metropolitan Tranportation Authority)에서 관리해 지하철과 버스의 티켓들 통합되어 있다. 지하철, 버스, 택시 모두 안전한 편이라 현지인들도 상당히 많이 이용한다. 홈페이지 www.mta.info

옴니 OMNI

승차권을 따로 살 필요 없이, 한국에서 발급해 간 신용카드나 체크카드, 또는 삼성페이, 애플페이, 구글페이를 바로 탭해서 사용할 수 있는 편리한 시스템이다. 카드의 경우 반드시 비접촉식(Contactless) 기능이 있어야 한다. 대부분의 해외 사용 카드가 해당되며 카드에 비접촉식 로고가 있는지 확인하자.
요금 1회 $2.90, 7일(동일 카드 사용 시 적용) $34

비접촉식 로고

옴니

메트로 카드 Metro Card

2024년까지만 이용될 예정인 교통카드로 옴니에 없는 한 달 무제한권이 유용하다.

★ 1회권 Single Ride 1회 사용(2시간 내 환승 가능).
요금 $3.25
★ 무제한권 Unlimited Ride 무제한 사용.
요금 7일권(쓰는 날로부터 7일) $34, 30일권 $132
★ 정액 카드 Pay-Per-Ride 충전식 선불 카드.
요금 1회 $2.90(+발급비 $1)

지하철 🚇

뉴욕의 지하철은 매우 지저분하지만 복잡한 시내를 가장 빠르게 연결해주며, 24시간 운행해 늦은 밤이나 이른 새벽에도 이용할 수 있다. 그러나 너무 늦은 시간에 혼자 다닐 때는 조심하도록 하자.

❶ 지하철 타기

뉴욕의 지하철은 열차의 방향에 따라 지하철역의 출입구가 다른 경우가 있다. 즉, 같은 역이라도 북쪽으로 올라가는 노선(uptown)과 남쪽으로 내려가는 노선(downtown)의 출입구가 다를 수 있기 때문에 입구를 확인하며 이동해야 한다. uptown & downtown이라고 써 있다면 출입구가 같은 경우다. 또한 같은 플랫폼에서도 여러 개의 노선이 정차하기 때문에 반드시 열차 노선을 확인하고 타야 한다.

❷ 열차 종류

같은 노선이라도 급행(Express)과 완행(Local)이 있다. 급행은 주요 역에만 서므로 빨리 이동할 수 있고, 완행은 모든 역에 다 정차한다. 단, 주말에는 급행도 모든 역에 정차하며 배차 간격도 길다.

버스 🚌

버스는 지하철보다 깨끗하지만 교통체증이 있으며 배차 간격도 긴 편이다. 하지만 노선에 따라 지하철보다 편리할 때가 있고, 창밖을 구경할 수 있어서 좋다. 버스의 1회권 티켓은 버스 운전사에게 현금으로 직접 살 수 있으나 거스름돈을 받을 수 없기 때문에 자신의 카드를 옴니 리더기에 탭해서 결제하는 것이 낫다.

① 버스 타기

승차 시 앞으로 타서 메트로 카드를 긁거나 현금을 지불한다. 하차 시에는 미리 창문 근처나 손잡이에 있는 노란색 또는 검은색 테이프를 누른다. 줄을 잡아당기는 버스도 있다. 버스가 정차하고 문에 불이 들어오면 문 앞에 있는 테이프를 눌러 문을 연다. 버스 정류장은 애비뉴 Avenue의 경우 보통 한 블록, 스트리트 Street의 경우 두 블록마다 있어 간격이 짧은 편이다.

② 버스 종류

지하철과 같이 버스도 급행(Limited)이 있다. 똑같은 번호의 버스라도 버스에 Limited라고 쓰여 있으면 주요 역에만 정차하기 때문에 가고자 하는 목적지를 잘 확인해야 한다. 단, 주말에는 Limited 버스도 모든 정류장에 선다. 동서를 가로지르는 버스의 경우 길 번호(Street number)가 버스의 번호와 일치하는 경우가 많다. 즉, 42번 버스는 42nd St.를 지나가는 버스이며 57번 버스는 57th St.를 지나가는 버스다.

★ 주의 사항

SBS(Select Bus Service) 또는 '+SELECT BUS' 표시가 있는 경우 정류장에 있는 발매기에서 요금을 미리 내고 영수증을 가져가야 한다(발매기가 없는 정류장도 있으니 주의). 버스 기사한테 영수증을 보여줄 필요는 없으나 가끔 교통 단속원이 나타나므로 영수증을 지니고 있어야 한다(메트로카드로 결제 가능하며 무제한권은 요금은 안 내지만 영수증은 받아야 한다).

택시 🚕

① 옐로 캡 Yellow cab

뉴욕시의 공식 면허를 받아 운행되는 노란색 택시로 뉴욕시의 상징이기도 하다. 지하철, 버스와 더불어 뉴욕 시민들의 주요 교통수단이다. 출퇴근 시간을 제외하고는 택시를 잡기가 쉬운 편이며 차량을 호출하는 애플리케이션인 커브 Curb도 있다. 요금은 우버와 리프트보다 비싸지만 교통이 복잡한 시간대에는 비슷하다.

기본요금은 $3이며 1/5 마일당 70센트씩 올라간다. 기타 요금 $1가 붙고, 평일 16:00~20:00에는 퇴근 시간 혼잡요금 $1가 추가되고 맨해튼 내 일부 구간에는 추가로 혼잡요금이 $2.50 추가된다. 내릴 때는 미터기 요금에 15~20%가량의 팁을 주어야 하며 유료 도로를 이용했다면 톨게이트 비용도 내야 한다. 결제는 신용카드와 현금이 대부분 가능하다.

② 우버 Uber / 리프트 Lyft

차량 공유 서비스인 우버와 리프트도 많은 사람이 이용하는데, 요금은 일반 택시와 비슷하거나 조금 저렴한 편이다. 차량과 서비스에 따라 다르지만 보통 10km 정도 이동에 $35~40 나오므로 교통체증이 심하지 않다면 가까운 곳은 여럿이 함께 이용할 만하다.

뉴욕 투어 프로그램

뉴욕은 세계적인 관광도시인 만큼 매우 다양한 투어가 있다. 헬리콥터, 버스, 유람선 등을 타고 뉴욕을 둘러보는 투어는 물론, 도보로 이동하며 뉴욕의 역사를 배우거나 맛집을 순례하는 등의 테마별 투어도 인기다. 투어 프로그램은 인터넷을 통해 예약하거나 관광안내소에서 신청할 수 있다.

버스 투어 Bus Tours

40여 개 정류장에서 원하는 대로 내렸다 탈 수 있는 2층 버스다. 날씨가 좋으면 2층이 오픈되어 사진을 찍기에 좋다.

요금 $62~99
[뉴욕 사이트시잉 New York Sightseeing]
홈페이지 www.newyorksightseeing.com
[시티 사이트 뉴욕 City Sights NY]
홈페이지 www.citysightsny.com
[빅버스 뉴욕 BigBus New York]
홈페이지 www.bigbustours.com

헬리콥터 투어 Helicopter Tours

뉴욕을 하늘에서 내려다볼 수 있는 멋진 투어다. 뉴욕의 스카이라인은 물론, 프로그램마다 다르지만 센트럴 파크와 자유의 여신상 등을 볼 수 있다. 보안상 아주 가까이 다가갈 수는 없지만 뉴욕의 색다른 매력을 느낄 수 있다.

요금 $189~339
[뉴욕 헬리콥터 투어 New York Helicopter sightseeing Tours]
홈페이지 www.heliny.com
[리버티 헬리콥터 투어 Liberty Helicopters]
홈페이지 www.libertyhelicopters.com

크루즈 투어 Cruise Tours

맨해튼 주변을 유람선으로 돌아보는 투어다. 미드타운 42nd St. 83번 선착장이나 다운타운 사우스 스트리트 시포트 16번 선착장에서 탈 수 있다. 30분~3시간까지 다양한 코스가 있으며 4곳의 선착장에서 내렸다 탈 수 있는 워터 택시도 있다.

요금 $29~54
[서클 라인 사이트시잉 Circle Line Sightseeing]
홈페이지 www.circleline.com

워킹 투어 Walking Tours

주제별로 많은 종류가 있는데, 음식이나 역사를 주제로 한 것이 인기가 많다.

[푸드 투어 Food tours]
미식의 천국이라 불리는 뉴욕답게 맛집 투어가 인기다. 계절별, 지역별, 테마별로 종류가 다양하며, 가이드의 설명과 함께 여러 음식들을 맛볼 수 있다.

요금 $49~189 홈페이지 www.foodsofny.com, www.foodonfoottours.com

[빅 어니언 워킹 투어 Big Onion Walking Tours]
맨해튼의 역사적인 명소들을 돌아보는 투어다. 단체로 이동하며 역사 해설을 들을 수 있으며 날짜마다 다른 주제와 장소를 다룬다.

요금 $30 홈페이지 www.bigonion.com

뉴욕 할인 패스

뉴욕의 여러 명소 입장료를 묶어 할인해주는 패스들이 있다. 일부 식당이나 쇼핑 시에도 할인받을 수 있고, 성수기에 매표소 앞에서 긴 줄을 서지 않아도 되기 때문에 편리하다. 패스마다 혜택이 다르기 때문에 비교해보고 선택하자. 홈페이지를 통해 종종 할인 행사를 하고 있으니 미리 확인해보는 것도 좋다.

뉴욕 스마트패스 Smart Pass

40여 곳의 명소 중 2~9곳을 선택해 할인받는 패스로 유효기간은 60일이다. 선택한 명소에 따라 e티켓 또는 사무실에서 수령해야 한다.

주소 566 7th Ave, New York, NY 10018 (타임스퀘어 부근) 요금 3가지 $92(3~12세 $80), 5가지 $138(3~12세 $122), 7가지 $182(3~12세 $158) 홈페이지 athometrip.com

뉴욕 패스 New York Pass

100여 가지 볼거리가 포함된 패스로 사용기간에 따라 요금이 달라진다. 혜택이 많지만 사용기간이 짧기 때문에 계획을 잘 짜야 한다.

요금 1일 $164(3~12세 $124), 2일 $259(3~12세 $174), 3일 $339(3~12세 $199) 홈페이지 www.newyorkpass.com

뉴욕 익스플로러 패스 New York Explorer Pass

90여 가지의 볼거리 중 2~10개를 선택하는 패스로 유효기간이 30일이다.

요금 3가지 $139(3~12세 $104), 5가지 $214(3~12세 $179), 7가지 $304(3~12세 $249) 홈페이지 gocity.com

시티 패스 City Pass

5가지 볼거리가 포함된 패스로 처음 개시한 날로부터 9일간 사용할 수 있다.

요금 일반 $244, 6~17세 $237 홈페이지 www.citypass.com/new-york

빅 애플 패스 Big Apple Pass

30여 가지 볼거리 중 1~7개를 선택하는 패스로 유효기간이 6개월 정도다. 할인율이 높은 편이고 한국어로 되어 있어 편리하지만 다른 패스와 달리 홈페이지에서 구입한 뒤 타임스 스퀘어 부근에 자리한 사무실에 가서 티켓을 받아야 한다.

주소 151 West 46th St. Suite 1002, New York, NY 10036 (타임스 스퀘어 부근) 요금 3가지 $92(3~12세 $80), 5가지 $138(3~12세 $122), 7가지 $182(3~12세 $158) 홈페이지 tamice.com

패스 선택 요령

패스를 선택할 때는 포함 내역을 잘 살펴보고 내게 맞는 것을 골라야 한다. 일정이 길어지거나 명소 수가 늘어날수록 평균 가격은 내려가므로 여러 곳을 볼 때 유리하다. 요일별 무료입장이나 기부금 요금제가 가능한 미술관도 있으니 참고하자.

★ 인기 명소
- 탑 오브 더 락 전망대
- 엠파이어 스테이트 빌딩
- 메트로폴리탄 박물관
- 자유의 여신상 페리
- 뉴욕 현대미술관(일부 패스)
- 원 월드 전망대(일부 패스)

★ 패스 구입 및 사용 방법
패스는 홈페이지에서 구입하면 이메일로 받아서 휴대폰에 QR코드를 저장해 바로 사용할 수 있거나 현지 사무실에서 티켓으로 교환해야 하는 것도 있으니 미리 확인한다. 투어 등 일부 명소는 예약을 해야 하는 것도 있으니 반드시 홈페이지를 확인하자.

추천 일정

뉴욕은 적어도 3일은 머물러야 제대로 볼 수 있다. 문화, 예술, 공연, 쇼핑, 맛집 등 주제별로 골고루 여행을 즐기려면 동선을 효율적으로 짜는 것이 무엇보다 중요하다. 3일 일정을 기준으로 맨해튼을 지역별로 나누고 동선을 고려하면 다음과 같이 일정을 짜볼 수 있다.

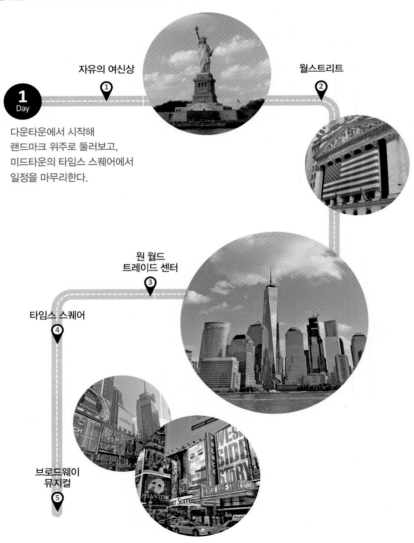

1 Day

다운타운에서 시작해
랜드마크 위주로 둘러보고,
미드타운의 타임스 스퀘어에서
일정을 마무리한다.

자유의 여신상 ①

월스트리트 ②

원 월드
트레이드 센터 ③

타임스 스퀘어 ④

브로드웨이
뮤지컬 ⑤

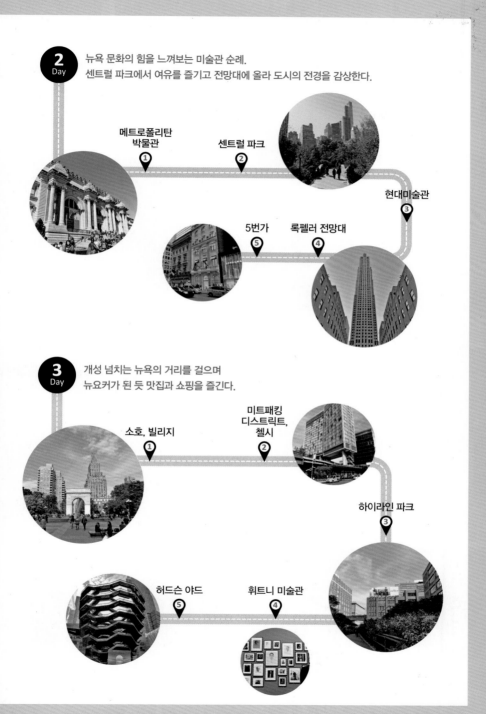

2 Day
뉴욕 문화의 힘을 느껴보는 미술관 순례.
센트럴 파크에서 여유를 즐기고 전망대에 올라 도시의 전경을 감상한다.

메트로폴리탄
박물관
①

센트럴 파크
②

현대미술관
③

5번가
⑤

록펠러 전망대
④

3 Day
개성 넘치는 뉴욕의 거리를 걸으며
뉴요커가 된 듯 맛집과 쇼핑을 즐긴다.

소호, 빌리지
①

미트패킹
디스트릭트,
첼시
②

하이라인 파크
③

허드슨 야드
⑤

휘트니 미술관
④

뉴욕, 이것만은 놓치지 말자!

❶ 자유의 여신상

자유의 여신상에 오르려면 이른 아침일수록 대기 시간이 적은 편이다. 조각상을 감상하고 오는 길에는 엘리스섬에 들러보자.

소요시간 2~3시간

❷ 월스트리트

세계 금융의 중심지인 월스트리트는 어떤 모습일까?

소요시간 20~30분

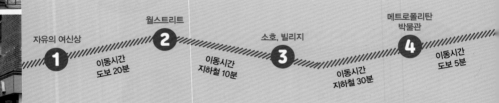

자유의 여신상 **❶** 이동시간 도보 20분

월스트리트 **❷** 이동시간 지하철 10분

소호, 빌리지 **❸** 이동시간 지하철 30분

메트로폴리탄 박물관 **❹** 이동시간 도보 5분

❸ 소호, 빌리지

맛집을 찾아 빌리지를 헤매다 보면 소호에서 멋진 편집매장을 발견할지도 모른다.

소요시간 1~2시간 (점심식사)

❹ 메트로폴리탄 박물관

세계적인 수준을 자랑하는 메트로폴리탄 박물관도 놓칠 수 없는 볼거리다.

소요시간 1~3시간

❺ 센트럴 파크

아름다운 녹지대 속에서 도심의 번잡함을 잊고 평온한 휴식을 누려보자.

소요시간 30분~1시간

❻ 5번가

화려한 번화가와 곳곳에 자리한 성당, 미술관, 록펠러 전망대 등 볼거리가 다양하다.

소요시간 1~2시간

센트럴 파크
5

5번가
6

탑 오브 더 록
(록펠러 전망대)
7

타임스 스퀘어
8

이동시간
도보 20~30분

이동시간
도보 5분

이동시간
도보 15분

❼ 탑 오브 더 록 (록펠러 전망대)

전망대에 올라 마천루의 도시인 뉴욕의 전경을 한눈에 담아볼 수 있다.

소요시간 30분~2시간 (성수기에는 길게 줄을 선다)

❽ 타임스 스퀘어

도심 속에서 전광판들이 화려한 빛을 발하는 타임스 스퀘어는 밤에 가장 아름답다.

소요시간 30분~1시간

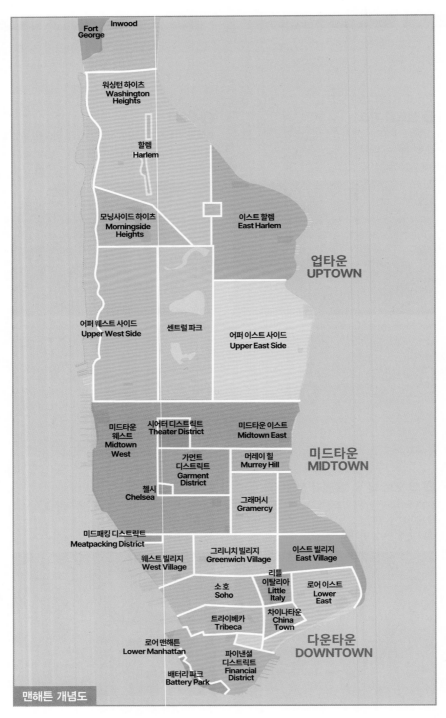

맨해튼 개념도

맨해튼은 뉴욕시 5개 행정구역 중 하나로 뉴욕에서 가장 번화한 곳이기도 하다. 주요 볼거리는 대부분 맨해튼에 있으며, 특히 센트럴 파크를 중심으로 남쪽에 대부분의 볼거리가 모여 있다.

로어 맨해튼 Lower Manhattan

맨해튼의 가장 남쪽 끝에 자리한 다운타운 지역이다. 비즈니스가 활발한 곳이며 동시에 상당히 역사적인 지역이다. 17세기에 네덜란드인들이 원주민을 몰아내고 처음 마을을 형성한 곳으로 오래된 건물이 많고 길도 매우 복잡하다. 너무나도 유명한 월스트리트와 자유의 여신상이 있어 여행자들이 많이 찾는다.

더 배터리
The Battery
Map P.132-A3

로어 맨해튼의 복잡한 빌딩 숲을 지나 맨해튼의 남쪽 끝자락에 자리한 공원이다. 1812년 영국과 전쟁 당시 영국이 쌓았던 요새(battery)가 있다. 공원의 북쪽에는 9·11 희생자들을 기리는 공간이 마련되어 있으며, 중앙에는 나무들이 가득한 녹지대가 조성되어 있다. 공원 서쪽에는 과거에 영국군의 요새였던 웨스트 배터리 West Battery가 아직도 남아 있는데, 현재의 이름은 클린턴 요새 Castle Clinton 다. 클린턴 요새 바로 옆에는 선착장이 있어 리버티 섬으로 가는 페리가 출발한다. 공원의 끝으로는 이스트 강과 허드슨 강이 만나는 기다란 부둣가가 형성되어 있어 시원한 전망이 펼쳐지며 멀리 거버너스 섬과 리버티 섬, 엘리스 섬이 바라보인다. 주변으로는 분수와 함께 다양한 기념물들이 있는데 특히 눈길을 끄는 조각물은 가라앉는 배 안에서 애타게 구조를 요청하는 모습의 청동 조각상 〈American

배터리 파크에 자리한 클린턴 요새

Merchant Mariners Memorial〉과 부두에 도착한 이민자들의 모습을 담은 〈The Immigrants〉, 용맹한 모습의 청동 독수리 조각상 〈East Coast Memorial〉 등이며 한국전 참전용사들을 위한 기념비도 있다.

가는 방법 지하철 4·5-Bowling Green역 또는 1-South Ferry역에 하차하면 바로 이정표가 보인다. 홈페이지 www. thebattery.org

클린턴 요새
Castle Clinton
Map P.132-A3

배터리 파크 안에 자리한 요새다. 1812년 영국군이 뉴욕항을 방어하기 위해 지은 것으로 당시의 이름은 웨스트 배터리 West Battery였다. 붉은색 원형 건물 안쪽에는 자유의 여신상으로 가는 유람선의 티켓 매표소가 있다. 요새 주변으로는 길게 줄을 선 관광객들과 퍼포먼스를 하는 아티스트, 수많은 노점들로 인해 매우 복잡한 편이다.

주소 17 Battery Place 운영 07:45~17:00 휴무 추수감사절, 크리스마스 요금 무료 가는 방법 지하철 4·5-Bowling Green역 하차. 배터리 파크 안으로 300m 정도 들어가면 나온다. 홈페이지 www.nps.gov/cacl

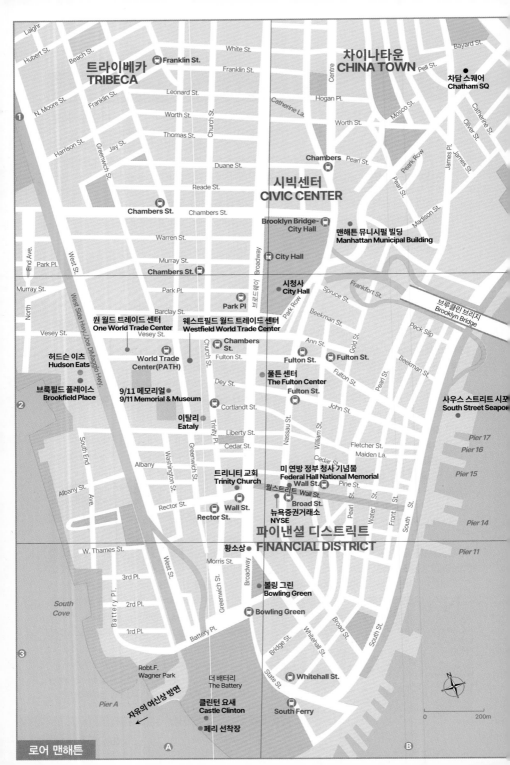

자유의 여신상
Statue of Liberty

Map P.132-A3

맨해튼 남쪽의 리버티섬 Liberty Island에 세워져 있는 거대한 여신상이다. 너무나도 유명한 랜드마크로 미국의 독립 100주년을 기념하여 프랑스에서 선물한 것이다. 여신은 오른손에 자유를 밝히는 횃불을 들고 있으며 왼손에는 1776년 7월 4일이라는 날짜가 새겨진 독립선언서를 들고 있다.

조각의 높이는 받침대까지 92m에 달한다. 받침대 내부에는 박물관이 있으며 그 위로 엘리베이터를 통해 외부 발코니로 올라갈 수 있게 되어 있다. 조각상의 내부에는 나선형 계단이 있어 조각상의 왕관 부근에 있는 전망대까지 연결된다. 처음에는 횃불에 조명장치를 달아 등대국에서 관리하다가 군사상의 이유로 육군에서 관리하기도 하였으며, 현재는 엘리스섬과 함께 뉴욕시에서 관리하고 있다. 1924년에 미국의 국립 기념물로 지정되었으며 1984년에는 유네스코 세계문화유산으로 등록되었다. 현재 여신상 내부의 박물관과 발코니까지 올라가려면 선착순으로 발급되는 패스를 소지해야 한다. 성수기에는 일찍 예약하지 않으면 자리가 없다.

★ 페리 타기

Map P.132-A3

자유의 여신상은 리버티섬 안에 있기 때문에 가까이에서 보려면 섬으로 들어가는 서클 라인 Circle Line 페리를 타야만 한다. 맨해튼에서 출발해 리버티섬과 엘리스섬을 오가는 이 페리는 관광객들이 몰려드는 6~9월에는 1~2주일 전에는 예약해야 하며, 여신상 내부로 들어가려면 훨씬 더 일찍(1~3개월 전, 특히 왕관 전망대는 3~5개월 전에도 자리가 없는 경우가 있다) 예약해야 한다. 예약을 했더라도 선착장 앞에서 보안검색이 있어 입장까지 시간이 오래 걸리므로 일찍 도착하는 것이 좋다.

또한 배터리 파크에서 출발하는 페리는 오후 2~3시경까지 운항하며 마지막 페리는 엘리스섬에 가지 않는다. 페리에 오르면 뱃머리를 기준으로 오른쪽 뒤에 자리를 잡을수록 전망이 더 좋다. 배가 출발한 뒤 배 뒤쪽을 바라보면 맨해튼의 멋진 경치가 한눈에 들어온다. 잠시 뒤 오른쪽으로 붉은 건물이 떠 있는 엘리스섬이 보이며 배 왼쪽으로는 멀리 거버너스섬과 브루클린이 보인다.

★ 여신상 오르기

여신상에 올라가려면 한두 달 전부터 예약해서 입장 패스를 받아야 하며 패스가 없다면 리버티섬을 구경하면서 여신상을 바라보는 데 만족해야 한다. 패스를 예약했다면 섬에 도착해 다시 줄을 서서 검색대를 통과해 여신상 내부로 들어가면 162개 계단을 올라 발코니로 나갈 수 있다. 발코니에는 탁 트인 전망대가 있어서 맨해튼을 조망할 수 있으며 여신의 얼굴도 훨씬 가까이서 보인다.

리버티섬 안에는 박물관이 있는데, 3개의 갤러리에 나누어 여신상의 역사와 관련된 다양한 사진과 자료를 전시하고 있다. 가장 인기 있는 갤러리는 인스퍼레이션 갤러리 Inspiration Gallery로 시원한 통유리를 통해 여신상의 모습을 다른 각도로 감상할 수 있다. 또한 이 갤러리에는 커다란 횃불이 전시되어 있는데 이는 초창기 만들어진 횃불로, 지금 여신상이 들고 있는 횃불은 1986년 100주년 보수공사 때 교체된 것이다.

엘리스섬
Ellis Island

1892년부터 1945년까지 뉴욕으로 들어오는 이민자들을 수용소처럼 대기시켜 놓았던 곳이다. 세계 각지에서 모여든 이민자들은 바로 이곳에서 미국 정부에 받아들여지기만을 간절히 바라고 있었던 것이다. 붉은색의 벽돌 건물은 현재 이민 박물관 Immigration Museum으로 아름답게 가꿔져 있지만 과거에는 열악한 환경의 이민자 대기 시설이었다. 한동안 버려진 섬으로 있다가 이 박물관이 오픈하면서 방문자들이 찾게 되었다. 조상들의 서글픈 이민사를 찾아온 미국인들과 여러 나라의 관광객들로 항상 붐빈다. 박물관에는 현재의 미국 사회를 형성하게 된 수많은 이민자들의 역사를 보기 쉽게 전시해 놓았으며 다큐멘터리도 상영하고 있다.

주소 Ellis Island 가는 방법 리버티섬에서 페리로 10분 홈페이지 www.nps.gov/elis, www.ellisisland.org

[페리 및 패스 예약]
주소 Liberty Island, New York, NY 운영 계절에 따라 변경되므로 홈페이지 확인 홈페이지(예약) www.statuecruises.com 가는 방법 지하철 4·5-Bowling Green역 또는 1-South Ferry역 하차, 이정표를 따라 공원 안으로 들어가면 클린턴 요새 앞에 선착장이 있다. 자유의 여신상 홈페이지 www.nps.gov/stli ※성수기에는 매우 복잡하므로 보안검색 시간까지 감안해 일정을 여유 있게 잡자. 여신상에 오를 때는 라커에 가방을 맡겨야 한다.

	페리 요금	받침대 (Pedestal)	왕관 (Crown)
성인	$25		
62세 이상	$22	추가요금 30센트	
4~12세	$16		

※왕관 구역은 신장 107cm 이상의 혼자 계단을 오를 수 있는 경우만 입장 가능

트리니티 교회
Trinity Church
Map P.132-A2

볼링 그린에서 시작된 브로드 웨이 길을 따라 걷다 보면 왼쪽 에 커다란 고딕 양식의 트리니 티 교회가 보 인다. 다소 긴 장된 분위기가 느껴지는 파이 낸셜 디스트릭 트 안에서 편안 함을 주는 곳 이다. 1697년 에 지어진 성당을 두 번이나 개축했고 현재의 모습 은 1846년에 지어진 것이다. 1846년 당시에는 뉴욕 에서 가장 높은 건물이었다. 건물 내부에는 박물관 이 있어 당시의 역사를 전시하고 있다. 이 교회의 맞 은편으로 뻗은 길이 월스트리트다. 월스트리트는 그 명성과 달리 평범한 골목길처럼 보여 놓치기 쉬우니 트리니티 교회를 이정표로 삼자.

주소 89 Broadway 운영 매일 08:30~18:00 가는 방법 지하 철 4·5–Wall St.역 하차. 홈페이지 www.trinitywallstreet.org

볼링 그린
Bowling Green
Map P.132-A3

볼링 그린은 브로드웨이가 시작되는 곳에 위치한 작은 공원이다. 식민지 시대에 이 공원에서 볼링 을 했다고 하며, 원래 이곳에 영국왕 조지 3세의 동 상이 있었으나 1776년 미국의 독립선언 후 군중들 이 몰려와 동상을 무너뜨렸다. 공원 옆 브로드웨 이 거리에는 유명한 청동 조각상인 〈돌진하는 황소 Charging Bull〉가 있다. 이 청동상은 '월스트리트 황 소' 또는 '볼링 그린 황소'라고 불린다. 1987년 '암흑 의 월요일'로 뉴욕이 충격에 빠졌을 때 미국 자본주 의의 꺼지지 않는 생명력을 보여주기 위해 제작됐 다. 돌진할 준비를 하고 있는 황소의 모습은 금융계 의 밝은 미래를 상징하는 것으로 원래 뉴욕증권거래 소 앞에 세워졌다가 이 자리로 옮겨졌다. 현재는 관 광객들에게 인기 있는 포토존이 되었다.

가는 방법 지하철 4·5–Bowling Green역 하차. 황소 조각상 은 공원의 북쪽 끝 Broadway 길과 만나는 교차로에 있다.

월스트리트
Wall Street
Map P.132-B2

평범해 보이는 거리지만 세계 경제를 움직이는 파이낸셜 디스트릭트의 중심이다. 1792년에 최초로 증권 거래소가 생겨나면서 금융업의 중심으로 발전하기 시작했다. 이제는 너무 작고 좁은 지역이라 많은 금융 회사들이 미드타운으로 옮겨 갔지만 여전히 월스트리트에는 뉴욕증권거래소, 연방준비은행과 세계적인 금융 기관들이 있으며 미 연방정부 청사 건물도 자리하고 있다. 월스트리트라는 이름은 맨해튼에 살기 시작한 네덜란드 사람들이 인디언들의 공격에 대비해 쌓아놓은 벽(Wall)에서 유래된 것이다.

가는 방법 지하철 4·5-Wall St.역 하차. 지상으로 올라오면 트리니티 교회가 보이는데, 이 교회 맞은편으로 뻗은 골목이다.

미 연방 정부 청사 기념물
Federal Hall National Memorial
Map P.132-B2

최초의 건물은 1703년에 뉴욕 시청사로 지어졌으며, 독립전쟁 이후인 1789년 뉴욕이 미국의 수도가 되면서 연방정부 청사가 되었다. 최초의 의회가 열렸던 곳이기도 하다. 바로 이 건물 안에서 미 의회는 조지 워싱턴을 초대 대통령으로 선출했고, 이 건물의 발코니에서 취임식을 했다. 1790년 미국의 수도가 필라델피아로 바뀌면서 다시 뉴욕시 정부의 건물이 되었고, 이후에 시청사가 새로 지어지면서 뉴욕 세관 건물 등으로 이용되었다. 현재는 미국의 국립 사적지이자 국립 기념물로서 보존되고 있다.

운영 월~금 10:00~17:00 요금 무료 가는 방법 지하철 J·Z-Broad St역 하차, Nassau St.를 따라 한 블록만 올라가면 나온다. 홈페이지 www.nps.gov/feha

뉴욕증권거래소
New York Stock Exchange (NYSE)
Map P.132-B2

세계 증시 뉴스에 배경으로 자주 등장하는 낯익은 건물이다. 증권거래소라는 이름과는 어울리지 않는 섬세하고 예술적인 외관의 건물로, 코린트 양식의 화려한 기둥 위로 조각이 가득하다. 과거에는 일반인 출입이 가능해 거래소의 열띤 현장을 볼 수 있었으나 9·11 테러 이후 외부인 출입이 금지되었다.

주소 11 Wall St. 가는 방법 지하철 J·Z-Broad St역 하차, 50m 전방에 보인다. 홈페이지 www.nyse.com

원 월드 트레이드 센터
One World Trade Center
Map P.132-A2

과거 쌍둥이 건물로 불리던 월드 트레이드 센터는 2001년 세계를 경악시킨 9·11 테러로 붕괴되었다. 엄청난 잿더미를 치워내고 그 자리에는 7개의 건물군으로 이루어진 뉴 월드 트레이드 센터가 들어섰다. 그 중에서 가장 대표적인 건물이 원 월드 트레이드 센터다. 미국의 독립기념 해인 1776년을 상징하는 1,776피트(541m)로 지어져 엠파이어 스테이트 빌딩을 제치고 뉴욕 최고층 빌딩이 되었으며 건물이 지어지는 동안에는 프리덤 타워 Freedom Tower로 불렸다. 지상 104층, 지하 4층의 건물은 대부분이 사무실이지만 2015년 봄에 오픈한 100~102층 전망대는 관광객들의 인기 코스가 되었다.

[전망대]
주소 1 World Trade Center, New York, NY 10006 운영 09:00~21:00(매표소는 20:15까지), 공휴일은 단축 운영 온라인 예매 요금 일반 $44, 6~12세 $38, 65세 이상 $42, 5세 이하 무료 가는 방법 지하철 N·R–Cortlandt St역에서 도보 한 블록 이동. 홈페이지 www.oneworldobservatory.com

★ 9/11 메모리얼
Map P.132-A2

9/11 Memorial & Museum

월드 트레이드 센터가 사라진 자리에 세워진 9·11 테러 추모 공원과 박물관이다. 중앙에 자리한 2개의 거대한 분수는 깊은 땅속으로 하염없이 물을 흘려보내고 있으며 많은 사람들이 숙연한 마음으로 바라보고 있다. 분수 둘레에는 테러 희생자 전원의 이름이 새겨져 있다. 분수 옆의 박물관에서는 9·11 테러와 관련된 자료들을 볼 수 있고 희생자들을 기리기 위한 추모의 길 Tribute Walk을 걸어볼 수도 있다.
주소 180 Greenwich St. 운영 메모리얼 08:00~20:00, 박물관 수~월 09:00~19:00(입장은 17:30까지) 요금 메모리얼 무료, 박물관 일반 $33, 13~17세 또는 65세 이상 $27,

7~12세 $21, 월요일 17:30~19:00 입장 시 무료(단, 인터넷 예약 07:00부터 선착순) 홈페이지 www.911memorial.org

사우스 스트리트 시포트
South Street Seaport
Map P.132-B2

19세기 중반까지 항구였던 곳으로, 현재는 상점과 식당, 박물관, 문화 센터가 있으며 해질 무렵 아름다운 전망을 즐길 수 있는 곳이다. 풀턴 스트리트 Fulton St.를 중심으로 길거리 공연이나 퍼포먼스가 펼쳐지기도 하며, 과거 해산물 시장이었던 풀턴 마켓 Fulton Market에는 상점과 시푸드 레스토랑이 들어섰다. 풀턴 스트리트가 끝나고 길을 건너면 부두 Pier 16이 나온다. 부둣가에는 거대한 배들이 정박해 있는데 그중 눈에 띄는 빨간 배는 1907년에 건조된 등대선 앰브로즈호 Ambrose다. 갑판 왼쪽의 부두 Pier 17은 복합 문화공간으로 각종 이벤트가 열리며 루프탑으로 오르면 브루클린 브리지가 보이는 시원한 전망이 펼쳐진다.

주소 12 Fulton St 가는 방법 지하철 A·C·J·Z·2·3·4·5–Fulton St.역 하차, Fulton St.를 따라 도보 500m 정도. 박물관 홈페이지 www.southstseaport.org

시청사
City Hall

Map P.132-B2

도심 속의 작은 녹지대인 시청 공원 City Hall Park 안에 지어진 하얀색의 프랑스 르네상스식 건물이다. 1803~1812년에 지어진 건물로, 운영되고 있는 시청사 중에서는 미국에서 가장 오래된 것이라고 할 수 있다. 현재 뉴욕 시장의 집무실과 시의회가 들어서 있으며 나머지 뉴욕시에 관한 행정업무는 별관에서 행해지고 있다. 아름다운 외관과 내부 인테리어 모두가 국립 사적지로 등재되어 있다. 건물 주변은 철창으로 둘러싸여 있으며 뉴욕 경찰에 의해 출입이 제한되고 있다.

주소 260 Broadway 운영 월~금 09:00~17:00 요금 무료 가는 방법 지하철 4·5·6–Brooklyn Bridge/City Hall역 또는 N·R–City Hall역 하차. 바로 시청 공원이 보이고 공원 안쪽으로 시청사가 있다.

맨해튼 뮤니시펄 빌딩
Manhattan Municipal Building

Map P.132-B1

시청사 옆쪽에 자리한 웅장한 건물로 시청의 별관에 해당한다. 2009년 혼인업무 부서가 옮겨가기 전까지 내부 채플에서 수많은 커플들이 결혼식을 올린 것으로 유명하다. 특히 건물 모양이 웨딩케이크와 비슷하다 하여 '웨딩케이크에서 결혼하기'라고 불리기도

했다. 177m나 되는 40층의 건물은 멀리 브루클린에서도 보인다. 맨 꼭대기에 세워진 황금색의 조각상 〈시빅 페임 Civic Fame〉은 그 높이가 8m나 되어 뉴욕에서 자유의 여신상 다음으로 큰 조각상이다.

주소 1 Centre St. 가는 방법 지하철 4·5·6–Brooklyn Bridge/City Hall역 또는 J·Z–Chambers역 하차.

브루클린 브리지
Brooklyn Bridge

Map P.132-B2

맨해튼 남쪽과 브루클린을 이어주는 다리다. 평범해 보이지만 19세기 최고의 토목공사라는 평가를 받을 만큼 건축학적으로 중요한 다리이며, 최초로 강철 케이블을 사용한 현수교다. 전체 다리의 길이는 1,053m로, 다리가 지어지기까지 수많은 사고와 악재가 이어졌으나 마침내 완공된 1869년 당시 세계에서 가장 긴 다리로 이름이 높았다. 현재에도 웅장한 돌과 철의 아름다운 조화 때문에 예술적으로 높이 평가받고 있다.

영화에도 자주 등장한 이 다리는 그 모습 자체로도 아름답지만 이 다리에서 보이는 맨해튼의 풍경이 더욱 아름답다. 다리 위에는 나무 바닥으로 된 보행자 전용로가 있는데, 다리를 건너다 보면 앞쪽으로는 브루클린의 전경이, 뒤로는 맨해튼의 멋진 스카이라인이 한눈에 들어온다. 특히 석양 무렵에는 햇빛에 반사되어 반짝이는 맨해튼의 빌딩들이 매우 아름답다.

가는 방법 지하철 4·5·6–Brooklyn Bridge/City Hall역 하차. Park Row의 보행자 입구에서부터 걸어가면 다리와 이어진다.

브루클린 하이츠 산책로
Brooklyn Heights Promenade

브루클린 하이츠는 브루클린에서도 집값이 비싸기로 유명한 동네다. 맨해튼항과 마주 보고 있어 로어 맨해튼의 스카이라인이 그대로 보이는 데다 강변에 산책로를 조성해 놓아 여유 있게 맨해튼의 풍경을 감상할 수 있다. 산책로는 밤에 어둡기는 하지만 주택가로 이루어져 있어 안전한 편이다. 벤치에 앉아 데이트를 즐기는 연인들, 산책로를 따라 조깅하는 주민들, 애완견과 함께 산책을 즐기는 노인들로 평화로운 분위기를 연출한다. 낮보다는 밤에 보는 풍경이 더 아름답다.

가는 방법 지하철 2·3-Clark St.역 하차, Clark St.를 따라 300m쯤 걷다 보면 산책로가 나온다.

덤보
DUMBO

덤보라는 이름은 Down Under the Manhattan Bridge Overpass의 약자에서 따왔다. 청록빛 철제

가 인상적인 맨해튼 브리지가 보이는 곳으로 브루클린이지만 맨해튼과 가까워 지하철로 쉽게 찾아갈 수 있다. 산업단지였던 과거의 창고 건물들이 버려졌다가 예술가들이 모여들면서 갤러리, 식당, 상점들이 생겨났고 이스트강 주변으로 아름다운 공원이 조성되면서 많은 사람들이 찾게 되었다.

덤보의 상징이자 맨해튼 브리지가 가장 잘 보이는 곳은 워터 스트리트 Water Street와 워싱턴 스트리트 Washington Street가 만나는 곳이다. 이곳에서 세르조 레오네 감독의 명작 〈원스 어폰 어 타임 인 아메리카 Once Upon a Time in America〉 포스터 장면을 찍을 수 있다.

이스트강변으로 나가면 엠파이어 풀턴 페리 공원에 자리한 회전목마 Jane's Carousel를 볼 수 있다. 밤이 되면 반짝이며 더욱 아름답게 빛난다. 왼편으로 브루클린 브리지를 지나면 맨해튼의 멋진 풍경을 볼 수 있는 브루클린 브리지 공원이 있다.

가는 방법 지하철 F-York Street 또는 A·C-High Street 하차, 이스트강 쪽으로 5분 정도 걷는다.

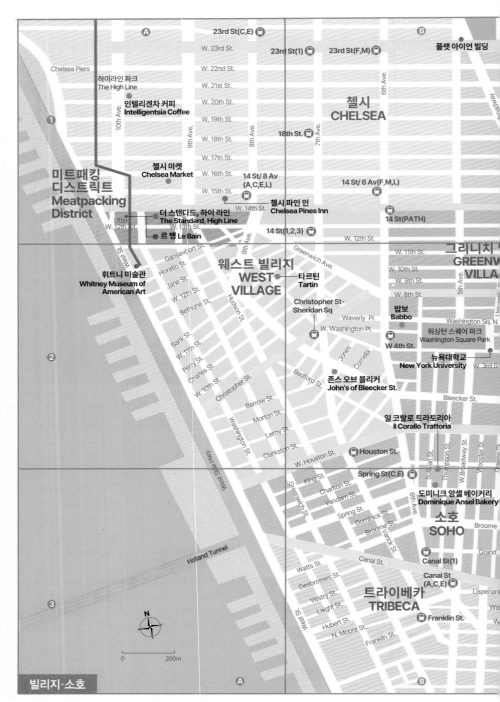

Chelsea Piers

하이라인 파크
The High Line

인텔리겐차 커피
Intelligentsia Coffee

첼시 마켓
Chelsea Market

미트패킹
디스트릭트
Meatpacking
District

Little
W. 12th St.

더 스탠다드, 하이 라인
The Standard, High Line

르 뱅 Le Bain

휘트니 미술관
Whitney Museum of
American Art

23rd St(C,E)

W. 23rd St.

23rd St(1)

23rd St(F,M)

플랫 아이언 빌딩

W. 22nd St.

W. 21st St.

W. 20th St.

W. 19th St.

첼시
CHELSEA

W. 18th St.

18th St.

W. 17th St.

W. 16th St.

14 St/ 8 Av
(A,C,E,L)

14 St/ 6 Av(F,M,L)

W. 15th St.

W. 14th St.

첼시 파인 인
Chelsea Pines Inn

14 St(PATH)

W. 13th St.

14 St(1,2,3)

W. 12th St.

웨스트 빌리지
WEST
VILLAGE

타르틴
Tartin

그리니치
GREENW
VILLA

Gansevoort St.

Horatio St.

Jane St.

Christopher St-
Sheridan Sq

W. 11th St.

W. 10th St.

W. 9th St.

W. 8th St.

밥보
Babbo

W. 12th St.

Bethune St.

Hudson St.

Waverly Pl.

W. Washington Pl.

워싱턴 스퀘어 파크
Washington Square Park

Bank St.

W. 11th St.

Perry St.

Charles St.

W. 10th St.

Christopher St.

W 4th St

뉴욕대학교
New York University

W. 3rd St.

존스 오브 블리커
John's of Bleecker St.

Bleecker St.

Barrow St.

Morton St.

Leroy St.

Bedford St.

일 코랄로 트라토리아
Il Corallo Trattoria

Washington St.

Clarkston St.

W. Houston St.

Houston St.

West Side Hwy.

King St.

Spring St(C,E)

도미니크 앙셀 베이커리
Dominique Ansel Bakery

Greenwich St.

Charlton St.

Vandam St.

소호
SOHO

Broome

Spring St.

Dominick St.

Broome St.

Holland Tunnel

Canal St.

Canal St(1)

Grand

Watts St.

Desbrosses St.

Lispenar

Vestry St.

트라이베카
TRIBECA

Canal St
(A,C,E)

Wa

Laight St.

Hubert St.

N. Moore St.

Franklin St.

Franklin St.

N

0   200m

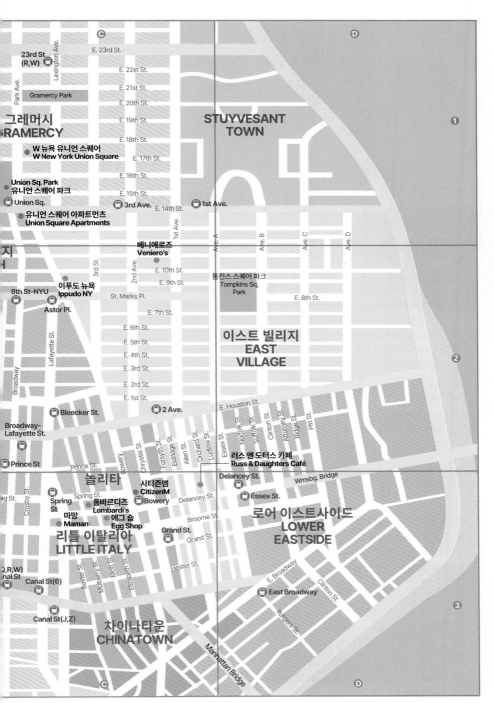

23rd St (R,W)
Lexington Ave.
Park Ave.
E. 23rd St.
E. 22st St.
E. 21st St.
E. 20th St.
E. 19th St.
E. 18th St.
E. 17th St.
E. 16th St.
E. 15th St.
E. 14th St.

Gramercy Park

그레머시
RAMERCY

STUYVESANT
TOWN

W 뉴욕 유니언 스퀘어
W New York Union Square

Union Sq. Park
유니언 스퀘어 파크
Union Sq.

유니언 스퀘어 아파트먼츠
Union Square Apartments

3rd Ave.
1st Ave.
1st Ave.
Ave. A
Ave. B
Ave. C
Ave. D
2nd Ave.

베니에로즈
Veniero's

E. 10th St.
E. 9th St.

톰킨스 스퀘어 파크
Tompkins Sq,
Park

3rd St.

이푸도 뉴욕
Ippudo NY

8th St-NYU

Astor Pl.

St. Marks Pl.

E. 8th St.

E. 7th St.
E. 6th St.
E. 5th St.
E. 4th St.
E. 3rd St.
E. 2rd St.
E. 1st St.

Lafayette St.
Broadway

이스트 빌리지
EAST
VILLAGE

Bleecker St.

Broadway-
Lafayette St.

Prince St

E. Houston St.

2 Ave.

Norfolk St.
Suffolk St.
Clinton St.
Attorney St.
Ridge St.
Pitt St.
Essex St.

Bowery
Chrystie St.
Forsyth St.
Eldridge St.
Allen St.
Orchard St.
Ludlow St.

러스 앤 도터스 카페
Russ & Daughters Café

놀리타

Prince St.

시티즌엠
CitizenM

Delancey St.
Wmsbg. Bridge

Spring
St
Crosby St.
Spring St.
롬바르디즈
Lombardi's
Bowery

마망
Maman
에그 숍
Egg Shop

Delancey St.

Essex St.

로어 이스트사이드
LOWER
EASTSIDE

리틀 이탈리아
LITTLE ITALY

Grand St.
Grand St.

Broome St.

Hester St.

Baxter St.
Mulberry St.
Mott St.
Elizabeth St.

Canal St(6)

Canal St
Canal St(J,Z)

E. Broadway
East Broadway

Clinton St.
Rutgers St.

차이나타운
CHINATOWN

Manhattan Bridge

빌리지와 소호 Village & Soho

뉴욕에서 젊고 활기찬 분위기와 예술적인 감각을 느낄 수 있는 지역이다. 휴스턴 거리 Houston St.를 중심으로 북쪽이 빌리지, 남쪽이 소호인데 모두 오래된 동네지만 끊임없이 변화하면서 뉴욕의 멋을 고스란히 지니고 있다. 그리고 동쪽 끝에는 허름하지만 이국적인 맛집들이 가득한 이스트 빌리지가 있다.

그리니치 빌리지
Greenwich Village　　　Map P.140~141

워싱턴 스퀘어 파크를 중심으로 한 주변 일대를 가리키며, 정확히 구분하면 북쪽으로 14th St, 남쪽으로 휴스턴 거리 Houston St. 서쪽으로는 허드슨강, 동쪽으로는 브로드웨이 Broadway까지가 경계다.

1910년 이후 반체제 예술가나 지식인, 학생 등이 모여 살게 되면서 현재의 분위기를 띠기 시작했다. 낡고 오래되었지만 운치가 느껴지며 골목길 사이로는 개성 있는 가게들과 이국적인 식당, 카페 등이 있다. 또한 뉴욕대 New York University와 파슨스 칼리지 Parsons College, 프랫 인스티튜트 Pratt Institute 등이 있어 학구적인 분위기도 느낄 수 있다.

가는 방법 지하철 A·C·E·F·V—W. 4 St.역 하차.

워싱턴 스퀘어 파크
Washington Square Park　　Map P.140-B2

그리니치 빌리지 중앙에 자리한 공원이다. 공원 안에 가장 눈에 띄는 워싱턴 아치 Washington Arch는 조지 워싱턴의 취임 100주년을 기념해 1889년에

세워진 것이다. 처음에는 나무로 만든 것을 1890~1895년에 다시 대리석과 콘크리트로 세웠으며 2002~2004년에 보수작업을 통해 현재의 모습을 갖추었다.

빌리지의 랜드마크일 뿐 아니라 뉴욕대의 중심에 자리하고 있어 캠퍼스가 없는 뉴욕대의 상징이기도 하다. 공원에는 산책을 즐기는 사람들과 각종 퍼포먼스를 구경하는 사람들로 여유 있는 풍경이 연출된다.

가는 방법 지하철 A·B·C·D·E·F·M—W 4 St.역 하차.

뉴욕대학교
New York University　　　Map P.140-B2

워싱턴 스퀘어 파크를 중심으로 곳곳에 흩어져 있는 뉴욕 대학교의 건물에는 학교의 상징인 횃불이 그려진 보라색 깃발이 꽂혀 있다. 1831년에 처음 세워졌으며 법과대학, 의과대학이 생기면서 꾸준히 성장해 현재는 미국 최대의 사립대학 중 하나로 꼽힌다. 또한 다수의 노벨상, 퓰리처상, 아카데미상 수상자를 배출해 학문과 예술 모든 분야에서 인정받고 있다. 비즈니스 스쿨인 스턴 스쿨과 법대도 유명하지만 예술대학인 티시 스쿨은 미국 최고를 자랑한다. 방문자들을 위한 안내센터 NYU Information Center는 워싱턴 스퀘어 파크 바로 남쪽 코너인 W. 4th St.에 있다.

주소 22 Wahington Square 가는 방법 지하철 N·R·W—8th St. NYU 역 하차, 또는 6—Astor Place역 하차. 홈페이지 www.nyu.edu

유니언 스퀘어
Union Square
Map P.141-C1

유니언 스퀘어는 미드타운의 시작점이다. 중앙에는 유니언 스퀘어 공원이 있고 공원 앞 광장에는 노점상을 비롯해 퍼포먼스를 펼치는 사람, 피켓을 들고 시위하는 사람까지 많은 인파가 모여 있다. 또한 수많은 버스와 지하철이 지나는 교통의 중심이자 만남의 장소로 이용되고 있어 각종 상점과 식당도 많은 편이다. 월·수·금·토요일 낮에 열리는 그린 마켓이 유명하며 주변에 반스 앤 노블 서점과 홀푸드 마켓 등 대형 상점들도 있다.

가는 방법 지하철 4·5·6·L·N·Q·R-Union Sq.역 하차.

이스트 빌리지
East Village
Map P.141

그리니치 빌리지의 동쪽에 위치한 이스트 빌리지는 한때 가난한 예술가들과 이민자들이 모여 살았던 동네로, 현재는 이민자들이 생계를 위해 시작했던 각

나라의 음식점들이 독특한 맛집으로 남아 인기를 누리고 있다. 동네는 여전히 허름하지만 원조 에스닉 푸드를 즐기려는 미식가들이 찾아올 정도로 맛있는 식당들이 많다. 음식 종류도 매우 다양해서 티베트, 모로코, 중동, 베네수엘라 등 흔치 않은 각국의 요리를 맛볼 수 있다.

가는 방법 지하철 6-Astor Pl.역 하차.

소호
SoHo
Map P.140-B3

소호라는 이름은 '휴스턴 거리 남쪽 South of Houston'에서 앞 글자를 따왔다. 그러나 정확히는 휴스턴 스트리트 Houston St.의 남쪽에서 커낼 스트리트 Canal St.까지의 브로드웨이 서쪽 지역을 말한다. 원래 이곳은 공장 지대였으나 대공황 이후 공장들이 이전하면서 빈 건물들이 하나둘 생겨났다. 천장이 높고 널찍한 건물들은 화가나 조각가들의 작업실로 인기가 있어 가난한 예술가들이 모여들기 시작했다. 한때는 예술가들이 모여 살면서 개성적이고 낭만적인 분위기를 띠었으나 점차 고급 갤러리, 부티크, 인테리어숍, 레스토랑, 유명 브랜드 상점들이 하나 둘 입점해 이제는 5번가나 매디슨가 못지않은 고급 쇼핑가로 변모했다. 동네의 전반적인 분위기는 평범한 듯 보이지만 각 상점마다 개성 넘치는 인테리어로 꾸며져 있고 독특한 가게도 많아 쇼핑의 재미를 느낄 수 있다.

가는 방법 지하철 N·R-Prince St.역 하차.

놀리타
Nolita
Map P.141-C3

놀리타는 'North of Little Italy'의 앞 글자를 따서 지은 이름이다. 이름에서 알 수 있듯이 바로 아래는 이탈리아 식당들이 모여 있는 리틀 이탈리아 Little Itlay 지역이다. 놀리타는 작은 지역이지만 개성 있는 빈티지 옷가게, 간혹 유명 브랜드의 재고상품을 모아 놓은 편집숍, 독특한 디자인의 잡화점, 각종 맛집과 카페들이 곳곳에 있어 마니아층들이 즐겨 찾는다.

가는 방법 지하철 6-Spring St.역 하차.

차이나타운
China Town
Map P.141-C3

차이나타운은 원래 커낼 스트리트 남쪽의 작은 지역이었지만 점차 확장되어 이제는 리틀 이탈리아까지 이어지고 있다. 중국 상점과 식당, 그리고 동남아시아 식당도 많고 비교적 저렴하게 식사를 할 수 있다.

맥도날드 간판조차 한자로 된 이 동네는 중국 관련 기념품들, 짝퉁 시장, 농수산물 시장 등이 있어 품질은 조금 떨어지지만 저렴하게 장을 보러 오는 사람들로 항상 북적인다.

좁고 복잡한 골목길이라 길을 헤매기 쉬우니 커낼 스트리트 Canal St.와 벡스터 스트리트 Bexter St. 교차로에 자리한 빨간색 차이나타운 안내소 Chinatown Information Kiosk를 이정표로 삼자. 여기서 차이나타운 정보와 지도를 얻을 수 있다. 두 블록 떨어진 모트 스트리트 Mott St.는 각종 상점과 식당이 모여 있는 중심 거리다. 두 블록 더 동쪽으로 걸어가면 큰길인 바워리 스트리트 Bowery St.가 나오는데 바워리 스트리트와 커낼 스트리트가 만나는 교차로에 뉴욕에서 가장 큰 황금 불상이 있다는 마하야나 사원 Mahayana Buddhist Temple이 있다.

가는 방법 지하철 J·Z·N·Q·R-Canal St.역 하차(J·Z 노선이 가장 가깝다). Canal St.와 Bexter St.가 만나는 곳에 빨간색 관광안내소 부스가 보인다.

미트패킹 디스트릭트
Meatpacking District
Map P.140-A1

빌리지 서쪽 끝이자 첼시 바로 아래 자리한 작은 구역으로, 최근에 가장 크게 변모한 곳 중 하나다. 이름에서 알 수 있듯이 과거에는 도축장과 정육점이 있던 어두운 동네였지만 현재는 부티크와 브랜드숍, 편집숍, 쇼룸과 하이라인 파크, 휘트니 미술관까지 들어서면서 많은 사람이 찾는 힙플레이스가 되었다.

가는 방법 지하철 A·C·E·L-14 St./ 8 Av.역 하차.

하이라인 파크
The High Line
Map P.140-A1

철거 위기에 놓인 오래된 고가 화물 철로를 공원으로 조성한 곳이다. 1980년 철도 사용이 중단되면서 오랫동안 방치되어 흉물이 된 고가였지만 뉴욕시와 시민들의 노력에 의해 멋진 공중 산책로로 탈바꿈했다. 2km에 달하는 공원은 친환경적일 뿐만 아니라, 번잡한 맨해튼 거리를 보행자 전용 산책로로 걸어다닐 수 있어 기능적인 면에서도 훌륭한 역할을 한다. 고가도로인 하이라인으로 연결된 출입구는 Gansevoort St.부터 34th St.까지 11곳이 있지만 가장 인기 있는 곳은 첼시 마켓이 자리한 16th St.와 휘트니 미술관이 있는 갱스부르 거리 Gansevoort St.다. 가는 방법 지하철 A·C·E·L-14 St. /8 Av.역 하차. 홈페이지 www.thehighline.org

휘트니 미술관
Whitney Museum of American Art
Map P.140-A2

어퍼 이스트 지역에 조용히 자리했던 휘트니 미술관은 2015년 미트패킹 지역으로 이전하면서 더욱 유명해졌다. 개성 넘치는 건물은 유리와 철골 구조에서 짐작할 수 있듯이 건축가 렌조 피아노 Renzo Piano가 설계한 것으로, 휘트니 미술관이 지향하는 현대적이고 오픈된 이미지와 잘 맞는다. 1930년 당시 미술품 애호가였던 거트루드 밴더빌트 휘트니 Gertrude Vanderbilt Whitney(1875~1942)의 후원으로 미국의 현대미술을 발전시키기 위해 지어진 것이다. 설립 취지에 맞게 한동안은 미국 작가들의 작품만 전시하였으나 점차 그 영역을 확대해 갔다. 1982년 대규모로 기획된 백남준 회고전 등 매우 개방적이고 진보적인 자세로 다른 미술관들보다 일찍 비디오아트나 설치미술을 전시하였다.

주제를 달리하는 특별전도 유명하지만 휘트니의 명성을 있게 해준 것은 역시 에드워드 호퍼, 조지아 오키프, 앤디 워홀, 제스퍼 존스, 로이 리히텐슈타인, 잭슨 폴록 등 유명 화가의 작품이다. 또한 빼놓을 수 없는 것이 미술관 테라스다. 층마다 시원하게 펼쳐지는 테라스에서는 미트패킹 지역의 전경을 볼 수 있고 식사나 커피도 즐길 수 있다.

주소 99 Gansevoort St. 운영 월·수·목·토·일 10:30~18:00, 금 22:00까지 휴관 화요일, 추수감사절, 크리스마스, 1월 1일 요금 일반 $30, 학생 $24, 18세 이하 무료, 금요일 19:00 이후, 매월 둘째 주 일요일 무료 가는 방법 지하철 A·C·E-14th St.역 하차. 홈페이지 www.whitney.org

미드타운 맨해튼 Midtown Manhattan

미드타운은 맨해튼의 중심부로 수많은 볼거리가 몰려 있으며 업타운이나 다운타운을 갈 때에도 들르게 되는 곳이므로 숙소를 잡기에 적당하다. 또한 기차역이나 버스 터미널 등이 모여 있어 맨해튼을 외부 도시와 연결해 주는 곳이기도 하다. 그리고 무엇보다 뉴욕의 상징인 엠파이어 스테이트 빌딩과 타임스 스퀘어가 자리한 곳이다.

5번가
5th Avenue
Map P.147-C1·C2

5번가는 미드타운의 중심이 되는 거리다. 5번가는 빌리지의 워싱턴 스퀘어 파크에서 시작해 북쪽 끝의 할렘까지 뻗어 있는 길이지만, 보통 관광지로서 5번가라고 하면 42nd St.에서 센트럴 파크와 만나는 58th St.까지를 말한다. 5번가는 맨해튼의 가장 화려한 쇼핑가일 뿐만 아니라 다양한 볼거리가 있어 관광객들로 북적인다. 5번가의 출발점은 센트럴 파크가 끝나는 59th St.에 위치한 애플 스토어 Apple Store다. 애플의 로고가 있는 투명한 유리 입구를 금세 찾을 수 있다. 여기에서부터 걷다 보면 거리 양쪽으로 티파니, 구찌, 루이비통, 불가리, 까르티에, 펜디, 프라다, 베르사체 등 최고급 명품점과 함께 갭, 바나나 리퍼블릭, H&M, 아베크롬비, 베네통과 같은 대중적인 브랜드도 나란히 있어 다양한 쇼핑을 즐길 수 있다.

상점들 중간에는 번쩍이는 건물 트럼프 타워 Trump Tower가 있다. 6층까지 상점들이 있고 20층 위로는 고급 아파트인 이 건물은 독특한 외관과 함께 내부 인테리어도 화려해 5번가와 잘 어울린다.

가는 방법 지하철 N·R·W 노선을 타고 23rd St. 역 하차.

세인트 토머스 교회
St. Thomas Episcopal Church
Map P.147-C1

5번가를 걷다 보면 화려한 상점들 사이에 조용히 자리잡고 있는 교회가 있다. 프랑스 고딕 양식의 이 건물은 입구에 성 토머스와 그의 제자 3명의 조각이 있는 유서 깊은 세인트 토머스 교회다. 1824년에 브로드웨이와 휴스턴 거리 사이에 처음 지어졌으나 1851년 화재가 발생해 1851~1852년 복원되었으며, 1865~1870년에 새롭게 지어져 현재의 위치인 5번가로 옮겨졌다.

그러나 1905년 다시 한번 화재로 소실되어 1913년에 복원되었다. 현재는 예식장이나 장례식장으로 종종 이용되며 성가대와 오르간 연주로도 유명하다. 해마다 부활절에는 5번가에서 퍼레이드 행사를 벌이고 있다.

주소 1 W 53rd St. 운영 월~금요일 08:30~18:30, 토요일 10:00~16:00, 일요일 매주 다름 가는 방법 지하철 E·M 노선 5 Ave/53 St 하차. 홈페이지 www.saintthomaschurch.org

뉴욕 현대미술관
Museum of Modern Art (MoMA)   Map P.147-C1

공식 명칭은 Museum of Modern Art이며, 앞글자만 따서 'MoMA 모마'라는 애칭으로 불린다. 모마는 개관 이래 끊임없이 성장하고 발전해 온 현대미술의 산실이며 '모마의 역사가 바로 현대미술의 역사'라고 일컬어질 만큼 현대 미술계에서 매우 중요한 의미를 갖는다. 미술의 중심이 아직 프랑스 파리였던 1913년, 뉴욕에서 열린 현대미술전 아모리 쇼 The Armory Show는 미국 미술계에 큰 영향을 미쳤고, 이를 계기로 미국의 현대미술은 진일보하게 된다. 1929년 미술애호가였던 애비 록펠러, 릴리 블리스, 매리 설리번, 세 여성의 노력으로 뉴욕의 5번가에 조그맣게 오픈한 현대미술관은 훗날 뉴욕이 현대미술의 중심에 서게 되는 시작이 되었다.

제2차 세계대전으로 수많은 예술가들의 망명과 함께 부강해진 미국의 자본과 문화 정책에 힘입어 세계 미술의 중심은 유럽에서 미국으로 넘어오게 된다. 이러한 분위기 속에서 훌륭한 기획과 실험 정신, 과감한 투자로 모마는 더욱 발전하게 된다. 모마는 1880년대 이후의 회화, 조각, 판화, 사진에서부터 현대의 상업디자인, 건축, 공업, 영화에 이르기까지 다양한 형태의 예술작품들을 전시하고 있다. 미술관 설립 초기에는 기획전의 형식을 취하였으나 점차 소장품이 늘어나면서 수차례의 증축을 반복했다. 특히 2000년부터 이어진 대대적인 공사로 2004년에 현재의 모습으로 완전히 새롭게 태어났다. 요시오 다니구치 Yoshio Taniguchi에 의해 설계된 이 건물은 빛과 공간을 잘 이용한 건축물로 평가받는다. 전시뿐 아니라 교육 및 연구 센터를 통해 일반 대중들이 보다 가까이서 예술을 접하고 이해할 수 있도록 다양한 프로그램을 제공하고 있다.

주소 11 W. 53 St.(5th & 6th Ave. 사이) 운영 매일 10:30~17:30, 토요일만 19:00까지(월요일 오전은 회원만 입장 가능, 일반 입장은 13:00부터) 휴관 추수감사절, 크리스마스 요금 $30, 65세 이상 $22, 학생 $17, 16세 이하 무료(온라인 구매 $2 할인) 가는 방법 지하철 E·V 노선을 타고 5th Ave./53rd St.역 하차, B·D·F 노선을 타고 47~50 St./Rockefeller Center역 하차. 홈페이지 www.moma.org

[주의사항]
- 갤러리에 들어갈 때는 보안을 위해 짐 검사가 있다.
- 카메라는 플래시와 삼각대를 사용하지 않는 조건으로 쓸 수 있다.
- 전화 통화는 갤러리 안에서 할 수 없다.
- 음료와 음식은 갤러리나 정원으로 반입할 수 없으며 건물 전체가 금연이다.
- 악천후 때는 조각 정원이 폐쇄된다.

20세기 현대 미술의 중심, 뉴욕 현대미술관

주요 작품

▲ 별이 빛나는 밤 The Starry Night, 1889
빈센트 반 고흐 Vincent van Gogh
회오리치는 밤하늘과 대비된 고요한 대지 사이에는 고흐의 작품에 자주 등장하는 사이프러스 나무가 있다. 모마에서도 가장 인기 있는 작품이다.

©Estate of Pablo Picasso/ARS

▲ 아비뇽의 처녀들 Les Demoiselles d'Avignon, 1907
파블로 피카소 Pablo Picasso
피카소는 원근법을 무시하고 인체를 분해시켜 평면적으로 배치함으로써 세계를 보는 새로운 시각을 제시했다. 모마가 이 작품을 구입하기 위해 드가의 작품을 팔아야만 했다는 일화도 있다.

▲ 잠자는 집시
The Sleeping Gypsy, 1897
앙리 루소 Henri Rousseau
루소의 작품들은 대개 원시적이며 색감이 풍부하고 비현실적 상황들을 매우 사실적으로 묘사한 것으로 평가받는다.

◀ 희망 II Hope II, 1907~1908
구스타프 클림트 Gustav Klimt
클림트 특유의 화려한 색감과 패턴 속에 탄생과 죽음을 동시에 볼 수 있다. 임신한 여인이 조용히 눈을 감고 있고 그 뒤로는 해골이 보이며 여인의 발 밑에는 세 여인이 역시 눈을 감고 있다.

▶ 나와 마을 I and the Village, 1911
마르크 샤갈 Marc Chagall
소와 사람이 친근하게 마주보고 있는 이 그림은 따뜻한 동화적 분위기와 샤갈의 고향에 대한 향수를 느낄 수 있다. 큐비즘의 영향으로 삼각형, 원형, 선, 면들이 기하학적으로 배치되어 있다.

©ARS/ADAGP

▲ 수련 Water Lilies, 1914~1926 끌로드 모네 Claude Monet, 1840~1926
모네의 대표 작품이다. 3개의 작품을 합쳐 모두 12미터가 넘는 이 거대한 그림은 그의 수많은 연작들의 주요
소재였던 '수련'이다. 그는 끊임없이 변화하는 빛과 이에 따른 색채의 변화를 포착해 캔버스에 담아내는 인상
주의의 대표 화가 중 하나였다.

▼ 춤 Dance, 1909
앙리 마티스 Henri Matisse

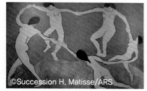

하늘과 땅, 그
리고 다섯 사
람이 손을 잡
고 원무를 추
는 단순한 구
성에 단순한
색채가 돋보이는 작품이다. 원근법이 사라지고 거칠
게 표현된 이 작품에서 주제가 되는 춤은 생명과 리
듬을 뜻한다.

▼ 하나 : One: No.31, 1950
잭슨 폴록 Jackson Pollock

미국의 추상표
현주의를 이끈
잭슨 폴록의 유
명한 작품이다.
20세기 미술의
한 획을 그은
폴록은 캔버스를 바닥에 놓고 물감을 붓거나 떨어뜨
리는 '드리핑' 기법으로 잘 알려져 있다.

◀ 금빛 마릴린 먼로 Gold Marilyn, 1962
앤디 워홀 Andy Warhol
팝아트의 거장 앤디 워홀은 현대사회의 대량생산, 상업주의, 매스미디어 등을 통한 대중
문화에 착안하여 대량 복제가 가능한 실크스크린 기법으로 반복적인 이미지를 만들어 낸
다. 대량생산되는 대중음식 통조림이나 콜라, 또는 팝스타 등이 주요 소재가 되었다.
©Andy Warhol Foundation for the Visual Arts/ARS

▶ 기억의 영속 The Persistence of Memory, 1931
살바도르 달리 Salvador Dali

그림의 사이즈가
작아서 놓치기 쉬
운 작품이다. 흐느
적거리는 시계와
함께 개미떼가 보
인다. 달리의 작품
에 자주 등장하는
개미떼들은 '부패'

©Salvador Dalí, Gala–Salvador
Dalí Foundation/ARS

를 의미하며, 흐물거리는 시계의 모습은 물체의 속
성을 왜곡하여 표현한 것이다.

▶ 허상의 거울 False Mirror, 1928
르네 마그리트 Rene Magritte

르네 마그리
트는 무의식
의 세계에 관
심이 많았던
다른 초현실
주의자들과는

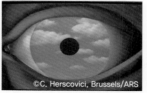

©C. Herscovici, Brussels/ARS

달리 새, 파이프, 구름, 사과, 돌 등 우리 주변에서 쉽
게 볼 수 있는 소재들을 엉뚱한 환경에 배치시키는
데페이즈망 depaysement 기법을 사용해 모호함과
동시에 신비감을 불러 일으켰다.

세인트 패트릭 성당
St. Patrick's Cathedral Map P.147-C1

5번가를 걷다가 지칠 때쯤이면 나타나는 세인트 패트릭 성당은 입구에 넓은 계단이 있어 많은 사람들이 걸터앉아 휴식을 취하는 모습을 볼 수 있다. 2개의 높은 첨탑을 지닌 고딕 양식의 이 성당은 5번가의 고층건물들 사이에서도 주눅 들지 않는 웅장한 모습을 지니고 있다. 5번가의 정문 쪽에서 보이는 것보다 뒤쪽이 훨씬 더 큰 규모의 건물로 뉴욕 가톨릭의 대주교가 있는 미국 최대의 성당이다. 1858년에 처음 착공되었다가 남북전쟁으로 인해 중단된 뒤 1865년 다시 공사에 들어가 1878년에 완공된 건물이다. 그 후에도 계속 대주교의 주택과 사제관, 서쪽 입구의 탑 등이 추가되었고, 1927~1931년에 다시 보수·증축되어 7,000개가 넘는 파이프로 이루어진 거대한 오르간이 들어서고 성단 부분이 확장되어 현재의 모습을 갖추었다. 성당 높이는 120m에 이르며 내부에는 2,200개의 좌석이 있다. 입구의 청동으로 만들어진 문은 한짝만 1톤에 이르는 엄청난 무게를 자랑한다.

주소 5th Ave between 50th&51st St. 운영 09:00~18:00 가는 방법 지하철 E·M 노선 5Ave./53St. 하차. 홈페이지 www.saintpatrickscathedral.org

록펠러 센터
Rockefeller Center (Rock Center) Map P.147-C1

록펠러 센터는 5번가와 6번가, 그리고 남북으로는 48th에서 51st St.에 걸쳐 19개의 건물군이 모여 있는 곳이다. 록펠러는 원래 이곳에 오페라 하우스를 지으려고 했다가 1929년의 주식파동으로 인해 계획을 수정해 1931년 아르데코 양식의 건물들을 세워 다기능 복합 건물군을 건설했다. 록펠러 센터 가운데에는 로어 플라자라는 광장이 있고 광장 바로 앞에는 컴캐스트 빌딩이 우뚝 솟아 있다.

주소 45 Rockefeller Plaza 가는 방법 지하철 B·D·F·M 노선 47-50Sts/Rockefeller Ctr 하차. 홈페이지 www.rockefellercenter.com

★ 로어 플라자 Lower Plaza

록펠러 센터 가운데 위치한 지하가 뚫려 있는 광장이다. UN에 가입한 192개국의 만국기와 함께 수많은 성조기가 나부끼고 있어 가든 오브 네이션스 Garden of Nations라 부르기도 한다. 이곳에는 시원한 분수와 함께 황금색의 조각 프로메테우스상 Statue of Prometheus이 있다. 인간에게 최초로 불을 선사해준 프로메테우스가 햇빛을 반사해 반짝거리는 모습이 매우 인상적이다. 겨울에는 웅장한 크리스마스 트리와 아이스 링크로 유명하다.

통 1시간 정도 소요된다.

주소 30 Rockefeller Plaza(입구는 49th St. 5번가와 6번가 사이) 요금 $48, 65세 이상과 8~17세 $42, 7세 이하 투어 불가 홈페이지 www.thetouratnbcstudios.com

★ 컴캐스트 빌딩 Comcast Building

로어 플라자 바로 앞에 높이 솟아 있는 빌딩으로 록펠러 센터의 중심에 있다. 다른 아르데코 건물들과는 달리 단순하게 쭉 뻗어올린 직각의 건물이다. 건물 내외벽에 새겨진 멋진 조각들은 리 로리의 작품으로 5번가에 세워진 아틀라스 조각도 이 작가의 작품이다. 건물 내부에는 지하에 여러 식당이 있으며 1층에는 옷가게와 초콜릿가게 등 여러 상점과 함께 NBC 스토어가 있다. 위층에는 미국의 3대 방송국 중 하나인 NBC 텔레비전 방송국의 뉴욕 본부가 있어 관광객들을 위한 가이드 투어 프로그램을 운영한다. 맨 꼭대기층에는 Top of the Rock이라 불리는 록펠러 센터 전망대가 있다.

★ NBC 스튜디오 투어 NBC Studio Tours

미국의 3대 방송국의 하나로 꼽히는 NBC 방송국의 스튜디오를 직접 볼 수 있는 투어다. 견학가능한 루트를 따라 몇개의 스튜디오만 오픈되며 아쉽게도 사진은 찍을 수 없다. 방송국 일정에 따라 다르지만 보

★ 라디오 시티 뮤직홀 Radio City Music Hall

GE 빌딩 옆으로 6번가 쪽 코너에 걸쳐 있는 아르데코 양식의 건물이다. 붉은색 네온사인 간판이 눈에 띄는 이곳은 1932년 처음 지어졌을 당시 세계에서 가장 큰 극장이었다. 1999년 7,000억 달러를 들여 복원했으며 현재 6,000명을 수용할 수 있는 콘서트홀로 쓰인다. 크리스마스와 부활절에 특별 공연하는 로케츠 The Rockettes 댄스팀의 공연이 유명하다. 관광객들을 위한 무대 견학 투어도 있다.

주소 1260 6th Ave. New York, NY 10020 운영 (투어) 매일 10:00~14:00 요금 일반 $33, 12세 이하 $29 홈페이지 www.msg.com/radio-city-music-hall

맨해튼이 한눈에 보이는 전망대

맨해튼은 거대한 빌딩들로 가득한 빌딩 숲 그 자체다. 따라서 아주 높은 곳에 올라야 비로소 맨해튼 숲이 제대로 보인다. 멋진 전망대가 여러 곳이 있지만 모두 가볼 수 없다면 꼭 한 곳이라도 올라보자.

1 탑 오브 더 록 Top of the Rock

록펠러 센터 꼭대기에 자리한 전망대로 맨해튼 중심을 360도로 볼 수 있다. 전망대가 유리 보호막으로 둘러싸여 있으나 오픈된 옥상이라 시원한 바람을 느낄 수 있다. 남쪽 정면으로 우뚝 솟은 엠파이어 스테이트 빌딩이 가까이 보이며, 멀리 다운타운의 원 월드 트레이드 센터도 보인다. 북쪽으로는 녹지대로 가득한 센트럴 파크와 업타운이 보이고, 동쪽으로 이스트 강과 퀸스, 브룩클린, 서쪽으로 허드슨 강 건너 뉴저지가 보인다. 밤에는 시시각각 변하는 빌딩의 조명들이 아름답게 펼쳐진다.

주소 30 Rockefeller Plaza(50th St. 5번가와 6번가 사이) 운영 09:00~24:00(마지막 엘리베이터는 23:10) 요금 시간대에 따라 일반 $40~55, 6~12세 $34~49 가는 방법 지하철 B·D·F·M 노선을 타고 47~50Sts/Rockefeller Ctr 하차. 홈페이지 www.topoftherocknyc.com

2 에지 뉴욕 Edge New York

거대한 개발 프로젝트로 조성된 허드슨 야드에서 가장 높은 건물에 자리한 전망대다. 건물 100층에 삼각형으로 뾰족하게 돌출된 야외 전망대에서 시원하게 펼쳐지는 맨해튼의 전경을 감상할 수 있다. 고층 전망대들 중에서 가장 오픈된 공간이라 날씨가 좋은 날 쾌적함을 즐길 수 있다. 바닥 일부에는 강화 유리가 있어 100층 아래의 짜릿함을 느낄 수 있으며 전망대의 유리벽 모서리에 서면 더욱 실감나는 사진을 찍을 수 있다.

주소 30 Hudson Yards 운영 09:00~23:00 요금 티켓 종류가 다양하며 기본 일반 $36~, 6~12세 $31~ 홈페이지 edgenyc. com

3 엠파이어 스테이트 빌딩 Empire State Building

뉴욕을 상징하는 초고층 빌딩으로 이미 영화나 사진을 통해 익숙한 건물이다. 102층(381m) 높이의 건물이 불과 1년여 만에 지어져 한때 부실공사를 우려하는 목소리가 높았다. 또한, 건물이 완공된 1931년 당시 대불황을 겪고 있던 터라 건물이 비어 있자 이를 비웃는 사람들은 '앰프티 empty(텅 빈)' 빌딩이라고 불렀다. 머지않아 많은 사무실들로 채워졌고 1973년 쌍둥이 빌딩이라 불리는 세계무역센터가 세워지기 전까지 42년간이나 세계의 지붕 역할을 했다. 최고층은 아니지만 여전히 뉴욕의 상징인 이 건물은 밤에 더 멋있다. 기념일에 따라 변하는 꼭대기 30개 층의 아름다운 조명은 맨해튼의 야경을 더욱 빛낸다. 전망대로 올라가면 맨해튼의 중심을 한눈에 내려다 볼 수 있다. 성수기에는 표를 사고 나서도 건물 안에서 한참을 기다려야 한다.

주소 350 5th Ave.(34th St.) 운영 날짜에 다라 다르니 홈페이지 확인. 보통 10:00~24:00, 악천후 시 폐쇄 요금 86층 전망대 일반 $44~, 6~12세 $38~, 86층+102층 일반 $79~, 6~12세 $73~(대기줄이 짧은 Express Pass는 $40 추가) 가는 방법 지하철 B·D·F·N·Q·R·V·W Herald Sq. 33rd St.역에서 도보 2분. 홈페이지 www.esbnyc.com

4 원 월드 One World Observatory

9.11 테러로 무너진 월드 트레이드 센터 자리에 새로 지어진 원 월드 트레이드 센터의 전망대. 뉴욕에서 가장 높은 초고층 건물로 시원한 360도 전경을 자랑한다. 맨해튼 다운타운과 브룩클린이 가까이 보이며, 멀리 자유의 여신상과 뉴저지가 보인다. 올라가는 동안에도 지루하지 않도록 엘리베이터와 복도에 다양한 영상 자료를 갖추고 있다. 두 층으로 이루어진 전망대에는 간단한 카페테리아와 고급 레스토랑, 작은 기념품점도 있다(P.137 참고).

뉴욕 공립 도서관
New York Public Library   Map P.147-C2

중후한 외관이 어딘지 낯익은 이 도서관은 영화의 배경으로 자주 등장했다. 2002년 〈스파이더맨 Spider Man〉과 2004년 〈투모로우 The day after tomorrow〉에 나왔으며 특히 재난 영화인 〈투모로우〉는 영화의 상당 부분이 이 도서관을 배경으로 했다. 도서관 건물의 크기가 말해주듯이 1,500만 점의 도서와 소장품을 보유하고 있으며 특히 3층의 열람실은 어마어마하다. 또한 콜럼버스가 쓴 편지, 토머스 제퍼슨의 '독립선언문' 자필 원고, 구텐베르크의 성서, 셰익스피어의 작품집 등 귀중한 자료들을 소장하고 있으며 열람실에는 인문학과 사회과학 관련 자료와 도서들만 취급하고 있다. 1911년 완공된 웅장한 대리석 건물로 1층에는 여행자들을 위한 안내소도 마련되어 있다. 도서관 뒤쪽으로는 도심 속의 평화로운 녹지대인 브라이언트 파크 Bryant Park가 있는데, 이 공원은 한여름 밤 무료 음악 축제와 영화제가 열리는 곳으로 유명하다.

주소 5th Ave. 42nd St. 운영 화·수 10:00~20:00, 월·목~토 10:00~18:00 휴관 일요일 가는 방법 지하철 7번 노선을 타고 5th Ave.역 하차. 홈페이지 www.nypl.org

코리아타운
Koreatown   Map P.147-C3

헤럴드 스퀘어 주변인 5번가와 6번가 사이의 30~33rd St., 특히 32nd St.에는 한글 간판이 가득하다. 번화가인 헤럴드 스퀘어에서 봤을 때 브로드웨이 대로변에서 안쪽으로 들어가는 좁은 골목이다. 짧은 골목이 깨끗하진 않지만 한국 식당들과 잡화점, 호

텔, 서점, 목욕탕, 빵집, 금은방, 한의원, PC방 등이 있어 반가운 느낌이 든다.

가는 방법 지하철 B·D·F·V·N·W·R·Q 노선을 타고 34th St. Herald Square역 하차. 택시로 갈 때는 코리안 디스트릭트라고 하면 잘 모르고 '32nd Street, Broadway'라고 말해야 한다.

매디슨 스퀘어 가든
Madison Square Garden   Map P.146-B3

펜 스테이션과 나란히 위치한 커다란 원통형의 건물이다. 1879년 처음 지어질 당시에는 매디슨 스퀘어 파크에 있었기 때문에 지어진 이름이다. 그러나 1968년 다시 이곳에 세워져 지금은 2만 명을 수용할 수 있는 엄청난 경기장이 되었다. 현재 미국 프로농구 NBA의 뉴욕 닉스와 미국 아이스하키 NHL의 뉴욕 레인저스가 이곳을 홈그라운드로 사용하고 있다. 또한 초기에는 야구나 서커스 공연만 지원할 수 있었는데 지금은 각종 스포츠는 물론 대형 콘서트장으로 이용된다.

주소 4 Penn Plaza(7th & 8th Ave. 사이 31st & 33rd St.에 걸쳐 있다.) 가는 방법 지하철 A·C·E·1·2·3 노선을 타고 34th St.—Penn Station 하차. 홈페이지 www.msg.com

타임스 스퀘어
Times Square

Map P.146-B2

그 이름도 유명한 타임스 스퀘어. 휘황찬란하다는 표현이 딱 맞는 곳이다. 브로드웨이 Broadway가 중심인 42nd에서 47th St. 사이의 번화가로, 예전에 42nd St. 7th Ave. 교차로에 뉴욕 타임스의 본사가 있었던 것에서 지어진 이름이다. 매년 12월 31일 한 해의 마지막을 장식하는 행사가 어김없이 치러지는 곳으로 "Happy New Year!"를 외치는 수많은 인파로 불야성을 이룬다.

연간 2,000만 명이 다녀간다는 이곳의 광고 효과에 수많은 다국적 기업들이 앞다투어 광고판을 만들어 마치 세계 유수 기업들의 홍보 전시장 같다. 상점이나 식당 또한 상업주의의 극치다. 아이들의 눈을 자극하는 화려한 장난감 매장, 초콜릿 가게, 그리고 할리우드 플래닛, 하드록 카페, TGI Friday 등 대규모의 패밀리 레스토랑, 관광객들을 유혹하는 온갖 기념품 가게, 일년 내내 세일을 하는 전자제품점, 연예인들의 기자회견이 이루어지는 화려한 호텔들, 젊은 이들을 불러모으는 MTV 매장, 스타를 앞세운 박물관 마담투소에 이르기까지 한데 다 모여있다. 이곳을 오가는 사람들의 대부분은 카메라를 들고 사진찍기에 여념이 없는 관광객들이다.

타임스 스퀘어 중심에 자리잡은 더피 스퀘어 Duffy Square는 TKTS 박스 오피스자 거대한 유리 계단으로 지어져 타임스 스퀘어에 화려함을 더해주고 있다. 밤이 없는 타임스 스퀘어에서는 늦은 시간까지 수많은 사람들이 이 거대한 계단에 걸터앉아 휴식을 취하거나 사진을 찍고 있다. 계단에 앉아있다 보면 사방에 펼쳐진 요란한 광고판들을 구경하는 것만으로도 시간 가는 줄 모른다.

타임스 스퀘어는 브로드웨이 한복판에 있는데, 뮤지컬의 상징으로 알려진 브로드웨이답게 타임스 스퀘어의 간판들은 주로 뮤지컬 광고다. 이곳에 모여드는 관광객들이 이러한 뮤지컬 극장의 엄청난 좌석들을 채워주고 있으며 그 때문에 수년간의 장기 공연이 가능한 것이다. 물론 해마다 새로 만들어지는 다양한 뮤지컬이 뉴요커들의 지지 아래 계속해서 공연되고 있다.

가는 방법 지하철 N·R·Q 노선을 타고 49th St/Times Square에서 하차해 7th Ave.를 한 블록만 내려오면 타임스 스퀘어 중심이다. 홈페이지 www.timessquarenyc.org

브로드웨이와 뮤지컬

브로드웨이 Broadway

맨해튼을 사선으로 가르는 브로드웨이 거리가 7번가와 만나는 타임스 스퀘어 주변은 엄청난 상업지구다. 그중에서도 타임스 스퀘어의 41st.에서 48th St. 사이와 6th에서 8th Ave. 사이는 과거에 극장이 80개나 모여 있었던 유명한 극장지구로 뮤지컬 역사의 현장이다. 뉴욕의 브로드웨이는 뮤지컬이 현대 종합예술의 한 장르로 자리잡게 된 주요 배경이 되는 곳으로, '브로드웨이=뮤지컬'이라는 등식이 성립할 정도로 뮤지컬을 대표하는 단어가 되었다. 따라서 세계적으로 인정받은 유명한 뮤지컬들이 일년 내내 공연되고 있고 이를 관람하기 위해 전 세계에서 모여든 관객만 하루에 2만 명이 넘는다.

뮤지컬 Musical

영국에서 처음 생겨난 뮤지컬은 초기에 오페라의 형태를 띠었으나 20세기 초반 미국에서 점차 대중화되면서 독립적인 예술의 한 장르로 발전하게 되었다. 특히 1920년대 말에는 뮤지컬의 인기가 최고조에 달해 한때 브로드웨이에는 극장이 80개나 들어서기도 했다. 그 후 1970년대에 앤드루 로이드 웨버의 등장으로 뮤지컬의 주도권은 다시 영국으로 넘어가 〈지저스 크라이스트 슈퍼스타〉, 〈캣츠〉, 〈오페라의 유령〉과 숑베르의 〈레미제라블〉, 〈미스 사이공〉 등으로 런던의 웨스트엔드 뮤지컬이 최고의 성황을 이뤘다. 런던 뮤지컬은 1990년대 이후로도 〈맘마미아〉, 〈위 윌 락 유〉 등 대중가요에 기초한 뮤지컬들을 선보여 큰 인기를 누렸으나 최근에는 다시 미국 뮤지컬이 강세를 보이고 있다. 〈시카고〉 리메이크의 성공과 함께 디즈니사의 애니메이션에 기초한 〈라이온 킹〉, 〈미녀와 야수〉, 〈알라딘〉 등이 계속 히트를 치며 브로드웨이의 인기를 재점화시키고 있다.

❶ 뮤지컬 고르기

뮤지컬의 종류는 판타지, 코믹, 고전 등 매우 다양한 장르가 있으며, 같은 장르 안에서도 음악이 훌륭한 것, 무대가 화려한 것, 내용이 감동적인 것, 대사가 재미있는 것 등 다양한 스타일이 있으므로 무조건 유명한 것을 볼 것이 아니라 자신의 취향과 언어 능력(?)을 잘 고려해야 한다. 특히 최근 뜨고 있는 코미디 성향의 뮤지컬은 빠른 애드리브와 슬랭, 미국식 유머와 패러디가 많아 남들이 다 웃는데 혼자 심각하게 앉아있다 나오는 굴욕을 당할 수 있다.
따라서 언어가 별문제가 되지 않는 볼거리 위주의 스펙터클한 뮤지컬이 외국인이나 어린이들에게 인기다. 브로드웨이는 수많은 관광객들을 겨냥해 이러한 화려한 뮤지컬들을 다양하게 갖추고 있다. 다음은 최근 공연 중인 인기 있는 뮤지컬들이다.

★ 라이언 킹 Lion King

디즈니사의 애니메이션을 뮤지컬로 옮긴 작품으로 어린 사자 심바와 권력을 탐하는 삼촌의 이야기다. 아프리카 초원과 수많은 동물들을 환상적인 무대에 옮겨놓았다. 아프리카의 원시적인 화려한 색채와 함께 율동적인 리듬이 엘턴 존의 음악과 어우러져 매우 흥겨운 분위기를 자아낸다. 1998년 6개의 토니상을 휩쓴 흥행작으로 국내에서도 공연된 바 있다.

[민스코프 극장 Minskoff Theatre]
주소 200 W. 45th St. (Broadway & 8th Ave.사이)
홈페이지 www.disneyonbroadway.com

★ 위키드 Wicked

'오즈의 마법사의 숨겨진 이야기'라는 부제를 달고 있는 이 작품은 도로시가 오즈랜드에 도착하기 전에 나타난 두 소녀를 주인공으로 한 재미난 이야기다. 마법사의 이야기인 만큼 눈요기가 될 만한 화려한 볼거리들이 많이 등장하며 가족 단위는 물론 학생들의 단체관람으로도 인기몰이를 하고 있는 작품이다.

[거슈윈 극장 Gershwin Theatre]
주소 222 W. 51st St. (Broadway & 8th Ave.사이)
홈페이지 www.wickedthemusical.com

★ 시카고 Chicago

1975년 처음 상연된 이후 수차례 토니상을 수상했으며 현재까지도 인기가 식지 않고 있는 유명한 작품이다. 최근에는 유명한 R&B 가수 어셔의 데뷔작으로 다시 한번 주목받았다. 시카고의 한 감옥에 살인죄로 수감된 두 여성과 이들을 변호하는 변호사의 이야기를 통해 인간의 욕망, 배신, 폭력, 허무 등에 대한 내용을 다뤘다.

[앰배서더 극장 Ambassador Theatre]
주소 219 W. 49th St. (Broadway & 8th Ave.사이)
홈페이지 www.chicagothemusical.com

★ 알라딘 Aladdin

애니메이션 기반의 뮤지컬들이 흥행하면서 2014년부터 브로드웨이에 올라왔다. 디즈니 OST의 명곡들을 라이브로 다시 들을 수 있다. 화려한 색감과 재미난 이야기로 라이언 킹과 함께 가족 뮤지컬로 인기다.

[뉴 암스테르담 극장 New Amsterdam Theatre]
주소 214 W. 42nd St.
홈페이지 aladdinthemusical.com

★ 해밀턴 Hamilton

미국 건국의 아버지 중 하나인 알렉산더 해밀턴의 일대기를 힙합 형식으로 재미있게 다룬 뮤지컬이다. 한때 너무 인기가 많아 암표가 돌 정도로 표를 구하기 어려웠다.

[리처드 로저스 극장 Richard Rodgers Theatre]
주소 226 W. 46th St.
홈페이지 https://hamiltonmusical.com

❷ 티켓 구입

뮤지컬 티켓은 가격이 만만치 않으며 구입하는 방법도 다양하다. 보통 인터넷으로 수수료를 내고 구입하는 것이 일반적이나 그 외에도 몇 가지 방법이 있다. 티켓의 가격은 공연물과 좌석에 따라 매우 다양한데 보통 $40~190 정도다. 좌석을 고를 때는 좌석표를 직접 보고 고르는 것이 좋다. 번호 체계가 특이해서 보통 작은 숫자일수록 바깥쪽이며 100번 이후의 세 자리 숫자가 가운데다.

★ 극장 매표소

직접 찾아가 줄을 서서 티켓을 구입하는 방법이다. 수수료는 붙지 않지만 할인이 전혀 되지 않은 정상요금을 내야 하며, 인기 뮤지컬의 경우 가까운 날짜에는 표가 남아있지 않으므로 일정이 짧은 여행자들에게는 거의 불가능한 방법이다.

★ 인터넷 예매

한국에서 미리 예매하면 일찍 매진되는 표들을 편하게 구할 수 있다. 예매 사이트마다 조건이 다르니 잘 확인하고 구입하자.

[브로드웨이 공식 예매 사이트]
할인이 거의 없고 장당 수수료가 붙지만 원하는 좌석을 직접 고를 수 있다. 티켓을 이메일로 받기 때문에 스마트 티켓을 이용하거나 인쇄해 갈 수 있다.
티켓마스터 www.ticketmaster.com
텔레차지 www.telecharge.com

[한국 예매대행사]
뉴욕에 본사를 둔 한국 대행사로 가성비가 좋아 많은 한인이 이용한다. 좌석을 미리 확보해 놓고 저렴하게 팔기 때문에 공식사이트에 티켓이 없어도 여기 남아 있을 수 있다. 좌석을 직접 고를 수 없지만 대체로 무난한 좌석이다.
앳홈트립 https://athometrip.com/nymusical
타미스 www.tamice3.com/musical/newyork

[그 밖의 예매대행사]
다양한 미국 회사들로 가격이 천차만별이라 각각 비교해 보면 저렴한 곳을 찾을 수 있다.
www.broadway.com
www.broadwaybox.com
www.theatre.com
www.nyc.com/broadway-tickets

★ 티켓츠 TKTS

공연 당일이나 전날 30~50% 정도 할인가로 티켓을 판매하는 곳이다. 사람이 너무 많아 오랫동안 줄을 서서 기다려야 하며 좌석을 지정할 수도 없고 현찰만 받는다. 인기있는 뮤지컬 티켓은 거의 안 나오기 때문에, 저렴한 가격에 아무거나 가볍게 보고 싶을 때 이용할 만하다. 수수료 $7.00. 타임스 스퀘어, 링컨 센터에 티켓 부스가 있으며 어플도 있다.
홈페이지 www.tdf.org

[타임스 스퀘어 본점]
위치 브로드웨이와 47th St.가 만나는 더피 스퀘어 Duffy Square의 붉은 계단 아래
※ 낮 공연은 당일 판매하지 않고 전날만 판매한다.

★ 러시 티켓 Rush Ticket

각각의 극장 앞에서 공연 시작 바로 전에 환불된 표를 파격적인 값에 할인 판매하는 것으로 운이 좋아야 한다. 인기 공연은 거의 없다.

❸ 뮤지컬 용어

● 마티니 Matinee
낮 공연을 뜻하는 말로 보통 14:00~15:00 공연이라 가격이 더 저렴하다.
● 오케스트라 Orchestra
1층 무대 바로 앞의 가장 잘 보이는 자리다. 배우의 표정 하나하나까지 보인다.
● 메자닌 Mezzanine
2층의 돌출된 앞부분으로 Front와 Rear로 나뉘며 Front는 전망이 좋아 비싸다.
● 박스 Box
2층 양쪽의 구석진 곳이다.
● 발코니 Balcony
큰 극장에만 있는 3층석으로 전망이 좋지는 않다. Front, Mid, Rear 순으로 점점 안 보이고 가격이 싸진다.

그랜드 센트럴역

Grand Central Terminal(Grand Central Station)

Map P.147-C2

1913년에 지어져 현재 남아 있는 뉴욕 황금시대의 마지막 건물로 꼽힌다. 아름다운 조각과 아치의 특징을 지닌 보자르(Beaux-Arts) 양식의 아름다운 기차역으로 규모도 엄청나다. 안으로 들어서면 중앙에 시계탑이 있는 거대한 중앙홀이 있고, 44개의 플랫폼과 푸드코트, 레스토랑, 상점, 시장이 있다. 중앙홀에는 연녹색의 둥근 천장이 있는데 광섬유로 새겨진 별자리가 있어 해 질 무렵에는 별자리들이 빛을 발해 밤하늘 같은 모습을 연출한다. 이처럼 그랜드 센트럴은 단순한 기차역이 아니라 관광명소이자 미국의 국립 사적지다. 각종 영화에 배경으로 등장하기도 했다.

주소 89 E 42nd St. 가는 방법 지하철 4·5·6·7·S- 42nd St./Grand Central Station 하차. 홈페이지 www.grand centralterminal.com

크라이슬러 빌딩

Chrysler Building

Map P.147-C2

뉴욕의 스카이라인을 빛내는 가장 멋진 빌딩이다. 높이 319m의 77층 건물이지만 안타깝게도 전망대는 없다. 크라이슬러 빌딩은 스테인리스 스틸로 첨탑을 세워 항상 반짝반짝 빛이 나며 밤에도 멋진 조명을 선사한다. 스테인리스 스틸은 값이 비싸 건물의 외관에는 잘 사용하지 않지만 크라이슬러 자동차 공장에서 조달했다고 하며 첨탑의 모양도 자동차의 라디에이터 그릴을 본뜬 것이라고 한다. 건축가 윌리엄 밴 앨런 William Van Alen의 현대적인 감각이 돋보이는 독특한 아르데코 양식으로 지어져 자동차 부품 같은 느낌은 나지 않는다.

1928~1930년 지어질 당시 의뢰인이었던 월터 크라이슬러가 마음에 들지 않는다며 혹평을 했으나 후에 훌륭한 건축으로 인정받았다. 1950년대 중반 크라이슬러 본사는 다른 건물로 이주했으나 현재까지도 사무실로 이용되고 있어 일반인은 출입할 수 없다.

주소 405 Lexington Ave. 가는 방법 지하철 7- 42nd St./ Grand Central Station 하차.

서밋 원 밴더빌트
Summit One Vanderbilt
Map P.147-C2

그랜드 센트럴역 옆에 높이 솟은 초고층 건물의 전망대다. 맨해튼의 스카이라인을 감상하기 좋은 위치로 엠파이어 스테이트 빌딩이 손에 잡힐 듯 가까이 보인다. 사방이 유리로 둘러싸이고 바닥과 천장까지 거울로 된 방이 있어 독특함을 더하며 유리 엘리베이터를 타고 한 층 더 올라가면 유리 보호막이 있는 시원한 발코니도 있다.

주소 45 E 42nd St 영업 매일 09:00~24:00(마지막 입장 22:30) 요금 일반 $43~, 6~12세 $37~ 가는 방법 그랜드 센트럴역 바로 옆 홈페이지 summitov.com

※거울에 반사되는 짧은 스커트 착용 주의, 거울 바닥이 긁힐 수 있는 하이힐 착용 금지

첼시 아트갤러리 디스트릭트
Chelsea Art Gallery District
Map P.146-A3

소호 지역이 발전하면서 비싼 임대료를 견디지 못한 예술가들은 첼시 지역에 둥지를 틀게 되었다. 첼시는 소호와 가까우면서도 항구 주변에 위치해 커다란 창고 건물이 많아 작업실로 쓰기 좋았기 때문이

다. 이로 인해 첼시에는 현재 300개가 넘는 갤러리가 있으며, 각각의 개성 있는 갤러리들이 대부분 무료 관람 형태로 운영되고 있다. 갤러리마다 다르지만 보통 일, 월요일은 휴관하며 7~8월 등 휴가철에는 대부분 문을 닫는다.

가는 방법 버스 M11번 10 Av/W 23 St 하차. 또는 첼시나 허드슨 야드에서 하이라인으로 걷다가 내려간다. 10th Ave. & 11th Ave. 사이, 21st St.에서 26th St.에 집중적으로 모여 있다.

국제연합 본부
United Nations Headquarters
Map P.147-D2

제2차 세계대전 이후 세계 평화와 안전을 위한 국제협력을 목적으로 창설된 국제연합은 본부가 뉴욕에 있다. 문으로 들어서면서부터 치외법권이 인정되는 국제 지역이다. 건물 내부는 가이드 투어를 통해 총회 빌딩과 회의장을 둘러볼 수 있다. 철문 입구로 들어서면 보안 검사대가 있고 그 뒤로 '비폭력'을 상징하는 조각이 있다. 조각을 지나면 오른쪽에 총회장이 있고 눈에 띄는 커다란 사각형 건물은 사무국 빌딩으로 각 나라의 유엔 대표부가 있으며 일반인은 출입할 수 없다. 둥근 지붕의 총회 빌딩은 유엔 총회가 열리는 곳이다. 지하에는 기념품점이 있어서 세계 각국의 우표를 살 수 있다.

주소 405 E 42nd St, UN Plaza(입구는 46th St.) 운영 투어는 월~금 09:00~17:00, 소요시간 1시간 휴관 토·일요일, 공휴일 요금 (수수료 제외) 일반 $26, 학생 $18, 5~12세 $15, 5세 미만 투어 불가 가는 방법 버스 M15번– 1 Ave/ E 45th St 하차해 도보 한 블록. 홈페이지 www.un.org/visit

※투어는 반드시 예약해야 하며 보안검사를 위해 1시간 전에 도착해야 한다(신분증 지참. 큰 가방, 액체류, 음식물 반입 금지).

어퍼 이스트 사이드 Upper East Side

맨해튼의 60th 위쪽을 업타운이라 부른다. 업타운은 집값 비싼 뉴욕에서도 가장 비싼 곳으로 알려져 있다. 업타운은 센트럴 파크를 기준으로 동서로 나뉘는데, 동쪽을 어퍼 이스트 Upper East 라 부르며 고급 주택가와 박물관들이 있다. 특히 센트럴 파크 담장을 따라 이루어진 뮤지엄 마일 이라 부르는 박물관 거리에는 여러 종류의 박물관이 모여 있다.

뮤지엄 마일
Museum Mile

Map P.164-B2·B3

업타운의 중심인 센트럴 파크의 동쪽 끝 5번가에는 82nd St.부터 104th St.에 이르기까지 여러 종류의 박물관이 모여 있다. 이 길이 과거에는 부유층의 저택들이 늘어서 있던 '백만장자의 거리'였는데, 많은 부호들이 자신의 저택을 박물관으로 기증하면서 강철왕 카네기의 저택은 '쿠퍼 휴이트 디자인 박물관'으로, 금융가였던 펠릭스 와버그의 저택은 '유태인 박물관'으로, 사업가 아서 헌팅턴의 저택은 '국립디자인 아카데미'로, 헨리 클레이 프릭의 저택은 '프릭 컬렉션'으로 변모했다.

이외에도 메트로폴리탄 박물관을 비롯하여 구겐하임 미술관, 뉴욕시 박물관 등 수많은 박물관이 나란히 늘어서 있어 이제는 이 길을 '박물관의 거리 Museum Mile'라 부른다.

쿠퍼 휴이트 디자인 박물관
Cooper Hewitt Smithsonian
Design Museum

Map P.164-B2

스미소니언 협회의 Smithsonian Institution 부속 박물관인 쿠퍼 휴이트 디자인 박물관은 25만 점이 넘는 디자인 관련 작품을 소장한 박물관이다. 1903년에 지어진 미술관 건물은 원래 강철왕 카네기가 살았던 저택으로 그의 사후에 기증한 것이며 1976년에 재개관하였다. 2001년에 내부 인테리어를 완전히 보수하여 지금의 모습을 갖추었다. 7만 권에 이르는 디자인 도서를 소장하고 있으며, 역사적인 작품은 물론 최신의 전시품을 지속적으로 업데이트해 디자인 전공자들이 많이 찾는다.

주소 2 E. 91st St.(5th Ave.) 운영 매일 10:00~18:00 휴관 추수감사절, 12/25 요금 일반 $22, 학생 $10, 62세 이상 $16(온라인 구매 시 $2 할인), 18세 이하 무료 가는 방법 버스 M1·2·3·4번 노선을 타고 5th Ave./90th St. 하차. 홈페이지 cooperhewitt.org

뮤지엄 마일 축제 Museum Mile Festival

매년 6월의 둘째 화요일 18:00부터 21:00까지는 5번가의 82nd St.에서 105th St.에 이르는 박물관 거리에서 축제가 열린다. 교통이 통제되고 각종 행사가 벌어지며 참여 박물관은 무료입장 행사를 실시한다. 사실 이때는 사람이 너무 많아 박물관을 제대로 구경하기 어렵지만 흥겨운 음악 공연과 문화축제가 펼쳐져 이를 구경하는 것만으로도 즐겁다.
홈페이지 www.museummilefestival.org

↑ 클로이스터스 방면 Ⓐ

Ⓑ

W. 135th St.

137 St-City College

135 St

135 St
E. 135th St.

Riverside Drive
Convent Ave.
Broadway
Frederick Douglas Blvd.
Adam Clayton Powell Blvd.
Lenox Ave.

3rd Ave Bridge

Willis Ave Bridge

할렘
HARLEM

❶

125 St
W. 125th St.

아폴로 극장
Apollo Theater

그랜트 장군 기념비
General Grant NM

125 St

125 St

125 St
E. 125th St.

125 St

Robert F.Kennedy Bridge

Henry Hudson Pkwy.

모닝사이드 하이츠
MORNINGSIDE HEIGHTS

Marcus Garvey Park

5th Ave.
Madison Ave.
Park Ave.
Lexington Ave.
3rd Ave.
2nd Ave.
1st Ave.
FDR Dr.

리버사이드 교회
The Riverside Church

116 St-Columbia Univ.

W. 116th St.

E. 116th St.

컬럼비아 대학교
Columbia University

116 St

116 St

St. Nicholas Ave.
Morningside Dr.

세인트 존 디바인 성당
Cathedral of St. John the Divine

Central Park North(110 St)

Jefferson Park

W. 110th St.

E. 110th St.

Cathedral Pkwy

Cathedral Pkwy

110 St

이스트 할렘
EAST HARLEM

컨서버토리 가든
Conservatory Garden

103 St

103 St

103 St

103 St

Manhattan Ave.
Columbus Ave.
Central Park West
West End Ave.
Amsterdam Ave.
Broadway

96 St

96 St

96 St
E. 96th St.

E. 95th St.

센트럴 파크
Central Park

하이 뉴욕
Hi New York

어퍼 웨스트 사이드
UPPER WEST SIDE

저수지

쿠퍼 휴이트 디자인 박물관
Cooper Hewitt Smithsonian Design Museum

구겐하임 미술관
Solomon R. Guggenheim Museum

E. 90th St.

뮤지엄 마일
Museum Mile

노이에 갤러리
Neue Galerie

어퍼 이스트 사이드
UPPER EAST SIDE

86 St

86 St

86 St
E. 85th St.

W. 85th St.

그레이트 론
Great Lawn

메트로폴리탄 박물관
Metropolitan Museum of Art

81 St-Museum of Natural History

W. 80th St.

E. 80th St.

79 St

델라코타 극장

자연사 박물관
American Museum of Natural History

벨베데레 성
Belvedere Castle

77 St

3rd Ave.
2nd Ave.
1st Ave.
York Ave.
East End Ave.

호텔 비컨
Hotel Beacon

W. 75th St.

Roosevelt Island

W. 72nd St.

72 St

72 St

스트로베리 필즈
Strawberry Fields

E. 72nd St.

72 St

프릭 컬렉션
The Frick Collection

E. 70th St.

❸

시프 메도
Sheep Meadow

66 St-Lincoln Center

68 St-Hunter College

Broadway
Central Park West

동물원
The Zoo

E. 65th St.

W. 64th St.

5th Ave.
Madison Ave.
Park Ave.
Lexington Ave.

N

링컨 센터
Lincoln Center

데어리

Lexington Ave-63 St

0   500m

울먼 링크
Wollman Rink

콜럼버스 서클
Columbus Circle

Lexington Ave-59 St

도이치뱅크 센터

5 Ave-59 St

59 St

59 St-Columbus Circle

구겐하임 미술관
Solomon R. Guggenheim Museum Map P.164-B2

독특한 외관이 인상적인 이곳은 훌륭한 소장품뿐만 아니라 유명한 건축가 프랭크 로이드 라이트의 건물로도 주목받는 곳이다. 건물 내부는 가운데가 뚫려 있고 벽면이 소라 껍데기처럼 층층이 계단으로 연결되어 있는 구조로, 천장의 유리창을 통해 자연광이 바닥까지 쏟아져 벽에 창문이 없는데도 어두운 느낌이 나지 않는다. 건축학에서는 이러한 둥근 천장에 원형 홀로 이루어진 건물을 로툰다 Rotunda라고 부르는데, 구겐하임 미술관에는 이러한 로툰다의 작은 별관이 하나 더 있어서, 본관을 그레이트 로툰다 Great Rotunda, 북쪽의 작은 별관을 스몰 로툰다 Small Rotunda라 한다. 두 로툰다는 중간의 타워(직육면체 건물)가 연결하고 있다.

그레이트 로툰다는 본관이지만 전시 공간이 작아 주로 특별 전시실로 쓰인다. 스몰 로툰다는 인상파와 후기 인상파 작품들이 주로 전시되어 있으며 타워

갤러리에는 20세기 현대미술품이 주로 전시되어 있다. 세잔, 고흐, 고갱, 드가, 마네, 피카소, 몬드리안, 브랑쿠지, 샤갈, 미로, 브라크, 리히텐스타인 등 20세기 현대미술을 대표하는 작품들을 상당수 보유하고 있으며 특히 칸딘스키의 작품은 세계에서 가장 많다.

주소 1071 5th Ave.(89th St.) 운영 매일 10:30~17:30 요금 일반 $30, 학생 또는 65세 이상 $19, 12세 이하 무료, 월~토 16:00~17:30 기부금제 가는 방법 버스 M1, 2, 3, 4번 5 Ave/E 90 St 하차 후 도보 1분 홈페이지 www.guggenheim.org ※미술관 내 사진촬영 금지

Zoom In

구겐하임 미술관 작품 소개

창문을 통해 본 파리 Paris through the Window, 1913
마르크 샤갈 Marc Chagall, 1887-1985

파리에서 유학을 했던 샤갈은 파리를 제2의 고향이라 부르며 수많은 작품들을 남겼다. 파리에 머물렀던 초기 4년간의 작품들은 화려하면서도 엷은 색채로 특유의 몽환적인 분위기가 잘 나타나 있다.

푸른 산 Blue Moutain, 1909
바실리 칸딘스키 Vasily Kandinsky, 1866-1944

칸딘스키는 현대 추상미술의 선구자로 불린다. 그는 대상을 있는 그대로 표현하는 것에서 벗어나 화려한 색채와 기하학적 구성으로 비구상회화를 이끌었다. 대담한 구도와 색감을 사용했으며 독특한 구도 속의 대상들은 매우 역동적으로 표현되었다.

팔짱을 낀 사나이 Man with Crossed Arms, 1899
폴 세잔 Paul Cezanne, 1839-1900

입체파에게 큰 영향을 준 세잔은 대상의 객관적인 모습보다는 형태와 구조에 초점을 두어 왜곡되게 표현하기도 했다. 이 작품에서도 그는 색채를 분할하고 전통적인 명암법을 무시하였으며 배경과 인물의 일치감을 위해 얼굴색을 왜곡시켰다.

노이에 갤러리
Neue Galerie
Map P.164-B3

2001년에 오픈한 노이에 갤러리는 주로 20세기 독일과 오스트리아의 작품들이 전시된 곳이다. 구스타프 클림트, 에곤 쉴레로 대표되는 유명한 표현주의 화가들의 작품을 감상할 수 있으며 특히 너무나도 유명한 클림트의 〈아델르 블로흐-바우어 부인의 초상 I Portrait of Adele Bloch-Bauer I〉은 당시 역대 최고 경매가를 갱신하며 오스트리아에서 이곳으로 자리를 옮겨왔다. 에스테 로더 화장품 창립자의 아들인 로날드 로더 Ronald S Lauder는 오스트리아 대사를 지내는 동안 미술품 애호가였던 자신의 취미를 살려 독일과 오스트리아 작품들을 사들였으며 이 미술관을 설립한지 얼마 되지 않아 클림트의 아델 블로흐 바우어 부인의 초상을 엄청난 가격에 매입해 전 세계의 이목을 집중시켰다. 현재이 작품은 '노이에 갤러리의 모나리자'로 불리며 미술관의 대표 작품이 되었다.

미술관 2층은 클림트, 쉴레, 코코슈카 등 오스트리아 화가들의 작품이 전시되어 있고, 3층은 칸딘스키, 딕스와 그로스, 폴 클리 등 독일계 화가들의 작품으로 구성되어 있다. 1층에 자리한 카페 사바르스키 Café Sabarsky도 유명하다. 소시지, 자워크라우트, 프레첼, 슈니첼과 클림 토르테 등 독일과 오스트리아 음식들을 맛볼 수 있어 주말엔 항상 붐비는 곳이다.

주소 1048 5th Ave(86th St), New York, NY 10028 운영 목~월요일 11:00~18:00 휴관 화·수요일, 1/1, 7/4, 추수감사절, 12/25 요금 일반 $28, 학생 $15, 65세 이상 $18, 12세 이하 입장 불가. 매월 첫째 금요일 17:00~20:00 무료 가는 방법 버스 M86 또는 M1·2·3·4-86th St 하차. 홈페이지 www.neuegalerie.org ※갤러리 내 사진촬영 금지

프릭 컬렉션
The Frick Collection
Map P.164-B3

5번가에서는 높은 돌담에 가려 잘 보이지 않지만 70th St.로 들어오면 건물의 입구와 함께 철창을 통해 아름다운 정원이 보이는 저택이다. 철강왕으로 불렸던 헨리 프릭이 자신의 저택과 40년간 유럽에서 수집한 예술품들을 뉴욕시에 기증하면서 미술관으로 만들어졌다. 프릭은 19세기 유럽미술에 관심이 많아 벨라스케스, 렘브란트, 베르메르, 홀바인 등의 작품이 많으며 이러한 작품들은 1914년에 지어진 저택의 고풍스러운 분위기와 매우 잘 맞는다. 18세기 유럽풍으로 지어진 아름다운 저택 자체도 볼 만하다.

※2024년 말까지 공사 예정

주소 1E, 70th St. 가는 방법 버스 M1·2·3·4- 5th Av/E 72St 정류장에서 도보 2분 또는 M2·3·4·72-Madison Av/E, 69th St 정류장에서 도보 2분 홈페이지 www.frick.org

메트로폴리탄 박물관
Metropolitan Museum of Art

Map P.164-A3

미국은 물론 세계 최고의 박물관 중 하나로, 간단히 줄여서 '메트 Met'라고 부른다. 1872년에 소규모 유럽 회화로 시작된 박물관이 현재 350만 점이 넘는 방대한 양을 소장하게 되었다. 규모뿐 아니라 질적으로도 훌륭해 항상 많은 사람들로 붐비는 곳이다. 유명한 회화 작품과 조각품, 그리고 세계 각지에서 온 귀중한 유물들이 가득해서 돌아보려면 최소 반나절은 걸린다.

박물관을 효과적으로 보려면, 먼저 박물관 입구의 안내소에서 한글로 된 박물관 안내지도를 받아 돌아다닐 순서를 정한다. 1층은 오른쪽에 이집트 미술, 미국 전시관과 무기, 갑옷 등이 전시되어 있으며 안쪽 중앙에 중세 예술과 유럽 조각, 장식미술이 전시되어 있다. 왼쪽으로는 그리스와 로마, 아프리카 예술, 현대 예술품이 전시되어 있다. 가장 인기 있는 곳은 덴두어 신전 Temple of Dendur과 찰스 엥겔하드 코트 The Charles Engelhard Court, 그리고 유럽 조각 European Sculpture이다.

2층은 중앙에 유럽 중세 기독교 회화 등 고전 회화, 그리고 오른쪽으로 일본, 중국, 한국 등 극동 아시아, 복도 쪽으로는 중앙아시아, 고대 근동아시아, 그리고 왼쪽으로 이슬람 예술과 함께 19세기 유럽 회화와 조각, 현대 미술이 전시되어 있다. 가장 인기 있는 전시실은 유럽 회화 전시실 European Paintings 이다. 이곳에는 모네, 르느아르, 고흐, 고갱, 세잔 등 거장의 작품들을 만날 수 있다.

끝으로 놓치지 말아야 할 곳이 바로 옥상 정원 Roof Garden이다. 겨울에는 폐쇄되지만 여름에는 이 옥상 정원에 조각품이 전시되며, 특히 여기서 보는 맨해튼의 풍경이 상당히 근사하다. 센트럴 파크의 녹지대 너머로 멀리 맨해튼의 빌딩숲이 펼쳐져 절묘한 대비를 이룬다.

주소 1000 5th Ave.(82nd St.) 운영 일~화·목 10:00~17:00, 금·토 10:00~21:00 휴관 수요일, 1월 1일, 추수감사절, 크리스마스, 5월 첫째 월요일 요금 일반 $30, 65세 이상 $22, 학생 $17 (같은 티켓으로 당일 클로이스터까지 입장할 수 있다) 가는 방법 버스 M1·2·3·4번을 타고 박물관 앞 하차. 홈페이지 www.metmuseum.org

※플래시 없이 촬영 가능하나, 특별전시나 카메라 금지 표시가 있는 곳에서는 촬영이 제한된다.

서구 문명의 교과서, 메트로폴리탄 박물관

하이라이트 관람 순서

① 이집트 미술 Egyptian Art

페르넵의 무덤 Tomb of Perneb BC 25C

기원전 25세기에 이집트 카이로 남쪽의 사카라에 지어진 무덤이다. 무덤의 주인은 이집트 제5왕조 법원의 관리였던 페르넵이며, 당시 유행했던 직사각형의 마스타바 스타일로 지어졌다. 마스타바는 후에 피라미드로 발전한다.

덴두어 신전 Temple of Dendur BC 15C

기원전 15세기에 지어진 고대 이집트의 신전. 로마가 이집트를 점령했을 당시 아이시스, 오시리스 여신과 누비아의 두 왕자에게 봉헌되었다. 1963년 아스완 댐 공사로 신전이 수몰될 위기에 처하자 유네스코의 도움으로 해체하였으며, 1978년 메트로폴리탄 박물관에 재조립되었다.

② 미국 전시관 The American Wing

델라웨어 강을 건너는 워싱턴
Washington Crossing the Delaware 1851
엠마누엘 로이체 Emanuel Leutze

미국 독립에 길이 빛나는 워싱턴 장군의 트렌턴 전투 모습을 담은 역사 기록화다. 이른 새벽 얼어붙은 텔라웨어 강을 건너 적지로 향하는 워싱턴 장군의 모습이 매우 감동적으로 다가온다.

찰스 엥겔하드 코트 The Charles Engelhard Court

미국의 장식미술, 회화, 조각이 한데 모인 곳. 출입구가 있는 정면부는 신고전 양식의 파사드로 월스트리트에 있던 브랜치 은행의 벽면이다. 유리 천정과 유리 벽면으로 조성된 안뜰이 햇볕에 따라 다른 분위기를 만들어낸다.

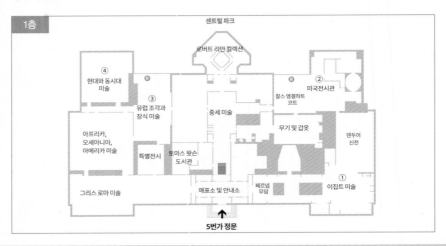

1층

센트럴 파크

로버트 리만 컬렉션

④ 현대와 동시대 미술

③ 유럽 조각과 장식 미술

아프리카, 오세아니아, 아메리카 미술

② 미국전시관

찰스 엥겔하트 코트

중세 미술

무기 및 갑옷

덴두어 신전

특별전시

토마스 왓슨 도서관

그리스 로마 미술

매표소 및 안내소

페르넵 무덤

① 이집트 미술

5번가 정문

❸ 유럽 조각과 장식 미술
European Sculpture and Decorative Arts
메두사의 머리를 들고있는 페르세우스
Perseus with the Head of Medusa 1804~1806
안토니오 카노바 Antonio Canova

조각실 중앙에서 가장 눈에 띄는 작품이다. 한 손에는 칼을, 그리고 한 손에는 메두사의 머리를 들고 있는 페르세우스의 모습이다. 페르세우스는 그리스 신화의 영웅으로, 메두사의 목을 가져가야 할 운명에 처하는데 여러 신과 님프의 도움으로 메두사의 목을 치는데 성공한다.

우골리노와 그의 아들들
Ugolino and His Sons 1865~1867
장 바티스트 까르포 Jean-Baptiste Carpeaux

우골리노는 13세기 이탈리아 정치가로, 권력투쟁에 실패해 반역죄로 자식들과 함께 감옥에서 죽는다. 이 조각은 단테의 신곡 '지옥편'을 바탕으로 하였는데, 우골리노는 감옥에서 굶어죽은 아들을 보며 비통해 한다. 단테는 마지막 부분을 "고통이 배고픔을 이기지 못했다"고 서술해 끔찍한 상상을 하게 만든다. 우골리노의 회한과 분노, 죄책감, 유혹, 고뇌의 표정을 잘 묘사한 작품이다.

❹ 현대와 동시대 미술
Modern and Contemporary Art
서 있는 여인 Standing Woman 1912~1915
가스통 라셰즈 Gaston Lachaise

나체여인의 조각상을 주로 만들었던 미국의 조각가 라셰즈의 대표작이다. 커다란 가슴과 배, 허벅지에 가는 손가락과 허리, 발목이 다소 과장된 느낌을 주는데, 이 작품의 모델은 라셰즈의 부인이자 영원한 뮤즈 이자벨이다.

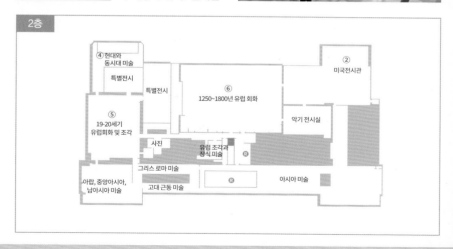

2층

④ 현대와 동시대 미술			② 미국전시관
특별전시	특별전시	⑥ 1250~1800년 유럽 회화	
⑤ 19-20세기 유럽회화 및 조각	사진		악기 전시실
		유럽 조각과 장식 미술	
	그리스 로마 미술		아시아 미술
아랍, 중앙아시아, 남아시아 미술	고대 근동 미술	⑧	

가을의 리듬 Autumn Rhythm 1950
잭슨 폴록 Jackson Pollock

캔버스를 눕혀 놓고 물감을 떨어뜨리는 '드리핑' 기법을 사용한 이 작품은 폴록이 롱아일랜드에 머물면서 느낀 계절의 변화를 점과 선, 색으로 표현한 것으로 자신이 느끼는 가을의 리듬을 직접 물감을 뿌리는 행위로 표현하였다.

⑤ 19~20세기 유럽 회화 European Paintings
사자의 식사 The Repast of the Lion 1907
앙리 루소 Henri Rousseau

앙리 루소의 작품들은 대개 원시적이며 색감이 풍부한 것으로 유명하다. 재규어를 잡아먹는 사자의 모습이 다소 엉뚱하게 느껴지는 것은 루소가 그의 동물들을 주로 아이들의 동화책 사진을 바탕으로 그렸기 때문이며, 주변을 둘러싸고 있는 식물들은 그 크기를 자유롭게 변형시켜 비현실적인 느낌을 더한다.

밀짚모자를 쓴 자화상
Self-portrait with a Straw Hat 1887
빈센트 반 고흐 Vincent Van Gogh

고흐는 젊은 나이에 자살로 생을 마감할 때까지 짧은 기간 동안 30여점에 달하는 자화상을 남겼다. 외로움과 고독 속에서 내면을 향해 파고들던 그는 빈곤 속에서 자연과 정물, 그리고 스스로를 모델 삼아 끊임없이 그림을 그렸다.

사이프러스가 있는 밀밭
Wheat Field with Cypresses 1889
빈센트 반 고흐 Vincent Van Gogh

고흐가 생레미의 요양원에서 머물렀을 때 그린 작품이다. 그는 이 시기에 사이프러스와 밀밭, 그리고 별을 소재로 많은 작품을 남겼다. 이 작품은 사이프러스 연작들 중 가장 마지막에 그려진 것으로, 그 전보다 정교함을 느낄 수 있다.

카드 놀이하는 사람들 The Card Players 1890~1892
폴 세잔 Paul Cezanne

근대 회화의 아버지라 불리는 폴 세잔의 '카드 놀이하는 사람들' 시리즈 중 하나다. 세잔은 수많은 정물화와 풍경화, 그리고 사람들의 소박한 일상을 담은 그림을 많이 그렸는데, '카드 놀이하는 사람들'은 시리즈 중 하나가 경매 최고가를 경신하면서 더욱 유명해졌다.

그랑자트섬의 일요일 오후 습작
Study for 'A Sunday on La Grande Jatte' 1787
조르쥬 쇠라 Georges Seurat

쇠라는 인상주의를 보다 과학적으로 접근하여 무수한 망점들이 모여 화면을 구성하는데 집중하였다. 이처럼 그는 후기 인상주의에 리얼리티적 요소를 가져왔으나 작품의 결과물은 정적이고 따뜻한 느낌을 준다.

❻ 1250~1800년 유럽 회화
European Paintings
똘레도 풍경 View of Toledo 1598~1599
엘 그레코
El Greco, Greek

제단화가로 유명한 엘 그레코가 말년에 그린 유일한 풍경화다. 1561년까지 에스파냐 제국의 수도였던 똘레도의 모습을 독특하게 표현했다.

뮤지션 The Musicians 1595
카라바조 Caravaggio

바로크 미술의 선구자로 알려진 카라바조의 유명한 작품이다. 그는 이 작품 속에서 오른쪽에서 두번째 인물의 모습에 자신의 자화상을 그려 넣은 것으로 알려져 있다.

자화상 Self-portrait 1660
렘브란트 반 레인 Rembrant Van Rijn

끊임없이 새로운 회화 기법을 선보인 렘브란트는 자화상을 많이 남긴 것으로도 유명하다. 이 작품은 그가 말년에 그린 것으로 보다 노련해진 솜씨를 엿볼 수 있다.

젊은 여인의 초상
Portrait of a Young Woman 1665~1667
요하네스 베르메르
Johannes Vermeer

베르메르의 몇 안 되는 초상화 중 하나로, 소녀의 수줍은 미소가 신선하고 귀여운 느낌을 담고 있으며 어두운 배경 속에서 화사하게 빛난다.

소크라테스의 죽음 The Death of Socrates 1787
자끄 루이 다비드 Jacques-Louis David

제자들에게 영혼의 불멸에 대한 마지막 설교를 하고 독배를 마시려는 소크라테스와 이를 비통해하는 제자들의 모습을 묘사한 다비드의 걸작이다.

뉴요커들의 휴식처 **센트럴 파크** Central Park

맨해튼 섬 중앙에 위치한 거대한 공원이다. 5번가와 센트럴 파크 웨스트 Central Park West(8th Ave.) 사이의 59th에서 110th St.까지 이르는 넓은 지역이 모두 공원으로 이루어져 있어 여러 호수와 분수, 동물원, 숲길, 산책로, 언덕길 등 매우 다채로운 풍경을 보여준다. 복잡한 맨해튼의 거리와는 너무나도 상반된

평화로운 분위기로 뉴요커들의 사랑을 받는 곳이다. 곳곳에 운동을 하는 사람들, 산책을 즐기는 사람들, 조용히 책을 읽는 사람들, 잔디밭에 누워 낮잠을 자는 사람들, 호수에서 한가롭게 노를 젓는 사람들, 겨울이면 스케이트를 타는 사람들, 나무 밑에서 데이트를 즐기는 연인들을 볼 수 있다. 특히 여름철이면 크고 작은 공연들이 펼쳐져 보다 풍요로운 여름밤을 만끽할 수 있다.

주소 59th & 110th St.와 Central Park West & 5th Ave.로 둘러싸임 전화 212-794-6564(방문자센터 Dairy Visitor Centre) 가는 방법 지하철 A·B·C 노선이 Central Park West 길을 따라 다수 정차하며, N·R·W 노선을 타고 5th Ave./59th St. 역 하차. 홈페이지 www.centralpark.org

★ **울먼 링크** Wollman Rink　　　**Map P.164-A3**

겨울철에 얼음이 얼어 아이스 링크가 만들어지는 곳이다. 영화에도 자주 등장할 만큼 독특한 분위기를 자랑한다. 여름철에는 녹음이 우거진 풍경이 아름답다. 센트럴 파크 남쪽 입구에서 가까워 가볍게 가보기 좋은 곳이다.

★ 데어리 The Dairy　　　Map P.164-A3

관광안내소 역할을 하는 귀여운 녹색 지붕의 건물이다. 지도나 각종 행사에 대한 정보를 얻을 수 있다. 울먼 링크에서 좀더 안쪽에 위치해 있다.

★ 벨베데레 성 Belvedere Castle　　　Map P.164-A3

센트럴 파크 중앙에 우뚝 솟아있는 중세풍의 작은 성으로 직접 올라가 볼 수 있다. 센트럴 파크가 워낙 크다 보니 공원 전체를 조망할 수는 없지만 주변의 델라코타 극장 등이 보인다.

★ 시프 메도 Sheep Meadow　　　Map P.164-A3

이름에서 느껴지듯이 양들의 목초지처럼 시원하게 펼쳐진 잔디밭이다. 햇빛을 쬐며 휴식을 취하는 사람들과 평화로운 풍경을 볼 수 있다.

★ 동물원 The Zoo　　　Map P.164-A3

애니메이션 〈마다가스카르〉에 등장했던 맨해튼 도심속의 동물원. 규모는 작은 편이지만 많은 사람들이 찾는다. 공원의 남쪽 5번가 근처에 위치해 있다.

★ 그레이트 론 Great Lawn　　　Map P.164-A3

저수지 Reservoir 옆에 위치한 잔디밭이다. 바로 이곳에서 여름철마다 뉴욕 필하모닉과 메트로폴리탄 오페라의 무료 공연이 펼쳐진다.

★ 저수지 Reservoir　　　Map P.164-A2

센트럴 파크에서 가장 큰 저수지로 재클린 오나시스 저수지 Jacqueline Onassis Reservoir라고도 부른다. 구겐하임 미술관 맞은편 입구로 들어가면 아름다운 풍경이 펼쳐진다.

★ 컨서버토리 가든　　　Map P.164-A2
Conservatory Garden

5번가의 북쪽 끝부분인 104th & 105th St.에 위치한 아담한 정원이다. 큰길 바로 옆에 있지만 조용하고 아름다운 공원 속의 공원이다.

어퍼 웨스트 사이드 Upper West Side

업타운의 중심인 센트럴 파크를 기준으로 동쪽이 어퍼 이스트라면 서쪽은 어퍼 웨스트 Upper West Side라 부른다. 고급 주택가와 함께 클래식 문화공간인 링컨 센터, 자연사 박물관, 컬럼비아 대학 등이 자리하고 있다. 어퍼 웨스트의 시작점이자 센트럴 파크의 최남단에는 콜럼버스 서클이 있다.

콜럼버스 서클
Columbus Circle
Map P.164-A3

콜럼버스 서클은 브로드웨이, 8번가, 59th St가 만나는 커다란 로터리다. 중앙에는 크리스토퍼 콜럼버스의 동상이 있고 그 주변으로 분수와 작은 휴식 공간이 있다. 바로 옆에는 센트럴 파크로 들어가는 입구가 있어 공원을 오가는 마차나 페디캡을 탈 수 있다. 콜럼버스 서클 주변은 고급 레스토랑과 고급 호텔, 쇼핑센터 등이 번화가를 형성하고 있으며, 5개의 지하철 노선이 지나기 때문에 항상 사람들로 붐빈다. 지하철역 옆에 세워진 거대한 메탈 지구본은 콜럼버스가 살았던 대항해 시대의 역동성을 느끼게 한다.

가는 방법 지하철 A·B·C·D 노선을 타고 59th St./Columbus Circle역에서 하차.

도이치 뱅크 센터
Deutsche Bank Center
Map P.164-A3

콜럼버스 서클에서 가장 화려하게 빛나는 건물이다. 처음 지어졌을 당시 타임워너 미디어 그룹이 있어서 아직도 타임워터 센터로 불리기도 한다. 두 개의 첨탑처럼 높은 건물은 호텔과 사무실로 쓰이고 있으며 아래에는 상점과 레스토랑들이 들어선 3층짜리 쇼핑몰 The Shops at Columbus Circle이 있다. 지하의 대형 유기농 슈퍼마켓인 홀 푸드 마켓과 1층의 대형 주방용품 전문점 윌리엄 소노마가 유명하며, 그 밖에도 H&M, 룰루레몬 등의 의류 매장과 대형 화장품 매장 세포라가 있다.

주소 10 Columbus Circle 영업 상점 월~토 10:00~20:00, 일 11:00~19:00 가는 방법 지하철 A·B·C·D 노선을 타고 59th St./Columbus Circle역에서 하차. 홈페이지 www.theshopsatcolumbus circle.com

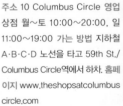

링컨 센터
Lincoln Center
Map P.164-A3

링컨 센터에는 오페라 하우스와 콘서트 홀, 극장 등의 공연예술장이 몰려 있으며, 그 옆으로는 줄리어드 스쿨과 도서관이 있다. 플라자 중앙에 있는 분수를 중심으로 오른쪽 건물이 세계적으로 유명한 뉴욕 필하모닉의 전용 연주장인 데이비드 게펜 홀 David Geffen Hall이다. 왼쪽은 뉴욕 시티극장 New York State Theater으로 뉴욕 시티오페라와 뉴욕 시티발레가 함께 사용한다. 분수 뒤에 있는 건물은 메트로폴리탄 오페라하우스 Metropolitan Opera House로 뉴욕 메트로폴리탄 오페라의 전용 극장임과 동시에 아메리칸 발레극장 American Ballet Theater의 공연장이기도 하다.

이 극장 안에는 샤갈의 그림 〈음악의 원천 The Sources of Music〉과 〈음악의 승리 The Triumph of Music〉가 있는 것으로도 유명하다.

오페라하우스 왼쪽에는 노천극장 Guggenheim Bandshell과 담로슈 공원 Damrosch Park이 있으며, 오페라하우스 오른쪽으로 조금 들어가면 연극 공연장인 비비안 극장 Vivian Beaumont Theater과 미치 뉴하우스 극장 Mitzi E. Newhouse Theater이 있다. 이 극장들과 오페라하우스 사이의 좁은 건물은 공연예술 도서관 Library of the Performing Arts이다. 그리고 65th St. 길을 건너 계단 위로 줄리어드 스쿨 The Juilliard School이 있다.

주소 140 W 65th St. 가는 방법 지하철 1·2 노선을 타고 66th St./Lincoln Center역에서 하차. 홈페이지 www.lincolncenter.org

자연사 박물관
American Museum of Natural History
Map P.164-A3

워싱턴 DC의 스미스소니언과 함께 미국 최고의 자연사 박물관으로 꼽히는 이곳은 자연과 우주, 인류의 문화를 발굴하고 해석해 널리 알린다는 취지로 1869년에 설립되었다. 건물은 당시의 분위기에 맞게 고풍스럽게 지어졌으며 이후로도 증축을 반복해 1976년에는 미국의 국립 사적지로도 지정되었다. 2000년에는 유리로 된 큐브 안에 원형의 건물을 지은 매우 현대적인 외관의 로즈 센터가 들어섰는데, 이 로즈 센터는 보다 발전된 기술로 우주의 미래까지 보여주는 비전을 제시하며 큰 인기를 누리고 있다.

박물관에서 다루는 분야는 인류학, 고고학, 지질학, 광물학, 생물학, 해부학, 천문학에 이르기까지 매우 방대하다. 보유하고 있는 전시품의 수가 3,300만 점에 이르다 보니 그 엄청난 양을 모두 전시할 수 없어 일부만 45개 상설 전시실에 진열하고 나머지는 특별 전시회를 이용하고 있다.

주소 200 Central Park West 운영 매일 10:00~17:30 휴관 추수감사절, 크리스마스 요금 일반 $28, 학생 $22, 3~12세 $16 (스페이스 쇼, 특별 전시 등은 요금 추가) 가는 방법 지하철 A·B·C 노선을 타고 81th St./Museum of Natural History역에서 하차. 홈페이지 www.amnh.org

자연의 역사를 한눈에, **자연사 박물관**

히 그 양과 보존상태가 뛰어난 것으로 알려져 인기 있다.

동물 Animals(1·2·3층)

다양한 동물들이 살았던 시대와 환경을 꾸며 놓고, 그 안에 동물 모형과 박제 등을 전시한다. 1층은 북미 포유류관, 2층은 아프리카·아시아 포유류관, 세계 조류관이 있으며 3층은 아프리카 포유류 일부와 파충류·양서류관, 북미와 뉴욕 조류관, 영장류관이 있다.

센트럴 파크 서쪽의 정문을 통해 들어가면 나오는 루즈벨트 기념관 Theodore Roosevelt Memorial Hall에는 유명한 화석 바로사우루스 Barosaurus가 있다. 초식 동물이라는 게 믿겨지 않을 정도로 거대하다.

지구와 우주 Earth & Space

(지하·1·2·3층)

로비층에는 간단한 우주관 Hall of the Universe이 있으며, 1층에는 지구관 Hall of Planet Earth과 헤이든 천문관 Hayden Planetarium, 2층에는 우주의 탄생을 보여주는 헤이든 빅뱅 극장 Hayden Big Bang Theater이 있다.

환경 Environment(1층)

해양 생물관 Ocean Life의 흰긴수염고래 The Blue whale 모형은 29m에 육박하며, 실제로 잡혔던 가장 거대한 포유류로 알려졌다. 북미 삼림관 North American Forests에서는 1,400년이 된 거대한 세쿼이아 나무가 유명하다. 그 밖에 뉴욕주 환경관과 생물의 다양성관이 있다.

인류의 기원과 문화 Human Origins & Culture

(1·2·3층)

인류의 기원과 진화, 문화에 대해서 지역별·시대별로 전시되어 있다. 태평양관에 있는 이스터 섬의 모아이 석상 Moai Cast이 특히 유명하다.

공룡 Dinosaurs(4층)

척추 동물의 기원에서부터 공룡관과 원시 포유류, 진화 포유류관으로 구성되어 있다. 공룡 화석은 특

세인트 존 디바인 성당
Cathedral of St. John the Divine   Map P.164-A2

웅장한 모습의 성공회 성당이다. 1888년 설계하고 1892년에 짓기 시작하였으나 두 차례의 세계대전과 화재, 재정 문제 등을 겪으며 아직도 미완공 상태다. 현재도 공사 중에 있으나 워낙 규모가 커서 2050년 정도에나 완공될 것으로 예상하고 있다. 웅장하고 아름다운 외관은 처음에 비잔틴 로마네스크 양식으로 디자인했다가 나중에 고딕 리바이벌 양식으로 바뀐 것이다.

계단을 통해 입구로 오르면 거대한 청동문이 있고, 그 주변으로 이 성당의 이름이기도 한 사도 요한 St. John the Divine을 비롯해 여러 조각이 새겨져 있다. 조각들을 자세히 보면 다른 성당들과 달리 색이 입혀진 것들도 있고, 맨해튼의 모습도 새겨져 있다.

주소 1047 Amsterdam Ave.(112th St.) 운영 매일 07:30〜18:00(예배 시 입장 제한), 방문자는 월〜토 09:30〜17:00, 일 12:00〜17:00, 투어는 요일별 프로그램과 스케줄이 다르니 홈페이지 참조 요금 일반 $15 가는 방법 버스 11번 노선을 타고 Amsterdam Ave/ W. 112th St.에서 하차. 홈페이지 www.stjohndivine.org

컬럼비아 대학교
Columbia University   Map P.164-A1

아이비리그에 속하는 미국 최고의 명문 대학 중 하나다. 1754년에 영국의 킹스 칼리지 King's College로 설립되었다가 영국으로부터 독립한 후 1784년에 컬럼비아 칼리지 Columbia College로 개명했으며, 1896년에 종합대학인 컬럼비아 대학교 Columbia University가 되었다. 캠퍼스의 위치도 처음에는 로어 맨해튼에 미드타운으로 옮겼다가 1897년 지금의 업타운에 자리를 잡았다. 뉴욕주에서 가장 오래된 대학으로 미국 최초로 의학박사 학위 수여를 했으며, 100명이 넘는 노벨상 수상자를 배출했다.

캠퍼스 중앙으로 가장 눈에 띄는 돔 천장의 웅장한 건물은 로 기념 도서관 Law Memorial Library이며 학교의 행정본부이자 행사장, 방문자 센터 등이 있다. 올라가는 계단에는 대학의 상징인 알마 마터 Alma Mater 청동상이 있는데, '모교'를 뜻하는 알마 마터의 주인공은 지혜의 여신 미네르바다. 로 기념 도서관과 마주보고 있는 건물은 학생들이 이용하는 중앙 도서관인 버틀러 도서관 Butler Library이다.

주소 2960 Broadway(116th St.) 가는 방법 지하철 1번 노선을 타고 116th St./ Columbia Univ역에서 하차. 홈페이지 www.columbia.edu

리버사이드 교회
Riverside Church
Map P.164-A1

고딕 양식이 인상적인 이 교회는 1930년에 프랑스
의 사르트르 성당을 모델로 해서 지어진 것이다. 웅
장한 외관뿐만 아니라 74개의 종이 달려 있는 세계
에서 가장 큰 편종이 있는 것으로 유명하다. 또한 이
교회는 정치적으로도 큰 의미가 있는데, 과거 마틴
루서 킹 주니어 목사가 연설을 하기도 했으며, 넬슨
만델라, 피델 카스트로, 코피 아난 유엔 사무총장 등
이 연설을 한 바 있다.

건물 입구로 들어서면 안쪽으로 엘리베이터가 보이
는데, 이 엘리베이터로 20층까지 올라가 전망대에
오르면 맨해튼 북쪽의 전경이 한눈에 들어온다. 컬
럼비아 대학의 북쪽 캠퍼스에서도 높이 솟은 교회의
모습을 볼 수 있다.

주소 490 Riverside Dr. 가는 방법 버스 5번 노선을 타고
120th St.에서 하차. 홈페이지 www.trcnyc.org

그랜트 장군 기념비
General Grant National Memorial
Map P.164-A1

컬럼비아 대학교 서쪽 끝으로 길게 자리한 리버사
이드 공원 Riverside Park에는 둥근 돔 지붕이 눈
에 띄는 건물이 있다. 보통 그랜트 장군의 묘 Grant'
s Tomb라 불리는 그랜트 장군의 기념비다. 남북전쟁
의 영웅으로 결국 18대 대통령에까지 당선된 율리시
스 그랜트와 그의 부인이 잠들어 있는 곳으로, 기념
비가 완성된 것은 고인이 잠든 후 75주년이 되던 해

인 1897년이다.

건물의 외관은 수수께끼로 알려진 고대 할리카르나
소스의 묘를 모델로 했다고 하며 내부에 안치된 부
부의 묘는 프랑스 앵발리드에 있는 나폴레옹과 보나
파르트 부부의 묘를 연상시킨다. 건물 안에는 남북
전쟁과 관련한 자료들이 전시되어 있다. 9만 명 이
상의 시민들이 모금에 참여해 지어진 이 웅장한 건
물 중앙에는 'Let US have Peace'라는 글귀가 새겨
져 있다.

주소 W.122nd St & Riverside Dr, New York, NY 10027 운
영 수~일요일 10:00~16:00 휴관 월·화요일, 1/1, 재향군인
의 날, 추수감사절, 크리스마스 요금 무료 가는 방법 버스 5
번 노선을 타고 122nd St.에서 하차하면 나무들 사이로 기념
비가 보인다. 홈페이지 www.grantstomb.org

클로이스터스
Cloisters
Map P.164-A1

맨해튼의 북쪽 끝자락에 위치한 클로이스터스는 멀
리 떨어져 있는 탓에 많은 관광객들이 지나치기 쉽
지만 조용한 아름다움을 간직한 명소다. 클로이스터
cloister란 원래 수도원 안뜰의 회랑을 뜻하는 말이
다. 중세 수도원 건물을 본떠 지어진 이 건물에는 쿼
사 클로이스터 Cuxa Cloisters, 트리 클로이스터 Tri
Cloisters, 본퐁 클로이스터 Bonnefont Cloisters, 이
렇게 세 개의 클로이스터가 있다.

유명한 조각가 로댕의 제자였던 조지 그레이 바너드
는 1914년 프랑스의 수도원들을 돌면서 사들인 수도
원 일부분과 조각들을 미국으로 옮겨와 맨해튼에 재
조립했다. 1925년 록펠러는 이 건물을 사들여 메트
로폴리탄 박물관에 기증하였으며 주변의 땅까지 모

두 사들여 공원으로 조성하고 뉴욕 시에 기증했다. 1927년 메트로폴리탄 박물관은 신고전주의 건축가들을 동원해 이 건물을 재조합하고 증개축하여 중세 교회 모습을 재현했으며 소장품들도 계속 늘려 현재의 모습을 갖췄다.

유명한 작품으로는 16세기 브뤼셀에서 만들어진 7점의 태피스트리 '유니콘의 사냥 The Hunt of the Unicorn'과 15세기 네덜란드의 화가 로베르트 캉팽의 '세 폭의 수태고지 제단화 Triptych with the Annunciation', 그리고 지하 보물실에 전시된 로마네스크 제단 십자가 'Cloisters Cross', 'Bury Cross' 등이 있다. 또한 언덕 위에 지어진 클로이스터스는 멋진 풍경을 자랑하는데, 특히 본퐁 클로이스터 테라스에서는 주변을 둘러싸고 있는 포트 트라이언 파크 Fort Tryon Park와 함께 멀리 허드슨 강이 내려다보인다.

주소 99 Margaret Corbin Dr. Fort Tryon Park 운영 목~화 10:00~17:00 휴관 수요일, 1월 1일, 추수감사절, 크리스마스 요금 $30(학생 $17), 같은 날 메트로폴리탄 박물관 포함 가는 방법 버스 M4 종점인 Fort Tryon Park – The Cloisters 에서 하차. 홈페이지 www.metmuseum.org/cloisters

포트 트라이언 파크
Fort Tryon Park

맨해튼 북쪽 끝의 아름다운 수도원 클로이스터스가 둥지를 틀고 있는 공원이다. 동서로는 허드슨 강변인 리버사이드 드라이브 Riverside Dr.에서부터 브로드웨이 Broadway까지, 남북으로 W 192nd St.에서부터 다이크만 거리 Dyckman St.까지 이어진 넓은 공원으로 평화로운 시민들의 휴식처이자 역사적으로도 중요한 지역이다.

높은 암반지대로 이루어진 이곳은 1776년 11월 16일, 독립전쟁 중에 600여 명의 미군들이 4,000여 명의 영국군 용병들과 맞서 싸웠던 장소로, 전쟁에서 승리한 영국은 당시 뉴욕 식민지의 행정관이었던 윌리엄 트라이언 경의 이름을 따 '트라이언 요새 Fort Tryon'로 명명했다.

이후 여러 부호들의 소유를 거쳐 1917년 록펠러의 소유가 되었으며 1935년 록펠러는 이곳에 공원을 조성하여 뉴욕 시에 기증했다. 한때 우범지대가 되기도 했으나 1995년 '뉴욕 복원 프로젝트 New York Restoration Project'에 의해 현재의 아름답고 깨끗한 모습으로 돌아왔다. 울창한 숲과 오솔길, 허드슨 강과 할렘 강의 풍경, 그리고 맨해튼의 북쪽 지역이 내려다보여 조용한 휴식과 함께 아름다운 풍경을 즐길 수 있는 곳이다.

주소 Margaret Corbin Dr. 가는 방법 ①지하철 A노선을 타고 190th St.역 하차 ②버스 4·98번 노선을 타고 Fort Tryon Park에서 하차. 홈페이지 www.nycgovparks.org/parks/forttryonpark

뉴욕 먹거리의 특징은 놀라울 정도의 다양성이다. 전 세계 각지의 식문화를 접해볼 수 있는 뉴욕에서만큼은 평범한 패스트푸드나 한국 음식을 잠시 접어두고 한국에서 찾아보기 힘든 음식들을 꼭 먹어보길 권한다. 타임스 스퀘어 주변에는 관광객들이 즐겨 찾는 유명 체인점이나 패밀리 레스토랑이 많고 미드타운 곳곳에는 비즈니스맨들이 이용하는 간단한 델리나 고급 레스토랑이 많다. 소호와 빌리지 쪽으로는 작고 평범해 보이지만 오래된 현지 맛집들이 많다.

소호·놀리타·로어 이스트 SOHO & Nolita & Lower East Side

쇼핑과 문화 생활을 즐기기 위해 모여드는 사람들로 인해 먹거리도 다양하다. 오래된 지역이라 그리 깨끗진 않지만 곳곳에 현대식 레스토랑도 있으며, 가격대가 저렴한 곳에서부터 고급 레스토랑까지 선택의 폭이 넓다.

에그 숍
Egg Shop

$$

Map P.141-C3

식당 이름에서 알 수 있듯이 계란을 주재료로 하는 이 지역의 인기 브런치 식당이다. 에그 베네딕트가 가장 인기 메뉴고, 그 외에 계란이 들어간 각종 샐러드와 샌드위치가 있다. 건강하고 신선한 식재료를 사용한 메뉴들을 다양하게 선보이는 것도 이곳의 인기 비결이다. 지하철역에서 가까워 찾아가기 편리한 것도 장점이다. 아침 식사와 브런치, 점심 메뉴만 있고 저녁에는 영업하지 않는다.

주소 151 Elizabeth St, New York, NY 10012 영업 월~금 08:30~15:00 토·일 08:30~16:00 홈페이지 www.eggshopnyc.com

러스 앤 도터스 카페
Russ & Daughters Café

$$$

Map P.141-C3

로어 이스트의 허름한 가게에서 100년이 넘게 베이글만으로 명성을 다져온 '러스 앤 도터스'가 2014년에 100주년 기념으로 새롭게 문을 연 곳이다. 깔끔한 인테리어 덕분에 항상 많은 사람들이 찾는 곳이다. 가장 유명한 메뉴는 '클래식 The Classic'으로 보드 위에 훈제 연어, 크림치즈, 토마토, 양파, 케이퍼가 베이글과 함께 나온다.

주소 127 Orchard St, New York, NY 10002 영업 월~목 08:30~14:30, 금~일 08:30~15:30 홈페이지 www.russanddaughters.com

롬바르디즈 $$
Lombardi's Map P.141-C3

허름한 골목길 안쪽으로 컬러풀한 모나리자 벽화가 그려져 있는 피자집이다. 100년이 넘는 역사를 자랑하는 유명한 피자 전문점으로 도우가 얇고 바삭하면서 고소한 맛이 특히 일품이다. 찾아가기 편리한 위치는 아니지만 항상 찾는 손님들이 많아 줄을 설 정도다. 주소 32 Spring St.(Mott & Mulberry St.사이) 영업 일~목 12:00~22:00, 금·토 12:00~24:00 홈페이지 www. firstpizza.com

마망
Maman Map P.141-C3

소호에서 작은 카페와 베이커리로 시작해 이제는 캐나다까지 진출한 인기 카페다. 프랑스어로 엄마를 뜻하는 마망은 엄마 음식 같은 소박하면서도 건강한 메뉴와 남프랑스 분위기의 화이트와 블루, 나무로 된 인테리어가 아늑한 느낌을 준다. 커피, 쿠키, 브런치 메뉴 모두 인기다. 주소 239 Centre St. 영업 월~금 07:30~18:00, 토·일 08:00~18:00 홈페이지 http://mamannyc.com

일 코랄로 트라토리아 $$
Il Corallo Trattoria Map P.140-B2

소호 거리에 있는 이름난 이탈리안 레스토랑이다. 정통 이탈리안 스타일의 파스타를 선보이는 걸로 특히 유명한데, 대부분의 파스타 메뉴와 샐러드가 맛있고 양도 많은 편이라 호평을 받고 있다. 작고 평범한 분위기에 자리도 비좁지만 항상 손님들로 붐빈다. 런치 메뉴를 이용하면 보다 저렴하게 즐길 수 있다. 주소 176 Prince St.(Sullivan & Thompson St. 사이) New York, NY 10012 영업 일~목 12:00~21:00, 금·토 12:00~22:00 홈페이지 www.ilcorallotrattoria.com

도미니크 앙셀 베이커리 $$
Dominique Ansel Bakery Map P.140-B3

크루아상과 도넛을 합친 '크로넛 Cronut'을 최초로 선보여 돌풍을 일으켰던 바로 그곳이다. 이제는 한국에서도 비슷한 맛을 볼 수 있지만 이곳의 원조 크로넛은 역시 다르다. 레몬 크림을 얹어 생각보다 단맛이 적은 편이며, 프로즌 스모어 등 끊임없이 개발해 내는 맛있는 디저트들이 가득해 긴 줄을 감수하고도 찾게 되는 곳이다. 주소 189 Spring St, New York, NY 10012 영업 매일 08:00~19:00 홈페이지 www.dominiqueanselny.com

빌리지·첼시 Village & Chelsea

그리니치 빌리지는 아기자기한 맛집이 많고 이스트 빌리지는 다양한 이민자들의 에스닉 푸드가 많은 곳이다. 첼시는 유명한 첼시 마켓에 가성비 맛집들이 모여 있어 항상 사람들로 북적인다.

타르틴
Tartine
Map P.140-A2

빌리지의 인기 브런치 맛집이다. 작은 식당이라 테이블이 많지 않은데 예약을 받지 않아 주말이면 항상 줄이 서 있다. 에그 베네딕트가 가장 인기이며 사이드로 감자나 샐러드를 선택할 수 있다. 맨해튼 맛집들에 비해 가성비도 좋은 편이다.

주소 253 W. 11th St. 영업 월~금 11:00~16:00, 17:30~22:30, 토 10:00~16:00, 17:00~22:30, 일 10:00~16:00, 17:30~22:00 홈페이지 http://tartine.nyc

존스 오브 블리커
John's of Bleecker St.
$$

Map P.140-B2

전통 방식의 화덕 오븐을 이용해 즉석에서 구워 내는 얇고 바삭한 피자가 유명하다. 주문자가 취향껏 원하는 토핑을 추가할 수 있어 반응이 좋다. 1929년에 처음 문을 연 오래된 가게라 건물이나 내부가 낡은 편이지만 가끔 유명 연예인들도 드나들 만큼 맨해튼의 소문난 맛집으로 통한다. 예전 상호는 '존스 피자리아'였는데, 그 명성을 이용하기 위해 비슷한 이름을 짓는 가게들이 생겨나자 가게 주소지인 블리커 스트리트를 넣은 지금의 상

호로 바꿨다. 참고로 예약은 받지 않는다.

주소 278 Bleecker St.(6th & 7th Ave.사이) New York, NY 10014 영업 일~목 11:30~22:00, 금·토 11:30~23:00(공휴일은 변경) 홈페이지 www.johnsof bleecker.com

밥보
Babbo
$$$

Map P.140-B2

스타 셰프인 마리오 바탈리와 조셉 바스티아니가 1998년에 오픈한 레스토랑으로, 미식가들로부터 해마다 최고의 요리로 찬사를 받는 미슐랭 맛집이기도 하다. 그 유명세에 비해서는 위치나 분위기가 평범한 편이지만 드레스코드가 까다롭지 않아 여행자들도 부담없이 방문하기 좋다. 정통 이탈리안 요리를 선보이며, 파스타 메뉴도 맛있지만 인기 있는 테이스팅 메뉴가 특히 훌륭하다.

주소 110 Waverly Pl.(MacDougal St. & 6th Ave.사이) 영업 일~화 16:30~21:00, 수·목 16:30~22:00, 금·토 16:30~22:30 홈페이지 www.babbonyc. com

이푸도 뉴욕
Ippudo NY
$$
Map P.141-C2

이푸도는 일본의 유명
한 라멘 체인점으로 과
거 우리나라에도 입점한
적이 있었다. 뉴욕의 이푸도
는 일본 정통 라멘과는 많이 다르지만 나름의 퓨전
스타일로 인기를 누리고 있다. 맨해튼에 지점이 세
곳 있으나 맛이 일정하지는 않은 편이다. 타임스 스
퀘어점이 돈코츠 라멘으로 유명하다면 빌리지점은
퓨전 스타일의 사이드 메뉴가 인기다. 매장 분위기
도 라멘집과는 거리가 먼 어두운 오픈 바에 가까워
서 식사보다는 맥주가 어울리는 공간이다.
주소 65 4th Ave, New York, NY 10003 영업 월~수
10:30~23:00, 목·금 10:30~24:00, 토 11:00~24:00, 일
11:00~23:00 홈페이지 www.ippudous.com

첼시 마켓
Chelsea Market
$$
Map P.140-A1

첼시 남쪽의 창고를 개조해 만든 첼시 마켓은 뉴요
커와 관광객들에게 매우 인기 있는 곳으로 식재료
마켓과 잡화 마켓, 그리고 크고 작은 상점과 식당들
이 가득 모여 있다. 식사 시간대는 물론이고 항상 많
은 사람으로 북적여 활기찬 분위기를 느낄 수 있다.
주소 75 9th Ave. 영업 매일 07:00~22:00
(매장마다 조금씩 다르며 상점은
더 일찍 닫는다) 홈페이지 www.
chelseamarket.com

★ 랍스터 플레이스 Lobster Place

싱싱한 해산물로 인기 있
는 이곳은 랍스타를 비롯
해 굴, 새우 등 다양한 해
산물을 즐길 수 있다.
홈페이지 www.lobsterplace.
com

★ 로스 타코스 넘버원 Los Tacos No.1

맨해튼 곳곳에 매장이 있
는 인기 타코집으로 첼시
마켓에서도 항상 북적이
는 곳이다.
홈페이지 www.lostacos1.
com

★ 에이미스 브레드 Amy's Bread

빌리지에서 오랫동안 인
기를 누려온 베이커리로
이곳에도 매장이 있다.
홈페이지 www.amysbread.
com

미드타운 Midtown

인근의 직장인뿐 아니라 관광객들도 많이 찾는 미드타운은 먹거리가 다양하다. 타임스 스퀘어 쪽에는 유명한 체인 레스토랑이나 패밀리 레스토랑이 즐비하고, 비즈니스 지구인 렉싱턴과 3번가에는 간편한 끼니용 델리부터 물론 고급 레스토랑까지 다양하다.

킨스 스테이크하우스
Keens Steakhouse

$$$

Map P.147-C2

뉴욕의 3대 스테이크하우스로 꼽히는 이곳은 미드타운 중심부에 자리해 찾아가기도 좋다. 고기 본연의 맛을 살려 요리하기 때문에 간이 세지 않은 편이다. 추천 메뉴인 양고기 스테이크는 입에서 사르르 녹는다고 표현할 정도의 부드러운 육질을 자랑한다. 매장은 어둡고 고풍스러

운 분위기의 전형적인 스테이크하우스 인테리어를 하고 있다. 예약 후 방문하는 걸 권장한다.

주소 72 W 36th St, New York, NY 10018 전화 212-947-3636 영업 월~금 11:45~22:30, 토 17:00~22:30, 일 17:00~21:30 홈페이지 www.keens.com

장 조지
Jean-Georges

$$$

Map P.146-B1

미식의 도시 뉴욕에서 파인 다이닝을 한 번쯤 즐겨보고 싶다면 추천할 만한 레스토랑이다. 해마다 미슐랭 스타 2~3개를 유지해 검증된 곳임은 물론이고, 찾아가기도 쉽다. 런치 메뉴를 이용하면 다른 고급 레스토랑에 비해 가격도 합리적이다. 어느 정도의 드레스 코드는 있지만 분위기가 무겁지 않아

여행자들에게도 부담이 없다. 항상 찾는 사람들이 많기 때문에 예약은 일찍 해두는 것이 좋다.

주소 1 Central Park West, New York, NY 10023 영업 화~토 16:45~21:30 홈페이지 www.jean-georgesrestaurant.com

울프강 스테이크하우스
Wolfgang's Steakhouse

$$

Map P.146-B2

피터 루거의 수석 웨이터로 40년의 경력을 쌓아온 울프강 츠비너의 스테이크하우스로 2004년에 파크 에비뉴에 처음 문을 열어 성공하면서 현재 서울을 포함해 열 곳이 넘는 지점을 가지고 있다. 특히 맨해튼에 지점이 많은데 뉴욕 타임즈 건물 안에 자리한 타임스퀘어점은 고급스러우면서도 현대적인 인테리어가 돋보인다.

주소 250 W 41st St, New York, NY 10036 영업 월~목 12:00~21:45, 금·토 12:00~22:15, 일 12:00~21:00 홈페이지 wolfgangssteakhouse.net

베코
Becco
$$

Map P.146-B2

타임스 스퀘어 주변에 자리한 이탈리안 레스토랑이
다. 매장 내부는 넉넉한 공간에 테이블이 많은 편이
다. 룸 형태로 분리된 좌석도 있는데 룸마다 인테리
어가 조금씩 다르고 아늑하게 꾸며져 있다. 메뉴는
단품도 있지만 무제한 이용을 선택하면 빵과 샐러
드, 다양한 파스타를 푸짐하게 즐길 수 있다.

주소 355 W 46th St, New York, NY 10036 영업 매일 조금
씩 다르지만 보통 12:00~14:30, 16:30~22:00 월요일 휴무
홈페이지 www.becco-nyc.com

하바나 센트럴
Havana Central
$$

Map P.146-B2

어디에서나 흔히 볼 수 있는 체인 레스토랑이 아닌,
타임스 스퀘어의 특별한 먹거리를 찾는다면 이 쿠
바 음식점을 주목하자. 우
리나라에서는 맛보
기 어려운 여러 가
지 쿠바 음식들이
있어 색다른 경험
이 된다. 여기에 시

원한 라임 칵테일인 모히토를 함께 곁들이면 금상첨
화다. 해피아워에 가면 보다 저렴하게 타파스와 맥
주를 즐길 수 있다.

주소 151 W. 46th St.(6th & 7th Ave.사이) New York, NY
10036 영업 월~목 11:30~22:00, 금·토 11:30~23:00, 일
11:30~22:30 홈페이지 www.havanacentral.com

쉐이크쉑
Shake Shack
$$

Map P.147-C3

2004년 메디슨 스퀘어 공원에 처음 문을 열어 '쉑쉑
버거'라는 애칭으로 선풍적인 인기를 끌었던 버거
전문점이다. 현재 뉴욕 전역은 물론 서울을 비롯한
전 세계에 200여 개 지점이 생겨났다. 새로 오픈한
지점들은 인테리어가 세련되고 깔끔하지만 본점인
이곳은 간이매점 같은 분위기다. 혹한기에는 방문객
이 적어 매장이 다소 썰렁하거나 문을 닫기도 하지
만, 여름에는 공원의 노천 테이블을 이용하기 위해
찾는 손님들이 많다.

주소 1호점 메디슨 스퀘어 공원 안(Madison Ave.와 E.23rd
St. 부근) 영업 매일 10:30~22:00 (겨울이나 악천후 시 단축
영업) 홈페이지 www.shakeshack.com

뉴욕의 먹거리 고민을 해결해주는 **푸드코트** Food Court

먹거리의 천국 뉴욕에서는 오히려 선택지가 너무 많아 무엇을 먹어야 할지 고민에 빠지기 쉽다. 수많은 맛집 정보 속에서 고르는 것도 일이지만, 정작 여행 중 시간에 쫓기면 음식 모험을 하기가 부담스러울 때도 있다. 이때 합리적인 대안이 푸드코트다. 맨해튼 안에 여러 푸드 코트가 있으니, 일부러 찾아가기보다는 동선에 맞는 곳에 들러보자. 점심시간에는 매우 붐비며, 영업시간은 식당마다 조금씩 다르고 공휴일에 달라질 수 있다.

타임 아웃 마켓
Time Out Market

브루클린 덤보의 인기 스폿이다. 20여 개의 검증된 맛집들이 모여 있어 항상 사람들로 붐비는 곳이다. 1층도 규모가 큰 편이지만 특히 3층에 시원한 루프탑이 있어 이스트강과 맨해튼의 풍경을 즐길 수 있다.

주소 53~83 Water St. Brooklyn 영업 매장마다 조금 다르지만 보통 08:00~22:00 홈페이지 https://empirestoresdumbo.com

허드슨 잇츠
Hudson Eats   Map P.132-A2

9.11 테러로 피해를 입었던 월드 파이낸스 빌딩이 공사를 마치고 새로 오픈한 곳. 고급 버전의 푸드코트로 허드슨강 변의 평화로운 풍경을 즐길 수 있다.

주소 Brookfield Place, 230 Vesey St. New York, NY 10282 영업 월~토 10:00~20:00, 일 12:00~18:00 홈페이지 http://bfplny.com/food

이탈리
Eataly   Map P.147-C3

국내에도 입점한 이탈리아 체인점으로, 대형 이탈리아 식료품점과 함께 이탈리아 음식을 전문으로 하는 캐주얼 식당과 바, 푸드코트가 모여 있다. 맛있는 화덕 피자뿐만 아니라 와인, 베이커리, 디저트 등 다양한 먹거리가 있다. 미드타운의 플랫아이언 빌딩 바로 옆에, 그리고 다운타운의 원 월드 바로 옆에 지점이 있다. 다운타운점은 창가에 앉으면 창밖으로 원 월드 트레이드 센터가 보여서 더욱 분위기가 좋다. 소호에도 지점이 있다.

주소 **로어 맨해튼** 4 World Trade Center, 101 Liberty St. **미드타운** 200 Fifth Ave. 영업 07:00~23:00 홈페이지 www.eataly.com

미드타운점

다운타운점

그랜드 센트럴 다이닝 콩코스
Grand Central Dining Concourse
Map P.147-C2

그랜드 센트럴역 지하 층에 자리한 푸드코트다. 가장 인기가 좋은 쉐이크쉑 버거를 비롯해 다양한 식사 메뉴를 이용할 수 있다.

주소 89 E 42nd St. 영업 매장마다 상이함 홈페이지 www.grandcentralterminal.com

고담 웨스트 마켓
Gotham West Market
Map P.146-A2

타임스 스퀘어 부근의 헬스 키친에 자리한 푸드코트다. 규모가 작고 접근성이 다소 안 좋은 것이 아쉽지만 서클라인 크루즈를 이용한다면 주변에 마땅한 식당이 없어 대안이 될 수 있다.

주소 600 11th Ave. 영업 매일 11:00~22:00 홈페이지 www.gothamwestmarket.com

푸드 갤러리 32
Food Gallery 32
Map P.147-C3

코리아타운에 위치한 푸드코트로, 공간이 좁고 시설은 낙후되었지만 저렴한 가격에 한국 음식을 먹을 수 있다.

주소 11 W 32nd St, New York, NY 10001 영업 매일 11:00~23:00 홈페이지 www.foodgallery32nyc.com

얼반스페이스 밴더빌트
Urbanspace Vanderbilt
Map P.147-C2

그랜드 센트럴역 바로 뒤쪽에 위치해 접근성이 좋다. 20여 개의 개성 있는 뉴욕 음식점들이 입점해 있는 다

소 작은 규모의 푸드코트다. 점심 시간에는 인근의 직장인들도 즐겨 이용하는 곳이다.

주소 E 45th & Vanderbilt Ave, New York, NY 10169 영업 월~금 07:00~21:00, 토 07:00~18:00 홈페이지 www.urbanspacenyc.com

미국 최고의 커피 in 뉴욕

미국 땅을 밟았으니 오리지널 스타벅스 커피를 기대하는 사람도 있다. 사실 한국보다 더 진하면서 저렴하게 즐길 수 있는 스타벅스도 꽤 괜찮지만, 적어도 뉴욕에서만큼은 한국에서 찾기 힘든 품질 좋은 커피를 권한다. 커피 순례가 가능할 정도로 미국 최고의 커피전문점 다수가 뉴욕에 모여 있다.

인텔리겐차 커피
Intelligentsia Coffee   Map P.140-A1

시카고에서 날아온 유명한 커피점으로 각종 바리스타 대회를 휩쓸며 급성장했다. JAB에 인수되어 포틀랜드의 명물 커피 스텀프타운과 한 식구가 되었다.

홈페이지 www.intelligentsia.com

블루 보틀 커피
Blue Bottle coffee

샌프란시스코에서 탄생해 최고의 커피를 고집해온 블루 보틀은 심플한 로고와 정성스러운 핸드드립으로 세계적인 인기를 끌고 있다.

홈페이지 https://bluebottlecoffee.com

카페 그럼피
Café Grumpy

브루클린에서 탄생해 뉴욕은 물론 마이애미까지 지점이 생겼다. 상호와 어울리는 그럼피 Grumpy한 표정의 로고가 재미있다. 콜드브루와 라떼가 특히 유명하다.

홈페이지 https://cafegrumpy.com

조 커피
Joe Coffee   Map P.146-A3

맨해튼 토박이 커피로 웨스트 빌리지에 처음 문을 열었다. 공정무역을 통해 질 좋은 원두를 고수해 왔으며 역사가 길지는 않지만 매니아층이 탄탄하다.

홈페이지 https://joecoffeecompany.com

버치 커피
Birch Coffee
Map P.146-B1

뉴욕 최고의 커피 리스트에 종종 오르는 버치 커피는 롱아일랜드시티에서 로스팅한 신선한 원두를 사용한다. 콜드브루와 라떼가 유명하다.

블루스톤 레인
Bluestone Lane
Map P.146-B2

호주의 핫한 도시 멜버른의 커피 문화에 영감을 받아 탄생한 커피점이다. 세련된 로고와 깔끔한 스낵 메뉴까지 더해져 지점이 늘어가고 있다. 영국식 진한 라떼인 플랫 화이트가 인기다.

홈페이지 https://bluestonelane.com

스텀프타운 커피
Stumptown Coffee
Map P.147-C3

킨포크의 도시 포틀랜드에서 탄생한 유기농 커피로 뉴욕에 세 곳의 지점이 있지만 에이스 호텔에 자리한 지점이 특히 인기다. 커피숍 자체는 공간이 협소하지만 바로 옆 작은 문을 통해 에이스 호텔로 들어가면 어둑한 분위기의 호텔 로비에 푹신한 소파가 있다.

홈페이지 www.stumptowncoffee.com

라 콜롬브
La Colombe
Map P.146-B2

필라델피아에서 탄생해 레오나르도 디카프리오의 투자로 더욱 유명해진 이곳은 서울에도 매장이 두 개나 있다. 실버톤 등 독특한 드립커피가 인기이며 콜롬브(비둘기) 모양의 클래식한 찻잔도 인기다.

홈페이지 www.lacolombe.com

맨해튼의 루프탑 바 Top 3

맨해튼의 매력을 가장 잘 느낄 수 있는 장소는 단연 루프탑 바가 아닐까? 하루의 일정을 마치고 루프탑 바에 앉아 즐기는 시원한 맥주나 와인은 여행의 묘미를 한층 더해준다. 해가 질 무렵 빌딩마다 하나 둘 불이 켜지며 더욱 화려해지는 맨해튼의 야경을 바라보는 것만으로도 행복하다. 맨해튼의 수많은 루프탑 바 중에서 위치가 편리하면서도 전망이 뛰어난 세 곳을 추천한다.

★ 르 뱅 Le Bain

미트패킹 지역에서 가장 눈에 띄는 건물인 스탠다드 호텔 꼭대기 층에 있다. 월풀 욕조까지 갖춘 실내 바는 왠지 끈적한 분위기가 흐르고, 옥상으로 올라가면 바람을 맞으며 시원하게 펼쳐지는 풍경을 감상할 수 있다. 허드슨 강변의 모습과 함께 뉴욕 최고층 건물인 원 월드 트레이드 센터가 한눈에 들어온다.

주소 848 Washington St. New York, NY 10014 영업 수·목 22:00~04:00, 금 16:00~04:00, 토 14:00~04:00, 일 14:00~24:00 영업 홈페이지 www.lebainnewyork.com

★ 더 스카이락 The Skylark

타임스 스퀘어와 가까워 접근성이 좋다. 미드타운 한복판에 자리한 이곳은 입구는 평범하지만 고층 건물들이 가까이 보인다. 인기 있는 루프탑 바가 다 그렇듯이 항상 붐비는 곳이므로 평일 이른 저녁에 가는 것이 좋다.

주소 200 W 39th St. New York, NY 10018 영업 월~금 17:00~, 토·일 행사 대여만 홈페이지 www.theskylarknyc.com

★ 230 핍스 루프탑 바 230 Fifth Rooftop Bar

20층

오래 전부터 루프탑 바의 자리를 지켜오고 있는 이곳은 미드타운 중심에 자리해 엠파이어 스테이트 빌딩을 정면으로 볼 수 있는 곳이다. 실내 층은 어둡고 차분한 편이고 옥상은 보다 캐주얼한 분위기다.

주소 230 5th Ave. New York, NY 10001 영업 월~목 16:00~24:00, 금 16:00~03:00, 토 11:30~04:00, 일 11:30~24:00 홈페이지 www.230-fifth.com

※금·토 밤에는 드레스코드가 엄격해 찢어진 청바지, 티셔츠, 요가복 등은 안 된다.

루프탑

Shopping

쇼핑의 천국으로 불리는 뉴욕에는 지역별로 다양한 스타일의 쇼핑가가 있다. 명품 쇼핑이라면 매디슨가, 명품 및 다양한 브랜드숍이 밀집한 곳은 5번가, 명품과 부티크, 개성있는 상점들은 소호와 놀리타가 유명하다. 기념품이라면 타임스 스퀘어 주변에 많고 저렴한 보세 브랜드라면 빌리지 주변에 많다. 아웃렛도 여러 곳이 있지만 근교로 나가면 대형 아웃렛 타운인 프리미엄 아웃렛이 있다.

5번가
5th Avenue
Map P.147-C1·C2

맨해튼의 가장 번화한 쇼핑가다. 42nd St.에서 시작해 센트럴 파크와 만나는 58th St.에 이르기까지 5th Ave.에는 티파니, 구찌, 루이비통, 불가리, 펜디, 프라다 등 최고급 명품과 함께 갭, 바나나 리퍼블릭, H&M, 아베크롬비, 베네통 등 대중적인 브랜드가 나란히 입점해 있다.

중간에 위치한 세인트 패트릭 성당에서 잠시 휴식을 취하며 쇼핑에 지친 피로를 풀어보는 것도 좋다. 버그도프굿맨과 삭스 피프스 애비뉴 백화점도 있다.

가는 방법 지하철 E·M 노선을 타고 5th Ave./153St.역 하차.

헤럴드 스퀘어
Herald Square
Map P.146-B3

가장 대중적인 쇼핑가다. 미드타운의 한복판에 위치한 헤럴드 스퀘어는 6번가와 브로드웨이가 만나는 교차점으로 주말이면 엄청난 인파로 북적인다. 브로드웨이를 끼고 메이시즈 백화점이 있으며 6번가와 만나면서 각종 상점과 맨해튼 몰이 이어진다. 6번가와 브로드웨이가 만나는 34th St.쪽으로도 상점들이

늘어서 있다. H&M, 갭, 포에버 21, 자라, 바나나 리퍼블릭, 망고, 익스프레스 등 대중적인 숍이 주를 이룬다. 메이시즈 백화점 역시 뉴욕에서 가장 규모 있고 대중적인 백화점이다.

가는 방법 지하철 B·D·F·M·N·Q·R 노선을 타고 34St./Herald Square역 하차.

타임스 스퀘어
Times Square
Map P.146-B2

타임스 스퀘어는 뉴요커보다는 관광객의 쇼핑가다. 뉴욕을 기념하기 위한 티셔츠나 볼펜, 머그컵, 가방, 열쇠고리, 자석, 인형 등을 판매하는 각종 기념품 가게와 함께 NBA 스토어, 디즈니 스토어, 허쉬 초콜릿 대형매장 등의 상점들로 가득하다. 이 부근은 식당들도 플래닛 할리우드, 하드록 카페, 마스 등 대중적이고 상업적인 패밀리 레스토랑이 많다.

가는 방법 지하철 1·2·3·7·N·Q·R·S 노선을 타고 Times Square역 하차.

유니언 스퀘어
Union Sqaure

Map P.141-C1

학생들이 즐겨 찾는 쇼핑가다. 뉴욕대학교와 파슨스 디자인 학교, 프랫 등이 인접해 있어서 유난히 학생들이 눈에 띄며 대형 서점, 문구점, 중고책방, 생활용품점, 중저가의 영캐주얼 의류, 스포츠용품점, 신발 가게, 아웃렛, 합리적인 가격의 식당들이 많다. 수요일과 토요일에는 그린 마켓이 들어서 각종 채소와 과일, 치즈, 화초 등을 판다.

가는 방법 지하철 4·5·6·L·N·Q·R 노선을 타고 Union Square역 하차.

소호
Soho

Map P.140-B3

소호는 예전에 예술가들이 모여 살았던 곳이지만 시간이 지나면서 고급 갤러리들이 하나 둘 들어서더니 이제는 완전히 고급 부티크와 갤러리, 명품 브랜드숍, 그리고 블루밍데일즈 백화점이 입점해 있다. 같은 명품매장이라고 해도 소호와 5번가는 분위기가 다르다. 소호는 화장실 찾기도 만만치 않고 좁은 길가에 빼곡히 주차된 차들로 인해 다니기 불편하다. 하지만 아기자기한 카페와 갤러리들, 재미난 가게들, 특히 개성 넘치는 디자이너 숍이나 셀렉트 숍이 많아 쇼핑 마니아들을 끌어모으고 있다.

가는 방법 지하철 N·R 노선을 타고 Prince St.역 하차.

놀리타
Nolita

Map P.141-C3

놀리타란 'North of Little Italy'를 줄인 말로, 리틀 이탈리아 북쪽 지역을 말한다. 위치상으로 소호의 동쪽이자 빌리지의 남쪽으로, 과거엔 낡은 주택가에 불과했지만 최근 소호에서 빠져나온 독립 브랜드숍들이 하나 둘 들어서면서 첨단 유행을 이끌어 나가는 젊은 디자이너숍, 인테리어 소품숍, 개성 있는 액세서리숍 등으로 인기를 끌고 있다. 동네 분위기는 전체적으로 낡고 지저분해 실망스럽겠지만 구석구석에 자리한 특이한 가게들을 천천히 구경하다 보면 왜 이곳이 뉴욕의 새로운 패션 아이콘으로 등장했는지 알 수 있을 것이다. 빈티지 스타일과 개성 넘치는 셀렉트 숍이 많다.

가는 방법 지하철 6번 노선을 타고 Spring St.역 하차.

윌리엄스버그
Williamsburg

브루클린에서 가장 유명한 지역으로 배드포드 애비뉴 Bedford Ave.와 위드 애비뉴 Wythe Ave.를 중심으로 수많은 상점과 카페, 식당들이 모여 있다. 같은 브랜드 매장이라도 맨해튼보다 넓은 편이며 셀렉션도 조금 다르다. 특히 빈티지숍이 많아서 구경하는 재미가 있다. 최근에는 임대료가 너무 올라서 대형 빈티지숍은 부쉬윅 Bushwick으로 가야 하지만 작고 깔끔한 빈티지숍은 아직 많이 남아있다.

가는 방법 지하철 L 노선 Bedford Av.역 하차.

WTC 주변

다운타운을 대표하는 쇼핑지역으로 크게 두 개의 쇼핑센터가 있는데 서로 지하로 연결되어 있다.

가는 방법 지하철 1번 WTC Cortlandt역, E 노선 World Trade Center역, N·R·W 노선 Cortlandt St역 하차

★ 웨스트필드 월드 트레이드 센터
Westfield World Trade Center   Map P.132-A2

9/11 테러로 무너진 세계무역센터 건물 자리에 오픈한 쇼핑몰로 여러 상점과 간단한 패스트푸드점, 레스토랑, 카페들이 모여 있다. 쾌적한 분위기의 실내 몰이라서 날씨가 안 좋을 때 많은 사람들로 붐빈다.

홈페이지 www.westfield.com/united-states/westfield worldtradecenter

★ 브룩필드 플레이스   Map P.132-A2
Brookfield Place

웨스트필드 월드 트레이드 센터 상점가와 지하로 연결이 되는 또 하나의 쇼핑센터다. 9/11 테러 당시 피해를 입었던 세계금융센터를 복원하면서 생겨났다. 일부 명품점도 입점해 있으며 르 디스트릭 Le District과 허드슨 잇츠 Hudson Eats 푸트 코트가 있어 식사를 하기에도 좋다.

홈페이지 bfplny.com

우드베리 프리미엄 아웃렛
Woodbury Common Premium Outlets

뉴욕시에서 한 시간 거리의 우드베리에 자리한 아웃렛이다. 250여 개의 매장이 있고 특히 구찌, 페라가모, 펜디, 생로랑, 프라다 등 명품 브랜드가 많아서 인기다. 25~65%의 할인율을 자랑하며 세일기간이 있는 연휴에는 매우 붐빈다.

아웃렛은 다섯 구역으로 나뉘어 있으며 색깔로 구분되어 있으니 자신이 주차한 곳이나 버스 정류장을 잘 기억해 두자. 이 다섯 구역의 중심에는 푸드코트가 있어 식사를 할 수 있다.

우드베리에 도착하면 먼저 안내센터에 가서 지도와 할인 쿠폰북을 받는다(미리 홈페이지에서 VIP 회원 가입을 해두자).

주소 498 Red Apple Court, Central Valley, NY 10917
영업 시즌별로 다르며 보통 매일 10:00~20:00 홈페이지 www.premiumoutlets.com/outlet/woodbury-common
가는 방법 여러 투어 회사에서 아웃렛까지 운행하는 버스가 있다. 출발 지점은 대부분 맨해튼의 포트 오소리티 버스 터미널 Port Authority Bus Terminal(42th St. 8th Ave.)이며, 호텔이나 큰길에서 픽업하는 경우가 있으니 회사별 홈페이지를 확인하자. 요금은 시즌과 스케줄에 따라 다르지만 보통 성인 왕복 $34~45.

• 엣홈트립 AthomeTrip
  athometrip.com
• 타미스 Tamice
  tamice3.com
• 우드베리 버스 Woodbury Bus
  www.woodburybus.com

Stay

뉴욕은 세계에서 숙박비가 가장 비싼 도시 중 하나다. 중급 호텔 2인실이 $200~300이며, 그 이하로는 방이 아주 낡거나 위치가 불편한 곳이 대부분이다. 가성비 좋은 숙소는 경쟁이 치열해 일찍 예약해야 한다. 딱히 비수기가 없는 편이며 최고 성수기인 6월 말~8월 말, 12월 중순~1월 초는 훨씬 더 비싸다. 참고로 1월 중순~2월 말에는 조금 할인되기도 한다.

시티즌엠
CitizenM
Map P.141-C3

가성비 좋은 부티크 호텔로 인기인 이곳은 패션 업계 종사자가 출장을 다니다가 착안해 만든 호텔 체인이다. 맨해튼에 두 곳이 있는데 모두 위치와 시설이 좋은 편이다. 성수기에는 매우 비싸지만 비수기에는 맨해튼 내에서 상대적으로 합리적인 가격에 머물 수 있다. 객실은 좁지만 공용 공간이 여유롭고 분위기가 좋다는 장점이 있다.

[타임스퀘어점] 주소 218 W. 50th St, New York, NY 10019
[바워리점] 주소 189 Bowery, New York, NY 10002 홈페이지 www.citizenm.com

첼시 파인 인
Chelsea Pines Inn
$$
Map P.140-A1

미드패킹 지역에 위치해 있어 조용한 숙소를 찾는 사람들에겐 맞지 않을 수 있으나 나이트 라이프를 좋아하는 사람들, 또는 번화한 밤풍경을 좋아하는 사람들에게는 오히려 즐겁다. 주변에 맛집들이 많으며 깔끔한 시설과 친절한 서비스로 인기가 높다.

주소 317 W. 14th St.(8th & 9th Ave. 사이) 홈페이지 www.chelseapinesinn.com

유니언 스퀘어 아파트먼츠
Union Square Apartments
$$
Map P.141-C1

교통이 편리한 유니언 스퀘어와 가까운 곳에 자리한 아파트로 부엌이 갖추어져 있어서 간단한 식사를 해먹을 수 있다. 깔끔한 내부 시설에 가격도 무난한 편이다.

주소 209 E. 14th St.(2nd & 3rd Ave. 사이) 홈페이지 unionsquareapartmentsnyc.com

W 뉴욕 유니언 스퀘어
W New York Union Square
$$$
Map P.141-C1

고급 체인 호텔인 W 호텔은 맨해튼에 체인이 4곳이다. 미드타운에 위치한 두 곳은 좀 오래되었고 유니언 스퀘어 동북쪽 코너에 자리한 지점은 보다 넓고 현대적인 시설을 갖추고 있다. 다운타운의 세계 금융센터 부근에 자리한 지점은 가장 세련되고 깨끗한 시설을 자랑하지만 위치나 교통을 고려한다면 유니언 스퀘어점이 무난하다.

주소 201 Park Ave. S(Union Square) 홈페이지 www.marriott.com

더 스탠다드, 하이 라인
The Standard, High Line
$$$
Map P.140-A1

미트패킹 지역의 명소인 하이라인 파크 The High

Line에서 가장 눈에 띄는 건물이다. 하이라인 파크가 조성될 당시 함께 오픈해 주목을 끌었으며 독특한 외관과 허드슨강이 보이는 멋진 전망을 자랑한다.

주소 848 Washington St. New York, NY 10014 홈페이지 standardhotels.com

라이브러리 호텔 $$$
Library Hotel
Map P.147-C2

이름 그대로 책들이 가득한 인테리어가 특징이다. 단순히 도서관 분위기를 낸 것이 아니라 아늑하면서도 세련되게 꾸며 허니문 호텔로도 이용될 만큼 인기 있는 부티크 호텔이다. 미드타운의 한복판에 해당하는 그랜드 센트럴역 주변에 위치해 교통이 매우 편리하며 뉴욕 공립 도서관과도 한 블록 떨어져 있다. 인기가 많아 일찍 예약해야 한다.

주소 299 Madison Ave. 홈페이지 www.libraryhotel.com

만다린 오리엔탈 $$$$
Mandarin Oriental
Map P.146-B1

타임워너 센터에 들어선 최고급 호텔로, 객실 통유리를 통해 보이는 멋진 맨해튼의 풍경이 압권이다. 만다린 오리엔탈 그룹의 호텔답게 최고의 서비스를 제공하며 럭셔리한 인테리어는 물론 뛰어난 전망과 편리한 교통을 자랑한다.

주소 80 Columbus Circle & W 60th St. 홈페이지 www.mandarinoriental.com/newyork

하이 뉴욕 $
Hi New York
Map P.164-A2

뉴욕의 공식 유스호스텔이다. 업타운에 위치해 있어 조금 불편할 때도 있지만 큰길에 있어 찾기 쉽고 교통도 편리한 편이다. 672명이나 되는 엄청난 인원을 수용할 수 있는 대규모 호스텔로, 도미토리 방에 공동 샤워장을 갖추고 있으며 다양한 외국 젊은이들을 만날 수 있다. 저렴한 가격이 가장 큰 매력이다.

주소 891 Amsterdam Ave. New York NY, 10025 홈페이지 www.hinewyork.org

칼턴 암즈 호텔 $$
Carlton Arms Hotel
Map P.147-C3

위치가 약간 외진 듯하지만 뉴욕시립대 바로 근처에 있어 주변에 저렴한 식당도 있고 안전한 편이다. 외관은 낡았지만 안으로 들어가면 방마다 개성 있는 아티스트들의 작품으로 꾸며져 있고 재미난 인테리어들로 가득하다.

주소 160 E. 25th St.(3rd Ave.) 홈페이지 www.carltonarms.com

호텔 비컨 $$$
Hotel Beacon
Map P.164-A3

어퍼 웨스트의 중심 도로인 브로드웨이에 자리한 이곳은 조용하면서도 교통이 그리 나쁘지 않은 곳에 있다. 주변에 센트럴 파크와 자연사 박물관, 링컨 센터 등이 가까이 있다. 뉴욕 호텔에 비해 방이 큰 편이고 부엌을 갖춘 방도 있으며, 깨끗하고 친절한 서비스로 인기다.

주소 2130 Broadway(75th St.) 홈페이지 www.beaconhotel.com

그레이슨 호텔 $$$
Grayson Hotel
Map P.147-C3

브라이언트 파크에서 한 블록 떨어진 곳에 자리한 호텔로 하얏트 계열의 서브 브랜드다. 코로나가 끝난 2022년 가을에 오픈해 현대적인 시설에 내부도 깨끗하다. 미드타운 중심부인 만큼 객실이 넓지는 않지만 지하철도 가깝고 5번가나 타임스 스퀘어까지는 밤늦게도 걸어 다닐 만하다.

주소 30 W 39th St 홈페이지 www.hyatt.com

Boston

보스턴

미국 역사에서 상당히 중요한 독립 혁
명의 중심지로 자유와 독립을 향한 열
망과 투쟁 정신, 독립 영웅들의 발자취
가 남아 있는 도시다. 영국 청교도 식민
지 개척자들이 세운 '뉴잉글랜드'가 시
작된 곳이며 곳곳에 붉은 벽돌로 지어
진 18세기 건축물들이 많이 남아 있다.
또한 보스턴 근교에는 하버드 대학교와
MIT 공과 대학이 위치한 교육의 도시
케임브리지가 있다.

이 도시 알고 가자!
❶ 보스턴은 매사추세츠주의 주도이며 북대서양
   을 면하고 있는 항구도시다.
❷ 뉴잉글랜드 지역의 중심지로 1630년 영국에서
   넘어온 청교도들에 의해 세워졌다.
❸ 많은 바이오 연구소와 250여 개의 제약회사,
   생명공학 회사들의 거점도시이며 세계적인 바
   이오 관련 행사인 '바이오 USA'가 매년 보스턴
   에서 열린다.

여행 시기
보스턴의 기후는 대서양의 영향으로 온화한 편이
나 대륙으로 갈수록 북동풍의 영향을 받는다. 여
름에 고온다습하며, 겨울에는 바람이 많이 불면서
춥고 눈이 많이 내린다. 4~5월인 봄에는 점차 따
뜻해지지만 갑자기 기온이 떨어질 때도 있다. 여
행하기 좋은 시기는 선선하고 맑은 날씨를 보이는
9~10월이며 여름에도 많은 관광객이 찾는다.

기본 정보

▌유용한 홈페이지

보스턴 관광청 www.meetboston.com

매사추세츠주 관광청 www.visitma.com

▌관광안내소

보스턴 커먼 방문자 센터
Boston Common Visitor Center

보스턴의 중요한 명소인 프리덤 트레일이 시작되는 보스턴 커먼 안에 있다. 프리덤 트레일 지도를 얻을 수 있으며 투어 신청 및 출발점이다.

주소 139 Tremont St, Boston, MA 02111 운영 매일 08:30~ 17:00 홈페이지 www.meetboston.com

밋 보스턴
Meet Boston

보스턴 다운타운에 있으며 보스턴 관광과 덕 투어 등 각종 투어에 대한 안내를 받을 수 있다.

주소 99 High St, Boston, MA 02110 운영 월~금 08:30~ 17:00 토·일 휴무 홈페이지 www.meetboston.com

가는 방법

한국에서 출발하는 직항편도 있고 다른 도시를 경유하는 노선도 많다. 미국 내에서 갈 때는 국내선 비행기, 기차, 버스 등의 교통편을 이용할 수 있는데, 뉴욕에서는 기차나 버스로 4~5시간 소요된다.

비행기 ✈

한국에서 대한항공 직항편으로 14시간 정도 소요된다. 디트로이트, 뉴욕, 시카고, LA, 애틀랜타 등을 경유하면 17시간 이상 걸린다. 미국 국내선을 이용할 경우 뉴욕에서 1시간 20분, 시카고에서 2시간 20분, LA에서 5시간 30분 정도 걸린다.

보스턴 로건 국제공항
Boston Logan International Airport (BOS)

도심에서 동쪽으로 약 4km 떨어져 있으며 A, B, C, E 네 개의 터미널로 이루어져 있다. 대한항공을 이용할 경우 E 터미널에서 내린다. 각 터미널은 걸어서 가거나 무료 셔틀인 매스포트 셔틀 버스 Massport Shuttle Bus(Airport Shuttle)를 이용한다.

주소 1 Harborside Dr, Boston, MA 02128 홈페이지 www.massport.com

철 레드 라인 남역(사우스 스테이션) South Station 까지 무료로 운행되며 이곳에서 레드 라인으로 무료 환승할 수 있다. 지하철역까지는 20~30분 소요된다.

② 버스
각 터미널에서 출발하는 실버 라인 버스 SL1을 타면 다운타운 부근의 남역(사우스 스테이션) South Station까지 갈 수 있으며 여기서 다른 버스나 지하철로 갈아타면 된다. 소요시간은 20~30분이다.
운행 05:30~00:30 요금 무료
홈페이지 www.mbta.com

③ 로건 익스프레스 Logan Express
공항에서 시내 백베이 Back Bay까지 왕복하는 셔틀버스로 시내에서 공항으로 갈 때에는 $3지만, 공항에서 출발할 때는 무료다. 소요 시간은 20~30분.
운행 (공항 출발) 06:00~22:00 (30분 간격)
요금 무료 (공항 출발 시에만)
홈페이지 www.massport.com

④ 택시, 우버/리프트
짐이 많거나 동승자가 있을 경우 택시를 타는 것도 괜찮다. 각 터미널 도착 층의 택시 정류장에서 탈 수 있다. 시내와 가깝지만 목적지에 따라 교통체증이 있는 경우 요금이 많이 나올 수도 있다. 소요시간은 시내 중심까지 15~25분 정도다.
우버나 리프트 같은 차량 공유 서비스의 정류장은 따로 있으니 '라이드 앱 Ride App' 이정표를 따라가자.
요금 $25~45(톨게이트비가 추가될 수 있으며 팁은 요금의 15~18%)

★ 공항에서 시내로
도심에서 가까워 택시나 우버 등을 이용해도 큰 부담이 없고, SL1을 타면 무료로 시내까지 갈 수 있다.

① 지하철
공항에는 지하철역이 없어서 무료 셔틀이나 실버 라인 SL1을 타고 부근의 지하철역으로 가야 한다. 연결되는 지하철은 블루 라인과 레드 라인 두 곳이니 자신의 목적지에 맞는 곳으로 향하자.
운행 06:00~00:30 지하철 요금 $2.40 소요시간 약 30분 (시내까지) 홈페이지 www.mbta.com

● 블루 라인 타는 법
공항 셔틀인 '매스포트 셔틀버스 Massport Shuttle Bus'가 공항 각 터미널에서 지하철 블루 라인 '공항역(에어포트 스테이션) Airport Station'까지 무료로 운행된다. 지하철역까지는 5~6분 소요된다.

● 레드 라인 타는 법
각 터미널에서 출발하는 실버 라인 버스 SL1이 지하

기차 🚉

앰트랙 기차가 보스턴 시내 3개 역에서 발착한다. 모두 지하철, 버스와 연결되어 이동이 편리한 편이며 특히 사우스역은 버스 터미널과도 가깝다. 앰트랙 홈페이지에서 예매를 하면 이메일로 티켓을 받을 수 있다. 스케줄과 조건에 따라 요금이 다르며 저렴한 티켓은 일찍 매진된다.

소요시간 뉴욕↔보스턴 4시간~4시간 30분(고속 열차 아셀라 익스프레스 3시간 44분), 워싱턴 DC↔보스턴 7시간 50분~8시간 50분(고속 열차 7시간) 주소 700 Atlantic Ave #2, Boston, MA 02110(사우스역 South Station), 145 Dartmouth St, Boston, MA 02116(백 베이역 Back Bay – South End), 135 Causeway St, Boston, MA 02114(노스역 North Station) 홈페이지 www.amtrak.com

버스 🚌

다양한 회사의 버스가 동부의 여러 도시에서 보스턴을 오간다. 장거리 시외버스인 메가버스, 볼트버스, 그레이하운드가 많이 이용되며 일찍 예약할수록 저렴하다. 버스 터미널은 보스턴의 기차역인 사우스역 South Station 옆에 있으며 지하철 레드 라인과 연결된다.

소요시간 뉴욕↔보스턴 4시간 30분~5시간 주소 700 Atlantic Ave #2, Boston, MA 02110(사우스역 South Station)

① 주요 버스 회사
플릭스 버스 flixbus www.flixbus.com
메가버스 Mega Bus www.megabus.com
그레이하운드 Greyhound www.greyhound.com
차이나타운 버스 Chinatown Bus
www.chinatown-bus.org

② 가격 비교 및 예약 사이트
버스 회사 홈페이지에서 바로 예약할 수 있지만 스케줄에 따라 요금이 제각각이기 때문에 가격 비교 통합 사이트를 이용하면 최저가를 찾을 수 있다.
고투버스 www.gotobus.com
완더루 www.wanderu.com
버스버드 www.busbud.com

시내 교통

보스턴의 시내 교통은 MBTA (Massachusetts Bay Transportation Authority 매사추세츠만 교통공사)에서 운영해 홈페이지나 요금 체계가 통합되어 있다. 대부분의 명소가 지하철로 연결되기 때문에 여행자들이 이용하기도 편리하다.

홈페이지 www.mbta.com

지하철

보스턴의 주요 명소들을 이어주는 지하철은 그린, 블루, 오렌지, 레드 4개의 라인이 있다. 지하철역은 'T'로 표시되며 여행자들은 주로 그린과 레드 라인을 이용한다. 그린 라인은 다시 B, C, D, E 라인으로 나뉘는데 같은 플랫폼을 사용하기 때문에 차량을 잘 확인하고 타도록 하자. 지하철역 안에는 '인바운드 Inbound', '아웃바운드 Outbound'라는 이정표가 있는데, 인바운드는 다운타운의 4개 중심 역인 Park Street, State Street,

Government Center, Downtown Crossing 역을 향해 가는 것이고 아웃바운드는 이 4개 역에서 멀어지는 것이므로 목적지에 따라 방향을 판단해야 한다. 버스, 실버 라인, 지하철 모두 최대 2회까지 환승 가능하다.
운영 05:00~01:00(일부 구간 01:50) 요금 성인 1회권 $2.40, 1일권 $11, 7일권 $22.50

미국 최초의 지하철 터널 The Tremont Street Subway

보스턴에는 미국에서 첫 번째로 뚫린 지하철 터널이 있다. 1897년 보스턴 커먼 옆길인 Tremont Street 지하에 개통됐으며 지금도 지하철이 다니고 있다. 그린 라인의 일부 구간인 Government Center, Park Street, Boylston역을 연결하며 국립 역사 유적으로 지정됐다.

버스

시내 버스는 노선이 다양해 지하철이 닿지 않는 곳까지 연결되는데, 여행자들이 탈 만한 노선은 공항에서 지하철역까지 운행되는 실버 라인 SL10이다. 실버 라인은 SL1·SL2·SL3·SL4·SL5의 5개 노선이 있는데, 이 중 SL1·SL2·SL3의 3개 노선은 일반 버스 요금보다 비싼 지하철 요금을 내야 한다는 것도 알아두자. 요금은 찰리 카드, 찰리 티켓, 현금으로 낼 수 있다. 단 현금 승차시 환승이 불가능하고 찰리 티켓으로 승차하면 버스로만 환승이 가능하다(버스, 실버라인, 지하철 모두 최대 2회까지 환승 가능하지만 가장 높은 요금을 지불해야 함).
운영 05:00~01:00 요금 $1.70(실버 라인 SL1·SL2·SL3은 $2.40이며 공항에서 출발하는 SL1은 무료)

찰리 티켓 Charlie Ticket

지하철과 버스에 모두 이용할 수 있는 교통 티켓이며 1회권, 1일권, 7일권이 있다. 지하철역 발매기에서 현금이나 신용카드로 살 수 있으며, 1일권과 7일권은 구입 시각을 기준으로 한다. 버스 승차 시엔 삽입식이며 지하철 탑승 시엔 태그하면 된다.

찰리 카드 Charlie Cards

충전식 플라스틱 교통카드로 버스, 지하철 탑승 시 태그하고 타면 된다. 버스에서 지하철로 환승이 가능하기 때문에(차액만큼 추가 지불) 교통을 다양하게 여러 번 이용할 여행자라면 찰리 카드를 이용하는 것이 좋다.

실버 라인 Silver Line

모양은 분명 버스인데 지하철 노선도에 회색으로 그려진 실버 라인의 정체는 과연 무엇일까?
원래 실버 라인은 보스턴 지하철의 5번째 노선이 될 예정이었지만 예산 문제로 실행되지 못해 버스 형태로 변경되었다. 그래서 일부 구간은 지하철 개통을 위해 만든 전용 터널로 버스가 다니는 낯선 경험을 할 수 있다. 그리고 애초에 지하철 노선으로 만들었기에 모든 노선이 지하철과 연결된다. 요금 체계가 조금 복잡해 SL1·SL2·SL3 노선은 지하철 요금, SL4·SL5 노선은 버스 요금이 적용되며, SL1 노선을 공항에서 탈 때는 무료다.

보스턴 지하철 노선도

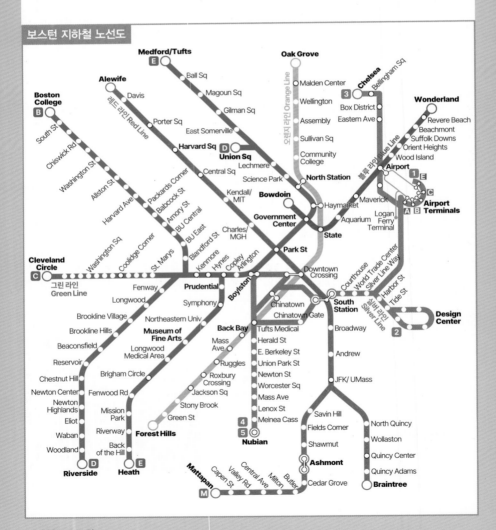

보스턴 투어 프로그램

보스턴을 즐기는 여러 투어 프로그램이 있는데 그중 트롤리 투어와 덕 투어가 가장 유명하다. 가격이 저렴하지는 않지만 아이를 동반한 경우에는 특히 더 특별한 추억을 남길 수 있다.

올드 타운 트롤리 투어스 Old Town Trolley Tours

35년 이상의 역사를 이어온 보스턴의 대표적인 투어다. 18개의 정류장에서 자유롭게 승·하차할 수 있으며 인터넷 예매 시 보다 저렴하다. 일부 명소의 입장료 할인과 같은 혜택도 있으니 홈페이지를 참고하자. 운영 3월 중순~10월 09:00~17:00, 11~3월 중순 09:00~16:00 요금 (온라인 예매 시 할인) 1일권 13세 이상 $52.45, 4~12세 $30.40, 2일권 13세 이상 $104.90, 4~12세 $57.90 홈페이지 www.trolleytours.com/boston

덕 투어 Duck Tours

1994년에 설립되어 지금까지도 인기가 높은 보스턴의 대표 투어다. 수륙 양용차를 타고 보스턴 시내와 찰스강 일대를 돌아보는 코스인데, 육지와 강을 넘나들어 아이들이 특히 좋아한다. 성수기에는 일찍 매진될 수 있으니 인터넷 예매를 서두르는 게 좋다. 전화 617-267-3825 운영 3월 말~11월 말 09:00~해질녘 (약 80분 소요) 요금 성인 $52.99(조조 할인도 있음), 3~11세 $37.99 홈페이지 www.bostonducktours.com

Tip

고 보스턴 패스 Go Boston Pass

보스턴에서 박물관에 가거나 투어를 이용한다면 할인 패스를 구입하는 것도 괜찮다. 고 보스턴은 패스 종류가 다양하고 포함 내역이나 선택의 폭이 넓은 편이다. 먼저 일정을 짜본 뒤 요금과 혜택을 비교해 선택하도록 하자. 인터넷으로 구입하면 휴대폰에 다운 받아 바로 사용할 수 있다. 홈페이지 gocity.com/en/boston/

고 보스턴 패스

	올 인클루시브 패스 The All Inclusive Pass	익스플로러 패스 The Explorer Pass
요금 (13세 이상 기준)	1일권 $89	2가지 $54, 3가지 $79
	2일권 $124	4가지 $89
	3일권 $149	5가지 $99
내용	정해진 시간 안에 40개 이상의 명소나 투어 이용	20개 이상 명소 중 2~5가지 선택(유효기간 60일)

※온라인 예매 시 할인

추천 일정

역사적인 주요 장소와 다운타운의 오래된 건축물, 미술관을 모두 돌아보려면 최소 2일이 걸린다. 시간이 더 있다면 하버드 대학교와 MIT 공대가 있는 케임브리지를 방문하는 것도 좋다.

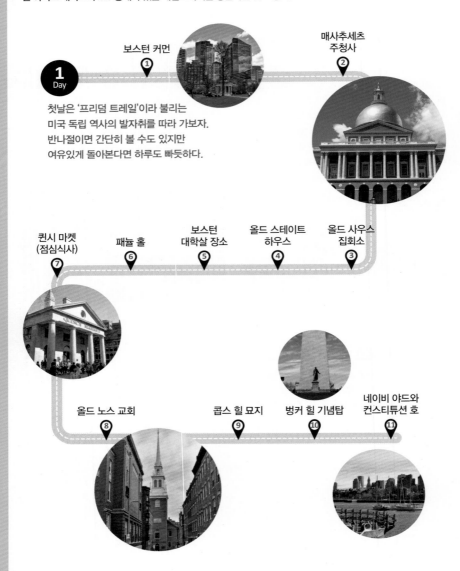

1 Day

보스턴 커먼 ①

매사추세츠 주청사 ②

첫날은 '프리덤 트레일'이라 불리는
미국 독립 역사의 발자취를 따라 가보자.
반나절이면 간단히 볼 수도 있지만
여유있게 돌아본다면 하루도 빠듯하다.

퀸시 마켓 (점심식사) ⑦

패뉼 홀 ⑥

보스턴 대학살 장소 ⑤

올드 스테이트 하우스 ④

올드 사우스 집회소 ③

올드 노스 교회 ⑧

콥스 힐 묘지 ⑨

벙커 힐 기념탑 ⑩

네이비 야드와 컨스티튜션 호 ⑪

Day 문화와 예술의 도시인 보스턴의 고풍스러운 매력을 엿볼 수 있는 코스다.
미술관에서 오전을 보내고, 보스턴이 한눈에 보이는 전망대를 방문한 뒤
시내 중심인 코플리 광장 주변을 돌아보자.

보스턴
미술관
①

프루덴셜
스카이워크
전망대
②

트리니티
교회
④

보스턴 공립
도서관
③

뉴버리
스트리트
⑤

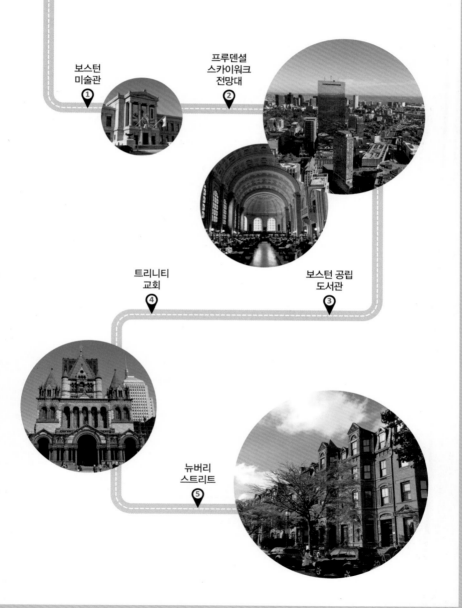

소스 레스토랑
Source Restaurants

하버드 대학교
Harvard University

하버드 미술관
Harvard Art Museums

케임브리지

하버드역
Harvard

하버드 야드
Harvard Yard

하버드 쿱
Harvard Coop

Cambridge St

Cambridge St.

McGrath Hwy

Harvard St

Broadway

Hampshire St

Massachusetts Ave

Prospect St

Broadway

Binney St

Central Square

Western Ave

Windsor St

Portland St

Kendall/MIT

Main St

Main St

River St

Memorial DR

MIT공대
Massachusetts
Institute of Technology

스타타 센터
Stata Center

Pearl St

Putnam Ave

킬리언 코트
Killian Court

찰스 강

Memorial Dr

Brookline St

Vassar St

Memorial Dr

90

Massachusetts Ave

Storrow Dr.

Beacon St

뉴버리 게스트 하우스
Newbury Guest House

Storrow Dr

Commonwealth

St Paul St

Kenmore

Massachusetts
Turnpike

Hynes Convention Center

하이 보스턴 호스텔
HI Boston Hostel

서머 쉑
Summer Shack

Amory St

Powell St

Fenway

테이스티 버거
Tasty Burger

뷰 보스턴 View Boston

프루덴셜 센터
Prudential Center

Beacon St

Fenway

Boylston St

Fenway

Prudential

Kent St

Longwood Ave

Northeastern
University

Massachu
Ave

보스턴 미술관
Museum of
Fine Arts

이사벨라 스튜어트
가드너 뮤지엄 ISGM

Huntington Ave

Museum of Fine Arts

보스턴 전도

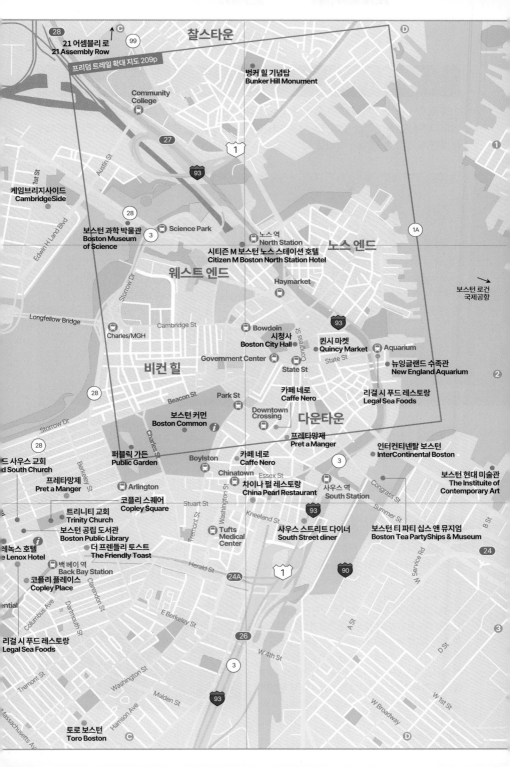

찰스타운

28
21 어셈블리 로
21 Assembly Row
99
C

프리덤 트레일 확대 지도 209p

벙커 힐 기념탑
Bunker Hill Monument

Community
College

D

27

1

93

케임브리지사이드
CambridgeSide

Edwin H Land Blvd

28
보스턴 과학 박물관
Boston Museum
of Science
3
Science Park

노스 역
North Station

시티즌 M 보스턴 노스 스테이션 호텔
Citizen M Boston North Station Hotel

노스 엔드

1A

Austin St

Storrow Dr

Longfellow Bridge

Cambridge St

Haymarket

웨스트 엔드

보스턴 로건
국제공항

Charles/MGH

Bowdoin
시청사
Boston City Hall

Congress St

퀸시 마켓
Quincy Market

Aquarium

Government Center

State St

뉴잉글랜드 수족관
New England Aquarium

비컨 힐

State St

93

2

28

Storrow Dr

Beacon St

Park St

카페 네로
Caffe Nero

리걸 시 푸드 레스토랑
Legal Sea Foods

보스턴 커먼
Boston Common
i

Downtown
Crossing

다운타운

28

Charles St

퍼블릭 가든
Public Garden

Berkeley St

프레타망제
Pret a Manger

드 사우스 교회
d South Church

프레타망제
Pret a Manger

Boylston

Arlington

카페 네로
Caffe Nero

Chinatown

Essex St

인터컨티넨탈 보스턴
InterContinental Boston

3

트리니티 교회
Trinity Church

Stuart St

Washington St

차이나 펄 레스토랑
China Pearl Restaurant

사우스 역
South Station

Congress St

Summer St

보스턴 현대 미술관
The Instituite of
Contemporary Art

보스턴 공립 도서관
Boston Public Library

더 프렌들리 토스트
The Friendly Toast

Kneeland St

Tufts
Medical
Center

사우스 스트리트 다이너
South Street diner

보스턴 티 파티 십스 앤 뮤지엄
Boston Tea PartyShips & Museum

베녹스 호텔
e Lenox Hotel

Clarendon St

백 베이 역
Back Bay Station

Dartmouth St

코플리 플레이스
Copley Place

Herald St

24A

1

90

W Service Rd

B St

24

ential

Columbus Ave

리걸 시 푸드 레스토랑
Legal Sea Foods

E Berkeley St

A St

D St

3

Tremont St

Washington St

Harrison Ave

Massachusetts Ave

26

3

93

Malden St

W 4th St

W Broadway

W 1st St

토로 보스턴
Toro Boston
C

D

Attraction

미국 독립 역사의 현장이었던 보스턴에는 자유를 향한 발자취 '프리덤 트레일'이 있으며, 고풍스러우면서도 현대적인 멋이 있는 다운타운에도 볼거리가 많다. 그리고 근교의 케임브리지에는 학문의 열기가 넘치는 하버드 대학교와 MIT 공대가 있다.

프리덤 트레일
Freedom Trail

보스턴은 미국 독립의 역사가 시작된 도시로 미국 건국에 앞장서며 독립을 쟁취하기까지 겪었던 수많은 이야기가 곳곳에 남아 있다. 보스턴 시민들은 이에 대단한 자부심을 가지고 있으며 혁명에 앞장섰던 영웅들의 희생과 헌신을 잊지 않고 그들의 정신을 계승하고 전파하기 위해 노력하고 있다.

보스턴 커먼에서 시작돼 시내 중심부를 따라 벙커힐까지 약 4km 이어져 있는 프리덤 트레일은 그 가치가 빛나는 역사의 현장이다. 바닥에 붉은 벽돌로 선처럼 이어진 이 길에는 독립과 관련된 16개의 역사적인 장소들이 모여 있어 혁명가들의 발자취를 느껴볼 수 있다. 새뮤얼 애덤스, 폴 리비어, 벤저민 프랭클린 등 독립 영웅들의 동상도 세워져 있다. 개인이 자유롭게 도보로 돌아볼 수 있으며 가이드 투어를 이용할 수도 있다. 투어에 참가하면 미국 독립혁명과 관련된 여러 사건과 역사적인 인물들에 대한 재미있는 이야기를 들을 수 있다. 투어는 영어로 진행되며 스케줄과 루트에 따라 여러 가지 코스가 있는데 프리덤 트레일 전체를 한 번에 보는 투어는 없고 보통 1.3~1.6km 정도 돌아보는 코스다.

주소 139 Tremont St. Boston, MA 02111(방문자 센터) 투어 운영 보통 10:00~14:00(매일 다르므로 홈페이지 참조) 요금 투어에 따라 성인 $17, 노인·학생 $15, 6~12세 $8 소요시간 약 90분 가는 방법 지하철 레드 라인 Park Street역에서 도보 2분. 홈페이지 www.thefreedomtrail.org

방문자센터

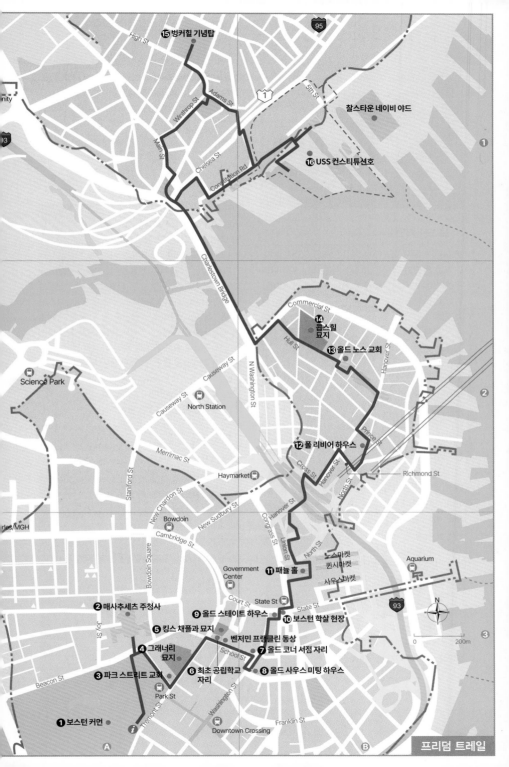

15 벙커힐 기념탑

16 USS 컨스티튜션호

찰스타운 네이비 야드

High St

95

Adams St

5th St

Winthrop St

Chelsea St

Main St

Constitution Rd

Charlestown Bridge

Science Park

Causeway St

N Washington St

Commercial St

14 콥스힐 묘지

Hull St

13 올드 노스 교회

Hanover St

Causeway St

North Station

Merrimac St

Staniford St

les/MGH

Bowdoin

Cambridge St

New Chardon St

New Sudbury St

Haymarket

Cross St

12 폴 리비어 하우스

Prince St

Richmond St

North St

Hanover St

Bowdoin Square

Government Center

11 패뉼 홀

Union St

North St

노스마켓
퀸시마켓

사우스마켓

Aquarium

93

N

0   200m

2 매사추세츠 주청사

Joy St

5 킹스 채플과 묘지

9 올드 스테이트 하우스

State St

Court St

State St

10 보스턴 학살 현장

4 그래너리 묘지

벤저민 프랭클린 동상

School St

7 올드 코너 서점 자리

3 파크 스트리트 교회

6 최초 공립학교 자리

8 올드 사우스 미팅 하우스

Park St

Washington St

Beacon St

Tremont St

1 보스턴 커먼

Downtown Crossing

Franklin St

A

B

프리덤 트레일

② 매사추세츠 주청사   Map P.209-A3
Massachusetts State House

1798년 완공된 매사추세츠주의 의사당으로 첫 번째 주지사였던 '존 핸콕'이 일했던 곳이기도 하다. 이 건물에서 가장 눈에 띄는 것은 맨 꼭대기에 화려하게 빛나는 돔이다. 처음에 나무로 지었다가 후에 청동을 덧붙였고 나중에 23캐럿의 금박을 입혔다. 건물 앞에는 보스턴 정치인들의 동상이 세워져 있다.

건물 안에는 실물 크기의 링컨과 독립혁명 주역들의 초상화, 13개의 별이 있는 초창기 성조기, 벽화, 스테인드글라스, 플리머스 식민지사 같은 역사적인 자료들이 있다. 서쪽 날개에 위치한 주 하원 회의실은 '신성한 대구 Sacred Cod'라 불리기도 하는데, 이는 보스턴의 주 산업인 어업의 발전을 기리기 위해 붙인 이름이며 실재로 대구(생선) 조각도 매달려 있다. 내부는 가이드 투어나 셀프 가이드 투어를 통해 볼 수 있으며 보안 검색대를 통과해 2층에서 시작한다.

주소 24 Beacon St, Boston, MA 02133 전화 617-727-3676(투어 신청) 운영 월~금요일 08:45~17:00(투어 10:00~15:30) 요금 무료 가는 방법 지하철 레드·그린 라인 Park St.역 하차 후 도보 5분. 홈페이지 www.malegislature. gov(투어 정보 www.sec.state.ma.us/divisions/state-house-tours/state-house-tours.htm)

① 보스턴 커먼 Boston Common   Map P.207-C2

1634년 지어진 미국에서 가장 오래된 공원으로 미국 독립전쟁의 유산을 따라가는 프리덤 트레일의 시작점이기도 하다. 보스턴 커먼은 1775년 일어났던 독립전쟁의 첫 전투 '렉싱턴–콩코드 전투'를 위해 당시 '레드코츠 Redcoats'라 불리던 영국군이 출전 전에 모여 훈련했던 장소다. 3개 여단의 영국군은 이 전투에서 식민지군에게 패했으며 식민지의 독립혁명 의지에 더욱 불을 지핀 결과를 가져왔다. 지금은 잔디와 숲, 호수, 분수 등이 잘 가꿔져 있어 보스턴 시민들이 산책과 휴식을 즐기고 있으나, 과거에는 방목장이었으며 처형장으로 사용되기도 했다. 공원 중심부에 살인자, 해적, 마녀들의 목을 매달았던 '더 그레이트 엘름 The Great Elm'이라는 나무가 있던 자리가 있다. 이후 집회나 연설 장소로 쓰이면서 시민들의 공간이 됐으며 커먼이라는 이름도 그런 이유로 붙게 됐다. 마틴 루터 킹과 교황 요한 바오로 2세도 이곳에서 연설했다. 1877년 남북전쟁에서 사망한 '군인과 항해사들을 위한 기념비 Soldiers and Sailors Monument'도 있다. 공원 입구에 방문자 센터가 있으니 이곳에서 자료를 얻거나 투어를 신청하면 된다.

주소 139 Tremont St, Boston, MA 02111 운영 매일 06:30~23:00 요금 무료 가는 방법 지하철 레드·그린 라인 Park St.역 하차 후 도보 2분. 홈페이지 www.boston. gov

③ 파크 스트리트 교회
Park Street Church   Map P.209-A3

1809년 올드 사우스 미팅 하우스에 모였던 멤버 26명에 의해 설립된 보수파 교회로 피터 배너 Peter Banner가 디자인했다. 66m의 높은 흰색 첨탑이 인상적인 보스턴의 랜드마크로 1828년까지 미국에서 가장 높은 건물이었다. 역사적으로도 중요한 의미를 지닌 이곳은 1812년 영국과의 전쟁 당시 화약 창고로 쓰였고, 1829년 7월 4일 윌리엄 로이드 개리슨 William Lloyd Garrison이 노예제도 반대를 외치며 연설했던 곳으로도 유명하다. 또한 3년 후인 1832년 독립기념일에는 미국 국가인 '아메리카'가 처음 불렸다.

주소 1 Park St, Boston, MA 02108 운영 6월 말~8월 화~토 09:00~16:00(그 외 기간에는 일요일 예배 시간만 입장 가능) 요금 무료 가는 방법 지하철 레드·그린 라인 Park St.역에서 도보 1분. 홈페이지 www.parkstreet.org

④ 그래너리 묘지
Granary Burying Ground   Map P.209-A3

1660년에 설립된 공동묘지로 매사추세츠주의 주지사, 시장, 성직자 등 보스턴의 유명 인사들과 역사적인 인물들이 묻힌 곳이다. 보스턴 학살 사건 희생자들을 비롯해 독립선언서 서명자들인 존 핸콕 John Hancock, 새뮤얼 애덤스 Samuel Adams, 로버트 트리트 페인 Robert Treat Paine이 잠들어 있다. 특히 묘지 중심에는 벤저민 프랭클린 Benjamin Franklin 가족을 기리는 오벨리스크가, 바로 그 뒤에는 폴 리비어 Paul Revere의 무덤이 있다.

주소 Tremont St, Boston, MA 02108 운영 매일 09:00~16:00 가는 방법 파크 스트리트 교회에서 도보 2분.

⑤ 킹스 채플과 묘지
King's Chapel & Burying Ground   Map P.209-A3

영국 왕 제임스 2세의 명으로 1686년 세워진 보스턴의 첫 번째 성공회 교회다. 당시 대부분 청교도인이었던 식민지인들이 아무도 성공회 교회를 위한 부지를 팔려고 하지 않아 묘지 한 구석에 지어졌다. 지금의 건물은 2001년 발생한 화재로 유실되어 원래의 자리에 다시 지은 것이며, 내부 인테리어는 조지안 건축 양식을 따르고 있다. 영국에서 주조한 킹스 채플 벨 King's Chapel Bell이 있는데 금이 가 1814년 폴 리비어 Paul Revere가 다시 주조했다. 참고로 교회 옆에 자리한 묘지는 보스턴에서 가장 오래된 공동묘지다.

주소 58 Tremont St, Boston, MA 02108 운영 [채플] 월~토 10:00~17:00(비수기 ~16:00) 일 오후 일부 시간만 [묘비] 매일 09:00~17:00 요금 무료. 투어 $8~10 가는 방법 그래너리 묘지에서 도보 3분. 홈페이지 www.kings-chapel.org

Scarlet Letter》 등 많은 명작들이 출판됐으며, 나다 니엘 호손 Nathaniel Hawthorne과 헨리 워즈워스 롱펠로 Henry Wadsworth Longfellow 같은 미국 의 유명한 작가들이 모였던 장소이기도 하다. 지금 은 다른 상점들이 들어서 있으며, 과거 이곳이 서점 이었다는 걸 알려주는 현판만이 남아 있다.

주소 283 Washington St, Boston, MA 02108 가는 방법 보 스턴 최초의 공립학교 자리에서 도보 1분, 지하철 블루 라인· 오렌지 라인 State역 하차.

⑥ 보스턴 최초의 공립학교 자리 Map P.209-A3
Boston Latin School Site

1865년에 완공돼 1969년까지 시청사로 사용된 곳 이다. 1635년에 미국의 첫 번째 공립학교인 '보스턴 라틴 스쿨'이 이곳에 세워졌으나 학교가 이전해 가 면서 그 자리에 시청사 건물이 들어섰다. 라틴 스쿨 은 유명인들을 배출한 학교로 명성이 높은데, 특히 독립선언서에 사인한 벤저민 프랭클린, 새뮤얼 애덤 스, 존 핸콕, 로버트 트리트 페인, 윌리엄 후퍼가 다 녔다. 학교가 있던 원래 자리에는 모자이크 작품이 있으며 시청사 건물 앞에는 벤저민 프랭클린 동상 Benjamin Franklin Statue이 세워져 있다.

주소 45 School St, Boston, MA 02108 가는 방법 킹스 채 플에서 도보 1분. 홈페이지 www.oldcityhall.com

⑦ 올드 코너 서점 Map P.209-B3
Old Corner Bookstore

이 서점 건물은 보스턴에서 가장 오래된 상가 건물 로 그 의미가 깊다. 1718년 약국과 가정집 용도로 지어졌으나 이후 1828년 서점으로 바뀌었다. 《엉 클 톰스 캐빈 Uncle Tom's Cabin》, 《주홍글씨 The

⑧ 올드 사우스 미팅 하우스 Map P.209-B3
Old South Meeting House

뾰족한 흰색 첨탑이 인상 적인 이 건물은 1729년에 청교도 교회로 지어졌다. 지금의 모습은 1872년 화 재로 소실된 것을 재건한 것이다. 이곳이 역사적으 로 중요한 장소가 된 이 유는 1773년 독립혁명을 촉발시킨 보스턴 티 파 티 Boston Tea Party 사 건이 일어나기 직전 사전 집회가 열렸던 곳이기 때문이다. 내부에는 당시 집 회 모습이 상상되는 연단과 청중석이 보존되어 있으 며 당시의 기록과 미국 독립에 관한 주요 자료들을 전시하고 있다. 2층에는 당시 매사추세츠 의회의 모 습도 재현해 놓았다.

주소 310 Washington St, Boston, MA 02108 운영 매일 10:00~17:00 요금 성인 $15(올드 스테이트 하우스까지 볼 수 있다) 가는 방법 올드 코너 서점에서 도보 1분 홈페이지 www.revolutionaryspaces.org

보스턴 티 파티(보스턴 차 사건)
Boston Tea Party

영국은 1764년 설탕세, 1765년 인지세에 이어 1767년 타운젠드 법으로 식민지의 세금을 늘려가 던 중 1773년에는 홍차법을 만들어 식민지 무역회사 인 '동인도 회사'에 차 판매 독점권을 준다. 이에 식민 지인들이 불매 운동을 벌이자 영국은 군함을 앞세워 차를 실은 배를 보스턴에 입항시켰다. 새뮤얼 애덤스, 존 핸콕 등 급진파 '자유의 아들들'은 이에 격분해 배 위로 올라 차 상자들을 바다로 던져 버렸다. 이에 영 국은 보스턴항을 폐쇄하고 군대를 주둔시켰으며 손해 배상을 요구했다. 식민지인들은 더욱 단결해 혁명정 부를 만들어 영국에 맞섰으며 이는 미국 독립혁명의 발단이 된 중요한 사건이 됐다.

⑨ 올드 스테이트 하우스   Map P.209-B3
Old State House

1713년 지어진 조 지안 스타일의 건 물로 황금 빛 조각 과 흰 첨탑이 인상 적이다. 독립혁명 이후 매사추세츠 주청사로 사용되던 곳으로 현재는 보스턴 역사 박물 관으로 운영되고 있으며 보스턴시의 역사 기록, 독 립혁명에 대한 자료 등이 전시돼 있다. 또한 역사적 인 장소로 눈여겨볼 곳은 2층의 토론과 재판이 열리 던 대의원실 Representatives Room과 대회의실

Council Chamber이다. 새뮤얼 애덤스는 이 회의실 발코니에서 보스턴 시민들에게 독립 선언서를 낭독 했으며 매해 독립기념일마다 독립선언서를 낭독하 는 행사가 열린다.

주소 206 Washington St, Boston, MA 02109 운영 매일 10:00~17:00 요금 성인 $15(올드 사우스 미팅 하우스까지 볼 수 있다) 가는 방법 지하철 오렌지·블루 라인 State역에서 도보 1분 또는 올드 코너 서점에서 도보 2분. 홈페이지 www. revolutionaryspaces.org

⑩ 보스턴 학살 현장   Map P.209-B3
Boston Massacre Site

미국 독립전쟁의 계기가 된 중요한 사건 중 하나인 보스턴 학살 사건이 일어 났던 장소다. 이 사건은 피 해 규모보다는 군인들이 민간인에게 발포했다는 것 과 독립전쟁의 불씨가 됐 다는 데 의미가 있다. 바닥에 원형으로 돌을 깔아 그 들의 희생을 기리고 있다.

주소 Corner of State and, Congress St, Boston, MA 02109 가는 방법 올드 스테이트 하우스 바로 앞. 홈페이지 www.bostonmassacre.net

보스턴 학살 사건
Boston Massacre

1770년 보스턴 노동자들과 영국 군 사이의 우발 적인 다툼으로 영국군이 쏜 총 에 노동자 5명이 사망하고 6명이 다친 사건이다. 당시 세금 문제 로 영국에 감정이 좋지 않았던 식민지인들은 이 사건 을 계기로 독립을 더욱 열망하게 됐으며 보스턴 차 사 건으로 이어지면서 독립전쟁이 일어나는 도화선이 됐 다. 새뮤얼 애덤스는 이를 학살로 규정했으나 사건 후 재판에서 발포한 영국군들은 정당방위로 인정받아 무 죄 판결을 받았다.

⑪ 패뉼 홀 Faneuil Hall   Map P.209-B3

붉은색 벽돌과 아치형 창문들로 이루어진 조지안 양식의 고풍스러운 건물로 꼭대기에 세워진 황금 메뚜기 형상의 풍향계가 있다. 상인이었던 피터 패뉼이 4층 규모의 상가 건물로 지었으며 1742년 보스턴시에 기증했다. 1806년 건물을 확장했고 지금은 퀸시 마켓, 노스 마켓, 사우스 마켓과 함께 '패뉼 홀 마켓 플레이스'를 형성하고 있다. 건물 1층에는 방문자 센터, 2층에는 대형 미팅 룸인 그레이트 홀 Great Hall 이 있다.

이곳은 많은 집회와 토론이 이루어져 '자유의 요람'이라 불린다. 대표적으로 영국이 세수를 늘리기 위해 식민지에 부과한 1764년의 설탕세, 1765년의 인지세에 대해 식민지의 여러 계층 사회 인사들이 반대하는 성명을 내고 '대표 없는 과세는 없다'라는 원칙을 공표했던 곳이다. 새뮤얼 애덤스가 포함된 혁명가 조직 '자유의 아들들'은 이곳에서 영국의 정책에 반대하는 연설을 했으며 최근까지도 오바마 대통령, 힐러리 클린턴 등 유명 인사들이 연설했다. 건물 앞에 콩그레스 스트리트 방향으로 새뮤얼 애덤스의 동상이 있다.

주소 Freedom Trail, Boston, MA 02109 운영 패뉼 홀 방문자 센터 수~일 11:00~17:00, 그레이트 홀 수~일 11:00~16:00(2024년 6월 현재 보전 작업 진행 중으로 관람 금지) 요금 무료 가는 방법 지하철 블루 라인 Government Center 역에서 도보 3분 또는 올드 스테이트 하우스에서 도보 5분. 홈페이지 www.nps.gov/bost/learn/historyculture/fh.htm

---

Travel Plus ▶ **퀸시 마켓 Quincy Market**

                                       Map P.209-B3

보스턴에 상업 시설이 늘어나면서 패뉼 홀만으로 공간이 부족하게 되자 짓게 된 상업 건물이다. 1826년 완공됐으며 당시 시장이던 조지아 퀸시 Josiah Quincy에서 이름을 따왔다. 패뉼 홀 동쪽에 길게 자리한 건물로 중심부에서는 둥근 돔이 있고 외관은 화강암으로 이루어져 있다. 주로 식료품을 파는 마켓이었으며 지금은 패뉼 홀, 노스 마켓, 사우스 마켓과 함께 패뉼 홀 마켓 플레이스 Faneuil Hall Marketplace를 형성하고 있다.

노스 마켓과 사우스 마켓은 기념품점, 레스토랑, 의류, 잡화 상점 등이 있고, 퀸시 마켓은 건물 전체가 푸드코트라 다양한 먹거리가 있다. 마켓의 식당들 중에서는 '보스턴 차우더'가 특히 유명한데, '클램 차우더'와 함께 버터를 바른 빵에 랍스터 살이 듬뿍 들어간 '랍스터 롤'을 함께 먹는 사람들이 많다. 퀸시 마켓의 역사에 대해 자세히 알고 싶다면 무료 가이드 투어 Quincy Market History Tour를 신청하면 된다.

주소 206 S Market St, Boston, MA 02109 운영 월~토 10:00~21:00, 일 12:00~18:00 가는 방법 지하철 블루 라인 Government Center역에서 도보 3분 또는 올드 스테이트 하우스에서 도보 5분. 홈페이지 www.quincy-market.com

⑬ 올드 노스 교회
Old North Church

Map P.209-B2

⑫ 폴 리비어 하우스
Paul Revere House

Map P.209-B2

1680년 보스턴의 부유한 상인 로버트 하워드 Robert Howard의 집으로 건축된 2층 목조 건물로 주인이 여러 번 바뀌었지만 가장 유명한 거주민은 폴 리비어다. 미국 독립혁명 역사에 길이 남은 그는 1770~1800년 사이에 거주했다. 1800년 그가 이 집을 판 후에는 이민자들의 보딩 하우스, 상점 등으로 쓰이기도 했다. 리비어의 증손자가 건물을 매입해 보수 공사를 거쳐 박물관으로 개관했다. 내부에는 폴 리비어 일가가 쓰던 가구, 물건들이 전시돼 있다.

주소 19 N Square, Boston, MA 02113 운영 4월 중순~10월 말 10:00~17:15, 11~4월 중순 10:00~16:15(1~3월 월요일 휴무) 요금 성인 $6 가는 방법 패뉼 홀에서 도보 7~9분. 홈페이지 www.paulreverehouse.org

---

Travel Plus ▶ **폴 리비어**
Paul Revere (1734~1818)

1775년 4월 18일 밤새 말을 달려 영국군이 공격하고 있음을 알려 독립전쟁의 첫 전투였던 '렉싱턴-콩코드 전투 Battles of Lexington and Concord'에서 식민지였던 미국이 승리할 수 있도록 공을 세운 독립전쟁의 영웅이다. '미드나이트 라이드 Midnight Ride'라 알려진 드라마틱한 스토리의 주인공인 그는 전쟁 후에 은 세공업자로 살아 갔으며 그가 만든 은제품, 판화 등이 보스턴 미술관에 전시돼 있다.

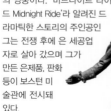

1723년 지어진 보스턴에서 가장 오래된 기독교 교회다. 높이가 53m에 달하며 첨탑은 1804년 훼손돼 미국의 건축가 찰스 불핀치 Charles Bulfinch가 새로 디자인했다. 내부는 화이트 톤에 햇빛이 잘 들어 화사하며 독특하게 좌석마다 칸막이가 있다. 무엇보다 이곳이 유명한 이유는 독립전쟁을 승리로 이끄는 데 기여한 '랜턴 스토리 Lantern Story' 때문이다. 교회 관리인이었던 로버트 뉴먼 Robert Newman은 1775년 4월 18일 밤 영국군이 침공한다는 소식을 알리기 위해 '육지로 오면 하나, 바다로 오면 둘 One if by land, two if by sea'이라는 암호에 따라 두 개의 불을 밝혔고 이를 본 폴 리비어가 밤새 말을 달려 식민지군인 민병대에 알렸다. 이로 인해 전쟁에 승리했으며 올드 노스 교회는 독립혁명사의 역사적인 장소가 됐다. 그 암호는 롱펠로의 시 'Paul Revere's Ride'에 인용되기도 했다.

교회 옆에는 기념품점과 오래된 인쇄소, 초콜릿 가게가 있고 교회 앞으로 이어지는 공원 Paul Revere Mall에는 말을 타고 달리는 모습의 폴 리비어 동상이 있어 함께 둘러볼 수 있다.

주소 193 Salem St, Boston, MA 02113 운영 화~토 10:00~17:00, 일 12:30~17:00 요금 성인 $5(투어 포함 +$3~5) 가는 방법 폴 리비어 하우스에서 도보 5분. 홈페이지 www.oldnorth.com

⑭ 콥스 힐 묘지
Copp's Hill Burying Ground

Map P.209-B2

보스턴에서 두 번째로 오래된 묘지로 노스 엔드 지역 북쪽 언덕에 위치한다. 과거 땅의 주인이었던 윌리엄 콥 William Copp의 이름을 따 콥스 힐 묘지라 부른다. 랜턴 스토리의 주인공이었던 로버트 뉴먼 Robert Newman, 17~18세기 경제를 이끌던 수천 명의 장인과 상인들은 물론 독립전쟁 당시의 희생자들이 이곳에 묻혀 지금까지 1만이 넘는 영령들이 잠들어 있다. 독립전쟁 당시에는 영국군이 이곳에 진지를 만들기도 했다.

주소 45 Hull St, Boston, MA 02113 운영 매일 09:00~16:00 가는 방법 올드 노스 교회에서 도보 2분. 홈페이지 www.boston.gov/cemeteries

스콧 대령이 이끄는 식민지군은 영국군에게 전멸당했다. 그러나 최후의 순간까지 저항하던 식민지군의 투혼은 결국 독립전쟁에서 최종 승리하게 된 원동력이 됐다. 294개의 나선형 계단을 오르면 보스턴의 아름다운 경치를 감상할 수 있다. 입구 쪽에(공원 아래의 길 건너편) 박물관이 있어 벙커 힐 전투와 독립전쟁에 관한 전시를 볼 수 있다.

주소 43 Monument Sq, Charlestown, MA 02129 운영 수~일 10:00~17:00(7/1~9/4, 11/13~1/2 수~일 10:00~16:30) 요금 무료 가는 방법 버스 93번 121 Bunker Hill St opp Lexington St. 하차 후 도보 3분. 홈페이지 www.nps.gov/bost/planyourvisit/bhm.htm

⑮ 벙커 힐 기념탑
Bunker Hill Monument

Map P.209-A1

보스턴 찰스타운이 내려다보이는 벙커 힐에 세워진 오벨리스크 모양의 화강암 기념탑으로 높이가 67m에 달한다. 1775년 6월 17일 치렀던 '벙커 힐 전투'에서 전사한 사람들을 기리기 위해 세워졌다. 렉싱턴-콩코드 전투에서 식민지군이 이긴 지 2달 후 벌어진 이 전투에서 윌리엄 프레

⑯ USS 컨스티튜션 호
USS(United States Ship) Constitution

Map P.209-B1

조지 워싱턴 대통령의 지시로 1797년 건조된 길이 62m, 폭 6.7m의 순양함으로 찰스타운 네이비 야드 도크에 정박 중이다. 세계 여러 곳에서 적을 무찔러 명성을 얻었으며, 특히 1812년 영국과의 전투에서 영국 군함 4척을 대파한 무적함대다. 상대 진영에서 쏜 대포알을 튕겨내 '철기대 Old Ironsides'로 불리기도 했다. 내부는 당시 사용했던 대포와 탄환, 함장실, 군인들의 침실 등이 있으며 30분 정도면 둘러볼 수 있다. 독특한 점은 현역 미 해군들이 가이드를 해주는 것이다. 18세 이상 성인은 보안 검색을 받기 때문에 반드시 신분증을 지참해야 한다. 선착장 안쪽으로는 USS 컨스티튜션 박물관 USS Constitution Museum이 있어 전시 관람은 물론 다양한 체험을 해볼 수 있다.

주소 93 Chelsea St, Charlestown, MA 02129 운영 배 봄·여름 화~일 10:00~18:00, 가을·겨울 매일 10:00~16:00 박물관 봄·여름 매일 09:00~18:00, 가을·겨울 10:00~17:00 요금 배는 선착순 무료, 박물관은 성인 $10~15 기부금 권장 가는 방법 버스 93번 Chelsea St @ Constitution Rd, 하차 후 도보 3분. 홈페이지 박물관사이트 ussconstitutionmuseum.org, 해군사이트 www.navy.mil/local/constitution

네이비 야드
Navy Yard

Map P.209-B1

해군 전함의 건조장으로 1801년에 지어져 미국에서 가장 오랜 역사를 자랑한다. 과거 이곳에서 군함 수백 척이 건조됐으며, 그중 제2차 세계대전 당시 활약했던 '캐신 영 USS Cassin Young'이 전시되어 가이드 투어를 통해 내부를 관람할 수 있다. 배를 만들거나 수리할 때 수문을 닫아 물을 빼고 작업하는 '드라이 도크 Dry Dock'도 흥미로운 볼거리인데, USS 컨스티튜션 호도 이곳에서 여러 차례 수리 및 복원 작업을 거쳤다.

주소 Charlestown, MA 02129 운영 방문자센터 여름 화~일 10:00~18:00, 겨울 수~일 10:00~16:00, 봄·가을 수~일 10:00~17:00, 캐신 영 수~일 10:00~16:30 월·화 휴관, 겨울 폐관 요금 무료 가는 방법 버스 93번 Chelsea St @ Constitution Rd, 하차 후 도보 2분. 홈페이지 www.nps.gov/bost/learn/historyculture/cny.htm

페리 타고 보스턴 하버로!

네이비 야드까지 걸어서 왔더라도 다시 돌아가는 길은 제법 멀다. 시내로 돌아가는 가장 편리한 방법은 페리를 타고 보스턴 하버로 가는 것이다. USS 컨스티튜션 박물관 옆쪽으로 찰스타운 네이비 야드 공원 Charlestown Naval Shipyard Park을 지나면 찰스타운 네이비 야드 페리 터미널 Charlestown Navy Yard Ferry Terminal이 있다. 여기서 페리를 타면 보스턴 하버의 풍경을 바라보며 10분간 이동해 롱 워프 Long Wharf에 도착한다. 롱 워프 선착장에 내리면 걸어서 시내로 갈 수 있고, 지하철 블루 라인을 이용할 수도 있다.
페리 요금 $3.70 페리 정보 www.mbta.com

비컨 힐
Beacon Hill
Map P.207-C2

비컨 힐은 보스턴 다운타운 서쪽에 자리한 지역 이름이다. 언덕 위에 매사추세츠 주청사가 있어 '비컨 힐'은 보스턴 정치를 상징하는 의미로 언급되기도 한다. 찰스강을 끼고 있는 동네는 보스턴에서도 유서 깊은 고급 주택단지이자 국립 사적지다. 마을 안으로 18세기 영국 조지안 양식의 연립주택들이 늘어서 있고 언덕의 좁은 골목길에는 돌길이 깔려 있어 낭만적인 유럽의 분위기를 자아낸다.

가는 방법 지하철 레드 라인 Charles/MG에서 내려 찰스 스트리트 Charles St.를 따라 걸으면 퍼블릭 가든까지 비컨 힐 중심 거리가 이어진다. 찰스 스트리트를 중심으로 뻗은 여러 골목으로 들어가면 오래된 건물들을 볼 수 있다.

퍼블릭 가든
Public Garden
Map P.207-C2

1837년 조성된 보스턴의 대표적인 도심 공원으로 보스턴 커먼 서쪽에 위치한다. 보스턴 커먼이 미국 최초의 공원이라면 퍼블릭 가든은 미국 최초의 공공 식물원이다. 습지를 가꿔 공원을 조성했으며 잘 관리된 잔디, 각종 꽃과 나무들이 있다. 정원의 산책로를 따라 산책이나 조깅을 하거나 휴식을 취하기 위해 찾는 시민들이 많다.

공원 서쪽에는 1869년 설치된 미국 초대 대통령 '조지 워싱턴' 동상이 있는데, 이곳에서는 보스턴의 고층 빌딩들과 녹음이 어우러진 아름다운 스카이라인을 감상할 수 있다. 그 외에도 공원 곳곳에 조각상이 있어 둘러보기 좋고, 중심에는 백조 보트가 다니는 큰 호수가 있다. 직접 페달을 돌려야 하는 수고로움 없이 즐길 수 있는 보트라서 여유롭게 즐기기 좋아 관광객들에게 인기 만점이다.

주소 4 Charles St, Boston, MA 02116 운영 매일 06:00~23:30 가는 방법 지하철 그린 라인 Arlington역 하차, 도보 1분. 홈페이지 www.boston.gov/parks/public-garden

뉴버리 스트리트
Newbury Street
Map P.206-B3

보스턴의 중심에 자리한 유명 쇼핑가다. 이곳은 반드시 쇼핑 목적이 아니더라도 들러볼 만한 특별한 매력이 있다. '미국의 번화가' 하면 흔히 연상되는 현대적인 건물 대신 19세기 브라운스톤 건물들로 가득해 고풍스러운 운치가 있다. 이 거리는 퍼블릭 가든에서부터 시작해 약 1.5km 정도 이어진다. 상점들뿐만 아니라 중간에 엠마누엘 교회, 코브넌트 교회와 같은 오래된 교회가 있고 소규모 갤러리와 노천 카페도 많아 여유 있게 구경하다 쉬어가기도 좋다. 상점들은 자라 ZARA, H&M 같은 중저가 브랜드도 있지만 대부분은 고급 브랜드가 주를 이룬다.

가는 방법 지하철 그린 라인 Arlington역에서 나오면 바로 보이는 알링턴 교회에서 한 블록만 걸으면 나온다.

코플리 스퀘어
Copley Square
Map P.207-C3

트리니티 교회, 올드 사우스 교회, 보스턴 공립 도서관 등의 고풍스러운 건축물과 존 핸콕 타워와 같은 고층 빌딩, 상점들로 둘러싸인 광장이다. 과거엔 보스턴의 주요 교육 및 문화 관련 기관들이 모여있었으며 현재는 시민들의 휴식처 역할을 하고 있다. 초상화가로 알려진 존 싱글턴 코플리 John Singleton

Copley를 기념하기 위해 광장 북쪽에 그의 동상을 세우고 '코플리 스퀘어'라 이름 지었다. 참고로 패트리어츠 데이 Patriots' Day에 열리는 '보스턴 마라톤' 경기의 결승점이기도 하여 경기 당일에는 차량이 통제되고 열차가 정차하지 않고 지나간다.

주소 560 Boylston, Boston, MA 02116 운영 매일 06:00~23:30 가는 방법 지하철 그린 라인 Copley역 하차, 도보 1분.

트리니티 교회
Trinity Church
Map P.207-C3

코플리 스퀘어 동쪽에 자리한 교회로 미국건축가협회에서 미국의 가장 중요한 10대 건물로 선정되기도 했다. 1733년 최초로 세워졌으나 1872년 보스턴 화재 당시 일부 소실돼 1877년 로마네스크 리바이벌 양식으로 지금의 자리에 지어졌다. 기와 지붕, 아치형으로 된 창문과 입구, 외벽에 나 있는 계단 등 독특한 건축 디자인이 눈길을 끈다. 인근의 여러 현대식 고층 건물들과 대조되어 더욱 고풍스럽다. 내부는 스테인드글라스와 벽화 등으로 장식돼 우아하고 중후한 멋을 느낄 수 있다. 입장료를 내고 관람할 수 있으며 가이드 투어나 셀프 오디오 가이드 투어를 이용할 수도 있다.

주소 206 Clarendon St, Boston, MA 02116 운영 화~토 10:00~17:00 요금 가이드 투어 $10(투어 일정은 홈페이지 참조) 가는 방법 지하철 그린 라인 Copley역 하차, 도보 3분. 홈페이지 www.trinitychurchboston.org

올드 사우스 교회
Old South Church
Map P.207-C3

1669년에 조직된 교회 연합체인 '제1 교회'에 반대해 1873년 지어진 '제3 교회'의 건물이다. 고딕 리바이벌 양식으로 지어졌으며 1937년에 증축했다. 이 교회의 대표적인 집회 회원으로는 새뮤얼 애덤스, 벤저민 프랭클린이 포함돼 있다.

건물은 건축학적으로 가치를 인정받아 국립 역사 유적지로 지정되기도 했다. 교회의 외벽은 노란색과 붉은색이 섞인 사암이 독특한 무늬를 형성하고 있으며 많은 아치가 있다. 또한 지붕 위로는 초록색 돔과 이탈리아 성당에서 영감을 얻은 랜턴이 달려 있고 고딕 양식의 종탑이 있어 인상적이다.

주소 645 Boylston St, Boston, MA 02116 운영 월~목 08:00~20:00, 금 08:00~21:00, 토 09:00~16:00, 일 08:30~16:00 요금 무료 가는 방법 지하철 그린 라인 Copley역 하차. 홈페이지 www.oldsouth.org

보스턴 공립 도서관
Boston Public Library
Map P.207-C3

1848년에 지어져 오랜 역사를 자랑하는 도서관이다. 웅장한 규모뿐 아니라 아름다운 건축과 공간 인테리어로도 유명하다. 관광객에게도 개방되어 자유롭게 관람할 수 있다. 구관과 신관으로 나뉜 2개의 건물로 이루어져 있으며 두 건물 사이에는 휴식을 취할 수 있는 안뜰이 있다. 건축가의 이름을 따 '매킴 빌딩 McKim Building'이라 부르는 구관은 1895년 완공된 르네상스 리바이벌 양식의 건물이다. 외관은 아치형 창문들이 사방으로 이어져 있고 내부는 대리석 계단과 조각, 벽화들이 화려하게 장식돼 있어 개관 당시 '시민들의 궁전'이라 불리기도 했다. 구관의 하이라이트는 천장이 아치형 돔으로 돼 있는 열람실 '베이츠 홀 Bates Hall'이다. 1972년에 오픈한 신관 역시 건축가의 이름을 따 '존슨 빌딩 Johnson Building'이라 불린다.

주소 700 Boylston St, Boston, MA 02116 운영 월~목 09:00~20:00 금·토 09:00~17:00 일 11:00~17:00 요금 무료 가는 방법 지하철 그린 라인 Copley역 하차. 홈페이지 www.bpl.org

뷰 보스턴
View Boston
Map P.206-B3

보스턴을 360도로 조망할 수 있는 전망대다. 52층에 달하는 보스턴에서 두 번째로 높은 마천루 '푸르덴셜 타워'의 50층에 위치한다. 보스턴에서 제일 높은 빌딩은 존 핸콕 센터지만 전망대가 없기 때문에 실제로는 이곳이 보스턴에서 가장 높은 전망대다. 북쪽으로 찰스강과 하버드 대학, MIT 공과대학이 보이고 동쪽으로 존 핸콕 타워와 보스턴 커먼, 멀리 로건 공

항까지 보인다. 티켓은 푸르덴셜 타워 아케이드에 있는 키오스크나 전망대 입구 매표소에서 구매할 수 있으나, 홈페이지에서 할인 행사를 종종 하므로 미리 확인해서 온라인으로 구매하는 것이 좋다. 티켓은 포함 내용에 따라 종류가 다양한데 가장 저렴한 것은 입장권만 포함된 스탠더드 티켓이다.

주소 800 Boylston St, Boston, MA 02199 운영 매일 10:00~22:00 요금 티켓 종류에 따라 성인 $29.99~49.99 (온라인에서 종종 할인 행사가 있다) 가는 방법 지하철 그린 라인 Prudential역 하차. 홈페이지 https://viewboston.com

보스턴 미술관
Boston Museum of Fine Arts
Map P.206-B3

문화의 도시 보스턴을 더욱 빛나게 하는 명소다. 1870년에 설립되어 1876년에 개관했으며 1909년에 지금의 건물로 옮겨왔다. 50만여 점에 이르는 방대한 작품을 소장하고 있는데, 이는 세계적으로도 손꼽히는 규모다. 현대, 유럽, 미국, 아시아, 오세아니아, 아프리카, 보석, 악기, 프린트 사진 등의 테마관이 4개 층에 나뉘어 전시되어 있다. 특히 유럽 회화관에선 피터 브루겔, 엘 그레코, 벨라스케스, 렘브란트, 고야, 터너, 고흐, 마네, 드가, 모네, 세잔, 르누아르, 고갱, 피카소 등 유명 화가의 작품들을 감상할 수 있다. 그 외에도 다양한 이집트 미술품 컬렉션과 상당량의 미국 미술품도 전시하고 있다.

전시실 외에도 여러 부대시설이 운영된다. 1층 방문자 센터에서는 가이드 투어 신청을 할 수 있으며 기념품점, 카페테리아도 곳곳에 있다. 특히 방문자 센터 옆에 위치한 칼더우드 코트야드 Calderwood Courtyard는 천장이 높고 넓게 트인 휴식 공간으로 티타임을 가지거나 간단한 식사를 하기에 좋다. 방대한 양의 전시물을 한 번에 다 보기는 힘들기 때문에 미술관 지도를 참고해 관람 순서를 정하고 이동하는 것이 좋다.

주소 465 Huntington Ave, Boston, MA 02115 운영 수~월 10:00~17:00(목~금 ~22:00) 휴관 화, 1/1, 4월 셋째 월요일, 7/4, 추수감사절, 크리스마스 요금 일반 $27, 7~17세 $10, 6세 이하 무료. 가는 방법 지하철 그린 라인 Museum of Fine Arts역 하차 후 도보 2분. 홈페이지 www.mfa.org

보스턴 미술관 주요 작품

호르텐시오 수사 Fray Hortensio Félix Paravicino, 1609
엘 그레코 El Greco

60대의 엘 그레코가 삼위일체 수도회의 총장이자 시인, 교수였던 29세의 호르텐시오 수사를 그린 것이다. 그들은 나이를 초월해 서로의 재능을 인정하고 존경하던 친구 사이였다. 고귀한 성품의 호르텐시오 수사는 당시 사람들에게 선망의 대상이었는데 엘 그레코는 지적이면서도 젊고 아름다운 그의 모습을 그림 속에 잘 담아냈다.

폴 리비어의 초상 Portrait of Paul Revere, 1768
존 코플리 John Singleton Copley

폴 리비어는 미국의 독립전쟁 첫 번째 전투에서 영국군의 침공을 알려 공을 세운 사람이다. 전쟁 후에는 은 세공업자로 살았으며, 그림 속의 폴 리비어는 흰 셔츠를 입고 자신이 만든 주전자를 들어 살피고 있다. 이 그림을 그린 보스턴 출신의 유명한 초상화가 존 코플리는 노동하는 사람의 모습을 실감나게 묘사해 당시에 큰 주목을 받았다. 코플리는 보스턴 미술관에만 100점이 넘는 작품을 남겼으며 '폴 리비어의 초상'은 그중 가장 유명한 작품이다.

로마 풍경 갤러리 Picture Gallery with Views of Modern Rome, 1757
조반니 파니니 Giovanni Paolo Panini

풍경이나 건물의 내부를 자주 묘사했던 파니니는 당시의 모습을 볼 수 있는 흥미로운 작품들을 많이 남겼다. 이 그림 속에는 바닥에 세워지거나 벽에 걸린 수많은 그림과 조각이 있다. 자세히 들여다보면 세세하게 묘사된 트레비 분수, 스페인 계단 등 근대 로마의 화려한 풍경들을 엿볼 수 있다.

일본 여인 La Japonaise, 1875
클로드 모네 Claude Monet

서양에서 일본 미술이 한창 유행하던 당시에 그려진 작품이다. 모네의 부인이었던 카밀이 기모노를 입고 부채를 든 채 포즈를 취하고 있다. 동양의 옷을 입었지만 서양인을 상징하는 금발이 대조적이다. 오리엔탈리즘이나 제국주의 논쟁의 대상이 되기도 하는 작품이지만 일본 예술품이 유난히 많은 보스턴 미술관의 주요 미술품 중 하나다.

우체부 조셉 룰랭의 초상 Portret van de postbode Joseph Roulin, 1888 반 고흐 Vincent van Gogh

고흐의 작품에 자주 등장하는 조셉 룰랭은 고흐가 언급했던 대로 알코올 중독자 같지만 친근함이 느껴지는 모습이다. 불그스름하게 취기가 오른 얼굴로 의자에 걸터앉아 있는 그는 고흐가 아를에 머물던 시절에 고흐에게 기꺼이 모델이 되어준 몇 안 되는 이웃이며 외로운 고흐에게 따뜻함을 주었던 친구였다. 이 작품은 룰랭을 모델로 한 6점의 유화 중 하나이며 고흐는 룰랭 가족의 초상화도 여러 점 그렸다.

부지발의 무도회 Dance-At-Bougival, 1883
르누아르 Pierre-Auguste Renoir

인상주의 화가로 유명한 르누아르가 중년에 그렸던 이 작품은 '도시의 무도회'와 대비되는 과감한 모습과 화려한 색감을 느낄 수 있다. 르누아르 '춤 시리즈' 3작품 중 하나로 원근법을 이용해 배경 인물을 표현한 아름다운 작품이다. 그림 속 여인의 빨간 두건과 흰 드레스, 남성의 노란 모자와 청색 옷이 색의 대비를 이루고 있다. 프랑스의 작은 마을 부지발에서 춤을 추고 있는 두 인물은 사람의 크기와 비슷하게 그려졌기 때문에 실물로 보면 더욱 실감나고 압도적이다.

우리는 어디서 와서 어디로 가는가?
D'où venons-nous? Que sommes-nous? Où allons-nous?, 1897 폴 고갱 Paul Gauguin

그림의 오른쪽부터 인간의 탄생과 삶, 죽음에 관한 철학적인 질문을 던지고 있는 이 작품은 고갱이 가장 힘든 시기에 그린 대표작이다. 생활고와 나빠진 건강, 딸의 죽음은 그로 하여금 죽음을 생각하게 했고 이 그림을 통해 유언의 의미를 담고자 했다. 지상낙원인 줄 알았던 타히티에서 습작 데생 없이 한 달 만에 그렸다고 하며, 여러 연령대의 사람들을 통해 인생을 묘사했다. 왼쪽 위에서 그의 딸의 모습도 볼 수 있다.

에드워드 달리 보이트의 딸들
The Daughters of Edward Darley Boit, 1882
존 싱어 사전트 John Singer Sargent

초기 인상주의 화가인 존 싱어 사전트는 미국에서 초상화가로 명성을 얻었으며 주로 부유한 상류층의 인물화를 그렸다. 이 작품은 그가 파리에 머물던 시절 보스턴 출신의 보이트가 가족을 데리고 파리를 방문했을 때 그린 것이다. 네 명의 딸이 등장하는 이 그림은 기존의 그의 화풍과는 달리 사실적으로 표현됐다. 그림 속의 커다란 일본풍 화병을 실제로 세운 사이에 그림을 전시해 더욱 돋보인다.

사비니 여인의 납치
The Rape of the Sabine Women, 1963
파블로 피카소 Pablo Picasso

로물루스와 레무스가 로마를 세운 후 이웃 부족인 사비니의 여인들을 납치한 사건은 많은 화가들의 단골 소재였다. 로마군과 사비니 남자들의 전투 모습을 그린 이 작품엔 당시 사실적으로 작품을 묘사한 다른 화가들과 달리 피카소 특유의 화풍과 남다른 시선이 담겨 있다. 피카소가 죽기 10년 전 작품이며 82세에 완성했다.

델라웨어로 가는 길 The passage of the Delaware, 1819
토머스 설리 Thomas Sully

1776년 크리스마스 밤, 조지 워싱턴 장군이 부하들과 함께 영국군을 공격하기 위해 얼음이 언 델라웨어강을 건너며 뉴저지로 진격하는 모습을 그린 작품이다. 미국은 다음 날 치른 트렌턴 전투에서 영국군에 타격을 주었고, 독립혁명의 사기가 다시 치솟으며 전세가 역전되는 중요한 계기가 되었다. 미국의 초상화가인 설리는 악천후를 뚫고 뒤따라오는 부하들을 살펴보는 조지 워싱턴을 사려 깊은 영웅으로 묘사했다.

이사벨라 스튜어트 가드너 뮤지엄
Isabella Stewart Gardner Museum(ISGM)

Map P.206-B3

미국의 미술품 수집가이자 예술 후원가였던 이사벨라 스튜어트 가드너 Isabella Stewart Gardner에 의해 지어진 아름다운 박물관이다. 1903년에 문을 열었으며 'ㅁ'자 구조의 4층 건물로 중앙에 안뜰이 있다.

1층에는 회랑이 있어 정원과 연결되며 2~4층에서는 창문에서 안뜰이 내려다보이도록 지어졌다. 사방이 건물에 둘러싸인 유럽풍의 안뜰에는 예술 조각과 아담한 분수가 있고, 높은 유리 천장으로 햇빛이 쏟아져 아득한 느낌을 더한다. 1~3층에는 이사벨라가 수집한 회화, 도서, 가구, 장식예술품 등 2,500여 점의 소장품으로 가득하며 특별전을 위해 유리로 된 건물을 신축했다. 전시실에는 회화 작품뿐 아니라 장식품, 태피스트리, 조각 등 다양한 종류가 있다.

주소 25 Evans Way, Boston, MA 02115 운영 월·수~금 11:00~17:00(목요일은 21:00까지) 토·일 10:00~17:00 휴관 매주 화요일, 1/1, 패트리어츠 데이(4월 셋째 월요일), 7/4, 추수감사절, 12/24~12/25 요금 성인 $20, 대학생 $13, 17세 미만 무료. 가는 방법 지하철 그린 라인 Longwood 또는 Museum of Fine Arts역 하차, 도보 3분. 홈페이지 www.gardnermuseum.org

보스턴 현대 미술관
The Institute of Contemporary Art (ICA)

Map P.207-D2

1936년에 처음 설립되었으나 2006년에 지금의 위치인 보스턴 이너 하버로 옮겨오면서 건물도 매우 현대적인 모습으로 바뀌었다. 동시대 예술이라는 주제에 걸맞게 미디어 전시관과 같은 현대적인 시설들을 갖추고 있다. 큰 통유리를 통해 바다가 보이는 전시실을 만드는 등 독특하고 아름답게 갤러리를 꾸며 놓아 미술 애호가들의 사랑을 받고 있다.

주소 25 Harbor Shore Drive, Boston, MA 02210 운영 화~일 10:00~17:00(목, 금 21:00까지) 휴관 매주 월요일, 1/1, 패트리어츠 데이(4월 셋째 월요일), 7/4, 추수감사절, 크리스마스 요금 일반 $20, 학생 $15, 매주 목요일 17:00~21:00 무료 가는 방법 실버 라인 SL2 Courthouse역 하차, 도보 6분. 홈페이지 www.icaboston.org

보스턴 티 파티 십스 앤 뮤지엄
Boston Tea Party Ships & Museum

Map P.207-D2

미국 독립전쟁사의 서막을 알렸던 보스턴 티 파티 사건과 관련된 각종 체험과 전시 관람을 할 수 있다. 정해진 인원으로 그룹 투어만 가능하며 티켓 구입 후 미팅 하우스에 모여서 투어를 시작한다. 이곳에서 인디언을 상징하는 깃털과 당시 사건 관련자의 이름이 적힌 카드, 안내서를 받고 나면(한국말 안내서도 있다) 새뮤얼 애덤스 복장을 한 가이드가 당시의 장면을 재현하는 퍼포먼스를 하면서 관람객을 인솔해 박물관을 돌아본다. 배 위에서 티 박스를 배 밖으로 던지는 체험도 하고 전시물을 다 관람하면 티룸에서 차도 한 잔 마실 수 있다.

입장료는 다소 비싸지만 그룹 투어를 통해 색다르게 역사를 알아갈 수 있어 의미가 있다. 보스턴 티 파티 사건이 일어났던 실제 장소는 이 박물관에서 조금 떨어져 있으며, 지금은 매립되어 기념비만이 남아 있다. 주소 306 Congress St, Boston, MA 02210 운영 첫 투어 10:00, 마지막 투어 17:00(비시즌 마지막 투어 16:00) 요금 성인 $35, 5~12세 $26 가는 방법 버스 4번 Purchase St / Pearl St 하차. 도보 6분 홈페이지 www.bostonteaparty ship.com

보스턴 과학 박물관
Boston museum of Science

Map P.207-C1

보스턴에서 케임브리지로 이어지는 Monsignor O' Brien Highway 도로상에 자리한 박물관이다. 공룡, 화석, 우주, 교통, 의학, 수학 등 다양한 주제의 700여 가지 과학 전시물을 소장하고 있다. 1830년에 자연사학회에 의해 설립됐으나, 1951년에는 자연사 외에도 다양한 과학 분야로 전시 영역을 넓혀 재개관했다. 이곳이 특별한 이유는 전시물 관람뿐아니라 체험관을 운영하며 보다 생생한 과학 교육의 기회를 제공하기 때문이다. 박물관 내에 있는 식당에서는 찰스강을 조망할 수 있다.

주소 1 Museum Of Science Driveway, Boston, MA 02114 운영 매일 09:00~17:00 요금 일반(12세 이상) $29, 60세 이상 $25, 3~11세 $24 가는 방법 지하철 그린 라인 Science park역 하차. 찰스강을 건너는 도로상에 있다. 홈페이지 www.mos.org

케네디 도서관과 박물관
John F Kennedy Presidential Library and Museum

미국의 35대 대통령 존 F 케네디의 생애와 업적에 관련된 자료들을 보관 및 전시하고 있다. 소장품 가운데는 헤밍웨이와 관련된 컬렉션도 다수 있어 눈에 띈다. 건물 역시 매우 특별한데, 심플한 구조에 현대적인 모습을 한 이 건물은 파리 루브르 박물관의 피라미드를 설계한 건축가 아이 엠 페이 I M Pei가 설계해 더 유명하다. 보스턴 시내에서 멀리 떨어져 있기 때문에 대중교통을 이용하기가 불편하지만, 바닷가 인근이라 가벼운 드라이브를 즐기기에는 괜찮다. 내부 카페에서 탁 트인 바다 풍경을 바라보기도 좋다.

주소 Columbia Point, Boston, MA 02125 운영 매일 10:00~17:00(입장은 15:30까지) 휴관 1/1, 추수감사절, 크리스마스 요금 일반 $18, 대학생 $12, 13~17세 $10 가는 방법 지하철 레드 라인 JFK/UMASS 하차. 역에서 박물관까지 무료 셔틀 또는 Mt Vernon St.를 따라 도보로 약 1km. 홈페이지 www. jfklibrary.org

하버드와 MIT가 자리한 교육의 도시 **케임브리지**

보스턴 서쪽의 찰스강 건너에 위치한 케임브리지는 유서 깊은 교육의 도시다. 세계적으로 유명한 하버드 대학교와 MIT 대학이 있으며 캠퍼스 주변으로는 카페, 레스토랑, 서점 등이 있어 젊은이들이 항상 북적이고 활기찬 분위기다. 고풍스러운 붉은 건물의 시청 건물과 공립 도서관도 인상적이다.

하버드 대학교 Harvard University

미국 최초의 대학이자 최고의 대학으로 꼽히는 하버드는 1636년 매사추세츠주 일반 의회에 의해 설립됐다. 처음에는 '뉴 타운 칼리지 The college at New Towne'라는 이름으로 불리다가 영국의 목사였던 존 하버드 John Harvard가 사망하면서 많은 장서들과 재산을 학교에 기증하자 이를 기리기 위해 '하버드 칼리지 Harvard College'로 이름을 바꿨다. 학부 외에 메디컬 스쿨, 로 스쿨 등 전문 대학원이 차례로 생기면서 지금의 종합대학으로 발전했다. 세계에서 가장 많은 노벨상 수상자를 배출했으며 정치인, 기업가, 학자 등 세계적인 인재들이 졸업했다.

캠퍼스는 〈하버드 야드〉를 중심으로 그 인근과 강 건너 남쪽 올스턴 지역까지 이어지기 때문에 상당히 크지만 관광객들은 개교 초기부터의 역사가 고스란히 남아 있는 하버드 야드를 중심으로 보면 된다.

주소 안내 센터 1350 Massachusetts Avenue Cambridge, MA 02138 가는 방법 지하철 레드 라인 Harvard역 하차. 홈페이지 www.harvard.edu/visit

하버드 셀프 가이드앱

캠퍼스 투어에 참여하고 싶다면 홈페이지를 통해 반드시 예약해야 한다. 인원이 제한적이기 때문에 미리 서두르는 것이 좋다. 투어는 입학, 역사 등에 특화된 여러 종류가 있다. 가이드가 없이 자유롭게 돌아다니고 싶다면 하버드 공식 어플을 다운받아서 설명을 들으면서 다닐 수 있다. 자세한 캠퍼스 지도는 물론 한국어 안내도 있어 편리하다.

★ 하버드 야드 Harvard Yard

하버드 대학교 캠퍼스의 중심이자 개교 초기의 캠퍼스에 해당한다. 이곳에는 신입생 기숙사와 총장실이 있는 매사추세츠 홀 Massachusetts Hall, 메모리얼 교회 Memorial Church, 그리고 여러 도서관들이 모여 있다. 여름에는 나무가 우거져 서늘한 그늘이 드리우기 때문

에 곳곳에 앉아서 담소를 나누는 낭만적인 캠퍼스의 풍경도 볼 수 있다. 하버드 야드로 통하는 입구는 25개나 되는데 존스톤 게이트 Johnstone Gate, 덱스터 게이트 Dexter Gate, 맥킨 게이트 McKean Gate 등 각기 다른 모습으로 운치가 있다.

★ 존 하버드 동상 John Harvard Statue

이곳에서 가장 인기 있는 곳은 존 하버드 목사의 동상이다. 이 동상의 왼발을 만지면 3대 안에 하버드 대학에 입학할 수 있다는 전설이 있어 수많은 관광객들이 발을 만지며 사진을 찍기 위해 줄을 서 있다.

★ 와이드너 도서관 Widener Memorial Library

동상 왼쪽으로 들어가면 계단이 있는 육중한 건물이 있다. 타이타닉호 침몰로 사망한 하버드생 '해리 와이드너'를 기리기 위해 그의 부모가 기증해 지은 도서관이다. 와이드너의 부모는 그 같은 비극이 다시는 일어나지 않도록 하버드 학생들에게 수영을 가르치고 시험을 보도록 조건을 걸었다고 한다. 도서관 안에는 구텐베르크 성경 등 고서들과 함께 와이드너 가족을 기리는 기록실이 있다.

★ 메모리얼 교회 Memorial Church

1858년에 지어진 애플턴 채플 Appleton Chapel이 철거된 자리에 1932년 지어진 교회로 도서관과 마주하고 있는 뾰족하고 하얀 지붕의 교회다. 제1차 세계대전에서 희생당한 하버드 학생들을 추모하기 위해 건립되었다.

★ 메모리얼 홀 Memorial Hall

교회 뒤편으로 길을 건너가면 나타나는 붉은색 신고딕 양식의 아름다운 건물이다. 남북전쟁에서 전사한 학생들을 추모하기 위해 1860년에 지어진 건물이며 미국의 국립사적지로 지정됐다. 건물 안에는 샌더스 극장 Sanders Theatre과 신입생의 다이닝 홀인 애넌버그 홀 Annenberg Hall 등이 있는데, 일반인이 방문하기 쉬운 곳은 메모리얼 트랜셉트 The Memorial Transept다. 대리석 바닥에 검은 호두나무 판넬과 화려한 스테인드 글라스가 있는 아름다운 기념홀이다.

★ 박물관 건물

하버드 자연사 박물관 Harvard Museum of Natural History 과 피바디 고고학과 민속학 박물관 Peabody Museum of Archaeology & Ethnology은 연결되어 있는 건물이다. 각각 볼거리가 많은데 특히 피바디 미술관은 세계에서 가장 오래된 인류학 박물관 중 하나로 꼽힌다.

주소 26 Oxford St, Cambridge, MA 02138 운영 매일 09:00~17:00 요금 (2개 박물관 통합) 일반 $15, 학생 $10 홈페이지 자연사 박물관 hmnh.harvard.edu 피바디 박물관 peabody.harvard.edu

★ 하버드 미술관

Harvard Art Museums

하버드 야드 동쪽에 위치한 이곳은 과거 3개의 미술관이 통합된 곳이다. 세계적인 건축가 렌조 피아노의 설계로 2014년 리노베이션을 거쳐 공간을 확충해 쾌적하고 편리한 전시환경을 만들었다. 특히 천장이 유리 피라미드로 이루어져 있어 자연채광이 가능하다. 고흐, 피카소, 보티첼리, 티치아노, 앵그르, 코플리 등 유명 화가들의 작품과 아프리카, 이집트, 동양관 등 다양한 주제의 전시관이 있다. 대학 미술관으로는 규모가 상당히 크며 작품은 주로 1~3층에서 전시한다.

주소 32 Quincy St, Cambridge, MA 02138 운영 화~일 10:00~17:00, 월 휴관 요금 무료 홈페이지 www.harvardart museums.org

MIT (매사추세츠 공과대학) Massachusetts Institute of Technology

많은 천재 과학자를 배출하는 곳으로 명성이 자자한 MIT는 지질학자 윌리엄 바번 로저스 William Barton Rogers가 1861년에 설립한 세계적인 공과대학이다. 1916년 캠퍼스가 보스턴에서 케임브리지로 이전했다. 공과대학으로 알려져 있어 많은 사람들이 과학 계열의 학과만 있는 것으로 생각하지만 인문, 사회, 예술 계열의 학과들도 있으며 이들 역시 세계 최고의 교육 수준을 자랑한다. 캠퍼스를 걷다 보면 독특한 디자인의 건물들과 공공예술 작품들을 볼 수 있는데, 이는 서로 다른 분야의 학문이 조화를 이루고 융합하고 있음을 상징적으로 보여준다. 투어를 통해 대학을 좀 더 자세히 보고 싶다면 홈페이지나 어플을 통해 미리 신청해야 한다.

주소 292 Main St, Cambridge, MA 02142 가는 방법 지하철 레드 라인 Kendall역에서 하차하면 바로 주변에 학교 건물들이 있으며 안내 센터까지는 도보 1분. 홈페이지 www.mit.edu

★ 킬리언 코트 Killian Court

건축가 윌리엄 웰스 보즈워스 William Welles Bosworth가 디자인한 이곳은 캠퍼스 중심에 위치한 잔디 광장으로 오리엔테이션 같은 학교의 주요 행사가 열린다. 열주와 돔이 눈에 띄는 건물인 그레이트 돔 The Great Dome 앞에 자리하며 찰스강 건너편으로 보스턴의 아름다운 스카이라인이 바라보인다. 로마 판테온을 본뜬 건물에는 바커 엔지니어링 도서관 Barker Engineering Library이 있다.

가는 방법 지하철 레드 라인 Kendall역에서 도보 10분

★ 스타타 센터 Stata Center

여러 건물이 붙어 있는 형상을 한 이 독창적인 건물은 건축가 프랭크 게리 Frank Gehry가 디자인했으며 2004년 완공됐다. 벽돌, 알루미늄, 금속 등의 재료를 이용해 건물이 구겨진 듯한 모습을 표현했다. 이곳에는 컴퓨터 과학 및 인공지능 연구실 Computer Science and Artificial Intelligence Laboratory(CSAIL)을 비롯해 여러 연구실이 들어서 있는데, 창의적인 공간이 연구에 도움을 준다는 의도가 담겨 있다. 독특한 외관은 질서가 없고 산만해 보인다는 혹평과 창의적이고 대담한 시도라는 호평을 동시에 얻으며 큰 이슈가 되었다.

가는 방법 지하철 레드 라인 Kendall역에서 도보 10분 또는 킬리언 코트에서 도보 7분

보스턴은 항구 도시답게 각종 해산물 요리가 유명하다. 특히 뉴 잉글랜드의 랍스터 요리는 여름철에 즐기기 좋은 최고의 추천 메뉴다. 겨울에는 조갯살과 감자로 만든 부드러운 크림 수프인 클램 차우더가 인기인데, 식당에 따라 짠맛이 강한 곳도 있지만 추운 날씨에 든든하게 배를 채우고 몸을 녹이기에 그만이다.

서머 쉑 $$
Summer Shack
Map P.206-B3

'Food is Love'라는 슬로건 아래 인근 지역에서 수확한 신선한 재료로 만든 뉴 잉글랜드 스타일의 해산물 요리를 맛볼 수 있는 곳이다. 굴, 랍스터, 생선 등을 이용한 다양한 해산물 요리가 있다. 그중 랍스터 요리가 특히 유명한데 찜이나 구이로 즐길 수 있는 랍스터 롤이 가장 인기가 많다. 주문 즉시 조리하기 때문에 신선하고 향이 살아 있는 게 특징이다. 피시 앤 칩스 같은 생선 요리도 맛있고 해산물이 들어가지 않은 단품 메뉴도 있다.

[보스턴 점]
주소 50 Dalton St, Boston, MA 02115 영업 월~금 16:00~22:00 토~일 11:30~22:00 가는 방법 스카이 워크 천문대에서 도보 4분.

[케임브리지 점]
주소 149 Alewife Brook Pkwy, Cambridge, MA 02140 영업 일~목 11:30~21:00 금~토 11:30~22:00 가는 방법 하버드 광장에서 자동차로 10분.

홈페이지 summershackrestaurant.com

리걸 시 푸드 레스토랑 $$$
Legal Sea Foods
Map P.207-C3

보스턴 관광객들에게 너무나도 유명한 해산물 전

문 레스토랑이다. 1950년 케임브리지의 한 시장에서 출발해 지금은 공항과 보스턴 일대를 비롯한 동부 지역에 많은 지점을 두고 있다. 랍스터, 생굴, 크랩 케이크, 클램 차우더, 새우 칵테일, 홍합 등 다양한 해산물 요리를 신선하게 즐길 수 있다.

[롱 와프점 Long Wharf]
주소 255 State St, Boston, MA 02109 영업 일~목 11:00~22:00 금·토 11:00~23:00 가는 방법 지하철 블루 라인 Aquarium역에서 도보 1분.

[코플리 플레이스점 Copley Place]
주소 100 Huntington Ave, Boston, MA 02116 영업 일~목 11:30~21:00 금·토 11:30~22:00 가는 방법 코플리 플레이스 내 위치. 홈페이지 www.legalseafoods.com

---

Travel Plus ▶ **랍스터 롤**
Robster Roll

해산물 요리가 유명한 보스턴에서 특히 유명한 것이 바로 랍스터 롤 Lobster Roll이다. 랍스터의 저렴한 버전이기도 하지만 껍질을 벗길 필요 없어 간편하게 먹기 좋다. 랍스터 롤은 랍스터 살덩이에 마요네즈 등을 버무려 버터에 구운 빵에 끼워 샌드위치처럼 먹는다. 랍스터가 들어가 일반 샌드위치보다는 비싼 편이지만 보스턴을 비롯한 뉴 잉글랜드 지방에서는 랍스터를 속재료로 넉넉히 채운 매우 고급스러운 샌드위치를 즐길 수 있다.

차이나 펄 레스토랑
China Pearl Restaurant

$$

Map P.207-D2

다운타운의 차이나타운 안에 자리한 중국 식당으로 현지인들 사이에서 딤섬 맛집으로 인기가 높다. 이 식당이 재미있는 것은 종업원들이 카트에 음식을 담아 끌고 다니기 때문에 직접 음식을 보고 고를 수 있다는 점이다. 다양한 종류의 딤섬을 맛볼 수 있는 건 물론, 중국인들이 아침식사로 즐겨먹는 죽, 그밖에 디저트와 차 메뉴도 있다. 손님이 몰릴 때는 서비스가 다소 느린 게 아쉽다.

주소 9 Tyler St, Boston, MA 02111 영업 임시휴업 가는 방법 지하철 오렌지 라인 차이나타운 Chinatown역에서 도보 4분.

더 프렌들리 토스트
The Friendly Toast

$$

Map P.207-C3

보스턴에서 브런치 맛집으로 손꼽히는 곳이다. 아침부터 밤까지 식사가 가능하며, 브런치 시간에 맞춰서 가면 줄을 많이 서야 해서 아침 일찍 방문하는 사람들까지 있을 정도다. 오믈렛, 에그 베네딕트, 팬케이크, 와플, 수프, 타코, 버거, 샌드위치 등 메뉴도 다양해 선택의 폭이 넓고 대체로 맛도 좋다. 매장 분위기도 독특한데 화려한 디자인의 벽지와 그림, 인테리어 소품들로 인해 펑키한 느낌을 준다.

주소 35 Stanhope St, Boston, MA 02116 영업 월~금 08:00~15:00, 토·일 08:00~17:00

가는 방법 코플리 스퀘어에서 도보 5분 홈페이지 the friendlytoast.com

토로
Toro

$$$

Map P.207-C3

보스턴 서남쪽의 사우스 엔드 지역에 위치한 이곳은 타파스를 비롯한 각종 스페인 요리를 선보이는 레스토랑겸 바다. 해산물이 가득한 파에야 Paella, 각종 타파스 등 스페인 요리를 맛볼 수 있으며, 바에서 간단하게 와인이나 상그릴라 같은 주류를 즐길 수도 있다. 매장은 캐주얼한 분위기로 오픈 키친을 통해 조리 과정도 볼 수 있다. 참고로 가게 이름인 Toro는 투우용 수소를 의미한다.

주소 1704 Washington St, Boston, MA 02118 영업 디너 일~목 17:00~22:00, 금·토 17:00~23:00 가는 방법 버스 15번 Washington St. @ Worcester St. 하차 후 도보 1분. 홈페이지 www.toro-restaurant.com

테이스티 버거
Tasty Burger
$
Map P.206-B3

2010년 보스턴에
문을 연 햄버거
전문점. 칼로리가
높고 몸에 안 좋
다는 인식이 강한
햄버거도 건강하게 즐길 수 있음을 보여주는 현대적
인 패스트푸드 식당이다.
신선하고 맛있는 햄버거를 만들기 위해 사용되는 모
든 식재료를 철저하게 관리하고 있는데, 그중에서
도 천연 목초를 먹여 키운 청정 소고기를 사용하는
것으로 유명하다. 햄버거의 종류도 매우 다양하다.
2014년 보스턴 레드삭스 Boston Red Sox의 공식
햄버거로 지정돼 많은 야구 팬들이 경기장에서 야구
를 즐기며 먹기도 한다. 보스턴에 2개, 케임브리지에
2개의 매장이 있다.
주소 펜웨이점 86 Van Ness St. Boston, MA 02215 영업 매
일 11:00~02:00 가는 방법 보스턴 미술관에서 도보 10분.
홈페이지 www.tastyburger.com

소스 레스토랑
Source Restaurants
Map P.206-A1

하버드 야드 서쪽으로 100m 떨어진 곳에 위치한 이
곳은 현지에서 인기 있는 이탈리안 레스토랑이다.
리뉴얼을 마친지 오래되지 않아 깔끔하고 사람들이
많다. 10가지 종류가 넘는 피자와 파스타 등 다양한
이탈리안 메뉴를 선보이고 있는데 그중 화덕에 굽는
피자, 스몰 플레이트인 브뤼셀 스프라우트 맛이 좋
다. 샐러드, 맥주, 와인 등 사이드 메뉴도 많다.
주소 27 Church St. Cambridge, MA 02138 영업 월~목
12:00~22:00, 금·토 12:00~23:00, 일 11:00~21:00 가

는 방법 하버드 광장에서 도보 2분 홈페이지 www.source
restaurants.com

카페 네로
Caffe Nero
$$
Map P.207-C2

푸른색 차양이 드리워진 카페 네로는 런던에서 탄
생한 영국의 유명 커피 체인점이다. 영국과 커피는
왠지 어울리지 않을 것 같지만 남다른 커피 맛으로
전 세계 800개가 넘는 매장을 확장하는 데 성공했
다. 미국에서는 유일하게 보스턴에만 있다.
주소 10 Summer St, Boston, MA 02110 영업 월~금
06:30~20:30 토·일 07:00~20:30
주소 1 Center Plz Suite 101, Boston,
MA 02108 영업 월~금 06:30~18:00,
토·일 07:30~16:00 홈페이지 www.
caffenero.com

Shopping

🛍 사는 즐거움

보스턴에서 가장 유명한 쇼핑 거리는 단연 뉴버리 스트리트 Newbury Street다(P.219 참조). 거리를 따라 유럽풍 건물들이 이어지며 고풍스러운 운치를 자아낸다. 쇼핑을 즐기지 않더라도 오래된 교회와 갤러리, 카페 등 볼거리가 가득하다.

코플리 플레이스
Copley Place
Map P.207-C3

시내 중심에 자리한 3층 규모의 쇼핑몰로 쇼핑과 식사, 숙박이 원스톱으로 가능하고 역사적인 명소와도 가까워 관광하기에 편리하다. 75개 이상의 상점이 입점해 있는데 지미 추, 루이비통, 버버리, 토즈, 베르사체 등 명품 브랜드를 비롯해 각종 고급 브랜드가 많은 편이다. 카페 네로, 리걸 시푸드 등의 유명한 카페와 레스토랑이 있으며 더 웨스틴 호텔, 메리어트 보스턴 호텔과도 연결돼 있다. 건물 내부로 연결된 통로를 통해 프루덴셜 센터로 바로 넘어갈 수 있는 점도 편리하다.

주소 100 Huntington Ave, Boston, MA 02116 영업 월~토 11:00~19:00, 일 12:00~18:00 가는 방법 코플리 스퀘어에서 도보 5분. 홈페이지 www.simon.com

프루덴셜 센터
Prudential Center
Map P.206-B3

40개 이상의 상점과 고급 백화점 색스 피프스 애버뉴 Saks Fifth Avenue, 15개 이상의 레스토랑이 입점해 있어 관광과 쇼핑, 식사가 한 번에 가능하다. 특히 건물 내의 전망대를 찾는 방문자들이 많고 이탈리아 식재료를 파는 이탈리 Eataly와 저렴한 푸드코트 매장도 인기가 높다. 퀸시 마켓의 명물 '보스턴

차우더'도 만나볼 수 있다. 지하철역에서 쇼핑가로 이어져 이동이 편리하다.

주소 800 Boylston St, Boston, MA 02199 영업 월~토 11:00~21:00, 일 11:00~19:00 가는 방법 지하철 그린라인 Prudential역 하차 후 도보 1분. 홈페이지 www.prudentialcenter.com

하버드 쿱
The Harvard COOP
Map P.206-A1

하버드 대학 로고가 새겨진 기념품들은 길거리에서도 가끔 만나볼 수 있지만, 공식 스토어에 방문해 구매하는 기념품은 보다 특별한 의미로 기억되지 않을까. 이곳은 하버드 스퀘어 부근에 있으며 규모가 커서 티셔츠, 후드티 등은 물론 머그잔, 텀블러, 문구류, 넥타이, 담요까지 다양한 물품들을 구비하고 있다. 하버드 학생증이 있다면 약간의 할인도 받을 수 있다.

주소 1400 Massachusetts Ave, Cambridge, MA 02138 영업 월~토 10:00~20:00, 일 10:00~18:00 가는 방법 하버드 광장에서 도보 1분. 홈페이지 store.thecoop.com

케임브리지사이드
CambridgeSide
Map P.207-C1

보스턴에서 케임브리지로 넘어가는 경계에 자리한 아담한 쇼핑몰로 1990년 문을 열었다. 3층 규모의 건물에 애플 스토어, 아메리칸 이글, 게스, 세포라 등 80여 개의 상점과 레스토랑, 푸드코트, 백화점 메이시스 Macy's 등이 있다. 지하철 레드 라인 Kendall역에서 무료 셔틀을 이용하거나 그린 라인 Lechmere 역에서 도보로 5분 거리에 있다.

주소 100 Cambridgeside Pl, Cambridge, MA 02141 영업 월~목 11:00~19:00, 금·토 11:00~20:00, 일 12:00~18:00 가는 방법 벙커 힐에서 자동차 4분. 홈페이지 www.cambridgeside.com

21 어셈블리 로
21 Assembly Row
Map P.207-C1

다운타운에서 북쪽으로 6.5km, 자동차로 15분 거리에 있는 쇼핑 구역이다. 지하철 오렌지 라인이 연결되어 대중교통을 이용하기도 편리하다. 아웃렛 매장과 일반 브랜드 매장, 체인 레스토랑을 비롯한 20여 개의 식당, 영화관, 레고랜드 디스커버리센터 등이 모여 있어 쇼핑뿐 아니라 다채로운 활동으로 시간을 보내기에 좋다.

주소 355 Artisan Way Somerville, MA 02145 영업 월~목 10:00~20:00, 금·토 10:00~21:00, 일 11:00~18:00 가

는 방법 벙커 힐에서 자동차로 6분 또는 지하철 오렌지라인 Assembly역 하차 후 도보 3분. 홈페이지 assemblyrow.com

랜섬 빌리지 프리미엄 아웃렛
Wrentham Village Premium Outlets

170여 개 이상의 브랜드가 모여 있는 뉴 잉글랜드 지역의 대형 아웃렛 타운이다. 보스턴에서 남쪽으로 60km 이상 떨어져 있지만 명품, 유명 브랜드 상품을 25~65% 할인된 가격으로 구입할 수 있어 인기가 높다. 프리미엄 아웃렛에 회원 가입을 하면 할인 쿠폰 등의 혜택도 받을 수 있다.

주소 1 Premium, Outlet Blvd, Wrentham, MA 02093 영업 월~목 10:00~18:00, 금·토 10:00~20:00, 일 11:00~18:00 가는 방법 보스턴에서 자동차로 50분. 홈페이지 www.premiumoutlets.com

쉬는 즐거움

미국 역사가 살아 있는 고풍스러운 도시 보스턴은 많은 방문 객만큼이나 다양한 호텔이 있다. 단, 가격이 저렴하지 않아 중심지인 코플리 스퀘어나 보스턴 커먼 근처에 있는 호텔은 40~50만 원이 훌쩍 넘는 곳도 많다. 저렴하게 숙박을 하려 면 도심에서 벗어나거나 예약을 일찍 서둘러야 한다.

더 레녹스 호텔 $$$
The Lenox Hotel
Map P.207-C3

백 베이 Back Bay 지역에 위치한 부티크 호텔로 우 아한 외관과 내부 인테리어를 자랑한다. 호텔 가까 이에 역사적인 건물들이 있는 코플리 스퀘어, 존 핸 콕 타워가 있어 도보로 돌아다니기 좋다. 주변에 상 점과 쇼핑몰, 레스토랑, 카페가 밀집해 있다.

주소 61 Exeter Street at, Boylston St, Boston, MA 02116 가는 방법 지하철 그린 라인 Copley역에서 도보 2분. 홈페 이지 www.lenoxhotel.com

인터컨티넨탈 보스턴 $$$
InterContinental Boston
Map P.207-D2

보스턴 하버가 내려다보이는 전망 좋은 고급 호텔이 다. 내부 인테리어는 모던하고 깔끔하며 지하철, 버 스 터미널과 가까워 교통 또한 편리하다. 스파, 피트 니스 센터 등의 편의시설은 물론 프랑스 요리, 스시 를 파는 레스토랑이 있다. 평소 하루 숙박비가 비싸 긴 하지만 예약을 서두르면 조금은 저렴하게 이용할 수 있다.

주소 510 Atlantic Ave, Boston, MA 02210 가는 방법 지하 철 레드·실버 라인 South Station에서 도보 5분. 홈페이지 www.ihg.com

시티즌 M 보스턴 $$
노스 스테이션 호텔
Map P.207-C1
citizen M Boston North Station Hotel

보스턴 북역 근처에 위치한 모던하고 깨끗한 체인 호텔로 보스턴에서는 2019년부터 영업을 하고 있다. 기차역, 지하철이 모두 가까워 도심으로 이동하기

좋고 호텔이 위치한 더 허브 The Hub라는 쇼핑몰 에는 공연장, 푸드코트, 마켓, 상점 등도 있어 편리하 다. 방은 넓지 않아도 깔끔하다.

주소 70 Causeway St, Boston, MA 02114 가는 방법 지하 철 그린·오렌지 라인 North Station에서 도보 3분. 홈페이지 www.citizenm.com

뉴버리 게스트 하우스 $$
Newbury Guest House
Map P.206-B3

백 베이 지역의 대표적인 쇼핑 거리인 뉴버리 스트 리트에 위치한다. 호텔이 자리한 오래된 붉은 건물 이 고풍스럽다. 객실은 크지 않지만 깔끔한 편이고 건물 내에는 여러 상점이 있다. 번화가이다 보니 약 간 시끄러울 수 있지만 아기자기하게 구경할 것이 많아 재미가 있는 곳이다. 10분 정도 걸으면 코플리 스퀘어까지 걸어갈 수 있다.

주소 261 Newbury St, Boston, MA 02116 가는 방법 지 하철 그린 라인 Copley역에서 도보 6분. 홈페이지 www. newburyguesthouse.com

하이 보스턴 호스텔 $
HI Boston Hostel
Map P.206-B3

하루 숙박비가 비싼 보스턴에서 조금은 저렴하게 묵 을 수 있는 가성비 좋은 호스텔이다. 지하철역과 가 까워 교통이 편리하며 보스턴 커먼을 걸어서 갈 수 있다. 가격에 비해 깔끔하고 편의시설도 잘 갖춰진 편이다. 조식 식당에서 간단한 조리도 가능하며 코 인 세탁기가 있어 빨래도 가능하다.

주소 19 Stuart St, Boston, MA 02116 가는 방법 지하철 오 렌지 라인 Chinatown역에서 도보 3분. 홈페이지 www. hiusa.org

미국의 명문 사립 '아이비 리그 Ivy League' 대학 탐방

아이비 리그 Ivy League란 전통이 있는 미국 최고의 명문 사립대학 그룹을 말하는데 원래 미국 동북부에서 오랜 역사와 명성을 이어온 명문 사립대학의 스포츠 연맹에서 출발했다. 미국의 역사가 시작된 동부에서 지리적으로 가까웠던 8개의 대학은 1930년에 대학별로 활동하던 스포츠 팀들을 하나의 연맹으로 묶자고 뜻을 모았고, 1954년에 공식 출범했다. '아이비 리그'라는 이름은 당시 이 대학들이 담쟁이 덩굴로 둘러싸여 있던 데서 유래됐다.
이 8개 대학은 최고의 교육수준을 자랑하며 여러 분야에서 세계적인 석학들뿐 아니라 정치인, 기업인 등 지도층 인사와 유명인을 많이 배출했다. 그 명성만큼이나 입학 또한 매우 까다로우며 이들 대학 중 하버드, 예일, 프린스턴을 빅3라 부르기도 한다.
홈페이지 ivyleague.com

아이비 리그 대학 캠퍼스 투어

아이비 리그에 대한 세계인들의 관심은 항상 뜨겁다. 특히 우리나라 학부모의 교육열은 미국에서도 유명하며, 해마다 이곳을 방문해 200년이 넘은 아름다운 교정을 돌아보며 역사와 전통, 입학정보를 알아가는 사람들이 많다. 입학 조건이 까다롭기로 유명한 아이비 리그 대학을 자세히 들여다보고 싶다면 대학에서 무료로 운영하는 캠퍼스 투어와 입학설명회에 참여하면 된다. 재학생이나 가이드의 설명을 들으며 학교에 대한 이해를 더 넓혀갈 수 있다. 한국말 설명을 들으며 좀 더 편하게 둘러보고 싶다면 한인 여행사에서 운영하는 아이비 리그 패키지 투어 프로그램을 이용하는 것도 방법이다.

① 하버드 대학교 Harvard University (1636년)

아이비 리그 대학 중 가장 오래된 대학으로 매사추세츠주 보스턴 바로 옆의 케임브리지 Cambridge에 위치해 있다. 학부와 일반 대학원, 전문 대학원이 있으며 도서관, 박물관 등 부속 시설도 유명하다. 오바마 전 대통령을 비롯해 총 7명의 대통령과 일일이 열거하기 힘들 만큼 사회 각 분야에 유명한 인사들을 여럿 배출했다.
홈페이지 www.harvard.edu
[방문자 센터]
주소 1350 Massachusetts Ave, Cambridge, MA 02138
운영 월~금 09:00~17:00. 캠퍼스 투어는 방문자 센터에

서 예약할 수 있으나 매우 제한적이고, '비지트 하버드 Visit Harvard' 앱을 다운받아 셀프 가이드로 돌아다닐 수 있다.
홈페이지 www.harvard.edu/visit

② 예일 대학교 Yale University (1701년)

코네티컷주의 뉴 헤이븐 New Haven이라는 작은 도시에 위치해 있다. 청교도 목사들이 세운 칼리지 어트 스쿨 Collegiate School에서 출발했으며 1887년 교명을 예일 대학교로 바꿨다. 학부인 예일 칼리지, 일반 대학원, 전문 대학원으로 구성돼 있다. 매년 추수감사절에 열리는 하버드 대학교와의 미식축구 시합이 유명하다. 동문으로 미국의 전 대통령인 빌 클린턴, 유명한 건축가 노먼 포스터 등이 있다.

홈페이지 www.yale.edu

[방문자 센터]

주소 149 Elm Street New Haven, CT 06511 운영 월~토

09:00~16:00 캠퍼스 투어는 월별로 상이하며 홈페이지에서 예약해야 한다.(보통 09:00~14:00 사이에 4회 정도 있고 투어가 없는 날도 있고 일요일에 가능한 날도 있다) 홈페이지 visitorcenter.yale.edu

③ 펜실베이니아 대학교
University of Pennsylvania (1740년)

펜실베이니아주 필라델피아 Philadelphia에 있으며 보통 '유펜 UPenn'이라 불린다. 영국 국교회 전도사에 의해 처음 설립됐으며, 밴저민 프랭클린이 1751년 학교를 인수한 후 초대 총장으로 재직했다. 특히 경영학 분야가 뛰어나며 와튼 경영대학이 유명하다. 동문으로 물리학 박사 이휘소, 언어학자 노엄 촘스키 등이 있다.

홈페이지 www.upenn.edu

[방문자 센터]

주소 Claudia Cohen Hall, Ground Floor 249 S. 36th Street Philadelphia, PA 운영 월~금 09:00~17:00, 캠퍼스 투어는 '캠퍼스 비지투어 Campus visiTOUR' 앱을 다운받거나 홈페이지에서 pdf 안내서를 다운받아 셀프 가이드 할 수 있고, 건물 내부는 홈페이지의 버추얼 투어로 가능하다. 홈페이지 admissions.upenn.edu

펜실베이니아 대학교

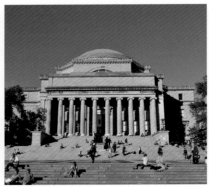

④ 프린스턴 대학교
Princeton University (1746년)

뉴저지주 프린스턴 Princeton에 위치하며 장로교도들에 의해 설립됐다. 인문, 사회, 자연, 공학 분야에서 35개가 넘는 전공이 있는 대학과 대학원으로 구성돼 있다. 다른 아이비 리그와 달리 법학, 의학, 경영 대학원이 없으며 순수 학문에 중점을 둔 학술 연구 중심의 대학이다. 동문으로 오바마 전 대통령의 부인 미셸 오바마, 〈위대한 개츠비〉의 작가 F. 스콧 피츠제럴드 등이 있다.

홈페이지 www.princeton.edu

[방문자 센터]
주소 Princeton, NJ 08544 운영 캠퍼스 투어는 홈페이지에서 예약하거나 (주로 입학생 투어) 58052번에 문자로 Princeton을 치면 셀프 가이드 안내 페이지를 링크해준다.

홈페이지 admission.princeton.edu/visit-us

⑤ 컬럼비아 대학교 Columbia University (1754년)

뉴욕 New York의 맨해튼 북쪽에 위치한 대학으로 영국 조지 2세의 허가를 받아 킹스 칼리지로 문을 열었으며 미국이 독립한 후 이름을 바꿨다. 3개의 단과 대학과 제휴 학교인 바너드 대학교, 15개의 대학원으로 구성돼 있으며 시내 중심에 있는 여러 핵심 기관과도 가까워 빠른 소통 및 정보 교류가 가능하다는 장점이 있다.

홈페이지 www.columbia.edu

[방문자 센터]
주소 213 Low Library, 535 W. 116th St, New York, NY 10027 운영 월~금 09:00~17:00 캠퍼스 투어는 목적별로 종류가 다양한데, 역사 투어는 홈페이지에서 예약해야 하고 일반 셀프 가이드 투어는 홈페이지에서 pdf 안내문을 다운받을 수 있다. 홈페이지 https://visit.columbia.edu

⑥ 브라운 대학교 Brown University (1764년)

로드 아일랜드주 프로비던스 Providence의 칼리지 힐 College Hill에 위치한 대학으로 침례교도들에 의해 세워졌으며, 1804년 기부자 '니콜라스 브라운'의 이름을 따 브라운 대학교로 명명됐다. 전공에 있어 자율성과 다양성을 지향하는 학교로 다른 학교에 비해 학부 기간 중 자유롭게 전공을 바꿀 수 있으며 자신이 원하는 수업을 자유롭게 들을 수 있는 오픈 커리큘럼 Open Curriculum 제도가 유명하다.

@Apavlo

홈페이지 www.brown.edu

[방문자 센터]

주소 75 Waterman St, Providence, RI 02912 운영 캠퍼스 투어는 월~금 09:00~15:00(4회 정도 있으며 홈페이지에서 예약해야 한다) 홈페이지 https://admission.brown.edu/visit/campus-tours-0

⑦ 다트머스 칼리지
Dartmouth College (1769년)

뉴햄프셔주 하노버 Hanover에 위치한 대학으로 아이비 리그 중 가장 북쪽에 있다. 대규모 녹지가 많은 캠퍼스 덕에 '빅 그린 Big Green'이라는 별명으로 불리기도 한다. 8개 대학 중 가장 작은 규모이지만 창의적이고 진취적인 인재를 양성하는 데 주력하고 있으며 특히 외국어 교육에 힘쓴다. 전통적으로 학부가 강한 대학으로 알려져 있다.

홈페이지 home.dartmouth.edu

[방문자 센터]

주소 McNutt Hall, 10 N Main St, Hanover, NH 03755 운영 월~금 08:30~16:30, 캠퍼스 투어 09:45~15:00 (4회 정도 있으며 홈페이지에서 예약해야 한다) 홈페이지 https://admissions.dartmouth.edu/visit/campus-tours

⑧ 코넬 대학교
Cornell University (1865년)

뉴욕주 이타카 Ithaca에 위치하며 기업가 에즈라 코넬 Ezra Cornell이 설립했다. 8개의 단과대학과 7

개의 대학원으로 구성돼 있으며 특히 농학, 공학 분야에서 명성이 높다. 최근 뉴욕에 코넬 테크 캠퍼스 The Cornell Tech Campus가 추가로 설립됐다. 1872년 아이비 리그 대학에서 처음으로 여학생의 입학을 허용했으며 동문으로 배우 크리스토퍼 리브, 노벨상 수상 작가인 펄 벅 등이 있다.

홈페이지 www.cornell.edu

[방문자 센터]

주소 616 Thurston Ave, Ithaca, NY 14853 운영 월~금 08:00~17:00, 토 (1·12월 제외) 08:00~15:00, 캠퍼스 투어 09:00~15:30 (3회 정도 있으며 홈페이지에서 예약해야 한다) 홈페이지 www.cornell.edu/visit

한인 여행사 이용하기

미국 현지에 있는 한인 여행사의 패키지 투어 프로그램을 이용해 아이비 리그 대학들을 탐방할 수도 있다. 미국 동부 대도시에 있는 한인 여행사는 관광 패키지 프로그램에 아이비 리그 탐방을 포함하거나 아예 아이비 리그 전용 투어 프로그램을 판매하기도 한다. 뉴욕이나 뉴저지 등에서 출발할 수 있다. 교육열이 높은 부모들이 방학을 이용해 자녀들과 함께 많이 참여하며 현지 가이드나 재학생들을 통해 설명을 들을수 있다. 한국에 있는 유학원이나 여행사에서도 아이비 리그 투어가 있다. 일정과 내용에 따라 요금이 상이하니 세부 일정표를 보고 고르는 것이 중요하다.

푸른투어 전화 201-778-4000(뉴욕지사) 홈페이지 www.prttour.com
동부 관광 전화 718-939-1000 홈페이지 www.dongbutour.com

미국 역사의 시작, 프로빈스타운과 플리머스

미국의 태동

- ○ **1492년** 크리스토퍼 콜럼버스가 아메리카 대륙 발견 (바하마에 도착해 인도로 착각)
- ○ **1502년** 아메리고 베스푸치가 3번째 항해 후 아메리카를 신대륙이라고 보고함
- ○ **1565년** 스페인 제독이 **세인트 어거스틴**에 최초의 정착지 건설
- ○ **1607년** 영국이 제임스 타운에 최초의 영구 식민지 건설
- ○ **1620년** 11월 청교도들이 메이플라워 서약을 하고 **프로빈스타운**에 첫 상륙
- ○ **1620년** 12월 청교도들이 **플리머스**로 이동해 정착하기 시작
- ○ **1625년** 네덜란드인들이 지금의 맨해튼 근교에 정착

프로빈스타운 Provincetown

청교도들이 플리머스를 발견하기 전인 1620년 11월에 메이플라워호가 아메리카 대륙에 처음 상륙했던 곳이다. 청교도들은 해류 때문에 원래 목적지까지 항해하지 못하고 훨씬 북쪽에 자리한 케이프 코드의 프로빈스타운에 임시 상륙했다. 여기서 그 유명한 '메이플라워 서약 Mayflower Compact'을 하게 된다. 그리고 한 달 후인 12월에 청교도들은 플리머스로 이동해 정착하게 된다. 현재 프로빈스타운은 아름다운 해변이 있는 작은 휴양지로 마을 중심에 청교도들의 첫 상륙을 기념하는 기념탑이 있다.

★ 필그림 모뉴먼트 Pilgrim Monument

1620년 청교도들이 메이플라워 서약을 하고 아메리카 대륙에 첫 발을 디딘 것을 기념하기 위해 지어진 탑이다. 높이 77m의 탑은 마을 어디에서나 보인다. 116개의 계단을 걸어 오르면 탑 꼭대기에서 해변을 따라 이어진 마을 전체의 모습을 볼 수 있다. 지하에는 당시 상황을 알 수 있는 박물관이 있다.

주소 1 High Pole Hill Road, Provincetown, MA 02657 운영 매일 10:00~17:00(입장은 ~16:00) 요금 일반 $20.94, 13~17세 $16.75, 4~12세 $9.42 가는 방법 보스턴에서 자동차로 2시간 10분. 홈페이지 www.pilgrim-monument.org

미국의 고향(America's Hometown)으로 불리는 마을로 미국 초기 역사에서 매우 중요한 곳이다. 1620년 영국의 청교도들이 박해를 피해 메이플라워호를 타고 대서양을 건넜을 때 처음 정착한 곳이다.

마을 해변에는 이를 기념하는 필그림 기념 공원 Pilgrim Memorial State Park이 있으며, 공원에는 첫 발을 디뎠다고 전해지는 기념 바위 Plymouth rock가 있다. 그리고 워터프런트에는 아메리카 대륙에 당도해 플리머스로 상륙했던 메이플라워 Mayflower호를 복제한 메이플라워 II Mayflower II가 재현되어 있는데, 배 안으로 들어가면 당시의 모습도 볼 수 있다. 그리고 마을에서 4km 정도 남쪽으로 내려가면 민속촌인 플리머스 플랜테이션이 있다.

★ 플리머스 파툭세트 Plimoth Patuxet

미국 역사 태동기의 모습을 볼 수 있는 일종의 민속촌이다. 1620년 청교도들이 정착해서 생활했던 당시의 모습을 실감나게 재현해 놓았다. 작은 마을 안에 옹기종기 모여 있는 집들과 교회, 대장간, 헛간, 텃밭 등을 재현해 놓았다. 재미있는 것은 마을의 외관뿐만 아니라 사람들의 의상, 말투까지 당시의 모습을 사실적으로 보여준다. 이 밖에도 미국 역사의 현장을 볼 수 있는 다양한 교육 프로그램이 있어 직접 참여해볼 수 있다.

주소 137 Warren Ave. Plymouth, MA 02360 운영 매일 09:00~17:00(야외는 겨울철 폐쇄) 요금 티켓 종류에 따라 성인 $35~46 가는 방법 보스턴에서 자동차로 45분. 홈페이지 www.plimoth.org

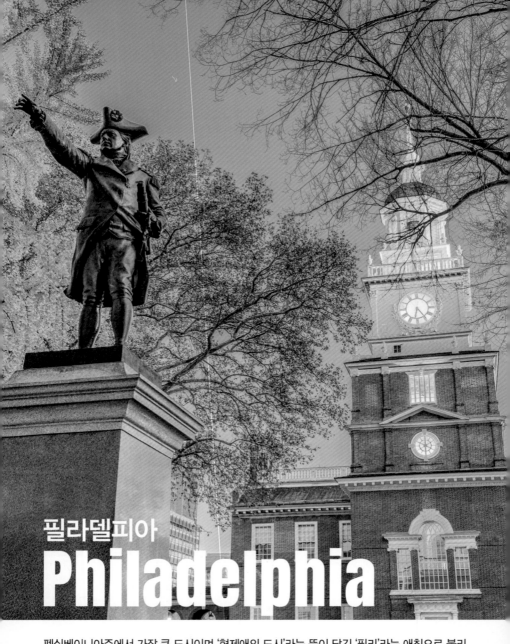

필라델피아
Philadelphia

펜실베이니아주에서 가장 큰 도시이며 '형제애의 도시'라는 뜻이 담긴 '필리'라는 애칭으로 불리기도 한다. 미국 독립선언서가 발표되었고 미합중국의 헌법이 공포된 의미있는 도시이자 미국이 독립된 후 한때 수도였던 곳이기도 하다. 미국 독립의 중심지였던 만큼 관련 박물관과 유적지가 많이 남아 있어 건국이념과 독립정신을 곳곳에서 느낄 수 있다.

기본 정보

▌유용한 홈페이지
필라델피아 여행 정보 www.visitphilly.com, www.discoverphl.com

▌관광안내소
필라델피아의 중요한 명소인 인디펜던스 국립 역사공원에 큰 규모의
방문자 센터가 있으며 시청사에도 작은 안내소가 있다.

인디펜던스 방문자 센터

인디펜던스 방문자센터 Independence Visitor Center
인디펜던스 홀 투어를 위한 티켓을 배부하는 곳이
다. 국립 역사공원뿐 아니라 필라델피아 전체 안내
와 티켓 구입 및 각종 예약을 할 수 있다.
주소 599 Market St, Philadelphia, PA 19106 운영 매일
09:00~17:00 홈페이지 www.phlvisitorcenter.com

시청사 방문자센터 City Hall Visitor Center
도심에 위치한 시청사 안에 있다. 시청사 전망대 티
켓을 판매하며 시청사 투어도 이곳에서 신청 하면
된다.
주소 1 S Penn Square, Room 121 Philadelphia, PA
19107 운영 월~금 10:00~16:00 홈페이지 www.phlvisitor
center.com/cityhall

가는 방법

뉴욕과 워싱턴 DC의 중간 지점에 위치한 필라델피아는 한국에서 가려면 경유편을 이용하거나 뉴욕에서 육
로로 이동이 가능하다. 뉴욕에서 기차로는 1시간 30분, 버스로는 2시간 10분~2시간 30분이면 갈 수 있다.

비행기 ✈

한국에서는 직항편이 없어 1회 이상 경유해야 하며 17시간 이상 걸린다. 샌프란시스코, 댈러스 등 미국의 주
요 도시나 토론토 등에서 경유할 수 있으며, 국내선 항공으로는 서부에서 5~6시간, 동부에서 1~2시간 정도
걸린다.

필라델피아 국제공항 Philadelphia International Airport (PHL)
필라델피아 도심에서 남서쪽으로 약 15km 정도 떨
어져 있으며 6개의 터미널로 이루어져 있다. 터미
널 간격은 멀지 않아서 대부분 걸어서 다닐 수 있지
만 F 터미널은 조금 떨어져 있어 셔틀버스를 타는
것이 편리하다. 셔틀버스는 터미널 F↔A, F↔C만
운행된다.
주소 8500 Essington Ave, Philadelphia, PA 19153 전화
215-937-6937 홈페이지 www.phl.org

*셔틀버스 운행 5~10분 간격(터미널 F 게이트 14 ↔ 터미널
A 게이트 1, 터미널 F 게이트 14 ↔ 터미널 C 게이트 16)

★ 공항에서 시내로

요금이 저렴하면서도 이용이 편리한 공항 철도로 이동한다. 택시는 편하지만 요금이 비싼 편이라 우버를 더 많이 이용한다.

① 공항철도 Airport Regional Rail Line

필라델피아 공항과 시내를 연결하는 열차다. 'City Center Train'이라고 쓰여 있는 이정표를 따라가면 공항 터미널에 위치한 기차역으로 연결된다. 시내 중심에 해당하는 '센터 시티 Center City'까지는 약 30분 걸리며, 이곳에서 다른 라인으로 갈아탈 수 있다. 하루 동안 시내에서 대중교통을 2회 이상 이용할 계획이라면 공항에서 1일권을 사는 것이 좋다. 1일권으로 공항 철도 외에도 버스, 지하철, 트롤리 등을 이용할 수 있다.

운영 공항→센터 시티 05:07~00:07, 센터 시티→공항 04:13~23:03(주중, 30분 간격, 주말에는 1시간 간격이고 운행 시간도 단축된다) 요금 편도 $6.75(현금 승차 $8, 센터 시티보다 멀리 갈 경우 $10)

② 택시/우버 Taxi/Uber

여러 명이 같이 이용한다면 택시를 타는 것도 좋다. 특히 센터 시티의 일정 구역(북쪽은 Fairmount Ave, 남쪽은 South Street, 동쪽은 Delaware River, 서쪽은 University City/ 38th Street)까지는 정액요금제로 운행된다. 그 외의 지역으로 갈 때는 미터 요금제가 적용되며 아무리 가까워도 최소 요금은 $12 정도다. 택시보다 저렴한 우버도 많이 이용한다.

공항→센터 시티 택시 요금 $32(1인 초과당 $1씩 추가, 팁 별도) / 우버 요금 $28~33

기차 🚃

앰트랙이 동부의 주요 도시와 근교를 연결한다. 워싱턴 DC에서는 2시간, 볼티모어와 뉴욕에서는 1시간 30분이 걸리고, 짐은 2개까지 실을 수 있다. 기차역 이름은 30th Street Station으로 센터 시티의 서쪽에 위치하며 바로 앞에 지하철 30th Street역이 있다.

기차역 주소 2955 Market St, Philadelphia, PA 19104 앰트랙 홈페이지 www.amtrak.com

아셀라 익스프레스 Acela Express Tip

앰트랙의 일부 노선을 운행하는 초고속 열차 아셀라 익스프레스가 필라델피아를 경유한다. 다소 비싸지만 뉴욕에서 1시간 18분이 걸려 빠른 편이고 안락한 좌석과 각종 편의시설을 편리하게 이용할 수 있다.

버스 🚌

필라델피아는 주변에 대도시가 많아 다양한 버스회사에서 연결편을 운행하고 있다. 기차보다 저렴하며 가격 비교 사이트에서 버스회사별 요금을 비교할 수 있다. 일찍 예약할수록 할인율이 높다.
소요 시간 뉴욕 1시간 50분~2시간 30분, 워싱턴 DC 3시간 30분~4시간, 보스턴 6시간 30분

[버스 검색 및 가격 비교 사이트]
고투버스 www.gotobus.com
완더루 www.wanderu.com
버스버드 www.busbud.com

① 그레이하운드 Greyhound
미국 전역에 노선이 있는 고속버스로 동부의 여러 도시를 연결한다. 2023년까지 도심에 있던 터미널이 시내 동북부의 스프링 가든역 Spring Garden Station 부근으로 이전했는데 향후 다시 이전할 예정이다. 현재 임시 터미널은 공간이 협소해 도로 옆 정류장에서 출도착한다.
정류장 603 Noble St, Philadelphia, PA 19123 홈페이지 www.greyhound.com

② 메가 버스 Megabus
동부에 많은 노선이 있는 2층 버스다. 저렴한 편이라 많이 이용하는 버스인데 일찍 예약할 경우 아

주 저렴한 티켓을 구할 수도 있다. 정류장은 기차역 부근이다.
정류장 2930 Chestnut St Bridge, Philadelphia, PA 19104 (스프링 가든역에 서는 노선도 있으니 티켓을 확인할 것)
홈페이지 www.megabus.com

③ 플릭스 버스 Flix Bus
2021년 그레이하운드를 합병해 더욱 커진 버스회사로 노선도 많고 저렴한 편이다. 그레이하운드와 정류장이 가깝다.
정류장 199 Spring Garden St, Philadelphia, PA 19123
홈페이지 www.flixbus.com

④ 피터팬 버스 Peter Pan Bus
미국 동북부 여러 도시들을 운행하는 회사로 그레이하운드와 정류장이 가깝다.

정류장 520 N Christopher Columbus Blvd, Philadelphia, PA 19123 홈페이지 peterpanbus.com

시내 교통

시내의 대중교통은 버스, 지하철, 트롤리 등이 있으며 셉타 SEPTA(Southeastern Pennsylvania Transportation Authority)에서 관리한다. 요금은 종이 티켓이나 현금, 교통카드(셉타 키 카드 SEPTA Key Card)로 지불할 수 있다. 환승은 교통카드를 이용할 경우에만 가능하다. 그러나 교통카드는 보증금 $5를 내야 해 짧게 머무는 사람에게는 유용하지 않다. 현금으로 낼 때는 정확한 금액을 준비해야 하며 종이 티켓은 지하철역, 버스 정류장에 있는 발매기에서 구입할 수 있다.

요금 버스, 지하철, 트롤리 1회권 $2.50 홈페이지 www.septa.org

버스 🚌

100개가 넘는 일반 버스 노선이 있어 시내 곳곳에서 편리하게 이용할 수 있다. 자정부터 오전 5시까지 운행하는 심야 버스도 있어서 24시간 운행된다고 볼 수 있다. 일반 버스 외에 관광객을 위한 플래시 버스도 있다.

필리 플래시 버스
Philly PHLASH Bus

시내의 주요 명소를 중심으로 운행하기 때문에 특히 관광객에게 인기가 높다. 20여 곳의 정류장에 정차하며 홈페이지에 자세한 루트가 나와 있다. 단 겨울과 오후 6시 이후에는 운행을 하지 않고 봄철에는 주말만 운행하니 이용에 참고하자.
요금도 일반 버스보다 저렴한 편인데, 'SEPTA 1일권'이 있으면 무료로 탈 수 있고 '플래시 버스 1회권 또는 1일권'을 구매해서 이용할 수도 있다. 티켓은 온라인, 관광안내소, 버스(거스름돈을 주지 않으니 잔돈을 준비할 것)에서 살 수 있다.

운행 (5월 말~9월 초 매일, 9월 초~12월 말 주말만) 10:00~18:00, 운행 간격 15분. 추수감사절·크리스마스 휴무 요금 1회권 $2, 1일권 $5 홈페이지 ridephillyphlash.com

지하철 🚇

3개의 지하철 노선이 있는데 관광객들이 주로 이용하는 노선은 블루 라인(마켓-프랭크포드 라인 Market-Frankford Line)과 오렌지 라인(브로드 스트리트 라인 Broad Street Line)이다. 블루 라인은 필라델피아의 동서를 연결하며 오렌지 라인은 남북을 연결한다.

트롤리 🚋

한량으로 운행되는 전차와 비슷한 교통수단으로 시 외곽에서는 지상으로, 시내에서는 지하로 운행된다. 그린 라인으로 표시되며 시청역에서 지하철 두 노선과 만나 환승도 가능하다. 총 8개의 노선 중 시청에서 기차역까지 운행하는 노선이지만 나머지는 대부분 외곽으로 가기 때문에 관광객이 탈 일은 많지 않다. 역사와 차량이 오래돼 계단을 많이 이용해야 하고 티켓 발매기가 없어 승무원에서 직접 요금을 내야 한다.

차량 공유 서비스(우버 Uber, 리프트 Lyft)

필라델피아에서 특히 이용 빈도가 높다. 택시보다 저렴하고 이용 방법도 간편하다. 우버나 리프트 앱을 통해 계정을 만든 후에 결제 수단을 등록하고 목적지를 기입하면 근처에 있는 드라이버를 선택할 수 있다. 사용 방법은 P.79를 참고하자.

필라델피아 투어 프로그램

25개 이상의 정류장에서 자유롭게 내렸다 탈 수 있는 홉온 홉오프 투어버스는 필라델피아의 주요명소들을 돌아보기 때문에 이동시간이 절약 된다. 영어 가이드를 통해 도시의 역사, 문화, 랜드마크에 대한 설명을 들을 수 있으며 내리지 않을 경우 총 투어 시간은 노선에 따라 1시간 30분~2시간 정도다.

빅 버스 필라델피아
Big Bus Philadelphia

운영 (출발시간) 09:30~16:00, 75분 소요, 45분 간격 운행 (주말 30분 간격) 요금 성인 1일권 $36, 2일권 $55, 3일권 $74 홈페이지 www.bigbustours.com

시티 사이트 시잉– 홉온 홉오프 투어스
City Sightseeing Philadelphia - Hop-on Hop-off Tours

운영 09:30~16:00(노선에 따라 다름) 요금 노선에 따라 $36~55 홈페이지 www.hop-on-hop-off-bus.com/philadelphia

필라델피아 할인 패스

필라델피아는 인디펜던스 홀과 자유의 종 센터 등 주요 명소가 무료로 운영되는 곳이 많아 할인패스가 꼭 필요하지는 않다. 그러나 미술관, 박물관, 전망대 등 더 많은 곳을 방문할 계획이라면 할인 패스를 활용해 입장료를 절약할 수 있다. 패스로 입장할 수 있는 곳의 가격을 비교해보고 구입을 결정하자.

시티 패스 City Pass

12개의 명소 중 3~5곳의 명소를 선택해 이용할 수 있다. 이용 기한은 첫 번째 사용일로부터 9일 이내다. 필라델피아 미술관이 빠져 있고 명소 선택 범위가 적은 편이지만 사용기간이 넉넉하다는 장점이 있다. 티켓은 프린트하거나 휴대폰에 다운받아 사용할 수 있다. 개시하지 않으면 1년간 유효하다.
요금 13세 이상 3곳 $59, 4곳 $77, 5곳 $87 홈페이지 www.citypass.com/philadelphia

고 필라델피아 패스 Go Philadelphia Pass

입장권 할인 패스로 종류는 2가지다. 30개 이상의 명소를 자유롭게 입장할 수 있는 All-Inclusive, 3~7곳을 선택해 30일 이내에 사용하는 Explorer Pass가 있다. 온라인에서 구입한 후 프린트하거나 휴대폰에서 사용할 수 있다.
요금 All-Inclusive Pass 13세 이상 1일 $59, 2일 $89, 3일 $109, 5일 $134, Explorer Pass 13세 이상 3곳 $65, 4곳 $86, 5곳 $97, 7곳 $122 홈페이지 gocity.com/philadelphia/

추천 일정

필라델피아는 아침 일찍부터 부지런히 움직이면 주요 명소들을 하루 만에 둘러볼 수도 있다. 먼저 인디펜던스 방문자센터에서 인디펜던스 홀 투어 티켓을 얻고 관광을 시작하는 것이 좋다. 이후 독립 국립 역사공원 일대의 명소를 둘러본 뒤 시청사가 있는 센터 시티에서 점심을 먹고 벤저민 프랭클린 로드에서 전시를 관람하면 하루 일정이 마무리된다.

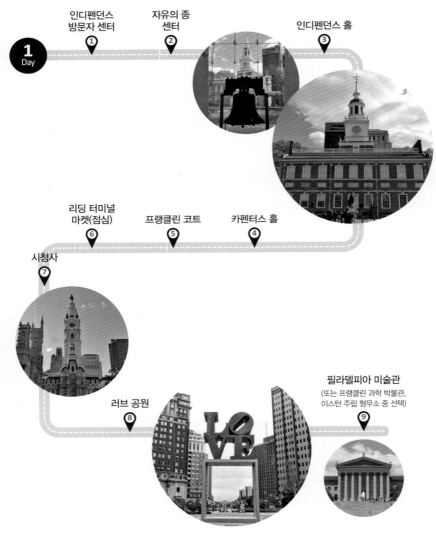

1 Day

인디펜던스
방문자 센터
①

자유의 종
센터
②

인디펜던스 홀
③

리딩 터미널
마켓(점심)
⑥

프랭클린 코트
⑤

카펜터스 홀
④

시청사
⑦

러브 공원
⑧

필라델피아 미술관
(또는 프랭클린 과학 박물관,
이스턴 주립 형무소 중 선택)
⑨

Attraction

필라델피아 여행의 하이라이트는 독립선언을 했던 인디펜던스 홀과 자유의 종이 있는 독립 국립 역사공원을 둘러보는 것이다. 또한 수준 높은 미술관과 규모 있는 과학 박물관도 빼놓을 수 없는 볼거리다. 시청사가 있는 센터 시티에는 각종 음식점과 상점이 모여 있다.

인디펜던스 홀
Independence Hall

Map P.251-C3

1776년 독립선언문에 서명하고, 1787년 연방 헌법의 초안을 작성했던 역사적인 곳으로 필라델피아를 대표하는 명소다. 1756년 펜실베이니아 식민지 의회 건물로 지어졌으며, 미국 독립 당시 정치적으로 중요한 장소로 사용되었다. '인디펜던스 홀'이라는 지금의 이름은 독립 이후에 지어졌다. 붉은 벽돌로 지어진 조지안 양식의 2층 건물은 화려하지는 않지만 단아한 모습을 뽐낸다. 2층 위에는 흰색의 시계탑과 종루가 있고 팔각형 종루 안에는 과거 '자유의 종'이 매달려 있었다. 건물 옆에는 구 시청사와 옛 의사당 건물이 있고 앞에는 초대 대통령인 조지 워싱턴의 동상이 있다.

무료 가이드 투어를 통해 토머스 제퍼슨이 독립선언문을 발표했던 곳이자 13개 주 대표들이 모여 회의를 했던 '어셈블리 룸 The Assembly Room', 펜실베이니아 문장이 걸려 있는 '최고재판소 Courtroom of the Pennsylvania Supreme Court' 등을 둘러볼 수 있다. 건물 내부는 지어질 당시의 모습을 거의 보존하고 있어 놀라움을 자아낸다. 투어에 참가하기 위해서는 방문자 센터에서 무료 티켓을 얻어야 하는데 일찍 마감될 수 있으니 아침에 미리 방문하면 좋다. 보다 확실하게 티켓을 예약하고 싶다면 전화나 인터넷을 통해 약간의 수수료를 내면 가능하다.

인디펜던스 방문자 센터
Independence Visitor Center

인디펜던스 홀 투어의 무료 티켓을 얻을 수 있는 곳이며 여행 정보와 각종 자료를 제공한다. 다른 방문자 센터보다 큰 규모인데 여행 안내 외에도 미국 독립과 관련된 자료 및 영상물을 볼 수 있다. 필라델피아의 다양한 모습을 패널로 제작해 전시하고 있어 필라델피아와 미국을 이해하는 데 도움을 얻을 수 있다. 카페와 기념품점도 있다.

주소 599 Market St, Philadelphia, PA 19106 운영 매일 09:00~17:00 홈페이지 www.phlvisitorcenter.com

주소 520 Chestnut St Philadelphia, PA 19106 운영 티켓 배부 3~12월 09:00~17:00 요금 무료 가는 방법 지하철 마켓–프랭크포드 라인 5th St Independence Hall역 하차. 홈페이지 www.nps.gov/inde

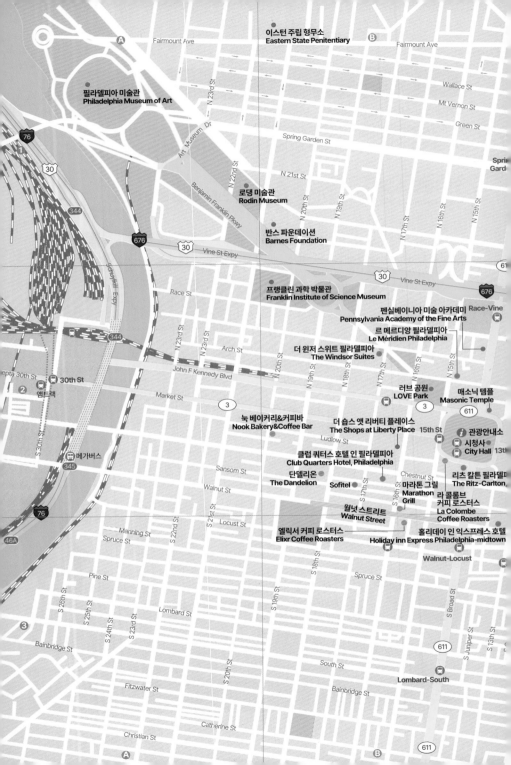

이스턴 주립 형무소
Eastern State Penitentiary

Fairmount Ave

Fairmount Ave

Wallace St

Mt Vernon St

필라델피아 미술관
Philadelphia Museum of Art

Green St

Spring Garden St

Spri
Gard

로댕 미술관
Rodin Museum

반스 파운데이션
Barnes Foundation

Vine St Expy

Vine St Expy

프랭클린 과학 박물관
Franklin Institute of Science Museum

Race-Vine

펜실베이니아 미술 아카데미
Pennsylvania Academy of the Fine Arts

르 메르디앙 필라델피아
Le Méridien Philadelphia

Race St

Arch St

더 윈저 스위트 필라델피아
The Windsor Suites

John F Kennedy Blvd

Market St

러브 공원
LOVE Park

매소닉 템플
Masonic Temple

눅 베이커리&커피바
Nook Bakery&Coffee Bar

더 숍스 앳 리버티 플레이스
The Shops at Liberty Place

15th St

관광안내소
시청사
City Hall

Ludlow St

클럽 쿼터스 호텔 인 필라델피아
Club Quarters Hotel, Philadelphia

Chestnut St

리츠 칼튼 필라델피
The Ritz-Carlton

Sansom St

단델리온
The Dandelion

소피텔
Sofitel

마라톤 그릴
Marathon Grill

라 콜롬브
커피 로스터스
La Colombe
Coffee Roasters

Walnut St

Locust St

월넛 스트리트
Walnut Street

엘릭서 커피 로스터스
Elixr Coffee Roasters

홀리데이 인 익스프레스 호텔
Holiday inn Express Philadelphia-midtown

Walnut-Locust

Manning St

Spruce St

Spruce St

Pine St

Lombard St

Bainbridge St

South St

Lombard-South

Fitzwater St

Bainbridge St

Catherine St

Christian St

30th St
앰트랙

메가버스

Spring Garden St

필라델피아

자유의 종
Liberty Bell
Map P.251-C3

1776년 7월 8일 미국의 독립을 알리기 위해 쳤던 종이다. 영국에서 처음 제작됐으며 1839년부터 '자유의 종'이라 불리기 시작했다. 원래는 인디펜던스 홀 종루에 매달려 있었는데 1976년 독립 200주년을 맞이해 지금의 장소인 '자유의 종 센터 Liberty Bell Center'로 옮겨졌다. 높이 0.9m, 무게 943kg의 종은 표면에 긴 금이 가 있는데 여러 번 금이 간 것을 수리해서 쓰다가 19세기 초 수리가 힘들 정도로 심해지자 그대로 보존하고 있다. 지금은 금이 간 모습이 자유의 종의 상징처럼 여겨진다. 종에는 '땅 위의 모든 사람에게 자유를 선언하노라'라는 성경의 한 구절이 새겨져 있다. 종의 제작 과정, 세계 유명 인사들의 방문기록도 볼 수 있으며 종이 있는 곳의 유리 벽 너머로는 인디펜던스 홀이 보인다.

주소 526 Market St, Philadelphia, PA 19106 운영 (자유의 종 센터) 매일 09:00~17:00 휴무 1/1, 추수감사절, 크리스마스 요금 무료 가는 방법 인디펜던스 홀에서 도보 2분. 홈페이지 www.nps.gov

카펜터스 홀
Carpenters' Hall
Map P.251-D3

1774년에 '1차 대륙회의 The First Continental Congress'가 열렸던 역사적인 장소다. '보스턴 차 사건 Boston Tea Party' 이후 영국의 보복 조치에 대한 대책을 논의하기 위해 55명의 식민지 대표가 모였으며 이 회의에서 영국과의 통상 단절을 결의한다. 여기에 참여한 인사들은 후일 미국의 독립을 이끄는 주체 세력이 된다. 아담한 2층 규모의 고풍스러운 벽돌 건물은 조지안 양식으로 지어졌으며 내부도 벽난로, 타일 등으로 소박하면서도 차분하게 꾸며져 있다.

주소 320 Chestnut St, Philadelphia, PA 19106 운영 화~일 10:00~16:00 휴무 월, 1·2월 화, 추수감사절, 크리스마스, 12/31~1/1 요금 무료 가는 방법 인디펜던스 홀에서 도보 3분. 홈페이지 www.carpentershall.org

국립 헌법 센터
National Constitution Center   Map P.251-D2

미국은 1787년에 필라델피아에서 헌법을 제정, 공표했다. 이곳은 그 역사와 의미를 기념하기 위해 세워진 박물관으로 미국 법과 정치에 관심이 있는 사람들은 방문해보면 좋다. 내부로 들어가면 각 주의 주기가 나란히 걸려 있다. 2층에는 미국의 헌법이 어떻게 제정되고 발전해 왔는지에 대해 자료를 통해 보여준다. 그중에서도 가상 투표소와 체험관, 헌법을 제정한 사람들의 실물 크기 조각상이 있는 시그너스 홀 Signer's Hall 등이 인기가 있다. 인디펜던스 국립 역사공원 북쪽에 위치하며 인디펜던스 홀, 자유의 종을 보고 같이 둘러보기 좋다. 시그너스 홀 외에는 사진 촬영이 금지다.

주소 525 Arch St, Philadelphia, PA 19106 운영 수~일 10:00~17:00 요금 성인 $19, 학생 $15 가는 방법 인디펜던스 방문자 센터에서 도보 2분. 홈페이지 www. constitutioncenter.org

프랭클린 코트
Franklin Court   Map P.251-D3

벤저민 프랭클린이 죽기 전까지 5년간 살았던 곳이다. 그가 집으로 들어가기 위해 지나다니던 통로도 그대로 보존돼 있으며, 통로를 따라 집터로 들어서면 '유령 구조물'이라는 조형물과 벤저민 프랭클린 박물관이 있다. 박물관에는 그와 관련된 많은 자료와 전시물이 있으며, 기념품숍에서도 관련 상품들을 만들어 판매하고 있다. 건물 한쪽에는 1775년 문을 연 우체국과 벤저민이 손자를 위해 1787년에 지은 인쇄소가 있으니 함께 둘러보면 좋다.

주소 322 Market St, Philadelphia, PA 19139 운영 박물관 09:00~17:00 요금 코트 무료, 박물관 17세 이상 $5 가는 방법 인디펜던스 방문자 센터에서 도보 5분. 홈페이지 www. nps.gov

융사업 관리의 필요성이 제기되면서 설립됐다. 20년 간 중앙은행의 역할을 한 후 1811년 문을 닫았다. 남아있는 건물은 국립 역사 유적으로 지정됐다.

주소 120 S 3rd St, Philadelphia, PA 19106 운영 보전 작업 진행 중으로 비공개 가는 방법 인디펜던스 홀에서 도보 6분.

조폐국
United States Mint
Map P.251-D2

1792년 미국 의회에 의해 세워진 조폐국은 총 4번 건물이 다시 지어졌다. 지금의 건물은 1969년에 세워졌다. 조폐국의 본부는 워싱턴 DC에 있으며 이외에도 샌프란시스코, 덴버, 포트 녹스, 웨스트 포인트, 필라델피아까지 총 6개 도시에 있다. 참고로 각 도시의 조폐국은 그 기능이 각기 다른데 필라델피아에서는 동전과 메달을 만든다.

투어를 통해 내부를 둘러볼 수도 있다. 종류별로 화폐를 전시해 놓은 전시장과 동전 만드는 공정을 따라가며 볼 수 있고 가이드를 통해 동전에 얽힌 재미있는 이야기도 들을 수 있다. 입장 시 보안을 위해 가방 검사를 하며 사진 촬영은 금지다.

주소 151 N Independence Mall E, Philadelphia, PA 19106 운영 월~금 09:00~16:30, 여름 월~토 09:00~16:30 요금 무료 가는 방법 인디펜던스 방문자 센터에서 도보 3분. 홈페이지 www.usmint.gov

미합중국 제1 은행
First Bank of the United States
Map P.251-D3

1791년 의회에 의해 공식 승인된 미국 최초의 국립은행이다. 독립 후 새로 제정된 헌법 하에 정부의 금

미합중국 제2 은행
Second Bank of the United States
Map P.251-D3

1817년 의회에 의해 20년간 승인된 공식 민간은행이다. 제1 은행이 문을 닫은 이후 정부 세금을 예탁하는 은행으로 운영됐으나 부정부패 등 잡음이 끊이지 않았다. 승인 연장에 대한 싸움은 정치적 이슈로 번졌으며 잭슨 대통령이 승인을 거부해 일반 상업은행으로 운영되다가 1841년 결국 파산했다. 고대 그리스 신전을 연상시키는 건물은 그대로 남아 국립 역사 유적으로 지정됐다. 방문객에게 무료로 개방되고 있다.

주소 420 Chestnut St, Philadelphia, PA 19106 운영 금~토 11:00~17:00 가는 방법 인디펜던스 홀에서 도보 3분. 홈페이지 www.nps.gov

시청사
City Hall
Map P.250-B2

시내 중심에 웅장하게 서 있는 시청사는 건축가 존 맥아서 주니어 John McArthur Jr의 설계로 1872년에 공사를 시작해 1901년 완공됐다. 높이 167m, 9층 규모이며 완공 당시에는 세계에서 가장 높은 건물이었다. 프랑스의 세컨드 엠파이어 Second Empire 양식으로 지어진 건물은 무엇보다 철근과 콘크리트가 아닌 화강암과 대리석 벽돌로만 지은 독특한 건축 기법을 자랑한다.

건물은 동서남북으로 4개가 서 있고 중심에 광장이 위치한다. 이곳에서 사방으로 4개의 문이 나 있어 편리하게 지나다닐 수 있도록 설계됐고 지하철역의 입구도 있다. 건물 곳곳에는 위인들의 동상과 화려한 조각들이 장식돼 있고 가운데에 시계탑이 있다. 시계탑 위에는 필라델피아 건설의 주역인 윌리엄 펜 William Penn의 동상이 있고 바로 아래에는 전망대가 있어 시내 전경을 내려다볼 수 있다.

내부는 투어를 통해 둘러볼 수 있다. 전망대 티켓 구매와 투어 신청은 시청사에 위치한 방문자 센터나 온라인을 통해 할 수 있는데 성수기에는 일찍 예매하는 것이 좋다.

주소 1400 John F Kennedy Blvd, Philadelphia, PA 19107 운영 [전망대] 월~금 10:00~14:45 [투어] 10:00~12:00 요금 [전망대] 성인 $16, 학생 $10 [투어] 성인 $36, 학생 $30 가는 방법 지하철 15th St/City Hall역 하차. 홈페이지 (예약) www.phlvisitorcenter.com

러브 공원
LOVE Park
Map P.250-B2

시청사에서 대각선 방향으로 벤저민 프랭클린 로드가 시작되는 지점에 위치한 작은 공원으로 공식 명칭은 JFK 플라자 John F Kennedy Plaza이다. 1965년 조성됐으며 분수 앞에 세워져 있는 빨간색 LOVE 조각상이 워낙 유명해서 '러브 공원'이라 불린다. 미국의 팝아티스트인 로버트 인디애나 Robert Indiana가 독립 200주년을 기념해 제작한 작품으로 1976년 공원에 놓였다. 예쁘고 강렬한 이미지로 많은 사람들의 사랑을 받으며 뉴욕, 도쿄, 서울 등 세계 곳곳에 세워졌는데 여전히 필라델피아의 상징으로 꼽힌다.

주소 Arch St, Philadelphia, PA 19102 운영 07:00~22:00 가는 방법 시청사에서 도보 3분. 홈페이지 www.phila.gov

펜실베이니아 미술 아카데미
Pennsylvania Academy of the Fine Arts (PAFA)

Map P.250-B2

1805년에 설립된 미국 최초의 미술관이자 순수미술 학교다. 고딕 리바이벌 양식으로 지어진 지금의 건물은 1845년에 화재로 인해 훼손되었으나 모금운동을 통해 1876년 다시 지은 것이다. 사암과 화강암 벽돌이 사용되어 붉은색과 흰색이 조화를 이루는 건물은 국립 역사 유적지로도 지정됐다.

미술관에는 19~20세기 미국 대표 작가들의 작품을 전시하고 있으며, 아카데미를 통해 미술학 학사 과정을 운영하고 있다. 2개의 건물로 이루어져 있는데 두 건물 사이에 팝아티스트 클라스 올든버그 Claes Oldenburg의 작품인 '페인트 토치 Paint Torch'라는 붓 모양의 조각이 전시돼 있다. 학교 주변에는 미술학교답게 화방들이 있으니 함께 둘러봐도 좋다.

주소 118-128 N Broad St, Philadelphia, PA 19102 운영 미술관 목·금 10:00~16:00, 토·일 11:00~17:00 요금 미술관 성인 $18, 학생 $15 가는 방법 시청사에서 도보 4분. 홈페이지 www.pafa.org

매소닉 템플
Masonic Temple

Map P.250-B2

시청사 건너편에 위치한 프리메이슨 건물이다. 노르만 양식으로 지어져 눈길을 끄는 건물 앞에는 조지 워싱턴과 벤자민 프랭클린의 동상이 있어 포토 스폿으로 인기다. 내부를 보기 위해서는 가이드 투어만 가능하며 홈페이지에서 예약할 수 있다. 주로 건축물의 외부 양식, 내부 장식과 인테리어, 이 단체가 하는 일 등을 들을 수 있다. 3개 층에 각각의 독특한 홀, 도서관, 박물관 등 여러 방들을 볼 수 있다.

주소 1 N Broad St, Philadelphia, PA 19107 운영 가이드 투어 수~토 10:00, 11:00, 13:00, 14:00, 15:00 요금 성인 $15, 학생 $10 가는 방법 시청사에서 도보 1분 홈페이지 www.pamasonictemple.org

더 숍스 앳 리버티 플레이스
The Shops at Liberty Place

연필을 닮은 두 건물 원 리버티 플레이스와 투 리버티 플레이스 사이에 위치한 쇼핑몰이다. 센터 시티의 쇼핑 중심지라 할 수 있다. 다양한 브랜드의 의류와 화장품 매장이 들어가 있고 카페와 푸드코트가 있어 간단한 식사를 하기에 좋다. 중심의 로툰다에는 각종 이벤트가 열려 볼거리를 제공한다.

주소 1625 Chestnut St, Philadelphia, PA 19103 영업 월~토 09:30~19:00, 일 12:00~18:00 가는 방법 시청사에서 도보 3분 홈페이지 www.shopsatliberty.com

필라델피아 미술관
Philadelphia Museum of Art
Map P.250-A1

미국에서 가장 규모 있는 박물관 중 하나다. 1876년에 건국 100주년을 기념해 '펜실베이니아 미술관'이라는 이름으로 설립되어 역사도 길다. 1928년 지금의 건물로 이전했으며 신전을 연상시키는 웅장한 외관이 인상적이다. 유럽, 미국, 아시아의 유명 회화 작품과 조각, 사진, 드로잉, 은 세공품, 도자기, 갑옷, 가구 등 다양한 예술작품을 소장하고 있다. 가장 대표적인 회화 작품은 고흐의 〈해바라기〉와 세잔의 〈목욕하는 사람〉이며 마네, 모네, 르누아르, 드가, 피카소 등의 작품도 유명하다. 특히 마르셀 뒤샹 Marcel Duchamp의 컬렉션은 세계 최대 규모로 손꼽히며, 〈입맞춤〉과 〈마이아스트라〉로 유명한 콩스탕탱 브랑쿠시 Constantin Brancusi의 조각 전시실도 이곳의 자랑이다.

또한 이곳은 1976년 상영된 영화 〈로키 Rockey〉의 촬영지로도 유명하다. 주인공이 미술관 앞 계단을 뛰어오르던 명장면은 수십 년이 지난 지금까지도 회자되며 '로키 스텝스 Rocky Steps'라는 이름으로 불리고 있다. 정문 오른쪽에 자리한 정원에는 그 인기를 반영하는 로키 동상도 세워져 있다. 원래 계단

위에 있던 것을 옮겨온 것인데 사진을 찍으려는 사람들이 줄을 설 정도다. 계단에 오르면 다운타운과 직선으로 연결된 벤저민 파크웨이와 멀리 다운타운의 건물들이 보인다.

주소 2600 Benjamin Franklin Pkwy, Philadelphia, PA 19130 운영 목~월 10:00~17:00(금 20:45까지) 휴무 화·수 요금 성인 $30, 학생 $14, 18세 이하 무료(로댕 미술관 통합 요금) 가는 방법 버스 38번 Spring Garden St & Kelly Dr.역 하차. 홈페이지 www.philamuseum.org

필라델피아 미술관 작품 소개

해바라기 Sunflowers, 1889
빈센트 반 고흐 Vincent van Gogh

고흐는 총 12점의 해바라기 그림을 남겼다. 아를에 가기 전 파리에서 5점, 아를에서 고갱을 기다리며 4점. 고갱이 떠나고 3점의 해바라기를 그렸는데 그 중 한 점은 제2차 세계대전 중 소실됐다. 그중에서도 이 작품은 고갱이 떠나고 아를에서 그린 것이다. 옅은 녹색 바탕에 특유의 붓터치로 입체감을 표현했다.

수련 연못 위의 일본식 다리 Japanese Footbridge and the Water Lily Pool, Giverny, 1899
클로드 모네 Claude Monet

지 베 르 니 에 있던 '모네의 정원'에 핀 수련을 그린 모네의 연작 중 하나다. 모네는 이 정원을 1893년부터 가꾸기 시작해 연못을 만들고 아치형 다리를 놓아 물의 정원이라 칭했다. 그는 동양의 분위기가 풍기는 이 정원을 무척이나 사랑했고 죽을 때까지 수련이 피는 모습을 그림으로 남겼는데 이 작품은 백내장이 심해진 노년의 수련보다 선명한 것이 특징이다.

목욕하는 사람들 The Large Bathers, 1906
폴 세잔 Paul Cézanne
엑상 프로방스 출신의 세잔은 죽을 때까지 30여 년간 200여 점의 목욕하는 사람들을 다양한 방법으로 그렸다. 죽기 전에 대형 사이즈로 3점을

남겼는데 이 작품은 그중 하나다. 인상주의 화가지만 추상의 단계로 나아가는 세잔의 실험정신이 보이는 그림이다.

포크스턴 보트, 불로뉴 The Folkestone Boat, Boulogne, 1868~1872
에두아르 마네 Édouard Manet

프랑스의 불로뉴에서 영국의 포크스턴으로 가는 증기선과 잘 차려입은 사람들이 증기선의 출발을 기다리며 모여 있는 모습을 묘사한 그림이다. 화풍이 사실주의에서 인상주의로 넘어가는데 큰 역할을 한 프랑스의 대표적인 화가 마네의 대표 작품 중 하나다.

소나타 Sonata, 1911
마르셀 뒤샹 Marcel Duchamp
다다이즘과 초현실주의 화가 마르셀 뒤샹의 작품으로 여동생들이 음악회를 열기 위해 연주하는 모습을 그렸다. 어머니가 가운데 앉아 진지하게 듣고 있는 모습도 볼 수 있다.

Travel Plus

지옥의 문 The Gates of Hell

1880~1917, 오귀스트 로댕 Auguste Rodin

로댕이 자신의 여러 작품을 모아 제작한 높이 6m, 폭 4m의 대형 청동 문이다. 석고로 제작한 원래의 작품을 주조 기술을 이용해 청동으로 재탄생시킨 것이다. 서울을 비롯해 전 세계에 퍼져 있는 7개의 '지옥의 문' 중 하나인데 프랑스 법으로 12개까지 만들 수 있다. 이 작품은 로댕의 사후 10년 후에 만들어진 것이다. 단테의 신곡 〈지옥 편〉에서 영감을 얻었다는 이 작품은 인간의 탐욕과 절망, 고통, 악을 묘사하고 있는 190개가 넘는 군상으로 이루어져 있다. 문의 위쪽 중앙에는 주인공인 '생각하는 사람'이 있고, 문 위에서 '세 망령'이라 칭하는 3명이 그를 내려다보고 있다.

로댕 미술관
Rodin Museum

Map P.250-A1

프랑스의 대표 조각가인 로댕의 작품을 다수 전시하고 있는 미술관으로 필라델피아 미술관 부속이다. 1929년에 문을 열었으며 파리의 로댕 미술관 못지않게 많은 컬렉션을 자랑한다. 대리석과 청동으로 제작한 조각 작품, 그림, 편지 등 150여 점을 소장하고 있다. 프랑스 출신의 건축가와 디자이너가 만든 건물과 정원이 작품들과 아름답게 어우러져 있다.

정문 앞에는 가장 많이 알려진 작품 〈생각하는 사람 The Thinker〉이 있고, 정문으로 들어가면 건물 입구에 있는 〈지옥의 문 The Gates of Hell〉을 보게 된다. 내부에는 발자크 상과 조지 버나드 쇼 상 등이 있고, 북문 쪽 정원에는 〈칼레의 시민들〉이라는 작품이 있다.

주소 2151 Benjamin Franklin Pkwy, Philadelphia, PA 19130 운영 금~월 10:00~17:00 요금 단독 관람시 성인 $15 권장(기부금제) 가는 방법 버스 32번 Ben Franklin Pkwy & 22nd St. 하차, 또는 필라델피아 미술관에서 도보 13분. 홈페이지 www.rodinmuseum.org

반스 파운데이션
Barnes Foundation

Map P.250-B1

펜실베이니아 의대를 졸업하고 신약 개발로 큰 성공을 이룬 앨버트 반스 Albert Barnes 박사가 세운 미술관이다. 그는 생전에 독학으로 미술을 공부하며

고흐, 피카소, 세잔, 르누아르, 마티스, 루벤스 등 유명 화가들의 작품을 수집했

다. 눈에 띄는 것은 독특한 전시 방법이다. 어울릴 것 같지 않은 작품들이 나란히 있거나 작가의 이름과 제목이 없이 반스 박사가 생전에 배치해 놓은 대로 벽에 걸려 있다. 이는 유명세를 신경 쓰지 않고 선입견 없이 창의적으로 작품을 감상하라는 그의 유지가 담겨 있다. 회화 작품 외에도 아프리카 예술, 원주민 도자기와 보석, 독일 가구 등 다양한 수집품을 볼 수 있다.

주소 2025 Benjamin Franklin Pkwy, Philadelphia, PA 19130 운영 목~월 11:00~17:00 요금 성인 $30, 학생 $5 가는 방법 로댕 미술관에서 도보 3분. 홈페이지 www.barnes foundation.org

프랭클린 과학 박물관
Franklin Institute of Science Museum
Map P.250-B2

벤저민 프랭클린의 이름을 딴 박물관으로 자연과학 및 과학기술에 관한 다양한 전시관과 체험관이 있다. 1824년 개관했으며 그리스 신전을 떠올리게 하는 외관이 고풍스럽다. 내부는 4층 구조에 15개가 넘는 전시관이 있다. 2층 입구에는 홀을 압도하는 프랭클린의 대형 조각상이 있으며 그를 기리는 문구가 새겨져 있다. 조각상 옆에는 매표소, 기념품 매장, IMAX 영화관이 있다.

2층에서 아이들에게 인기가 많은 곳은 자이언트 하트 Giant Heart다. 거대한 심장을 재현해 놓은 구조물 안으로 들어가 피가 순환하는 길을 따라 이동하며 체험할 수 있도록 꾸며져 있다. 이외에도 프랭클린의 전기 발명품이 있는 전기 Electricity, 필라델피아에서 애틀란틱 시티까지 논스톱으로 날아간 첫 번째 비행기가 있는 프랭클린 에어 쇼 The Franklin Air Show 등 다양하다. 3층에는 스포츠를 직접 체험해 볼 수 있는 스포츠 존 SportsZone도 있다. 아이들이 특히 좋아하기 때문에 가족 단위로 많이 방문한다.

주소 222 N 20th St, Philadelphia, PA 19103 운영 매일 09:30~17:00 휴무 1/1, 추수감사절, 12/24~25 요금 성인 $25, 어린이(3~11세) $21 가는 방법 반스 파운데이션에서 도보 3분. 홈페이지 www.fi.edu

---

Travel Plus **벤저민 프랭클린**
Benjamin Franklin(1706~1790)

과학자이자 외교관, 정치가, 발명가, 작가였던 그는 근면성실함과 훌륭한 품성으로 미국인들의 존경을 한 몸에 받는 인물이다. 보스턴에서 태어나 변변한 교육을 받지도 못한 채 필라델피아로 와 인쇄소를 차리고 책을 내 베스트셀러 작가가 된 그는 번 돈으로 공공시설을 짓는 데 투자했으며 펜실베이니아 대학의 초대 총장으로 부임한다.

과학과 기계에 관심이 많아 피뢰침, 다초점 안경 등 많은 발명을 했으며 정치에도 뛰어났다. 독립운동의 선봉에 서 미국의 독립을 이끌며 미국 건국에 중요한 역할을 했다. 미국의 헌법 제정에도 이바지하는 등 한 사람이 하기 힘든 많은 업적을 남겼다. 미국 화폐 $100 지폐에 새겨져 있는 인물이기도 하다.

이스턴 주립 형무소
Eastern State Penitentiary
Map P.250-B1

1829년에 문을 열어 1971년까지 운영된 실제 형무소 시설이다. 평면 방사형으로 지어진 7개의 건물과 그 중심에서 360도 관리가 가능하도록 설계된 구조, 독방으로 나뉜 수감 시설이 매우 혁신적이라 감옥 설계의 혁명이라 일컬어진다. 이후 전 세계의 수많은 감옥이 이곳을 모델로 지어지기도 했다. 운영 초기에는 처벌에 무게를 두기보다 격리를 통한 죄수들의 교정에 목적을 두고 운영되었다. 그러나 죄수들이 많아지면서 관리 비용이 증가하고, 정신 질병을 일으키는 죄수들이 발생하면서 1913년부터는 집단 수용 방식으로 바뀌었다. 형무소가 문을 닫은 뒤 한동안 방치되다가 1980년 필라델피아시가 보존을 위해 인수한 후 관광지로 개발해 일반인에게 공개하고 있다. 1965년 미국 역사 유적지에 등록됐다.

죄수들이 사용했던 독방들을 그대로 보존하고 있는 내부는 색다른 볼거리를 준다. 미국의 유명한 흉악범들이 많이 수감됐는데 특히 마피아였던 알 카포네 Al Capone가 8개월 동안 있었던 독방도 공개하고 있다. 감옥이라는 것이 무색할 정도로 화려하고 안락하게 꾸며져 있어 이곳에서도 특별대우를 받았음을 알 수 있다. 중세의 고성 같은 외관과 스산한 내부는 공포 영화의 촬영지로 이용되기도 한다. 오디오 셀프 가이드 투어를 할 수 있으며 여름 성수기에는 나이트 투어도 있다(5월 초~9월 초). 이밖에도 다양한 이벤트와 프로그램에 참여할 수 있으니 홈페이지를 참조하자.

주소 2027 Fairmount Ave, Philadelphia, PA 19130 운영 (데이 투어) 수~월 10:00~17:00 요금 (온라인 기준) 성인 $21, 학생 $17 가는 방법 버스 33번 20th St & Fairmount Av 하차. 홈페이지 www.easternstate.org

알 카포네의 방

Restaurant

🍴 먹는 즐거움

필라델피아의 명물 음식은 단연 필리 치즈스테이크다. 이외에도 고유의 맛과 향으로 이름난 로스터리 카페의 스페셜티 커피, 6대가 대를 이어온 유서 깊은 아이스크림 가게 등 다양한 먹거리를 만나보자.

필리 치즈스테이크 Philly Cheesesteak

얇은 소고기와 채소를 철판에 구운 뒤 긴 빵 사이에 넣고 치즈를 녹여서 올려 먹는 필라델피아의 명물 음식이다. 특히 고기가 얇아서 부드럽고, 오래 볶아 단맛이 나는 양파와 고소한 치즈의 어우러짐이 입맛을 사로잡는다. 식당에 따라 어떤 곳은 불고기 샌드위치와 매우 비슷하기도 하다. 1930년대 미국으로 건너온 이탈리아 이민자 팻 올리비에리 Pat Olivieri가 만든 음식에서 유래됐으며 지금은 필라델피아 사람들의 소울 푸드다.

짐스 스테이크
Jim's Steaks

$

Map P.251-D3

1939년 웨스트 필라델피아에 최초로 문을 연 필리 치즈스테이크 맛집이다. 1976년 센터 시티를 시작으로 여러 지점이 생겼다. 인기가 많아 식사 시간에 방문하면 줄을 길게 서야 할 정도다. 스테이크와 치즈 종류를 고를 수 있고 추가 요금을 내면 엑스트라 토핑을 얹을 수도 있다. 사우스 지점은 중심가와 가까워 관광객들도 찾아가기가 편리하다. 1층에서 주문을 마치면 즉시 요리를 시작한다. 테이블이 있는 2층에는 인기를 증명하듯 유명인들의 사인이 곳곳에 걸려 있다.

주소 (사우스 지점) 400 South St, Philadelphia, PA 19147
영업 월~목 11:00~01:00, 금·토 11:00~03:00 가는 방법 인디펜던스 홀에서 도보 12분, 또는 버스 40·57번 4th St & Lombard St. 하차 후 도보 1분, 또는 인디펜던스 홀에서 도보 12분. 홈페이지 www.jimssouthstreet.com

Travel Plus ▶ 필라델피아는 크림 치즈가 유명할까?

크림 치즈 Cream Cheese는 베이글, 카나페, 샌드위치 등 다양한 음식에 첨가해 먹는데 크림과 우유를 섞어 지방 함량이 높아 일반 치즈보다 부드럽고 고소하다. 우리에게는 '필라델피아 크림 치즈'로 잘 알려져 있지만 사실 필라델피아는 크림 치즈와 그다지 상관이 없는 도시다. 크림 치즈는 16세기 영국에서 만들어지기 시작한 것으로 알려져 있으며 미국에서 처음 크림 치즈가 만들어진 것은 1872년 뉴욕이다. 당시 최대 상업 도시 중 하나였던 필라델피아의 이름을 붙여 상업화된 것이다.

단델리온
The Dandelion

$$
$$

Map P.250-B2

아늑한 유럽풍 분위기가 물씬 풍기는 펍 겸 레스토랑이다. 영국식 펍의 분위기가 느껴지는 공간도 있으며, 2층 한쪽에는 오래된 가정집 분위기의 아기자기한 느낌도 있는 필라델피아의 대표 맛집이다. 브런치부터 디너까지 다양한 메뉴가 있는데 영국의 대표 음식 피시 앤 칩스, 뱅어스 앤 매시(으깬 감자와 소시지), 포크 밸리, 스테이크 샐러드 등이 인기다. 맥주 샘플러인 비어 플라이트 Beer Flight도 맛볼 수 있으며 주말에는 브런치 메뉴가 인기 있다.

주소 124 S 18th St, Philadelphia, PA 19103 영업 월~목 11:30~23:00, 금 11:30~24:00, 토 10:00~24:00, 일 10:00~22:00 가는 방법 원 리버티 전망대에서 도보 5분. 홈페이지 www.thedandelionpub.com

스쿠스 같은 다국적 메뉴도 있어서 선택의 폭이 넓다.

주소 121 S 16th St, Philadelphia, PA 19102 영업 월~목 11:00~21:00, 금 11:00~22:00, 토 10:00~22:00, 일 10:00~21:00 가는 방법 시청사에서 도보 5분 홈페이지 www.eatmarathon.com

쿵푸 티
Kung Fu Tea

$

Map P.251-C2

각종 티를 메인으로 타피오카 펄을 넣어 마시는 버블티, 주스, 스무디 등을 전문으로 하는 티 하우스다. 다양한 티 종류를 갖추고 있어 선택의 폭이 넓은 편이다. 시원하고 고소한 맛이 일품이며 여행 중 갈증을 해소하기에 그만이다. 2009년 문을 연 이후 선풍적인 인기를 끌며 미국 전역에 지점을 열었으며, 지금은 세계적으로 브랜드를 확장하고 있다.

주소 1006 Arch St, Philadelphia, PA 19107 영업 일~목 10:30~24:00, 금·토 10:30~01:00 가는 방법 리딩 터미널 마켓에서 도보 4분. 홈페이지 www.kungfutea.com

마라톤 그릴
Marathon Grill

Map P.250-B2

시내 중심의 번화가에 자리한 레스토랑으로 큰 규모에 푸짐한 음식으로 항상 붐비는 곳이다. 하루 종일 주문할 수 있는 브렉퍼스트 메뉴와 샌드위치, 그리고 다양한 생선·고기 요리가 있다. 파스타, 잠발라야, 쿠

리딩 터미널 마켓
Reading Terminal Market
$ Map P.251-C2

1893년 문을 연 미국에서 가장 오래된 농수산물 시장이다. 각종 농산물과 해산물, 육류, 치즈, 빵 등 신선한 식재료뿐 아니라 생활용품과 맛있는 먹거리가 가득하다. 문을 여는 시간이 되면 장을 보거나 식사를 하려는 현지인들로 분주해지기 시작한다. 필리 치즈스테이크, 아이스크림, 프레첼, 지역 특산 커피, 간단한 시장 음식 등 먹거리가 풍부해 관광객들도 많이 찾는다. 도심 한복판에 자리한 대형 재래시장이 반가우면서도 이색적으로 느껴진다.

주소 51 N 12th St, Philadelphia, PA 19107 영업 매일 08:00~18:00 가는 방법 시청사에서 도보 3분. 홈페이지 www.readingterminalmarket.org

바셋 아이스크림
Bassetts Ice Cream
$ Map P.251-C2

미국에서 가장 오래되고 유명한 아이스크림 브랜드다. 1861년 설립 이후 지금까지 6대째 명맥을 이어오고 있다. 미국 전 지역에 450여 개의 매장을 운영하고 있으며 관공서와 호텔, 레스토랑에도 납품된다. 특히 리딩 터미널 마켓에 위치한 이곳은 오바마

대통령도 방문했을 만큼 유명하며 관광객들에게도 많이 알려져 있다. 우리나라를 비롯해 세계 여러 곳으로 수출도 되고 있다. 오랜 역사만큼 최고 등급의 원유를 사용하고 철저히 품질을 관리한다는 철칙을 이어오고 있다. 40가지 이상의 아이스크림 종류를 제공하며 그 맛이 깊고 진하다.

주소 45 N 12th St, Philadelphia, PA 19107 영업 매일 09:00~18:00 가는 방법 리딩 터미널 마켓 내 위치 홈페이지 www.bassettsicecream.com

올드 시티 커피
Old City Coffee
$ Map P.251-C2

이른 아침부터 사람들이 줄을 서고 있을 정도로 유명한 리딩 터미널 마켓의 명물 카페다. 질 좋은 아라비카 원두를 그날그날 로스팅해 사용하기 때문에 맛과 향이 신선하고 진하다. 추천 메뉴는 매주 다르게 선보이는 스페셜 커피다. 각종 커피용품과 원두도 판매하며 온라인으로도 주문이 가능하다. 인디펜던스 홀 동쪽의 처치 스트리트에 있는 본점은 공간이 널찍해서 여유롭게 커피를 즐기기 좋다.

주소 51 N 12th St, Philadelphia, PA 19107 영업 매일 08:00~18:00 가는 방법 리딩 터미널 마켓 내 위치.

라 콜롬브 커피 로스터스
La Colombe Coffee Roasters $ Map P.250-B2

획일화된 맛의 프랜차이즈 커피에 반하여 커피 고유의 맛과 향을 살리는 데 중점을 둔 대표적인 로스터리 카페 중 하나다. 1994년 필라델피아에서 처음 문을 열었으며 이후 미국 전역으로 퍼져 한국에도 지점을 냈다. 보통 원두는 한 가지를 사용하는데, 산미가 강한 편이고 맛은 깔끔하면서 독특한 향을 느낄 수 있다. 실버톤이라는 유리 기구를 통해 푸어오버 방식으로 추출한 시그니처 메뉴는 가격도 1.5배 정도 비싸다. 부드러운 질감의 드리프트 라테도 인기가 있다. 또한 이곳은 화려하고 독특한 무늬의 이탈리아 수제 도자기 잔을 쓰는 것으로도 유명하다. 필라델피에 8곳의 지점이 있으며 센터 시티에는 시청 근처, 월넛 스트리트 근처, 인디펜던스 방문자 센터 근처에 있어 찾아가기 쉬운 편이다.

주소 시청 근처 매장 1414 S Penn Square, Philadelphia, PA 19102 영업 월~금 07:00~18:00, 토·일 08:00~18:00 가는 방법 시청사에서 도보 1분. 홈페이지 www.lacolombe.com

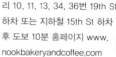

엘릭서 커피 로스터스
Elixr Coffee Roasters $ Map P.250-B3

필라델피아 시내에서 커피 맛으로 유명한 로스터리 카페 중 하나다. 각종 커피 관련 대회에서 많은 상을 받기도 했다. 독특하고 특별한 커피 맛을 개발해 소비자들에게 공급한다는 자부심이 각별한 곳이다. 특히 라이트 로스팅을 전문으로 해 특유의 감미로운 향을 느낄 수 있다. 2010년 문을 열었으며 필라델피 아에 3개 점을 운영 중이다.

주소 207 S Sydenham St, Philadelphia, PA 19102 영업 매일 07:00~19:00 가는 방법 지하철 브로드 스트리트 라인 Walnut-Locust 역 하차 후 도보 2분, 또는 시청사에서 도보 6분. 홈페이지 www.elixrcoffee.com

눅 베이커리 & 커피 바
Nook Bakery & Coffee Bar $ Map P.250-B2

2010년부터 지금의 자리에서 영업하고 있는 카페 베이커리다. 직접 커피 원두를 볶고 로스팅하는데 최고의 품질을 내기 위한 노하우를 보유하고 있다고 자부하는 곳이다. 판매하는 원두의 종류도 10가지가 넘는다. 여기에 갓 구운 머핀, 스콘, 에클레어 등 맛있는 베이커리류들도 함께 인기가 좋다.

주소 15 S 20th St, Philadelphia, PA 19103 영업 월~금 07:30~15:30, 토 08:00~13:00, 일 휴무 가는 방법 트롤리 10, 11, 13, 34, 36번 19th St 하차 또는 지하철 15th St 하차 후 도보 10분 홈페이지 www.nookbakeryandcoffee.com

Stay

호텔은 시청사와 전망대 등이 위치한 다운타운과 자유의 종, 인디펜던스 홀이 있는 올드 시티 근처에 밀집해 있다. 성수기인 여름에는 중급 호텔이 20~30만 원 선, 고급 호텔은 40만 원이 훌쩍 넘는 곳도 많아 비싼 편이며 주차 요금을 따로 받는 곳이 많다. 일찍 예약하면 조금 저렴하게 이용할 수 있다.

리츠 칼튼 필라델피아 $$$$
The Ritz-Carlton, Philadelphia   Map P.250-B2

시청사 길 건너 바로 남쪽에 위치한 이곳은 현대적이고 깔끔한 내부 시설과 인테리어을 자랑하는 고급 호텔 체인이다. 외관은 심플한 흰색의 빌딩이며 다운타운을 여러 방향에서 조망할 수 있다. 특히 시청사를 조망할 수 있는 방이 인기가 많다. 레스토랑, 피트니스 센터 등 부대 시설도 다양하다.

주소 10 Ave Of The Arts, Philadelphia, PA 19102 가는 방법 시청사에서 도보 1분. 홈페이지 www.ritzcarlton.com

르 메르디앙 필라델피아 $$$$
Le Méridien Philadelphia   Map P.250-B2

시청사 근처에 위치한 호텔로 다운타운 중심부이지만 주변이 조용한 편이다. 러브 공원이 도보로 2분 거리에 있어 조용히 산책하기도 좋으며 주변 명소를 구경하거나 지하철로 이동하기 좋다. 크진 않아도 깔끔하고 모던하게 꾸며놓았다.

주소 1421 Arch St, Philadelphia, PA 19102 가는 방법 시청사에서 도보 3분. 홈페이지 www.marriott.com

콜린스 아파트먼트 $$
The Collins Apartments   Map P.251-C2

필라델피아 중심에 위치한 아파트형 에어비앤비다. 시청사에서 400m, 독립기념관에서 500m 정도 떨어져 있어 명소를 걸어 다니며 관광할 수 있는 좋은 위치이며 시설 또한 깔끔하다. 필라델피아 내에 몇 개의 체인이 더 있다. 4~6명이 함께 숙박하기에도 좋고 주방 시설이 있어 요리가 가능하다는 것이 장점이다. 일찍 예약하면 싸게 이용할 수 있다.

주소 1125 Sansom St Philadelphia, PA 19107 가는 방법 시청사에서 도보 7분. 홈페이지 www.scullycompany.com

클럽 쿼터스 호텔 인 필라델피아 $$
Club Quarters Hotel, Philadelphia   Map P.250-B2

시청사 근처 번화가에 위치한 체인 호텔로 기차역에서 1km 정도 떨어져 있다. 도심에 위치해 관광하기 편리하다. 룸은 크지 않지만 깔끔하고 조식이 없는 대신 로비에 간단하게 음료수와 커피, 과일 등을 제공한다. 다운타운의 호텔치고는 가성비가 괜찮은 편이다.

주소 1628 Chestnut St, Philadelphia, PA 19103 가는 방법 시청사에서 도보 6분. 홈페이지 www.clubquartershotels.com

데이스 인 $$
Days Inn by Wyndham Philadelphia Convention Center   Map P.251-C2

전 세계에 체인을 가지고 있는 호텔이다. 지하철역과 200m 정도 떨어져 있고 조용한 곳에 위치한다.

다운타운 일대는 걸어서 관광하기 좋다. 시설이 고급스럽지는 않지만 깔끔하고 간단하게 먹을 수 있는 조식이 제공되며 직원들이 친절하다.

주소 1227 Race St, Philadelphia, PA 19107 가는 방법 시청사에서 도보 7분. 홈페이지 www.wyndhamhotels.com

힐튼 가든 인 필라델피아 센터 시티 $$$
Hilton Garden Inn Philadelphia Center City
Map P.251-C2

시내 중심부에 있어 시청사, 컨벤션 센터, 리딩 터미널 마켓 등이 가까이 있다. 지하철역에서 불과 1분 거리에 있어 이동하기 편리하고 번화한 도심 속을 걸어 다니기도 좋다. 객실은 깔끔한 편이며 전자레인지가 있어 반조리 음식을 데워 먹는 것이 가능하다.

주소 1100 Arch St, Philadelphia, PA 19107 가는 방법 지하철 마켓−프랭크포드 라인 11th St 역에서 도보 1분. 홈페이지 www.hiltongardeninn3.hilton.com

©Hilton Garden Inn Philadelphia Center City

킴튼 호텔 모나코 필라델피아 $$$$
Map P.251-D3
Kimpton Hotel Monaco Philadelphia

독립 기념관이 자리한 올드 시티에 위치한다. 다운타운과는 좀 떨어져 있지만 독립 기념관, 자유의 종이 있는 올드 시티 일대를 걸어 다니며 관광하기 좋은 환상적인 위치다. 편의 시설도 깔끔하고 갖춰져 있다. 현대적이면서도 스타일리시한 부티크 스타일의 인테리어를 자랑한다.

주소 433 Chestnut St, Philadelphia, PA 19106 가는 방법 독립 기념관에서 도보 1분. 홈페이지 www.monaco−philadelphia.com

더 윈저 스위트 필라델피아 $$$
The Windsor Suites
Map P.250-B2

전 객실이 스위트 룸의 규모인 호텔이다. 방도 넓고 전자레인지, 가스레인지 등이 갖춰져 있는 주방이 있어 요리를 할 수 있다. 벤저민 프랭클린 파크웨이를 따라 북서쪽으로 300m만 가면 박물관 단지가 시작되기 때문에 박물관 위주로 볼 사람들한테는 좋은 위치다. 넓은 대로인 벤저민 파크웨이가 조망되는 방은 뷰가 일품이지만 조금 더 비싸다.

주소 1700 Benjamin Franklin Parkway, PA 19103 가는 방법 시청사에서 도보 6분. 홈페이지 www.thewindsorsuites.com

윈덤 필라델피아 히스토릭 디스트릭트 $$$
Map P.251-D2
Wyndham Philadelphia Historic District

올드 시티 인디펜던스 국립 역사공원 근처에 위치한 호텔이다. 전망과 위치가 탁월한 곳이며 객실도 깔끔하다. 인디펜던스 홀이나 자유의 종 센터까지 걸어서 5분이면 갈 수 있다. 계절 별로 운영되는 루프탑 수영장, 피트니스 센터 등 다양한 편의 시설이 있다.

주소 400 Arch St, Philadelphia, PA 19106 가는 방법 인디펜던스 방문자 센터에서 도보 4분. 홈페이지 www.wyndhamhotels.com

애플 호스텔 오브 필라델피아 $
Map P.251-D3
Apple Hostels of Philadelphia

인디펜던스 홀이 있는 올드 시티에 위치한 남녀 혼성의 도미토리 호스텔로 저렴해서 가성비가 뛰어난 곳이다. 무엇보다 지하철역에서 200m 정도 떨어져 있고 인디펜던스 홀까지 500m 정도 걸으면 갈 수 있어 교통이 편리한 편이다. 객실의 종류는 혼성 도미토리 룸뿐 아니라 프라이빗 룸, 패밀리 룸 등 다양하다.

주소 33 Bank St, Philadelphia, PA 19106 가는 방법 지하철 마켓−프랭크포드 라인 2nd St 역에서 도보 5분 홈페이지 www.applehostels.com

Baltimore
볼티모어

워싱턴에서 동북쪽으로 60km 정도 떨어진 곳에 위치한 볼티모어는 메릴랜드주에서 가장 번화한 도시다. 워싱턴 DC와 가까이 있으며 볼티모어–워싱턴 국제공항이 있을 정도로 두 도시는 서로 많은 부분을 공유하고 있다. 도시의 역사도 길고 중요한 유적지와 다양한 볼거리들이 있어 미국인들이 국내 여행으로 많이 방문하는 곳이다.

기본 정보

▌유용한 홈페이지
볼티모어 관광청 baltimore.org

▌관광안내소
이너 하버에 자리하고 있어 찾아가기 쉬우며 볼티모어 여행에 관한 안내를 받을 수 있다.
주소 401 Light St, Baltimore, MD 21202
영업 화~일 10:00~16:00

가는 방법

한국에서 직항 노선은 없어 주로 워싱턴 DC에서 자동차나 기차를 이용한다. 자동차로 1시간, 고속열차로는 불과 30분밖에 걸리지 않는다.

비행기 ✈

볼티모어–워싱턴 국제공항 Baltimore-Washington International Airport (BWI)
볼티모어 외곽에 있으며, 워싱턴으로 가는 사람들도 저가항공을 이용할 때 종종 이용하는 공항이다. 볼티모어와 워싱턴을 잇는 통근열차가 공항까지 연결되어 있어 대중교통도 편리하다.
주소 7050 Friendship Rd, Baltimore, MD 21240 홈페이지 www.bwiairport.com

★ 공항에서 시내로
공항에서 셔틀버스를 타고 통근열차가 운행되는 MARC/Amtrak역으로 가서 펜 라인 Penn Line의 Perryville행을 타면 볼티모어 도심 북쪽의 펜 스테이션 Penn Station에서 하차하며, 약 40~55분이 소요된다. 펜 스테이션 앞에는 다운타운과 이너 하버로 가는 시내버스와 무료버스들이 있다.
요금 MARC $6+시내버스 또는 무료 버스

기차 🚆

워싱턴이나 필라델피아, 뉴욕에서 앰트랙 열차를 이용해 볼티모어 도심 북쪽의 펜 스테이션 Penn Station까지 쉽게 갈 수 있다. 근교 도시인 워싱턴에서는 앰트랙 외에도 마크 MARC 라는 통근열차가 있어서 도심에 자리한 캠든 스테이션 Camden Station으로 더욱 쉽게 연결된다. 워싱턴 DC에서 38~43분(아셀라 31분), 뉴욕에서 2시간 40분~3시간(아셀라 2시간 22분) 소요.

펜 스페이션 주소 1500 North Charles St. Baltimore, MD 21201 캠든 스테이션 주소 301 West Camden St. MD 21201

버스 🚌

뉴욕, 워싱턴, 필라델피아 등 동북부 주요 도시에서 그레이하운드, 메가버스, 피터팬버스가 운행된다. 그레이하운드와 피터팬버스는 도심 남서쪽의 터미널에 정차하며 메가버스는 볼티모어 북동쪽 외곽에 정차한다. 워싱턴 DC에서 50분~1시간 30분, 뉴욕에서 3시간 40분~4시간 10분 소요된다.

그레이하운드, 피터팬버스 터미널 주소 2110 Haines St, Baltimore, MD 21230

메가버스 정류장 White Marsh Mall 주소 8042 Honeygo Blvd, Nottingham, MD 21236

시내 교통

볼티모어의 볼거리는 주로 이너 하버 쪽에 모여 있어 도보로 다니거나 무료 순환버스로 대부분 연결된다. 시내에서 조금 떨어진 포트 맥헨리로 갈 때에는 버스나 워터 택시를 이용한다.

① 참 시티 서큘레이터 Charm City Circulator
시내를 순환하는 무료버스가 있어 편리하게 이용할 수 있다. 노선은 4개인데 관광객들이 이용할 만한 노선은 펜 스테이션에서 이너 하버를 오가며 주요 명소들을 지나는 퍼플 노선이다.

홈페이지 https://transportation.baltimorecity.gov

② 워터 택시 Water Taxi
항구 주변을 오가는 배로 평일에는 하버 커넥터 Harbor Connector, 주말에는 트롤리 Trolley가 각 3개 노선으로 운행된다. 관광을 겸해서 포트 맥헨리로 갈 때 탈 만하다.

요금 [트롤리] 1일권 13세 이상 $20, 3~12세 $12 [하버 커넥터] 무료 홈페이지 www.baltimorewatertaxi.com

③ 버스·지하철·경전철
메릴랜드 교통국 MTA(Maryland Transit Administration)에서 운행하는 대중교통들이 한 시스템으로 통합되어 있어 버스, 지하철, 경전철을 하나의 티켓으로 이용할 수 있다. 지하철과 경전철은 노선이 단순하며 버스는 노선이 많아 구석구석 연결된다.

요금 성인 1회권 $2.00, 1일권 $4.60 홈페이지 mta.maryland.gov

추천 일정

볼티모어는 하루 코스로 돌아보기에 적당한 곳이다. 오전에는 다운타운 북쪽의 마운트 버넌 지역에서 유적지와 미술관, 성당 등을 구경하고 점심 식사 후에 이너 하버로 이동해 항구 도시인 볼티모어의 매력에 빠져 보자.

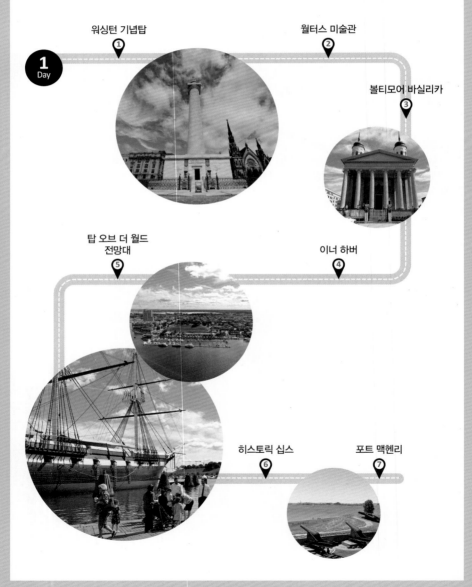

1 Day

① 워싱턴 기념탑

② 월터스 미술관

③ 볼티모어 바실리카

④ 이너 하버

⑤ 탑 오브 더 월드 전망대

⑥ 히스토릭 십스

⑦ 포트 맥헨리

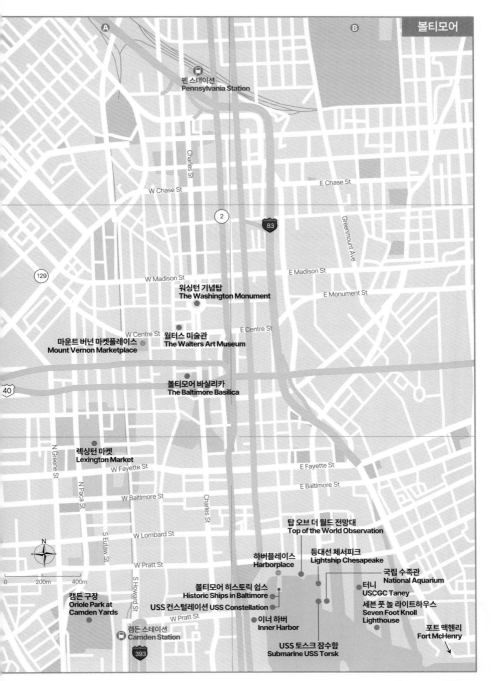

Ⓐ Ⓑ

펜 스테이션
Pennsylvania Station

Charles St

W Chase St E Chase St

Greenmount Ave

2 83

129

W Madison St E Madison St

워싱턴 기념탑
The Washington Monument E Monument St

W Centre St E Centre St

40

마운트 버넌 마켓플레이스 월터스 미술관
Mount Vernon Marketplace The Walters Art Museum

볼티모어 바실리카
The Baltimore Basilica

N Greene St

렉싱턴 마켓
Lexington Market

W Fayette St E Fayette St

N Paca St

W Baltimore St E Baltimore St

Charles St

S Eutaw St

W Lombard St 탑 오브 더 월드 전망대
Top of the World Observation

N 하버플레이스 등대선 체서피크
Harborplace Lightship Chesapeake

W Pratt St
국립 수족관
National Aquarium

0 200m 400m 터니
USCGC Taney

S Howard St

볼티모어 히스토릭 쉽스 세븐 풋 놀 라이트하우스
Historic Ships in Baltimore Seven Foot Knoll
캠든 구장 Lighthouse
Oriole Park at USS 컨스털레이션 USS Constellation
Camden Yards 포트 맥헨리
W Pratt St Fort McHenry
이너 하버
Inner Harbor
캠든 스테이션
Camden Station USS 토스크 잠수함
Submarine USS Torsk

393

볼티모어의 주요 관광 지역은 이너 하버다. 이너 하버 북쪽으로 번화가가 형성되어 있으며 이너 하버 남쪽으로는 미국 역사에서 매우 중요한 유적지로 손꼽히는 포트 맥헨리가 있다.

워싱턴 기념탑
The Washington Monument
Map P.273-A2

볼티모어의 역사 지구인 마운트 버논 Mount Vernon의 중심에 자리한 탑으로 1815년에 초대 대통령인 조지 워싱턴의 위업을 기념하기 위해 세워졌다. 하얀 대리석으로 만들어진 54m의 기둥 꼭대기에는 조지 워싱턴의 동상이 서 있다. 워싱턴 DC에 있는 워싱턴 기념탑보다는 낮지만 더 오래되었으며 건축가도 동일한 로버트 밀스 Robert Mills다.

기념탑 건물의 1층 내부에는 작은 갤러리가 있으며 꼭대기로 올라가면 작은 전망대가 있어 볼티모어의 전경을 조망할 수 있다. 기념탑을 중심으로 사방에는 공원이 조성되어 있고 바로 남쪽에는 조지 워싱턴 휘하에서 대륙군을 지위했던 라파예트 후작 Marquis de Lafayette의 청동 기마상이 있다.

주소 699 Washington Pl, Baltimore, MD 21201 운영 수~일 10:00~17:00 요금 무료지만 입장권 예약료 $1 필요 recreation.gov에서 30일 전부터 예약 가능), 당일 티켓은 15th St에 있는 워싱턴 기념탑 로지에서 선착순 배포 가는 방법 참 시티 서큘레이터 퍼플 노선으로 Washington Monument역 하차. 홈페이지 www.mvpconservancy.org

월터스 미술관
The Walters Art Museum
Map P.273-A2

철도 재벌이자 미술품 애호가였던 윌리엄 월터스와 그의 아들 헨리 월터스에 의해 1934년에 설립됐다. 기원전 5,000년 전부터 21세기를 아우르는 그들의 소장품은 고대 이집트, 그리스, 로마, 르네상스 미술은 물론 비잔틴, 이슬람, 아시아, 아프리카에 걸쳐 매우 폭넓고 방대하다. 미술관 건물은 월터스 가문이 살았던 19세기 저택에 주변의 저택들을 추가로 구입해 증축한 것으로 규모도 큰 편이다. 지하에는 카페와 기념품 매장이 있으니 관람을 마치고 들러보자.

주소 600 N Charles St, Baltimore, MD 21201 운영 수~일 10:00~17:00(목요일은 13:00~20:00) 휴무 월·화. 대부분의 공휴일 요금 무료 가는 방법 참 시티 서큘레이터 퍼플 노선으로 Centre Street역 하차. 홈페이지 www.thewalters.org

볼티모어 바실리카
The Baltimore Basilica
Map P.273-A2

1821년에 건립된 미국 최초의 로마 가톨릭 성당이다. 네오 클래식 건축 양식으로 지어졌으며 입구는 전통적인 그리스 건물에서 볼 수 있는 이오니아식 기둥이 떠받치고 있어 고풍스러우면서도 육중한 모습을 하고 있다. 안으로 들어가면 내부 장식은 은은하고 소박한 편이나 중앙의 거대한 돔 천장이 웅장한 느낌을 준다. 2011년에 발생한 지진으로 지붕과 천장 일부에 금이 가기도 했지만 보수되었다.

주소 409 Cathedral St, Baltimore, MD 21201 운영 월~금 08:30~20:00, 토·일 08:30~17:30 요금 무료 가는 방법 참 시티 서큘레이터 퍼플 노선으로 Centre Street역 하차. 홈페이지 www. americasfirstcathedral.org

렉싱턴 마켓
Lexington Market
Map P.273-A3

18세기부터 오랜 세월 이어져 온 전통 시장이다. 입구에 'Since 1782'라는 사인이 자랑스럽게 걸려 있다. 100개가 넘는 가판이 들어서 있어 활기찬 분위기를 띠고 있다. 신선한 채소와 해산물 등 식재료가 풍부할 뿐 아니라 푸드코트도 있어서 저렴하게 식사를 해결할 수 있다. 참고로 한국인이 운영하는 한식 코너도 운영되고 있다.

주소 112 N. Eutaw St, Baltimore, MD 21201 영업 월~수 06:00~17:00, 목~금 06:00~18:00, 토 07:00~18:00 가는 방법 지하철로 Lexington Market역 하차. 홈페이지 www.lexington market.com

캠든 구장
Oriole Park at Camden Yards
Map P.273-A3

볼티모어를 연고지로 하는 메이저리그 프로야구팀 오리올스 Orioles의 홈구장이다. 오리올스는 영어로 꾀꼬리인데 마스코트에서 알 수 있듯이 팀의 상징이자 메릴랜드주의 상징이기도 하다. 위치도 메릴랜드 통근열차의 출발역인 캠든역 바로 옆이라서 워싱턴 DC 등의 근교 지역에서 대중교통으로 찾아가기에도 편리하다. 구장의 바로 옆에 있는 붉은색의 인상적인 벽돌 건물은 1905년에 B&O 철도회사에서 지은 창고인데, 구장을 지을 때 허물지 않고 보존하여 100년이 넘는 역사를 자랑한다. 건물 1층에는 야구팬들이 좋아하는 기념품 매장이 있으니 들러보면 좋다.

구장의 외야 출입구 쪽(구장의 동북쪽 코너 W Camden St.와 S Eutaw St. 교차점)에는 볼티모어 태생의 전설적 야구선수 베이브 루스 Babe Ruth 동상이 있으며 서쪽으로 5분 거리에(러셀 스트리트 Russell St.를 지나면 바로) 베이브 루스 생가와 박물관 Babe Ruth Birthplace & Museum도 있다.

주소 333 W Camden St, Baltimore, MD 21201 가는 방법 참 시티 서큘레이터 오렌지 라인으로 Eutaw Street − Camden Yards 하차. 또는 경전철이나 통근열차 MARC로 Camden Station 하차. 홈페이지 www.mlb.com/orioles

이너 하버
Inner Harbor　　　　　　　　Map P.273-B3

볼티모어 여행의 중심지인 이너 하버는 오랜 시간 도시의 중심 역할을 했던 항구와 그 주변을 모두 포함한다. 한때 버려진 항구와 같았던 이 지역은 점차 사무실과 빌딩이 들어서면서 발전하기 시작해 현재는 각종 호텔과 상점, 컨벤션 센터가 들어선 번화가가 되었다. 특히 하버플레이스 Harborplace에는 식당과 상점, 갤러리가 밀집해 있으며 종종 이벤트가 벌어져 항상 많은 사람들로 붐빈다.

또한 이너 하버에는 국립 수족관 National Aquarium, 메릴랜드 과학센터 Maryland Science Center, 해양 박물관이었던 볼티모어 히스토릭 십스 Historic Ships in Baltimore 등 교육적인 장소가 많아 견학 나온 학생들도 쉽게 볼 수 있다.

탑 오브 더 월드 전망대
Top of the World Observation　　Map P.273-B3

이너 하버 중심에 자리한 세계무역센터 건물의 27층 전망대다. 1977년에 지어진 건물은 세계적인 건축가 IM 페이 등이 설계했다. 전체 30층에 123m 높이로 지어진 5각형 건물이다. 전망대는 360도 경관 조명이 가능하도록 사방이 유리창으로 되어 있다.

2001년 뉴욕의 세계무역센터가 붕괴되었던 9·11 테러 당시 이 건물도 비상 대피를 했을 만큼 상황이 긴박했으며 지금도 전망대에 오르려면 소지품 등 보안 검색을 거쳐야 한다. 건물은 메릴랜드주에서 소유하고 있어 종종 정부 관련 행사가 열리거나 시민들에게 대여를 해주기도 하는데, 이로 인해 입장 시간이 바뀌고 입장료가 할인되는 등 변동이 있을 수 있으니 미리 홈페이지를 통해 확인해 보는 것이 좋다.

주소 401 E Pratt St 27th floor, Baltimore, MD 21202 영업 수·목 10:00~18:00, 금·토 10:00~19:00, 일 11:00~18:00 (성수기는 금·토 늦게까지) 요금 성인 $8, 3~12세 $5 가는 방법 참 시티 서큘레이터 오렌지 라인으로 National Aquarium역 하차. 홈페이지 www.viewbaltimore.org

볼티모어 히스토릭 십스
Historic Ships in Baltimore
Map P.273-B3

볼티모어 이너 하버엔 역사적인 선박들이 정박되어 있어 하나의 박물관을 형성하고 있다. 총 3개의 부두에 4개 선박과 1개의 등대로 이루어져 있다. 볼티모어의 이너 하버를 더욱 빛나게 해주고 있으며 국립 역사유적지로도 지정되었다.

① USS 컨스털레이션 USS Constellation

1번 부두에 자리한 가장 눈에 띄는 선박이다. 1854년에 건조되었으며 미 해군의 마지막 범선이었다. 군함으로 100년간 사용되었으며 현재는 박물관으로 일반인들에게 공개되고 있다. 내부의 4개 데크를 둘러볼 수 있으며 선원 복장을 한 안내인들이 질문에 답해 주기도 한다.

② 등대선 체서피크 Lightship Chesapeake

현재 얼마 남아 있지 않은 등대선 중 하나로 장소를 이동하며 등대 역할을 하고 있는 배다. 1930년에 건조된 것으로 태풍이 불 때에도 떠내려가지 않도록 2톤이나 되는 닻이 2개 내려져 있다.

③ USS 토스크 잠수함
Submarine USS Torsk

1944년 제2차 세계대전 당시 미해군에 의해 건조된 잠수함으로 일본과의 전쟁에 사용되었다. 1950~1960년대에는 훈련용으로 쓰이다가 1971년에 메릴랜드로 오면서 박물관이 되었다. 체서피크와 함께 3번 부두에 있다.

④ 터니 USCGC Taney

1936년에 건조된 해안경비정(USCGC: United States Coast Guard Cutter)으로 진주만 공습 당시 전투에 참전했던 마지막 전함이다. 50년간 군함으로 사용되며 베트남전에도 참전했으며 1986년 퇴역해 박물관이 되었다. 안으로 들어가면 내부의 객실과 주방 등을 볼 수 있다.

⑤ 세븐 풋 놀 라이트하우스
Seven Foot Knoll Lighthouse

해안경비정 터니와 함께 5번 부두에 있는 빨간색 등대다. 1856년에 지어져 오랜 역사를 자랑한다. 건물 내부에는 등대에서 사용했던 렌즈 등의 물품들을 전시하고 있으며 위로 올라가면 볼티모어 하버의 멋진 전경도 볼 수 있다.

주소 301 E Pratt St, Baltimore, MD 21202 운영 성수기 10:00~17:00 (나머지는 단축 운영하며 비수기는 화·수 휴무. 세븐 풋 놀 라이트하우스는 여름철 금~일만 오픈) 요금 성인 $19.95, 15~20세 또는 학생 $17.95, 6~14세 $7.95 가는 방법 참 시티 서큘레이터 퍼플 노선으로 Baltimore Visitor Center역 하차. 또는 버스 65번으로 Pratt St & South St역 하차. 홈페이지 www.historicships.org

국립 수족관
National Aquarium
Map P.273-B3

1981년에 지어진 유리로 된 독특한 건물에서 1만 6,000종이 넘는 수중 생물을 볼 수 있다. 거대한 상어 탱크를 비롯해 천장까지 이어지는 열대우림관, 그리고 항상 박수갈채가 쏟아지는 돌고래 쇼에 이르기까지 다양한 볼거리를 갖추고 있다. 특히 돌고래 쇼는 하루에 3~5회 열리는데, 가족 관람객은 물론 어린이 단체관람객이 많아 가급적 일찍 가는 것이 좋다.

수족관은 Glass Pavilion, Pier4, Blue Wonders 등 3개 건물로 이루어져 있으며 맨 처음 입구로 들어서면 호수 야생체험장이 있는 Glass Pavilion과 바로 연결된다. 뒤쪽으로는 4D 극장이 있어 시즌별로 다양한 영상을 볼 수 있다. 그다음에 연결된 건물은 Blue Wonders로, 5층으로 이루어져 있으며 계단을 올라가면서 상어, 해초와 산호초 등 다양한 수중의 동식물을 볼 수 있다. 5층은 유리 피라미드로 된 열대우림관이다. 다음 건물인 Pier4로 가면 돌고래 쇼 스케줄을 확인할 수 있다. 쇼를 기다리는 동안 해파리관을 구경하거나 기념품 매장, 카페 등에서 잠시 쉴 수도 있다.

주소 501 E. Pratt St, Baltimore, MD 21202 운영 시즌과 요일별로 다르며 보통 09:00~18:00(금·토요일 연장 영업) 요금 일반 $49.95, 70세 이상, 5~20세 $39.95, 4세 이하 무료 가는 방법 참 시티 서큘레이터 오렌지 라인으로 National Aquarium역 하차. 홈페이지 https://aqua.org

포트 맥헨리
Fort McHenry
Map P.273-B3

미국의 국가는 올림픽이나 슈퍼볼 등에서 종종 들어 우리 귀에도 익숙한 편이다. 이 국가의 가사가 만들어진 역사적인 장소가 바로 이곳이다. 1814년 9월 13일 새벽부터 이어진 영국군의 대대적인 포격으로 주변이 초토화되어 갈 때, 다음 날 아침 고요해진 포화 속에서 변함없이 펄럭이는 성조기를 보고 감동을 받아 써 내려간 프랜시스 스콧 키 Francis Scott Key의 시 〈Defence of Fort McHenry〉가 바로 국가의 가사가 되었다. 'Oh, say, can you see, by the dawn's early light'로 시작하는 가사의 주요 소재가 별이 그려진 성조기를 뜻해 'Star-Spangled Banner'로도 불리며, 미국의 독립과 저항을 상징하는 국가로서 온 국민의 사랑을 받고 있다.

이처럼 포트 맥헨리는 미국 역사에서 매우 중요한 장소이며, 현재에도 요새를 방어했던 것을 기념해 매년 9월 12일경 주말에는 '디펜더스 데이 Defenders Day' 기념 행사가 열린다. 별 모양의 요새인 이곳은 1925년에 국립공원으로 지정돼 관리되고 있으며, 1929년에는 국립 기념물로, 1966년에는 국립 사적지로 등재되었다.

주소 2400 East Fort Ave. Baltimore, MD 21230 운영 (안내소와 주차장) 매일 09:00~16:00 (성수기 1시간 연장) 휴일 추수감사절, 크리스마스, 1월 1일 요금 일반 $15, 15세 이하 무료(recreation.gov에서 사전 예약 필수) 가는 방법 참 시티 서큘레이터 배너 라인을 타고 포트 맥헨리 공원 정문에서 하차하면 된다. 홈페이지 www.nps.gov/fomc

마운트 버넌 마켓플레이스 $

Mount Vernon Marketplace
Map P.273-A2

월터스 미술관에서 렉싱턴 마켓까지 가는 것이 부담스럽다면 바로 근처에 있는 마켓 형태의 푸드코트를 찾아도 좋다. 규모가 크지는 않지만 다양한 음식을 합리적인 가격에 먹을 수 있으며 한식도 갖춰져 있다. 관광객보다는 현지인들이 주로 찾는 곳으로 점심 시간에 특히 북적인다.

주소 520 Park Ave, Baltimore, MD 21201 영업 화~토 11:30~22:00, 일 11:30~20:00 휴무 월요일 가는 방법 월터스 미술관에서 도보 3분. 홈페이지 www.mtvernon marketplace.com

하버플레이스 $$

Harborplace
Map P.273-B3

이너 하버를 둘러싸고 있는 프랫 스트리트 E Pratt Street와 라이트 스트리트 Light Street에 자리한 두 개의 건물로 상점과 식당이 들어서 있다. 선택이 다양하지는 않지만 치즈케이크 팩토리 The Cheesecake Factory, 매이슨스 페이머스 랍스터 롤스 Mason's Famous Lobster Rolls 등의 레스토랑들이 있어서 식사를 해결할 수 있으며, 맑은 날씨에는 하버가 바라보이는 야외 테이블을 이용할 수 있어 좋다.

주소 201 East Pratt St, Baltimore, MD 21202 영업 월~토 11:00~21:00, 일 12:00~18:00(매장마다 다르며 식당은 더 늦게까지 영업함) 가는 방법 히스토릭 십스 바로 앞. 홈페이지 www.harborplace.com

Washington D.C.
워싱턴 DC

1800년부터 지금껏 미국의 수도인 워싱턴 DC에는 백악관과 국회의사당을 비롯해 연방정부의 행정기관들이 자리하고 있다. 메릴랜드주와 버지니아주 사이에 위치하지만 어느 주에도 속하지 않는다. 거대한 정원처럼 꾸며진 내셔널 몰에는 스미스소니언 박물관, 국립 미술관 등이 있어서 수준 높은 전시물을 무료로 감상할 수 있다. 그 밖에도 링컨 기념관, 제퍼슨 기념관, 알링턴 묘지 등 다양한 볼거리가 있다.

이 도시 알고 가자!

❶ 미국의 수도이며 정식 명칭은 '워싱턴 컬럼비아 특별구 Washington, District of Columbia'이다.

❷ 연방 정부 기관들이 밀집해 있는 미국의 입법, 행정, 사법부의 중심이며 산업보다는 관공서 위주로 돌아간다. 특별구 안의 인구는 약 70만 명, 광역권까지 합치면 6백만 명 정도다.

❸ 백악관과 국회의사당을 중심으로 방사형으로 뻗어가는 계획도시이며 워싱턴 DC 내의 건물은 워싱턴 기념탑(169.16m)보다 높게 지을 수 없다.

여행 시기

여름은 고온다습하고 겨울은 길지 않으며 눈보다는 비가 온다. 여행하기 좋은 시기는 봄이 되는 4월부터 10월 정도까지이다. 특히 4월 초에 열리는 벚꽃 축제와 7월 4일 독립기념일 행사 때는 많은 사람이 몰린다. 봄과 가을은 온화한 편이지만 일교차가 크게 나타나기도 한다.

기본 정보

▌유용한 홈페이지
워싱턴 DC 공식 여행 안내 사이트 https://washington.org

▌관광안내소
워싱턴 관광안내소 Washington Welcome Center

기념품점을 겸하고 있는 관광안내소다. 워싱턴 DC 지도와 브로슈어 등을 얻을 수 있으며 트롤리 투어 티켓을 살 수 있다.

주소 1001 E St NW, Washington, DC 20004 운영 매일 08:30~20:00 가는 방법 스미스소니언 성에서 도보 11분. 홈페이지 www.downtowndc.org

가는 방법

한국에서 직항편이 있으며 다른 도시에서 경유해서 갈 수도 있다. 동부의 다른 도시에서 버스, 기차, 렌터카 등을 이용해 가기도 한다. 뉴욕에서 버스는 5시간, 기차는 3시간 30분, 자동차는 4시간 정도 소요된다. 기차 노선이 발달해 있어 많은 사람들이 이용한다. 바쁘게 움직이면 뉴욕에서 당일치기도 가능하다.

비행기 ✈

한국에서 대한항공 직항편이 있으며 13시간 40분 정도 걸린다. 유나이티드 항공 United Airlines 등으로 뉴욕, 시카고를 경유해 가면 17시간 이상 걸린다.

❶ 덜레스 국제공항 Dulles International Airport (IAD)

버지니아주 덜레스시에 위치하며 워싱턴 시내에서 서쪽으로 약 40km 떨어져 있다. 메인 터미널과 두 개의 미드필드 터미널로 이루어져 있으며 터미널 간에는 에어로트레인 AeroTrain이나 셔틀을 타고 이동할 수 있다.

주소 1 Saarinen Cir, Dulles, VA 20166 홈페이지 www. flydulles.com

★ 공항에서 시내로

워싱턴 DC 도심까지 가는 여러 방법이 있으나 가장 많이 이용하는 것은 지하철이나 택시(우버 포함)다. 지하철은 가장 저렴한 방법이며 택시는 빠르고 편리하지만 비싸다는 단점이 있다.

① 지하철(메트로 레일) Metro Rail

지하철 실버 노선이 공항과 연결되어 저렴하면서도 어렵지 않게 시내로 이동할 수 있다. 공항의 역이름은 Washington Dulles International Airport Station이며, 공항 내 안내판을 따라 조금만 걸어가면 나온다. 실버 노선은 시내 중심을 관통하면서 여러 노선과 만나 환승할 수 있다. 도심까지 소요 시간은 50~70분 정도다.

요금 목적지와 출발 시간에 따라 $2~6(Dulles → Metro Center Station $6, 평일 21:30 이후와 주말 $2)

② 택시

공항에서 워싱턴 DC까지 전용으로 운행하는 워싱턴 플라이어 택시 Washington Flyer Taxicabs가 있다. 도착층 터미널 입구에서 탈 수 있으며 24시간 운행한다. 현금이나 카드로 요금을 낼 수 있고, 도심까지 간 후 톨게이트 비용과 팁이 추가된다. 요금이 싸진 않지만 여러 명이 이용하거나 짐이 많을 경우 고려해볼 수 있다. 시내까지 40분~1시간 정도 소요된다.

[워싱턴 플라이어 택시] 요금 $65~80

[우버 등 공유 차량] 요금 우버 중 가장 저렴한 우버X 이용 시 $50~60

❷ 로널드 레이건 워싱턴 내셔널 공항

Ronald Reagan Washington National Airport(DCA)
워싱턴 DC 도심에서 제일 가까운 공항이다. 미국 국내선이 주로 이용하며 보스턴, 시카고 등 여러 도시에서 갈 때 내린다. 터미널 1, 2가 있으며 터미널 간은 공항 무료 셔틀이 운행한다. 지하철이 연결돼 있어 도심 접근성이 뛰어나다.

주소 Arlington, VA 22202 홈페이지 www.flyreagan.com

❸ 볼티모어-워싱턴 국제공항 Baltimore-Washington International Airport (BWI)

워싱턴과 볼티모어 중간쯤 위치한 공항이다. 워싱턴 DC에서 북동쪽으로 52km 떨어져 있어 가깝지는 않다. 사우스 웨스트, 제트 블루 등 저가항공이 많이 이용한다. 메인 터미널에 A, B, C, D, E 5개의 콘코스로 이루어져 있으며 무료 셔틀버스가 운행된다.

주소 Baltimore, MD 21240 홈페이지 www.bwiairport.com

★ 공항에서 시내로

도심으로 가는 좋은 방법은 지하철을 타는 것이다. 가장 저렴하고 시간도 많이 걸리지 않는다. 택시나 우버를 이용해도 요금이 많이 나오지 않는다.

① 지하철(메트로 레일)

공항에서 워싱턴 DC의 대중교통 지하철이 바로 연결돼 있으며 20~30분이면 도심까지 갈 수 있다. 공항에 위치한 역은 National Airport 역이며 이곳에서 옐로 또는 블루 라인을 타면 된다. 공항 터미널 2의 2층과 연결돼 있다. 터미널 1에 내렸다면 공항 무료 셔틀인 에어포트 셔틀 Airport Shuttle을 타고 터미널 2까지 가서 타면 된다.

요금 (예) National Airport → Metro Center Station $2.50
(평일 21:30 이후와 주말 $2)

② 택시, 우버, 리프트

호텔 앞까지 데려다 주는 택시, 우버, 리프트를 이용하면 목적지까지 편하게 갈 수 있다. 도심과 거리가 가까워 비용도 많이 들지 않는다. 대중 교통을 이용할 수 없는 시간대이거나 짐이 많을 때 이용하면 좋다. 서는 구역이 따로 있으니 표지판을 잘 확인하자.

요금 택시 약 $15(공항세 미포함)+팁, 우버, 리프트 $16

★ 공항에서 시내로

앰트랙 열차와 통근열차 MARC가 워싱턴 DC 유니언역까지 연결돼 편리하게 갈 수 있다. 두 열차는 같은 기차역을 이용하며 공항에서 운행하는 무료 셔틀을 타고 기차역으로 가면 된다. 통근열차는 앰트랙보다 저렴하지만 출퇴근 시간 외에는 배차가 없거나 드물며 앰트랙은 30분~1시간 간격으로 자주 운행한다.

① 통근열차 MARC

MARC는 워싱턴 DC와 볼티모어 광역권을 커버하는 레일 시스템으로 워싱턴 DC와 연결되는 3개의 노선이 있다. 3개의 노선 중 펜 라인 Penn Line이 공항에서 가장 가까운 역인 BWI Airport Rail Station을 지나간다. 공항에서 BWI Airport Rail Station까지는 무료 셔틀버스가 운행되며, 이곳에서 펜 라인을 타면 워싱턴 DC 유니언역까지 갈 수 있다. 주로 통근열차로 이용되기 때문에 출퇴근 시간에 배차가 몰려 있고 배차 간격도 일정하지 않아 스케줄을 확인하고 이용해야 한다.

[BWI Airport Rail Station] 주소 7 Amtrak Way, BWI Airport, MD 21240 소요 시간 31분 요금 $8 홈페이지 www.marctracker.com

② 앰트랙 Amtrack

뉴욕을 지나오는 Notheast Regional선이 BWI Airport Rail Station을 지난다. 공항에서 무료 셔틀버스를 이용해 가면 되고 이곳에서 워싱턴 DC 유니언역까지 갈 수 있다.

[BWI Airport Rail Station] 주소 7 Amtrak Way, BWI Airport, MD 21240 소요 시간 31~42분(아셀라 24분) 요금 $10~15 홈페이지 www.amtrak.com

기차 🚈

앰트랙 열차를 이용해 뉴욕, 필라델피아, 볼티모어 등지에서 워싱턴 DC의 유니언역으로 갈 수 있다. 볼티모어에서는 통근열차 MARC를 이용해 갈 수도 있어 편리하다. 뉴욕에서는 3시간 30분, 필라델피아에서는 2시간, 볼티모어에서는 35분 정도면 도착한다. 티켓 예매는 서두를수록 저렴하다.

[유니언역] 주소 50 Massachusetts Ave NE, Washington, DC 20002 홈페이지 www.amtrak.com

Travel Plus **유니언역** Union Station

앰트랙과 통근열차 MARC의 기차역, 지하철역, 버스터미널이 모두 모여 있는 유니언역은 워싱턴 DC의 교통 중심지다. 역사 자체가 워낙 크고 화려해 하나의 관광명소로 꼽힌다. 1908년 완공됐으며 지금의 건물은 1988년 대규모 리노베이션을 거쳐 완성됐다. 지하에 푸드코트를 비롯해 1, 2층에 상점과 레스토랑, 카페 등 편의시설이 많아 교통을 이용하려는 사람들 외에 쇼핑과 식사, 관광을 즐기는 사람들로 늘 붐비는 곳이다. 짐 보관소(게이트 A 근처)도 있어 잠깐 맡길 때 유용하다.

홈페이지 www.unionstationdc.com

버스 🚌

뉴욕, 필라델피아 등 동북부 주요 도시에서 그레이하운드, 플릭스버스, 메가버스, 피터팬버스가 운행된다. 뉴욕에서 4시간 30분~5시간, 필라델피아에서 3시간 30분이면 간다. 버스 터미널은 유니언역 3층에 위치하며 지하철로 갈아타기에 편리하다.

[버스 터미널] 주소 50 Massachusetts Ave NE, Washington, DC 20002
그레이하운드 www.greyhound.com
플릭스버스 https://global.flixbus.com
메가버스 www.megabus.com
피터팬버스 www.peterpanbus.com

시내 교통

국회의사당, 내셔널 몰, 링컨 기념관 등 주요 관광지를 가려면 대중교통을 이용해야 한다. WMATA (Washington Metropolitan Area Transit Authority)에서 운영하는 버스와 지하철이 시내와 시외 곳곳을 연결해 편리하게 이동할 수 있다. 지하철, 버스 외에 구간 별로 순환하는 DC 서큘레이터 DC Circulator라는 버스가 있는데 잘 활용하면 교통비를 절약할 수 있어 관광객들에게 매우 유용하다.

홈페이지 www.wmata.com

스마트립 카드 SmarTrip

WMATA가 총괄하는 워싱턴 DC와 메릴랜드, 버지니아 지역에서 사용할 수 있는 교통카드로 버스와 지하철에서 모두 사용 가능하다. 지하철역 발매기에서 실물 카드를 살 수 있고 스마트립 앱을 통해서도 카드를 구입하고 충전해 사용할 수 있다. 카드 구입 수수료가 있으며 충전 금액은 조절할 수 있는데 남은 금액을 환불 받기 힘드니 계획에 맞게 충전해야 한다. 1일권, 3일권 등 다양한 옵션이 있으니 여행 계획에 맞게 충전하자.

카드 구입 수수료 $2, 1일권 $13, 3일권 $28

① 버스(메트로 버스)

워싱턴 시민들의 발이 되는 메트로 버스가 워싱턴 DC 전역을 거미줄처럼 연결한다. 시내뿐 아니라 외곽지도 갈 수 있으며 익스프레스 노선 Express Route을 포함해 320개 이상의 노선이 있다. 스마트립 카드가 있으면 2시간 이내에 무료 환승이 가능하지만 익스프레스 노선은 차액($2.25)을 지불해야 한다. 현금 승차 시 거스름돈을 주지 않으니 정확한 금액을 준비해야 한다.

운영 24시간(노선별 상이) 요금 일반 $2, 익스프레스 $4.25

DC 서큘레이터 DC Circulator

워싱턴 DC 곳곳을 순환하는 버스다. 6개의 노선이 있으며 그 중 내셔널 몰 노선 National Mall Route은 관광객들이 많이 이용하는 노선이다. 내셔널 몰 일대에서는 걸어 다니기도 하지만 워낙 넓어 DC 서큘레이터를 타면 편하게 이동할 수 있다. 메트로 버스보다 요금도 저렴하고 2시간 이내 환승도 가능하다. 일부 노선을 제외하고는 메트로 버스처럼 밤 늦게까지 운행하지 않고, 노선 별로 운행 시간이 약간씩 다르므로 홈페이지에서 확인 후 이용하는 것이 좋다. (예: 내셔널 몰 노선 4~9월 주중 07:00~20:00, 주말 09:00~20:00, 10~3월 주중 07:00~19:00, 주말 09:00~19:00)

요금 $1, 환승 버스→서큘레이터 무료, 지하철→서큘레이터 ¢50, 서큘레이터→버스 $1, 서큘레이터→지하철 요금에서 ¢50 할인 배차 간격 10분 홈페이지 www.dccirculator.com

② 지하철(메트로 레일)

레드, 블루, 그린, 오렌지, 옐로, 실버 6개의 노선이 있으며 입구에 M이라고 적혀 있다. 음식 섭취가 금지돼 있는 등 관리에 노력을 기울이기 때문에 역사가 쾌적하고 열차 내부도 깔끔한 편이다. 출퇴근 시간대에 요금이 더 비싸고(패스 요금은 예외), 거리에 따라서도 요금이 다르다. 스마트립 카드가 있으면 2시간 이내에 다른 지하철이나 버스로 무료 환승이 가능하다.

운영 월~목 05:00~24:00, 금 05:00~01:00, 토 07:00~01:00, 일 07:00~24:00 요금 평일 05:00~21:30 $2~6, 평일 21:30 이후와 주말 $2

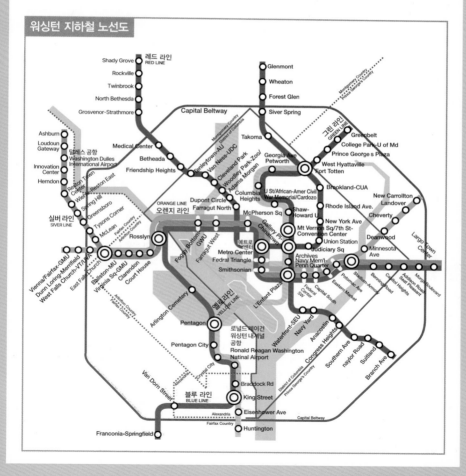

워싱턴 지하철 노선도

워싱턴 DC 투어 프로그램

워싱턴 DC는 국회의사당을 중심으로 조성된 계획도시로 길이 반듯하게 나 있어 걸어 다니기 좋다. 하지만 짧은 시간에 편하게 많은 것을 보려면 투어 버스를 타는 것이 좋다. 홉온 홉오프 방식의 투어 버스를 타면 한 번에 둘러볼 수도 있고 원하는 곳에 내렸다 다시 탑승해 다음 장소로 편하게 이동할 수 있다.

올드 타운 트롤리 투어스
Old Town Trolley Tours

고풍스러운 트롤리 버스를 타고 워싱턴 DC 주요 관광지를 도는 투어로 30년 이상 운행되고 있다. 지붕이 있어 날씨에 관계없이 탈 수 있다는 장점이 있다. 투어 시간은 90분 정도 소요되는데 가이드가 함께 동승해 설명을 해준다. 정돈되고 깔끔한 도시 풍경을 보며 역사를 들을 수 있다.

운영 3/1~1/1 매일 09:00~16:00(1/2~2/28은 목~일만) 배차 간격 30분 요금 13세 이상 날짜별 $63.95~69.95, 4~12세 $32.95, 3세 이하 무료 홈페이지 www.trolleytours. com/washington-dc

빅 버스 워싱턴 DC
Big Bus Washington DC

오픈된 더블 데크 버스에 앉아 내셔널 몰 일대와 포토맥강 주변에 있는 유명한 랜드마크를 볼 수 있는 투어다. 워싱턴 DC에 얽힌 재미있는 이야기나 역사를 들으며 자유롭게 내리고 싶은 곳에 내렸다 탈 수 있는 홉온 홉오프 방식이다. 특히 더운 여름에는 내셔널 몰 일대를 걸어 다니기가 힘들기 때문에 편하게 이동하며 원하는 박물관 앞에서 내릴 수 있어 좋다. 레드, 블랙의 2가지 노선이 있으며 홈페이지에 노선별 지도와 시간표가 있다.

운영 09:30~17:30(레드 노선, 유니언역 기준) 배차 간격 15~20분 요금 디스커버 티켓 13세 이상 $63, 3~12세 $50 (인터넷 예매 시 할인) 홈페이지 www.bigbustours.com/ en/washington-dc

캐피털 바이크셰어 Capital Bikeshare

워싱턴 DC는 길도 반듯하고 평지가 많아 자전거를 타기에 좋다. 특히 내셔널 몰 일대는 자전거를 타면서 편하게 둘러볼 수 있다. 시내 곳곳에 500개 이상의 자전거 대여 시스템이 있어 대여와 반납이 쉽다. 각 대여소 앞 무인 기계에서 신용카드로 티켓을 산 후 영수증에 적힌 번호를 자신이 탈 자전거 앞에 가서 입력하면 바로 탈 수 있다. 정한 시간만큼 타다가 아무 대여소에나 반납하면 된다. 요금도 저렴한 편이다.

요금 무주차 1회 $1+$0.05/분, 24시간 $8 홈페이지 www.capitalbikeshare.com

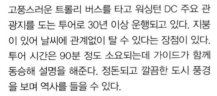

워싱턴 DC 할인 패스

워싱턴 DC는 국회의사당 투어, 스미스소니언 박물관 등 무료로 입장할 수 있는 명소가 많지만 일부 명소와 투어 버스는 유료. 할인패스를 이용하면 각각 티켓을 사는 것보다 경비를 절약할 수 있다. 단, 투어에 참가할 경우에는 예약해야 하는 경우가 있으므로 미리 체크해야 한다.

워싱턴 DC 사이트시잉 패스 Washington DC Sightseeing Pass

워싱턴 DC의 유명한 명소를 할인된 가격으로 입장할 수 있는 패스로 플렉스 패스 Flex Pass와 데이 패스 Day Pass가 있다. 플렉스 패스는 기본으로 홉온 홉오프 버스투어가 포함돼 있고 1, 2, 4곳의 명소를 추가하는 패스다. 데이 패스는 박물관, 전망대, 투어 버스, 리버 크루즈 등을 제한된 시간 안에 사용하는 패스로 1, 2, 3일권이 있다. 패스는 휴대폰에 다운받아 입장할 때마다 보여주면 되며 패스트 트랙으로 먼저 입장할 수 있어 사람이 많은 성수기에는 더욱 유용하게 사용할 수 있다. 워싱턴 DC를 처음 방문해 여러 곳을 방문하고자 하는 사람은 데이 패스가 더 낫지만, 투어버스를 탈 계획이고 무료 박물관 위주로 돌아볼 사람은 플렉스 패스도 좋다.

홈페이지 www.sightseeingpass.com/en/washington–dc

워싱턴 DC 사이트시잉 패스 종류(온라인 예약 시 할인 받을 수 있다)

	플렉스 패스 Flex Pass	데이 패스 Day Pass
요금 (13세 이상, 온라인 가격)	투어버스 + 명소 1곳 $74	1일권 $99
	투어버스 + 명소 2곳 $109	2일권 $154
	투어버스 + 명소 4곳 $149	3일권 $209
내용	투어버스 이용은 물론, 15개의 명소 중 각각 1, 2, 4 곳의 명소를 선택해 이용 가능하다. 유효 기간은 30일이다.	정해진 시간 안에 제한 없이 명소에 입장할 수 있다.

워싱턴 DC 여행 팁

① 무료 입장이 많지만 예약이 필요한 곳들이 있다.

공공기관이나 인기가 많은 박물관은 무료 입장이라도 예약이 필요한 곳이 있으니 여행 전 준비하는 것이 좋다. 이밖에 국립 미술관, 국립 자연사 박물관, 링컨 기념관 등은 예약 없이 드나들 수 있다.

백악관	최소 21일에서 90일 이내 예약 필수, 일찍 예약 권장(예약 방법 P.296)
국회의사당 내부 투어	투어 가능 날짜 확인 필요해 온라인으로 미리 예약하는 게 좋음
항공 우주 박물관	인기 많은 박물관이라 예약 티켓 필요(예약해도 줄 서는 경우가 많음)
국회 도서관	방문 시간 예약 티켓 필요
워싱턴 기념탑	온라인으로 예약하거나 당일 아침 줄 서서 티켓 구해야 함

② 걷지 말고 차를 타자.

길이 반듯하고 평지라 언뜻 보면 가까워 보여도 건물들이 워낙 크고 건물 간 거리도 상당히 멀어 걸어 다니기는 힘들다. 날씨까지 뜨거우면 더 힘들어진다. DC 서큘레이터 버스는 요금도 저렴하고 내셔널 몰, 조지 타운 등 관광지 위주의 노선이 많아 잘 이용하면 좋다.

추천 일정

미국의 수도인 워싱턴 DC의 주요 관광지는 국회의사당, 백악관 등 정치와 행정 관련 기관과 기념관과 기념물, 국립 미술관, 스미스소니언 박물관이 있는 내셔널 몰이다. 스미스소니언 박물관들만 제대로 보려해도 5일 이상 걸리기 때문에 2~3일 일정으로는 빠듯하다. 백악관, 국회의사당, 내셔널 몰의 인기 있는 박물관 위주로 일정을 짜서 움직이면 된다.

1
Day

워싱턴 DC의 상징인 국회의사당 투어로 하루 일정을 시작한 뒤 내셔널 몰에 있는 박물관을 돌며 하루를 보낼 수 있다. 하루 안에 모든 박물관을 다 가긴 힘들기 때문에 가고 싶은 박물관 2~3군데를 선정해 관람하자.

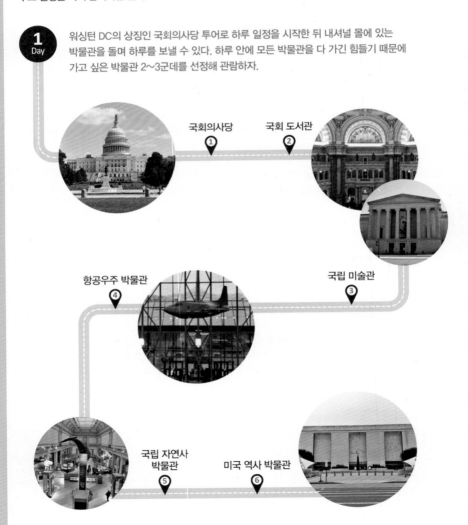

국회의사당 ①

국회 도서관 ②

국립 미술관 ③

항공우주 박물관 ④

국립 자연사 박물관 ⑤

미국 역사 박물관 ⑥

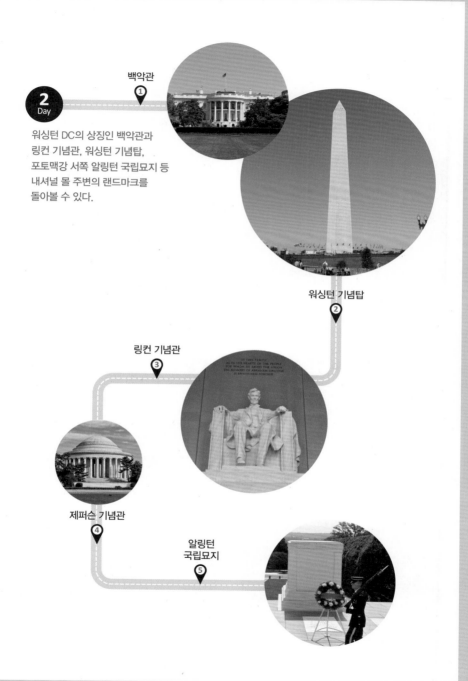

2 Day

백악관 ①

워싱턴 DC의 상징인 백악관과
링컨 기념관, 워싱턴 기념탑,
포토맥강 서쪽 알링턴 국립묘지 등
내셔널 몰 주변의 랜드마크를
돌아볼 수 있다.

워싱턴 기념탑 ②

링컨 기념관 ③

제퍼슨 기념관 ④

알링턴
국립묘지 ⑤

워싱턴 DC, 이것만은 놓치지 말자!

① 백악관

대통령이 거주하며 집무를 보는 대통령의 집으로 항상 전 세계의 이목이 집중되는 곳이다.

소요시간 10~30분

② 국회 도서관

세계에서 가장 자료가 많은 도서관으로 꼽히며 화려하고 아름다운 중앙 열람실이 하이라이트다.

소요시간 30분

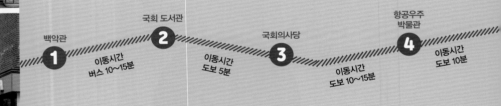

백악관 **1** 이동시간 버스 10~15분 국회 도서관 **2** 이동시간 도보 5분 국회의사당 **3** 이동시간 도보 10~15분 항공우주 박물관 **4** 이동시간 도보 10분

③ 국회의사당

위풍당당하게 위용을 뽐내는 미국의 입법 중심지로 투어를 통해 멋진 건물의 내부를 볼 수 있다.

소요시간 1시간~1시간 30분

④ 항공우주 박물관

미국 항공우주의 발전과 역사를 한눈에 볼 수 있는 곳으로 내셔널 몰에서 가장 인기 있는 박물관이다.

소요시간 2시간

❺ 국립 미술관

그리스 신전 같은 건축물에 아메리카 지역에서 유일하게 레오나르도 다빈치의 작품이 있는 미술관이다.

소요시간 1~2시간

❻ 워싱턴 기념탑

국회의사당과 동서로 마주 보고 있는 워싱턴 DC의 대표적인 랜드마크로 전망대에 오를 수 있다.

소요시간 1시간

국립 미술관
❺

이동시간
도보 20분 또는
버스 5분

워싱턴 기념탑
❻

이동시간
버스 10분

제퍼슨 기념관
❼

이동시간
버스 15분

링컨 기념관
❽

❼ 제퍼슨 기념관

미국의 3대 대통령 토머스 제퍼슨을 기리기 위한 기념관으로 벚꽃이 피는 봄이 가장 아름답다.

소요시간 30분

❽ 링컨 기념관

영화에 많이 나온 링컨의 석조상이 있는 기념관으로 앞으로 펼쳐지는 경치가 아름답다.

소요시간 1시간

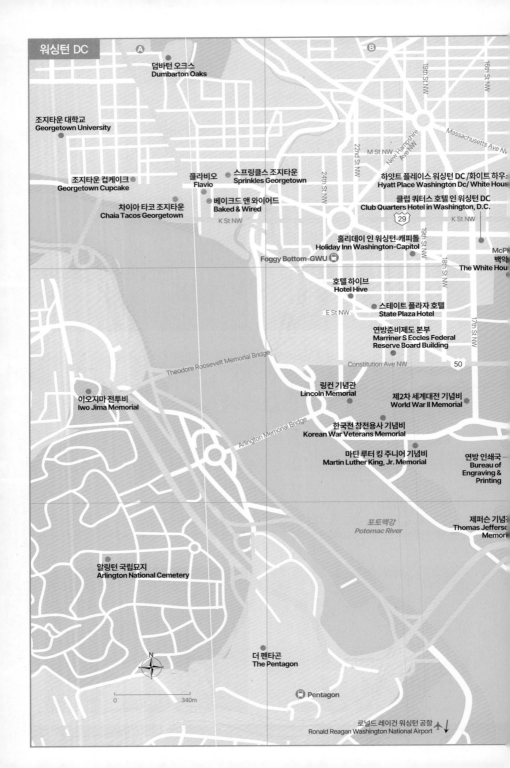

워싱턴 DC

Ⓐ

Ⓑ

19th St NW

16th St NW

덤바턴 오크스
Dumbarton Oaks

조지타운 대학교
Georgetown University

Massachusetts Ave NW

M St NW

New Hampshire Ave NW

22nd St NW

조지타운 컵케이크
Georgetown Cupcake

플라비오
Flavio

스프링클스 조지타운
Sprinkles Georgetown

24th St NW

하얏트 플레이스 워싱턴 DC /화이트 하우스
Hyatt Place Washington Dc/ White House

차이아 타코 조지타운
Chaia Tacos Georgetown

베이크드 앤 와이어드
Baked & Wired

클럽 쿼터스 호텔 인 워싱턴 DC
Club Quarters Hotel in Washington, D.C.

K St NW

29

19th St NW

K St NW

홀리데이 인 워싱턴-캐피톨
Holiday Inn Washington-Capitol

McP

백악

The White Hou

Foggy Bottom-GWU

18th St NW

호텔 하이브
Hotel Hive

스테이트 플라자 호텔
State Plaza Hotel

E St NW

17th St NW

연방준비제도 본부
Marriner S Eccles Federal
Reserve Board Building

Constitution Ave NW

50

Theodore Roosevelt Memorial Bridge

링컨 기념관
Lincoln Memorial

제2차 세계대전 기념비
World War II Memorial

이오지마 전투비
Iwo Jima Memorial

Arlington Memorial Bridge

한국전 참전용사 기념비
Korean War Veterans Memorial

마틴 루터 킹 주니어 기념비
Martin Luther King, Jr. Memorial

연방 인쇄국
Bureau of
Engraving &
Printing

포토맥강
Potomac River

제퍼슨 기념:
Thomas Jeffers
Memori

알링턴 국립묘지
Arlington National Cemetery

N

더 펜타곤
The Pentagon

0 340m

Pentagon

로널드 레이건 워싱턴 공항
Ronald Reagan Washington National Airport

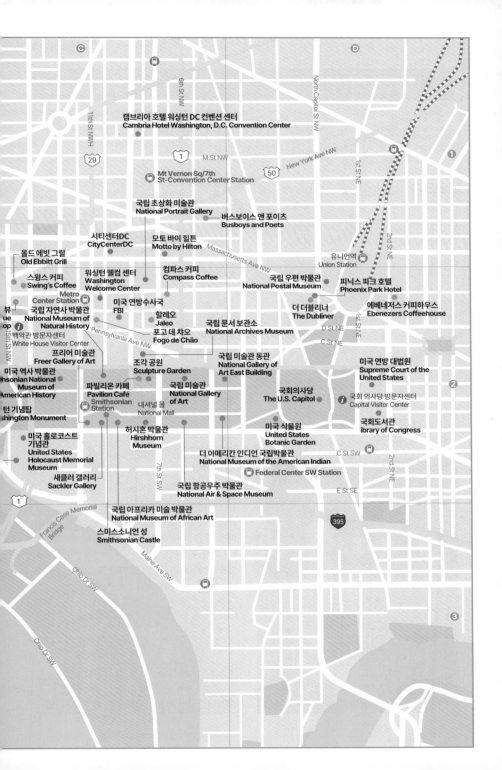

미국의 수도답게 워싱턴 DC의 핵심 볼거리는 정부 주요 기관들이 있는 신고전주의 양식의 웅장한 건물들과 기념물, 거대한 박물관 단지인 내셔널 몰이다. 깔끔하게 정돈된 계획도시의 아름다움과 예술, 역사, 과학을 넘나드는 다방면의 전시를 볼 수 있다.

백악관
The White House
Map P.294-B2

넓고 푸른 잔디 위에 무성한 나무들과 함께 자리한 미국 대통령의 거주지이다. 정치와 권력의 중심지 백악관은 건축가 제임스 호번 James Hoban의 설계로 지어졌다. 1791년 부지를 선정하고 공사에 들어 갔으나 초대 대통령인 조지 워싱턴은 입성하지 못했으며 2대 대통령인 존 애덤스가 1800년에 들어간 이후 지금의 트럼프까지 역대 대통령들의 관저이자 집무실로 사용돼 왔다. 1814년 미영 전쟁 당시 영국군의 공습으로 건물이 불타고 무너져 재건했으며 대통령이 바뀌면서 조금씩 증축하거나 리모델링을 해 지금의 모습이 됐다. 처음 지어졌을 때는 대통령의 집 President's House이라 불렸는데 백악관으로 바뀐 이유는 여러 가지 설이 많지만 공식으로 이름이 바뀐 것은 26대 루스벨트 대통령 때부터다. 지하와 지상 6층 규모이며 132개의 방이 있다. 대통

령 집무실은 이스트 윙 East Wing에 있는데 이 곳은 접근을 철저히 금하고 있다. 관광객에게는 도서관, 접견실 등 일부만 제한적으로 공개되며 역대 대통령의 초상화와 예술품 등을 볼 수 있다. 관광객의 경우 워싱턴 하원의원실에 최소 21일 전에서 90일 이내에 승인 신청을 먼저 한 후 승인이 나면 투어 신청을 해야 한다. 주미 대사관에 투어에 대해 문의할 수 있다. 승인 메일과 함께 보내주는 투어 패스와 여권 지참은 필수이며 입장하기 전 보안 검사를 매우 까다롭게 한다.

주소 1600 Pennsylvania Ave NW, Washington, DC 20500 운영 투어 화~목 07:30~11:00, 금 07:30~12:00, 토 07:30~13:00 요금 무료 가는 방법 지하철 블루·오렌지 라인 Federal Triangle 역 하차 후 도보 10분. 홈페이지 www.whitehouse.gov(투어 신청 www.congress.gov/members)

미국 연방 대법원
Map P.295-D2
Supreme Court of the United States

1789년 헌법에 의해 설립된 미국 최고 사법 권력 기관으로 현재 1명의 대법원장과 8명의 대법관으로 구성돼 있다(명수가 법으로 정해진 것은 아님). 대통령이 임명하기 때문에 정치적 색을 띠기도 한다. 하급법원이나 주 대법원에서 올라온 사건들에 대해 주로 법률을 해석하고 헌법에 위배되는지 심의한다. 국회

의사당 동쪽 연방 대법원이 위치한 지금의 건물은 1935년 완공됐으며 흰색의 대리석으로 지어졌고 신전 같은 외관이 돋보인다.

특별한 이슈가 없으면 내부는 주중에 한해 대중에게 공개한다. 1층에는 대법원에 가장 오래 재직하며 대법원의 기틀을 다진 존 마셜 John Marshall 대법원장의 동상이 있다. 별도의 투어는 없지만 법정에 들어가 볼 수 있고 심리가 진행되지 않을 때는 무료 강좌를 들을 수 있다. 1시간 간격으로 약 25분간 진행되며 법원과 재판에 대한 다양한 이야기를 들을 수 있다. 강의와 영상 보기를 한 후 내부를 둘러보는 데 1시간 30분~2시간 정도 걸린다.

주소 1 First St NE, Washington, DC 20543 운영 월~금 09:00~15:00(재판 중 제외), 무료 강좌 09:30~15:30(1시간 간격) 휴무 토·일 가는 방법 국회의사당에서 도보 5분. 홈페이지 www.supremecourt.gov

국회의사당
The U.S. Capitol

Map P.295-D2

미 연방법을 제정하는 미국의 입법 기관으로 미국 민주주의를 상징하는 곳이다. 해마다 대통령이 국정 연설을 하며 늘 세계의 이목이 집중된다. 내셔널 몰의 동쪽 끝에 위치하며 서쪽 끝의 워싱턴 기념탑과 마주 보고 있다. 로마의 판테온에서 영감을 얻은 윌리

엄 손튼 William Thornton의 설계로 1793년부터 공사를 시작했으며 1800년 11월 완공되지 않은 상태로 첫 의회를 개최했다. 1814년 미영 전쟁으로 불타고 파괴돼 재건했는데 이때 돔을 처음 짓게 된다. 지금의 돔은 토머스 우스틱 발터 Thomas U Walter에 의해 1866년 완성된 것으로 꼭대기에 6m의 자유의 여신상이 올라가 있다. 돔 아래 로툰다 Rotunda는 링컨 대통령 등 유명 정치인과 인사들의 국장을 진행했던 곳으로 천장에는 프레스코화가 그려져 있고 벽은 부조와 여러 조각으로 장식돼 있다. 돔을 중심으로 북쪽의 윙은 상원, 남쪽의 윙은 하원이 사용한다.

내부는 국회의사당 지하 1층에 위치한 방문자 센터에서 투어를 신청해서 볼 수 있다. 온라인으로 예약도 가능하다. 자신이 배정받은 시간에 가이드를 따라 들어가 면 로툰다, 구 대법원 등을 본다. 상원 회의실과 하우스 갤러리 The Senate and House Galleries는 일반 투어에 포함돼 있지 않으며 1주일 이상 국회가 열리는 기간에 별도로 신청해야 한다. 홈페이지에 한글 브로슈어가 있다. 국회 도서관과 연결된 지하 통로가 있어 바로 갈 수 있다.

★ 투어 예약하기

[국회 의사당 방문자 센터 Capital Visitor Center]
주소 First St SE, Washington, DC 20515 운영 월~토 08:30~16:30 휴무 일 요금 무료 가는 방법 유니언역에서 도보 13분. 홈페이지 www.visitthecapitol.gov

국회도서관
Library of Congress
Map P.295-D2

국회의사당 동쪽에 위치한 국회도서관은 세계에서 가장 규모가 크고 자료가 많은 도서관으로 손꼽힌다. 웅장하고 화려한 건물에 3,000만 권 이상의 도서와 6,000만 건의 문서, 사진, 희귀 전시물이 있으며 해마다 소장 자료가 늘고 있다. 필라델피아에서 워싱턴 DC로 수도가 바뀌면서 의회에 사용할 도서를 전시할 의사당 내에 1800년에 처음 설립됐다. 2,3,4대 대통령의 이름을 딴 존 애덤스 빌딩 John Adams Building, 토머스 제퍼슨 빌딩 Thomas Jefferson Building, 제임스 메디슨 메모리얼 빌딩 James Madison Memorial Building 3개의 건물이 생기면서 지금의 모습을 갖추게 됐다.

중요한 볼거리는 두 번의 화재 후 1897년 설립된 본관 토머스 제퍼슨 빌딩에 있다. 메인 입구 쪽에 위치한 그레이트 홀은 천장과 대리석 계단, 기둥이 유럽의 궁전같이 화려하다. 안쪽에 이곳의 보물인 필사본 마인츠 대성경과 인쇄본 구텐베르크의 성경책이 있고 더 안쪽에 이곳의 하이라이트라고 할 수 있

는 중앙 열람실이 있다. 48m 높이의 천장과 그 아래로 아치의 대리석 기둥이 둥글게 홀을 둘러싸고 그 안에 고풍스러운 자태를 뽐내는 열람 책상이 둥글게 놓여 있다. 2층에는 중앙 열람실의 아름다운 모습을 내려다볼 수 있는 전망대가 있다. 애덤스 빌딩, 매디슨 빌딩과 지하 통로로 연결돼 있으며 이 통로로 가면 짐 검사를 받지 않아도 된다. 가이드 투어는 임시 운영 중단 중이나 홈페이지에서 방문 시간을 예약하면 내부를 둘러볼 수 있는 티켓을 발급받을 수 있다.
주소 101 Independence Ave SE, Washington, DC 20540 운영 화~토 10:00~17:00 (목 ~20:00) 시간 예약 필수 휴관 일, 월, 법정공휴일 요금 무료 가는 방법 국회의사당에서 도보 6분. 홈페이지 www.loc.gov

국립 문서 보관소
National Archives Museum
Map P.295-C2

미국 연방정부에 관한 많은 자료와 사진, 중요한 문서를 보관, 관리하는 국립 문서 기록 관리청 National Archives and Records Administration (NARA)이 있는 곳으로 Archives Ⅰ라고도 불린다. 신전을 연상하게 하는 외관이 눈길을 끄는 이 건물은 존 러셀 포프 John Russell Pope의 설계로 1935년 완공됐다. 미국의 독립, 참정권, 투표권이 생기기까지의 과정, 역대 대통령들에 대한 자료 등 많은 자료를 볼 수 있다. NARA의 본관인 Archives Ⅱ는 메릴랜드주 컬리지 파크에 있다.

특히 이곳에는 미국에서 가장 중요하게 여기는 3대 보물 문서인 독립 선언서 Declaration of Independence, 미합중국 헌법 Constitution of

the United States, 권리장전 Bill of Rights의 원본이 보관돼 있다. Charters of Freedom이라 칭하는 이들 문서는 로툰다 Rotunda for the Charters of Freedom 안에 들어 가면 볼 수 있는데, 문서의 수명을 연장시키기 위해 내부를 서늘하고 어둡게 해놓았다. 건물의 남북으로 두 개의 입구가 있는데, 로툰다는 Constitution Ave 쪽 입구로 들어가야 한다. 별도의 예약 없이 내부를 볼 수 있지만 성수기에는 온라인으로 시간 예약을 하는 것이 좋다. 현재 가이드 투어는 임시 운영 중단 중이다.

주소 701 Constitution Ave NW, Washington, DC 20408 운영 10:00~17:30 휴관 추수감사절, 12/25 요금 무료(시간 예약 시 수수료 $1) 가는 방법 국회의사당에서 도보 15분. 홈페이지 museum.archives.gov

내셔널 몰
National Mall
Map P.295-C2

국회의사당부터 워싱턴 기념탑, 스미스소니언 박물관과 갤러리, 링컨 기념관까지 이르는 일대를 말하며 워싱턴 DC의 핵심 관광지로 대부분의 볼거리가 모여 있다. 동서로 뻗은 4km의 대규모 녹지 위에 80개 이상의 건축물과 150개 이상의 크고 작은 공원, 광장 등이 있다. 중요한 박물관만 집중공략 하더라도 3~5일 정도는 있어야 볼 수 있다. 내셔널 몰자체가 하나의 거대한 국립공원으로 매년 수많은 관광객이 방문하며 학생들의 교육의 장으로도 인기다. 연중 다양한 행사가 열리고 독립 기념일 같은 국가적으로 중요한 날에는 인파가 몰려 그 자체만으로도 큰 볼거리다.

이곳의 박물관들은 건물 자체가 워낙 대규모라 박물관 사이의 거리도 멀고, 일대를 모두 걸어 다니기는 쉽지 않다. 순환버스인 서큘레이터 National Mall 노선을 타면 이곳에 있는 웬만한 박물관, 기념관은 갈 수 있다. 하차하지 않고 한 바퀴 돌면 국회의사당에서 링컨 기념관까지 갔다가 제자리로 돌아올 수 있기 때문에 잘 활용하면 좋다. 단, 행사가 있는 날에는 차량이 통제되기 때문에 확인해야 한다. 거의 모든 건물에서 보안을 위한 짐 검사를 하기 때문에 너무 많은 짐은 들고 다니지 않는 것이 좋다.

홈페이지 nps.gov/nama

미국 식물원
United States Botanic Garden
Map P.295-D2

국회의사당 옆에 위치한 이곳은 1820년 미국 의회에 의해 세워졌으며 온실과 야외정원으로 이루어져 있다. 온실 내부에는 세계 각국에서 온 많은 종류의 식물이 자라고 있으며 워싱턴 DC의 유명한 기념물을 모형으로 만들어 곳곳에 배치해 볼거리를 더한다. 규모가 크진 않아도 아늑하고 포근하며, 잠시 들러 꽃과 나무들의 향기를 맡으며 천천히 둘러보면 힐링이 된다. 야외정원은 바트홀디 분수와 정원 Bartholdi Fountain and Gardens이 있는 온실 남쪽, 퍼스트 레이디스 워터 가든 First Ladies Water Garden이 있는 서쪽에 있으며 겨울에는 개방하지 않는다.

주소 100 Maryland Ave SW, Washington, DC 20001 운영 온실 매일 10:00~17:00 휴무 12/25 요금 무료 가는 방법 국회의사당에서 도보 5분. 홈페이지 www.usbg.gov

국립 미술관
National Gallery of Art

Map P.295-C2

내셔널 몰에 있는 대표적인 미술관으로 다양하고 방대한 컬렉션을 자랑한다. 미술품 수집가였던 앤드루 W 멜론 Andrew W Mellon이 자신의 수집품들을 기증하면서 1937년 의회의 승인을 받아 설립됐다. 멜론의 기증 이후 다른 수집가들의 기증이 이어졌고, 대규모 미술관으로 자리 잡았다. 미술관은 서관과 동관 2개의 건물로 구성돼 있고, 고풍스러운 서관은 1941년, 현대적인 동관은 1978년 대중에게 오픈됐다.

서관의 전시실은 2개 층에 나뉘어 있다. 남쪽 문 앞으로 난 계단을 올라가면 돔 아래 위치한 로툰다에 도달한다. 좌우 여러 전시실에 중세 이후의 유럽 회화, 식민지 시대 이후 미국 회화들이 전시돼 있다. 특히 초상화 지네브라 데 빈치 Ginevra de' Benci는 미국에 있는 유일한 레오나르도 다 빈치의 작품이다.

전시실 동쪽 끝에는 실내 정원도 꾸며 놓았다. 그라운드 플로어로 내려 가면 프린트, 드로잉, 데코 아트, 조각 작품들의 전시실과 기념품점, 카페테리아인 Garden Café가 있다. 이곳은 동관과 연결되는 통로가 있다. 화강암, 유리, 콘크리트로 지어진 동관은 루브르 피라미드로 유명한 이오 밍 페이의 작품으로

건물 자체가 하나의 작품이다. 단순하면서도 기하학적인 기둥과 피라미드 채광창 등이 돋보인다. 주로 현대 미술을 전시하는데 피카소, 마티스, 잭슨 폴록, 리히텐슈타인, 미로 등의 작품들이 있다.

주소 서관 Constitution Ave NW, Washington, DC 20565 (동관 4th St NW, Washington, DC 20565) 운영 매일 10:00~17:00(2024년 현재 일부 전시관 공사 중) 휴관 12/25, 1/1 요금 무료 가는 방법 서큘레이터 National Mall 노선 국립 미술관 하차 또는 국회의사당에서 도보 12분. 홈페이지 www.nga.gov

미술관 작품 설명 듣는 여러 가지 방법

① 내 핸드폰을 이용해 셀프 오디오 가이드 투어를 하는 것이다. 미술관 내에서는 무료 와이파이에 접속할 수 있다. 홈페이지에 들어 가거나 앱을 다운받아 한국어가 지원되는 작품 설명을 들으며 관람할 수 있다.

② 도슨트가 리드하는 가이드 투어에 참여하는 것도 가능하다. 주제 별로 여러 투어가 있으며 무료다. 별도의 예약은 필요 없으며 시간과 장소를 확인해 참여 하면 된다. 자세한 스케줄은 홈페이지를 통해 확인할 수 있다.

국립 미술관 작품 소개

지네브라 데 벤치 Ginevra de' Benci
레오나르도 다 빈치 Leonardo da Vinci

미국에 있는 단 한 점의 레오나르도 다 빈치 작품으로 워싱턴 DC 국립미술관의 보물이다. 1967년 오스트리아 리히텐슈타인의 왕자로부터 구입해 영구적으로 소장했다. 레오나르도 다 빈치가 그린 3점의 여인 초상화 중 가장 먼저 그린 작품으로 양면 그림이다. 지네 브라 데 벤치는 이탈리아의 부유한 은행가의 딸로 윤기 있는 곱슬머리와 도도하고 품위 있는 표정이 돋보인다.

자화상 Self-Portrait
빈센트 반 고흐 Vincent van Gogh

네덜란드에서 태어나 뒤늦게 화가의 길로 들어선 후기 인상파 화가 고흐는 귀가 잘린 모습, 밀짚모자를 쓴 모습, 파이프를 문 모습 등의 자화상을 수십 점 남겼다. 국립 미술관의 작품은 그가 죽던 해 생레미 정신병원에 있을 때 그린 것이다. 손에 팔레트를 들고 그림을 그리는 자신의 모습인데 노란색의 얼굴과 푸른색의 옷과 배경이 대비를 이룬다.

파라솔을 든 여인-카미유와 장 Woman with a Parasol-Madame Monet and Her Son
클로드 모네 Claude Monet

그림 속의 파라솔을 든 여인과 남자 아이는 모네의 부인 카미유와 아들 장이다. 작가의 시선이 돋보이는 작품으로 청명한 하늘 아래 하늘거리는 드레스를 입고 뒤를 돌아보는 카미유의 모습은 아련하기까지 하다. 카미유는 이 작품이 그려진 4년 뒤 죽었다.

라오콘 Laocoön
엘 그레코 El Greco

엘 그레코는 그만의 독특하고 개성 넘치는 화풍으로 유명한 화가다. 라오콘은 그리스 군대가 목마를 트로이 성안으로 들이면 전쟁에 패하지 않을 것이라는 거짓 소문을 낼 때 목마를 들이는 것을 반대했다는 트로이의 마지막 신관이다. 결국 그는 두 아들과 함께 뱀에 물려 죽었고 트로이는 전쟁에 지고 말았다. 이 작품은 라오콘이 아들과 함께 뱀에 물려 죽는 신화의 장면을 그린 것이다

늙은 음악가 The Old Musician
에두아르 마네 Édouard Manet

마네의 집 주변에 살던 늙은 집시 바이올린 연주자를 그린 것이다. 늙은 연주자는 늘 술에 취해 있어 천대를 받았지만 이 그림 속에서는 중앙에 앉아 주변의 호기심 어린 눈길을 받는 인물로 묘사됐다. 특히 늙은 연주자 뒤에 앉아 있는 모자 쓴 신사는 마네의 다른 작품인 압생트를 마시는 사람 The Absinthe Drinker 속의 남자를 그대로 인용했다.

자화상 Self-Portrait
주디스 레이스터 Judith Leyster

주디스 레이스터는 바로크 시대 활동했던 네덜란드 출신의 여류 화가로 19세기까지 잘 알려지지 않았다. 이 작품은 여유로운 모습으로 그림을 그리는 자신의 모습을 묘사했는데 밝은 미소로 관객의 시선과 마주하고 있다. 이젤 속 그림은 그녀의 다른 작품인 〈즐거운 사람들 Merry Company〉이다.

조각 공원
Sculpture Garden
Map P.295-C2

국립 미술관이 운영하는 공원으로 유명 조각가들의 독특하고 개성 있는 조각들이 전시돼 있다. 건축가 로리에 올린 Laurie Olin의 디자인으로 1999년 문을 열었다. 국립 미술관 서관 옆에 위치하며 큰 규모는 아니지만 잠시 편안하게 산책하기에 좋다. 가끔 재즈 공연도 감상할 수 있다. 공원 중간에 원형의 분수가 있으며 겨울에는 아이스링크장이 운영된다. 타자기 지우개 Typewriter Eraser(클래스 올덴버그 & 코셰 반 브루겐 Claes Oldenburg & Coosje Van Bruggen), 거미 Spider(루이스 부르주아 Louise Bourgeois), 하우스 I House I(로이 리히텐슈타인 Roy Lichtenstein), 그래프트 Graft(록시 페인 Roxy Paine), 고딕 퍼스니지, 버드 플래시 Gothic Personage, Bird-Flash(존 미로 Joan Miró), 아모

르 AMOR(로버트 인디애나 Robert Indiana) 등 20여 개의 작품이 있다.
주소 Constitution Ave NW & 7th Street, Washington, DC 20408 운영 매일 10:00~17:00 가는 방법 국립 미술관에서 도보 2분. 홈페이지 www.nga.gov

---

Travel Plus ▶ **파빌리온 카페 Pavilion Café**

조각 공원의 아름다운 경치를 감상하며 쉬기에 좋은 카페로 공원 서쪽에 위치한다. 매장 안과 바깥에 모두 좌석이 있고 내부는 깔끔하다. 카페 건물은 공원 나무들과 어우러져 아름답다. 메뉴가 많은 편은 아니지만 피자, 샌드위치, 샐러드 등의 기본 메뉴와 음료수를 판매해 간단한 식사가 가능하다. 일요일에는 브런치도 판매하며 계절별로 메뉴가 다르다. 다른 카페와 달리 저녁 시간에는 문을 닫으니 낮 시간에 가야 한다.

주소 The Sculpture Garden, 7th Street & Constitution Avenue, Washington, DC 20565 운영 매일 10:00~16:00 가는 방법 조각 공원 내 위치. 홈페이지 www.pavilioncafe.com

스미스소니언 성
Smithsonian Castle
Map P.295-C2

건축가 제임스 렌 윅 주니어의 설계로 1855년 완공된 고딕 리바이벌 양식의 건 물로 1965년 국립 역 사 유적으로 지정됐 다. 붉은색 사암으로 지어져 흰색의 대리석 건물이 많은 내셔널 몰에서 눈에 띄는 곳이다. 스미스소니 언 박물관들의 본부이며 박물관 여행의 출발점이 되 는 곳으로 스미스소니언 협회 사무실과 1층에 방문 자센터가 있다. 방문자센터 입구 왼쪽에는 설립자인 제임스 스미스손의 무덤이 있고 안으로 들어가면 방 문자 센터와 기념품점, 작은 카페테리아, 전시관 등 이 있다. 내셔널 몰과 스미스소니언 박물관 대형 지 도가 있어 계획을 세우기 좋다. 성의 정면에는 스미 스소니언 협회의 초대 총장인 미국의 물리학자 조셉 헨리 Joseph Henry의 동상이 서 있고 성의 뒤에는 프랑스식 정원이 있다. 이 정원 양 끝에 국립 아프리 카 박물관과 새클러 갤러리 입구가 있다.

주소 1000 Jefferson Dr SW, Washington, DC 20560 운 영 2024년 현재 공사로 폐관 요금 무료 가는 방법 서큘레이 터 National Mall 노선 Smithsonian Institution 하차. 홈페이 지 www.si.edu

국립 아프리카 미술 박물관
National Museum of African Art
Map P.295-C2

아프리카의 독특하고 아름다운 예술을 감상할 수 있 는 박물관이다. 교육기관으로 1964년 설립됐으며 1981년 지금의 이름으로 바뀌었다. 스미스소니언 성

남쪽 정원에 위치한 지 금의 건물은 1987년 새 로 문을 열었다. 건물 자 체가 크진 않아도 미국 에서 아프리카 예술을 전시하는 박물관으로는 최대 규모다.

두 개의 초록색 돔이 있 는 건물의 외관과 내부 구조도 독특하다. 1층에 는 안내 데스크가 있고 지하에 전시실이 있다.

전통의상, 가면, 악기, 도 자기 등 아프리카 고대 와 현대 예술 작품이 전 시돼 있다. 아프리카 고유의 독특한 패턴과 디자인 상품이 있는 기념품점도 볼거리가 많다. 지하 통로 로 연결돼 아서 M 새클러 갤러리, 프리어 미술관으 로 이동할 수 있다.

주소 950 Independence Ave SW, Washington, DC 20560 운영 10:00~17:30 휴관 12/25 요금 무료 가는 방법 스미스소니언 성에서 도보 1분. 홈페이지 africa.si.edu

---

Travel Plus · 스미스소니언 협회
Smithsonian Institution

예술, 과학, 인문학에 관한 박물관, 미술관, 연구 센 터, 문화센터 등 여러 기관들을 관리하는 학술 연구 기관이다. 지식의 함양과 보급을 위한 시설을 미국 에 세우고 싶다는 영국의 과학자 제임스 스미스손 James Smithson의 유언에 따라 그가 남긴 55만 달 러의 유산으로 1846년 설립됐다. 그가 왜 조국이 아 닌 미국에 유산을 기증했는지는 아직도 미스터리라 고 한다. 스미스소니언 협회가 관리하는 박물관은 워 싱턴 DC 내셔널 몰과 인근에 11개, 뉴욕에 2개, 버지 니아에도 동물원을 포함해 6개가 있으며 1억 5,400 만 점 이상의 방대한 전시물이 있다.

내셔널 몰에 위치한 스미스소니언 박물관들 중 가장 인기가 많은 곳은 국립 항공 우주 박물관이다. 이외 에도 국립 자연사 박물관, 국립 미국 역사 박물관, 국 립 아메리칸 인디언 박물관 등 흥미로운 곳이 많다. 특히 특별한 경우를 제외하고 모두 무료로 운영된다. 박물관 규모가 크고 전시물의 수준이 상당히 높다.

아시아 미술 국립박물관
National Museum of Asian Art

새클러 갤러리와 프리어 미술관은 스미스소니언 박물관 중 아시아 예술을 전시하는 박물관이다. 미국에서 만나는 아시아 전문 박물관으로 소장품의 수준도 높다. 두 박물관은 국립 아프리카 미술 박물관과 함께 지하로 모두 연결돼 있다.

① 새클러 갤러리
Sackler Gallery
Map P.295-C2

국립 아프리카 미술 박물관 맞은편 위치한 곳으로 뉴욕 출신 의사였던 아서 M 새클러 Arthur M Sackler가 자신이 수집한 아시아 예술품들을 기증하면서 1987년 설립됐다. 한국, 중국, 인도, 동남아시아에 걸친 다양한 예술품을 전시한다. 불상, 티베트 사원, 종, 비취, 도자기, 회화, 조각 등 진귀한 소장품들이 있으며 티벳 사원을 재현해둔 곳도 있다. 상설전시 외에 특별전도 연다.

주소 1050 Independence Ave SW, Washington, DC 20560 운영 매일 10:00~17:30 휴관 12/25 요금 무료 가는 방법 국립 아프리카 미술관 맞은편에 위치. 홈페이지 https://asia.si.edu

② 프리어 미술관
Freer Gallery of Art
Map P.295-C2

사업가이자 동양미술 수집가였던 찰스 랭 프리어 Charles Lang Freer의 소장품들이 전시된 박물관이다. 1923년 개관했으며 한국, 일본, 중국을 포함한 아시아 여러 나라의 예술품들을 전시하고 있다. 프

리어는 도자기에 매료돼 청자와 백자, 분청사기 등 한국 도자기를 다수 수집했으며 죽기 전 12년 동안 500여점에 달하는 한국 예술품을 구입한 것으로 전해진다. 프리어에게 동양 예술을 소개한 화가인 제임스 맥닐 휘슬러 James McNeill Whistler와 친구였던 인연으로 그의 회화 작품이 다수 전시돼 있다. 공작새의 방으로 유명한 피코크 룸 Peacock Room에서 그가 그린 황금 공작새를 볼 수 있다. 도자기 보관 용도로 만들어진 이 방은 청록색과 금색의 조화로 꾸며졌으며 프리어가 통째로 사들였다. 하루 3~4회 무료 가이드 투어를 실시한다.

주소 Jefferson Drive at 12th Street SW, Washington, DC 운영 매일 10:00~17:30 휴관 12/25 요금 무료 가는 방법 새클러 갤러리에서 도보 2분. 홈페이지 www.si.edu/museums/freer-gallery

허시혼 박물관
Hirshhorn Museum
Map P.295-C2

19세기 이후 근대와 현대 미술이 전시돼 있는 곳이다. 가운데가 뚫린 거대한 원통형을 하고 있으며 외관부터 독특해 멀리서도 눈에 띈다. 조셉 허먼 허시혼 Joseph Herman Hirshhorn의 기증품으로 1974년 설립됐으며 20세기 회화 작품과 추상주의와 표현주의 작품, 로댕, 헨리 무어 등 유명한 조각가들의 작품이 있다. 예술가들의 참신한 아이디어가 돋보이는 작품이 많다. 건물 바깥에는 조각 공원이 꾸며져 있다.

주소 Independence Ave SW &, 7th St SW, Washington, DC 20560 운영 매일 10:00~17:30 휴관 12/25 요금 무료 가는 방법 스미스소니언 성에서 도보 5분. 홈페이지 www.hirshhorn.si.edu

국립 항공우주 박물관
National Air & Space Museum (NASM) Map P.295-C2

세계 최대 항공우주 박물관으로 미국 항공우주 산업의 역사를 한눈에 볼 수 있다. 1946년 국립 항공 박물관으로 설립됐고, 1976년 대규모 공사를 거쳐 지금의 현대적인 건물에서 새롭게 문을 열었다. 실제로 운항됐던 군사 및 민간 항공기와 우주선을 포함, 미사일, 로켓, 엔진 등 관련 장비들이 전시돼 있고 아폴로 프로젝트, 천문학, 라이트 형제 등 여러 전시관이 있다. 스미스소니언 박물관 중 가장 인기가 많다. 항공우주에 관해 관심이 많지 않은 사람이라도 흥미가 생기는 곳이다.

건물은 2층 규모이며 주제에 따른 23개의 갤러리가 동서로 넓게 이어져 있는 구조다. 또한 1, 2층에 걸쳐 넓게 뚫린 대형 홀에는 대형 우주선, 미사일들이 놓여 있고 천장에 비행기들이 매달려 있는데 보는 순간 남다른 스케일에 놀라움을 금치 못한다. 입구에 들어 서면 바로 보이는 보잉 마일스톤스 오브 플라이트 홀 Boeing Milestones of Flight Hall에는 스페이스십원 SpaceShipOne, 아폴로 달 착륙선 Apollo Lunar Module, LM-2, 세인트 루이스의 정신 Spirit of St. Louis 등이 시선을 압도한다. 동쪽에는 DC-3, 보잉 747 등 미국 상업 항공의 역사를 볼 수 있는 아메리카 바이 에어 America by Air가 있고 서쪽에는 미국과 소련의 우주 개발 경쟁을 볼 수 있는 스페이스 레이스 Space Race가 있다. 이 곳에는 아폴로와 소유스의 도킹 모형, 허블 망원경, 우주 정거장 스카이 랩 등이 있다.

1층에는 비행의 원리를 학습할 수 있는 항공 원리 체험관 How Things Fly, 허블 망원경의 백업 미러가 있는 우주 탐사 Explore the Universe, 지구 밖의 세상 Moving Beyond Earth 등의 갤러리와 웰컴 센터, 아이맥스 상영관(유료), 기념품점, 푸드코트가 있다. 푸드코트 규모는 크고, 가격이 좀 비싼 편이다. 2층의 하이라이트는 라이트 형제와 에어리얼 에이지의 발명 The Wright Brothers & The Invention of the Aerial Age이다. 라이트 형제가 발명한 1903 라이트 플라이어 1903 Wright Flyer가 전시돼 있고 그들의 삶에 대한 자료도 볼 수 있다. 아인슈타인 천체 투영관 Albert Einstein Planetarium에서는 우주에 관한 영상을 볼 수 있는데, 유료다.

도슨트가 가이드해주는 무료 투어도 1일 2회 있다. 박물관이 선정한 하이라이트를 중심으로 90분 진행되며 웰컴 센터에서 출발한다. 항공우주 박물관은 워싱턴 인근에 같은 재단에서 운영하는 곳이 한 군데 더 있는데 함께 보면 좋다. 워싱턴 덜레스 국제공항 근처 챈틸리Chantilly에 위치한 스티븐 F. 우드바헤이지 센터 Steven F. Udvar-Hazy Center다. 워싱턴 내셔널 몰에 있는 박물관에 수용하지 못한 많은 항공기와 우주선들을 전시하고 있다.

주소 600 Independence Ave SW, Washington, DC 20560(스티븐 F. 우드바헤이지 센터 14390 Air and Space Museum Pkwy, Chantilly, VA 20151) 운영 10:00~17:30 (투어 10:30, 13:00) (2025년까지 리노베이션, 일부 전시실 휴관) 예약 필수 휴관 12/25 요금 무료 가는 방법 스미스소니언 성에서 도보 7분. 홈페이지 www.airandspace.si.edu

국립 항공우주 박물관 대표 전시물

아폴로 달 착륙선 Apollo Lunar Module, LM-2

달 표면 성공적인 착륙을 위해 지구에서 테스트용으로 만든 달 착륙선이다. 실제 착륙선은 버려지고 사령선만 돌아온다. 달 착륙선 옆에 달 암석도 전시하며 만져볼 수 있다.

스카이 랩 Sky Lab

미국 최초의 우주 정거장이다. 2층을 통해 안으로 들어가 우주인들의 생활을 엿볼 수 있어 관람객들에게 인기가 많다.

세인트 루이스의 정신 Spirit of St. Louis

1927년 5월 21일 뉴욕에서 파리까지 무착륙으로 비행에 성공한 최초의 비행기다. 비행사는 찰스 린드버그 Charles Lindbergh.

벨 X-1 Bell X-1

세계 최초로 수평 비행을 한 음속 비행기로 1947년 미국의 벨 항공사가 개발했다. 파일럿은 공군 대위 찰스 예거 Charles Yeager다.

스페이스십 원 SpaceShip One

최초로 우주 비행에 성공한 민간 제작 유인 우주선이다. 2004년 파일럿 마이크 멜빌 Mike Melvill을 태우고 우주 공간에 머물다 무사히 귀환했다.

보잉 747 Boeing 747

유명한 민간 여객기로 머리 부분만 전시하며 2층 내부에서 조종 시뮬레이션을 할 수 있다.

허블 우주 망원경 Hubble Space Telescope

1990년부터 약 150만장의 사진을 보낸 유명한 우주 망원경이다. 미국의 천문학자 에드윈 허블 Edwin Hubble의 이름을 땄다.

1903 라이트 플라이어 1903 Wright Flyer

라이트 형제가 발명한 세계 최초의 동력 비행기로 인류의 역사를 바꾼 상징적인 발명품이다. 1903년 12월 17일 12초 동안 36.5m를 날았다. 동생 오빌 라이트 Orville Wright가 운전하는 모습으로 재현돼 있다.

국립 자연사 박물관
National Museum of Natural History

Map P.295-C2

미국의 3대 자연사 박물관 중 하나로 1846년 처음 설립됐다. 초록색 돔과 코린트식 기둥이 있는 웅장한 지금의 건물은 1910년 문을 열었고, 전시와 연구를 함께하는 복합기관으로 확장을 거듭해 왔다. 동물, 식물, 인류, 광물, 공룡, 곤충 등을 총망라한 다양한 컬렉션을 자랑하며 1억 2,600만 점이 넘는 소장품이 있다. 주제별로 지하 층과 1, 2층에 나눠 전시되며 지하에는 카페테리아, 기념품점이 있다.

★ 1층

1층 로툰다에는 커다란 아프리카 코끼리 박제가 있고, 포유동물, 해양 생물, 공룡, 인류의 기원에 대한 전시관이 있다. 세계 각지에 서식하는 다양한 동물들의 박제를 곳곳에서 볼 수 있어 매우 실감나고 흥미롭다. 해양 생물이 있는 오션 홀은 박물관에서 가장 큰 곳으로 특히 티라노 사우루스와 트리케라톱스, T 렉스 화석이 있는 공룡 전시관은 아이들에게 인기가 많다. 인류의 기원 전시관은 인류의 진화 과

정을 보여주는 곳으로 생김새, 뼈, 뇌용량에 따른 두개골, 도구 사용 등 주제에 따른 많은 모형과 자료를 전시한다. 또한 연구원들이 일하는 모습을 볼 수 있는 화석 연구소도 볼 수 있다.

★ 2층

다양한 동물의 뼈, 미라, 곤충, 광물과 보석 등을 볼 수 있다. 광물과 보석 전시관에 있는 45.52캐럿의 세계 최대 블루 다이아몬드인

호프 다이아몬드 앞은 늘 사람들로 넘친다. 한국 문화를 전시하는 한국 전시관도 눈길을 끈다. 로툰다를 둘러싼 2층 복도를 따라 각 전시관으로 갈 수 있고 1층을 내려다볼 수 있다.

주소 10th St. & Constitution Ave. NW, Washington, DC 20560 운영 매일 10:00~17:30 휴관 12/25 요금 무료 가는 방법 스미스소니언 성에서 도보 5분. 홈페이지 www.naturalhistory.si.edu

미국 역사 박물관
Smithsonian National Museum of American History
Map P.295-C2

미국의 정치, 사회, 전쟁, 문화, 과학 분야를 다방면으로 전시하는 박물관으로 자연사 박물관 바로 옆에 위치한다. 1964년 역사와 기술 박물관으로 문을 열었고, 1980년 미국 역사 박물관으로 이름을 바꾸었다. 건물은 메인 입구를 중심으로 서관과 동관으로 나누어져 있으며 전시물은 1층부터 3층까지 전시돼 있다.

1층에는 미국의 독립, 운송, 기계, 음식, 화폐, 미국의 기업사, 에디슨과 테슬라의 발명품 등이 전시돼 있다. 박물관이 문을 열 당시 기술 박물관이었기 때문에 과학과 기술에 관한 전시물도 많다. 2층에서는 미국의 이민 역사, 흑인 역사 문화, 미국 민주주의에 대해 전시를 한다. 이민자로서 어려움을 딛고 미국의 여러 분야에서 활약했던 이민자들의 사례를 볼 수 있어 흥미롭다. 3층에는 미국이 치른 전쟁의 역사와 역대 대통령과 영부인에 대해 볼 수 있다. 독립전쟁을 시작으로 남북전쟁, 베트남전쟁, 세계대전까지 포스터, 모형물, 각종 자료를 시대순으로 전시해 놓았다. 대통령관은 여행자들이 흥미롭게 관람하는 곳으로 링컨이 실제 썼던 모자 등 대통령들의 유품과 영부인들의 드레스, 식기류 등을 볼 수 있다. 규모가 상당히 크기 때문에 자신이 갈 관을 정한 후 3층부터 지하의 기념품점까지 내려오는 것이 좋다.

주소 1300 Constitution Ave NW, Washington, DC 20560 운영 매일 10:00~17:30 휴관 12/25 요금 무료 가는 방법 국립 자연사 박물관에서 도보 5분. 홈페이지 www.americanhistory.si.edu

미국 홀로코스트 기념관
United States Holocaust Memorial Museum
Map P.295-C2

독일 나치에 의해 희생된 유대인들을 추모하기 위한 박물관으로 1980년 미국 의회의 승인을 얻어 1993년 개관했다. 유대인 생존자인 건축가 제임스 잉고 프리드 James Ingo Freed의 설계로 지어졌고, 유대인 학살 관련 자료와 영상, 유물을 전시한다.

4층부터 아래로 내려오면서 관람하도록 꾸며져 있으며 안내를 받아 엘리베이터를 타고 올라가야 한다. 엘리베이터 앞에 서면 학살당한 유대인들의 이름이 적힌 카드를 한 장씩 준다. 이 카드를 들고 박물관을 돌다 보면 좀 더 경건한 마음이 든다. 4층에서 내려올 때는 자유롭게 보면서 내려올 수 있다. 유대인 말살 정책과 학살에 대한 자료와 사진, 영상, 강제수용소, 유대인 거주지 게토 ghetto 등을 볼 수 있다. 학살 당면이 담긴 끔찍한 사진, 가스실에서 죽어간 사람들의 신발 무더기, 다니엘이라는 유대인 소년의 일기장을 토대로 내레이션이 흘러나오는 다니엘의 집은 당시의 상황을 더욱 실감나게 한다.

주소 100 Raoul Wallenberg Pl SW, Washington, DC 20024 운영 매일 10:00~17:30 휴관 12/25 요금 무료 가는 방법 스미스소니언 성에서 도보 8분. 홈페이지 www.ushmm.org

더 아메리칸 인디언 국립박물관
National Museum of the American Indian
Map P.295-C2

아메리카 대륙 원주민들의 생활과 문화, 예술에 대한 전시물을 볼 수 있는 박물관이다. 원주민들의 전통과 역사를 보존하기 위해 조지 구스타브 헤이 George Gustav Heye가 아메리카 전역에서 수집한 작품들로 세워졌다. 이 박물관은 1916년 뉴욕에서 최초로 설립됐으며 워싱턴 DC에는 1989년 설립해 2004년 문을 열었다.
건물은 캐나다 건축가 더글러스 조셉 카디널 Douglas Joseph Cardinal의 디자인으로 지어졌다. 물결치듯 휘어진 벽으로 둘러싸인 노란색의 외관이 매우 독특하다. 벽면을 따라 물이 떨어지는 작은 분수대도 있다. 1층 가운데에는 공연이나 행사를 할 수 있는 천장까지 뚫린 큰 로툰다와 카페, 기념품점이 있고 홀 둘레를 따라 4층까지 전시관들이 이어진다. 아메리칸 원주민들이 타던 카누, 의상, 신발, 공예품 등 그들의 생활상과 가치관을 엿볼 수 있는 흥미로운 전시물이 많다.
주소 4th St SW, Washington, DC 20560 운영 매일 10:00~17:30 휴관 12/25 요금 무료 가는 방법 국회의사당에서 도보 7분. 홈페이지 https://americanindian.si.edu

국립 우편 박물관
National Postal Museum
Map P.295-D2

1993년 스미스소니언 협회 Smithsonian Institution와 미국 우정청 United States Postal Service이 함께 설립했다. 미국의 우편 서비스의 역사와 운송 수단, 전 세계 다양한 우표가 전시돼 있다. 스미스소니언 박물

관 중 하나이지만 내셔널 몰이 아닌 유니언역 건너편 과거 워싱턴 DC의 우체국 본사에 세워졌다. 박물관 내부와 각 갤러리의 깔끔하고 예쁜 디자인과 창의적인 전시 스타일도 눈길을 끈다. 천장도 우표 모양으로 디자인돼 있다.

1층에는 세계 각국의 우표들, 중요한 이슈가 있을 때 발행했던 우표들, 우표 수집가들의 이야기가 전시돼 있고, 자신만의 우표를 만들어볼 수도 있다. 우표의 내용만 보더라도 미국의 역사와 세계의 핫 이슈가 그려진다. 지하 아트리움에서는 운송 서비스에 관한 전시를 한다. 우편물을 배달해주는 경비행기, 자동차, 기차의 모형이 있으며 나라마다 특색 있는 아기자기한 우체통, 우편 배달을 함께 하면 사고가 나지 않는다는 행운의 상징 오우니 Owney라는 개의 박제도 볼 수 있다.
주소 2 Massachusetts Ave NE, Washington, DC 20002 운영 10:00~17:30 휴관 12/25 요금 무료 가는 방법 유니언역에서 도보 1분. 홈페이지 www.postalmuseum.si.edu

세계를 움직이는 미연방 기관들

워싱턴 DC에는 세계의 이목이 집중되는 중요한 기관이 많다. 거리를 걷다 보면 TV나 영화에서 보던 펜타곤, FBI, 연방 대법원 등이 도시 곳곳에 자리하고 있어 미국의 수도임이 실감난다.

더 펜타곤
The Pentagon
Map P.294-A3

건축물이 들어선 모양 때문에 펜타곤이라 불린다. 약 2만 3,000명의 군인과 민간인이 일하고 있는 미국 국방부의 본청으로 1943년 완공됐다. 5층 규모의 건물들이 오각형으로 둘러싸고 있으며 가운데에 오각형의 중앙 플라자가 있는 모습으로 실제로 보면 크기가 가늠되지 않을 정도로 크다.

냉전 시대부터 항상 테러의 표적이 되어 온 곳이며 안보의 심장부 같은 곳이다. 워싱턴 DC에 여행가는 사람들이 항상 관심을 보이는 건축물이며 지하철로 쉽게 찾아갈 수 있다. 현재 비미국인은 투어가 금지되어 있다.

주소 Washington, DC 22202 가는 방법 지하철 옐로·블루 라인 Pentagon역 하차. 홈페이지 www.defense.gov/Pentagon-Tours

미국 연방 대법원
Supreme Court of the United States
Map P.295-D2

국회의사당 동쪽에 자리한 흰색의 신전 같은 건물로 미국 사법부의 최고 권력 기관이다. 내부는 자유롭게 들어가 볼 수 있으며 시간만 맞으면 재판과 법에 관한 강의도 들을 수 있다(P.296 참조).

주소 1 First St NE, Washington, DC 20543 가는 방법 국회의사당에서 도보 5분. 홈페이지 www.supremecourt.gov

미국 연방수사국
Federal Bureau of Investigation Headquarters (FBI)
Map P.295-C2

미국 법무부 산하 연방 수사기관의 본부로 전국 주요 도시에 지부가 있고 세계에 연락 사무소가 있다.

1908년 설립됐고 1935년부터 FBI라고 불렀다. 많은 첩보 영화와 드라마, 다양한 매체에 등장한 FBI는 내란, 간첩 활동 등 국가 안보 위협과 살인, 강도 등 각종 범죄에 대한 수사를 진행하며 미국을 보호하는 역할을 한다. FBI가 있는 곳은 베이지색의 단조로운 건물이지만 이미지 때문에 특별해 보이는 것도 사실이다.

주소 935 Pennsylvania Ave NW, Washington, DC 20535 가는 방법 자연사 박물관에서 도보 3분. 홈페이지 www.fbi.gov

연방준비제도 본부
Marriner S. Eccles Federal Reserve Board Building
Map P.294-B2

1913년 설립된 연방준비제도의 본부가 있는 곳이다. 연준이라는 약칭으로 불리며 미국과 세계 경제를 좌지우지하는 파워를 가지고 있다. 미국 달러 지폐를 발행하고 통화정책을 관장하며 금융기관을 감독한다. 연방준비제도 이사회는 대통령이 임명하는 7명의 이사로 구성되는데 의장은 세계 경제 대통령으로 불릴 만큼 영향력이 대단하다.

주소 1850 K St NW, Washington, DC 20006 가는 방법 백악관에서 도보 12분. 홈페이지 www.federalreserve.gov

Office Building으로 미국 예술 박물관 American Art Museum과 함께 사용하고 있다. 미국 역대 대통령의 모든 초상화를 소장하고 있다. 가장 인기가 많은 것은 버락 오바마 전 대통령의 초상화다.

주소 8th St NW & F St NW, Washington, DC 20001 운영 매일 11:30~19:00 휴관 12/25 요금 무료 가는 방법 지하철 그린·레드·옐로 라인 Gallery Place—Chinatown역 하차. 홈페이지 www.npg.si.edu

연방 인쇄국(조폐국)
Bureau of Engraving & Printing Map P.295-C2

티켓부스

지폐와 우표, 정부 문서 등을 찍어 내는 곳으로 1862년 설립됐다. 인쇄국 안으로 들어가기 위해서는 건물 옆에 있는 티켓부스에서 선착순으로 나누어 주는 무료 티켓을 받아야 한다. 티켓에 적힌 시간에 입장해 보안 검사를 하면 기념품점과 지폐들이 전시된 홀이 나온다. 이 곳에서 가이드의 안내에 따라 투어를 시작하며 유리창 너머 지폐가 인쇄되는 과정을 볼 수 있다. 투어 시간은 45분 정도 소요되며 입장시 엄격히 금지하는 물품들이 있으니 홈페이지를 참조하자.

주소 301 14th St SW, Washington, DC 20228 운영 월~금 08:30~15:15(30분 간격) 휴관 공휴일, 12/23~1/1 요금 무료 가는 방법 스미스소니언 성에서 도보 9분. 홈페이지 www.bep.gov

국립 초상화 미술관
National Portrait Gallery Map P.295-C2

원주민, 예술가, 정치인, 과학자, 스포츠 선수 등 유명 인물들의 초상화가 가득한 박물관이다. 1962년 설립 됐으며 1968년 문을 열었다. 박물관이 자리한 건물은 원래 1867년 완공된 구 특허 사무소 빌딩 Old Patent

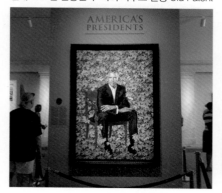

워싱턴 기념탑
Washington Monument

Map P.295-C2

워싱턴 DC를 대표하는 랜드마크이며 내셔널 몰 서쪽 끝에 위치한다. 미국을 세운 조지 워싱턴을 기리기 위해 건축된 높이 169.16m, 오벨리스크 양식의 석조탑으로 50개의 성조기가 둘러싸고 있다. 건축가 로버트 밀스 Robert Mills의 디자인으로 1848년 공사를 시작해 1884년 완공했다. 워싱턴 DC 내에서는 이 기념탑보다 높은 건물을 지을 수 없어 워싱턴 DC에는 높은 건물이 없다.

기념탑을 들여다보면 아래 부분과 위 부분의 색이 다르다. 1854년 자금난과 남북전쟁으로 공사가 중단됐던 적이 있는데 다시 공사를 재개했을 때는 같은 색의 대리석을 구할 수 없었다고 한다. 기념탑의 처음 디자인도 지금과는 달랐다. 원래는 말을 탄 조지 워싱턴의 조각상까지 올라갈 예정이었지만 우여곡절 끝에 지금의 모습으로 남게 됐다. 기념탑 내부에 있는 엘리베이터를 타면 꼭대기 피라미드 아래에 위치한 전망대에 올라갈 수 있다. 전망대에 오르면 포토맥강과 워싱턴 DC 시내가 사방으로 시원하게 보인다. 전망대 아래층에는 작은 박물관도 있으며 계단으로 내려갈 수 있다. 전망대에 오르려면 입장객 수에 제한이 있기 때문에 티켓이 필요하다. 당일 티켓은 기념탑 옆에서 150m 동쪽에 위치한 워싱턴 기념탑 로지 Washington Monument Lodge에서 오전 8시 45분부터 선착순 배부한다. 한 사람당 6장까지 받을 수 있으며 성수기에는 일찍부터 줄을 서니 서두르는 것이 좋다. 온라인을 통해 미리 예약도 가능한데 예약 수수료가 있다.

주소 2 15th St NW, Washington, DC 20024 운영 기념탑 09:00~17:00 (일부 공휴일에 쉬며, 매월 유지·보수로 휴무일이 있으니 홈페이지 확인) 요금 무료 (온라인 예약 수수료 $1) 가는 방법 스미스소니언 성에서 도보 10분. 홈페이지 www.nps.gov/wamo

Travel Plus ▶ **조지 워싱턴**
George Washington (1732~1799)

건국의 아버지로 불리는 조지 워싱턴은 미국의 초대 대통령이다. 미국 곳곳에는 워싱턴을 기리는 기념물이 많은데 그만큼 그가 상징하는 의미가 크다. 부유한 가정에서 태어나 어린 나이에 버지니아의 대지주가 됐으며 군대 생활을 했다. 당시 영국과의 마찰로 인해 보스턴 차 사건이 일어나는 등 혁명의 기운이 점점 더 짙어지자 제1차 대륙회의 버지니아 남부 대표로 선출됐고 미국 독립전쟁 당시 혁명군 총사령관이 됐다. 1789년 선거인단의 만장일치로 미국 초대 대통령으로 당선됐으며 헌법을 기초하고 나라의 기틀을 다지는 데 공헌했다. 재선에도 성공했지만 3선은 고사하고 고향으로 내려가 3년 뒤 사망했다.

위대한 희생의 발자취를 따라서

워싱턴 DC에는 세계 여러 전쟁에서 숭고하게 죽어간 참전 용사들과 인권과 민주주의를 위해 헌신한 사람들의 기념물들이 있다. 지금의 미국이 있기까지 희생했던 많은 군인들과 지도자들을 기리고 기억하기 위함이다. 알지도 못하는 한국과 여러 나라에서 어린 나이에 죽어간 참전용사들을 보면서 잠시나마 경건해질 수 있다.

이오지마 전투비
US Marine Corps War Memorial (Iwo Jima Memorial)

Map P.294-A2

미국이 일본의 이오지마섬을 차지하고 성조기를 꽂는 장면을 동상으로 재현시킨 기념물로 알링턴 국립묘지에 있다. 이오지마 전투는 1945년 2월 일본 남쪽 태평양 한가운데 위치한 이오지마섬을 두고 연합군과 일본군이 벌였던 전투로 제2차 세계대전의 종지부를 찍는 역할을 했다. 미국이 이겼지만 미군은 6,000명 이상이 죽었으며 일본군은 거의 전멸한 참혹한 결과를 낳았다.

주소 Arlington, VA 22209 가는 방법 알링턴 국립묘지 입구에서 도보 15분.

한국전 참전용사 기념비
Korean War Veterans Memorial

Map P.294-B2

한국전에 참여한 미군과 봉사자들을 기리기 위해 지은 곳으로 1995년 제막했다. 벽화의 벽 The Mural Wall, 19명의 참전용사상 19 stainless steel statues, UN 벽 United Nations Wall, 기억의 연못 Pool of Remembrance으로 구성돼 있다. 가장 눈에 띄는 것은 V자로 서 있는 19명의 참전 용사상이다. 스테인리스로 만든 다양한 인종의 육군, 해군, 공군, 해병대원으로 구성돼 있으며 맞은편 벽화의 벽에 비춰진다. 이 벽에는 군인, 간호사, 자원 봉사자들의 실제 얼굴이 그려져 있다.

주소 1 Scott Cir NW, Washington, DC 20036 가는 방법 링컨 기념관에서 도보 3분.

마틴 루터 킹 주니어 기념비
Martin Luther King, Jr. Memorial

Map P.294-B2

흑인 인권과 자유, 평등에 앞장섰던 마틴 루터 킹 목사를 기리기 위해 세운 기념비로 2011년 대중에게 공개됐다. 마틴 루터 킹의 대형 흰색 부조 A Stone of Hope가 호수를 바라보며 서 있다. 벚꽃이 피는 봄이 되면 더 아름다워진다. 매년 1월 셋째 주 월요일은 마틴 루터 킹 데이인데 마틴 루터 킹은 조지 워싱턴과 함께 탄생일이 공휴일로 지정된 유일한 사람이다.

주소 1964 Independence Ave SW, Washington, DC 20024 가는 방법 링컨 기념관에서 도보 10분.

제2차 세계대전 기념비
World War II Memorial

Map P.294-B2

제2차 세계대전을 치러낸 참전 용사들과 후방에서 애쓴 모든 국민들을 기리기 위해 세운 기념물이다. 2004년 제막했으며 워싱턴 기념탑에서 가깝다. 꽃다발 조각이 걸린 기둥들이 중앙의 분수를 둥글게 감싸며 서 있는데 이 기둥들에는 각 주의 이름이 새겨져 있다. 영화 포레스트 검프에도 나왔던 유명한 곳이다.

주소 1750 Independence Ave SW, Washington, DC 20024 가는 방법 워싱턴 기념탑에서 도보 5분.

링컨 기념관
Lincoln Memorial

Map P.294-B2

노예 해방을 이끈 미국의 제16대 대통령 에이브러햄 링컨 Abraham Lincoln을 기리기 위해 건축한 흰색의 대리석 건물로 1922년 완공됐다. 아테네의 파르테논 신전을 본 따 지었으며 36개의 도리아식 기둥으로 둘러싸여 있다. 36이라는 숫자는 링컨 대통령이 암살당할 당시 미국의 주가 36개였다는 의미를 담고 있다. 기둥과 기둥 사이 지붕에 당시 주의 이름이 쓰여 있다. 기념관 앞으로 워싱턴 기념탑과 국회의사당이 일직선을 이루고 있으며 워싱턴 기념탑이 시원하게 조망된다.

기념관 기둥 안쪽 중앙에는 거대한 링컨의 대리석 좌상이 있다. 조각가 대니얼 체스터 프렌치 Daniel Chester French의 작품으로 영화 등 각종 매체에 자주 등장하는 유명한 조각상이다. 조각상 옆에는 그가 게티즈버그 연설 The Gettysburg Address에서 남긴 유명한 국민의, 국민에 의한, 국민을 위한 정치 라는 유명한 문구와 두 번째 취임 연설 일부가 새겨져 있다. 그 위에 쥘 게랭 Jules Guerin의 벽화가 있다. 기념관 앞은 많은 집회의 장소가 되기도 하는데 1963년 마틴 루터 킹 목사가 'I Have a Dream'이라는 감동적인 연설을 한 곳으로도 유명하며 그가 연설했던 지점을 새겨 놓았다.

주소 2 Lincoln Memorial Cir NW, Washington, DC 20037 가는 방법 워싱턴 기념탑에서 도보 20분 또는 서큘레이터 버스 25분. 홈페이지 www.nps.gov

Travel Plus 에이브러햄 링컨
Abraham Lincoln (1809~1865)

미국의 16, 17대 대통령이다. 미국의 노예를 해방시킨 지도자로 우리에게도 잘 알려져 있다. 켄터키주의 이민자 아들로 태어나 거의 정규 교육을 받지 못했지만 독학으로 1836년 변호사 시험에 합격했고 20여 년간 변호사로 일했다. 당시 그는 공정하고 정의로운 변호사로 알려져 있었다. 25세에 주 의원으로 당선되면서 정치에 입문했고 계속 노예 해방을 주장했다. 여러 번의 낙선과 사업 실패, 자식의 죽음 등 절망적인 개인사를 딛고 1860년 공화당 대통령 후보로 지명되면서 16대 대통령이 됐다. 당선 직후 장장 4년에 걸친 남북전쟁이 시작됐는데 전쟁 중이던 1863년 1월 링컨은 노예 해방을 선언했고 그해 11월에는 게티즈버그에서 유명한 연설을 해 깊은 울림을 남겼다. 이듬해 재선에 성공해 17대 대통령이 됐지만 1865년 워싱턴 DC 포드극장에서 남부군 지지자 존 윌크스 부스의 총에 맞아 사망했다.

제퍼슨 기념관
Thomas Jefferson Memorial
Map P.294-B3

미국의 3대 대통령이었던 토마스 제퍼슨 Thomas Jefferson을 기리기 위해 지은 기념관으로 워싱턴 기념탑 남쪽에 위치한다. 토마스 제퍼슨은 독립선언서를 기초했으며 건국의 아버지로 불리는 사람으로 미국인들의 존경을 받는 인물이다. 존 러셀 포프 John Russell Pope가 디자인했으며 1943년 완공됐다. 돔 아래 기둥이 둥글게 이어진 원형의 건축물로 로마의 판테온을 본떠 지었다. 기념관 앞에는 타이들 베이슨 Tidal Basin이라는 인공 호수가 있다. 기념관 앞에서 호수 건너편 워싱턴 기념탑이 멋지게 조망되는데 특히 벚꽃이 만발하는 봄이 되면 경치가 아름답다.

주소 16 E Basin Dr SW, Washington, DC 20242 가는 방법 워싱턴 기념탑에서 서큘레이터 버스 10분 또는 도보 16분. 홈페이지 www.nps.gov

알링턴 국립묘지
Arlington National Cemetery
Map P.294-A3

남북전쟁이 한창이던 1864년 늘어 가는 전사자들을 위해 연방정부가 토지를 매입해 조성한 국립묘지다. 링컨 기념관에서 포토맥강 건너에 위치한다. 남북전쟁뿐 아니라 제1, 2차 세계대전, 베트남전, 걸프전 등 여러 전쟁에서 전사한 미군과 우주선 챌린저, 컬럼비아 호의 우주인들, 간호사, 노예들, 테러 희생자들 40만명이 잠들어 있다.

또한 27대 윌리엄 하워드 태프트 William Howard Taft와 44대 존 F 케네디 John F Kennedy 대통령도 안장돼 있다. 존 F 케네디는 부인 재클린 Jacqueline Bouvier Kennedy Onassis, 아들, 딸과 함께 묻혀 있는데 알링턴 국립묘지에 오는 사람들이 꼭 방문하고 싶어하는 곳이다.

존 F 케네디의 묘에서 서쪽으로 조금만 가면 알링턴 하우스 Arlington House가 있다. 남북전쟁의 남군 총사령관이었던 로버트 에드워드 리 Robert Edward Lee 장군의 집이 있던 자리에 만든 기념관으로 전경이 아름답기로 유명하다.

묘지의 남서쪽에는 무명 용사를 기리는 무게 50톤의 대리석 묘비 무명용사의 묘 The Tomb of Unknown Soldier가 있다. 우리나라 국립 현충원의 1.8배, 미국에서 2번째로 큰 국립묘지이기 때문에 걸어서 돌아보기는 힘들다. 입구의 방문자 센터에서 출발하는 투어 전용 트램을 타면 좀 더 편하게 볼 수 있다.

주소 Arlington, VA 22211 운영 매일 08:00~17:00 (트램 투어 08:30~16:00, 매 20분마다 출발) 요금 13세 이상 $19.50, 4~12세 $10.75 가는 방법 지하철 블루 라인 Arlington Cemetery 역 하차. 홈페이지 www.arlington cemetery.mil

조지타운
Georgetown
Map P.294-A1

워싱턴 DC 북서부에 위치한 근교 지역 조지타운은 워싱턴 DC에 편입되기 이전 1700년대 식민지 시절부터 있던 작은 도시다. 포토맥강 변을 따라 운하와 유럽풍의 돌바닥으로 된 오래된 거리들이 이어지고 빅토리아풍의 옛 저택들이 늘어서 있던 유서 깊은 곳이다. 운치 있고 고풍스러운 길을 따라 아기자기한 상점들과 레스토랑이 많아 관광객들에게 계획도시인 워싱턴 DC와는 색다른 볼거리를 주며 편안하게 걸어 다니기 좋다.

가장 번화한 거리는 M 스트리트 M Street이다. 조지타운 대학교와 대저택 덤바턴 오크스 등의 볼거리가 있으며 컵케이크가 유명하다.

★ 조지타운 대학교
Georgetown University

1789년 미국 최초 로마가톨릭 대학으로 개교했다. 학사 과정인 조지타운 칼리지를 비롯해 국제외교대학, 경영대학, 전문 대학원들로 이루어져 있으며 특히 정치·국제·외교 분야가 유명한 명문 대학이다. 빌 클린턴 전 대통령 등 유명한 동문들을 많이 배출했다. 오랜 역사만큼 고풍스러운 학교 건물들이 많은데 1877년 지어져 국립 역사유적으로 지정된 힐리홀 Healy Hall은 학교를 상징하는 대표적인 볼거리다. 내부로 들어가 강당, 도서관 등을 볼 수 있다. 학교 앞에는 대학가 정취를 느낄 수 있는 다양한 상점과 레스토랑, 카페가 많다.

주소 3700 O St NW, Washington, DC 20057 가는 방법 지하철 Foggy Bottom-GWU역 하차 후, Pennsylvania Av NW & 24 St NW에서 버스 33번 탑승 후 Wisconsin Ave NW & P St NW 하차, 도보 10분. 홈페이지 www.georgetown.edu

★ 덤바턴 오크스
Dumbarton Oaks

조지타운 북쪽에 위치한 페더럴 Federal 양식의 대저택과 정원이다. 1944년 국제연합 UN 창설을 위한 국제 회의가 열리면서 유명해졌다. 특히 정원이 아름답기로 유명한데 그린 가든 Green Garden, 페블 가든 Pebble Garden, 로즈 가든 Rose Garden 등 다양하게 꾸며진 정원 곳곳에 장미를 비롯한 여러 식물이 자라고 있고 연못과 분수가 있다. 저택 내부는 박물관과 뮤직룸, 도서관 등으로 사용되고 있다. 겨울에는 무료로 개방하지만 아름다운 정원을 감상하려면 여름에 방문하는 것이 낫다. 또한 박물관과 정원은 별도의 티켓을 예약, 구매해야 한다(홈페이지 참조).

주소 1703 32nd St NW, Washington, DC 20007 운영 박물관 화~일 11:30~17:30, 정원 3/15~10/31 화~일 14:00~18:00, 11/1~3/14 화~일 14:00~17:00 요금 박물관 무료, 정원 3/15~10/31 일반 $11, 11/1~3/14 무료 가는 방법 조지타운 대학교에서 도보 20분. 홈페이지 www.doaks.org

Restaurant

세계 각국의 주요 인사들이 많이 방문하는 만큼 워싱턴 DC는 먹을 거리도 세계적이다. 스페인, 브라질, 이탈리아 등 여러 나라의 다양하고 맛있는 음식들을 즐길 수 있는 레스토랑들이 많다. TV 프로그램으로 유명해진 컵케이크 집이 있으며, 워싱턴 DC 곳곳에서 이곳의 커피 문화를 이끌어 온 로스터리 커피를 맛볼 수 있다.

할레오 $$
Jaleo
Map P.295-C2

스페인어로 응원, 성원의 의미를 담고 있는 할레오는 다양한 타파스 요리를 먹어볼 수 있는 스페니시 레스토랑이다. 2012년과 2018년 타임지의 '영향력 있는 100인'에 선정된 바 있는 셰프 호세 안드레스 José Andrés의 레스토랑으로 워싱턴 DC에서 핫 플레이스로 꼽힌다. 인테리어도 스페인의 정열적인 느낌으로 꾸며 놓았다. 크로켓, 스페인식 감자요리, 감바스 등의 타파스와 파에야, 스테이크 등 메뉴가 다양하다. 여러 개의 타파스를 주문해 친구와 나눠 먹기 좋다. 워싱턴 DC 외에도 알링턴, 라스베이거스, 올랜도 등에서 매장을 운영 중이다.

주소(워싱턴 DC) 480 7th St NW, Washington, DC 20004 영업 일 10:00~22:00, 월 11:00~22:00, 화~목 11:00~23:00, 금 11:00~24:00, 토 10:00~24:00 가는 방법 국립 미술관에서 도보 8분. 홈페이지 www.jaleo.com

포고 데 차오 $$$
Fogo de Chao
Map P.295-C2

브라질리안 스테이크 뷔페 레스토랑이다. 슈하스코 churrasco 라는 브라질 전통 방식 바비큐 요리를 샐러드 뷔페와 함께 먹을 수 있는 곳이다. 슈하스코는 고기를 꼬치에 끼워 소금을 뿌려 가며 숯불에 구운 요리로 숙련된 요리사가 꼬치에 끼워진 고기를 통째로 들고 다니면서 익은 부분을 테이블 위에서 직접 칼로 베어 준다. 육즙과 숯불의 향이 느껴져 맛있다. 샐러드 뷔페도 신선한 현지 식재료를 이용한 요리들이 많다. 다른 패밀리 레스토랑처럼 주중과 주말, 런치와 디너의 가격이 다르다. 주중 런치에 가는 것이 가장 저렴하다. 브라질에서 시작됐으며 미국에만 10개 이상의 매장이 있다.

주소 1101 Pennsylvania Ave NW Washington, DC 20004 영업 브런치 토·일 11:30~14:00, 런치 월~금 11:00~15:00, 디너 월~목 15:00~22:00, 금 15:00~22:30, 토 14:00~22:30, 일 14:00~21:00 가격 런치 $51.50, 주말 브런치 $52.50, 디너 $73 가는 방법 자연사 박물관에서 도보 5분. 홈페이지 www.fogodechao.com

뷰
Vue Rooftop
$$

Map P.295-C2

워싱턴 호텔에 있는 루프탑 바다. 창문 정면으로 백악관, 남쪽으로는 워싱턴 기념탑이 보이는 전망 좋은 곳이다. 나무로 둘러싸여 있고 앞 쪽에 건물이 있어서 백악관이 전체가 시원하게 보이는 것은 아니지만 건물이 흰색이라 눈에 잘 띄고 가끔 전용 헬기가 뜨고 내리는 모습이 보인다. 낮에는 조용하게 식사를 할 수 있는 레스토랑, 밤에는 칵테일을 마시는 흥겨운 분위기의 바가 된다. 버거, 샌드위치, 스테이크, 랍스터와 칵테일, 맥주 등의 메뉴가 있다. 주소 515 15th St NW, Washington, DC 20004 영업 월~수 16:00~24:00, 목 11:30~24:00, 금 11:30~01:00, 토 11:00~01:00, 일 11:00~24:00 가는 방법 백악관에서 도보 6분. 홈페이지 https://www.vuerooftopdc.com

더 더블리너
The Dubliner
$$

Map P.295-D2

유니언역에서 한 블록 정도 떨어진 곳에 위치한 아일랜드 펍 앤 레스토랑으로 1974년 문을 열었다. 기네스 등 아일랜드 맥주와 요리를 선보이고 있으며

저녁 시간에는 라이브 뮤직도 감상할 수 있다. 아일랜드계의 피가 섞여 있다는 오바마 전 대통령도 다녀간 적이 있는 곳이다. 중후한 인테리어에 바에는 키핑된 많은 술병이 있다. 주소 4 F St NW, Washington, DC 20001 영업 월~금 07:00~01:00, 토·일 08:00~02:00 가는 방법 유니언역에서 도보 4분. 홈페이지 www.dublinerdc.com

플라비오
Flavio
$$

Map P.294-A1

조지타운에 위치한 이탈리안 레스토랑으로 모던함과 클래식이 조화된 실내 분위기가 돋보이는 곳이다. 칼라마리, 브루스케타, 관자 등의 전채 요리부터 샐러드, 피자, 파스타 등 이탈리아 요리를 맛볼 수 있다. 특히 새우, 가리비, 랍스터 살이 올라간 플라비오 피자와 랍스타 디아볼로 파스타도 선보이고 있다. 해피 아워에는 바에서 저렴한 가격에 간단한 안주와 맥주, 와인을 주문할 수 있다. 주소 1073 31st St NW, Washington, DC 20007 영업 월~목 11:30~22:00, 금 11:30~23:00, 토 11:00~23:00, 일 11:00~22:00, 해피 아워 월~금 15:00~18:00 가는 방법 조지타운 컵케이크에서 도보 6분. 홈페이지 www.flaviodc.com

버스보이스 앤 포이츠
Busboys and Poets
$$ Map P.295-C1

한 아티스트에 의해 세워진 아메리칸 레스토랑으로 여러 개의 지점이 있다. 버스보이라는 독특한 이름은 1920년대 한 호텔에서 버스보이(식당에서 그릇 치우는 사람)로 일했던 미국 시인 랭스턴 허쉬 Langston Hughes를 나타낸다. 문학적이고 예술적인 컨셉을 나타내듯 식당 내부는 많은 책과 그림으로 꾸며져 있어 하나의 아트 갤러리 같다. 워싱턴 마운트 버넌 트라이앵글 Mount Vernon Triangle 지역에 위치한 이곳은 2008년 문을 열었으며 늘 사람들로 붐빈다. 메뉴는 식사류와 칵테일, 음료까지 매우 다양하다.

주소 450 K St NW, Washington, DC 20001 영업 월~목 08:00~22:00, 금 08:00~23:00, 토 09:00~23:00, 일 09:00~22:00 가는 방법 버스 D4, P6 K St NW & 5th St NW 하차 후 도보 1분. 홈페이지 www.busboysandpoets.com

차이아 타코 조지타운
Chaia Tacos Georgetown
$ Map P.294-A1

조지타운의 그레이스 스트리트라는 조용한 골목에 위치한 베지테리언 타코 전문점이다. 친구들이 의기투합해 문을 연 이 곳은 고기를 사용하지 않고 채소를 이용해 만든 5가지 메뉴가 있다. 단, 치즈는 사용한다. 이 중에서 3가지 메뉴 Taco Trio를 고르면 된다. 옥수수가 들어간 토르티야에 감자, 버섯, 케일, 브라운 라이스 등이 들어 간다. 채소와 치즈, 소스의

조합이기 때문에 음식 맛은 호불호가 갈리지만 채식주의자나 건강을 생각하는 이들에게 인기가 많다. 타코 외에 스프, 음료수, 맥주도 판매한다. 1, 2층으로 이루어진 아담한 건물에 내부는 아기자기하게 꾸며 놓았다. 주문은 1층에서 하며 음식을 받아서 원하는 자리에 앉으면 된다.

주소 3207 Grace St NW, Washington, DC 20007 영업 매일 11:00~21:00 가는 방법 지하철 Foggy Bottom–GWU역 하차 후 버스 38B번 탑승 M St NW & Wisconsin Ave NW 하차 후 도보 2분. 홈페이지 www.chaiatacos.com

조지타운 컵케이크
Georgetown Cupcake
$ Map P.294-A1

뉴욕의 매그놀리아와 함께 유명세를 떨치고 있는 미국의 대표적인 컵케이크다. 2008년 소피와 캐서린이라는 자매가 세웠고 TV 프로그램에 출연하면서 더욱 유명해진 곳이다. 지금은 LA, 뉴욕, 보스턴, 애틀랜타까지 매장이 확장됐다. 빵과 크림이 부드럽고 프로스팅은 달달한 편이라 아메리카노와 함께 먹으면 피로를 날리는 간식으로 제격이다. 바닐라, 초콜릿, 레드벨벳 등 19가지의 클래식 메뉴에 매일매일 달라지는 스페셜 메뉴가 있다. 모양도 예뻐 선물용으로도 인기가 많다.

주소 3301 M St NW, Washington, DC 20007 영업 월~토 10:00~21:00, 일 10:00~20:00 가는 방법 지하철 Foggy Bottom–GWU역 하차 후, 버스 38B번 탑승 M St NW & 33rd St NW 하차. 도보 1분. 홈페이지 www.georgetowncupcake.com

베이크드 앤 와이어드
Baked & Wired $ Map P.294-A1

조지타운 컵케이크만큼 인기를 끌고 있는 곳이다. 현지인들이 추천하는 컵케이크 맛집으로 컵케이크 외에도 파이, 브라우니, 바, 쿠키, 커피 등 다른 메뉴도 판매한다. 매장 안에는 아침부터 컵케이크와 커피를 함께 주문해 먹는 사람들이 많다. 크기는 조지타운 컵케이크보다 약간 더 크고 맛은 덜 단 편이다. 사람마다 취향이 다르지만 이곳을 더 선호하는 사람도 많다. 주소 1052 Thomas Jefferson St NW, Washington, DC 20007 영업 일~금 08:00~16:00, 토 08:00~20:00 가는 방법 조지타운 컵케이크에서 도보 8분. 홈페이지 www.bakedandwired.com

스프링클스 조지타운
Sprinkles Georgetown $ Map P.294-A1

LA에서 인기를 끌었던 컵케이크다. 매장은 알록달록한 외관과 대로변에 위치해 쉽게 찾을 수 있다. 컵케이크의 디자인은 다른 곳과 비교해 모던하고 심플한 느낌이다. 프로스팅은 다른 곳보다 조금 단단하고 중앙에 색색의 장식을 올려 포인트를 주었다. 종류는 매우 다양하며 요일마다 다른 메뉴를 선보인다. 또한 컵케이크를 만들 수 있는 믹스와 부속 재료

도 판매하며 온라인으로 주문해 픽업할 수 있다. 주소 3015 M St NW, Washington, DC 20007 영업 일~수 10:00~20:00, 목~토 10:00~21:00 가는 방법 베이크드 앤 와이어드에서 도보 2분. 홈페이지 www.sprinkles.com

올드 에빗 그릴
Old Ebbitt Grill   Map P.295-C2

1856년에 오픈해 오랜 역사와 전통을 자랑하는 맛집이다. 백악관 바로 근처에 위치해 테오도어 루스벨트부터 버락 오바마 전 대통령에 이르기까지 유명 인사들이 자주 갔던 곳으로도 유명하다. 빅토리안 양식의 나무로 장식된 내부 인테리어도 인상적이며 현재에도 많은 정치인을 마주칠 수 있다. 수제 크랩케이크와 굴 메뉴가 특히 인기다. 주소 675 15th St. NW, Washington, DC 20005 영업 월~금 08:00~02:00 토·일 09:00~02:00 가는 방법 백악관에서 도보 3분 홈페이지 www.ebbitt.com

에베네저스 커피하우스
Ebenezers Coffeehouse $ Map P.295-D2

유니언역에서 동쪽으로 100m 떨어진 조용한 곳에 위치한 카페다. 아침에 일찍 문을 열기 때문에 출근

하는 사람들이나 여
행자들이 일정을 시
작하기 전에 들러 모
닝 커피와 함께 간단
한 식사를 한다. 크루
아상, 쿠키, 머핀, 샌

드위치 등의 메뉴와 여러 종류의 커피, 티를 마실 수
있다. 아이스드 바닐라 로즈 라테, 허니 라벤더 라테
등 독특한 메뉴도 있다. 매장 안과 밖에 테이블이 마
련돼 있어 날씨가 좋을 때는 매장 밖 테이블에 앉아
커피를 마시는 사람도 많다. 내셔널 커뮤니티 처치
National Community Church라는 교회에서 운영
하는 이 곳은 공정무역 커피를 판매하며 커피에 일
정 기부금이 포함돼 있어 수익금의 일부를 지역 사
회사업에 기부하고 있다.

주소 201 F St NE, Washington, DC 20002 영업 월
07:00~15:00, 화~금 07:00~18:00, 토·일 08:00~18:00 가
는 방법 유니언역에서 도보 4분. 홈페이지 www.ebenezers
coffeehouse.com

컴파스 커피
Compass Coffee
$

Map P.295-C2

2014년 워싱턴 DC에서 출발한 로스터리 커피 체인
점으로 워싱턴 DC 시내 여러 곳과 전국에 지점이 있
다. 본점은 워싱턴 DC 북쪽 시내 중심에서 약간 벗
어난 곳에 위치하며 이곳에서 직접 로스팅을 한다.
파병 군인이었던 해리슨 수아레즈 Harrison Suarez
와 마이클 해프트 Michael Haft가 미국으로 돌아와
세웠다. 아침에 커피 한 잔을 마시며 하루의 방향을
찾기 바라는 의미로 컴파스라는 이름을 지었다고 한
다. 전쟁터에서 커피가 얼마나 중요한지 몸소 깨달
은 그들은 지금도 아프가니스탄으로 커피를 보내주

고 있다. 매장 분위기는 젊고 활기차며 그때
그때 로스팅한 신선한 커피향으로 가득하다.

주소 본점 1535 7th St NW, Washington, DC 20001(차이
나 타운 650 F St NW, Washington, DC 20004) 영업 월
~목 06:30~17:00, 금 06:30~18:00, 토·일 06:45~18:00
가는 방법 버스 70번 7th St & P St 하차 후 도보 1분. 국립미
술관에서 도보 11분. 홈페이지 www.compasscoffee.com

스윙스 커피
Swing's Coffee
$

Map P.295-C2

100년 전 아라비카 커피콩을 수입해 가공 판매하기
위한 마켓으로 문을 열어 워싱턴 DC의 커피 문화
를 이끌어온 스윙스 커피 로스터스 Swing's Coffee
Roasters가 2013년 문을 연 로스터리 카페다. 카페
에서 원두를 로스팅해서 커피를 만들며 다양한 종
류의 원두도 판매한다. 신선한 콜드 브루 커피에 질
소를 주입한 니트로 커피도 맛볼 수 있다. 커피 외에
쿠키, 베이커리류도 함께 판매한다.

주소 640 14th St NW, Washington, DC
20005 영업 월~금 08:00~15:00 휴
무 토·일 가는 방법 백악관에서 도보 7
분. 홈페이지 www.swingscoffee.
com

Shopping

워싱턴 DC가 쇼핑의 도시는 아니지만 구석구석 쇼핑할 곳들이 더러 있다. 시내 중심에 대형 기념품점이 있고 시내에서 멀지 않은 곳에 대형 쇼핑몰이 있어 쉽게 다녀올 수 있다. 명품 매장 이 모여 있는 쇼핑가도 크지는 않지만 들러 볼 만하다.

워싱턴 웰컴 센터
Washington Welcome Center Map P.295-C2

워싱턴 DC를 기념하는 많은 종류의 기념품들을 파 는 대형 기념품점이다. 내부는 2층 높이의 높은 천 장에 뻥 뚫려 있어 상당히 넓어 보이며, 아기자기하 고 독특한 많은 기념품들이 진열돼 있다. 워싱턴 DC 의 랜드마크와 관련된 상품, 대통령을 풍자한 상품, 공화당, 민주당의 상징 동물 등 재미있는 기념품이 많아 사지 않고 구경만 하더라도 즐겁다. 워싱턴 DC 여행을 위한 관광안내소와 트롤리 티켓 부스도 있어 같이 이용하면 좋다.

주소 1001 E St NW, Washington, DC 20004 영업 매일 08:30~20:00 가는 방법 Metro Center역에서 도보 4분. 홈 페이지 www.downtowndc.org

시티센터DC
CityCenterDC Map P.295-C1

1층은 쇼핑가, 위층은 아파트, 사무실이 있는 복합건 물로 차이나타운 근처에 위치한다. 쇼핑가에는 버 버리, 에르메스, 디오르, 불가리 등 유명 명품 브랜 드 상점과 레스토랑이 35개 이상 들어서 있다. 유리 와 철을 이용해 현대식으로 지어진 건물 가운데에는 작은 분수가 있는 광장 더 플라자 앳 시티센터 The Plaza at CityCenter가 있다. 카페와 레스토랑의 야 외 테이블이 있어 잠시 쉬어 가기에 좋다.

주소 825 10th St NW, Washington, DC 20001 영업 정 문 오픈 05:00~24:00(상점마다 상이) 가는 방법 Metro Center역에서 도보 3분. 홈페이지 www.citycenterdc.com

패션 센터 엣 펜타곤 시티
Fashion Centre at Pentagon City

버지니아주 알링턴 에 위치한 쇼핑몰 로 펜타곤 시티 몰 이라 알려져 있다. 워싱턴 DC에서 남 쪽으로 5km 정도 떨어져 있고, 지하 철로 갈 수 있어 접 근성이 뛰어나다. 백화점 메이시스와 노드스트롬, 170여개의 상점이 4 층 규모의 원통형 건물에 입점해 있는데 한눈에 들 어오는 구조라 찾아 다니기도 편리하다. 쇼핑 외에 도 여러 개의 레스토랑과 대형 푸드코트가 있어 만 남의 장소로도 좋다.

주소 1100 S Hayes St, Arlington, VA 22202 영업 월~ 목 10:00~20:00, 금·토 10:00~21:00, 일 11:00~19:00 가는 방법 지하철 옐로, 블루 라인 Pentagon City 역 하 차. 홈페이지 www.simon.com/mall/fashion-centre-at- pentagon-city

워싱턴 DC는 미국의 주요 기관이
몰려 있는 수도이기 때문에 성수기,
비성수기 할 것 없이 방문객이 많
은 편이다. 백악관과 내셔널 몰 부
근, 조지타운에 호텔이 밀집해 있으
며 이 근처는 평범한 비즈니스호텔
도 가격도 만만치 않기 때문에 조금
이라도 싼 가격에 이용하기 위해서
는 일찍 예약해야 한다.

윌러드 인터컨티넨탈 워싱턴 $$$$
InterContinental
The Willard Washington D.C.

중요한 행사가 많이 열리는 럭셔리 호텔이다. 고풍
스러운 건물 외관과 함께 우아하고 화려한 내부 인
테리어를 자랑한다.
카페, 레스토랑, 스파, 바, 피트니스 센터 등의 여러
개의 편의시설을 운영하며 전망 또한 훌륭하다. 위
치가 좋아 도보로 지하철까지 3분, 내셔널 몰까지는
10분이면 갈 수 있으며 호텔 주변에 레스토랑, 카페
도 많다.
주소 1401 Pennsylvania Ave NW, Washington, DC
20004 가는 방법 백악관에서 도보 7분. 홈페이지 https://
washington.intercontinental.com

호텔 워싱턴 $$$$
Hotel Washington

2019년 리노베이션 후 재오픈한 고급 호텔로 백악
관 옆에 위치한다. 높지는 않아도 전망이 좋으며 스
파, 피트니스 센터 등의 편의 시설도 잘 갖추고 있
다. 특히 백악관이 조망되는 루프탑 바 Vue는 관광
객이 많이 찾는 곳이기도 하다. 지하철역에서 도보
로 5분 거리에 있어 찾아가기도 좋다.
주소 515 15th St NW, Washington, DC 20004 가는 방법
백악관에서 도보 5분. 홈페이지 www.thehotelwashington.
com

홀리데이 인 워싱턴-캐피톨 $$$
Holiday Inn Washington-Capitol   Map P.294-B1

여러 나라에 체인을 두고 있는 호텔이다. 심플한 외
관에 내부 역시 눈에 띄게 예쁘지는 않아도 모던하
고 깔끔하다.
워싱턴 DC의 주요 관광 지역인 내셔널 몰을 걸어서
갈 수 있는 곳에 위치하며 지하철역과 가까워 교통
이 편리하다. 위치가 좋고 야외 수영장 등 다양한 편
의시설이 있어 인기가 있다.
주소 550 C St SW, Washington, DC 20024 가는 방법 블
루·그린·오렌지·옐로·실버 라인 L'Enfant Plaza 역에서 도
보 4분. 홈페이지 www.ihg.com

클럽 쿼터스 호텔 $$$
화이트 하우스 워싱턴 DC
Club Quarters Hotel
White House Washington, D.C.   Map P.294-B1

백악관 북쪽에 위치한 호텔이다. 걸어서 백악관과
워싱턴 기념탑까지 갈 수 있으며 호텔 주변에 지하
철역이 2개나 있어 교통 또한 매우 편리하다. 깔끔
한 객실을 자랑하며 피트니스 센터, 간단한 다과가
마련돼 있는 2층 라운지도 인기다.
주소 839 17th St NW, Washington, DC 20006 가는 방법
백악관에서 도보 6분. 홈페이지 www.clubquartershotels.
com

스테이트 플라자 호텔 $$$
State Plaza Hotel Map P.294-B2

다운타운 서쪽 조지 워싱턴 대학교에서 약 500m 남쪽에 위치한 호텔로 내셔널 몰 링컨 기념관까지 걸어서 갈 수 있다. 객실이 깨끗하고 일부 상위 등급 객실에는 간이 주방이 있어 간단한 식사 준비도 할 수 있다.

주소 2117 E St NW, Washington, DC 20037 가는 방법 지하철 블루·오렌지·실버 라인 Foggy Bottom-GWU 역에서 도보 10분. 홈페이지 www.stateplaza.com

모토 바이 힐튼 $$
Motto by Hilton
Washington DC City Center Map P.295-C1

2016년부터 영업을 시작한 깨끗한 비즈니스호텔이다. 지하철역 바로 맞은 편에 위치해 교통이 매우 편리해 다니기 좋다. 이층 침대가 있는 방과 더블 침대가 있는 방이 있다. 방은 작지만 필요한 것이 잘 갖추어져 있고 편리하게 꾸며져 있다. 레스토랑, 바도 운영한다.

주소 627 H St NW, Washington, DC 20001 가는 방법 지하철 그린·레드·옐로라인 Gallery Pl-Chinatown 역에서 도보 1분. 홈페이지 www.hilton.com

캠브리아 호텔 워싱턴 DC 컨벤션 센터 $$
Cambria Hotel Washington, D.C.
Convention Center Map P.295-C1

워싱턴 DC 북쪽 지역에 위치한 비즈니스호텔로 관광 중심지에서 조금 떨어져 있지만 깨끗한 시설에 중심지보다는 저렴하게 숙박할 수 있어 좋은 곳이다. 지하철역이 도보 5분 거리에 있어 주요 관광지인 내셔널 몰 지역까지 지하철을 이용해 갈 수 있어 교통도 편리한 편이다.

주소 899 O St NW, Washington, DC 20001 가는 방법 지하철 그린·옐로 라인 Mt Vernon Sq/7th St-Convention Center Station에서 도보 6분. 홈페이지 www.choicehotels.com

하얏트 플레이스 워싱턴 DC /화이트 하우스 $$$
Hyatt Place Washington DC/ White House Map P.295-C1

깔끔한 객실과 함께 비즈니스 센터와 피트니스 센터가 24시간 운영되고 옥상에는 전망 좋은 바가 있는 3성급 호텔로 백악관 북쪽에 위치한다. 지하철역에서 도보 3분 거리에 있어 교통이 편리하며 백악관을 비롯해 내셔널 몰과 조지타운 등 명소에 접근하기에 좋다.

주소 1522 K St NW, Washington, DC 20005 가는 방법 지하철 블루·오렌지·실버 라인 McPherson Square 역에서 도보 3분. 홈페이지 www.hyatt.com

피닉스 파크 호텔 $$$
Phoenix Park Hotel Map P.295-D2

깔끔하고 세련된 럭셔리 스타일의 호텔이다. 무엇보다 워싱턴 DC 여행의 출발이라고 할 수 있는 유니언역 옆에 위치해 돌아 다니기 편리하고 룸에 따라 다르지만 유니언역이 시원하게 내려다 보여 전망도 훌륭하다. 가격이 싸진 않지만 미리 예약하거나 프로모션 등을 잘 활용하면 좀 할인된 가격에 얻을 수 있다.

주소 520 North Capitol St NW, Washington, DC 20001 가는 방법 유니언역에서 도보 5분 홈페이지 www.phoenix parkhotel.com

호텔 하이브 $$
Hotel Hive Map P.294-B2

내셔널 몰 북서쪽에 위치한 호텔이다. 링컨 기념관까지 도보로 15분 정도 걸리며 조지타운에서도 멀지 않다. 2016년부터 운영하는 이 호텔은 이름에서도 알 수 있듯이 11.6~23㎡ 크기의 작은 방들에서 1~2인이 이용하는 독특한 스타일의 호텔이다. 방은 작아도 필요한 것은 잘 갖춰져 있으며 깨끗한 편이다.

주소 2224 F St NW, Washington, DC 20037 가는 방법 지하철 블루·오렌지·실버 라인 Foggy Bottom-GWU 역에서 도보 5분. 홈페이지 www.hotelhive.com

Alexandria
알렉산드리아

작지만 유서 깊고 고풍스러운 도시 알렉산드리아는 워싱턴 DC 남쪽 버지니아주에 위치한다. 포토맥강을 끼고 영국과 미국을 잇는 무역도시로 발달했으며 그 역사도 270년에 달해 미국에서도 손꼽히는 오래된 도시다. 국립 역사지구로 지정된 올드 타운은 조지 워싱턴이 살았던 곳으로도 유명하다. 남북전쟁 당시 북군에게 점령당하기도 했으며 역사 이야기를 간직한 건물들이 많이 보존돼 있다. 멋진 풍경을 감상할 수 있는 워터프런트 주변에는 아기 자기한 상점과 레스토랑이 많아 늘 활기가 넘친다.

기본 정보

▌유용한 홈페이지
알렉산드리아 관광청 www.gousa.or.kr/destination/alexandria

▌관광안내소
알렉산드리아 관광안내소 Alexandria Visitor Center (Ramsey House)
알렉산드리아 여행의 출발지로 브로슈어, 지도 등을 얻을 수 있다.
주소 221 King St, Alexandria, VA 22314 운영 10~4월

매일 10:00~17:00, 5·8월 매일 10:00~18:00, 6·7월 일~목 10:00~18:00, 금·토 10:00~20:00, 9월 일~목 10:00~17:00, 금·토 10:00~18:00 홈페이지 www.visitalexandriava.com

가는 방법

알렉산드리아는 워싱턴 DC에서 남쪽으로 11km 정도 떨어져 있다. 지하철 블루, 옐로 라인을 타고 쉽게 갈 수 있어 당일치기로 다녀오기 좋다. 워싱턴 DC 도심에서 50분 정도면 킹 스트리트 King Street역에 도착한다. 이 곳에서 버스나 트롤리를 이용해 올드 타운으로 갈 수 있다.

시내 교통

알렉산드리아의 주요 볼거리는 올드 타운의 중심 도로인 킹 스트리트와 워터프런트다. 걸어갈 수 있는 거리이지만 무료 트롤리와 일반 버스가 있어 편하게 이동할 수 있다.

버스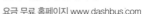

관광의 중심인 올드 타운이나 워터프런트까지 가려면 걷기에는 조금 먼 거리라 버스를 타야 한다. 알렉산드리아 교통회사인 대시 DASH 버스가 운영 중이며 요금은 무료다. 목적지와 노선을 확인한 후 자유롭게 타고 내리면 된다. 지하철 역 바로 앞에 버스 정류장이 있어 이용하기 편리하다.

요금 무료 홈페이지 www.dashbus.com

킹 스트리트 트롤리

올드 타운의 킹 스트리트를 오가는 트롤리 또한 무료로 운행된다. 킹 스트리트 지하철 역 앞 정류장에서 출발해 포토맥강 워터프런트까지 가며 반대 방향으로도 운행하기 때문에 다시 지하철역으로 돌아갈 수 있다. 가는 동안 정류장들에 자유롭게 내렸다 탈 수 있다.

운행 매일 11:00~23:00 배차 간격 10~15분 요금 무료 홈페이지 www.dashbus.com/trolley

올드 타운의 킹 스트리트를 보는 방법

지하철 킹 스트리트역에서 워터프런트까지 이어지는 길인 킹 스트리트는 올드 타운의 메인 도로이다. 예쁜 상점과 레스토랑, 오래된 건물들이 많아 버스를 타고 그냥 지나치기는 아까운 곳이다. 그렇다고 약 1.5km 정도 되는 거리를 오갈 때 모두 걷기는 힘들다. 한 번 걸었다면 다음은 트롤리를 타고 가 보자.

Attraction

📷 보는 즐거움

직선으로 이어지는 킹 스트리트와 워터프런트에서 역사 속 인물들의 발자취와 아기자기한 도시의 정취를 느껴볼 수 있다. 박물관으로 꾸며 놓은 역사적인 건물들을 포함한 명소들이 시청사 중심으로 모여 있어 걸어 다니며 보기 좋다.

조지 워싱턴 기념관
George Washington Masonic National Memorial

프리메이슨 회원이었던 미국의 초대 대통령 조지 워싱턴을 기리기 위해 1932년 프리메이슨 멤버들이 지은 기념관이다. 높이 101m 신고딕 양식의 석조 탑으로 알렉산드리아의 언덕 위에 위풍당당하게 서 있다. 높은 건물이 없는 알렉산드리아에서 눈에 띄는 높은 건물이다. 기념관 정면에는 프리메이슨의 상징인 G와 컴파스가 새겨져 있으며 거대한 정원이 조성돼 있다. 지대가 높아 기념관 입구에서 알렉산드리아의 평온한 경치가 한눈에 들어온다. 내부로 들어가면 조지 워싱턴의 대형 동상이 시선을 압도한다. 프리메이슨과 관련된 초상화들이 걸려 있으며 프리메이슨 의식을 치르는 방도 있다. 투어를 통해 내부를 볼 수 있다.

주소 101 Callahan Dr, Alexandria, VA 22301 운영 목~월 09:00~17:00(투어 09:30, 11:00, 13:30, 15:30) 휴무 화·수 요금 투어 12세 이상 $20, 12세 미만 무료(신분증 필요) 가는 방법 지하철 킹 스트리트역에서 도보 10분. 홈페이지 www. gwmemorial.org

알렉산드리아 관광안내소
Alexandria Visitor Center (Ramsey House)

관광안내소가 있는 이 건물은 스코틀랜드 상인이자 알렉산드리아를 세운 윌리엄 램지 William Ramsay가 살던 집이다. 아담하고 예쁜 2층 집으로 국립 역사 유적으로 지정됐다. 지금은 관광안내소로 사용되며 이곳에서 할인 티켓과 지도 등을 얻어 여행을 시작하면 된다.

주소 221 King St, Alexandria, VA 22314 운영 10~4월 매일 10:00~17:00, 5·8월 매일 10:00~18:00, 6·7월 일~목 10:00~18:00, 금·토 10:00~20:00, 9월 일~목 10:00~17:00, 금·토 10:00~18:00 홈페이지 www.visit alexandriava.com

거나 산책을 나온 가족의 모습도 많이 보인다.

주소 301 King St, Alexandria, VA 22314 가는 방법 킹 스트리트역에서 버스나 트롤리 시청사 하차. 홈페이지 www.alexandriava.gov

킹 스트리트
King Street

올드 타운의 중심 거리로 포토맥강 워터프런트까지 이어져 있다. 길 양쪽에 아기자기한 상점들과 레스토랑, 카페들이 자리하고 있으며 18세기에 지어진 역사적인 건물들이 보존돼 있다. 지하철 킹 스트리트역에서 천천히 구경하면서 걸어 가기에 좋은 곳이다. 예쁜 무료 트롤리도 지나다니니 타고 가면서 구경해도 좋다.

알렉산드리아 시청
Alexandria City Hall

킹 스트리트와 페어팩스 스트리트가 만나는 곳에 위치한 시청사는 알렉산드리아를 대표하는 랜드마크다. 알렉산드리아 마켓 하우스 & 시청 Alexandria Market House & City Hall으로도 불리며 1871년 건축됐으며 1984년 국립 역사유적으로 지정됐다. 시청사 앞 광장인 마켓 스퀘어 Market Square에는 분수가 있고 주변에 벤치들이 놓여 있어 휴식을 취하

칼라일 하우스
Carlyle House Historic Park

1753년 알렉산드리아 초창기에 존 칼라일 John Carlyle에 의해 세워졌다. 칼라일은 영국에서 이민 온 상인으로 이 곳에서 부를 축적했으며 조지 워싱턴과도 인척 관계가 됐다. 이 집에 조지 워싱턴이 방문하기도 했다고 한다. 칼라일 일가가 산 후에는 호텔, 병원 등으로 쓰였으며 영국과 프랑스 식민지 전쟁 당시 영국군 사령부가 설치되기도 했다.

주소 121 N Fairfax St, Alexandria, VA 22314 운영 월·화·목~토 10:00~16:00, 일 12:00~16:00 휴관 추수감사절, 12/24~25, 1/1 요금 18세 이상 $8, 6~17세 $3 가는 방법 시청사에서 도보 1분. 홈페이지 www.novaparks.com

개즈비스 태번 박물관
Gadsby's Tavern Museum

1785년 지어진 유명한 술집으로 지금은 박물관으로 꾸며져 있다. 식사도 하고 술도 마시면서 만남을 가지던 곳으로 1층은 레스토랑 및 바, 2층으로 올라가면 1792년 추가로 지어진 호텔이 있다. 파티를 할 수 있는 넓은 홀도 구비하고 있는데 당시에는 이 지역에서 아주 핫한 플레이스로 지역의 유명인사들이 자주 애용하던 곳이다. 조지 워싱턴과 토머스 제퍼슨도 종종 들르던 곳이며 내부에는 조지 워싱턴이 들렀던 방을 복원해 전시하고 있다.

주소 134 N Royal St, Alexandria, VA 22314 운영 박물관 (봄·여름) 일~화 13:00~17:00, 목·금 11:00~16:00, 토 11:00~17:00 (가을·겨울) 목·금 11:00~16:00, 토 11:00~17:00, 일 13:00~17:00 휴관 추수감사절, 12/25, 1/1 요금 5세 이상 $5(투어는 $8) 가는 방법 시청사에서 도보 2분. 홈페이지 https://alexandriava.gov/GadsbysTavern

토피도 팩토리 아트센터
Torpedo Factory Art Center

1974년 200여 명의 예술가들과 알렉산드리아시가 함께 만든 작업실 겸 갤러리다. 원래 해군 어뢰 공장이던 곳을 개조해 만들었다. 내부에는 독특하고 개성 있는 작품들이 작업 중이거나 전시돼 있는 수십 개의 방들이 있어 장식품, 조각, 초상화, 각종 회화 등 여러 예술 작품을 한 번에 감상할 수 있다. 예술가들은 관람객들과 직접 대화를 하며 소통하는 것뿐

아니라 작품을 판매한다. 개인 갤러리 외에도 알렉산드리아 고고학 박물관 Alexandria Archaeology Museum도 자리하고 있다.

주소 105 N Union St, Alexandria, VA 22314 운영 매일 10:00~18:00 가는 방법 시청사에서 도보 3분. 홈페이지 www.torpedofactory.org

워터프런트
Waterfront

포토맥강을 끼고 있는 워터프런트에는 공원과 항구, 토피도 팩토리 아트센터 등이 있다. 크루즈와 요트들이 정박해 있는 아름다운 항구에서 아름다운 경치를 감상할 수 있다. 강가에 위치한 레스토랑에서 맛있는 해산물 요리와 칵테일도 즐길 수 있다.

주소(올드 타운 알렉산드리아 하버) Thompsons Alley, Alexandria, VA 22314 가는 방법 시청사에서 도보 5분.

Richmond 리치먼드

버지니아주의 주도인 리치먼드는 과거 남북전쟁 당시에 남부연합의 수도였었다. 처음 영국인들이 들어와 정착하게 된 것은 1607년이며, 그 후 1742년에 도시로 발전하여 1782년에 버지니아를 대표하는 주도가 되었다. 남북전쟁 때 대화재를 겪어 수많은 역사적 유물들이 소실되었지만 여전히 남아 있는 유적지들과 역사적인 상징성으로 인해 학습 목적으로 방문하는 학생들이 많은 편이다. 미국의 역사를 이해하기 위한 곳으로 박물관과 유적지가 주요 볼거리다.

기본 정보

▌유용한 홈페이지

리치먼드 관광청 www.visitrichmondva.com

▌관광안내소

유서 깊은 도시 리치먼드는 주변에 유적지가 많아 교육 목적으로 방문하는 관광객이 많은 편이다. 관광안내소는 4곳이 운영되며 가장 크고 중심이 되는 곳은 도심에 위치한다.

주소 401 N 3rd St, Richmond, VA 23219 운영 매일 09:00~17:00 홈페이지 www.visitrichmondva.com

가는 방법

워싱턴 DC에서 자동차로 1시간 50분 정도 걸려 당일치기로 다녀올 수 있는 곳이다. 버스를 이용할 경우에도 2시간 10분이면 도착할 수 있다.

버스 🚌

그레이하운드 노선보다는 메가버스가 편리하다. 그레이하운드는 정류장이 시내에서 멀리 떨어져 있는 데다 가격도 기차를 이용하는 것과 비슷하다. 워싱턴 등 동북부에서 출발하는 경우 메가버스를 이용하면 가격도 저렴하고 메인 스트리트 Main St.에 위치한 앰트랙 역에서 내려 시내와도 매우 가깝다.

그레이하운드 주소 2910 N Blvd. 홈페이지 www.greyhound.com

메가버스 주소 1553 East Main St. 홈페이지 www.megabus.com

기차 🚆

워싱턴 DC에서 기차로 2시간 40분~3시간 소요되며 요금도 버스보다 비싸기 때문에 많이 이용되지는 않는다. 리치먼드에는 기차역이 두 곳 있는데 한 곳은 시 외곽, 한 곳은 시내인 메인 스트리트 Main St.에 있다. 메인 스트리트 Main St.역으로 예약해야 시내에서 이동하기 편리하다.

다운타운의 메인 스트리트역 주소 1500 East Main St. 홈페이지 www.amtrak.com

시내 교통

리치먼드 교통국 Greater Richmond Transit Company(GRTC)에서 운행하는 버스가 리치먼드 시내 전체를 돌아다닌다. 티켓은 발매기에서 카드나 현금으로 살 수 있으며, 승차 시 현금 구입이 가능하나 거스름돈은 주지 않으니 잔돈을 준비해야 한다.

요금 1회권 $1.50, 1일권 $3.50 홈페이지 www.ridegrtc.com

Attraction

리치먼드 시내를 중심으로 역사 유적지와 버지니아주 의사당 등을 돌아보고 시간 여유가 된다면 시내 중심에서 조금 떨어진 곳에 자리한 메이몬트 공원까지 다녀올 수 있다.

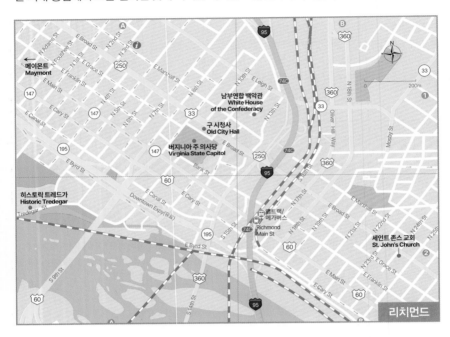

히스토릭 트레드가
Historic Tredegar

Map P.332-A2

남부연합의 중심 도시였던 리치먼드는 당시 정치적, 경제적, 군사적으로 중요한 지역이었다. 붉은색의 눈에 띄는 건물은 트레드가 철공소 Tredegar

©Morgan Riley

Iron Works인데 남북전쟁 당시 무기를 제작했던 곳이다. 이곳에서 1,100여 대의 대포가 만들어졌으며, 남북전쟁 기간 중 사용했던 총기의 절반을 생산해 냈다고 하니 군사적으로 상당히 중요한 곳이었음을 알 수 있다. 이 주변 지역은 남북전쟁 당시의 수많은 전적지들을 기념하기 위해 1936년에 조성된 리치먼드 국립 전적지 공원 Richmond National Battlefield Park으로, 1966년에는 국립 사적지로 지정되었다.

주소 480 Tredegar St. Richmond, VA 23219 운영 매일 10:00~17:00(여름 18:00까지) 요금 박물관 성인 $18, 학생 $16, 6~17세 $9 가는 방법 제임스강 변의 Tredegar St. 거리에 있어 대중교통은 조금 불편하다. 버스 87번 2nd & Brown's Island Way 하차 후 도보 8분. 홈페이지 acwm.org

남부연합 백악관
White House of the Confederacy　　Map P.332-B1

남부연합의 대통령이었던 제퍼슨 데이비스가 1861년부터 1865년까지 머물렀던 곳이다. 최초의 남부연합 백악관은 앨라배마주의 몽고메리에 지어졌으며 리치먼드로 수도를 옮기면서 백악관도 옮겨온 것이다. 1818년에 신고전주의 양식으로 지어졌으나 이후 다른 양식들이 가미된 것이 특징이다.

가이드 투어를 통해 건물 내부로 들어가면 제퍼슨 데이비스가 업무를 보았던 집무실과 1863년 당시 그의 초상화가 있으며 위층에서는 가족들이 사용했던 침실과 거실 등을 볼 수 있다.

주소 1201 E. Clay Street, Richmond, VA 23219 운영 일·월 10:30~16:00(투어 5회), 화·목 11:00~16:00(투어 4회), 금·토 10:30~17:00(투어 6회) 요금 성인 $15, 학생 $13, 6~17세 $8 가는 방법 5번, 12번 버스로 Leigh &11th EB역 하차 후 도보 4분. 홈페이지 acwm.org

Travel Plus 남부연합

19세기 중반에 미국의 남부와 북부가 정치·경제적으로 대립하던 상황에서 1860년 링컨이 대통령이 되자 1861년 미국 남부의 7개 주가 노예제 폐지에 반대하며 연방을 탈퇴하고 자신들만의 연합정부인 아메리카 연합국 CSA(Confederate States of America)를 세운다. 이후에 4개 주가 가입해 총 11개 주가 되었으며, 제퍼슨 데이비스를 대통령으로 선출하고 섬터 요새를 공격해 남북전쟁이 시작됐지만 4년 만인 1865년 리치먼드가 함락되면서 완전히 진압된다. 전쟁에 승리한 북부연방은 '유니언 Union'이라 부르고 남부연합은 간단히 '컨페더러시 The Confederacy'라 부른다.

버지니아주 의사당
Virginia State Capitol
Map P.332-A1

신전 모양의 하얀색 대리석 건물이 인상적인 버지니아주 의사당은 1788년에 토머스 제퍼슨의 설계로 지어졌다. 양쪽의 건물들은 1904년에서 1906년 사이에 추가로 지어진 것으로 동쪽이 하원, 서쪽이 상원 건물이다. 의사당 옆에는 조지 워싱턴 장군의 기마상이 있으며, 건물 안으로 들어가면 중앙 홀에도 대리석으로 조각된 조지 워싱턴의 실물 크기 동상이 있다. 또한 60년대 공민권 운동을 기리기 위한 기념물, 버지니아주를 대표하는 여러 위인의 동상과 잔디밭이 공원 식으로 꾸며져 있다. 현재에도 주 의사당으로 사용되고 있는데, 미국의 주 의사당 건물 중에서 두 번째로 오래된 건물이라고 한다.

주소 1000 Bank St. 운영 월~토 08:00~17:00, 일 13:00~17:00(투어는 16:00까지) 요금 무료 가는 방법 다운타운을 지나는 대부분의 버스가 의사당 주변에 정차한다. E. Broad St.와 9th, 10th, 11th에서 하차 후 도보 5분. 홈페이지 http://virginiacapitol.gov

구 시청사
Old City Hall
Map P.332-A1

회색의 웅장한 모습이 인상적인 이 건물은 1894년에 빅토리아 고딕양식으로 지어졌다. 리치먼드에서 가장 큰 화강암 건물이며 1970년대까지 시청사로 사용되었다. 미국의 국립 사적지로 지정되어 현재는 1층을 일반인에게 개방하고 있다. 버지니아주 의사당 바로 앞에 있어서 가는 길에 잠시 들러보기에 좋다.

주소 1001 E Broad St. 운영 월~금 08:00~17:00 요금 무료 가는 방법 남부연합 박약관에서 도보 5분(버지니아주 의사당 부근). 홈페이지 www.nps.gov/nr/travel/richmond/OldCityHall.html

메이몬트
Maymont

Map P.332-A1

리치먼드 도심에서 조금 떨어진 제임스강 변에 조성된 거대한 공원 부지로, 버지니아의 법조인이자 사업가, 자선사업가였던 제임스 둘리 James H. Dooley와 그의 부인이 사후 리치먼드시에 기증한 것이다. 1893년에 완성된 메이몬트 맨션을 중심으로 다양한 양식의 정원이 아름답게 꾸며져 있고 이후 시정부에서도 지속적으로 관리하며 농장, 자연학습장 등 볼거리를 제공하고 있다. 현재 버지니아주를 대표하는 공원이 되었다.

주소 1700 Hampton St, Richmond, VA 23220 운영 매

일 10:00~17:00(3월 중순~10월 중순 19:00까지) 요금 공원 자체는 무료이며, 맨션, 농장, 전시관 등에는 각 $5 정도 기부금을 권장하고 있다. 가는 방법 버스 78번 Meadow+Amelia 하차 후 도보 10분. 홈페이지 maymont. org

세인트 존스 교회
St. John's Church

Map P.332-B2

1741년에 지어진 이 역사적인 곳은 흔히 '리치먼드 언덕의 교회'로 불릴 만큼 유명하다. 우리에게도 잘 알려진 패트릭 헨리 Patrick Henry의 "자유가 아니면 죽음을 달라! Give me liberty, or give me death!"는 명연설이 행해졌던 곳으로, 1775년 당시 절박했던 영국으로부터의 독립의지를 느낄 수 있는 곳이다. 매년 6~8월 일요일 오후 2시에는 헨리의 연설을 재연하는 행사가 열리고 있다.

주소 2401 E. Broad St. 운영 목 11:30~16:00, 월·금·토 09:30~16:00, 일 12:30~16:00 휴무 화·수 요금(투어) 일반 $12 가는 방법 4A, 4B, 12번 버스를 타고 25th & Grace역에서 하차 후 도보 1분 홈페이지 www.historicstjohnschurch. org

©Billy Hathorn

미국의 오랜 역사를 간직한 **히스토릭 트라이앵글**

리치먼드에서 동남쪽으로 50마일 정도 내려가면 버지니아주 끝쪽에 미국의 오랜 역사를 간직한 중요한 장소들이 있다. 대서양을 건너 아메리카에 당도한 영국인들이 식민지를 건설한 역사에서부터 시작해 결국 식민지군에게 패해 물러나게 되기까지를 한 번에 볼 수 있는 의미 있는 지역으로, 윌리엄스버그 Williamsburg, 제임스타운 Jamestown, 요크타운 Yorktown 이 세 곳이 지리적으로 삼각형 모양을 이루고 있어 '히스토릭 트라이앵글 Historic Triangle'이라 부른다. 이름만큼 역사적으로도 중요할 뿐만 아니라 세 곳이 가까이 있어서 함께 묶어 여행하기에도 좋다.

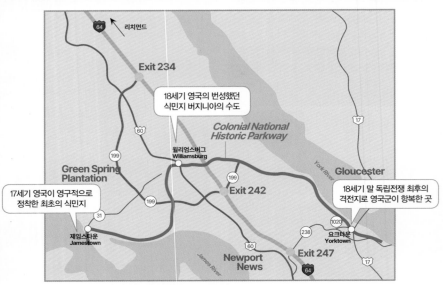

윌리엄스버그 Williamsburg

리치몬드에서 한 시간 정도 떨어진 곳에 위치한 윌리엄스버그는 18세기 미국의 모습을 간직한 오래된 도시다. 리치몬드가 남북전쟁 당시에 대화재를 겪은 데 비해 윌리엄스버그는 상대적으로 피해가 적었으며, 특히 1926년 록펠러 가문의 후원에 힘입어 상당 부분이 복원되어 200년 전의 모습을 그대로 느낄 수 있는 역사 도시로 거듭났다. 이러한 과거의 분위기를 간직한 구역이 바로 '콜로니얼 윌리엄스버그 Colonial Williamsburg' 인데, 작은 구역 안에 역사적인 볼거리가 모두 모여 있어 여행을 하기에도 편리하다.

콜로니얼 윌리엄스버그 방문자 센터
Colonial Williamsburg Visitor Center

주소 101 Visitor Center Dr. Williamsburg, VA 23185 운영 09:00~17:00 요금 1일권 Single-Day Ticket 일반 $49.99, 6~12세 $28.99

*입장권이 없어도 콜로니얼 윌리엄스버그 자체는 볼 수 있다. 다만 셔틀버스를 이용할 수 없고 건물 내부로 들어갈 수 없으며 일부 구역 입장이 제한된다. 홈페이지 www.colonialwilliamsburg.org

가는 방법

작은 마을인 윌리엄스버그로 대중교통을 이용해 가려면 리치몬드를 경유해야 한다. 기차나 버스 모두 리치몬드에서 1시간 정도 소요된다.

① 기차

리치몬드에서 윌리엄스버그를 오가는 앰트랙이 있어 1시간이면 도착할 수 있다. 기차역도 리치몬드와 윌리엄스버그 주요 볼거리에서 가까운 곳에 있어 편리하다.

주소 468 North Boundary St. 홈페이지 www.amtrak.com

② 버스

그레이하운드 노선이 리치몬드에서 윌리엄스버그를 연결해 1시간이면 이를 수 있다. 정류장은 앰트랙 기차역 바로 건너편이다.

홈페이지 www.greyhound.com

다니는 방법

콜로니얼 윌리엄스버그 역사지구는 반경이 1km도 되지 않는 작은 구역이라 충분히 걸어서 다닐 수 있다. 이 구역은 오전 8시~오후 10시 동안 자동차가 진입할 수 없기 때문에 차가 있는 경우 관광 안내소 주변에 주차를 하고 셔틀버스를 이용하는 것이 좋다. 셔틀버스는 콜로니얼 윌리엄스버그 입장권이 있으면 무료다. 걸어서 갈 경우 관광 안내소에서 1km 정도 거리다.

셔틀 운행 월~토 09:00~21:00, 일 09:00~18:00

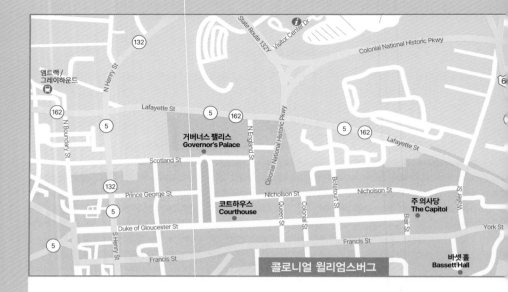

콜로니얼 윌리엄스버그
Colonial Williamsburg

윌리엄스버그는 1699년부터 1780년에 이르기까지 영국 신대륙 식민지의 정치·문화적 중심지였다. 식민지 시대의 모습을 간직한 콜로니얼 역사지구에는 18세기 분위기를 느낄 수 있는 오래된 건물들이 500여 채나 남아있는 데다, 낮 시간에는 자동차가 통제되고 곳곳에 18세기 복장을 하고 돌아다니는 사람들도 있어 마치 시간을 거슬러 온 것 같은 기분마저 든다. 하지만 관광지 분위기답게 각종 공예품점과 기념품점들도 있으며, 곳곳에서 사진을 찍는 가족단위의 여행자들을 쉽게 볼 수 있다. 수많은 역사적인 장소들이 모여 있지만 특히 유명한 곳은 다음의 네 군데다.

거버너스 팰리스
Governor's Palace

주 의사당과 함께 콜로니얼 윌리엄스에서 가장 큰 건물이다. 영국 총독의 관저로 지어진 건물이며, 16년간의 공사 끝에 1721년에 완성되었다. 1775년 새벽 독립군을 피해 도주한 영국의 마지막 총독 던모어를 끝으로, 독립 이후에는 버지니아 주지사가 된

패트릭 헨리와 토머스 제퍼슨이 집무실로 사용하였다. 1781년에 중앙 건물이 화재를 입었으며 남북전쟁 당시에 크게 파괴되었다가 20세기에 와서야 복원되었다. 방문자 센터 바로 남쪽, 콜로니얼 윌리엄스버그의 북서쪽 중심에 위치해 있다.

코트하우스
Courthouse

거버너스 팰리스에서 내려와 콜로니얼 윌리엄스버그의 주요 도로인 Duke of Gloucester Street로 들

어서면 가장 눈에 띄는 건물이 바로 코트하우스다. 붉은 벽돌에 하얀색 나무로 장식된 조지안 양식의 이 건물은 1771년에 지어진 것으로 미국의 국립 사적지로 지정되었다. 건물 이름에서 알 수 있듯이 식민지 시절에 재판소였으며 1776년 미국이 독립하던 해에는 필라델피아에서 전달된 독립선언문이 낭독된 장소다. 이후 남북 전쟁에서는 남부연합군의 병원으로 사용되기도 했다. 재판소답게 건물 옆에는 처형장이 있으며 현재는 사진 찍는 장소로 인기다.

주 의사당
The Capitol

붉은색의 웅장한 모습을 하고 있는 주 의사당 건물은 1705년에 지어졌다가 1747년에 화재를 겪고 재건되었다. 1704년에서 1780년까지 버지니아 식민지의 하원 의사당 House of Burgesses이었던 곳으로, 조지 워싱턴, 패트릭 헨리, 토머스 제퍼슨 등이 영국의 무리한 과세에 대항해 "대표 없이 과세 없다. No taxation without representation"는 명언을 상기시켰던 곳이기도 하다.
1780년에 의회가 리치몬드로 옮겨가면서 영국군이 사용하였고, 독립 이후에는 오랫동안 사용되지 않다가 20세기 초반에 역사적인 유적지로 복원되었다. 콜로니얼 윌리엄스버그의 동쪽 끝에 위치해 있다.

바셋 홀
Bassett Hall

하얀색의 2층으로 된 건물이 인상적인 이곳은 1753년부터 1766년 사이에 지어진 건물로, 콜로니얼 윌리엄스버그 복원공사가 진행 중이던 초기 1930~1940년대 존 록펠러 주니어가 부인과 함께 살았던 곳이기도 하다.
18세기 분위기와 20세기 분위기가 함께 묻어나는 곳으로, 건물 내부에는 록펠러 부부가 사용했던 가구와 장식품들이 그대로 남아있으며, 아름다운 정원은 1940년대 스타일이라고 한다. 주 의사당의 남쪽의 Francis St.에서 골목 안쪽으로 들어간 곳에 위치해 있다.

제임스타운 Jamestown

제임스타운은 1607년에 시작된 영국의 첫 번째 영구 정착지다. 지금은 제임스 강을 따라 도로로 연결되어 있지만, 영국의 식민지 당시에는 대륙과 분리된 작은 섬이었다. 1934년 고고학자들의 발굴 작업이 시작된 이래 수많은 유물과 유적지들이 이곳에서 발견되었다. 현재 제임스타운의 볼거리는 크게 두 곳으로 나뉘는데, 하나는 미국의 국립공원에서 관리하는 '히스토릭 제임스타운 Historic Jamestown'으로 많은 유적지를 실제로 볼 수 있으며, 다른 하나는 버지니아 주정부에서 관리하는 '제임스타운 정착지 Jamestown Settlement'로 민속촌과 같이 교육용으로 꾸며놓은 곳이다. 또한 제임스타운 섬 안에는 5마일 드라이브 코스 5-mile loop drive를 따라 울창한 숲과 습지대가 있어 여유 있게 돌아보면 좋다.

히스토릭 제임스타운
Historic Jamestowne

미국의 국립 사적지로 지정된 이곳은 미국 역사의 기원이 되는 매우 중요한 곳으로 현재 국립공원에서 관리하고 있다. 방문자 센터에는 작은 박물관이 조성되어 있고 간단한 다큐멘터리가 상영된다. 여기에서부터 다리를 따라 걸어가면 300주년 기념탑 Tercentenary Monument이 나온다. 그리고 오른쪽으로 걸어가면 메모리얼 교회 Memorial Church와 포카혼타스 동상 Pocahontas Statue, 제임스 요새 James Fort, 존 스미스 동상 John Smith Statue이 있다. 계속 오른쪽으로 강을 따라 걸으면 카페를 지나 고고학 박물관 Voorhees Archaearium Archaeology Museum이 보인다. 조

금 떨어진 곳에는 유리공장 Glasshouse도 있다.

주소 1368 Colonial Parkway, Jamestown VA 23081 운영 08:45~16:30 휴무 추수감사절, 12/25, 1/1 요금 일반 $30(일주일권, 요크타운 전적지 포함), 15세 이하 무료 홈페이지 www.historicjamestowne.org

Travel Plus ▶ **존 스미스와 포카혼타스의 일화**

제임스타운의 정착 초기에 평의원회 일원이었던 존 스미스는 식량을 구하러 다니다가 아메리카 원주민들에게 포로로 붙잡혔다. 그가 죽음과 맞닥뜨린 순간, 추장의 딸이었던 포카혼타스는 아버지에게 간청해 존 스미스를 구해주었다. 그 후 존 스미스는 위원장이 되어 식민지 정착에 큰 역할을 했다. 이후 포카혼타스는 정착이민자와 결혼해 아이와 함께 영국을 방문하였으나 이듬해 영국을 떠나면서 병에 걸려 사망했다. 포카혼타스는 영화와 만화로도 만들어져 유명해졌으며 수많은 이야기가 전설처럼 전해지고 있다.

제임스타운 정착지
Jamestown Settlement

히스토릭 제임스타운에서 1km 정도 떨어진 곳에 위치한다. 방문자 센터에는 기념품점과 카페, 그리고 갤러리와 소극장이 있으며 조금 걸어가면 포와탄 인디언 마을 Powhatan Indian Village, 제임스 요새 James fort, 그리고 영국인들이 제임스타운으로 항해할 때 타고 왔던 세 척의 배가 그대로 재현되어 있다. 당시 생활상을 알 수 있는 가옥들을 볼 수 있고 17세기 모습을 한 사람들이 당시의 장면을 재연해 준다. 강 어귀에 정박된 배 안으로 들어가면 선장의 비좁은 침실과 선원들이 생활했던 선실 등도 구경할 수 있다. 히스토릭 제임스타운과 같은 실제 유적

지는 아니지만 당시의 모습들을 구체적으로 상상해 보는 재미가 있으며 특히 아이들 교육용으로도 좋아 수학여행지로 인기다.

주소 2110 Jamestown Rd. Williamsburg, VA 23185 운영 09:00~17:00 휴무 1/1, 12/25 요금 일반 $18, 6~12세 $9 홈페이지 jyfmuseums.org/jamestown-settlement

요크타운 Yorktown

요크타운은 미국의 독립 역사에서 매우 중요한 지역이다. 1781년 10월 19일 바로 이곳 요크타운에서 벌어진 전투에서 영국군은 워싱턴 장군에게 항복한다. 1781년 당시 요크타운 전체의 약 80%가 파괴되었으며, 당시 전투가 벌어졌던 지역은 '요크타운 전적지 Yorktown Battlefield'라 지정하여 국립공원에서 관리하고 있다. 방문자 센터에서는 이 지역을 돌며 가이드의 설명을 듣는 투어들을 진행하고 있다.

주소 624 Water St. Yorktown, VA 23690 운영 09:00~17:00 휴무 추수감사절, 12/25, 1/1 요금 일반 $15(요크타운 전적지만 해당되는 일주일권), 15세 이하는 무료 홈페이지 www.nps.gov/york

나이아가라 폴스
Niagara Falls

자연이 선물한 환상적인 풍광을 보기 위해 매년 전 세계에서 수많은 여행자들이 몰려드는 최고의 관광지. 북아메리카 지역에서 가장 웅장하고 경이로운 나이아가라 폭포가 있는 곳이다. 이리호에서 이어진 나이아가라강 줄기가 급격한 지형의 변화로 이 폭포가 생겼으며 발견 이후 세계적인 관광지로 발전했다. 국경을 사이에 두고 캐나다 쪽 폭포와 미국 쪽 폭포가 있으며 캐나다쪽 폭포가 더 규모 있다. 헬기, 크루즈, 전망대 등 폭포를 감상할 수 있는 방법은 다양하다.

기본 정보

▌유용한 홈페이지

나이아가라 폭포 관광청
www.niagarafallsusa.com(미국)

www.niagaraparks.com(캐나다)
www.niagarafallskorea.com(한국어)

▌관광안내소

미국 ▶ 나이아가라 폴스 USA 관광안내소
Niagara Falls USA Official Visitor Center
나이아가라 폴스 다운타운에 위치한 공식 관광안
내소로 지역 지도와 투어 안내, 브로슈어 등을 제공
한다.
주소 10 Rainbow Blvd, Niagara Falls, NY 14303 운영
5~10월 중순 매일 08:30~17:00, 10월 중순~4월 08:30~
15:00 홈페이지 www.niagarafallsusa.com

나이아가라 폴스 주립공원 관광안내소
Niagara Falls State Park Visitor Center
리뉴얼 공사 후 재오픈한 곳으로 나이아가라 폴스
주립공원에 위치하며 공원 안내와 투어, 트롤리, 패
스 등에 대한 정보를 제공한다.
주소 332 Prospect St, Niagara Falls, NY 14303 운영 매
일 08:00~18:00, 기념품점 09:00~16:00 홈페이지 www.
niagarafallsstatepark.com

캐나다 ▶ 테이블 록 웰컴 센터
Table Rock Welcome Centre

캐나다 쪽 관광안내소
로 관광안내를 받을
수 있고 각종 티켓과
할인 패스를 구입할
수 있다.
주소 6650 Niagara Pkwy, Niagara Falls, ON L2E 6T2 운
영 24시간(성수기 기준이며 운영 시간 자주 바뀜) 홈페이지
www.niagaraparks.com

Travel Plus | 헷갈리기 쉬운 '**나이아가라
폴스** Niagara Falls'

'나이아가라 폴스'는 한국어로 나이아가라 폭포를 의
미하지만 폭포가 있는 도시 이름이기도 하다. 미국과
캐나다 폭포가 있는 지역 이름이 모두 나이아가라 폴
스이므로 헷갈리지 말자.

가는 방법

나이아가라 폭포는 미국과 캐나다의 경계에 위치하기 때문에 양 국가에서 모두 접근할 수 있는데, 두 곳에
서 모두 보기 원한다면 국경을 넘어야 한다. 직항편이 없어 한국에서 바로 갈 수는 없지만 미국 내 여러 도
시에서 비행기나 기차, 버스를 이용해 갈 수 있다. 캐나다 토론토에서 렌터카나 버스를 이용해 가기도 한
다. 교통이 다소 불편하기 때문에 투어를 이용하는 사람도 많다.

비행기 ✈

한국에서 가는 직항편은 없지만 여러 경유 노선이 있다. 뉴욕에서 제트블루, 델타항공 등으로 1시간 30분이
면 갈 수 있다. 한국에서 출발한다면 약 18시간 이상 소요된다.

버펄로 나이아가라 국제공항

Buffalo Niagara International Airport (BUF)

나이아가라 폴스에서 39km 정도 떨어진 버펄로 Buffalo라는 도시에 위치한 공항으로 폭포 지역과 가깝지는 않다. 1개의 터미널이 있다.

주소 4200 Genesee St, Cheektowaga, NY 14225 홈페이지 www.buffaloairport.com

★ 공항에서 시내로

공항에서 폭포 지역까지 가는 방법은 여러 가지가 있는데 가성비가 좋은 것은 메트로 버스이며 짐이 많거나 스케줄이 안 맞는 경우 셔틀, 우버도 많이 이용한다.

① 메트로 버스 NFTA Metro Bus

비용이 가장 적게 들지만 버펄로 시내에서 환승해야 해서 시간도 상당히 많이 걸리며 짐이 많은 경우 불편하다. 공항에서 24번을 타고 버펄로 다운타운에서 40번으로 갈아탄 후 1시간을 더 가야 한다.

요금 $2(현금 승차 시 정확한 요금 준비)

② 셔틀·택시

메트로 버스를 이용하는 것보다 비용이 훨씬 많이 들긴 하지만 나이아가라 폴스 지역의 호텔까지 데려다 주기 때문에 편하게 갈 수 있고 시간도 절약할 수 있다. 공항에 다양한 셔틀, 택시 회사들이 있다. 미리 온라인으로 예약 후 이용 가능한데, 예약을 못했어도 도착 층에 위치한 Ground Transportation Desk에서 문의할 수 있다. 요금은 정찰제로 운행하는 곳이 많으니 미리 문의하고 타는 것이 좋다.

운행 24시간 요금 $70~

③ 라이드 셰어링

라이드 셰어링 서비스(우버, 리프트)도 24시간 운영되기 때문에 버스나 셔틀이 없는 시간대에 이용할 수 있다. 택시와 요금을 비교해 보고 이용하는 것이 좋다.

요금 우버 $40~

④ 렌터카

렌터카로 여행할 계획이라면 공항 주차장 입구에 위치한 렌터카 업체들을 이용할 수 있다.

버스 🚌

뉴욕과 같은 동부 대도시에서 플릭스버스, 메가버스, 그레이하운드를 이용해 갈 수 있다. 가까운 거리는 아니기 때문에 기본적으로 시간이 많이 걸린다(뉴욕 기준 9시간 이상). 메가버스와 플릭스버스는 버팔로를 거쳐 나이아가라 폭포 주변까지 가는데 메가버스는 캐나다 쪽 폭포에 내리며 플릭스버스는 미국 쪽 폭포에 내린다. 그레이하운드를 타면 버팔로 시내까지 가서 플릭스버스로 갈아 타야 한다.

메가버스 나이아가라 폭포 하차지 주소 4555 Erie Ave, Niagara Falls, ON L2E 7G9 홈페이지 us.megabus.com
플릭스버스 나이아가라 폭포 하차지 주소 120 Old Main Street, 14303 Niagara Falls, NY 홈페이지 shop.flixbus.com
메가버스·그레이하운드·플릭스버스 버팔로 시내 하차지 주소 181 Ellicott St, Buffalo, NY 14203 홈페이지 www.greyhound.com

기차 🚆

동부 여러 도시에서 기차로 갈 수 있는데 뉴욕에서 9시간 정도 걸린다. 기차역이 캐나다와 미국 두 개이기 때문에 자신의 숙소가 있는 쪽에 내리는 것이 좋다.

기차역 주소(미국) 825 Depot Ave W, Niagara Falls, NY 14305 홈페이지 www.amtrak.com

캐나다 토론토에서 가는 방법

토론토에서 120km 떨어진 나이아가라 폭포는 자동차로 1시간 30분~2시간이면 간다. 버스는 메가버스를 가장 많이 이용하며 라이더 익스프레스 Rider Express도 있다. 토론토 코치 터미널 Toronto Coach Terminal에서 타면 캐나다 쪽 나이아가라 폴스 버스 터미널 Niagara Falls Bus Terminal에 내리는데 이곳에서 위고 WEGO 버스를 타고 폭포까지 갈 수 있다. 기차는 토론토 유니언역에서 비아 레일 Via Rail이 하루 1회 운행하며 캐나다 쪽 버스 터미널 바로 앞에 기차역이 있다.

버스 터미널 주소(캐나다) 4555 Erie Ave, Niagara Falls, ON L2E 7G9 홈페이지 www.megabus.ca, www.riderbus.com
기차역 주소(캐나다) 4267 Bridge St, Niagara Falls, ON L2E 2R6 홈페이지 www.viarail.ca

시내 교통

미국 나이아가라 폴스 주립공원의 입구에서 고트섬의 테라핀 포인트까지는 거리가 멀긴 해도 걸어갈 수 있고 공원 일대를 모두 둘러보려면 트롤리나 셔틀을 타면 된다. 공원 외 지역에서 이동할 때는 나이아가라 교통국 Niagara Frontier Transportation Authority(NFTA)에서 운영하는 메트로 버스를 이용하면 호텔, 공항 등으로 갈 수 있다. 요금은 1일권이 저렴한 편이라 3회 이상 탈 계획이라면 1일권을 사는 것이 좋다. 버스에서도 구입할 수 있다.

메트로 버스 요금 성인 $2, 1일권 $5 홈페이지 metro.nfta.com

나이아가라 폴스 주립공원을 돌아보는 교통 수단

① 나이아가라 시닉 트롤리 Niagara Scenic Trolley

프로스펙트 포인트, 테라핀 포인트 등 나이아가라 폴스 주립공원 일대를 편하게 둘러볼 수 있는 빈티지한 디자인의 버스다. 당일에 한해 제한 없이 원하는 곳에서 내렸다 다시 탈 수 있다. 티켓은 관광안내소에서 살 수 있으며 디스커버리 패스가 있으면 무료다.

요금 성인 $3 운영 4~11월(운영 시간은 날짜별 상이하며 겨울에는 운행하지 않음) 홈페이지 www.niagarafallsstatepark.com

② 디스커버 나이아가라 셔틀 Discover Niagara Shuttle

주립공원의 북쪽 지역을 갈 수 있는 무료 셔틀이다. 두 가지 루트가 있으며 정류장에서 자유롭게 내렸다 탈 수 있다. 홈페이지를 통해 정류장별로 스케줄과 막차 시간을 확인하고 이용하는 것이 좋다.

운영 일~목 08:30~17:40, 금·토 08:30~23:30(겨울에는 운행하지 않음) 홈페이지 www.discoverniagarashuttle.com

캐나다 위고 WEGO

캐나다 쪽 나이아가라 폭포가 있는 지역의 셔틀버스로 초록, 파랑, 빨강, 핑크, 주황 등 5개 노선이 있다. 주요 관광지는 물론 호텔이 밀집한 지역까지 돌며 겨울에는 일부 노선만 운행된다. 테이블 록 센터 옆에 WEGO 버스가 출발하는 터미널이 있다. 티켓은 정류장 앞 발매기를 이용하거나 홈페이지에서 예매 가능하다.

요금 13세 이상 24시간 C$13, 48시간 C$17, 3~12세 24시간 C$9, 48시간 C$13 홈페이지 www.wegoniagarafalls.com

Travel Plus ## 나이아가라 파크 폴스 인클라인 레일웨이
Niagara Parks Falls Incline Railway

테이블 록 센터 건너편에 있는 푸니쿨라다. 언덕 위의 포르티지 로드 Portage Rd.까지 올라가는 동안 홀슈 폭포가 흐르는 시원스러운 풍광을 볼 수 있다.

주소 7001 Portage Rd, Niagara Falls, ON L2G 3W6 운영 08:00~23:00 (10~5월 09:00~21:00) 요금 편도 C$3.50, 왕복 C$7, 1일권 C$8 홈페이지 www.niagaraparks.com

나이아가라 폴스 투어 프로그램

여행사 투어

▼

동부 대도시에서 출발하는 한인 여행사 투어, 또는 버펄로나 폭포 주변에서 시작하는 당일 투어를 이용할 수 있다. 홈페이지에서 예약 가능하다.

푸른투어 전화 201-778-4000 홈페이지 www.prttour.com
동부관광 전화 718-939-1000 홈페이지 www.dongbutour.com
그래이 라인 전화 877-285-2113 홈페이지 graylineniagarafalls.com

나이아가라 폴스 할인 패스

캐나다 나이아가라 폴스 어드벤처 패스
Niagara Falls Adventure Pass

캐나다 쪽의 나이아가라 폭포 명소들을 할인된 가격으로 이용할 수 있는 패스가 있다. 패스 종류는 포함내역에 따라 어드벤처 패스 클래식, 어드벤처 패스 플러스, 나이아가라 폴스 패스 3가지가 있는데, 포함된 명소가 많을수록 비싸지만 할인율이 높아진다. 3가지 모두 WEGO 버스 48시간 티켓이 포함돼 있다. 겨울 시즌에는 폐쇄되는 곳이 많아서 패스도 저렴해진다.

요금 인터넷 예매 시 할인되며 패스 종류에 따라 13세 이상 일반 C$64~104+세금 홈페이지 www.niagaraparks.com

Please
Wait
Here

아이스와인 디스커버리 패스
Icewine Discovery Pass

매년 겨울 나이아가라 온 더 레이크에서 개최하는 아이스와인 축제에 시음을 할 수 있는 패스다. 보통 1월 주말에 개최하며 디스커버리 패스 Discovery Pass를 사면 일대 20개 이상의 와이너리에 가서 3잔 또는 6잔을 시음할 수 있다. 무알콜 시음 패스도 있으니 여행 시기가 맞고 자동차가 있으면 참여해 볼만하다. 패스는 인당 한 개씩 사야 한다. 셔틀도 운영하는데, 운행하는 와이너리는 홈페이지에서 확인해야 한다.

아이스와인 축제(2025)

운영 1/10~26(금~일) 요금 Discovery Pass(6 Wine Pairings) $55, Driver's Pass(6 Non-Alcoholic Pairings) $45, Discovery Mini Pass(3 Wine Pairings) $30, Driver's Mini Pass(3 Non-Alcoholic Pairings) $25 (모두 세금 미포함)
홈페이지 https://niagarawinefestival.com

추천 일정

나이아가라 폭포 일대는 세계적인 관광지로 볼거리와 체험할 곳이 많다. 먼저 폭포 주변을 중심으로 돌아보고 시간에 여유가 있다면 주변의 와이너리를 방문하는 것도 좋다.

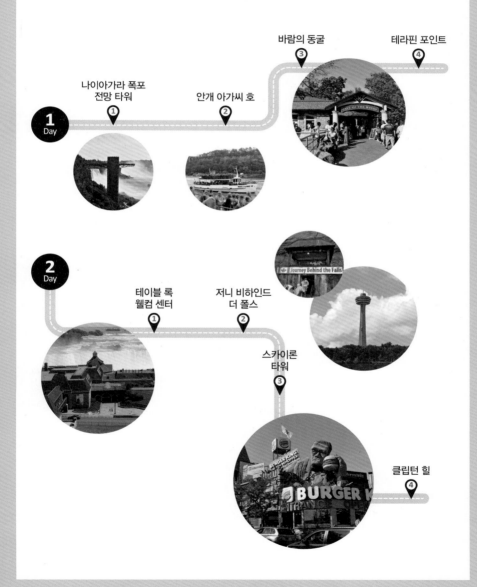

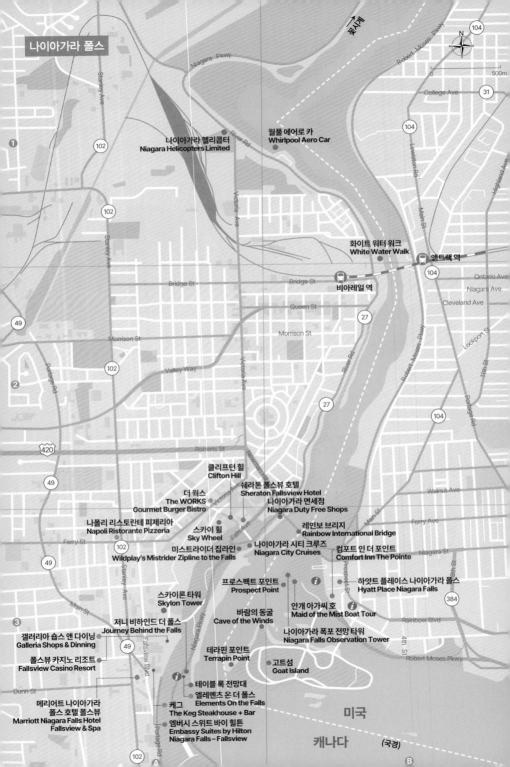

나이아가라 폴스

월풀 에어로 카
Whirlpool Aero Car

나이아가라 헬리콥터
Niagara Helicopters Limited

화이트 워터 워크
White Water Walk

앤트랙 역

비아레일 역

클리프턴 힐
Clifton Hill

쉐라톤 폴스뷰 호텔
Sheraton Fallsview Hotel

더 웍스
The WORKS
Gourmet Burger Bistro

나이아가라 면세점
Niagara Duty Free Shops

나폴리 리스토란테 피제리아
Napoli Ristorante Pizzeria

스카이 휠
Sky Wheel

레인보 브리지
Rainbow International Bridge

미스트라이더 집라인
Wildplay's Mistrider Zipline to the Falls

나이아가라 시티 크루즈
Niagara City Cruises

컴포트 인 더 포인트
Comfort Inn The Pointe

프로스펙트 포인트
Prospect Point

하얏트 플레이스 나이아가라 폴스
Hyatt Place Niagara Falls

스카이론 타워
Skylon Tower

안개 아가씨 호
Maid of the Mist Boat Tour

바람의 동굴
Cave of the Winds

나이아가라 폭포 전망 타워
Niagara Falls Observation Tower

저니 비하인드 더 폴스
Journey Behind the Falls

갤러리아 숍스 앤 다이닝
Galleria Shops & Dinning

테라핀 포인트
Terrapin Point

고트섬
Goat Island

폴스뷰 카지노 리조트
Fallsview Casino Resort

테이블 록 전망대

엘레멘츠 온 더 폴스
Elements On the Falls

케그
The Keg Steakhouse + Bar

메리어트 나이아가라
폴스 호텔 폴스뷰
Marriott Niagara Falls Hotel
Fallsview & Spa

엠버시 스위츠 바이 힐튼
Embassy Suites by Hilton
Niagara Falls – Fallsview

미국

캐나다   (국경)

Attraction

 보는 즐거움

나이아가라 폭포는 미국과 캐나다의 국경에 위치해 있다. 캐나다 쪽의 규모가 더 크며 미국 쪽은 주립공원으로 꾸며져 있다. 전망대 오르기, 크루즈 타기, 집라인 타기, 폭포 가까이 가보기 등 다양한 방법으로 나이아가라 폭포를 즐길 수 있다.

미국

Travel Plus ▶ **아메리칸 폭포 American Falls & 브라이덜 베일 폭포 Bridal Veil Falls**

프로스펙트 포인트 옆에 위치한 미국 측 나이아가라 폭포는 멀리서 보면 하나 같지만 두 개의 폭포로 이루어져 있다. 두 폭포 사이의 루나섬을 중심으로 큰 폭포인 아메리칸 폭포와 작은 폭포인 브라이덜 베일 폭포로 나뉜다. 브라이덜 베일 폭포는 신부의 면사포를 닮았다 해서 붙여진 이름이다.

나이아가라 폴스 주립공원
Niagara Falls State Park
Map P.348-B3

캐나다와 미국을 이어주는 레인보 브리지 동쪽에 위치한 미국 쪽 나이아가라 폭포 일대를 공원으로 꾸며 놓은 곳으로 1885년에 설립됐다. 입구에 위치한 나이아가라 폴스 주립공원 관광안내소 Niagara Falls State Park Visitor Center에서 아메리칸 폭포와 브라이덜 베일 폭포를 지나 고트섬의 테라핀 포인트까지 강과 숲이 어우러진 절경이 이어진다. 공원 내에는 24km에 달하는 산책로와 전망대, 각종 액티비티를 할 수 있는 장소가 곳곳에 있다. 도보로 둘러볼 수도 있지만 트롤리, 셔틀, 자전거를 이용하면 더 재미있다.

주소 332 Prospect St. Niagara Falls, NY 14303 운영 매일 24시간 가는 방법 레인보 브리지에서 도보 6분. 홈페이지 www.niagarafallsstatepark.com

나이아가라 폭포 전망 타워
Niagara Falls Observation Tower
Map P.348-B3

프로스펙트 포인트 Prospect Point에 있는 높이 86m의 전망대로 미국 쪽과 캐나다 쪽의 폭포를 모두 감상할 수 있다.

끊어진 다리 모양을 하고 있으며 전망대 끝에 서면 캐나다 쪽 홀슈 폭포와 미국 쪽 아메리칸 & 브라이덜 베일 폭포를 한눈에 볼 수 있다. 폭포를 향해 나아가는 크루즈 선들과 도시의 스카이라인, 탁 트인 강변의 경치가 파노라마로 이어져 절경을 이룬다.

주소 332 Prospect St, Niagara Falls, NY 14303 운영 월~금 09:30~18:00, 토·일 08:30~19:00(날씨와 시기에 따라 마감 시간은 유동적) 요금 $1.25 가는 방법 나아아가라 폴스 주립공원 관광안내소에서 도보 4분. 홈페이지 www.niagarafallsstatepark.com

안개 아가씨 호
Maid of the Mist
Map P.348-B3

미국 쪽의 나이아가라 폭포에서 출발하는 크루즈로 1846년부터 운항을 시작했다. 레인보  브리지 근처의 프로스펙트 포인트 아래에 선착장이 있다. 코스는 미국 쪽 폭포를 지나 캐나다 쪽 홀슈 폭포까지 갔다가 다시 출발했던 장소로 돌아온다. 폭포 가까이에서 웅장한 물줄기 소리를 듣고 흩날리는 물안개 속을 지나면서 대자연의 경이로움을 몸소 느껴볼 수 있다. 투어 시간은 약 20분이며 탑승 시 파란색 우비를 입는다.

주소 1 Prospect St, Niagara Falls, NY 14303 운영 4월 초~11월 초 매일 09:00 운항 시작(마지막 운항 시간 시기별로 다름) 요금 13세 이상 $28.25, 6~12세 $17.75 가는 방법 나아아가라 폴스 주립공원 관광 안내소에서 도보 3분. 홈페이지 www.maidofthemist.com

프로스펙트 포인트
Prospect Point
Map P.348-B3

캐나다와 미국을 잇는 레인보 브리지를 건너면 나이아가라 폴스 주립공원이 시작되는데 이 공원 입구 가까이 위치한 전망 포인트다. 미국과 캐나다 쪽의 폭포를 모두 조망할 수 있는 나이아가라 폭포 전망 타워와 미국 쪽 크루즈인 안개 아가씨 호 선착장이 있다.

주소 Niagara Falls, NY 14303

고트섬
Goat Island
Map P.348-B3

나이아가라 주립공원 남쪽에 위치한 고트섬은 캐나다 쪽의 홀슈 폭포와 미국 쪽의 브라이덜 베일 폭포 사이에 놓인 섬인데 미국에서만 갈 수 있다. 18세기에 사람이 정  착해 염소를 키우던 데서 섬의 이름이 유래됐다. 현재 거주민은 없고 관광객만 드나들고 있으며 각종 액티비티 장소와 식당, 기념품점 등 편의시설이 있다. 이 섬에 있는 테라핀 포인트 Terrapin Point는 폭포를 조망할 수 있는 곳이며 바람의 동굴 Cave of the Winds은 폭포에 가장 가까이 다가 갈 수 있는 곳이다.

주소 Niagara Falls, NY 14303 가는 방법 레인보 브리지에서 도보 20분, 자동차 9분.

바람의 동굴
Cave of the Winds
Map P.348-A3

브라이덜 베일 폭포 뒤쪽에 자연적으로 만들어진 동굴이다. 폭포에 최대한 가까이 가보는 액티비티이기도 하다. 폭포에 다가갈 수 있도록 계단이 연결돼 있으며 계단이 있는 구조물 입구 근처까지 엘리베이터를 타고 내려간다. 폭포에 다가갈수록 천둥같이 큰 소리가 들려 귀가 멍멍해질 정도다. 튀어 오르는 물보라로 흠뻑 젖을 수 있어 우비와 샌들이 제공된다.

주소 Niagara Falls, NY 14303 운영 여름 6월 중순~9월 초 일~목 09:00~20:15, 금·토 09:00~21:15, 9월 초~10월 중순 일~금 09:00~18:15, 토 09:00~20:15, 10월 중순~10월 말 09:00~16:15(끝나는 시간은 날짜별로 약간 다를 수 있다.) 겨울 09:00~16:00 요금 여름 성인 $21(겨울 $14) 가는 방법 나이아가라 폴스 주립공원 관광안내소에서 도보 13분. 홈페이지 www.niagarafalls statepark.com

레인보 브리지
Rainbow International Bridge
Map P.348-B3

미국과 캐나다 양쪽의 폭포를 이어주는 다리다. 1941년 개통됐으며 다리 하단부가 기둥 없이 아치 형태로 지지하도록 설계됐다. 다리 양 끝에 캐나다와 미국의 출입국 사무소가 있어 입국 심사를 거쳐야 한다. 다리 옆으로 도보 길이 있으며 다리 중간은 자동차길이다. 다리 중간 지점에서 폭포 쪽을 바라보면 미국 쪽 폭포와 캐나다 쪽 폭포가 한 번에 보이

고 강을 오가는 크루즈와 나이아가라 폭포의 스카이라인을 모두 감상할 수 있다. 홈페이지에서 교통상황을 확인할 수 있다.

주소 5702 Falls Ave. Niagara Falls, ON L2G 3K7 가는 방법 나이아가라 폴스 주립공원 관광안내소에서 도보 6분. 홈페이지 www.niagarafallsbridges.com

테라핀 포인트
Terrapin Point
Map P.348-A3

미국 쪽에서 캐나다 쪽 홀슈 폭포와 스카이라인을 감상할 수 있는 장소로 인기가 높다. 폭포가 떨어지는 굉음과 공중으로 부서지는 물안개가 나이아가라 폭포의 웅장함을 온몸으로 느끼게 해준다. 트롤리를 타거나 고트섬으로 이어지는 보행자 다리를 건너 강을 따라 놓인 산책로로 걸어 가면 쉽게 찾을 수 있다.

가는 방법 나이아가라 폴스 주립공원 관광안내소에서 도보 17분.

캐나다 쪽으로 가는 방법
Independence Visitor Center

자동차나 도보를 이용해 레인보 브리지를 지나서 갈 수 있다. 도보로 10분 정도 걸리며 국경을 통과하기 때문에 반드시 여권을 지참해야 한다. 방문 목적과 체류 일정 등 비교적 간단한 질문을 받은 후 통과하면 캐나다 입국이 완료된다. 레인보 브리지 이용 시 통행세가 있으며 도보는 $1(쿼터 4개), 자동차는 $5.00이다.

캐나다

Travel Plus **홀슈 폭포** Horseshoe Falls

나이아가라 폭포 중 가장 크며 캐나다 쪽에 있다. 폭포의 모양이 말
발굽을 닮아서 홀슈 폭포라 부른다. 폭 671m, 높이 53m의 엄청난
스케일 덕분에 물이 떨어지는 소리 또한 크다. 모습은 계절마다 달
라서 겨울에는 얼기도 하며 봄과 여름에는 유량이 늘어나 다른 풍경
을 연출한다. 1만 2,000년 전 폭포가 형성될 당시에는 지금보다 훨
씬 앞쪽에 있었으나 침식 작용으로 조금씩 뒤로 물러나 지금의 모습
이 됐다. 1961년 폭포 남쪽에 처음 수력 발전소를 설치했으며 발전
소 설치 후에는 폭포의 후퇴 속도도 늦춰지고 있다.

테이블 록 웰컴 센터
Table Rock Welcome Centre
Map P.348-A3

캐나다 나이아가라
폭포의 종합 안내센
터로 관광안내소, 레
스토랑, 카페, 푸드
코트, 기념품점, 4D
체험관 나이아가라
퓨리 Niagara's Fury 등이 있다. 이곳 안내소에서
관광 해설은 물론 각종 투어 예약을 해준다. 건물 밖
에는 홀슈 폭포를 가까이에서 감상할 수 있는 전망
대가 있으며 건너편에 있는 미국 쪽 폭포도 보인다.
이 전망대는 무료로 나이아가라 폭포를 볼 수 있는
최고의 위치라 인기가 높다. WEGO 버스 정류장이
건물 옆에 있으니 이용에 참고하자.
주소 6650 Niagara Pkwy, Niagara Falls, ON L2E 6T2 운
영 24시간 (매장마다 다르고 운영 시간이 자주 바뀜) 가는
방법 WEGO 버스 레드, 블루 Table Rock 하차. 홈페이지
www.niagaraparks.com

스카이론 타워
Skylon Tower
Map P.348-A3

나이아가라 폭포를 시원하게 내려다볼 수 있는 전
망 타워. 미국과 캐나다를 통틀어 가장 높은 곳에서
나이아가라 폭포를 볼 수 있는 건축물이다. 높이는
236m이며 1965년 건축됐다. 전망대 외에도 회전
레스토랑과 뷔페 레스토랑이 있어 경치를 감상하며
식사를 즐길 수 있다. 타워 외부에 설치된 엘리베이
터는 52초 만에 전망대에 도착
한다. 불꽃놀이와 조명 쇼를 하
는 야간에는 색다른 전망을 즐
길 수 있어 인기가 높다.

주소 5200 Robinson St. Niagara
Falls, ON L2G 2A3 운영 전망대
09:00~23:00(레스토랑 홈페이
지 참조) 요금 일반 입장 13세 이상
C$19 (온라인 할인 있음) 가는 방법
WEGO 버스 레드 Old Stone Inn 하
차. 홈페이지 www.skylon.com

나이아가라 시티 크루즈
Niagara City Cruises
Map P.348-A3

나이아가라 폭포를 방문하는 관광객들이 가장 많이
이용하는 크루즈다. 미국 쪽의 폭포를 지나 홀슈 폭
포까지 최대한 가까이 다가가며 20분 정도 운항된
다. 가까이에서 경험하는 폭포의 위력에 누구라도
압도당하게 된다. 물이 많이 튀기 때문에 탑승하기
전 티켓을 확인한 후 우비를 나눠준다. 나이아가라
시티 크루즈는 빨간색 우비, 미국 쪽 안개 아가씨호
는 파란색 우비를 착용한다. 이 순간을 남기기 위해
카메라를 들 수밖에 없는데 워낙 물이 많이 튀니 젖
지 않도록 주의하자. 화려한 조명을 감상할 수 있는
야간 크루즈도 있으며 성수기에는 온라인으로 예매
하는 것이 좋다.

주소 5920 Niagara Pkwy, Niagara Falls, L2E 6X8 운
영 날짜별로 다르니 홈페이지 참조 요금 Voyage to the
Falls Boat Tour 13세 이상 C$33.5, 5~12세 C$23.5, Falls
Fireworks Cruise 13세 이상 C$38.5, 12세 이하 C$25.5
(야간 불꽃놀이 포함 40분 운항) 가는 방법 WEGO 버스 그
린 GRAND VIEW Marketplace 하차. 홈페이지 www.
niagaracruises.com

저니 비하인드 더 폴스
Journey Behind the Falls
Map P.348-A3

홀슈 폭포에 다가가는 또 다른 체험으로 폭포 뒤쪽에
설치된 전망 데크까지 간다. 테이블 록 센터에 위치
한 엘리베이터를 타고 내려가 터널을 지나면 전망 데
크에 다다를 수 있다. 힘차게 떨어지는 폭포의 위력
을 가까이에서 느낄 수 있으며 강 위로 지나 다니는
혼블로어 크루즈와 안개 아가씨 호도 볼 수 있다. 물
이 많이 튀기 때문에 우비를 입는데 색깔은 노란색이

다. 테이블 록에 위치한 매표소에서 티켓을 확인하면
받을 수 있다. 겨울에도 운영한다.

주소 6650 Niagara Pkwy, Niagara Falls, ON L2E 6T2 운
영 날짜별로 다르니 홈페이지 참조 요금 13세 이상 C$24(겨울
할인), 6~12세 C$16(겨울 할인) 가는 방법 WEGO 버스 레드·
블루 Table Rock 하차. 홈페이지 www.niagaraparks.com

미스트라이더 집라인
Wildplay's Mistrider Zipline to the Falls
Map P.348-A3

나이아가라 폭포를 보면서 강의 가장자리를 따라 빠
르게 내려가는 체험이다. 상공 67m의 높이에서 출발
해 670m를 내려간다. 4명이 한 조가 되어 같이 출발
하는데 7세 이상만 가능하다. 여름에는 야간 운영도
하는데 화려한 조명이 켜진 폭포를 감상할 수 있다.
출발 전 서약서를 작성하며 몇 가지 규정을 숙지하고
안전모를 착용한 후 가이드의 지시에 따르면 안전하
게 즐길 수 있다.

주소 5920 Niagara Pkwy, Niagara Falls, ON L2E 6X8 운
영 10:00~19:00(월별, 날짜별로 상이) 요금 일반 C$69.99,
야간 C$79.99 가는 방법 WEGO 버스 레드·블루 Clifton Hill/
Hornblower Niagara 하차. 홈페이지 www.niagarafalls.
wildplay.com

클리프턴 힐
Clifton Hill
Map P.348-A3

나이아가라 폴스에서 가장 화려하고 흥겨운 엔터테인먼트 지구다. 오락실과 기념품점, 레스토랑, 패스트푸드점들이 모여 있고 바로 옆에는 테마파크까지 있다. 폭포를 보는 것과는 또 다른 즐거움을 선사하는 곳으로 밤이 되면 조명이 켜져 화려하게 번쩍이는 간판들을 구경하는 것만으로도 재미있다. 상업적이긴 하지만 각종 먹거리와 오락을 즐기며 흥겨운 밤시간을 보내기에 그만이다.

주소 4950 Clifton Hill, Niagara Falls, ON L2G 3N4 요금 어트랙션 이용 시 통합권 성인 C$34.95 가는 방법 WEGO 버스 레드·블루 Victoria Av & Clifton Hill 하차. 홈페이지 www.cliftonhill.com

화이트 워터 워크
White Water Walk
Map P.348-B1

나이아가라강 옆에 놓인 3.2km의 산책로다. 넓었던 강폭이 좁아지면서 물살이 빨라지고 거세지는 모습을 볼 수 있는 포인트다. 시속 48km의 빠른 물살로 인한 침식 작용으로 형성된 독특한 지형과 물살이

부딪히며 생기는 하얀 물거품도 볼 수 있다. 이곳에 가려면 매표소가 있는 지상에서 엘리베이터를 타고 70m 아래로 내려가야 한다. 겨울에는 운영하지 않는다.

주소 4330 River Rd. Niagara Falls, ON, L2G 6T2 운영 5월~10월 말까지 운영하는데 운영시간은 날짜별로 매우 상이하니 홈페이지 참조 요금 13세 이상 C$17.50, 6~12세 $11.50 가는 방법 WEGO 버스 그린 White Water Walk 하차. 홈페이지 www.niagaraparks.com

꽃시계
Floral Clock
Map P.348-B1

직경 12m의 대형 시계를 수많은 꽃으로 장식한 이곳은 나이아가라 폭포에서 사진 촬영 장소로 인기가 높다. 홀슈 폭포에서 나이아가라 파크웨이를 따라 북쪽으로 10km 정도 떨어진 곳에 위치해 있다. 1년에 2번 시계의 얼굴을 바꾸는데 매번 장식되는 꽃의 종류도 달라진다. 시침과 분침은 목발 모양을 하고 있는데 장애인을 위하는 마음을 담고 있다. 시계 뒤쪽의 타워에서 시계 구조와 작동 원리에 대한 자료도 볼 수 있다.

주소 14004 Niagara Pkwy, Queenston L0S 1L0 가는 방법 WEGO 버스 그린 Floral Clock 하차. 홈페이지 www.niagaraparks.com

나이아가라 헬리콥터
Niagara Helicopters Limited

Map P.348-A1

헬리콥터를 타고 하늘 위에서 나이아가라 폭포 일대를 감상하는 특별한 체험이다. 높은 상공에서 빠른 시간 안에 폭포를 감상하며 스릴을 만끽할 수 있다. 코스는 나이아가라강이 소용돌이치는 월풀에서 시작해 레인보 브리지를 지나 나이아가라 폭포에 이르면, 양쪽으로 갈라져 쏟아지는 폭포를 하늘에서 내려다보게 된다. 다소 비싸지만 한 번쯤은 해볼 만한 멋진 경험이다. 홀슈 폭포까지 다녀오는 데 12분 정도 걸리며 헤드셋을 통해 12개국 언어로 제공되는 해설을 들을 수 있다. 50년이 넘는 경험과 노하우를 바탕으로 한 전문가들이 투어에 동행하며, 헬기는 2015년 새로 선보인 H-130 기종으로 이전보다 소음이 줄고 최대 7명까지 태울 수 있다. 승강장은 월풀 에어로 카에서 서쪽으로 600m 정도 떨어져 있다.

주소 3731 Victoria Ave. Niagara Falls, ON L2E 6V5 운영 월~금 09:00~16:00, 토·일 09:00~17:00(끝나는 시간 변동 가능) 요금 13세 이상 C$180, 3~12세 C$110 가는 방법 테이블 록 웰컴 센터에서 자동차 12분. 홈페이지 www.niagarahelicopters.com

월풀 에어로 카
Whirlpool Aero Car

Map P.348-B1

강물의 소용돌이를 보며 강을 건너는 체험 기구다. 스페인 출신의 기술자 레오나르도 토레스 퀘베도 Leonardo Torres y Quevedo가 제작했으며 1916년에 개장해 100년이 넘게 이어져 왔다.

나이아가라 폭포에서 북쪽으로 5km 정도 올라가면 나이아가라강의 방향이 갑자기 꺾이는 곳이 나온다. 엄청난 유량으로 흘러가던 강물은 이곳에서 좁은 협곡과 만나 반대 방향으로 꺾이고 거센 소용돌이를 형성한다. 소용돌이에 빨려들어갈 것 같은 짜릿함을 선사한다.

주소 3850 Niagara Pkwy, Niagara Falls, L2E 3E8 운영 4월 초~11월 말까지 운영하는데 운영시간은 날짜별로 매우 상이하니 홈페이지 참조 요금 13세 이상 C$17.50, 6~12세 $11.50 가는 방법 WEGO 버스 그린 Whirlpool Aero Car 하차. 홈페이지 www.niagaraparks.com

나이아가라의 멋진 전망을 감상할 수 있는 식당부터 간단히 커피와 스낵을 즐기는 곳까지 다양하다. 관광지라서 다소 비쌀 수 있으니 가격대를 미리 확인하는 것이 좋다.

케그 $$$
The Keg Steakhouse + Bar – Fallsview
(Embassy Suites)   Map P.348-A3

캐나다의 유명 스테이크 전문 레스토랑으로 미국과 캐나다에 100개가 넘는 체인을 두고 있다. 스테이크와 샐러드 모두 맛있어서 전반적으로 평이 좋은 편이다. 나이아가라 폴스에만 두 곳이 있는데 그중 엠버시 스위츠 호텔 9층에 자리한 폴스뷰 Fallsview 지점이 특히 전망이 좋다.

홀슈 폭포가 시원하게 내려다보이는 곳으로 점심과 저녁 모두 인기가 많다. 예약을 할 경우 식당의 창가 좌석으로 부탁하는 것이 좋고, 예약을 못했다면 식사 시간을 조금 피해서 가보는 것도 방법이다.

주소 6700 Fallsview Blvd, Niagara Falls, ON L2G 3W6 영업 일~목 12:00~22:00, 금·토 12:00~23:30(공휴일인 일요일은 토요일과 동일) 가는 방법 테이블 록 웰컴 센터에서 자동차로 10분. 홈페이지 www.fallsviewrestaurant.com

엘레멘츠 온 더 폴스 $$$
Elements on the Falls   Map P.348-A3

테이블 록 웰컴 센터는 홀슈 폭포가 가장 잘 보이는 곳이다. 이곳에 위치한 레스토랑은 편안하게 식사를 하면서 폭포를 감상하기 좋아 인기가 높다. 특히 창가 좌석은 홀슈 폭포와 매우 가까워 뛰어난 전망을 자랑한다. 가격이 다소 비싸지만 폭포 쪽 전망을 보기 위해 방문하기 때문에 만일 창가석에 앉을 수 없다면 같은 건물에 있는 푸드코트를 이용하는 것도 나쁘지 않은 선택이다.

주소 6650 Niagara Pkwy, Niagara Falls, ON L2G 0L0 영업 매일 11:30~21:30(8월 기준이며 날짜마다 끝나는 시간은 조금씩 다르다) 가는 방법 테이블 록 웰컴 센터 내에 위치. 홈페이지 www.niagaraparks.com

나폴리 리스토란테 피제리아 $$

Napoli Ristorante Pizzeria

Map P.348-A3

파스타와 피자를 비롯한 다양한 이탈리안 요리를 전문으로 한다. 특히 나이아가라 폴스 시내에서 피자가 가장 맛있기로 손꼽히는 곳 중 하나다. 식당 이름에서 알 수 있듯이 화덕에서 구운 얇은 도우의 나폴리 피자가 시그니처 메뉴다. 외관이 세련되지 않지만 내부는 고풍스러우면서 아늑한 분위기다. 좌석이 상당히 많은데도 불구하고 저녁마다 줄을 서서 기다려야 할 정도다.

주소 5485 Ferry St, Niagara Falls, ON L2G 1S3 영업 일·화~목 16:30~21:00, 금·토 16:30~21:30 휴무 월 가는 방법 스카이론 타워에서 도보 10분. 홈페이지 www.napoliristorante.ca

더 웍스 $$

The WORKS Craft Burger & Beer

Map P.348-A2

현지에서 공수한 신선한 소고기 패티를 사용하는 수제버거 전문점으로 캐나다 동부에 여러 개의 체인이 있다. 햄버거는 정크 푸드라는 선입견을 깨뜨리고 좋은 품질로 세계 최고가 되겠다는 남다른 철학이 있는 곳이다. 개인의

취향에 맞게 빵이나 패티, 토핑을 원하는 대로 고를 수 있다. 옵션은 50여 가지에 이르는데 선택이 어렵다면 메뉴판에 적힌 인기 메뉴 10개 중에서 고르는 것도 괜찮다. 참고로 채식주의자를 위한 메뉴와 우리나라에서는 맛보기 어려운 엘크 고기를 사용한 버거 메뉴도 있다.

주소 5717 Victoria Ave, Niagara Falls, ON L2G 3L5 영업 월~목 12:00~20:00, 금·일 12:00~21:00, 토 12:00~22:00 가는 방법 클리프턴 힐 나이아가라 대관람차에서 도보 2분. 홈페이지 www.worksburger.com

갤러리아 숍스 앤 다이닝 $

Galleria Shops & Dinning

Map P.348-A3

각종 상점과 식당이 모여 있는 복합몰 갤러리아는 바로 옆으로 폴스뷰 카지노, 리조트 건물과도 이어져 있다. 옆 건물인 리조트에도 카지노, 극장, 호텔, 스파 등의 시설이 잘 갖춰져 있어 함께 이용하기 편리한 게 장점이다. 갤러리아 자체는 상점이 많지 않지만 가볍게 둘러보기 적당하고 푸드코트에서 저렴하게 한 끼를 먹을 수도 있다.

주소 6380 Fallsview Blvd, Niagara Falls, ON 영업 매장마다 영업시간이 다르며 밤 늦은 시간까지 오픈하는 곳도 있다. 가는 방법 테이블 록 웰컴 센터에서 자동차 10분. 홈페이지 www.fallsviewcasinoresort.com

나이아가라 지역에서 꼭 맛봐야 할
아이스와인 Icewine

아이스와인 Icewine

아이스와인이란 여름에 햇빛을 받고 무르익은 포도를 바로 따지 않고 겨울에 언 상태로 따서 즙을 짜 발효시킨 와인을 말하며 단맛이 강한 게 특징이다. 얼리는 동안 새들이 먹어버리는 것을 방지하기 위해 그물을 쳐 놓아야 하며 최저 온도인 영하 8도를 맞추는 것이 특히 관건이다. 제조 과정이 까다롭고 일반 와인에 비해 포도 양이 6~7배 필요하기 때문에 가격이 비싸다. 아이스와인 포도의 종류는 크게 '비달 Vidal'과 '리슬링 Riesling'이 있다. 비달은 캐나다 아이스와인의 대표적인 포도 품종이며 리슬링은 독일에서 주로 재배되는 포도다.

나이아가라 지역은 아이스와인 생산에 최적화된 기후 조건을 가진 곳으로 알려져 있다. 아이스와인의 맛이 뛰어나면서 합리적인 가격대도 많아 인기가 높다. 캐나다는 지역, 품종, 당도, 수확 절차 등의 기준을 통과하면 와인 병에 VQA 마크를 부착할 수 있다.

나이아가라의 대표적인 와이너리

나이아가라는 북미 최대 아이스와인 생산지다. 캐나다의 특산품이기도 한 아이스와인의 70%가 이 지역에서 생산되며 나이아가라 일대에는 크고 작은 와이너리가 100개가 넘는다. 대형 와이너리는 보통 둘러보고 시음할 수 있는 투어 프로그램을 진행하고 있으므로 예약 후 참여할 수 있다. 투어에 참여하지 않더라도 지나가다가 들러 간단하게 시음을 해볼 수 있다.

리프 와이너리
Reif Winery

1982년 에발드 리프 Evald Reif에 의해 설립된 와이너리로 지금은 조카인 클라우스 리프 Klaus Reif가 운영한다. 이들 가족은 원래 독일에서 와인을 제조하다가 캐나다로 넘어와 1977년 포도밭을 일구기 시작했다. 오픈 당시 독일식 생산 방식에 따라 와인을 제조했을 뿐 아니라 독일에서 직접 오크통을 들여와 와인을 숙성시켰다. 2005년에는 비달 아이스

와인으로 '온타리오주의 올해의 와인'으로 선정되기도 했을 만큼 높은 품질을 자랑하며 수차례 수상을 했다. 여러 투어 프로그램을 운영하며 시음은 언제나 가능하다. 와이너리의 긴 역사만큼이나 오래된 오크통을 전시하고 있다.

주소 15608 Niagara River Pkwy Niagara-on-the-Lake, on L0S 1J0 운영 매일 10:00~17:00 요금 시음 C$10~60, 투어 C$10~25 가는 방법 테이블 록 웰컴 센터에서 자동차로 30분. 홈페이지 www. reifwinery.com

이니스킬린 와인스
Inniskillin Wines

1974년 설립된 와이너리로 1984년 비달 포도로 캐나다에서 처음 아이스와인을 생산했다. 이때 생산된 아이스와인은 아이스바인 EISWEIN으로 독일식 상표가 붙어 나왔다. 이니스킬린의 아이스와인 생산은 VQA 제도를 만드는 데 초석이 됐으며, 1991년 빈엑스포 VINEXPO에서 최고상을 받은 바 있다. 1994년부터는 BC주 오카나간 밸리에도 운영 중이다.

이곳은 와인 제조 과정에 대한 설명을 들으며 포도밭과 와인 저장고를 둘러보고 시음도 할 수 있는 다양한 투어 프로그램을 운영한다. 식사가 포함된 것과 간단히 시음만 할 수 있는 것도 있다. 이메일을 통해 예약하거나 현장에서 바로 신청할 수 있다. 대표적인 아이스와인으로는 골드 비달 Gold Vidal, 리슬링 Riesling, 카베르네 프랑 Cabernet Franc이 있으며 비싸지만 맛이 좋은 스파클링 아이스와인도 인기가 높다.

주소 1499 Line 3 Niagara-on-the-Lake, ON L0S 1J0 운영 5~8월 일~목 11:00~18:00 금·토 11:00~19:00, 9~10월 일~목 11:00~17:00 금·토 11:00~18:00, 11~2월 일~목 11:00~17:00, 금·토 11:00~20:00 3~4월 11:00~17:00(투어 일~금 11:30~15:30, 토 11:30~16:30) 휴무 12/25, 1/1 요금 **시음** 아이스와인 3가지 C$60, **투어** 퍼블릭 C$35, 프라이빗 C$40 가는 방법 테이블 록 웰컴 센터에서 자동차로 30분. 홈페이지 www.inniskillin.com

펠러 와이너리
Peller Winery

헝가리 이민자 앤드루 펠러 Andrew Peller에 의해 1927년 설립된 와이너리로 지금은 그의 3대 손자가 운영 중이다. 처음에는 BC주 오카나간 밸리에 와이너리를 열었으며 온타리오주로 이전해 1969년 와이너리 면허를 취득했다. 와이너리 안으로 들어가면 고급 주택처럼 보이는 건물이 보이는데 이 곳에서 각종 와인을 판매하고 시음도 한다.

펠러 와이너리는 경관이 아름답기로도 유명하다. 건물 뒤로 푸른 잔디가 깔린 정원과 드넓은 포도밭이 끝없이 이어지며 정원 한쪽에 고급 레스토랑이 자리하고 있다. 다양한 투어 프로그램이 있으며 시음만도 가능하다. 투어는 홈페이지에서 예약할 수 있다.

주소 290 John Street East Niagara-on-the-Lake, ON L0S 1J0 운영 일~금 10:00~19:00, 토·일 10:00~21:00 요금 **시음** 3가지 스탠다드 C$27, 시그너처 C$42 **투어** 그레이티스트 와이너리 투어 C$45 가는 방법 테이블 록 웰컴 센터에서 자동차로 30분. 홈페이지 www.peller.com

Shopping

나이아가라의 명물 아이스와인이 기념품으로 단연 인기다. 국경을 넘나드는 곳인 만큼 면세점도 있으며, 캐나다 쪽에는 아웃렛 몰과 초대형 아웃도어 매장이 있어 쇼핑하기도 좋다.

아웃렛 컬렉션
Outlet Collection at Niagara

캐나다 쪽 나이아가라 폴스 근처의 아웃렛 중에 가장 규모가 큰 아웃렛이다. 마이클 코어스, 룰루레몬, 폴로 등 유명 브랜드 매장뿐 아니라 기념품 매장, 와인 매장, 푸드 코드도 있다. 야외 구조의 아웃렛이지만 곳곳에 지붕이 있고 중앙으로 광장 같은 공간도 있어 쾌적하고 여유 있게 쇼핑을 즐기기에 좋다.

주소 300 Taylor Rd, Niagara-on-the-Lake, ON L0S 1J0 영업 매일 10:00~21:00 가는 방법 테이블 록 웰컴 센터에서 자동차로 20분. 홈페이지 www.outletcollectionatniagara.com

배스 프로 숍스
Bass Pro Shops

아웃도어의 천국인 캐나다에서만 만나볼 수 있는 초대형 아웃도어용품 전문점이다. 아웃렛 컬렉션 옆에 있어서 함께 묶어서 보기에 편리하다. 거대한 통나

무집 같은 건물 안으로 들어서면 투박할 것 같은 느낌과는 달리 디테일한 인테리어가 눈길을 끈다. 등산용품, 캠핑용품, 의류, 낚시용품 등 섹션별로 다양한 물품들이 가득한데, 카누와 카약은 물론 총포류, 보트까지 갖춰져 있어 그 스케일에 놀라게 된다.

주소 300 Taylor Rd A1, Niagara-on-the-Lake, ON L0S 1J0 영업 월~토 09:00~21:00, 일 09:00~18:00 가는 방법 아웃렛 컬렉션 옆. 홈페이지 www.cabelas.ca

나이아가라 면세점
Niagara Duty Free Shops   Map P.348-B3

레인보 브리지 캐나다 쪽에 자리한 면세점이다. 미국으로 건너가기 전에 들러 면세 쇼핑을 할 수 있다. 인기 품목은 아이스와인을 비롯한 각종 주류와 캐나다 기념품, 초콜릿 등이다.

가격이 그다지 저렴한 것은 아니고 세금만 면제되기 때문에 할인마트나 일반 매장에서 할인하는 상품과 비교 후 구매하는 것이 좋다. 주의할 점은 면세점이기 때문에 물건을 구입한 후 미국으로 가야 한다는 것이다. 구입한 물건도 영수증만 미리 받고 미국 쪽으로 향해야 받을 수 있다.

주소 5726 Falls Ave, Niagara Falls, ON L2G 7T5 영업 매일 07:00~23:00(성수기) 가는 방법 레인보 브리지 캐나다 쪽 입구. 홈페이지 www.niagaradutyfree.com

Stay

세계적인 관광지 나이아가라 폭포는 여름철이면 쾌청한 하늘 아래 시원한 폭포를 보기 위해 모여든 사람들로 어디를 가나 인산인해를 이룬다. 그만큼 숙소를 잡기도 어려우며 시즌에 따라 가격 차도 상당히 커서 일찍 예약해두는 것이 좋다. 먼저 캐나다와 미국 어느 쪽에 숙소를 잡을지 자신의 일정을 짜보고 그에 맞게 결정하자.

캐나다

나이아가라 폭포의 하이라이트인 홀슈 폭포가 자리한 곳으로 풍경도 좋고 주변에 볼거리도 많아서 그만큼 인프라도 잘 갖추어져 있다. 대부분의 관광객이 선호하는 지역이며 좋은 호텔도 많지만 그만큼 가격은 미국보다 비싸다. 성수기에 가격이 치솟기 때문에 부담스러운 가격을 피하고 싶다면 폭포에서 조금 떨어진 곳을 고려해보자. 이때 렌터카가 없다면 위고버스 정류장이 가까운지 확인하도록 한다.

메리어트 나이아가라 폴스 호텔 폴스뷰 $$$

Map P.348-A3

Marriott Niagara Falls Hotel Fallsview & Spa

나이아가라 폭포를 제대로 조망할 수 있는 최고의 뷰를 가진 호텔이다. 성수기에는 비싸기도 하지만 일찍 예약하지 않으면 방을 구하기 어려울 정도로 인기가 높다. 폭포를 따라 기다란 건물의 구조로 되어 있어 대부분의 객실 창문이 폭포를 향하고 있다는 점도 매력적이다.
바로 옆에 모튼스 Morton's 같은 고급 스테이크하

우스도 있지만 아침을 먹을 수 있는 테라핀 카페와 스타벅스도 같은 건물 안에 있어 편리하다. 메리어트 호텔에서 운영하는 비슷한 이름의 호텔이 나이아가라 폴스에 4곳이나 있기 때문에 폴스 뷰 Fallsview 지점인지도 확인해야 한다.

주소 6740 Fallsview Blvd, Niagara Falls, ON L2G 3W6 가는 방법 테이블 록 웰컴 센터에서 위고버스로 10분. 홈페이지 www.marriott.com

엠버시 스위트 바이 힐튼 $$$

Embassy Suites by Hilton Niagara Falls – Fallsview

Map P.348-A3

메리어트 호텔과 함께 나이아가라 최고의 뷰를 가진 호텔로 꼽힌다. 성수기와 비수기의 가격 차가 크고

성수기에는 비싼데도 방을 구하기 쉽지 않다. 메리어트 호텔 옆에 자리해 폭포가 보이는 뷰는 비슷하지만 시내 쪽이 보이는 객실도 많으니 예약 시 확인해야 한다. 물론 시내 전망이 저렴하다.

메리어트 호텔보다 건물이 높아서 고층의 폭포 전망 객실을 받는다면 시원한 전경을 즐길 수 있다. 숙박비에 아침 식사가 포함되는데 식당은 전망으로 유명한 9층의 케그 KEG 레스토랑이다. 1층에는 TGI Fridays 식당이 있다.

주소 6700 Fallsview Blvd, Niagara Falls, ON L2G 3W6 가는 방법 테이블 록 웰컴 센터에서 위고버스로 10분. 홈페이지 www.hilton.com

쉐라톤 폴스뷰 호텔 $$$
Sheraton Fallsview Hotel
Map P.348-A3

폭포의 중심이 되는 홀슈 폭포에서는 조금 떨어져 있지만 화려하게 밤을 밝히는 유흥가이자 번화가인 클리프턴 힐에 자리한 호텔로 나이아가라 강에서 가까워 폭포도 잘 보이는 편이다. 다만 아쉬운 점은 객실에 따라서는 공원 전망이나 시내 전망도 많고, 폭포 전망이라고 해도 높은 층이 아니라면 주로 아메리칸 폭포가 보인다.

주변에 즐길 거리가 많고 상점과 식당도 많으며 길 건너편에는 면세점과 함께 미국으로 건너가는 레인보 브리지가 있다. 또한 나이아가라의 필수 코스 중하나인 나이아가라 시티 크루즈에서도 가까워 걸어다니기 좋다.

주소 5875 Falls Ave, Niagara Falls, ON L2G 3K7 가는 방법 테이블 록 웰컴 센터에서 위고버스로 8분. 홈페이지 www.marriott.com

폴스뷰 카지노 리조트 $$$
Fallsview Casino Resort
Map P.348-A3

카지노로 더욱 유명한 이곳은 거대한 건물 안에 카지노, 스파, 쇼핑센터, 호텔까지 있는 리조트 단지다. 카지노를 끼고 있는 호텔답게 가성비가 좋은 편이며 같은 건물에 자리한 갤러리아 쇼핑센터에는 푸드코트가 있어 버거킹 같은 간단한 패스트푸드점을 이용할 수 있으며 카지노 쪽에는 캐나다의 국민커피숍으로 유명한 팀 홀튼이 있다. 객실에 따라 폭포가 시원하게 보이는 곳도 있으며 호텔 주변에 식당들이 많아서 돌아다니기에도 좋다. 스카이론 타워도 걸어서 갈 수 있을 정도로 가깝다.

주소 6380 Fallsview Blvd, Niagara Falls, ON L2G 7X5 가는 방법 테이블 록 웰컴 센터에서 위고버스로 5분. 홈페이지 fallsviewcasinoresort.com

미국

캐나다 쪽과 비교하면 명소도 적고 도시 자체도 볼거리나 즐길 거리가 많지 않지만 가격이 조금 저렴한 편이다. 미국 쪽에서 짧은 일정으로 방문한 경우나 캐나다 쪽을 당일치기로 다녀오는 경우라면 1~2일 정도 머물기에는 괜찮다.

하얏트 플레이스 나이아가라 폴스
Hyatt Place Niagara Falls

$$$

Map P.348-B3

여유 있는 공간에 쾌적한 분위기로 인기 있는 호텔이다. 신축 건물로 현대적인 인테리어가 돋보이며 하얏트 플레이스 브랜드의 특성이 잘 나타나 있다. 위치도 매우 좋아서 폭포에서 상당히 가까우며 레인보 브리지에서도 가까워 캐나다 쪽을 다녀오거나 고트섬 등을 다니기에 좋다. 호텔 주변에도 하드락 카페 등 식당이 많은 편이다.

주소 310 Rainbow Blvd S, Niagara Falls, NY 14303 가는 방법 나이아가라 폴스 USA 관광안내소에서 도보 4분. 홈페이지 hyatt.com

©Hyatt Place Niagara Falls

©Hyatt Place Niagara Falls

컴포트 인 더 포인트
Comfort Inn The Pointe

$$

Map P.348-B3

하얏트 플레이스 바로 건너편에 자리한 호텔로 나

이아가라강에서 가까워 고트섬까지 걸어서 갈 수 있을 정도이며 주립공원을 돌아다니는 트롤리도 가까이 있다. 미국 쪽에 있는 명소들은 대부분 걸어서 다닐 수 있어 편리하며 주변에 식당도 많은 편이다. 조금 무리를 한다면 캐나다도 걸어서 갈 수 있어 뚜벅이 여행자들에게 좋으며, 주차비가 무료라서 렌터카 여행자들에게도 좋다. 가성비 좋은 호텔로 인기가 높다.

주소 1 Prospect Pointe, Niagara Falls, NY 14303 가는 방법 나이아가라 폴스 USA 관광안내소에서 도보 3분. 홈페이지 choicehotels.com

©Comfort Inn The Pointe

마이크로텔 인 앤드 스위트
Microtel Inn & Suites by Wyndham Niagara Falls

$$

폭포에서는 멀리 떨어져 있지만 렌터카 여행이라면 이용할 만한 곳으로 시설이 좋은 것은 아니지만 가성비가 좋아서 인기가 많다. 주변에 아웃렛과 타깃, 월마트 등 대형 슈퍼마켓이 있어 쇼핑을 하기에도 좋으며 유명한 체인 레스토랑도 많아서 편리하다. 다만, 걸어서 다니기는 어렵고 바로 앞에 버스 정류장이 있기는 하지만 대중교통 이용이 불편하다.

주소 7726 Niagara Falls Blvd, Niagara Falls, NY 14304 가는 방법 나이아가라 폴스 USA 관광안내소에서 자동차로 12분. 홈페이지 wyndhamhotels.com

Chicago

시카고

미국의 미드웨스트 지역은 뉴욕을 기준으로 북서쪽의 오대호 주변 지역을 가리킨다. 미국의 산업을 이끌어 가는 중요한 심장부로서 '아메리카 허트랜드'라고 불리는데, 시카고는 바로 미드웨스트의 중심 도시다. 바람이 많이 불어 윈디 시티(Windy City)라는 별명이 있으며 근사한 고층 건물들이 가득해 건축의 도시로 불리기도 한다. 수준 높은 박물관과 미술관이 많은 문화예술의 도시이기도 하다.

이 도시 알고 가자!
❶ 일리노이주에서 가장 큰 도시로 인구는 280만 명 정도다.
❷ 마천루들이 즐비한 건축의 도시이며 100층 이상의 건물은 윌리스 타워와 존 핸콕 센터가 있다. 윌리스 타워는 미국에서 두 번째로 높은 빌딩이다.
❸ 한 때 마피아 조직 보스였던 알 카포네의 주 무대였지만 지금은 연간 5,000만 명이 찾는 관광 도시이며 영화 촬영지로도 인기다.

여행 시기
여름은 고온다습하며 겨울은 춥고 바람이 많이 분다. 겨울은 한국보다 추운 날이 많으며 가끔 기록적인 한파가 닥치기도 한다. 관광객이 많이 찾는 시기는 여름 휴가철이다. 여행하기 좋은 시기는 쾌청하고 기온도 적당한 봄과 가을이지만 이 때에도 갑자기 온도가 뚝 떨어지거나 비가 내리고 바람이 부는 변덕스러운 날씨를 보이기도 한다.

기본 정보

▮ 유용한 홈페이지
시카고 관광청 홈페이지 www.choosechicago.com

▮ 관광안내소
메이시스 관광안내소 Macy's on State Street Visitor Center

다운타운 루프 지역 메이시스 백화점 내에 위치한
다. 투어 안내와 예약 서비스를 이용할 수 있고, 할
인 패스를 판매하며 브로슈어, 지도, 백화점 할인 쿠
폰인 '비지터 세이빙 패스 Visitor Savings Pass'를
얻을 수 있다. 홈페이지에 온라인 가이드북도 있다.

주소 111 N State St Chicago, IL 60602 홈페이지 www.visitmacysusa.com/macys-visitor-centers

가는 방법

시카고는 한국에서 직항편이 있고 시애틀, LA, 샌프란시스코 등에서 경유하는 항공편을 이용할 수 있다.
미국 내에서도 다양한 국내선 항공편이 있으며, 근교 도시에서는 기차나 버스로도 갈 수 있다.

비행기 ✈

대한항공 직항편으로 13~14시간 정도, 미국이나 캐나다 항공사 등의 경유편으로는 15~17시간 정도 걸린다.
미국 국내선의 경우 뉴욕에서 직항으로 2시간 30분, LA와 시애틀 등지에서는 4시간 정도 걸린다.

❶ 오헤어 국제공항 O'Hare International Airport (ORD)

시카고의 관문이 되는 국제공항이다. 저가항공을 비
롯해 다양한 항공편이 드나들지만 특히 유나이티드
항공과 아메리칸 항공의 허브 공항으로 수많은 노
선이 있다. 도심에서 북서쪽으로 27km 떨어져 있으
며 국내선은 1, 2, 3터미널, 국제선은 5터미널을 이

용한다. 1, 2, 3터미널은 걸어서 이동할 수 있으며 동
쪽에 위치한 5터미널은 공항의 셔틀버스 Terminal
Transfer Bus(TTB)나 순환전철 Airport Transit
System(ATS)을 타고 이동해야 한다. Airport
Transit System(ATS)은 리노베이션 공사를 마치고
운행을 재개해 더욱 편리하고 쾌적하다.

주소 10000 W O'Hare Ave, Chicago, IL 60666 홈페이지
www.flychicago.com 운영 Airport Transit System(ATS)
24시간(3~5분 간격) 셔틀버스 Terminal Transfer Bus
(TTB) 매일 11:30~21:30(15분 간격이지만 승객 유무에 따라
비정기적 운행) 요금 무료

★ 공항에서 시내로
시카고 교통국(CTA)에서 운영하는 CTA 트레인이
저렴하면서도 다운타운으로 연결돼 편리하다. 공항
셔틀, 통근열차, 택시 등 여러 방법으로 갈 수 있다.

① CTA 트레인 CTA Train

시카고의 대표적인 대중교통 수단인 CTA 트레인 블루 라인이 공항과 도심을 연결한다. 다운타운으로 가는 빠르고 경제적인 방법으로 다운타운의 루프 지역을 통과한다. 타는 곳은 2터미널 주차장 아래층으로 Trains to City 이정표를 따라가면 된다. 국제선이 운항되는 5터미널에 내린 경우 셔틀버스나 순환전철을 타고 2터미널에 가야 한다. 요금 지불은 컨택리스 카드, 벤트라 카드(시카고 교통 카드), 벤트라 티켓으로 가능하다(P.368 참조).

운영 24시간 배차 간격 7~15분 소요 시간 45분 요금 $5(1일권 요금과 동일) 홈페이지 www.transitchicago.com

② 셔틀 Shuttles

고 에어포트 익스프레스 Go Airport Express를 많이 이용한다. 호텔까지 데려다 주는 서비스이기 때문에 편리하지만 사람이 많으면 시간이 오래 걸릴 수도 있고 요금도 비싼 편이다. 공항

내 고 익스프레스 카운터에서 직접 신청하거나 온라인으로 예약하면 된다.

운영 24시간 소요 시간 상황에 따라 25~90분 요금 시카고 다운타운 $85~ 홈페이지 www.airportexpress.com

③ 메트라 Metra

광역 시카고를 연결하는 기차로 North Central Service 라인이 다운타운 부근의 유니언역까지 운행한다. 주중에만 운행하고 배차가 출퇴근 시간에 몰려 있어 시간이 맞지 않으면 이용하기 어렵다.

운영 월~금 06:37~18:05 소요 시간 40분 요금 $3.75 홈페이지 https://metra.com

④ 택시/우버 Taxi/Uber

출퇴근 시간에는 교통정체가 심해 요금이 비싸지기 때문에 짐이 많거나 여러 명이 함께 탈 때 이용하면 좋다. 도착층 택시 승강장에서 이용할 수 있다. 택시 요금은 미터 요금제로 계산되며 다른 사람과 함께 타는 셰어드 라이드 Shared ride는 1인당 정해진 요금이 저렴한 편이다. 우버는 택시보다 약간 저렴하며 정류장이 따로 있으니 잘 확인해야 한다.

택시 요금 다운타운까지 $40~(+세금, 팁 10~15%), 합승 시 다운타운까지 1인당 $24 우버 요금 $30~ 소요 시간 50~90분

⑤ 렌터카 Rental Cars

시카고 근교까지 자동차로 돌아볼 예정이라면 공항에서 렌트를 하는 것이 편하다. 렌터카 업체들은 공항 입구에 모여 있다. 각 터미널에서 전광판에 Rental Cars / Parking Lot F라고 쓰인 곳에서 무료 셔틀버스를 타면 렌터카 업체 사무실까지 갈 수 있다.

② 미드웨이 공항 Midway Airport(MDW)

남서쪽으로 19km 떨어져 있는 국내선 전용 공항이다. 시카고 도심까지 CTA 트레인 오렌지 라인이 연결돼 있어 가장 많이 이용하며 택시, 우버 등을 이용해 갈 수 있다. CTA 트레인은 저렴할 뿐 아니라 25분이면 시카고 도심까지 도착한다. 택시, 우버 등은 대중교통이 없는 시간에 이용하기 편리하지만 교통 상황에 따라 20~40분, 또는 그 이상 소요될 수 있다.

주소 3210 Departures, Chicago, IL 60629 홈페이지 www.flychicago.com/midway 요금(공항→다운타운) CTA 트레인 1회권 $3, 택시 $35~40, 합승 시 $18, 우버 $25~

버스 🚌

그레이하운드가 시카고 인근 도시에서 시카고로 들어간다. 그레이하운드 터미널은 시카고 다운타운의 중심인 루프 지역 서쪽에 위치한다. 이곳에서 다운타운으로 진입하려면 터미널에서 300m가량 떨어져 있는 Clinton역에서 CTA 블루 라인을 타면 된다.

그레이하운드 버스 터미널 주소 630 W Harrison St, Chicago, IL 60607 홈페이지 www.greyhound.com

기차 🚆

미국 내 여러 도시와 연결되기는 하지만 시카고 근교 지역을
제외하면 시간이 많이 걸리고 요금도 비싼 편이다. 앰트랙
기차가 정차하는 유니언역은 다운타운에서 가까운 편이다.

유니언역 주소 225 S Canal St, Chicago, IL 60606 앰트랙 홈페이지
www.amtrak.com

시내 교통

여행의 중심인 다운타운 지역은 대부분 걸어서 돌아다닐 수 있다. 도심을 벗어 난다면 CTA 트레인이나 버
스를 이용하면 된다. 시내의 대중교통은 시카고 교통국인 CTA(Chicago Transit Authority)에서 운영하
며 티켓이 통합되어 있다. 요금은 컨택리스카드, 교통카드인 벤트라 카드, 1회권인 벤트라 티켓을 이용해
지불할 수 있다. 2시간 내에 환승이 2번 가능하다.

티켓의 종류

① 컨택리스 카드

시카고는 미국에서 컨택리스 카드로 교통 요금 결제가 되는 도시 중 하나다. 해외결제가 가능한 비접촉
식 로고가 있는 카드여야 하며 버스 단말기나 지하철 개찰구에 간편하게 탭하여 요금을 지불하면 된다.
삼성 페이나 애플 페이, 구글 페이 등에 등록하고 사용하면 실물카드가 없어도 휴대폰으로 탭하여 탈
수 있다.

비접촉식
로고

② 벤트라 카드 Ventra Card

충전식 교통카드로 CTA 트레인 역 발매기와 지정 구입처에서 살 수 있다. 카드 구입비가 $5이며 온라인 등록하면
충전금으로 환급된다. 또는 벤트라 앱이나 웹에서도 구매 가능하며(카드 구입비 무료) 구글 페이나 애플 페이에 등록
해 사용할 수도 있다. 1회 사용하는 벤트라 티켓도 있으며 2시간 안에 3번까지 탈 수 있다.

요금 CTA 트레인 1회 $2.50(벤트라 티켓 1회권 $3), 버스 $2.25(현금 승차 $2.50) 1일권 $5, 3일권 $15
홈페이지 www.transitchicago.com

---

① CTA 트레인

시카고 교통국 CTA에
서 운영하는 메트로
시스템(Rapid Transit
System)으로 철로
가 지상 2층에서 달리
기 때문에 흔히 L('티'
evated)이라 부른다. 색깔로 구분된 8개 노선이 있
다. 관광객이 주로 이용하는 노선은 공항을 연결하
는 블루 라인과 시내를 남북으로 연결하는 레드 라
인으로 24시간 운행한다. 다운타운 중심에는 6개

의 노선이 모여 'ㅁ'자 모양을 이루기 때문에 루프
Loop 지역이라 부른다. 여러 노선이 모여 있으니 노
선과 행선지를 잘 확인하고 타야 한다.

② CTA 버스

시카고 전역을 다니는
CTA 버스는 노선이
다양해 대부분의 관광
지와 연결된다. 현금
으로도 승차가 가능하
지만 거스름돈은 주지 않는다.

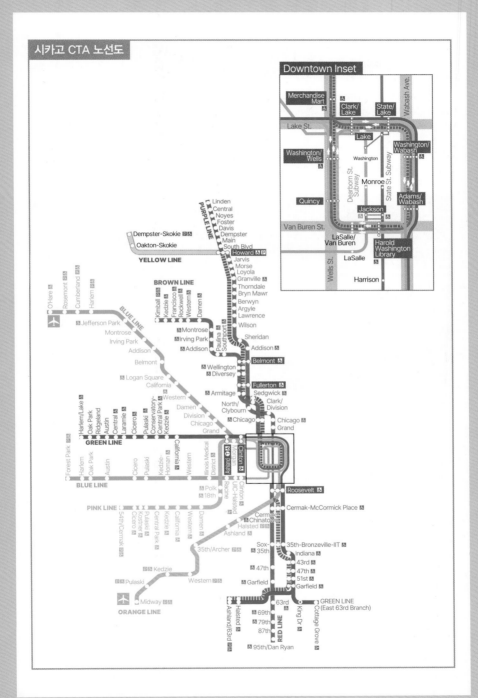

시카고 CTA 노선도

Downtown Inset

시카고 투어 프로그램

건축의 도시인 만큼 건축 관련 투어만 70가지가 넘으며 시카고 건축 센터 Chicago Architecture Center(CAC)에서 운영하는 프로그램이 가장 공신력 있는 투어로 꼽힌다. 영어를 알아듣지 못하거나 아이와 함께라면 투어 버스를 타거나 미시간 호수로 나가 도시 전체를 감상하는 크루즈 투어도 괜찮다.

크루즈 투어 Cruise Tours

● **건축 크루즈** The Chicago Architecture Foundation Center River Cruise
보트를 타고 시카고강을 돌며 마천루를 감상하는 투어로 가장 인기가 있다(P.378 참조).
소요 시간 1시간 30분 요금 $54(건축 센터 입장료 포함하면 $59) 출발 Chicago's First Lady Cruises(크루즈 탑승장) 홈페이지 www.architecture.org

● **미시간 호수 크루즈** Lake Michigan Cruises
크루즈를 타고 미시간 호수 위에서 식사를 하거나 칵테일을 마시며 시카고의 스카이라인을 감상할 수 있는 투어다. 시간대에 따라 가격이 다르며 저녁 시간에는 비싸지만 시카고의 야경을 감상할 수 있다. 출발은 Navy Pier(600 East Grand Avenue)에서 한다.
[시그니처 런치 크루즈 Signature Lunch Cruise]
요금 성인 $63~ 소요 시간 2시간
[시그니처 디너 크루즈 Signature Dinner Cruise]
요금 성인 $120~ 소요 시간 3시간
홈페이지 https://navypier.org/cruises-and-tours

버스 투어 Bus Tours

● **빅 버스 시카고** Big Bus Chicago
버스를 이용한 대표적인 투어로 빅 버스를 타고 시카고의 주요 관광지를 돌아본다. 더블 데커의 오픈 탑에 앉아 시카고의 스카이라인과 도시 풍경을 편하게 감상할 수 있으며 10개 이상의 정류장에 자유롭게 내렸다 탈 수 있다.
소요 시간 2시간(안 내릴 경우) 요금 디스커버 티켓(1일권) 13세 이상 $55, 3~12세 $39 (인터넷 예매 시 할인) 배차 간격 30~45분 홈페이지 www.bigbustours.com

워킹 투어 Walking Tours

● **시카고 아키텍처**
Chicago Architecture: A Walk Through Time
시카고 대화재 이후 시카고가 어떻게 재탄생 했는지에 대해 배울 수 있는 워킹 투어다. 당시 지어진 건축물과 그곳에 담긴 이야기를 들어볼 수 있다.
소요 시간 1시간 30분 요금 $30(건축 센터 입장료 포함)
출발 건축 센터(CAC) 홈페이지 www.architecture.org

● **머스트 시 시카고** Must-See Chicago
밀레니엄 파크, 윌리스 타워, 시카고 극장 등 시카고의 유명 건물들과 명소에 가보는 워킹 투어다.
소요 시간 1시간 30분 요금 $30(건축 센터 입장료 포함) 출발 건축 센터(CAC) 홈페이지 www.architecture.org

시카고 할인 패스

시카고는 입장료가 비싼 편이라 몇 군데만 가더라도 많은 비용을 지불하게 된다. 할인 패스를 이용하면 입장료를 절약할 수 있고, 매표소에서 줄을 서지 않아도 돼 시간 절약도 된다. 투어에 관심이 있다면 고 시카고 패스가 낫다.

시티 패스 City Pass

인기 있는 관광 명소 5곳(City PASS) 또는 3곳(C3)을 입장할 수 있는 패스다. 시카고 시티 패스는 포함 내역의 구성이 좋아 모두 간다면 많은 할인을 받을 수 있다. 또한 입장 시 빠른 줄로 들어갈 수 있어 편리하다. 현지 명소에서 살 수도 있고 온라인으로 구입 후 휴대폰 앱에서 바로 사용할 수 있다. 9일 이내에 사용하면 된다.

홈페이지 www.citypass.com/chicago

시티 패스 종류

	시티 패스 City Pass	C3 시티 패스 C3 City Pass
구성	• 셰드 수족관 Shedd Aquarium • 윌리스 타워의 스카이데크 시카고 Skydeck Chicago • 필드 뮤지엄 Field Museum • 시카고 미술관 Art Institute of Chicago • 과학 산업 박물관 Museum of Science and Industry • 존 핸콕 센터 전망대 360 시카고 360 CHICAGO Observation Deck • 애들러 천문관 Adler Planetarium • 쇼라인 사이트시잉 건축투어 Shoreline Sightseeing Architecture River Tour	• 셰드 수족관 Shedd Aquarium • 윌리스 타워의 스카이데크 시카고 Skydeck Chicago • 시카고 미술관 Art Institute of Chicago • 과학 산업 박물관 Museum of Science and Industry • 존 핸콕 센터 전망대 360 시카고 360 CHICAGO Observation Deck • 애들러 천문관 Adler Planetarium • 쇼라인 사이트시잉 건축투어 Shoreline Sightseeing Architecture River Tour • 센테니얼 관람차 Centennial Ferris Wheel at Navy Pier
내용	셰드 수족관, 스카이데크는 필수 포함, 나머지 중 3가지 선택해 총 5가지 방문	3가지 선택
요금	12세 이상 $139, 3~11세 $109 (인터넷 예매 시 할인)	12세 이상 $102, 3~11세 $76 (인터넷 예매 시 할인)

고 시카고 패스 Go Chicago Pass

시티 패스보다는 선택의 폭이 넓고 각각 할인율과 선택 범위가 다른 2가지 종류가 있다. 올 인클루시브 패스는 더 많은 명소와 여러 투어가 포함되어 있어 투어를 한다면 시티 패스보다 낫다. 단, 투어는 미리 예약해야 하는 경우가 있다. 휴대폰 앱에서 바로 사용할 수 있으며 줄을 서지 않고 입장할 수 있다. 홈페이지 gocity.com/chicago

고 시카고 패스 종류

	올 인클루시브 패스 The All-Inclusive Pass	익스플러러 패스 The Explorer Pass
요금 (13세 이상 기준)	1일권 $124	2가지 $84, 3가지 $104
	2일권 $169	4가지 $139, 5가지 $154
	3일권 $199	6가지 $184, 7가지 $189
내용	정해진 시간 안에 33개(셰드 수족관 포함) 이상의 명소 입장과 투어를 할 수 있는 패스	33개 이상의 명소 중 2~7가지를 골라 사용하는 패스(60일간 유효)

추천 일정

시카고를 제대로 보려면 3일 이상은 걸린다. 빠듯한 여행 일정에서 우선 해야 할 것은 건축 크루즈 투어와 존 핸콕 센터 전망대에 가는 것이다. 시간 여유가 좀 더 있다면 시카고 미술관, 과학 산업 박물관 등 여러 박물관을 방문해보면 좋다.

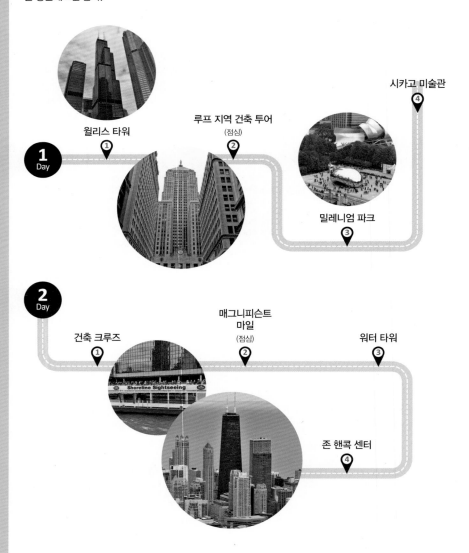

시카고 미술관 ④

윌리스 타워 ①

루프 지역 건축 투어 ②
(점심)

밀레니엄 파크 ③

1 Day

2 Day

건축 크루즈 ①

매그니피슨트 마일 ②
(점심)

워터 타워 ③

존 핸콕 센터 ④

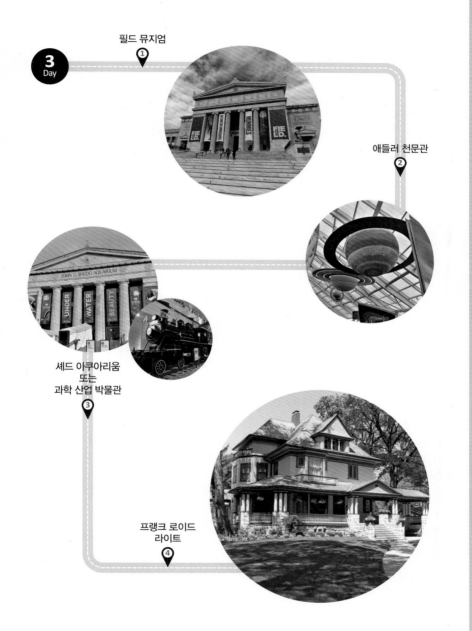

3 Day

필드 뮤지엄
①

애들러 천문관
②

셰드 아쿠아리움
또는
과학 산업 박물관
③

프랭크 로이드
라이트
④

시카고, 이것만은 놓치지 말자!

❶ 밀레니엄 파크

시카고의 마천루에 둘러싸인 시민들의 휴식처. 독특한 공공 예술작품들이 공원 곳곳에 위치해 있고, 각종 페스티벌이 열린다.

소요시간 2시간

밀레니엄 파크
❶

이동시간
도보 5분

시카고 미술관
❷

이동시간
도보 10분

루프 지역
워킹 투어
❸

이동시간
도보 10분

---

❷ 시카고 미술관

유럽 인상주의 화가, 추상 화가, 미국 화가 등 수준 높은 그림과 조각 작품이 전시돼 있는 세계적인 미술관이다.

소요시간 2시간

❸ 루프 지역 워킹 투어

루프 지역은 윌리스 타워, 시카고 극장 등의 근·현대 건축물들과 공공예술 작품이 가득한 곳으로 걸어 다니며 감상하기 좋다.

소요시간 2시간

❹ 시카고 건축 크루즈

크루즈를 타고 시카고강 변의
건물들을 돌아보는 투어다. 시
카고의 다양한 건축물을 감상하
며 전문 가이드의 설명을 들을
수 있다.

소요시간 1시간 30분

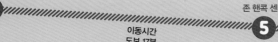

시카고 건축
크루즈
4

이동시간
도보 17분

존 핸콕 센터
5

❺ 존 핸콕 센터

시카고의 대표적인 100층짜리 초고층 빌딩으로 전망대에서 보이는 시카
고 전경이 아름답기로 유명하다.

소요시간 1시간

시카고 다운타운

1 제4 장로 교회 A1
  Fourth Presbyterian Church
2 존 핸콕 센터 John Hancock Center A1
3 워터 타워 Water Tower A1
4 현대 미술관 B1
  Museum of Contemporary Art
5 매그니피슨트 마일 Magnificent Mile A1
6 네이비 피어 Navy Piere B1
7 어린이 박물관 B1
  Chicago Children's Museum
8 트리뷴 타워 Tribune Tower A1
9 애플 미시건 애비뉴 A2
  Apple Michigan Avenue
10 리글리 빌딩 The Wrigley Building A2
11 트럼프 인터내셔널 호텔 앤 타워 A2
  Trump International Hotel and Tower

12 마리나 시티 Marina City A2
13 머천다이즈 마트 A2
  Merchandise Mart
14 시카고 건축 센터 A2
  Chicago Architecture Center
15 333 웨스트 워커 A2
  333 West Wacker
16 시빅 오페라 하우스 A2
  Civic Opera House
17 필드 박물관 The Field Museum B3
18 셰드 수족관 Shedd Aquarium B3
19 스카이라인 워크 Skyline Walk B3
20 애들러 천문관 B3
  Adler Planetarium

1 실버 스미스 호텔 A2
  Sliversmith Hotel Chicago Downtown
2 HI 시카고 호스텔 HI Chicago Hostel A3
3 베스트 웨스턴 그랜트 파크 호텔 A3
  Best Western Grant Park Hotel
4 더 드레이크 The Drake, a Hilton Hotel A1
5 소피텔 시카고 매그니피슨트 마일 A1
  Sofitel Chicago Magnificent Mile
6 햄프턴 인 시카고 다운타운/매그니피센트 마일 A1
  Hampton Inn Chicago Downtown/Magnificent Mile
7 홈우드 스위트 바이 힐튼 시카고 - 다운타운 A1
  Homewood Suites by Hilton Chicago-Downtown

시카고의 중심은 강 남쪽의 루프 지역으로 주변에 유명한 건축물이 많다. 날씨가 좋으면 크루즈를 타거나 걸어서 보는 것도 좋다. 니어 노스 지역에는 쇼핑 센터, 식당 등 상업 시설이 많은 매그니피슨트 마일이 있다.

루프 지역

상업, 공업, 금융, 유통이 집중돼 있는 시카고의 중심지로 관공서, 무역센터, 금융 관련 건물 등 유명한 건축물이 모여 있다. 루프 Loop는 CTA 트레인의 노선들이 다운타운 가운데 ㅁ자 모양으로 연결되어 생긴 이름이다. 여행자도 많지만 평일에는 직장인들로 항상 분주한 곳이다.

시카고 건축 센터
Chicago Architecture Center (CAC) Map P.376-A2

시카고 건축물들을 보존하고 건축에 관한 투어, 전시, 교육 등 각종 프로그램과 이벤트를 기획하고 주관하는 비영리 단체다. 1966년 시카고 건축 재단 Chicago Architecture Foundation으로 설립됐으며 2018년 지금의 건물에 자리를 잡았다. 시카고강변에 위치한 이 건물은 창문 밖으로 시카고강과 트럼프 타워 등이 보이는 전망 좋은 곳이다. 시카고가 왜 건축의 도시라는 타이틀을 가지게 됐는지에 대한 자료와 전시물을 볼 수 있으며 크루즈와 워킹 투어 신청을 할 수 있다.

2층 갤러리에는 시카고의 건물들을 미니어처로 만들어 한눈에 볼 수 있다. 2050년 미래 도시의 주거 환경, 시카고의 유명 건물과 건축회사, 엠파이어 스테이트 빌딩, 윌리스 타워 등 세계의 유명한 고층 건물들을 소개하고 모형을 만들어 전시하고 있다. 1층 갤러리에서는 시카고가 1871년 대화재 이후 지금의 화려한 건물들로 가득 차기까지 도시의 역사를 보여

주는 비디오를 상영한다.

주소 111 E Wacker Dr, Chicago, IL 60601 운영 매일 10:00~17:00 요금 성인 $14 가는 방법 버스 6·26·120번 Michigan & E. Wacker 하차 후 도보 2분 홈페이지 www.architecture.org

Travel Plus 〉 **시카고강** Chicago River

시카고 중심부를 관통하는 시카고강은 양쪽 강변으로 마천루와 고풍스러운 건물들이 줄지어 있다. 강 위에는 건축물 투어를 하는 크루즈와 수상택시들을 볼 수 있고, 강변에는 산책길이 조성되어 있다. 성 패트릭 데이가 되면 강을 초록색으로 물들여 기념한다.

시카고 여행의 필수 코스, 건축 크루즈
The Chicago Architecture Foundation Center River Cruise

시카고는 정형화되지 않은 고유의 특색과 형태를 가진 건물들
이 밀집해 있는 건축의 도시다. 시카고 건축 크루즈는 시카고강
변을 따라 아름다운 도시의 모습을 감상하면서 시카고의 역사
적이고 현대적인 건물들을 보는 투어다. 90분간 진행되는 투어
내내 도슨트가 50여 개의 건물에 대한 이야기와 100년간 시카
고가 어떻게 지금과 같은 대도시로 성장했는지에 대해 들려준
다. 성수기에만 운영하며 온라인으로 일찍 예약하는 것이 좋다.

주소 (Chicago's First Lady Cruises) 112 E Wacker Dr, Chicago, IL 60601 운영 2024년 4/26~11/24 날짜별로 스케줄이
다르며 보통 09:30~10:00에 시작하고 17:00~19:00에 끝난다. 자세한 스케줄은 홈페이지 참조 요금 성인 $54~74 가는 방법
CAC에서 도보 1분. 홈페이지 크루즈 탑승장 www.cruisechicago.com

애플 미시간 애비뉴
Apple Michigan Avenue
Map P.376-A2

세계적인 상업 지
구에 들어선 애플
매장. 도심 쪽 파
이어니어 코트에
서 시카고강까지
화강암 계단이 바
로 이어지도록 설계했으며 내부와 외부의 경계를 최
소화했다. 전면이 유리로 된 벽면에 애플 로고가 인
상적인 이곳은 선착장 건너편에서 바로 보인다.

주소 401 N Michigan Ave, Chicago, IL 60611

리글리 빌딩
The Wrigley Building
Map P.376-A2

껌 회사인 리글리
컴퍼니에서 지어
2011년까지 본사
로 사용했던 건물
로 '아름다운 초고
층 빌딩'이라 불린
다. 고풍스러운 르네상스 양식의 건물 가운데는 시
계탑이 높이 세워져 있다.

주소 400~410 N Michigan Ave, Chicago, IL 60611

트럼프 인터내셔널 호텔 앤 타워
Trump International Hotel and Tower
Map P.376-A2

건물 정면에 TRUMP라는
로고가 크게 박힌 유리로
된 98층의 초고층 빌딩.
안테나 높이까지 423.4m
로 시카고강이 바로 내려
다보인다. 고급 호텔과 상
업시설이 있는 현대식 건
물로 2009년 완공됐다.

주소 401 N Wabash Ave,
Chicago, IL 60611

트리뷴 타워
Tribune Tower
Map P.376-A1

애플 건물 뒤쪽으
로 보이는 36층 건
물로 신고딕 양식
으로 지어졌다. 미
국의 일간지 〈시카
고 트리뷴〉의 본사
가 있었던 이곳의 원래 건물은 1868년에 지어졌다
가 시카고 대화재 때 소실되었다. 지금의 건물은 창
립 75주년을 기념해 1925년에 완공된 것이다.

주소 435 N Michigan Ave, Chicago, IL 60611

마리나 시티
Marina City
Map P.376-A2

옥수수를 닮은 둥근 원통
모양을 한 65층 규모의 쌍
둥이 건물로 1964년에 완
공됐다. 상가와 아파트가
들어서 있는 주상복합 건
물이며 18층까지는 주차장
이다. 모든 방향으로 조망
이 가능한 구조라는 점도
독특하다.

주소 300 N State St Chicago, IL 60654

머천다이즈 마트
Merchandise Mart
Map P.376-A2

시카고강 변에 서 있는 25층 규모의 이 육중한 건물
은 1930년에 완공된 세계 최대 규모의 가구와 가정
용품 도매센터이자 무역센터다. 아르데코 양식의 외
관이 인상적인 상업건물로 다양한 디자인 제품을 전
시, 판매한다.

주소 222 W Merchandise Mart Plaza #470, Chicago, IL
60654 홈페이지 www.mmart.com

333 웨스트 웨커
333 West Wacker
Map P.376-A2

시카고강이 두 갈래로 갈라지며 꺾이는 코너에 자리
한 이 건물은 강변을 따라 방사형을 하고 있어 조화
를 이룬다. 36층, 148.6m 높이로 녹색 빛의 유리로
된 전면 상층부는 주변의 건물들을 반사하고 있으
며, 하층부는 화강암으로 지어져 독특함을 더한다.

1983년에 지어져
시카고 최초의 포
스트 모던 건물로
알려져 있다.

주소 333 W Wacker
Dr, Chicago, IL 60606

시빅 오페라 하우스
Civic Opera House
Map P.376-A2

강에서는 건물의 뒷
면이 보여 다소 밋
밋한 느낌이 나는
이 건물은 1929년
아르데코 양식으
로 지어진 것이다.
양 옆의 45층 오피스 건물들 사이에 'CIVIC OPERA
HOUSE'라는 글자가 새겨진 22층 건물이다. 시카고
리릭 오페라단 Lyric Opera of Chicago이 상주하며
공연한다.

주소 20 N Upper Wacker Dr #400, Chicago, IL 60606
홈페이지 www.civicoperahouse.com

리버 시티
River City
Map P.376-A3

옥수수 빌딩 마리나 시티를 지은 골드버그의 건축물
로 곡선을 많이 사용한 점이 유사하다. 1986년에 완
공된 아파트로 원래는 72층의 초고층 아파트를 계
획했으나 승인 문제 등으로 지금의 7~14층 건물로
지어졌다.

주소 800 S Wells St, Chicago, IL 60607

윌리스 타워
Willis Tower   Map P.381

시카고의 대표적인 마천루이자 랜드마크로 현재 시카고에서 가장 높은 건물이다. 1973년 시어스 타워 Sears Tower라는 이름으로 완공됐으며 2009년 윌리스 그룹이 인수하면서 이름이 바뀌었다. 110층 규모로 건물 높이가 443m, 안테나까지 합치면 520m에 달한다. 말레이시아의 페트로나스 트윈 타워가 세워진 1998년까지 25년간 세계에서 가장 높은 건물로 기록됐지만, 세계적으로 초고층 건물이 속속 생기면서 이제는 10위권 밖으로 밀려났다.

높이뿐 아니라 건물의 디자인도 독특하다. 층이 다른 9개의 직육면체 검은색 유리 건물이 붙어 있는 형태다. 100개가 넘는 회사가 입주해 있으며 1만 5,000명 이상이 일하고 있는 오피스 건물이다. 103층에는 스카이데크 Skydeck라는 전망대가 있다. 지상으로부터 412m 높이에 위치한 전망대에는 시카고와 윌리스 타워의 역사에 대한 전시물이 있으며 전망대의 명물로 알려진 더 레지 The Ledge가 있다. 건물 바깥으로 돌출된 곳으로 유리 바닥 위에 서면 공중에 떠 있는 듯한 기분이 든다. 인기 있는 장소라 항상 사진을 찍으려는 사람들로 붐빈다. 전망대 입구는 건물의 동쪽 Franklin Street에 위치한다. **주소** 233 S Wacker Dr, Chicago, IL 60606 **운영** 3~9월 매일 09:00~22:00 (5/24~9/2 월~금 09:00~22:00, 토·일 08:30~22:00), 10~2월 일~금 09:00~20:00, 토 09:00~21:00 **요금 (베이직)** 12세 이상 $32, 3~11세 $24 **가는 방법** CTA 트레인 브라운·오렌지·핑크·퍼플 라인 Quincy역 하차. **홈페이지** www.theskydeck.com

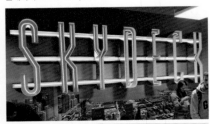

시카고 셀프 워킹 투어

시카고 다운타운은 근·현대 건축물들과 공공예술 작품이 가득하다. 높은 곳에서 내려다보는 시카고도 아름답지만 빼곡한 건물들 사이를 걸어 다니면서 보는 도시의 속살이 진짜 매력적이다. 시카고강 동남쪽 반경 1km의 루프 지역은 볼거리가 모여 있어 윌리스 타워에서 시카고 극장까지 2시간 이내로 둘러보기 좋다.

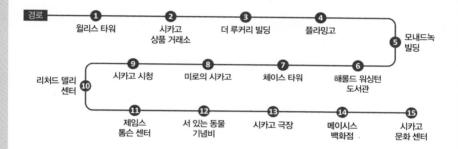

경로
1 윌리스 타워
2 시카고 상품 거래소
3 더 루커리 빌딩
4 플라밍고
5 모내드녹 빌딩
6 해롤드 워싱턴 도서관
7 체이스 타워
8 미로의 시카고
9 시카고 시청
10 리처드 델리 센터
11 제임스 톰슨 센터
12 서 있는 동물 기념비
13 시카고 극장
14 메이시스 백화점
15 시카고 문화 센터

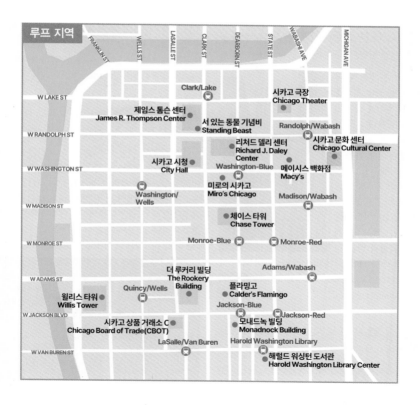

루프 지역

❶ 윌리스 타워
Willis Tower　　　　　Map P.381

시카고의 스카이라인
을 장식하는 가장 높
은 건물. 멀리서도 눈
에 잘 띄며 멀리서 보
아야 건물의 모습을
제대로 볼 수 있다. 사
각으로 층층이 다른
모습으로 쌓아 올려진
모습이 특색 있다.
주소 233 S Wacker Dr,
Chicago, IL 60606 홈
페이지 www.willistower.
com

❷ 시카고 상품 거래소
Chicago Board of Trade (CBOT)　　Map P.381

농부와 상인들의 곡
물, 광물 등의 거래를
위해 1848년 설립된
비영리 단체로 시작해
지금은 에너지 곡물
등 현물, 선물, 옵션 거
래가 이뤄지고 있다.
아르데코 양식의 외관
이 멋스러운 현재의
건물은 1930년 지은
것이다. 건물 꼭대기
에는 곡물과 땅의 여
신 '케레스 Ceres' 조각상이 서 있다.
주소 141 W Jackson Blvd, Chicago, IL 60604 홈페이지
www.141wjackson.com

❸ 더 루커리 빌딩
The Rookery Building　　　　Map P.381

1888년 근대 건축에서 현대 건축으로 넘어가는 과
도기에 지어져 전통적인 건축 방식과 첨단 시설이

조화된 역사적인 건물이다. 외관은 복고풍이며 철골
구조는 현대 건축물에 가깝다. 로비는 1905년 미국
의 유명한 건축가 프랭크 로이드 라이트가 리모델링
했다. 건축의 역사를 볼 수 있어 건축가들에게 의미
가 큰 건물이다.
주소 209 S LaSalle St, Chicago, IL 60604 홈페이지
www.therookerybuilding.com

❹ 플라밍고
Calder's Flamingo　　　　Map P.381

루커리 빌딩 옆 연방 정부 사무실이 자리한 광장에
미국의 조각가 알렉산더 칼더 Alexander Calder가
만든 높이 16m의 강철 조각 작품이다. 시카고의 공
공예술 프로젝트에 의해 탄생됐으며 1974년 대중에
게 공개됐다. 강렬한 붉은색이 주변의 어두운 건물
들과 대비되어 인상적이다.
주소 210 S Dearborn St, Chicago, IL 60604

❺ 모내드녹 빌딩
Monadnock Building
Map P.381

1891년에 지어진 가장 오래된 상업 건물이다. 두 개의 건물로 이루어졌는데 북쪽 첫번째 건물은 피라미드 식으로 벽돌을 쌓아 올려 1층 벽의 두께가 1.8m(일부 2.5m)나 된다. 상층부로 올라가면서 벽의 두께가 얇아져 16층 꼭대기는  30cm밖에 되지 않는다. 붙어 있는 두 번째 건물은 1893년에 철근으로 지어졌으나 앞서 지어진 건물과 모양을 맞추기 위해 구조는 다르지만 비슷한 모습을 하고 있는 것이 재미있다. 1층에는 유명한 커피숍 '인텔리겐차'가 있다.

주소 53 W Jackson Blvd, Chicago, IL 60604 홈페이지 www.monadnockbuilding.com

❻ 해럴드 워싱턴 도서관
Harold Washington Library Center
Map P.381

대화재가 일어난 1871년 이전까지 시카고에는 사립 도서관만 존재했다. 대화재 이후 영국에서 8,000권의 책을 기증하면서 1873년에 공공 도서관이 개관했고 1891년에 중앙도서관이 건립되었다. 지금의 건물은 1991년에 새롭게 오픈한 해럴드 워싱턴 중앙도서관으로, 붉은 건물에 청동색 지붕이 인상적이다. 지붕 모서리에는 지혜의 상징 부엉이가 조각되어 있다.

주소 400 S State St, Chicago, IL 60605 홈페이지 www. chipublib.org

❼ 체이스 타워
Chase Tower
Map P.381

1969년에 완공된 265m의 60층짜리 건물로 뱅크 원 타워 Bank One Tower라고도 불린다. 부드럽게 휘어지며 올라가는 외관이 특징. 건물 앞 광장에 시계탑 The First National Clock과 모자이크 타일로 붙여 만든 마르크 샤갈 Marc Chagall의 〈사계 Four Seasons〉가 있는 곳으로 유명하다. 공공예술 작품인 사계는 시카고의 사계절과 시민들의 모습을 담고 있다.

주소 10 S. Dearborn St. Chicago, IL 60603

⑧ 미로의 시카고
Miro's Chicago
Map P.381

스페인 예술가 호안 미로 Joan Miró의 1981년 작품. 원래의 이름은 〈태양, 달, 그리고 별 The Sun, the Moon and One Star〉이었다. 콘크리트, 철, 세라믹 타일 등으로 만든 12m 높이의 조각 작품으로 여성이 팔을 벌리고 있는 듯한 형상을 하고 있다. 브런즈윅 플라자 Brunswick Plaza에 위치하며 길 건너 피카소의 조형물이 보인다.

주소 77 W Washington St, Chicago, IL 60602

⑨ 시카고 시청
City Hall
Map P.381

1911년 완공된 신고전주의 양식의 건물로 홀러버드 앤 로슈 Holabird & Roche가 디자인했다. 아치의 대리석 기둥이 이어져 있는 내부도 웅장하고 기품 있다. 2001년에는 지붕에 그린 루프 Green Loop라 불리는 친환경 옥상 정원을 만들었는데 일반인에게 공개되지는 않는다.

주소 121 N LaSalle St, Chicago, IL 60602 운영 08:30~16:30 홈페이지 www.cityofchicago.org

⑩ 리처드 델리 센터
Richard J Daley Center
Map P.381

1965년 완공된 건물로 21년간 시장을 역임한 리처드 델리 Richard J Daley를 기념한 공공기관이다. 시빅 센터 Civic Center로도 불리며 산화한 강철 빔에 의해 여러 색을 보이는 외관이 특징이다. 1967년부터 광장에 파블로 피카소의 조형물을 전시하고 있다.

주소 50 W Washington St, Chicago, IL 60602 홈페이지 www.thedaleycenter.com

⑪ 제임스 톰슨 센터
James R Thompson Center
Map P.381

독일계 미국인 건축가 헬무트 얀 Helmut Jahn이 설계한 주정부 공공기관이다. 1985년 완공됐다 당시 찬사와 비난을 동시에 받았던 건물이다. 우주선을 연상시키는 외관이 눈길을 끌며 17층 규모로 건물 전체가 유리로 둘러싸여 있다. 내부는 원통 모양으로 뻥 뚫려 있다.

주소 100 W Randolph St #4-300, Chicago, IL 60601 홈페이지 www.illinois.gov

⑫ 서 있는 동물 기념비
Standing Beast
Map P.381

제임스 톰슨 센터 앞에 서 있는 이 조각은 프랑스의 조각가이자 화가인 장 드뷔페 Jean Dubuffet의 작품이다. 1984년 만들었으며 나무, 동물, 문 등을 형상화한 초현실주의 작품으로 현대 문명을 비판한다는 의미를 담고 있다.

주소 100 W Randolph St, Chicago, IL 60601 홈페이지 www.cityofchicago.org

⑬ 시카고 극장
Chicago Theater
Map P.381

다양한 예술 공연이 열리는 시카고의 대표적인 명소이자 아이콘이다. 1921년 초호화 대형 극장으로 문을 열었고 많은 극장의 모델이 됐다. 프랑스 개선문을 본뜬 중앙의 아치와 화려한 네온사인으로 둘러싸인 입구가 눈길을 끈다.

주소 175 N State St, Chicago, IL 60601 홈페이지 www.msg.com/the-chicago-theatre

⑭ 메이시스 백화점
Macy's
Map P.381

1858년에 문을 연 미국의 유명 백화점이다. 화강암으로 지어진 외관은 중후하며 코너마다 무게가 7톤이나 되는 시계 그레이트 클락 Great Clock이 달려 있다. 내부에는 160만 개의 조각으로 구성된 티파니 실링 Tiffany Ceiling이 있는데 보는 각도에 따라 색깔이 바뀐다. 1907년 문을 연 레스토랑 월넛 룸 Walnut Room도 이곳의 자랑거리다.

주소 111 N State St, Chicago, IL 60602 홈페이지 www.macys.com/stores/il/chicago

⑮ 시카고 문화 센터
Chicago Cultural Center
Map P.381

높이 31m, 2개 동을 갖춘 이곳은 시카고의 공공 행사 및 다양한 전시와 이벤트를 진행하고 있다. 방문자센터도 있다.
1893년 신고전주의 양식으로 지어졌으며, 초창기 공공 도서관으로 운영됐다. 지름 12m의 티파니 Tiffany 스테인드글라스 돔이 있는 프레스턴 브래들리 홀 Preston Bradley Hall이 유명하다.

주소 78 E Washington St, Chicago, IL 60602 홈페이지 www.chicagoculturalcenter.org

그랜트 파크 Grant Park

루프 지역 동쪽에 위치한 거대한 공원 지역으로 시민들의 휴식처가 되는 곳이다. 미시간 호수에 접해 있는 이곳은 1911년 매립지 위에 조성됐으며 시카고의 대표 명소인 밀레니엄 파크와 시카고 미술관이 자리하고 있다. 밀레니엄 파크에는 곳곳에 조형물이 전시돼 있고 다양한 공연이 열린다. 미국 내에서도 유명한 시카고 미술관은 수준 높은 작품들을 전시한다.

밀레니엄 파크
Millennium Park

시카고의 스카이라인을 만드는 현대적인 고층 빌딩들과 독특한 조형물들로 둘러싸인 시카고의 대표 시민공원이다. 공영 주차장이던 곳을 대대적인 공사를 통해 개조했으며 공연장, 정원, 조형물로 꾸몄다. 원래 밀레니엄 시대를 맞아 2000년 오픈 예정이었으나 지연되면서 2004년 최초로 문을 열었다. 이후 시민들의 휴식처이자 일 년 내내 다양한 이벤트와 공연 등 공공예술을 감상할 수 있는 문화공간으로 거듭났다.

공원 서쪽 매코믹 트리뷴 플라자 McCormick Tribune Plaza에는 겨울에 아이스링크가 개장되며 남쪽의 시카고 미술관과 렌조 피아노 Renzo Piano가 디자인한 니컬스 다리 Nichols Bridgeway로 연결된다.

주소 201 E Randolph St, Chicago, IL 60602 운영 06:00~23:00 요금 무료 가는 방법 버스 3·4·20번 Michigan & Washington 하차 또는 CTA 트레인 Millennium Station 하차. 홈페이지 www.chicago.gov

밀레니엄 파크의 즐길 거리

클라우드 게이트 Cloud Gate

너비 20m, 폭 13m, 높이 10m, 무게 110톤의 공원 내 가장 유명한 조형물이다. 거대한 콩을 연상시켜 더 빈 The Bean이라 불린다. 2006년 완성됐으며, 영국 조각가 애니시 카푸어 Anish Kapoor가 거대한 168개의 스테인리스 판을 이음새 없이 용접해 매끄러운 곡면 거울의 형태로 만들었다. 공원과 빌딩들이 만드는 스카이라인이 거울에 비쳐 굴절돼 재미있고 독특한 볼거리를 제공한다. 다양한 형태로 변하는 모습이 신기하다.

제이 프리츠커 파빌리온 Jay Pritzker Pavilion

시카고 교향악단의 연주와 다양한 클래식 공연이 열리는 야외 공연장이다. 독특한 디자인과 다양하고 수준 높은 공연으로 시민들의 사랑을 받는 곳이다. 건축가 프랭크 게리 Frank Gehry의 디자인으로 지어졌으며 실내 공연장에 뒤지지 않을 만큼 첨단 음향 기술을 자랑한다. 무대 앞의 관중석 위에는 여러 개의 긴 막대가 얽혀 있는 40m 높이의 스테인리스 구조물이 설치돼 있는데 여기에 50대가 넘는 스피커가 매달려 있어 음향효과를 높인다. 공연장 앞에 펼쳐진 잔디에서는 많은 시민이 휴식을 즐긴다.

홈페이지 www.jaypritzkerpavilion.com

BP 다리 BP Pedestrian Bridge

밀레니엄 파크와 동쪽 공원인 메기 데일리 공원 Maggie Daley Park 사이에 놓인 아름다운 곡선 형태의 보행자 다리다. 프랭크 게리 Frank Gehry가 디자인했으며, 산책로처럼 이어진 다리의 옆면은 스테인리스 스틸 조각을 이어 붙였고 바닥은 나무로 되어 있다. 다리를 건너며 시카고의 스카이라인과 공원을 다양한 방향으로 감상할 수 있다.

루리 가든 Lurie Garden

밀레니엄 파크 남쪽에 위치한 정원으로 산책로가 조성돼 있다. 개성 있는 시카고의 다양한 건물들이 스카이라인을 만들고, 다양한 종류의 식물이 자라는 정원과 어우러져 멋진 풍경을 만든다. 길 건너 남쪽으로 시카고 미술관 신관이 이어진다.

밀레니엄 모뉴먼트 Millennium Monument

공원의 북서쪽 코너에 위치한 리글리 광장 Wrigley Square에 있는 조형물이다. 1917년에서 1953년까지 같은 자리에 있던 작품의 복제품이다. 도리아 양식의 열주들이 반원을 그리며 서 있으며 열주 아래에는 밀레니엄 공원 설립 공헌자 122명의 이름이 새겨져 있다. 밤에는 색깔이 변하는 LED 조명으로 장관을 이룬다.

크라운 분수 Crown Fountain

높이 15m에 달하는 두 개의 직사각형 타워가 마주 보고 있는 조형물이다. 벽면에는 다양한 인종으로 구성된 1,000명의 시카고 시민들의 얼굴로 가득 채운 LED 전광판이 있다. 13분마다 얼굴이 바뀌는데 입 모양을 동그랗게 만들어 물줄기를 뿜어낸다. 여름이 되면 오아시스 역할을 하며 이곳에서 아이들은 신나게 물놀이를 즐긴다. 스페인 조각가 하우메 플렌사 Jaume Plensa가 설

계했으며 카메라 영상, LED 디스플레이 등 첨단 기술이 접목됐다. 물줄기는 5월에서 10월 사이에만 나오며 전광판 이미지는 일년 내내 볼 수 있다.

니컬스 다리 Nichols Bridgeway

이탈리아의 유명한 건축가 렌조 피아노 Renzo Piano가 디자인한 보행자 전용 다리로 2009년 완공됐다. 길이는 약 190m이며 밀레니엄 파크의 지상에서 시작해 공중으로 가다가 시카고 미술관 신관 서쪽 3층으로 이어진다. 다른 높이에서 밀레니엄 파크 일대의 풍경을 볼 수 있다.

밀레니엄 파크 웰컴 센터 Millennium Park Welcome Center

밀레니엄 파크 북쪽 입구에 위치한다. 공원 안내를 받을 수 있고, 안내도를 얻을 수 있다.

주소 201 E Randolph St, Chicago, IL 60601 운영 매일 09:00~17:00

시카고 미술관
The Art Institute of Chicago
Map P.376-A2

시카고 미술관은 미국의 3대 미술관으로 꼽힌다. 1866년 디자인 학교로 출발했고 1879년 개관해 세계적인 미술관으로 성장했다. 1893년 시카고 박람회를 위해 지은 건물을 학교와 전시장으로 사용하기 시작했으며 지속적인 보수 작업과 고흐, 모네 같은 거장들의 작품들을 소장하면서 지금의 모습으로 발전했다. 밀레니엄 파크 바로 남쪽에 위치한다.

건축물 자체가 볼거리인 미술관은 크게 본관과 신관으로 이루어져 있다. 본관 입구 양쪽에는 에드워드 케미스 Edward Kemeys의 작품인 청동 사자상이 있다. 신관은 2009년 이탈리아의 유명 건축가 렌조 피아노 Renzo Piano가 설계한 모던 윙 Modern Wing 건물이다. 두 건물은 서로 더 브리지 The Bridge로 연결돼 있고 본관 2개 층과 신관 4개 층에 위치한 수십 개의 갤러리에 주옥 같은 작품들이 전시돼 있다.

미술관이 워낙 크고 중요한 작품이 많다 보니 짧은 시간에 보기는 힘들다. 계획을 세워 꼭 봐야 할 작품 위주로 동선을 짠 뒤 관람하는 것이 좋다. 수많은 갤러리 외에도 교육 시설과 카페, 레스토랑, 기념품점이 있어 휴식과 쇼핑을 즐기기에 좋다. 사진 촬영은 가능하고 큰 짐은 유료로 보관할 수 있다.

★ 매킨락 코트 McKinlock Court, 뮤지엄 카페 Museum Cafe

신관의 한 부분인 이곳은 갤러리들에 둘러싸인 안뜰처럼 생긴 중정이다. 고풍스럽고 아늑하며 중심에는 청동 조각상이 있다. 바깥쪽에는 뮤지엄 카페가 자리한다.

★ 발코니 카페 Balcony Café

모던 윙 2층에 위치한 카페로 시카고 미술관을 돌아보다 잠시 쉬어가기 좋은 곳이다. 심플하고 깔끔한 분위기의 카페로 커피와 베이커리는 물론 예술 계통의 책들이 구비돼 있다.

★ 기념품점

유명한 작품들을 소재로 한 기념품이 가득하다. 냉장고 자석부터 작가들의 회화집까지 다양한 상품이 있어 작품을 보고 그냥 가기 아쉬운 마음을 달래기 좋다.

주소 본관 111 South Michigan Avenue Chicago, Illinois 60603(신관 159 East Monroe Street) 운영 목 11:00~20:00, 금~월 11:00~17:00 휴관 화·수 요금 성인 $32, 학생 $26 가는 방법 밀레니엄 공원에서 도보 3분. 홈페이지 www.artic.edu

시카고 미술관 주요 작품

본관

미시간 애비뉴 빌딩 Michigan Avenue Building 이라 부르는 본관에는 1900년 이전의 유럽 예술, 인상주의와 후기 인상주의 회화 작품, 조각, 유럽 장식 예술, 인도·중국·한국·아프리카의 예술 작품과 중세 르네상스의 갑옷과 무기를 전시하는 갑옷 전시실 등이 있다. 특히 2층에 있는 엘 그레코, 렘브란트 등 유럽 대가들의 작품과 고흐, 쇠라, 모네 등의 인상파 화가들의 작품이 인기가 많다.

그랑드 자트섬의 일요일 오후
A Sunday on La Grande Jatte, 1884~1886
조르주 쇠라 Georges Seurat

시카고 미술관의 대표작으로 꼽히는 유명한 작품. 프랑스 인상주의 화가 쇠라가 무수한 점을 찍어 화면의 색과 빛을 표현하는 점묘법으로 2년에 걸쳐 그렸다. 파리 근교의 그랑드 자트섬에서 한가롭게 맑은 날씨를 즐기는 파리 시민들의 모습을 담고 있으며 실제로 보면 크기가 상당히 커서(가로 3m, 세로 2m) 놀라움을 준다. 쇠라는 이 작품을 완성하기 위해 수십 점의 습작을 남겼고, 완성 후 1886년 인상주의 전시회에 출품해 강한 인상을 주었다.

아를의 침실 (고흐의 방) The Bedroom, 1889
빈센트 반 고흐 Vincent van Gogh

프랑스 아를에서 고갱과 같이 살 계획이었던 노란 집의 침실을 그린 작품이다. 고흐는 동료 화가에게 보낸 편지를 통해 이 작품에서 방의 단순함을 부각하고 다양한 색조를 통해 절대적인 휴식을 표현하고 싶었다고 말했다. 같은 주제로 세 작품을 그렸으며 그중 두 번째 작품이다. 세 작품은 같은 구도로 거의 비슷하게 그렸지만 오른쪽 벽에 걸린 초상화 2개, 머리맡의 풍경화 등 소품이 다르게 표현됐다.

건초 더미 Stacks of Wheat (End of Summer), 1891
클로드 모네 Claude Monet

빛의 화가라 불리는 모네의 연작이다. 프랑스 지베르니로 거처를 옮긴 그는 자신의 집 앞에 있는 건초 더미를 그리기 시작했고 1890년부터는 연작을 남기는 데 몰두했다. 같은 건초 더미지만 빛이 비치는 순간에 따라

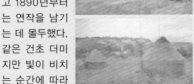

다른 작품으로 탄생한다. 모네는 이 작품에서 아침과 낮, 일몰, 겨울, 여름 등 시시각각 변하는 빛과 색을 매혹적으로 표현했다. 시카고 미술관에는 모네의 방이 따로 마련돼 있다.

두 소녀 Two Sisters (On the Terrace), 1881
르누아르 Pierre-Auguste Renoir

르누아르는 자연보다 인물을 표현하는 데 더 집중했던 인상주의 화가다. 부르주아 여인들을 주로 그렸으며, 풍부한 색으로 표현을 극대화한 작품을 많이 남겼다. 센강 옆 마을 샤토의 한 레스토랑의 테라스 위에 앉아 있는 두 소녀를 그린 이 작품은 배경이 되는 봄 풍경과 어우러져 소녀들의 모습이 생기 넘치고 화사하다. 남색 원피스와 빨간색 모자가 눈길을 확 끌며 르누아르만의 붓 터치로 소녀들의 아름다움을 더욱 돋보이게 표현했다.

성모승천 The Assumption of the Virgin, 1577~1579
엘 그레코 El Greco

후기 르네상스 시대의 독특한 화풍을 보여줬던 엘 그레코의 작품으로 16세기 중세 유럽의 기독교관이 잘 나타나 있다. 마리아가 죽은 후 몸과 영혼이 함께 승천했다는 가톨릭 교의로 14세기 이후 많은 작가가 다룬 주제다. 인간들의 구원을 위해 하느님께 자비를 구하고 있는 성모 마리아를 표현하고 있다. 원래 스페인 톨레도의 한 성당의 중앙제단화로 그린 작품으로 미술관의 것이 원본이다.

비오는 날 파리 거리 Paris Street-Rainy Day, 1877
구스타브 카유보트 Gustave Caillebotte

구스타브 카유보트는 프랑스 인상주의 화가이자 미술품 수집가다. 19세기 파리의 비 오는 날의 거리 풍경을 낭만적이면서도 사실적으로 표현한 이 작품 속의 장소는 파리 생라자르역 근처 더블린 광장이다. 함께 우산을 쓰고 어디론가 가고 있는 잘 차려입은 남녀와 비에 젖은 광장의 바닥, 각자의 길을 가는 시민들의 모습을 순간 포착했다. 중앙의 초록색 가로등과 파리 재건으로 조성된 방사형 길이 그림을 균일하게 분할하며 균형감을 극대화했다.

자화상 Self-Portrait, 1887
빈센트 반 고흐 Vincent van Gogh

고흐는 자화상을 많이 남긴 화가다. 인물화의 모델을 구할 돈이 없어 자신을 모델 삼아 그렸다. 모자를 쓰거나 파이프를 물고 있거나 심지어 귀가 잘린 모습까지 그렸다. 이 작품은 자화상들 중 파리에서 산 지 얼마 되지 않은 1887년에 그린 것으로 34세 때의 모습이다.

목욕하는 사람들 The Bathers, 1899/1904
폴 세잔 Paul Cézanne

근대 미술을 대표하는 화가 세잔은 말년에 목욕하는 사람들이라는 주제로 여러 점의 작품을 남겼다. 목욕하는 모습을 통해 인간과 자연의 조화를 나타내고자 했으며 디테일보다는 전체적인 구도와 조화를 강조했다. 연작이 늘어가면서 점점 모더니즘과 추상주의의 면모를 드러냈으며 이는 나중에 피카소에게 많은 영향을 줬다. 피카소는 세잔을 인생의 스승이라 여겼다.

신관

모던 윙 Modern Wing이라 부르는 신관에는 그리스, 로마의 작품, 20~21세기 그림, 조각, 사진, 건축 등 현대 미술과 미국 작품들이 주로 전시돼 있다. 유명 추상화가들의 작품과 조지아 오키프, 그랜트 우드 등 미국을 대표하는 화가들의 작품, 팝아트의 대가 앤디 워홀의 작품들이 전시되며 샤갈의 아메리카 윈도스도 볼 수 있다.

늙은 기타리스트 The Old Guitarist, 1903
파블로 피카소 Pablo Picasso

힘든 파리에서의 생활로 우울한 시간을 보내던 피카소가 22세에 그린 작품. 주로 청색, 회색, 검은색을 사용한 피카소의 청색 시대라 불리는 시기의 작품이다. 시각 장애를 가진 늙고 초라한 기타리스트를 그렸으며 앙상한 얼굴과 손가락, 남루한 옷 등에서 가난하고 고통받는 인간의 모습이 색채와 묘사를 통해 잘 나타난다. 바르셀로나에서 그릴 당시 엘 그레코의 영향을 받았다고 전해지는 작품이다.

리즈 Liz #3, 1964
앤디 워홀 Andy Warhol

미국의 미술가이자 팝아트의 대가인 앤디 워홀이 그린 12개의 뮤즈 시리즈 중 영화배우 엘리자베스 테일러를 모델로 그린 실크 스크린 작품이다. 그는 돈, 식품, 유명인 등 대중이 좋아하고 쉽게 알 수 있는 것들을 주로 제작했는데 리즈도 그가 좋아했던 배우다.

아메리칸 고딕 American Gothic, 1930
그랜트 우드 Grant Wood

미국인들이 특히 좋아하는 이 작품은 뮤지컬, 잡지, 광고 등 수많은 콘텐츠에서 패러디되면서 더욱 인기를 끌었다. 작품 속 근엄한 표정의 두 주인공은 시골 마을의 농부와 그의 딸로 실제 모델은 그랜트 우드의 동생과 작가의 고향인 아이오와주 시골 마을의 치과의사다. 유럽의 고딕 양식이 어설프게 적용된 마을의 목조 주택에서 영감을 얻어 그렸다. 언뜻 보면 농촌 사람들의 평범한 모습과 집 같지만 보수적이고 완고한 미국인들을 풍자하는 그림이라는 평을 들으며 당시 미국인들을 상징하는 아이콘이 됐다.

구름 위의 하늘 Sky Above Clouds IV, 1965
조지아 오키프 Georgia O'Keeffe

조지아 오키프는 20세기 미국 미술계를 대표하는 작가다. 유럽 미술의 영향을 받지 않고 자신만의 추상주의 속에서 가장 미국인다운 그림을 그렸다고 평가받는다. 세상의 편견으로 상처도 많이 받았지만, 뉴멕시코 사막으로 건너가 보여준 예술활동으로 세간의 평가를 바꾸고 예술적 깊이를 인정받게 된다. 98세까지 장수한 그녀는 이 작품을 그릴 당시 이미 80세였지만 열정은 젊은이와 다르지 않았다. 비행기 아래 보이는 구름과 지평선의 팽창을 보여주기 위해 7m의 캔버스에 시리즈로 작업했다.

아메리카 윈도스 America Windows, 1977
마르크 샤갈 Mac Chagall

유대인이었던 샤갈이 만든 스테인드글라스 작품. 미국에 대한 감사한 마음으로 시카고 미술관에 기증했다. 체이스 은행 앞에 있는 공공예술 작품인 사계 Four Seasons를 완성하고 난 뒤 제작했다. 색채의 마술사라 불리는 샤갈의 감각이 돋보이는 이 작품은 진한 푸른빛 유리에 미국 특유의 문화와 자유를 몽환적으로 표현했다. 자세히 들여다보면 미국의 상징인 자유의 여신상도 보인다.

나이트라이프 Nightlife, 1943
아치볼드 존 모틀리 주니어 Archibald John Motley Jr.
시카고 예술학교를 졸업한 화가 아치볼드는 아프리칸 아메리칸 문화를 표현한 작품을 많이 남겼다. 흑인 전용 술집에서 유흥을 즐기고 있는 흑인들의 모습을 그린 이 작품은 노예가 아닌 미국 사회 시민으로서의 흑인들을 보여준다. 흑인 예술문화의 부흥을 일컫는 '할렘 르네상스 Harlem Renaissance' 시기의 작품이다. 시계는 한 시를 가리키지만 바쁘게 일하는 바텐더들과 술을 마시는 사람, 춤을 추는 사람, 자는 사람 등 다양한 인물들의 모습을 독특한 색채로 표현했다.

아메리칸 컬렉터스 American Collectors(Fred and Marcia Weisman), 1968
데이비드 호크니 David Hockney
영국 출신의 팝 아트 화가이자 사진작가며 현존하는 가장 비싼 작가로도 유명한 데이비드 호크니의 작품. 그림 속 부부는 시카고의 유명한 미술 컬렉터들이다. 호크니만의 색채 감성과 주인공들의 재미있는 포즈가 호기심을 불러일으킨다. 경직되게 서 있는 남자의 움켜진 손에서는 물감이 흐르고 자유롭게 서 있는 여자는 이를 드러내고 미소를 띠고 있어 대조된다.

뮤지엄 캠퍼스 Museum Campus

그랜트 공원 남쪽 미시간 호수 변에 남북으로 조성된 지역으로 박물관, 수족관, 천문관이 있다. 잘 정비된 녹지와 도로, 산책로를 따라 요트가 떠 있는 미시간 호수와 시카고 마천루를 감상하며 드라이브와 산책을 즐기기에 좋다.

필드 박물관
The Field Museum
Map P.376-B3

인류학, 지질학, 동물학, 식물학, 고대 아메리카, 아프리카, 고대 이집트 등 여러 분야의 전시를 볼 수 있는 미국의 유명한 자연사 박물관이다. 25만 권 이상의 도서를 보유한 도서관과 최첨단 디지털 3D 상영관인 에른스트 & 영 3D 극장 Ernst & Young 3D Theater도 있다.

1893년 시카고 컬럼비언 뮤지엄 Columbian Museum of Chicago으로 출발해 1905년 마셜 필드 Marshall Field의 유산으로 새롭게 개장해 이름을 바꾸었으며 1921년 지금의 자리로 옮겨 왔다. 중앙 스탠리 필드 홀에 2000년부터 전시된 유명한 티라노사우루스 렉스 화석인 수 Sue는 Griffin Halls of Evolving Planet 전시실로 옮겨 전시하고 있다.

주소 1400 S. Lake Shore Dr. 운영 매일 09:00~17:00 (입장은 16:00까지) 휴관 추수감사절, 12/25 요금 일반 전시 12세 이상 $30, 3~11세 $23 가는 방법 버스 146번 Soldier Field & Field Museum 하차. 홈페이지 www.fieldmuseum.org

셰드 수족관
Shedd Aquarium
Map P.376-B3

1,500종 3만 2,000마리의 해양 생물이 살고 있는 대규모 수족관이다. 1930년에 문을 연 이후 2005년까지 세계 최대 규모였다.

중앙에는 바다거북, 상어 등이 서식하는 거대 수조 캐리비안 리프가 있으며 360도로 관람할 수 있다. 주제별로 각 서식지를 재현한 관에 철갑상어, 악어 거북, 바다사자, 해달, 수달, 벨루가 고래, 캐리비안 산호초, 아나콘다, 피라냐, 펭귄 등을 볼 수 있다. 물고기를 직접 만질 수도 있고, 돌고래 쇼, 4D 영화도 관람할 수 있다. 4D 영화관은 지하에 있다.

주소 1200 S. Lake Shore Dr. 운영 주중 09:00~17:00 (화~21:00), 주말 09:00~18:00 요금 12세 이상 날짜별 $39~48 가는 방법 필드 박물관에서 도보 2분. 홈페이지 www.sheddaquarium.org

애들러 천문관
Adler Planetarium
Map P.376-B3

1930년 독지가 맥스 애들러 Max Adler에 의해 설립된 미국 최초의 천문관이다. 그가 네덜란드에서 들여온 500여 점의 천문학 관련 전시물로 출발했다. 내부는 스카이 극장 The Grainger Sky Theater, 데피니티 극장 The Definiti Theater, 제일 마지막에 지어진 존슨 극장 Samuel C Johnson Family Star Theater 등 3개의 극장과 전시관, 도서관, 연구센터 등으로 꾸며져 있다. 애들러 천문관은 극장에서 상영하는 플래티넘 쇼가 유명하다. 메인 입구를 지나 바로 위치한 스카이 극장은 계절마다 바뀌는 별자리와 천체를 체험할 수 있는 독특한 스카이 쇼(Cosmic Collisions)와 영상물을 상영하는 중앙 돔 극장이며 주변에 전시관들이 배치돼 있다.

전시관에는 2,000여 점 이상의 전시물이 소장돼 있다. 가장 오래된 해시계, 12세기 페르시아 천문관측기구, 아폴로 15호가 가져온 월석, 운석, 우주 탐사선 제미니 12호 등 흥미진진한 볼거리와 천문학과 우주의 역사, 태양계 행성에 대한 모형 전시, 별의 탄생, 은하계 등 배울 거리도 많다. 1913년 조종사들에게 밤하늘 운항법을 익히게 할 목적으로 만든 구체의 앳우드 스피어 Atwood Sphere에 들어가면 설명을 들으면서 천장에서 움직이는 별자리를 볼 수 있다(요금 별도).

주소 1300 S. Lake Shore Dr. Chicago, IL 60605 운영 금~월 09:00~16:00, 수 16:00~22:00 휴관 화·목 요금 박물관 12세 이상 $25, 3~11세 $13, 박물관+스카이 쇼 1개 12세 이상 $32, 3~11세 $20 가는 방법 셰드 수족관에서 도보 7분 또는 버스 146번 Solidarity Dr & Planetarium 하차. 홈페이지 www.adlerplanetarium.org

스카이라인 워크 Adler Planetarium Skyline Walk
Map P.376-B3 Tip

둥근 돌이 있는 천문관을 중심으로 미시간 호수를 따라 둥글게 조성된 산책로다. 천문관은 건물 밖의 풍경이 아름답기로도 유명한데, 이 산책로에서 호수와 어우러져 아름답게 펼쳐지는 시카고의 스카이라인을 감상할 수 있다.

잭슨 파크 Jackson Park

시카고 다운타운에서 남쪽으로 12km 정도 떨어져 있는 잭슨 파크 지역은 학구적인 곳이다. 잭슨 파크 바로 옆에 세계적인 명문대로 꼽히는 시카고 대학이 있고, 잭슨 파크 안에는 인류의 과학과 산업이 얼마나 발전했는지를 알 수 있는 훌륭한 박물관이 있다.

과학 산업 박물관
Museum of Science and Industry

시카고에서 가장 인기 있는 박물관 중 하나로 손꼽히는 곳. 인류가 발전시킨 과학 기술과 산업에 관한 재미 있는 전시물이 가득하다. 사업가 줄리어스 로즌왈드 Julius Rosenwald 가 과학 교육에 공헌하고자 설립했다. 1893년 시카고에서 열린 세계 박람회 World's Columbian Exposition 때 미술관으로 쓰인 건물을 개조해 1933년 최초로 개관했고, 75개의 전시실에 다양한 주제의 전시물이 있다.

입구에 전시된 스테인리스 스틸 디젤 기관차 Pioneer Zephyr를 시작으로 제2차 세계대전 당시 나포한 독일 잠수함 U-505가 있는 U보트 전시실, 1968년 최초로 달을 탐사한 유인 우주선 아폴로 8호가 전시된 헨리 크라운 스페이스 센터 Henry Crown Space Center와 철로를 깐 미니어처 도시

더 그레이트 트레인 스토리 The Great Train Story, 독일의 급강하 전투기 슈투카 Stuka가 있는 트랜스포테이션 갤러리 Transportation Gallery, 석탄 채굴 시설 등 많은 전시물이 있다. 또한 일상생활에 쓰이는 기계나 제품의 과학 원리에 대해 설명하고, 직접 조작이 가능한 것도 많아 학습과 체험의 장으로도 좋다. 규모가 상당히 커 시간을 여유 있게 잡고 방문하는 것이 좋다.

주소 5700 S Lake Shore Dr, Chicago, IL 60637 운영 매일 09:30~16:00(주말, 성수기 09:30~17:30) 요금 박물관 12세 이상 $25.95, 박물관+체험 $37.95 가는 방법 버스 55번 Museum of Science & Industry 하차. 홈페이지 www.msichicago.org

시카고 대학
The University of Chicago

1890년 석유 사업으로 대부호가 된 존 데이비슨 록펠러 John Davison Rockefeller의 기부금으로 지어진 학교다. 아이비리그 대학에 뒤지지 않는 명성과 수준을 자랑하며 사회과학 분야에서 두각을 나타내 왔다. 특히 경제학 분야에서는 최고라고 인정받으며 신자유주의 경제학을 대표하는 '시카고 학파'가 유명하다. 캠퍼스에는 고풍스럽고 웅장한 건물이 많아 둘러보는 재미가 있다. 근처에는 건축가 프랭크 로이드 라이트 Frank Lloyd Wright의 대표적인 건물인 로비 하우스 Frederick C Robie House가 있어 함께 보면 좋다. 다운타운에서 남쪽으로 13km 떨어져 있다.

주소 5801 S Ellis Ave, Chicago, IL 60637 가는 방법 과학 산업 박물관에서 도보 10분. 홈페이지 www.uchicago.edu

니어 노스 Near North Side

다운타운을 관통하는 시카고강 북쪽에 위치한 지역이다. 미시간 호수 옆으로 조성된 관광단지 네이비 피어와 존 핸콕 센터, 트리뷴 타워, 워터 타워 등 다양한 볼거리가 있다. 쇼핑가이자 번화가인 매그니피슨트 마일을 중심으로 주변에 식사와 쇼핑을 하기에 좋은 곳이 많다.

워터 타워
Water Tower
Map P.376-A1

미시간 호수의 물을 인근의 주택가와 건물에 공급하던 고딕 양식의 급수탑이다. 석회암을 쌓아 42m 높이로 세웠다. 1869년에 완공됐으며 2번의 보수 공사를 거쳤다. 1871년 시카고 대화재 당시 타지 않고 남아 시카고의 상징이 되었다. 국가 역사 유적으로 지정된 시카고 워터 타워 구역 Old Chicago Water Tower District 내에

위치한다. 미시간 애비뉴의 확장 공사를 위해 철거가 논의되기도 했으나 시민들의 반대에 부딪혀 살아남았다.

주소 806 Michigan Avenue, Chicago, IL 60611 운영 임시 휴관 요금 무료 가는 방법 존 핸콕 센터에서 도보 3분 또는 버스 66번 Chicago & Michigan 하차. 홈페이지 www.cityofchicago.org

제4 장로 교회
Fourth Presbyterian Church
Map P.376-A1

1912년 미국의 건축가 랠프 애덤스 크램 Ralph Adams Cram이 고딕 리바이벌 양식으로 세운 시카고의 장로 교회다. 존 핸콕 센터 맞은편에 위치한 이

곳은 미시간 애비뉴에서 워터 타워 다음으로 오래된 건물이며 외관도 화려하다. 도심 한복판에 위치하지만 교회 안으로 들어가면 아늑한 정원과 조용한 예배당이 있다.

주소 126 E Chestnut St, Chicago, IL 60611 가는 방법 워터 타워에서 도보 4분. 홈페이지 www.fourthchurch.org

현대 미술관
Museum of Contemporary Art
Map P.376-B1

1940년에서 1970년 사이의 초현실주의, 팝아트, 미니멀리즘, 개념주의 등 현대 미술을 대표하는 작가들의 작품을 전시하고 있다. 시카고 출신 작가들의 작품도 많다. 독일의 건축가 요제프 파울 클라이휴즈 Josef Paul Kleihues의 디자인으로 1967년에 설립됐다. 2,500여 점의 작품을 전시하는 전시장 외에도 기념품점, 서점, 레스토랑, 조각 공원 등의 부대시설이 있다.

주소 220 E Chicago Ave, Chicago, IL 60611 운영 화 10:00~21:00, 수~일 10:00~17:00, 월 휴관 요금 성인 $22 가는 방법 워터 타워에서 도보 2분. 홈페이지 www.mcachicago.org

존 핸콕 센터
John Hancock Center
Map P.376-A1

1969년 존 핸콕 보험회사의 의뢰로 지어졌으며 완공 당시만 해도 미국에서는 두 번째, 시카고에서 가장 높았던 건물이다. 시카고강 북쪽에 위치한 대표적인 마천루이자 랜드마크다. X자 모양의 검은 철골과 두 개의 송신탑이 돋보이는 100층짜리 건물로 건물 높이만 344m, 송신탑까지 합하면 457m에 달한다. X자형 철골은 높은 건물을 안정적으로 지지하는 역할을 한다. 윌리스 타워를 설계한 파즐라 칸 Fazlur Kahn의 디자인으로 시카고 시민들은 빅 존 Big John이라 부른다.

93층까지는 사무실, 아파트, 쇼핑센터가 들어 있으며 94층에는 시카고의 전경을 감상하기 좋은 전망대인 360 Chicago가 있다. 통유리창 너머 360도 파노라마로 보이는 시카고의 전망은 인간의 위대함마저 느끼게 해준다. 끝없이 펼쳐진 평지 위에 세워진 반듯한 계획도시 안에 빽빽하게 들어선 초고층 건물들과 직선의 길들, 지평선, 미시간 호수가 아름답게 펼쳐진다. 시카고강 남쪽의 윌리스 타워도 보인다. 마천루에서 뿜어내는 빛이 일품인 멋진 야경도 챙겨 보면 좋다. 또한 스릴 넘치는 체험기구인 '틸트 Tilt'가 있다. 양쪽에 봉을 잡고 서면 서서히 유리창과 함께 아래로 기울어지는데 시카고의 하늘에 매달려 있는 듯한 짜릿한 기분을 느낄 수 있다.

주소 875 N Michigan Ave, Chicago, IL 60611 운영 매일 09:00~23:00 요금 12세 이상 $30, 3~11세 $20(틸트 포함 12세 이상 $39, 3~11세 $29) 가는 방법 워터 타워에서 도보 3분 또는 143·146·147·148번 버스로 Michigan & Chestnut 하차 후 도보 1분. 홈페이지 360chicago.com

네이비 피어
Navy Pier

Map P.376-B1

미시간 호수 방향으로 길게 뻗은 부두로 제 2차 세계대전 동안 군사시설로 사용됐던 곳을 개발해 만든 복합관광단지다. 공원, 분수, 회전목마와 대관람차 같은 놀이기구, 셰익스피어 극장, 시카고 어린이 박물관, 아이맥스 영화관, 크리스털 가든 등 가족들이 즐기기 좋은 시설과 레스토랑이 있다. 암벽 등반 같은 레포츠를 즐기거나 크루즈, 수상 택시도 탈 수 있으며 1년 내내 각종 문화 행사, 특별 전시, 불꽃놀이, 공연 등 다채로운 이벤트가 열린다. 시카고의 마천루와 호수가 어우러진 멋진 풍경을 감상할 수 있고, 대관람차에서 보는 야경도 인기다. 시설에 따라 무료와 유료로 나뉜다.

주소 600 E Grand Ave, Chicago, IL 60611 운영 일~목 11:00~20:00, 금·토 11:00~21:00 요금 네이비 피어 입장료 무료(내부 각 시설별 상이. 예) 대관람차 Centennial Wheel 성인 $21.3(세금 포함)) 가는 방법 버스 2·29·66·124번 Navy Pier Terminal 역 하차 홈페이지 www.navypier.org

어린이 박물관
Chicago Children's Museum

Map P.376-B1

네이비 피어 공원 안에 있는 어린이 전문 박물관으로 1892년 시카고 시립 도서관에서 시작했고 1995년 지금의 건물로 옮겨왔다. 3층 건물에 수학, 과학, 건강, 예술, 건축 등 교육적이면서도 아이들의 흥미를 끌 만한 다양한 주제의 체험 전시관이 있다. 공룡의 뼈를 발굴해보는 공룡 체험실 Dinosaur Expedition, 물을 만지면서 댐을 만들고 배도 조종해보는 워터웨이스 WaterWays, 건물을 지어보는 스카이라인 Skyline, 예술 작품을 만드는 아트 스튜디오 Art Studio 등 보는 것을 넘어 체험까지 가능한 곳이다.

주소 700 E Grand Ave, Chicago, IL 60611 운영 성수기 매일 10:00~17:00 요금 $21 가는 방법 네이비 피어 입구에 위치. 홈페이지 www.chicagochildrensmuseum.org

Travel Plus 시카고 스타일로 재해석된 재즈와 블루스

시카고 재즈

재즈는 미국의 흑인 음악과 유럽 음악이 결합한 것으로 즉흥적인 연주가 중요하다. 연주자의 독창적인 감성과 표현력을 가지고 자유롭게 연주한다는 특징이 있어 연주자의 음악적 재능이 돋보인다.

시카고 재즈는 1920년대 뉴올리언스 New Orleans의 흑인 재즈 음악가들이 시카고로 이주해 활동하고 시카고에 살던 백인들이 이에 영향을 받으면서 생겨났는데 뮤지컬 〈시카고〉에도 재즈의 열풍이 잘 나타나 있다. 흑인 재즈의 음악 정신을 이어받고 다양하고 새로운 변주법 등을 접목한 스타일로 당시 매우 유행했다. 블루노트(3,5,7음을 반음 낮추는 것), 거친 억양, 비트 등이 특징인 흑인 재즈보다는 서정성이 많이 들어간 음악이 많다. 시카고는 재즈의 역사가 살아 있는 도시로 연주를 들을 수 있는 클럽이 여럿 있다. 9월 초(노동절 전후)에는 밀레니엄 파크에서 시카고 재즈 페스티벌 Chicago Jazz Festival이 열린다.

시카고 블루스

블루스는 미국 남부에 정착한 아프리카 서부 출신 이주민들이 노동을 하며 부르던 노래가 유럽 음악과 결합한 것이다. 초기 블루스는 미시시피 델타 지역에서 탄생했다. 초창기 블루스 음악가들은 시카고나 텍사스 등지로 진출했는데, 이는 다양한 형태의 블루스로 발전하는 계기가 됐다.

이러한 변화 중의 하나로 정착한 것이 시카고 블루스. 기타와 하모니카로 연주하던 초창기 블루스와 달리 전자 악기가 들어간 밴드가 유행했다. 1950년대 로큰롤 탄생에도 영향을 끼쳤다. 우울하고 애절한 기존의 분위기와 달리 밝고 경쾌한 것이 많다. 대표적인 뮤지션으로는 전자 기타를 본격적으로 사용한 '머디 워터스 Muddy Waters'가 있다. 시내 곳곳에 블루스 연주를 들을 수 있는 클럽이 있으며 매년 6월 초 3일간 시카고 블루스 페스티벌 Chicago Blues Festival이 열린다.

하우스 오브 블루스
House of Blues   Map P.376-A2

재즈와 블루스 등 라이브 공연과 식사를 함께 즐길 수 있으며 미국 전역에 여러 매장이 있다. 마리나 타워 바로 뒤에 위치하며 매일 밤 다양한 공연이 열린다. 매주 일요일에 열리는 가스펠 브런치 Gospel Brunch가 유명한데 성가인 가스펠을 들으며 뷔페 형식의 브런치를 즐길 수 있다. 음식은 아메리칸 브렉퍼스트 스타일의 메뉴다.

주소 329 N Dearborn St, Chicago, IL 60654 운영 목 17:00~22:00, 금·토 17:00~24:00 휴무 일~수 가는 방법 버스 22·36번 Dearborn & Marina City 하차 마린 시티에서 도보 1분. 홈페이지 www.houseofblues.com

오크 파크 Oak Park

시카고 서쪽에 위치한 일리노이주의 한 도시로 평화로운 공원과 오래된 집들이 이어져 있는 조용하고 한적한 곳이다. 이곳에는 미국의 유명한 건축가 프랭크 로이드 라이트의 집과 그가 지은 집들이 많이 남아 있으며 투어를 이용해 건물들을 둘러볼 수 있다.

프랭크 로이드 라이트 홈 앤 스튜디오
Frank Lloyd Wright Home and Studio

미국의 근대 건축을 대표하는 건축가 프랭크 로이드 라이트의 작업실 겸 집이다. 1889년 그가 20대 초반에 가족과 함께 살기 위해 지었던 곳으로 국립 역사 유적으로 지정됐다. 스튜디오 주변에도 그가 설계한 집들이 많이 남아 있다.

스튜디오의 내부는 가이드와 함께 투어를 통해 둘러볼 수 있다. 프랭크는 건축물 디자인뿐 아니라 집의 내부 인테리어와 가구 설계도 직접 했으며 3차례 증축했다. 내부는 집으로 쓰인 공간과 작업실로 쓰인 공간으로 나뉘어 있다. 높은 천장과 공간의 연결성 등 그의 창의력이 돋보이는 구조 속에 원목의 가구들, 다양한 크기와 독특한 무늬를 가진 창, 벽난로, 전등갓, 벽에 들어간 피아노, 설계도 등을 볼 수 있다. 기념품점에서는 그의 작품으로 만든 고급스러운 기념품도 판다.

주소 951 Chicago Avenue, Oak Park, IL 60302 운영 투어 매일 10:00~16:00, 기념품점 매일 09:30~17:00 가는 방법 버스 311번 탑승 Oak Park Ave & Chicago Ave 역 하차 후 도보 5분 또는 CTA 트레인 그린 라인 Oak Park역 하차 도보 15분. 홈페이지 www.flwright.org

Travel Plus

프랭크 로이드 라이트 Frank Lloyd Wright, 1867~1959
기존의 고전적인 디자인에서 탈피해 미국건축의 근대화에 앞장섰던 건축가다. '유기적'이라는 말을 건축에 처음 사용하면서 자연과 조화를 중요시했고 수직적 구조가 아닌 초원주택이라 불리는 수평적 건축을 많이 지었다. 이런 획기적인 건축 양식은 이후 주택 설계에 많은 영향을 끼쳤고 그의 명성도 높아졌다. 그러나 그는 일생 동안 무절제한 생활로 여러 스캔들에 휘말리고 평탄하지 못한 삶을 살았다. 그럼에도 그가 남긴 건축 유산은 큰 업적으로 남았다. 대표작으로 낙수장, 구겐하임 미술관, 라킨 본사 빌딩 등이 있다.

홈 앤 스튜디오 투어 Home and Studio Tours
투어는 내부 인테리어를 보는 Guided Interior Tour, 내부와 프랭크가 설계한 스튜디오 주변의 다른 건축물을 함께 돌아보는 Inside and Out, 외부 건축물을 보는 Outdoor Historic Neighborhood Audio Tour가 있다. 내부 인테리어 투어는 영어 가이드지만 한글로 된 설명서를 준다. 내부 투어는 가이드가 있고 외부 워킹 투어는 기념품점에서 브로슈어와 오디오 가이드를 받아 스스로 둘러본다. 이외에도 프랭크의 다른 건축 유산을 보는 여러 투어가 있다. 성수기에는 사람이 많으니 홈페이지를 통해 예약을 하는 것이 좋으며 티켓은 기념품점에서 살 수 있다.

소요 시간 투어별 60~90분 요금 $20~30

시카고 피자 Chicago-style pizza

시카고에서 발달한 미국식 피자로 두꺼운 것이 특징이다. 움푹한 팬에 두툼한 도우를 깔고 소스와 치즈, 갖가지 토핑으로 채워 굽는 피자인데, 두께가 2~3cm까지 되기도 한다. 도우가 얇은 뉴욕식 피자와 대비되며, 깊은 팬에 구워 딥 디시 Deep Dish라 부르기도 한다. 토핑과 소스가 많고 두껍다 보니 손으로 들고 먹기 힘들어 칼과 포크를 사용해 먹는다. 팬에서 접시로 옮길 때에도 치즈와 소스가 마구 흘러내리기 때문에 접시마다 서빙해준다. 시카고 사람들은 이런 기술을 치즈 풀 Cheese Pull이라 부르는데, 이 치즈 풀을 잘해야 시카고 사람이라고 할 수 있다.

조다노스 $$
Giordano's

Map P.376-A1

시카고식 딥 디시 피자를 맛볼 수 있는 피자 전문점이다. 이탈리아 토리노에 살던 조다노라는 아주머니의 Two-Crusted Cheese Stuffed Pie를 두 아들이 시카고에 이민 와서 1974년 딥 디시 피자로 선보인 것이 시초이며, 사람들에게 인기를 끌며 시카고 피자로 자리 잡았다. 다운타운에만 10개가 넘는 매장이 있다. 도우가 엄청 두껍고 치즈와 야채 등 토핑이 켜켜이 쌓여 양이 상당히 많다. 피자 외에도 샐러드, 맥주, 파스타 등 다양한 메뉴가 있다.

주소 130 E Randolph St, Chicago, IL 60601 영업 일~목 11:00~22:00, 금·토 11:00~23:00 가는 방법 밀레니엄 파크에서 도보 4분.

주소 223 W Jackson Blvd, Chicago, IL 60606 영업 일~목 11:00~22:00, 금·토 11:00~23:00 가는 방법 윌리스 타워에서 도보 3분. 홈페이지 www.giordanos.com

루 말나티스 피자리아 $$
Lou Malnati's Pizzeria

Map P.376-A2

시카고에서 조다노스와 더불어 딥 디시 피자 맛집으로 유명한 곳이다. 루 말나티스 부부가 1971년 처음 문을 열었으며 그의 아들이 이어받아 가족 기업으로 성장했다. 신선하고 맛있는 피자를 만들기 위해 토마토, 치즈 등 재료를 까다롭게 고르는데 토마토는 캘리포니아에서, 치즈는 위스콘신 농장에서 40년째 공수한다. 딥 디시 피자 외에도 신 피자, 1인용 피자, 샐러드, 파스타, 어린이 메뉴 등 다양한 메뉴가 있으며 오전 11시~오후 2시에는 메인 메뉴에 샐러드나 수프 중 하나와 음료를 함께 먹을 수 있는 런치 스페셜을 즐길 수 있다.

주소 439 N Wells St, Chicago, IL 60654 영업 일~목 11:00~23:00, 금·토 11:00~24:00 가는 방법 CTA 트레인 브라운·퍼플 라인 Merchandise Mart역 하차 후 도보 1분. 홈페이지 www.loumalnatis.com

지노스 이스트
Gino's East
$$

Map P.376-A1

1966년 문을 연 딥 디시 피자집이  다. 이탈리아 소시 지가 들어간 지노 스 슈프림 Gino's Supreme, 바질과 매운 페퍼로니가 들어간 디아볼라 Diavola, 매운 소 시지가 들어간 시카고 파이어 Chicago Fire 등 종류 가 다양하며, 신 피자로도 주문할 수 있다. 매장 내 벽에는 그동안 지노스를 다녀간 무수히 많은 손님이 써 놓은 문구들로 가득 차 있어 이 집만의 독특한 인 테리어가 됐다. 피자 외에도 애피타이저, 샐러드, 수 프 등 여러 메뉴가 있다.

주소 162 E Superior St, Chicago, IL 60611 영업 일~목 11:00~21:00, 금·토 11:00~22:00 가는 방법 워터 타워에서 도보 5분. 홈페이지 www.ginoseast.com

멜리 카페
Meli Café
$$

Map P.376-A3

지역에서 자란 신선한 재료를 이용해 음식을 만드 는 브런치 맛집. 주말에는 줄이 길 정도로 인기가 많 다. 레스토랑, 카페, 주스 바를 함께 운영해 과일, 토 스트, 오믈렛, 스무디 등 다양한 메뉴가 준비돼 있고, 채식주의자를 위한 메뉴도 있다. 시카고에 3개의 매 장이 영업 중이며 찾아가기도 수월한 편이다.

주소 500 S Dearborn St, Chicago, IL 60605 영업 매일 07:00~15:00 가는 방법 CTA 트레인 블루 라인 LaSalle역 하차 후 도보 3분. 홈페이지 www.melicafe.com

인텔리겐차 커피
Intelligentsia Coffee
$

Map P.376-A2

1995년 시카고 에서 탄생했으며 미국은 물론 우 리나라에도 들어 온 유명한 커피 점이다. 생산자  들과 직거래로 원두를 공급하며 재배부터 구매 과정 까지 까다롭게 관리한다. 라이트 로스팅으로 최고의 향미를 추출하는 대표적인 스페셜 티 커피는 커피도 미식이 될 수 있음을 알려준다. 인텔리겐차는 러시 아어로 지식인 계급을 뜻하는데 커피에 있어 지식인 처럼 앞서 나가며 획일화된 분위기를 탈피하고자 하 는 것이 이곳의 모토다. 매장의 인테리어도 깔끔하 고 고유의 분위기를 가지고 있다.

주소 Monadnock Building, 53 W Jackson Blvd, Chicago, IL 60604 영업 월~금 07:00~18:00, 토 08:00~14:00 휴 무 일 가는 방법 CTA 트레인 블루 라인 Jackson 역 하차 홈 페이지 www.intelligentsiacoffee.com

돌롭 커피
Dollop Coffee Co
$

Map P.376-B1

2005년에 문을 연 로스터리 카페로 시카고 전역에 매장이 있을 만큼 인기가 있다. 깔끔한 오픈형의 매장 분위기로 노트북을 사용하기도 편리한 곳이다. 커피 뿐 아니라 베이글, 크루아상, 샌드위치 등 간단한 아 침 식사를 하기에 괜찮다.

주소 345 E Ohio St, Chicago, IL 60611 영업 매일 07:00~ 17:00 가는 방법 버스 2번 Grand & McClurg 하차 후 도보 1 분. 홈페이지 www.dollopcoffee.com

전망 좋은 시카고의 **루프탑 바 & 레스토랑**

런던 하우스 루프탑 바 $$

London House Rooftop Bar Map P.376-A2

시카고강 변의 런던 하우스 호텔 루프탑에 자리한 바 겸 레스토랑이다. 테라스로 나가면 바로 앞에 트럼프 타워가 보이고 그 아래로 시카고강을 가로 지르는 다리와 유명한 옥수수 빌딩도 보인다. 트럼프 타워 옆으로는 강 건너 니어 노스가 시작되는 파이어니어 코트와 트리뷴 타워가 보인다. 공간이 크지 않아 예약을 하지 않으면 자리가 없는 경우가 많다. 주말 브런치도 인기이며 영국의 느낌이 물씬 풍기는 애프터눈 티도 있다.

주소 85 East Wacker Drive At, N Michigan Ave, Chicago, IL 60601 영업 매일 11:00~24:00(날씨에 따라 달라짐) 가는 방법 시카고 건축 센터에서 도보 2분. 홈페이지 www.llondonhousechicago.com

©Andrew Parlette

신디스 $$

Cindy's Map P.376-A2

클라우드 게이트가 있는 밀레니엄 파크가 시원하게 내려다 보이는 루프탑 바 겸 레스토랑. 밀레니엄 파크 맞은편 호텔 시카고 애슬래틱 어소시에이션 Chicago Athletic Association 꼭대기에 위치하며 발코니의 풍경은 말할 것도 없고, 내부 분위기도 밝고 경쾌하다. 간단한 안주와 칵테일을 마시거나 브런치를 먹으며 경치를 감상하기에 좋다. 분위기가 좋아 프러포즈 장소로도 인기다. 브런치부터 디너까지 모두 가능하며 맑은 날 낮에 가면 공원과 호수의 경치를 제대로 즐길 수 있다.

주소 12 S Michigan Ave, Chicago, IL 60603 영업 월~목 11:00~23:00, 금 11:00~24:00, 토 10:00~24:00, 일 10:00~23:00 가는 방법 밀레니엄 파크에서 도보 3분. 홈페이지 www.cindysrooftop.com

퍼플 피그 $$
The Purple Pig   Map P.376-A1

2009년 미시간 애비뉴에 문을 연 이후 시카고 맛집에 늘 빠지지 않고 등장하는 레스토랑으로 미슐랭 가이드에도 선정된 바 있다. 스페인식 타파스 메뉴들이 많으며 술과 함께 안주로 먹기 좋다. 가장 인기 있는 메뉴는 돼지 귀 튀김 Crispy Pig's Ears이며, 그 외에도 다양하고 독특한 조합의 메뉴가 많다. 예약은 받지 않고 항상 사람이 많아 저녁에는 1~2시간 이상 기다릴 수 있다.

주소 444 N Michigan Ave, Chicago, IL 60611 영업 일~수 11:00~21:00, 목~토 11:00~22:00 가는 방법 트리뷴 타워에서 도보 1분. 홈페이지 thepurplepigchicago.com

이탈리 $$
Eataly   Map P.376-A1

이탈리아 식재료를 파는 마켓과 푸드코트를 함께 운영하는 곳이다. 그로서리와 레스토랑을 합친 그로서란트 Grocerant의 대표 주자로 이탈리아 토리노에서 2007년 첫 매장을 연 후 전 세계 35곳 이상으로 퍼져 나갔고 몇 년 전 우리나라에도 진출했다. 1층에는

디저트류를 파는 마켓이, 2층에는 육류, 해산물, 채소, 치즈, 과일 등 다양한 식재료를 파는 마켓과 피

자, 파스타, 젤라토 등 이탈리아 음식을 먹을 수 있는 푸드코트가 있다. 품질 좋은 식재료들을 구경하는 재미도 있고 식사까지 가능해 인기가 많다.

주소 43 E Ohio St, Chicago, IL 60611 영업 일~목 07:00~22:00, 금·토 07:00~23:00 (푸드코트는 11:30~20:30) 가는 방법 CTA 트레인 레드 라인 Grand/State역에서 도보 3분. 홈페이지 www.eataly.com

포틸로스 핫도그 $
Portillo's Hot Dogs   Map P.376-A1

시카고는 피자와 더불어 핫도그가 유명하다. 이곳은 1963년 푸드 트럭에서 시작해 대박을 터뜨린 핫도그 집으로 지금은 미국 전역에 지점이 생겼다. 핫도그 외에도 샌드위치, 햄버거 등 메뉴가 다양하지만 시그니처 메뉴는 기본 핫도그다. 피클이 통째로 들어가고 케첩을 뿌리지 않는다는 점이 다른 핫도그와 다르다. 소시지와 양귀비 씨가 박힌 빵의 부드럽고 고소한 맛이 일품이다. 매장이 넓고 비교적 저렴한 가격에 간편하게 한 끼를 해결할 수 있지만 양이 많은 편은 아니다. 늘 사람이 많아 기다릴 수도 있으며 포장도 가능하다.

주소 100 W Ontario St, Chicago, IL 60654 영업 매일 10:00~01:00 가는 방법 CTA 트레인 레드 라인 Grand역에서 도보 5분. 홈페이지 www.portillos.com

Shopping

시카고 도심에서 쇼핑을 즐기려면 대형 매장과 백화점, 쇼핑몰이 가장 많이 모여 있는 매그니피슨트 마일이 편리하고 물건도 많다. 하지만 조금이라도 할인된 상품들을 원한다면 외곽으로 나가 아웃렛 쇼핑을 즐기자.

매그니피슨트 마일
Magnificent Mile
Map P.376-A1

시카고 니어 노스에 있는 리글리 빌딩에서 북쪽의 존 핸콕 센터까지 남북으로 잇는 1.3km의 길을 말한다. 수백 개의 상점이 밀집한 시카고 최대의 번화가. 5성급의 고급 호텔, 명품 매장, 다양한 브랜드의 상점과 레스토랑, 카페들이 즐비하며 이벤트도 많이 열린다.

더 숍스 앳 노스브리지
The Shops at North Bridge
Map P.376-A1

매그니피슨트 마일 초입에 자리한 쇼핑몰이다. 백화점 노드스트롬을 비롯해 보스 BOSS, 캠퍼 Camper, 키엘 Kiehl's 등 50여 개의 상점이 있으며 쉐이크 쉑 Shake Shack, 캘리포니아 피자 키친 California Pizza Kitchen 등 20여 개의 식당이 있어 식사를 하고 쇼핑을 할 수 있다. 특히 이탈리아 식재료로 가득한 이탈리안 푸드 코트가 인기다.

주소 520 N Michigan Ave, Chicago, IL 60611 영업 월~토 10:00~20:00, 일 11:00~19:00 가는 방법 CTA 트레인 Grand역에서 도보 4분 홈페이지 www.theshopsatnorthbridge.com

워터 타워 플레이스
Water tower Place
Map P.376-A1

워터 타워와 존 핸콕 센터 사이에 위치한 쇼핑몰로 7층 규모에 100여 개의 상점과 식당이 있다. 아메리칸 걸 American Girl의 대형 매장이 있으며 유명 브랜드 보디용품점과 의류점, 액세서리점, 신발 매장 등이 골고루 분포해 쇼핑하기에 좋은 편이다.

주소 835 N Michigan Ave, Chicago, IL 60611 영업 월~목 11:00~19:00, 금·토 11:00~20:00, 일 12:00~18:00 가는 방법 워터 타워에서 도보 3분. 홈페이지 www.shopwatertower.com

나인 헌드레드 노스 미시간 숍스
900 North Michigan Shops
Map P.376-A1

매그니피슨트 마일의 끝자락에 자리한 쇼핑몰로 70여 개의 상점이 들어서 있다. 블루밍데일즈 백화점이 있으며 구찌 Gucci, 막스마라 MaxMara, 룰루레몬 Lululemon 등 유명 브랜드 매장이 많은 편이다.
주소 900 Michigan Avenue, Chicago, IL 60611 영업 월~토 11:00~18:00, 일 12:00~18:00 가는 방법 존 핸콕 센터에서 도보 2분. 홈페이지 www.shop900.com

아웃렛 쇼핑 Outlet

시카고 외곽에 여러 아웃렛 쇼핑몰이 있지만 가장 가까우면서 쾌적한 분위기의 아웃렛은 패션 아웃렛 오브 시카고다. 멀리 나간다면 더 큰 규모의 거니 밀스 아웃렛도 있다.

패션 아웃렛 오브 시카고
Fashion Outlets of Chicago

2층 규모의 실내형 쇼핑몰로 아웃렛뿐 아니라 일반 매장과 백화점까지 130개 이상의 상점이 입점해 있다. 푸드코트가 있어서 간단한 식사를 하기에 좋고, 오헤어 공항에서 매우 가까워 여행 일정을 마치고 들르기 좋다. 루프 지역에서 CTA 트레인을 타고 약 40분이면 갈 수 있으며 오헤어역 전 정거장인 블루라인 로즈몬트 Rosemont역에 내려 아웃렛까지 가는 무료 순환 셔틀 811번을 타면 된다. 만약 로즈몬트역에서 아웃렛까지 걷는다면 25분 정도 걸린다.
주소 5220 Fashion Outlets Way, Rosemont, IL 60018 영업 월~토 10:00~20:00, 일 10:00~19:00 가는 방법 CTA 트레인 블루 라인 Rosemont역 하차 후 순환 셔틀버스 811번. 홈페이지 www.fashionoutletsofchicago.com

거니 밀스
Gurnee Mills

시카고와 밀워키 중간쯤에 위치한 대형 쇼핑몰이다. 200여 개의 상점이 있는데 아웃렛과 일반 매장이 함께 있으며 식당, 극장, 미니어처골프 등 다양한 시설이 함께 모여 있다. 실내형 몰이지만 건물 바깥 주변에도 대형 마트, 하드웨어점, 대형 문구점, 전자제품점, 프랜차이즈 레스토랑들이 있어 웬만한 물건은 다 찾을 수 있다.
주소 6170 W Grand Ave, Gurnee, IL 60031 영업 월~토 10:00~20:00, 일 11:00~19:00 가는 방법 다운타운에서 자동차로 1시간. 홈페이지 www.simon.com/mall/gurnee-mills

Stay

시카고는 숙박비가 비싸기로 유명하다. 특히 명소가 밀집해 있는 루프 지역과 니어 노스 지역은 인기가 있는 만큼 가격이 높다. 또한 주차비가 비싸 렌터카가 있다면 비용이 많이 들게 되는데 이럴 경우 공항 근처에서 숙박하고 도심으로 들어가 관광을 하는 것도 하나의 대안이 될 수 있다. 시카고 남쪽 지역은 좀 위험할 수 있으니 밤에 돌아다니지 않는 것이 좋다.

루프

트럼프 인터내셔널 호텔 앤 타워 $$$$

Map P.376-A2

Trump International Hotel & Tower® Chicago

시카고강 변에 위치한 시카고의 마천루이자 랜드마크인 고급 호텔로 건물 전체가 유리로 돼 있고 전망이 뛰어나다. 모든 객실에서 시카고강과 주변의 유명한 건물들을 조망할 수 있다. 유명 쇼핑 거리인 매그니피슨트 마일과 3분 거리이다. 5성급 호텔인 만큼 시설과 서비스 수준은 최고를 자랑한다. 비싸긴 해도 예약을 서두르면 할인된 가격으로 숙박할 수 있다.

주소 401 N Wabash Ave, Chicago, IL 60611 가는 방법 CTA 트레인 레드 라인 Grand역에서 도보 6분. 홈페이지 www.trumphotels.com

HI 시카고 호스텔 $

HI Chicago Hostel   Map P.376-A3

숙박비가 비싼 시카고에서 상대적으로 저렴하게 묵을 수 있는 가성비 좋은 호스텔이다. 그랜트 파크 바로 옆에 위치한 이곳은 여러 지하철역과 4~5분 거리에 있어 교통이 편리하고 루프 지역을 워킹 투어하기에 좋다. 시티 패스 같은 투어 티켓도 판매하며 직원의 친절도나 시설 면에서 만족도가 높은 호스텔이다.

주소 24 E Congress Pkwy, Chicago, IL 60605 가는 방법 지하철 브라운·오렌지·핑크·퍼플 라인 Harold Washington Library–State/Van Buren역에서 도보 4분. 홈페이지 www.hiusa.org

베스트 웨스턴 그랜트 파크 호텔 $$$$

Map P.376-A3

Best Western Grant Park Hotel

도심에서 조금 벗어난 루프 지역 남쪽에 위치해 시설에 비해 가격이 상대적으로 저렴하다. 그렇지만 이것도 성수기에는 비싸다. 방 타입이 여러 가지인데 냉장고가 없는 방이 있으니 방의 옵션을 잘 보고 선택해야 한다. 가까운 지하철역이 있어 도심으로 진입하기는 편리하다.

주소 1100 S Michigan Ave, Chicago, IL 60605 가는 방법 지하철 그린·오렌지·레드 라인 Roosevelt Station에서 도보 5분. 홈페이지 www.bestwestern.com

실버 스미스 호텔 $$$

Silversmith Hotel
Chicago Downtown   Map P.376-A2

시카고 루프 지역의 중심부에 자리한 4성급 호텔로 밀레니엄 파크에서 불과 150m 가량 떨어져 있다. 걸어서 시카고의 주요 관광지를 돌아다니기 좋다. 고급 호텔답게 깔끔하고 모던한 인테리어는 물론 비즈니스 센터, 휘트니스 센터, 레스토랑, 칵테일 바 등 다양한 부대시설이 있다.

성수기를 피해 일찍 예약하면 합리적인 가격에 이용할 수 있다.

주소 10 S Wabash Ave, Chicago, IL 60603 가는 방법 지하철 Washington/Wabash 역 하차 후 도보 1분 홈페이지 www.silversmithchicagohotel.com

니어 노스

더 드레이크 $$$$
The Drake, a Hilton Hotel   Map P.376-A1

미시간 호수 가까이에 위치한 100년 역사의 유서 깊은 호텔이다. 웅장하면서도 클래식한 이곳은 그동안 전 세계 많은 유명 인사가 머물다 갔으며 영화에도 많이 나온 곳으로 유명하다.

존 핸콕 센터, 워터 타워 등의 명소와 도보 거리에 있으며 모래사장이 있는 호숫가를 따라 산책하거나 매그니피슨트 마일과도 가까워 쇼핑을 즐기기도 좋다.

주소 140 E Walton Pl, Chicago, IL 60611 가는 방법 존 핸콕 센터에서 도보 4분. 홈페이지 www.hilton.com

소피텔 시카고 매그니피슨트 마일 $$$$
Sofitel Chicago Magnificent Mile   Map P.376-A1

쇼핑몰과 명소가 밀집한 곳에 위치한 럭셔리 호텔이다. 32층의 유리로 된 현대적인 외관과 고급스러운 객실 인테리어를 자랑하며 전망 또한 훌륭하다. 성수기에는 비싸지만 비성수기에는 합리적인 가격으로도 숙박할 수 있다.

주소 20 E Chestnut St, Chicago, IL 60611 가는 방법 지하철 레드 라인 Chicago역에서 도보 3분. 홈페이지 https://sofitel.accor.com

햄프턴 인 시카고 다운타운/ 매그니피센트 마일 $$
Hampton Inn Chicago Downtown/ Magnificent Mile   Map P.376-A1

존 핸콕 센터와 워터 타워를 도보로 갈 수 있는 거리에 위치한 힐튼 계열의 체인 호텔이다. 특히 매그니피슨트 마일과 가까워 쇼핑을 즐기기도 좋으며 시설은 무난하고 깔끔하다.

주소 160 E Huron St, Chicago, IL 60611 가는 방법 지하철 레드 라인 Chicago역에서 도보 8분. 홈페이지 www.hilton.com

홈우드 스위트 바이 힐튼 시카고 – 다운타운 $$
Homewood Suites by Hilton Chicago-Downtown   Map P.376-A1

매그니피슨트 마일까지 불과 3분 거리이며 지하철역도 가까워 위치가 좋은 호텔이다. 주변에 레스토랑과 쇼핑 시설이 많고 명소를 도보로 둘러보기 좋다. 시설은 현대적이고 깨끗하다. 뷔페식 조식이 제공되며 간이 주방도 있어 간단한 요리가 가능하다.

주소 40 E Grand Ave, Chicago, IL 60611 가는 방법 CTA 트레인 레드 라인 Grand역에서 도보 3분. 홈페이지 www.hilton.com

공항 근처

윈덤 시카고 오헤어 $$$
Wyndham Chicago O'Hare

오헤어 공항 근처에 위치한 호텔로 깔끔한 시설과 적당한 가격이 장점이다. 공항에서 호텔까지 24시간 무료 셔틀을 운행한다. 호텔 내 무료주차가 가능하다. 대중교통으로 다운타운까지 가려면 셔틀을 타고 공항에 가서 지하철 블루라인을 이용하면 된다.

주소 1450 E Touhy Ave, Des Plaines, IL 60018 가는 방법 오헤어 공항에서 자동차로 7분. 홈페이지 www.wyndhamhotels.com

어로프트 시카고 오헤어 $$
Aloft Chicago O'Hare

부티크 스타일의 깔끔한 호텔로 패션 아울렛 시카고와 도보 3분 거리에 위치해 쇼핑, 식사, 구경이 가까운 거리 내에서 가능하다. 공항과 지하철 블루라인 Rosemont까지 무료 셔틀이 운행되어 다운타운까지 대중교통으로 접근하기도 좋다. 단, 셔틀은 미리 예약해야 하며 비행기 소음이 약간 있을 수 있다.

주소 9700 Balmoral Ave, Rosemont, IL 60018 가는 방법 오헤어 공항에서 자동차로 9분. 홈페이지 www.marriott.com

Atlanta 애틀랜타

조지아주의 주도이며 세계적으로 유명한 기업과 인물들이 배출된 곳이다. 코카콜라가 탄생했고
CNN 본사, 델타항공, UPS, 홈 디포 등 굵직한 기업들의 본사가 있는 곳이기도 하다. 미국 남부
경제를 이끄는 최대 상업도시로 복잡한 도로망과 빌딩들이 물류와 교통의 요지임을 보여준다.
영화 〈바람과 함께 사라지다〉의 원작자 마거릿 미첼과 마틴 루터 킹 목사의 고향이며 흑인 인권
운동의 중심 무대이기도 했다.

기본 정보

▌유용한 홈페이지

애틀랜타 관광청 discoveratlanta.com

조지아주 관광청 www.exploregeorgia.org

▌관광안내소

애틀랜타 관광청 Atlanta Convention & Visitors Bureau(ACVB)에서 두 개의 관광안내소를 운영한다. 애틀랜타 지도를 구할 수 있고 호텔, 레스토랑, 관광 안내를 받을 수 있다.

센테니얼 올림픽 파크 Centennial Olympic Park

주소 267 Park Ave W NW, Atlanta, GA 30303 운영 월~토 10:00~17:00, 일 10:00~12:00 홈페이지 discoveratlanta.com

애틀랜타 관광청 Atlanta Convention & Visitors Bureau Visitor Information Center

주소 233 Peachtree St #1400, Atlanta, GA 30303 1층 홈페이지 discoveratlanta.com

가는 방법

미국 동남부에 위치한 애틀랜타는 한국에서 직항편이 운항한다. 비행기 외에도 버스, 기차가 많은 도시와 애틀랜타를 연결하지만 뉴욕이나 워싱턴 DC 등 동북부 대도시에서는 상당히 멀기 때문에 비행기로 가는 편이 낫다.

비행기 ✈

한국에서 델타항공과 대한항공 직항편으로 13시간 40분 정도면 도착한다. 시애틀, 디트로이트, 뉴욕 등의 경유 편으로는 17시간 이상 걸린다. 국내선의 경우 뉴욕에서 직항으로 2시간 30분, LA, 시애틀 등지에서는 4시간 40분 정도 걸린다.

하츠필드-잭슨 애틀랜타 국제공항

Hartsfield-Jackson Atlanta International Airport(ATL) 다운타운에서 남쪽으로 약 16km 떨어져 있으며, 미국 남부 교통의 요지인 대규모 국제공항이다. 미국에서 이용객 수가 가장 많은 공항으로 선정되기도 했다. 델타항공의 허브 공항으로 많은 여객 노선이 있고, 화물 비행기와 저가항공도 많이 이착륙한다. 서쪽에는 국내선 터미널, 동쪽에는 국제선 터미널이 있지만 가깝지는 않다. 터미널 사이에는 7개의 콩코스 Concourse(T, A, B, C, D, E, F)가 있는데 이 중 콩코스 F가 국제선 터미널에 있다. 국제선에서 국내선으로 이동할 때는 셔틀버스인 ATL 인터내셔널 셔틀

커넥터 ATL International Shuttle Connector나 자동 운송 서비스(ATS)인 플레인 트레인 Plane Train을 타면 된다. 모두 무료로 운행된다.
주소 6000 N Terminal Pkwy, Atlanta, GA 30320 홈페이지 www.atl.com

★ 공항에서 시내로
시내로 가는 방법은 지하철, 셔틀, 택시 등이 있으며 지하철이 가장 저렴하고 이동시간도 가장 적게 걸린다. 짐이 많거나 대중교통이 마감됐을 때는 셔틀 서비스나 택시를 이용하는 것도 좋다.

① 마르타 지하철 MARTA Rail
애틀랜타의 대중교통인 마르타 지하철 MARTA Rail 레드 라인과 골드 라인이 공항과 도심을 연결한다. 가장 저렴하고 30분 정도면 도심까지 갈 수 있다. 지하철역이 국내선 터미널 쪽에 있기 때문에 국제선에 내리면 무료 셔틀버스인 ATL 인터내셔널 셔틀 커넥터 ATL International Shuttle Connector나 플레인 트레인 Plane Train을 타고 국내선 터미널 쪽으로 가야 한다.

운영 (공항 출발 기준) 골드 라인 주중 04:40~01:20, 주말 06:00~01:00, 레드 라인 주중 04:50~20:50, 주말 05:50~20:50, 소요 시간 20분(Five Points역까지) 요금 $2.50 홈페이지 www.itsmarta.com

② 셰어드 라이드 셔틀 Shared-Ride Shuttles
다운타운은 물론 북쪽 지역인 미드타운 Midtown, 벅헤드 Buckhead까지 갈 수 있다. 호텔 앞에 내려주기 때문에 편리하다. 10개가 넘는 회사가 있는데 가격은 목적지에 따라 회사별로 제각각이다. 대부분 국내선 터미널과 국제선 터미널 짐 찾는 곳 바깥에서 픽업한다.
요금 다운타운 기준 $16.50~ 출발 간격 15분(업체마다 상이)
· **Train Xpress**
전화 770-374-5066 홈페이지 www.thetrainxpress.com
· **Greater Atlanta Shuttle**
전화 678-851-7063 홈페이지 www.airportshuttleatlantaga.com
· **ATL Airport Shuttle**
전화 770-801-8000 홈페이지 www.atlantashuttle.com
· **Airport Perimeter Connection**
전화 404-761-0260 홈페이지 www.airportperimeterconnection.com

③ 택시/우버 Taxi/Uber
짐이 많거나 여러 명이 함께 이용한다면 탈 만하다. 택시는 공항에서 다운타운 비즈니스 디스트릭트까지 고정 요금이 적용되며 팁이 추가된다. 승강장은 도착층 바깥에 있으며 우버, 리프트도 짐 찾는 곳 바깥에 별도의 승강장이 있다.
소요 시간 20~25분 택시 요금 다운타운 $36(추가 인원 1인당 $2, 공항세 $1.5, 유류할증료 $2~3, 팁 추가) 우버 요금 $33~

기차 🚆

뉴욕에서 출발하는 앰트랙 크레센트 Crescent 선이 애틀랜타 북부에 위치한 기차역 피치트리 역 Peachtree Station에 도착한다. 뉴욕에서 오후에 출발해 애틀랜타에 아침에 도착하는 스케줄로 18시간 이상 걸리는 대장정이다. 기차 역사는 크지 않으며 다운타운에서 약 5km 떨어져 있다.
기차역 주소 1688 Peachtree Rd NW, Atlanta, GA 30309 요금 뉴욕 기준 $170~240 홈페이지 www.amtrak.com

버스 🚌

그레이하운드가 애틀랜타 버스역 Atlanta Bus Station에 들어간다. 뉴욕에서 20시간 이상, 워싱턴 DC에서 15시간 이상 걸려 좀 고생스러운 편이다. 버스역은 애틀랜타 남쪽 지역 지하철 Garnett역 바로 앞에 위치하며 야간에는 좀 위험하므로 혼자 다니지 않는 것이 좋다.

버스 터미널 주소 232 Forsyth St SW, Atlanta, GA 30303 요금 뉴욕 기준 $80~150 홈페이지 www.greyhound.com

시내 교통

다운타운은 걸어 다닐 수 있으며 그 외의 지역도 편리하게 대중교통을 이용할 수 있다. 애틀랜타의 대중교통은 지하철과 버스, 스트리트카가 있으며 마르타 Metropolitan Atlanta Rapid Transit Authority(MARTA)에서 통합 관리한다. 요금은 종이티켓인 브리즈 티켓이나 교통카드인 브리즈 카드로 지불하며 같은 방향에서 4번까지 환승 가능하다.

홈페이지 www.itsmarta.com

브리즈 티켓 Breeze Ticket

버스나 지하철을 탈 때 사용하는 종이로 된 교통티켓이다. 1회권과 1일권이 있으며 역에 있는 발매기에서 살 수 있다. 요금 외에 티켓 값으로 $1의 수수료가 있다.

브리즈 카드 Breeze Card

충전해 사용할 수 있는 교통카드다. 브리즈 티켓과 마찬가지로 발매기에서 구입할 수 있고, $2의 수수료가 있다.

① 마르타 레일 MARTA Rail

시내에서는 주로 지하로 다니는 전철로 M으로 표시되며 레드, 골드, 블루, 그린의 4개 노선이 있다. 4개 노선이 만나는 파이브 포인츠 Five Points 역이 중심이며 이곳에서 레드와 골드는 남북으로, 블루와 그린은 동서로 뻗어 간다.

운영 주중 04:45~01:00, 주말 06:00~01:00 요금 1회권 $2.50, 1일권 $9, 2일권 $14

② 마르타 버스 MARTA Bus

애틀랜타 전역을 커버하는 마르타 버스는 100개 이상의 루트를 가지고 있다. 브리즈 티켓, 브리즈 카드, 현금으로 요금을 지불할 수 있다. 현금은 거스름돈은 주지 않으며 환승을 할 수 없다.

운영 주중 05:00~01:00, 주말 05:00~00:30 요금 1회권 $2.50, 1일권 $9, 2일권 $14

③ 스트리트카 Streetcar

지상으로 다니는 스트리트카는 명소들이 모여 있는 다운타운 센테니얼 올림픽 파크에서 동쪽으로 순환한다. 요금이 저렴해서 시내에서 돌아다니다가 한번쯤 타볼 만하다. 단, 스트리트카 티켓은 버스나 지하철과 환승이 안 된다.

운영 매일 08:15~23:00 요금 $1, 1일권 $3

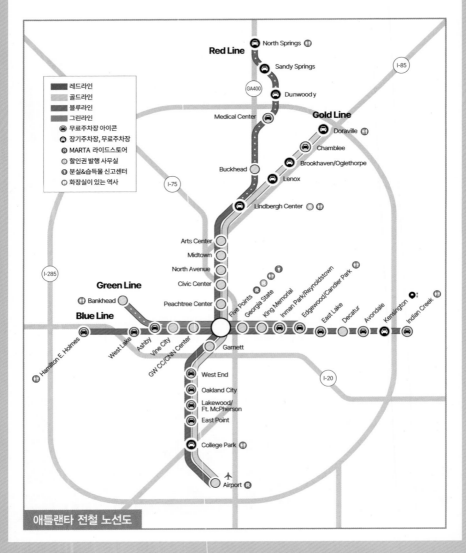

애틀랜타 전철 노선도

추천 일정

애틀랜타 다운타운의 명소들은 대부분 몰려 있어 걸어서 다닐 수 있고 하루면 주요한 곳은 대부분 볼 수 있다. 조지아 아쿠아리움이 가장 시간이 많이 걸린다.

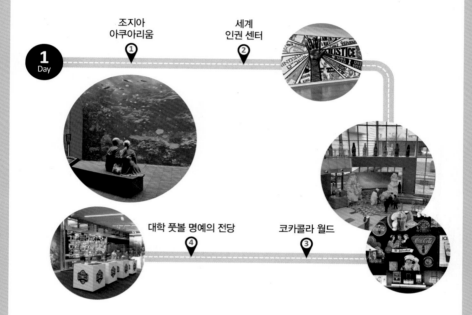

1 Day

① 조지아 아쿠아리움

② 세계 인권 센터

④ 대학 풋볼 명예의 전당

③ 코카콜라 월드

시티 패스 CityPASS

애틀랜타의 주요 명소 입장료가 포함된 패스로 명소들이 다운타운에 집중돼 있어 함께 이용하기 편리하다. 명소들을 모두 가본다면 아주 저렴하지만 몇 군데만 갈 계획이라면 가격을 비교해 봐야 한다. 인터넷으로 구입하면 이메일로 티켓을 받아 바로 사용할 수 있으며 첫 개시 후 9일까지 유효하다.

〈포함 내역〉
- 조지아 아쿠아리움 Georgia Aquarium
- 코카콜라 월드 World of Coca-Cola
- 동물원 Zoo Atlanta
- 세계 인권 센터 National Center for Civil and Human Rights 또는
  대학 풋볼 명예의 전당 College Football Hall of Fame 또는
  펀뱅크 자연사 박물관 Fernbank Museum of Natural History 이 3가지 중 2가지 선택

요금 13세 이상 $170.91, 3~12세 $150.72 (인터넷 예매 시 할인) 홈페이지 www.citypass.com/atlanta

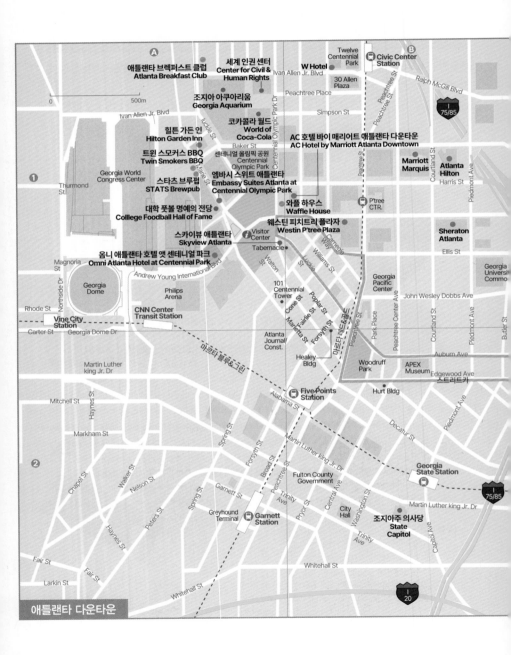

Ⓐ

애틀랜타 브렉퍼스트 클럽
Atlanta Breakfast Club

세계 인권 센터
**Center for Civil &
Human Rights**

조지아 아쿠아리움
Georgia Aquarium

코카콜라 월드
**World of
Coca-Cola**

힐튼 가든 인
Hilton Garden Inn

트윈 스모커스 BBQ
Twin Smokers BBQ

스타츠 브루펍
STATS Brewpub

대학 풋볼 명예의 전당
Colllege Foodball Hall of Fame

스카이뷰 애틀랜타
Skyview Atlanta

옴니 애틀랜타 호텔 앳 센테니얼 파크
Omni Atlanta Hotel at Centennial Park

Twelve
Centennial
Park

W Hotel

Ⓑ
🚇 **Civic Center
Station**

Ivan Allen Jr. Blvd

30 Allen
Plaza

Ralph McGill Blvd

Peachtree Place

Simpson St

I 75/85

Ivan Allen Jr. Blvd

Baker St

Luckie St.

Marietta St.

Centennial Olympic Park Dr

센테니얼 올림픽 공원
Centennial
Olympic Park

엠바시 스위트 애틀랜타
**Embassy Suites Atlanta at
Centennial Olympic Park**

AC 호텔 바이 매리어트 애틀랜타 다운타운
AC Hotel by Marriott Atlanta Downtown

Peachtree St

Courtland St

**Marriott
Marquis**

**Atlanta
Hilton**

Harris St

Piedmont Ave

와플 하우스
Waffle House

웨스틴 피치트리 플라자
Westin P'tree Plaza

🚇 P'tree
CTR.

**Sheraton
Atlanta**

Ⓘ **Visitor
Center**

Tabernacle

Ellis St

Georgia
Universi
Commo

0 500m

Thurmond
St

Georgia World
Congress Center

Magnoria
St

Ⓘ

Andrew Young International Blvd

Walton
St.

Williams St.

Luckie St.

Peachtree
Way

Georgia
Pacific
Center

John Wesley Dobbs Ave

Courtland St

Piedmont Ave

Butler St

Georgia
Dome

Philips
Arena

101
Centennial
Tower

Cone St

Poplar St

Fairlie St

메리에타 블러드

Park Place

Peachtree Center Ave

Auburn Ave

Rhode St

Northside Dr

CNN Center
Transit Station

Atlanta
Journal/
Const.

Forsyth St

Woodruff
Park

**APEX
Museum**

스트리트카

Edgewood Ave

Vine City
Station

Carter St Georgia Dome Dr

Martin Luther
king Jr. Dr

Haynes St

Healey
Bldg

Five-Points
🚇 Station

Hurt Bldg

Decatur St

Piedmont Ave

Mitchell St

Alabama St

Markham St

Ⓖ

Spring St

Forsyth St

Broad St

Martin Luther king Jr. Dr

Fulton County
Government

Central Ave

Georgia
State Station

I 75/85

Martin Luther king Jr. Dr

Chapel St

Walker St

Nelson St

Peters St.

Garnett St

Spring St

Peachtree
Ave

Trinity
Ave

City
Hall

Washington St

조지아주 의사당
**State
Capitol**

Capitol Ave

Greyhound
Terminal

Garnett
🚇 Station

Pryor St

Central Ave

Trinity
Ave

Fair St

Haynes St.

Peters St.

Whitehall St

I 20

Larkin St

Fair St

Whitehall St

애틀랜타 다운타운

Attraction

애틀랜타가 엄청 볼거리가 많은 지역은 아니지만, 코카콜라의 탄생지이며 CNN 본사 등 굵직한 명소들이 제법 있다. 중심지인 다운타운에 볼거리가 모여 있으며 대부분 걸어 다니며 볼 수 있다. 특히 조지아 아쿠아리움과 코카콜라 월드가 인기 있다.

조지아 아쿠아리움
Georgia Aquarium
Map P.416-A1

세계 최고의 아쿠아리움 중 하나로 꼽히는 곳으로 애틀랜타의 자랑이다. 코카콜라 컴퍼니의 부지 기증과 홈 디포 Home Depot 창업자 버니 마커스 Bernie Marcus의 기부로 지어졌다. 총 면적이 축구장 5배 정도로 2005년 오픈 당시에는 세계에서 가장 큰 아쿠아리움이었다. 배 모양의 독특한 건물에 700여 종 10만 마리 이상의 수중 생물이 살고 있으며 큰 규모만큼이나 볼거리도 다양하다.

주제별로 전시관이 나뉘어 있는데 메인 입구에 들어서면 캘리포니아 바다사자가 사는 피어 225 Pier 225, 강과 호수에 사는 수중 생물이 있는 리버 스카우트 River Scout, 열대 바다를 보는 트로피칼 다이버 Tropical Diver가 있다. 좀 더 안으로 들어가면 벨루가 고래를 볼 수 있는 콜드 워터 퀘스트 Cold Water Quest, 상어가 사는 깊은 바다 오션 보이저 Ocean Voyager와 돌고래쇼장인 돌핀 코스트 Dolphin Coast가 있다. 오션 보이저에는 이곳에서 가장 큰 수조와 수중 터널이 있다. 좀 더 가까이 관찰할 수 있는 비하인드 더 시즈 투어 Behind the Seas tours, 다양한 체험 프로그램(유료)과 4D 극장도 있다.

관람 시간은 보통 3시간 정도이며 워낙 볼거리가 많아 아이들이 있다면 반나절 이상 잡아야 한다. 돌고래쇼, 바다사자쇼까지 보려면 관람을 시작하기 전에 시간을 확인한 후 둘러보는 것이 좋다.

주소 225 Baker Street, NW Atlanta, GA 30313 운영 월~목 09:00~20:00, 금~일 09:00~21:00(날짜별, 계절별로 상이하니 홈페이지 확인) 요금 일반 $64.99 (인터넷 예매 시 할인) 가는 방법 버스 26번 Marietta St NW @ Simpson St NW 하차 후 도보 2분 또는 버스 51번 Ivan Allen Jr Blvd NW & Luckie St 하차. 홈페이지 www.georgiaaquarium.org

세계 인권 센터
National Center for Civil and
Human Rights

Map P.416-A1

미국의 흑인 인권운동과 세계의 인권운동에 관한 전시를 볼 수 있는 곳이다. 조지아 아쿠아리움, 코카콜라 월드 가까이에 위치해 쉽게 찾아갈 수 있다. 흑인 인권운동은 1963년 마틴 루터 킹 Martin Luther King 목사의 'I Have a Dream'이라는 유명한 연설로 정점을 찍으며 인권법 제정을 이끌어 냈다. 그렇게 되기까지 미국 흑인(African-American)들이 어떤 차별 대우를 받았고 어떻게 권리를 찾게 되는지에 대한 역사를 사건 중심으로 전시해 놓았다. 간디 등 세계적인 인권 관련 인물에 대해서도 볼 수 있다. 영어로 된 오디오가 제공된다.

주소 100 Ivan Allen Jr Blvd NW, Atlanta, GA 30313 운영 토 10:00~17:00, 화~금·일 12:00~17:00(마지막 입장 16:00) 요금 일반 $19.99, 7~12세 $15.99 가는 방법 조지아 아쿠아리움에서 도보 5분. 홈페이지 www.civilandhuman rights.org

코카콜라 월드
World of Coca-Cola

Map P.416-A1

코카콜라의 탄생지 애틀랜타에 위치한 코카콜라 박물관이다. 코카콜라 탄생과 역사에 관한 전시, 코카콜라에 관한 영상, 콜라가 병에 담기는 공정, 코카콜라 컴퍼니의 발전사 등 흥미로운 볼거리가 많다.

관람 중간에 코카콜라의 마스코트인 북극곰과 사진도 찍을 수 있는데 북극곰은 이 박물관에서 인기가 많은 스타다. 다양한 전시관을 보고 나면 100가지 이상의 세계 여러 나라의 콜라와 음료를 무제한 맛

볼 수 있는 관이 나온다. 같은 콜라라 하더라도 재료가 달라서 맛이 다 다르며 이런저런 향을 섞어 자기만의 콜라를 만들어 맛볼 수도 있다. 크기는 작지만 아기자기한 볼거리가 많고 1~2시간이면 충분히 볼 수 있다.

주소 121 Baker St NW, Atlanta, GA 30313 운영 월~목 10:00~17:00, 금~일 10:00~19:00 (날짜별로 상이하니 홈페이지 확인해야 함) 요금 일반 13~64세 $21, 3~12세 $17 가는 방법 조지아 아쿠아리움에서 도보 5분. 홈페이지 www. worldofcoca-cola.com

> **Travel Plus** ▶ **코카콜라의 기원은 애틀랜타 약사가 개발한 음료수**
>
> 1886년 애틀랜타의 약사였던 존 펨버턴 John Pemberton이 치료용으로 개발한 자양강장 음료가 코카콜라의 시초다. 존은 그 음료를 그의 약국에서 5센트에 팔았지만 거의 팔리지 않자 모든 제조권과 판매권을 약제 도매상인 아사 캔들러 Asa Candler 에게 팔았다. 아사는 1892년 코카콜라 컴퍼니 The Coca-Cola Company를 세웠고 1893년 브랜드 특허권을 등록했다. 미국뿐 아니라 전 세계적으로 퍼져 나간 코카콜라는 미국을 상징하는 브랜드가 됐고 현재 200여 나라에서 팔리고 있다.

센테니얼 올림픽 공원
Centennial Olympic Park
Map P.416-A1

1996년 열렸던 애틀랜타 하계 올림픽 당시 조성된 공원이다. 공원 내에는 오륜기 모양의 분수가 있고 어린이 놀이터도 있다. 공원 바닥에는 올림픽을 위해 기부금을 낸 사람들의 이름이 새겨져 있는 수많은 붉은 벽돌이 깔려 있다. 크지는 않아도 가까운 곳에 아쿠아리움과 CNN 센터, 코카콜라 월드 등 명소들이 있어 들르기 쉬운 곳이며 시민들의 휴식처로 이용된다.

주소 265 Park Ave W NW, Atlanta, GA 30313 운영 매일 07:00~19:00 가는 방법 코카콜라 월드에서 도보 5분. 홈페이지 www.gwcca.org

스카이뷰 애틀랜타
Skyview Atlanta
Map P.416-A1

도심 한복판에 서 있는 대관람차로 애틀랜타의 랜드마크로 꼽힌다. 주변의 명소들과 가까워 접근성이 좋고 다운타운의 경치를 파노라마로 즐길 수 있다. 42개의 곤돌라가 달려 있으며 정상은 20층 높이에 달한다. 곤돌라들 중에는 VIP용이 있는데 좌석이 페라리 스타일로 꾸며져 있고, 곤돌라 바닥은 유리로 돼 있다. 탑승 시간도 더 길어 좀 더 특별한 경험을 할 수 있다.

주소 168 Luckie St NW, Atlanta, GA 30303 운영 여름 월~목 12:00~22:00, 금 12:00~23:00, 토 10:00~23:00, 일 10:00~22:00(겨울 운영 시간은 홈페이지 확인) 요금 성인(13세 이상) $17.50, 학생 $15.50, 3~11세 $12.50, VIP 티켓 $50 가는 방법 센테니얼 올림픽 공원에서 도보 2분. 홈페이지 www.skyviewatlanta.com

대학 풋볼 명예의 전당
College Football Hall of Fame
Map P.416-A1

1951년 National Football Foundation(NFF)이 세운 대학 풋볼 명예의 전당은 대학 풋볼에 관한 전시를 볼 수 있는 곳이다. 원래는 다른 도시에 있었으나 2014년 애틀랜타로 옮겨왔다. 풋볼의 역사와 선수, 코치들의 기록, 트로피, 유니폼 등 다양한 볼거리가 있다. 입구로 들어서면 벽면에 각 대학 팀들의 헬멧이 걸려 있는데 좋아하는 팀이나 출신 대학을 물어보고 해당 헬멧에 불을 켜 준다. 관람 중간에 미니 영화도 볼 수 있고 선수들의 손이나 다리를 본뜬 전시물도 볼 수 있다. 보호대를 입어 보거나 유니폼 사이즈 재기, 공을 던져 보는 등 다양한 체험도 할 수 있다. 풋볼의 광팬이라면 이곳에서 하루 종일 시간을 보내도 지루하지 않다. 선수들의 유니폼 등을 파는 기념품점을 구경하는 것도 재미있다.

주소 250 Marietta St NW, Atlanta, GA 30313 운영 목~월 10:00~17:00 요금 성인 $30.25, 학생 $23(인터넷 예매 불가, 매표소에서 학생증 제시), 3~12세 $23.75 가는 방법 센테니얼 올림픽 공원에서 도보 2분. 홈페이지 www.cfbhall.com

조지아주 의사당
Georgia State Capitol
Map P.416-B2

1889년 완공된 신고전주의 양식의 황금색 돔을 가진 건물로 외관이 워싱턴 DC의 국회의사당과 닮았다. 돔의 꼭대기에는 횃불과 성서를 든 미스 프리덤 Miss Freedom이라는 조각상이 있다. 2층에는 사무실이 있고, 3층에서는 매년 1~4월 의회가 열린다. 4층에는 조지아주의 자연과 역사에 관한 전시를 하는 박물관이 있다. 가이드 투어로 내부를 둘러볼 수 있으며 조지아주의 역사와 정치, 의사당 건물에 대한 설명을 들을 수 있다.

주소 206 Washington St SW, Atlanta, GA 30334 운영 월~금 08:00~17:00 요금 무료 가는 방법 버스 21·55번 Martin L King J Dr & Courtland St 하차. 투어 홈페이지 www.libs.uga.edu/capitolmuseum/tours

스톤 마운틴 파크
Stone Mountain Park
Map P.416-B2

애틀랜타 도심에서 동북쪽으로 28km 정도 떨어진 곳에 위치한 공원으로 높은 바위산에 새겨진 부조가 유명하다. 또한 주변을 테마파크처럼 꾸며 놓아 다양한 행사와 축제가 열리고 캠핑장도 있어서 많은 사람들이 찾는다. 핵심 볼거리는 바위산인데, 남북 전쟁 당시 남부연합의 지도자였던 제퍼슨 데이비스, 로버트 리, 스톤월 잭슨의 인물이 새겨져 있다. 케이블카를 타고 산을 오를 때 부조가 제대로 보이며, 산 정상에서는 멀리 애틀랜타의 빌딩들을 조망할 수 있다.

주소 1000 Robert E Lee Blvd, Stone Mountain, GA 30083 운영 05:00~24:00 요금 티켓 종류별 $25~50 (성인 기준, 주차 $20 추가) 가는 방법 다운타운에서 차량으로 30분, 대중교통은 1~2회 환승하고 많이 걸어서 2시간 소요. 홈페이지 http://stonemountainpark.com

Restaurant

애틀랜타에는 메뉴는 특별하지 않아도 아주 오래된 핫도그집을 비롯해 유명한 유기농 아이스크림 가게, 도넛 가게 등이 꽤 괜찮은 편이다. 24시간 운영하는 프렌차이즈 식당도 있어 여행 중 언제든지 찾아가기 좋다.

애틀랜타 브렉퍼스트 클럽 $$
Atlanta Breakfast Club
Map P.416-A1

아쿠아리움 근처에 위치한 유명한 아침 식사 전문 식당이다. 전형적인 미국 남부 스타일의 아침 식사가 궁금하다면 가볼 만하다. 치킨과 와플이 함께 나오는 Chicken & Waffle 메뉴가 특히 유명하다. 남부 스타일의 그래비 소스가 곁들여진 비스킷도 인기다.

주소 249 Ivan Allen Jr Blvd NW, Atlanta, GA 30313 영업 월~금 06:30~14:45, 토·일 06:30~14:30 가는 방법 조지아 아쿠아리움에서 도보 1분. 홈페이지 www.atlbreakfastclub.com

트윈 스모커스 BBQ $$
Twin Smokers BBQ
Map P.416-A1

센테니얼 올림픽 공원 서쪽으로 명소들이 집중된 지역에 위치한 BBQ 레스토랑이다. 소고기와 돼지고기, 닭고기를 텍사스 스타일과 남부 스타일로 훈제해 립이나 찹 스테이크 등의

메뉴로 선보인다. 사이드 메뉴인 코울슬로나 포테이토도 신선하고 맛있으며 칵테일, 위스키, 수제 맥주 등 다양한 주류도 판매한다.

주소 300 Marietta St NW, Atlanta, GA 30313 영업 월~토 11:00~20:00, 일 11:00~18:00 가는 방법 조지아 아쿠아리움에서 도보 5분. 홈페이지 www.twinsmokersbbq.com

바서티 $
The Varsity

대학가에 위치한 대형 패스트푸드점으로 핫도그와 햄버거를 판매한다. 1928년 문을 열어 90년이 넘는 역사를 자랑한다. 고급스러운 곳은 아니지만 조지 부시, 빌 클린턴, 오바마 전 대통령도 찾았던 유명한 곳이다. 신선한 재료를 사용하는 것을 원칙으로 하는데 특히 이곳의 칠리는 100% 소고기를 원료로 사용하며 MSG를 넣지 않는다. 가장 인기 있는 메뉴는 칠리를 넣은 핫도그 콤보 Combo #1-Two Chili Dogs다. 칠리에 머스터드 소스를 뿌린 핫도그 2개에 프라이 또는 어니언 링, 음료수의 조합이다. 좀 느끼하기도 하지만 누구나 좋아할 만한 맛이다. 디저트 중에는 오렌지 셰이크 Frosted Orange Shake가 유명하다.

주소 61 N Ave NW, Atlanta, GA 30308 영업 일~목 11:00~20:00, 금·토 11:00~21:00 가는 방법 버스 51번 North Ave Station 하차 후 도보 2분. 홈페이지 www.thevarsity.com

와플 하우스 $
Waffle House
Map P.416-A1

대중적인 프랜차이즈 식당으로 이름은 와플 하우스이지만 와플뿐 아니라 달걀, 스테이크, 샌드위치, 파이, 칠리 등 많은 메뉴가 있다. 미국 전역에 1,900개가 넘는 매장이 있으며 특히 남동부에 집중돼 있다.

워낙 매장의 수가 많고 많은 사람이 이용하다 보니 와플 하우스 지표라는 것도 생겼다. 허리케인 같은 재난이 닥쳤을 때 매장 영업 상황을 보고 피해 정도를 측정하는 것이다. 애틀랜타에도 여러 개의 매장이 있으며 24시간 영업이라 언제든지 이용할 수 있고 맛도 괜찮은 편이다. 센테니얼 올림픽 공원 동쪽 바로 옆에 위치한 매장도 들르기 좋은 위치다.

주소 135 Andrew Young Int'l Blvd NW, Atlanta, GA 30303 영업 매일 24시간 가는 방법 센테니얼 올림픽 공원에서 도보 4분. 홈페이지 locations.wafflehouse.com

폰스 시티 마켓 $
Ponce City Market

공장을 개조한 독특한 마켓으로 애틀랜타에서 힙한 곳이다. 1926년 완공된 건물 곳곳에는 옛 공장의 구조물들이 남아 있고 그 사이사이에 앤티크숍, 가구점, 인테리어 소품점 등 다양한 상점과 푸드 홀이 들어서 있으며 2층에는 갤러리도 있다. 푸드 홀에서는 베이커리, 와인, 커피, 디저트 등 다양한 먹거리를 파는데 애틀랜타에서 엄청 유명한 막대 하드인 킹

오브 팝스 King of Pops의 유일한 매장도 있다. 킹 오브 팝스는 보통 길거리 매대에서 파는 것이라 매장이 없다.

주소 675 Ponce De Leon Ave NE, Atlanta, GA 30308 영업 월~토 10:00~21:00, 일 11:00~20:00 (상점은 18:00까지) 가는 방법 버스 2·102번 Ponce De Leon Ave NE & 675 하차 홈페이지 www.poncecitymarket.com

스타츠 브루펍 $$
STATS Brewpub
Map P.416-A1

조지아 수족관에서 100m 거리에 있는 레스토랑 겸 펍이다. 스포츠 경기를 보면서 맥주도 마시고 식사도 하는 곳으로 여러 대의 모니터에서 다양한 경기를 볼 수 있다. 중요한 경기가 있는 날이면 홀 전체가 시끌시끌하고 흥겨워 전형적인 미국의 스포츠 바 분위기를 느낄 수 있다. 다양한 종류의 맥주가 있다. 립, 햄버거, 샐러드, 안주류 등의 메뉴가 대체로 무난하며 가격대도 적당하다.

주소 300 Marietta St NW, Atlanta, GA 30313 영업 월~금 16:00~22:00, 토 11:00~23:00, 일 11:00~22:00 가는 방법 센테니얼 올림픽 공원에서 도보 3분. 홈페이지 www.statsatl.com

Stay

미국 남부의 상업 도시이자 굵직한 기업들의 본사가 위치한 애틀랜타는 관광뿐 아니라 비즈니스를 위해 많이 방문하는 도시다. 관광 성수기는 여름이지만 늘 여러 목적으로 많은 사람이 방문하는 곳이다. 일찍 예약하면 보다 저렴한 가격에 깔끔한 비즈니스호텔을 이용할 수 있다.

웨스틴 피치트리 플라자 $$$
The Westin Peachtree Plaza, Atlanta   Map P.416-B1

멀리서도 눈에 띄는 73층 규모의 유리 원통형 건물에 위치한 호텔이다. 깔끔하고 세련된 시설을 자랑하며 회전 레스토랑, 수영장 등 다양한 편의시설을 갖추고 있다. 다운타운 중심부에 위치하며 지하철역과도 가까워 공항에서 찾아가기 편리하다. 다운타운이 시원하게 내려다보이는 전망과 야경 또한 일품이다.

주소 210 Peachtree St NW, Atlanta, GA 30303 가는 방법 지하철 피치트리 센터 역에서 도보 2분. 홈페이지 www.marriott.com

옴니 애틀랜타 호텔 앳 센테니얼 파크 $$$
Omni Atlanta Hotel at Centennial Park   Map P.416-A1

복합 상업 건물 안에 있는 호텔이다. 1층 중앙 로비에는 푸드코트와 여러 상점이 있어 식사와 쇼핑이 편리하다. 북쪽으로는 센테니얼 올림픽 파크가 조망돼 전망도 좋은 편이다.

주소 190 Marietta St NW, Atlanta, GA 30303 가는 방법 센테니얼 올림픽 공원 안에 위치. 홈페이지 www.omnihotels.com

엠바시 스위트 애틀랜타 $$$
Embassy Suites Atlanta at Centennial Olympic Park   Map P.416-A1

다운타운 중심부에 위치해 여러 명소를 걸어 다니며 볼 수 있어 편리하다. 다운타운의 모습을 조망할 수 있으며 센테니얼 올림픽 파크 뷰가 인기다. 뷔페식 조식과 수영장, 레스토랑, 피트니스 센터 등의 다양한 편의시설을 갖추고 있다.

주소 267 Marietta St NW, Atlanta, GA 30313 가는 방법 센테니얼 올림픽 공원에서 도보 2분 홈페이지 www.embassysuites3.hilton.com

AC 호텔 바이 매리어트 애틀랜타 다운타운 $$$
AC Hotel by Marriott Atlanta Downtown   Map P.416-B1

센테니얼 올림픽 공원 동쪽에 위치한 깔끔하고 모던한 스타일의 호텔이다. 코카콜라 월드는 걸어서 5분 거리이며 그 외 다운타운의 주요 명소를 걸어 다니기 좋다. 야외 수영장과 바, 비즈니스 센터 등의 부대 시설이 있으며 일찍 예약하면 가성비도 괜찮은 편이다.

주소 101 Andrew Young International Blvd NW, Atlanta, GA 30303 가는 방법 센테니얼 올림픽 공원에서 도보 5분. 홈페이지 www.marriott.com

힐튼 가든 인 애틀랜타 다운타운 $$$
Hilton Garden Inn Atlanta Downtown   Map P.416-A1

깔끔하고 가성비가 좋은 비즈니스호텔로 다운타운을 걸어서 관광하기 좋은 환상적인 위치에 자리한다. 조지아 아쿠아리움, 코카콜라 월드, 센테니얼 올림픽 공원은 5분 이내에 갈 수 있으며 다운타운이 내려다보이는 전망도 좋다.

주소 275 Baker St, Atlanta, GA 30313 가는 방법 센테니얼 올림픽 공원에서 도보 3분. 홈페이지 www.hiltongardeninn3.hilton.com

Orlando
올랜도

세계 최대, 최고의 테마파크들이 모여 있는, 그야말로 테마파크의 천국이다. 겨울에도 비교적 온화한 날씨가 이어져 1년 내내 관광객이 끊이지 않는다. 식당과 쇼핑도 충분히 즐길 만큼 가득하다. 미국인들의 버킷 리스트에 꼭 들어간다는 올랜도 테마파크는 어린이뿐 아니라 일상에서 벗어나 잠시 근심을 잊고 즐길 수 있는 어른들의 천국이기도 하다.

기본 정보

█ 유용한 홈페이지

올랜도 관광청 www.visitorlando.com

█ 관광안내소
Orlando's Official Visitor Center

관광안내소 업무는 전화나 이메일(홈페이지 참고), 라이브챗으로 이루어진다. 할인 티켓이나 교통, 숙소, 어트랙션 정보 등 올랜도 관광에 필요한 것들을 문의할 수 있다.

전화 407-363-5872 운영(전화, 라이브챗) 월~금 09:00~18:00, 토 09:00~15:00 홈페이지 www.visitorlando.com

┌ 이 도시 알고 가자! ─

올랜도 여행의 핵심은 세계적인 테마파크 월트 디즈니 월드와 유니버설 올랜도다. 테마파크의 천국이라 불리는 올랜도에는 이 두 곳 외에도 다양한 테마파크가 있다. 일정상 일주일을 머물러도 이 두 곳을 다 보기 어려울 정도로 규모가 크다. 유니버설 올랜도는 올랜도 시 끝자락에 자리하며, 디즈니 월드는 올랜도시 외곽의 베이 레이크에 있다.

올랜도 주변 지도

가는 방법

한국에서 올랜도까지 직항편은 없지만 애틀랜타, 댈러스, 뉴욕 등을 경유하는 다양한 항공편이 있다. 소요 시간은 경유를 포함해 17시간 이상 걸린다. 미국 내에서 가장 가까운 대도시가 마이애미이며 370km 정도 거리라 자동차를 이용할 만하다. 다른 도시에서는 국내선 항공을 이용해야 한다.

비행기 ✈

올랜도 국제공항
Orlando International Airport (MCO)

올랜도 도심에서 남동쪽으로 15km 정도 거리에 있으며 그리 큰 규모는 아니다. 여행의 중심지가 되는 월트 디즈니 월드나 유니버설 스튜디오에서는 동쪽으로 25km 정도 떨어져 있다. 터미널은 A, B, C 세 개인데 A 터미널은 저가항공이 주로 이용하고, 국내선과 국제 노선은 터미널 B와 C를 이용한다. 터미널 간에는 무료 셔틀버스나 터미널 링크를 이용해 이동할 수 있다.

주소 1 Jeff Fuqua Blvd, Orlando, FL 32827 홈페이지 www.orlandoairports.net

★ 공항에서 시내로
올랜도 주변의 호텔들은 무료 공항 픽업서비스를 제공하는 경우가 많으니 먼저 확인하자. 직접 찾아가야 하는 경우에는 편리하면서도 비싸지 않은 우버가 많이 이용되며, 가장 저렴한 방법은 대중교통인 링스 버스다.

① 우버/리프트 Uber/Lyft
택시보다 훨씬 저렴해 많은 사람들이 이용한다. 택시의 경우 디즈니 월드까지 $60~80 잡아야 하지만 우버나 리프트는 보통 $40~55 정도에 가능하다. 20~30분 소요.

② 링스 버스 Lynx Bus
공항과 시내를 연결해 주는 저렴한 버스다. 정류장이 많아 오래 걸리고 주말에는 스케줄이 적어 불편하다는 단점이 있다. 인터내셔널 드라이브는 42번(1시간~1시간 30분 소요), 월트 디즈니 월드는 311번(디즈니 스프링스까지 1시간 10분~1시간 50분 소요)이 연결된다.

요금 1회 $2.00, 1일권 $4.50 홈페이지 www.golynx.com

③ 렌터카 Rental Car
관광도시답게 공항 1층에 수많은 렌터카 사무실 카운터가 길게 늘어서 있다. 미리 예약한 회사에 가서 픽업하면 된다.

디즈니 월드까지 가는 유료 셔틀

디즈니 월드까지 무료로 운행되던 셔틀이 운행 중단되면서 어쩔 수 없이 유료 셔틀을 이용해야 한다.

★ 미어스 커넥트 Mears Connect
올랜도 국제공항에서 디즈니 월드 인근 호텔들과 리조트에 데려다 주는 셔틀로 무료 셔틀이었던 디즈니 매지컬 익스프레스를 운행하던 회사에서 운행한다. 편리하지만 내리는 곳보다 앞에 들르는 호텔이 많을 경우 시간이 좀 더 걸릴 수 있다. 자신의 호텔로 바로 직행하는 익스프레스 서비스도 있는데 상당히 비싸다. 타는 곳은 공항 터미널 B와 C의 1층 정류장이다. 정차하는 호텔 명단은 홈페이지에 있다.
운행 24시간 요금 스탠다드 편도 일반 $16, 3~9세 $13 홈페이지 www.mearsconnect.com

---

기차 🚆

2023년 9월 플로리다주 동남쪽의 해안도시들을 연결해주는 열차 노선 브라이트라인 Brightline이 운행을 시작했다. 기차역이 올랜도 국제공항과 바로 연결되어 마이애미 기준 3시간 30분 정도 소요된다.
요금 마이애미 기준 스케줄, 예약 시점, 시즌, 좌석 등급에 따라 편도 $40~160 정도다. 홈페이지 www.gobrightline.com

시내 교통

테마파크들이 모여 있는 곳은 올랜도 도심에서 떨어져 있으며 인터내셔널 드라이브 International Drive를 중심으로 연결되어 있다. 이 지역을 순환하는 트롤리가 있으며 좀 더 장거리로 나가려면 링스 버스가 있다. 우버나 리프트도 편리하고 비싸지 않아 많이 이용한다. 일부 호텔에서는 아웃렛 등 주변 지역을 순환하는 셔틀서비스가 있으니 미리 확인해 보자.

① **아이 라이드 트롤리** I-Ride Trolley
대중교통이 애매한 인터내셔널 드라이브와 테마파크 주변의 호텔, 상점들을 연결해주는 트롤리로 레드라인과 그린라인이 있다.
운행 08:00~22:30 요금 1회 $2, 1일권 $6, 3일권 $8, 5일권 $10, 7일권 $16(트롤리 안에서는 1회권만 판매하며 잔돈은 주지 않는다) 홈페이지 www.internationaldriveorlando.com/iride-trolley

② **링스 버스** Lynx Bus
올랜도를 중심으로 운행되는 일반 버스로 저렴하지만 시간이 오래 걸리는 편이고 정류장이 많지 않다. 운행 시간은 노선마다 다르며 주말에는 배차 간격이 매우 크거나 운행하지 않는 경우도 있으니 주의하자.
요금 1회 $2.00, 1일권 $4.50 홈페이지 www.golynx.com

③ **우버/리프트** Uber/Lyft
편리하고 비싸지 않아 많이 이용한다. 가까운 거리는 $15~25 정도, 조금 멀리 나가도 올랜도 안에서는 $30~40 정도면 가능하다.

올랜도 투어 프로그램

올랜도 내에서는 굳이 투어를 이용할 필요가 없지만 주변의 다른 도시로 여행하는데 렌터카 운전이나 자유여행이 부담스럽다면 이용해 볼 만하다.

그레이라인 올랜도 graylineorlando.com, 테이크 투어스 www.taketours.com, 투어스 포펀 www.tours4fun.com, 올랜도 투어스 www.originalorlando.com

케네디 우주센터

왕복 2시간이면 다녀올 수 있고, 미 항공우주국(NASA)의 우주개발 산업을 직접 볼 수 있는 투어라 인기가 많다. 일정도 빡빡하지 않아서 저녁 시간이 여유롭다. 교통만 제공하는 간단한 투어부터 케네디 센터 입장료와 가이드까지 포함된 투어도 있다.

요금 $69.55~229

마이애미 1일 투어

올랜도에서 마이애미까지는 왕복 7시간 정도 걸려 당일치기로는 조금 부담스럽지만 마이애미 비치라는 유명세 때문에 인기가 많다. 아침 일찍 출발해 마이애미의 주요 명소인 아르데코 거리, 사우스 비치, 베이사이드 등을 돌아보고 밤 늦게 오는 투어다.

요금 $199~

세인트 어거스틴 1일 투어

한국인들에게는 덜 알려져 있지만 미국에서 가장 오래된 도시인 세인트 어거스틴을 다녀오는 투어다. 왕복 3~4시간 거리로 무난한 일정이며 미국과는 다른 분위기의 이국적인 모습을 즐길 수 있다.

요금 $99~129

올랜도 할인 패스

올랜도는 테마파크 위주의 여행이므로 가고자 하는 곳의 홈페이지에서 입장료 등과 비교해보고 구입하도록 하자.

시티패스 CityPASS

디즈니 월드, 유니버설 스튜디오, 시월드, 레고랜드의 입장료를 4~5% 정도 할인된 가격에 살 수 있다. 가끔 테마파크 홈페이지에서 프로모션을 할 때도 있으니 비교해 보고 구입하자.

홈페이지 www.citypass.com/orlando

고 올랜도 패스 Go Orlando Pass

케네디 우주센터, 레고랜드, 그레이라인 투어 등이 모두 포함되거나 선택해서 쓸 수 있는 할인 패스다. 주요 테마파크인 디즈니 월드와 유니버설 스튜디오는 제외된다.

홈페이지 gocity.com/en/orlando

추천 일정

올랜도의 테마파크는 규모가 엄청나게 크기 때문에 둘러보려면 3~4일로는 턱없이 부족하다. 짧은 일정이라면 디즈니 월드에 집중하고 3개 파크만 보는 것에 만족해야 한다. 올랜도의 테마파크를 제대로 즐기려면 적어도 6일은 필요하며 그렇게 해도 10개가 넘는 테마파크 중에 6~7개만 볼 수 있다.

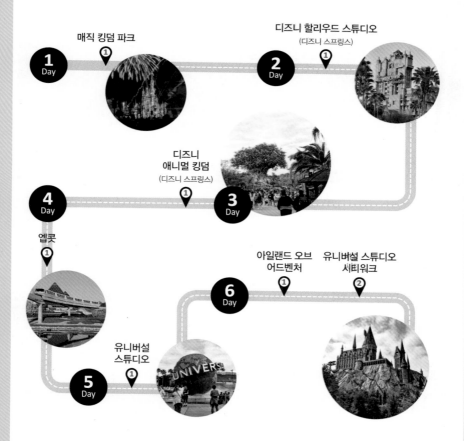

1 Day

매직 킹덤 파크 ①

2 Day

디즈니 할리우드 스튜디오
(디즈니 스프링스) ①

4 Day

디즈니
애니멀 킹덤
(디즈니 스프링스) ①

3 Day

엡콧 ①

아일랜드 오브
어드벤처 ①

유니버설 스튜디오
시티워크 ②

6 Day

유니버설
스튜디오 ①

5 Day

디즈니랜드나 유니버설 스튜디오에 가본 적이 있다면?

캘리포니아, 도쿄, 홍콩, 파리 등에도 있는 디즈니랜드는 디즈니 월드의 6개 테마파크 중 매직 킹덤과 비슷하기 때문에 나머지 파크들에 집중하는 것이 좋다. 캘리포니아에 있는 캘리포니아 어드벤처는 디즈니 할리우드 스튜디오와 비슷하다. 그리고 로스앤젤레스, 오사카 등에 있는 유니버설 스튜디오에 가봤다면 유니버설 올랜도에서는 2개 파크를 하루에 돌아보면 된다.

월트 디즈니 월드 WDW : Walt Disney World

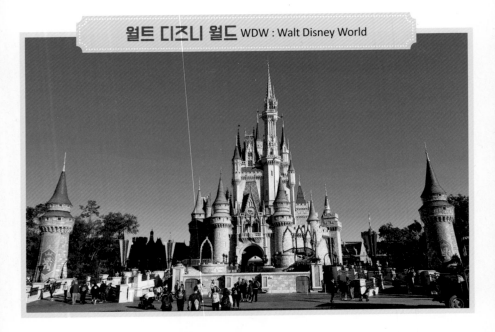

명실상부 세계 최고의 테마파크로 거대한 부지 안에 4개의 테마파크와 2개의 워터파크, 그리고 골프장, 리조트, 복합몰 등이 들어서 있다. 올랜도 외곽의 레이크 부에나 비스타 Lake Buena Vista와 베이 레이크 Bay Lake에 걸쳐 있어 엄청난 규모를 자랑하며 아직도 개발 중이다. 세계적인 관광지이자 미국인들의 꿈의 놀이터로 남녀노소 할 것 없이 죽기 전에 한 번은 꼭 가봐야 하는 곳으로 꼽는다. 파크가 많다 보니 비용이 만만치는 않지만 수많은 볼거리와 즐길 거리, 그리고 안에서 이루어지는 각종 쇼와 공연 등을 생각한다면 수긍이 가기도 한다.

※하루에 2개 이상의 파크를 볼 수 있는 티켓을 파크 하퍼 옵션 Park Hopper Option이라 한다.

※성수기/비수기 요금 차가 크며 날짜별 정확한 요금은 홈페이지를 참조하자.

※보통 3~4일 이용하기 때문에 5일권부터 1일당 가격이 점점 저렴해져서 7~10일권과 큰 차이가 없다.

주소 Walt Disney World Resort, Orlando, FL 32830 운영 날짜별, 파크별로 시간이 다르므로 반드시 홈페이지를 확인해야 한다. 보통 08:00~09:00에 오픈, 22:00~23:00까지 영업한다. 홈페이지 disneyworld.disney.go.com

이용기간	요금(세금 별도)
1일권	$109~271
2일권	$230~436
3일권	$350~590
4일권	$480~728
5일권	$505~801
6일권	$515~836
7일권	$548~851
8일권	$568~867
9일권	$595~881
10일권	$618~897

디즈니 월드 예약시 알아두면 좋은 팁

디즈니 월드는 규모가 크고 다양한 옵션들이 있어 미리 알아 두어야 할 것들이 많다. 꼼꼼하고 알차게 준비하려면 그만큼 시간이 많이 걸린다. 또 엄청난 인파가 몰리는 곳이라 예약도 일찍 하지 않으면 하루 종일 줄 서다가 끝나버릴 수도 있으니 주의해야 한다. 특히 성수기에 가는 경우라면 준비를 철저히 해야 한다.

방문 시기

가급적 성수기는 피하는 것이 좋고 특히 미국의 연휴가 있는 최성수기라면 하루 제한 인원이 넘쳐 입장을 못하게 되는 불상사가 생길 수도 있으니 고려해야 한다. 입장을 하더라도 비싼 요금에다 인파에 떠밀려 다니다 지쳐 돌아오게 될 수도 있으니 이때는 최대한 피하자. 연중 가장 요금이 비싼 시기는 크리스마스 시즌부터 신년까지다. 홈페이지의 요금 캘린더를 보면 언제 붐비는지 짐작할 수 있다.

첫 방문이거나 생일 등 기념일인 경우 안내데스크에서 받을 수 있는 배지

올랜도의 날씨는 여름에 무덥고 습하며 겨울에는 많이 춥지 않지만 일교차가 매우 커서 두꺼운 옷을 준비해야 한다. 전반적으로 소나기가 잦은 변덕스러운 날씨라 우비와 얇은 옷들을 많이 가져가는 것이 좋다.

티켓 예매

테마파크 티켓은 시즌과 요일에 따라 다르며 일찍 예매한다고 해서 저렴하지는 않다. 하지만 원하는 날짜에 예매하기 위해서는 서두르는 것이 좋다. 티켓은 공식 홈페이지에서 살 수 있으며 시티 패스 등의 할인 패스를 통해 약간의 할인을 받을 수 있다. 예매 시 디즈니 지니 플러스 서비스를 함께 구매할 수 있다.

저렴하다면 의심을

여러 인터넷 사이트나 현지에서 할인 티켓을 광고하는 가게나 매대를 볼 수 있다. 티켓이 너무 저렴하다면 숨겨진 조건이 있거나 다른 상품을 팔기 위한 미끼인 경우가 많으니 주의하자. 파트너 회사 할인이나 코스코 할인 등 다양한 루트가 있지만 할인율이 10%를 넘는다면 의심해 볼 필요가 있다.

귀차니스트를 위한 패키지 요금

티켓, 숙박, 식당을 일일이 알아보는 것이 귀찮은 사람들을 위한 패키지 요금도 있다. 편리하지만 할인이 전혀 안 된 금액이라는 것도 알아두자(어차피 큰 할인이 없기는 하다).

디즈니 지니 서비스 Disney Genie service

넓은 디즈니랜드에서 시간 낭비를 줄이고 많은 어트랙션을 즐기기 위해서는 동선을 잘 짜야 한다. 이를 도와주기 위한 무료 서비스와 유료 서비스를 말하는 것으로 서비스 내용을 잘 확인해서 이용하면 된다. 이를 위해 스마트폰에서 디즈니랜드 애플리케이션을 다운 받아 이용해야 한다. 기능도 많고 매우 유용한데, 미리 다운받아 예약 단계에서부터 활용하면 편리하다. 공원의 상세 지도와 정보, 이벤트 스케줄 등을 쉽게 찾아볼 수 있다.

My Disney Experience

디즈니 지니 Disney Genie

디즈니랜드 애플리케이션에서 무료로 이용할 수 있는 서비스다. 여러 어트랙션의 대기시간을 실시간으로 알려주고 방문하기 좋은 시간을 예측해주어 계획을 세우는데 매우 유용하다. 그러나 이 서비스로는 어트랙션 예약은 안 되며 줄을 서야 한다. 쇼나 식당도 추천해주며 실시간 채팅을 통해 질문을 할 수도 있다(영어).

디즈니 지니 플러스 Disney Genie Plus

무료로 제공되는 지니 서비스에 추가 기능이 있는 유료 서비스로 어트랙션을 미리 예약할 수 있어 편리하다. 시간을 절약할 수 있고 편리하다는 장점이 있지만 하루 $18~32(시즌별, 날짜별로 다름)의 추가 요금을 내야 한다. 입장권 구입할 때 추가할 수 있으며 입장 당일 앱에서도 구매 가능하다.
입장 가능한 어트랙션을 고르다 보면 동선이 왔다 갔다 길어질 수 있지만 일일이 줄을 서는 것보다 시간이 절약되니 이 점도 고려하자.

① 라이트닝 레인 Lightning Lane

디즈니 지니 플러스의 핵심 기능으로 기존 패스트패스의 유료 버전이라 할 수 있다. 인기 있는 어트랙션은 줄이 엄청나게 길어서 1~2시간씩 허비해야 하는 경우가 많은데 미리 예약 후 이용이 가능해 편리한 것이 장점이다. 일반 예약은 입장한 후부터 가능하나, 디즈니 공식 호텔 투숙객은 당일 07:00부터 예약할 수 있어 더 유리하다. 단, 예약은 여러 곳을 한꺼번에 할 수 없고 한 번에 하나만 가능하며 같은 어트랙션을 두 번 이상 이용할 수 없다. 예약한 어트랙션을 이용한 뒤에 다른 것을 예약할 수 있다. 적용 가능한 어트랙션은 애플리케이션에서 확인할 수 있다.

② 오디오 테일스 Audio Tales

오디오가이드가 포함되어 어트랙션에 얽힌 여러 이야기를 들을 수 있다.

③ 포토패스 PhotoPass

사진기사들이 찍어준 사진이나 어트랙션에서 찍힌 사진을 무제한 다운로드 받을 수 있다.

인디비듀얼 라이트닝 레인
Individual Lightning Lane

디즈니 지니 플러스와는 별개로 원하는 어트랙션을 골라 예약하는 개별 예약 티켓이다. 하루에 2곳까지만 가능하며 요금도 성수기, 비수기, 어트랙션 종류에 따라 달라진다. 요금은 어트랙션에 따라 다르다. 어트랙션을 많이 이용할 경우가 아니라면 굳이 지니 플러스를 이용할 필요가 없는데 이럴 경우 가격을 비교해 보고 선택하면 된다.

매직밴드 MagicBand

시계처럼 손목에 차고 다니는 매직밴드는 입장 시 티켓 역할을 하며 입구에서 지문과 함께 태그하면 된다. 상점, 식당 등에서 결제할 때 많이 사용하여 편리하고 디즈니 계정과도 연동이 가능하다. 기념품점이나 온라인에서 구입할 수 있으며 디즈니 리조트에 묵으면 구입 시 할인을 받을 수 있다.

요금 종류별 $35~65

디즈니 리조트 호텔

디즈니 직영 리조트에서 숙박을 하면 조금 비싸게 느껴지지만 일반 리조트 호텔에 부과되는 리조트 피 (Resort Fee)가 없고 다양한 혜택이 있어 추천할 만하다. 특히 렌터카가 없는 경우라면 파크와 위치도 가깝고 무료 셔틀을 이용할 수 있어 편리하다.

호텔 선정 및 예약하기

디즈니 리조트 호텔은 가격대에 따라 크게 3등급으로 구분되는데 가장 비싼 디럭스 Deluxe 등급은 레스토랑도 다 고급이라 전체적인 비용이 커지는데, 사실 밖에서 지내는 시간이 많아 부대시설을 이용할 시간도 많지 않다. 반면 가장 저렴한 밸류 Value 등급은 저렴한 만큼 모텔급 시설이지만 호텔에 따라 대중적인 푸드코트나 세탁 시설 등이 있어 가성비 좋은 곳도 있다. 중간 등급인 마더리트 Moderate 등급은 대체로 무난한 편이니 가격과 위치, 시설 등을 고려하도록 하자. 디즈니 리조트 호텔은 30여 곳이 있는데, 가성비가 좋거나 인기 있는 곳은 일찍 마감되므로 예약을 서두르는 것이 좋다.

디즈니 홈페이지에서 예약하면 자신의 계정으로 자동 등록되지만 호텔 예약 사이트를 통해 예약한 경우 자신의 계정에 직접 수동으로 등록해야 한다.

투숙객 혜택

① 디즈니 지니 플러스와 인디비쥬얼 라이트닝 레인을 오전 7시부터 예약할 수 있다.

② 모든 디즈니 리조트 투숙객은 오픈 시간보다 30분 일찍 입장할 수 있으며 디럭스 리조트 투숙객의 경우 늦게까지 파크에 머물 수 있는 날이 있다.

③ 디즈니 월드 내 셔틀버스, 워터택시, 모노레일, 스카이라이너 등을 무료로 이용할 수 있다.

④ 리조트 유료 주차장을 이용하는 투숙객은 각 공원 내 주차장을 이용할 때 무료다.

⑤ 매직 밴드 구입을 원하는 경우 할인 혜택이 있다.

캐릭터 다이닝 Character Dining

아이와 함께라면 캐릭터 다이닝도 괜찮다. 좀 비싼 편이기는 하지만 캐릭터와 사진 찍기 위해 줄을 오래 서는 것을 생각한다면 이곳에서는 사진 찍기가 훨씬 수월하다. 예약은 180일 전부터 가능한데 인기 식당은 하루 만에 예약이 마감되기도 한다.

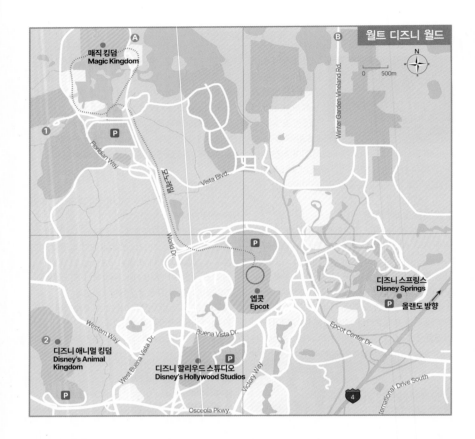

매직 킹덤

Magic Kingdom Park · **Map P.434-A1**

1971년에 개장한 디즈니 테마파크의 원형으로 캘리포니아를 비롯해 도쿄, 홍콩 등 여러 도시의 디즈니랜드와 비슷하다. 연령층이 어린 아동들이 좋아할 만한 것이 많다. 가운데 신데렐라 성을 중심으로 6개 구역으로 나뉜다. 정문 입구에는 미키마우스 꽃정원 뒤로 매직 킹덤 전체를 둘러싸며 순환하는 열차의 출발역이 있다. 다양한 퍼레이드와 야간 불꽃놀이가 인기있다.

주소 1180 Seven Seas Dr, Lake Buena Vista, FL 32830

★ 메인 스트리트 USA Main Street, USA

입구에서부터 신데렐라성까지 쭉 뻗어 있는 중심 거리다. 미국 중서부의 소도시를 화려하게 재현한 거리로 아기자기한 상점과 기념품점, 카페, 베이커리들이 늘어서 있으며 세트장처럼 컬러풀한 건물들의 모습에 흥이 절로 난다. 멀리서부터 신데렐라성이 보이는데 거리 끝에는 월트 디즈니의 동상이 있고 그 뒤로 신데렐라성이 있다. 퍼레이드 시간이 다가오면 자리를 잡고 앉아 있는 사람들로 가득하며 야간의 화려한 불꽃놀이는 신데렐라성 주변에서 펼쳐진다.

★ 어드벤처랜드 Adventureland

메인 스트리트에서 왼쪽에 자리한 곳으로 보트를 타고 정글을 탐험하는 사파리 느낌의 정글 크루즈 Jungle Cruise와 어둡고 으스스한 해적의 소굴을 탐험하는 캐리비안의 해적 Pirates of the Caribbean이 있는 모험의 나라다.

★ 프런티어랜드 Frontierland

어드벤처랜드 안쪽으로 깊숙이 자리한 개척의 나라에는 인기 코스터인 빅 선더 마운틴 레일로드 Big Thunder Mountain Railroad가 있고 2024년 여름 티아나스 바이유 Tiana's Bayou가 오픈한다. 작은 구역이지만 항상 즐거운 비명소리가 끊이지 않는 곳이다.

★ 리버티 스퀘어 Liberty Square

미국의 자부심 자유민주주의를 상징하는 필라델피아의 자유의 종 Liberty Bell이 있으며 대통령 홀 The Hall of Presidents에서는 미국 역사와 대통령에 관한 영상이 담긴 쇼를 상영한다. 안쪽으로는 마크 트웨인의 증기유람선을 연상시키는 리버티 스퀘어 리버보트 Liberty Square Riverboat가 있다.

★ 판타지랜드 Fantasyland

유아와 아동을 동반한 가족 여행자들에게 인기 있는 이곳은 파스텔톤의 화사한 건물들로 가득한 환상의 나라다. 하늘을 날며 모험을 즐기는 피터팬의 비행 Peter Pan's Flight은 어른들에게도 매우 인기이

며 실내에서 보트를 타고 음악과 함께 세계 여러 나라를 돌아보는 작은 세상 It's a Small World도 남녀노소 모두 좋아한다.

★ 투모로랜드 Tomorrowland

신데렐라성 오른쪽으로 연결된 미래의 나라는 SF의 분위기가 풍기는 곳으로 롤러코스터를 타고 우주여행을 즐기는 스페이스 마운틴 Space Mountain과 신나는 카레이싱의 투모로랜드 스피드웨이 Tomorrowland Speedway와 2024년 오픈한 트론 Tron이 인기다.

Travel Plus | 맛있고 색다른 테마파크의 먹거리

훈제 칠면조 다리는 디즈니 테마파크 인증샷에 종종 올라오는 메뉴다. 짠맛이 강해 맥주와 잘 어울리며 아이들은 미키마우스 프리첼과 함께 먹는다. 안에 작은 소시지가 들어간 미니 콘독이나 칠리감자튀김, 할라피뇨튀김도 간단식으로 많이 먹는다. 다양한 레스토랑이 있으며 저녁 늦게까지 영업한다.

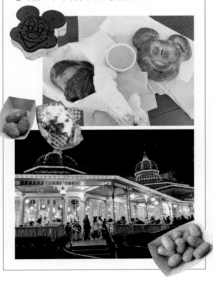

디즈니 할리우드 스튜디오
Disney's Hollywood Studios　　　Map P.434-A2

할리우드를 주제로 한 테마파크로 캘리포니아에 자리한 캘리포니아 어드벤처와 조금 비슷하다. 디즈니 월드 테마파크들 중에서 가장 규모가 작은 곳이지만 덕후들이 좋아할 만한 어트랙션이 많다. 특히 2019년 대망의 스타워즈: 은하계의 끝 Star Wars: Galaxy's Edge이 오픈하면서 가장 핫한 곳이 되었다. 가장 안쪽에 자리한 노천극장에서 펼쳐지는 야간 쇼도 유명하다.

주소 351 S Studio Dr, Lake Buena Vista, FL 32830

★ 할리우드 불러바드 Hollywood Boulevard

입구에서부터 직선으로 뻗어 있는 메인 거리다. 할리우드 콘셉트로 상점과 식당이 늘어서 있으며 다양한 퍼레이드가 펼쳐지기도 한다. 안쪽으로 들어가면 넓은 중앙 광장이 나오는데 이 광장에서 스타워즈를 비롯한 인기 캐릭터들의 쇼가 종종 있어 사람들이 자주 모여든다. 광장 끝에는 로스앤젤레스의 할리우드에 자리한 차이니스 극장을 그대로 본뜬 모형 극장이 있다.

★ 에코 레이크 Echo Lake

호수 주변으로 다양한 식당과 길거리 음식, 기념품점들이 모여 있는 구역이다. 겨울왕국의 엘사가 등장하는 뮤지컬 프로즌 For the First Time in Forever: A 'Frozen' Sing-Along Celebration이나, 인디애나 존스 Indiana Jones 스턴트쇼가 인기가 많다. 안쪽으로 좀더 들어가면 더욱 인기 있는 스타워즈를 주제로 한 3D 어트랙션 스타 투어스 Star Tours-The adventures Continue도 있다.

★ 그랜드 애비뉴 Grand Avenue

에코 레이크 안쪽에 조그맣게 자리한 곳으로 기념품점과 식당이 있으며 머펫의 마술을 3D로 볼 수 있는 머펫 비전 Muppet Vision 3D가 있다.

★ 스타 워즈: 은하계의 끝 Star Wars: Galaxy's Edge

전 세계 스타 워즈 덕후들의 기대를 한껏 모았던 스타 워즈 테마파크가 2019년 8월에 오픈했다. 캘리포니아의 디즈니랜드보다 늦게 열긴 했지만 더 규모가 크다. 천문학적인 금액을 쏟아부은 루카스필름의 판권과 3년간의 대공사로 디테일이 살아있는 영화 속 공간을 만들어냈다.

라스트 제다이에 나왔던 바투 행성의 블랙 스파이어 마을을 재현해 들어가면서부터 설렘과 동시에 엄청난 인파를 마주해야 한다. 스타워즈에서 빼놓을 수 없는 우주선 밀레니엄 팰컨 Millennium Falcon이 거대한 모습으로 착륙해 있다. 이곳의 스머글러스 런 Smugglers Run과 라이즈 오브 더 리지스턴스 Rise of the Resistance가 인기다. 팬심을 자극하는 다양한 기념품은 물론 블루 밀크, 그린 밀크 등 스타 워즈에 등장했던 음료들도 있다.

©CrispyCream27

★ 토이 스토리 랜드 Toy Story Land

차이니스 극장 뒤 공원의 가장 안쪽에 위치한 구역으로 어린이들이 좋아할 만한 어트랙션으로 가득하다.

어른들도 좋아하는 총쏘기 게임 토이 스토리 마니아 Toy Story Mania와 귀여운 캐릭터의 롤러코스터 슬링키 도그 대시 Slinky Dog Dash가 특히 인기다.

★ 애니메이션 코트야드 Animation Courtyard

차이니스 극장 바로 옆에 자리한 작은 구역으로 아이들이 좋아하는 뮤지컬 인어공주 The Little Mermaid – A Musical Adventure가 2024년 가을 오픈 예정이다. 스타워즈 덕후들의 성지인 스타워즈 런치 베이 Star Wars Launch Bay에서는 영화에 등장했던 여러 물품과 우주선 모형들이 전시되어 있으며 캐릭터들도 만날 수 있다.

★ 선셋 불러바드 Sunset Boulevard

로스앤젤레스의 할리우드에 위치한 유명한 거리 선셋 대로를 상징적으로 표현한 거리다. 입구에 거대한 전자기타가 있는 락앤롤러 코스터 Rock n Roller Coaster는 에어로스미스가 잠시 등장하는 요동치는 롤러코스터다. 높은 타워 건물은 트와일라이트 존 The Twilight Zone Tower of Terror으로 뱀파이어 콘셉트의 드랍 라이드로 역시 인기가 많다. 야간에 펼쳐지는 판타즈믹 Fatasmic! 쇼는 일찍부터 줄을 서서 자리를 잡아야 할 만큼 인기가 있다.

디즈니 애니멀 킹덤
Disney's Animal Kingdom

Map P.434-A2

동물을 주제로 한 테마파크로 흡사 동물원과 비슷한 분위기다. 규모는 큰 편이지만 디즈니 테마파크들 중에 상대적으로 어트랙션이 적어서 그만큼 인기도 덜한 편이었는데, 2017년 월드 오브 아바타가 오픈하면서 핫한 곳이 되었다. 동물의 왕국을 묘사하다 보니 자연스럽게 아프리카를 모델로 한 곳이 많다. 사파리 등 자연과 동물을 가까이할 수 있는 볼거리가 풍요롭다.

주소 2901 Osceola Pkwy, Orlando, FL 32830

★ 오아시스 Oasis

입구 왼쪽에 정글을 주제로 한 레인포레스트 카페 Rainforest Café를 지나 안으로 들어서면 제일 먼저 나오는 구역이 오아시스다. 기념품점과 각종 동물들을 볼 수 있다.

★ 판도라 – 월드 오브 아바타
Pandora – The World of Avatar

애니멀 킹덤에서 가장 인기 있는 아바타 플라이트 오브 패시지 Avatar Flight of Passage가 있는 구역이다. 아바타는 FT(패스트패스)로도 예약이 어려워 1시간 정도 대기줄을 서야 할 만큼 붐비는 곳이다. 영화 아바타를 3D로 재현해 신나는 라이드를 즐길

수 있으며, 아바타를 주제로 한 다른 어트랙션으로는 보트를 타며 돌아보는 나비강 여행 Na'vi River Journey이 있다.

★ 아프리카 Africa

가장 인기 있는 어트랙션은 킬리만자로 사파리 Kilimanjaro Safaris로, 오픈된 사파리 차량에 올라타 비포장길을 달린다. 아프리카 사바나 초원의 분위기가 느껴지는 곳에서 사자, 코끼리, 기린 등 다양한 동물들을 만날 수 있다. 그 밖에도 숲속의 고릴라를 볼 수 있는 고릴라 폭포 탐험로 Gorilla Falls Exploration Trail와 서커스 분위기의 재미난 쇼 라이언 킹의 축제 Festival of the Lion King 등이 있다.

★ 아시아 Asia

동남아시아와 히말라야 네팔의 분위기가 물씬 풍기는 아시아 지역은 식당이 많아 점심쯤 들르기 좋으며 아시아 퓨전 식당도 있다. 가장 인기 있는 어트랙션은 에베레스트 탐험-금지된 설산의 전설 Expedition Everest-Legend of the Forbidden Mountain로 앞뒤로 움직이며 급경사를 오르내리는 신나는 롤러코스터다.

★ 다이노랜드 USA Dinoland USA

공룡을 주제한 곳으로 곳곳에 공룡 모형이 있다. 온갖 놀이기구들로 가득한 화려한 놀이동산 분위기로 아이들이 좋아하는 뮤지컬 니모를 찾아서 Finding

Nemo가 있다. 지프를 타고 공룡시대를 탐험하는 Dinosaur도 인기다.

★ 디스커버리 아일랜드 Discovery Island

애니멀 킹덤의 상징인 생명의 나무 Tree of Life가 중앙에 자리하고 있는 섬이다. 공원 가운데 위치해 다른 구역들을 이어주는 역할을 하며 여러 식당이 있어 쉬어 가기에도 좋다. 아이들과 함께 보기 좋은 3D 영상 벌레는 힘들어 It's Though to Be a Bug도 볼 수 있다.

엡콧
Epcot

Map P.434-B2

디즈니의 세계관이 담긴 엡콧 Epcot(Experimental Prototype Community of Tomorrow)은 크게 두 가지 테마로 이루어져 있다. 하나는 미래 도시의 콘셉트로 우주에 대한 탐험이나 미래 사회의 변화 등을 다루고(3개의 주제로 나뉘어 있다), 다른 하나는 지구촌을 주제로 세계 주요 국가들의 특징을 담은 마을들이 이어진다. 파크의 규모는 그리 크지 않지만 다양한 볼거리가 있어 세계와 미래에 대한 관심이 많은 사람들에게 인기다. 야간에 호수에서 펼쳐지는 레이저 불꽃쇼도 볼 만하다.

주소 200 Epcot Center Dr, Orlando, FL 32821

★ 월드 셀러브레이션 World Celebration

▶스페이스십 어스 Spaceship Earth

엡콧의 상징인 은색의 구체 안으로 들어가 무버를 타고 지구의 오랜 역사를 둘러보는 어트랙션이다. 신석기 시대부터 디지털 시대로 이어지는 지구의 발전상을 시대순으로 둘러볼 수 있다. 교육적인 내용과 함께 소소하지만 개인별 맞춤형 프로그램도 있어 남녀노소 모두가 좋아한다.

▶디즈니 앤 픽사 쇼트 필름 페스티벌
Disney & Pixar Short Film Festival
4D 극장에서 디즈니와 픽사의 짧은 애니메이션을 관람한다. 프로그램은 종종 바뀌지만 대부분 어른과 아이들이 모두 좋아할 만한 내용이라 잠시 쉬어 가며 보기에 좋다.

★ 월드 디스커버리 World Discovery

▶미션: 스페이스 Mission: SPACE

항공우주국의 비행 훈련을 흉내낸 시뮬레이션 어트랙션. 강도에 따라 두 가지가 있어 입구에서 선택할 수 있다. 오렌지 미션 Orange Mission은 강도가 높고 빙빙 도는 부분이 있어 멀미를 하는 사람은 그린 미션 Green Mission을 선택하는 것이 좋다. 신장 제한도 오렌지가 더 높다.

▶테스트 트랙 Test Track

대기줄에서 스크린으로 자신의 차량을 선택해 신나게 질주하는 레이싱 라이드다. 미국 GM사의 브랜드인 쉐보레가 스폰서다. 탑승은 건물 안에서 시작하지만 차량에 오르면 문이 열리며 엄청난 속도로 서킷을 질주한다.

★ 월드 네이처 World Nature

▶소린 어라운더 월드 Soarin Around the World

거대한 스크린을 통해 하늘을 날며 세계 일주를 하는 듯한 짜릿함을 주는 라이드다. 드론이기에 가능한 아슬아슬한 화면을 보며 지구 곳곳의 아름다운 풍광과 랜드마크를 즐길 수 있다.

▶리빙 위더 랜드 Living with the Land

작은 보트를 타고 디즈니에서 직접 관리하는 그린하우스와 양식장을 돌아보며 지구의 환경을 배우는 교육적인 내용이다.

★ 월드 쇼케이스 World Showcase

거대한 호수를 따라 여러 나라의 특징적인 모습을 담은 빌리지들이 옹기종기 모여 있는 글로벌한 구역이다. 나라별 섹션마다 전통 음식을 맛볼 수 있고 민속춤 공연이나 토산품점도 있어 돌아다니며 구경하는 재미가 있다.

▶캐나다 Canada

조금 어설픈 듯한 퀘벡의 샤토가 보이고 안쪽으로 들어가면 캐나다의 풍경을 시원하게 감상할 수 있는 360도 극장이 있다. 캐나다 원주민들의 상징인 토템폴도 있고 캐나다 국민간식 푸틴도 맛볼 수 있다.

▶모로코 Morocco

이국적인 아랍 양식의 건물들이 있으며 독특한 모로코 음식을 맛볼 수 있다. 안쪽에는 모로코풍의 시장이 있다.

▶영국 United Kingdom

붉은 벽돌의 튜더 시대 건물이 자리한 곳으로 바로 옆에는 영국의 목가적인 건물들도 눈에 띈다. 영국식 펍과 식당, 그리고 기념품점이 있다.

▶일본 Japan

일본식 절과 신사의 도리이가 있으며 스시, 우동, 라멘 등 일본 음식을 먹을 수 있다.

▶프랑스 France

작은 에펠탑이 보이고, 크레페, 프렌치 어니언수프, 필레미뇽, 크렘블레 등 다양한 프랑스 음식을 맛볼 수 있는 식당들이 있다. 프랑스의 전원 풍경을 만끽할 수 있는 영상물을 상영하는 극장이 있다.

▶미국 The American Adventure

월드 쇼케이스에서 가장 중앙에 자리하고 있으며 독립기념관에서는 미국의 과거와 미래에 관한 영상물을 상영한다. 햄버거, 치킨너겟, 마카로니치즈, 터키다리 등 대표 미국 음식들을 먹을 수 있다.

▶중국 China

베이징의 천단 건물을 재현해 놓았으며 건물 내부에서는 중국에 관한 영상물을 360도 화면으로 볼 수 있다. 중국 음식과 차를 즐길 수 있다.

▶이탈리아 Italy

아름다운 베네치아의 건물들을 재현해 놓았다. 파스타와 피자 등 이탈리안 요리를 먹을 수 있는 식당들이 있으며 이탈리아 와인과 치즈도 있다.

▶노르웨이 Norway

겨울왕국의 엘사를 볼 수 있는 곳으로 아이들이 좋아하는 프로즌 에버 애프터 Frozen Ever After 라이드가 있다. 노르웨이의 전통 가옥을 볼 수 있으며 캐릭터 다이닝도 있다.

▶독일 Germany

중세의 분위기가 느껴지는 아기자기한 독일식 전통 가옥들이 모여 있다. 독일의 상징 음식인 맥주와 소시지가 있다.

▶멕시코 Mexico

마야의 유적지 모형 건물로 들어가면 작은 보트를 타고 멕시코의 모습들을 볼 수 있다. 여러 식당에서는 타코, 나초스 등 멕시코 음식을 먹을 수 있다.

디즈니 스프링스
Disney Springs

Map P.434-B2

디즈니 월드 리조트의 동쪽 끝에 자리한 엔터테인먼트 지구다. 100개가 넘는 상점과 60개가 넘는 식당, 그리고 영화관, 공연장까지 갖춘 이곳은 자정까지 영업을 한다. 대부분 어른들을 위한 공간이지만 곳곳에 꼬마기차나 열기구 타기, 회전목마 등 어린이들이 좋아할 만한 것도 놓치지 않았다. 또한 대형 레고 상점이 있으며 디즈니 기념품점 역시 거대한 규모로 지어져 테마파크 안에서 망설였던 지갑을 열게 만든다.

주소 1486 East Buena Vista Drive, Lake Buena Vista, FL 32830 운영 일~목 10:00~23:00, 금·토 10:00~23:30 홈페이지 disneysprings.com

얼 오브 샌드위치
Earl of Sandwich

Tip

테마파크 내 대부분 식당이 미국에서 어렵지 않게 볼 수 있는 체인점이지만 이곳은 올랜도에서 탄생한 매우 유명한 샌드위치 식당으로 상징적이다. 2004년 처음 오픈한 1호점으로 현재는 다른 도시에 30여 곳의 분점이 있다. 다양한 재료로 만든 신선한 샌드위치와 수프를 파는데 그 맛이 일품이다.

유니버설 올랜도 Universal Orlando

영화를 사랑하는 사람들의 꿈의 놀이터로 NBC유니버설에서 운영하고 있다. 할리우드, 싱가포르, 일본에도 유니버설 스튜디오가 있지만 올랜도에는 2개의 테마파크와 1개의 워터파크, 그리고 엔터테인먼트 지구인 시티워크로 이루어져 가장 규모가 크고 내용 면에서도 알차다. 특히 해리포터 구역은 세계 최초이자 역대 최고로 엄청난 인기를 끌고 있다. 또한 디즈니가 대부분의 판권을 가지고 있는 마블 시리즈가 올랜도에서만은 유일하게 유니버설에 독점권이 있어 온갖 마블 캐릭터를 한눈에 볼 수 있다는 점도 매력적이다. 유니버설 테마파크가 처음이라면 2일 이상 잡는 것이 좋고 다른 곳에서 방문해 본 적이 있다면 하루에 볼 수 있는 2파크 + 익스프레스 패스로 하루에 볼 수도 있다.

※호그와트 열차는 2 파크를 넘나들기 때문에 반드시 1일 2 파크 티켓을 사야 한다.

주소 6000 Universal Blvd. 운영 시즌과 요일마다 다른데 보통 오픈은 08:00~09:00, 폐관은 18:00~21:00(홈페이지 캘린더 참조) 홈페이지 www.universalorlando.com

티켓 종류와 요금 (2024년) *세금 별도

티켓 종류	One Park 1일 1파크	Park-to-Park 1일 2파크	Universal Express Pass 대기시간 짧은 패스 (어트랙션마다 1회)	Universal Express Unlimited 대기시간 짧은 패스(무제한)
요금(날짜별)	$119~164	$174~219	$79.99~259.99	$109.99~289.99
비고	9세 이하 $5 할인		할인 없음. 입장 티켓에다 추가로 구입해야 함.	

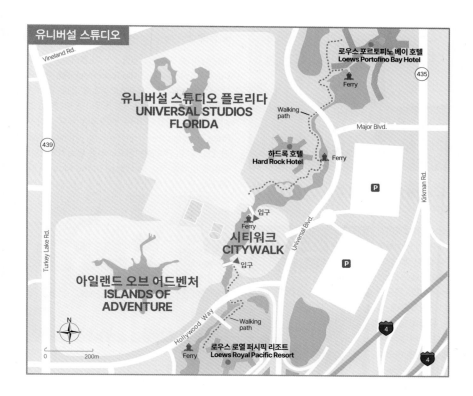

유니버설 스튜디오

Vineland Rd.

로우스 포르토피노 베이 호텔
Loews Portofino Bay Hotel

Ferry

435

유니버설 스튜디오 플로리다
UNIVERSAL STUDIOS
FLORIDA

Walking path

Major Blvd.

439

하드록 호텔
Hard Rock Hotel

Ferry

P

Kirkman Rd.

입구
Ferry

Universal Blvd.

시티워크
CITYWALK

입구

P

Turkey Lake Rd.

아일랜드 오브 어드벤처
ISLANDS OF
ADVENTURE

N

W

Hollywood Way

Walking path

4

0   200m

Ferry

로우스 로열 퍼시픽 리조트
Loews Royal Pacific Resort

4

유니버설 리조트 호텔

유니버설에서 운영하는 직영 리조트 호텔은 7개가 있는데 등급에 따라 혜택이 다르다. 가장 고급인 프리미어 등급의 3개 호텔은 가격이 비싸지만 혜택이 좋다. 특히 오픈 시간보다 일찍 입장할 수 있고 익스프레스 티켓이 포함되어 있어 그만큼의 가치가 있다. 렌터카가 없는 경우라면 더욱 편리하게 이용할 수 있다.
홈페이지 www.universalorlando.com

프리미어 로우스 포르토피노 베이 호텔
Loews Portofino Bay Hotel
이탈리아의 어촌마을 포르토피노를 실제보다도 더 멋지게 재현했다. 배를 타고 파크로 이동하거나 산책로로 걸어서 다닐 수도 있다.
주소 5601 Universal Blvd.

프리미어 하드록 호텔 Hard Rock Hotel
유니버설 스튜디오 옆에 위치해 걸어 다니기에 좋다. 작은 모래사장이 있는 야외 수영장이 인기다.
주소 5800 Universal Blvd.

프리미어 로우스 로열 퍼시픽 리조트
Loews Royal Pacific Resort
아일랜드 오브 어드벤처 건너편에 위치한다. 이국적인 분위기로 모래사장이 있는 수영장이 인기다.
주소 6300 Hollywood Way

로우스 포르토피노 베이 호텔

유니버설 스튜디오
Universal Studios
Map P.447

꿈의 스튜디오이자 어른들의 놀이터로 전 세계 영화 팬들의 마음을 사로잡는 곳이다. 처음에는 할리우드에 있는 유니버설 스튜디오와 비슷한 콘셉트로 오픈하였으나 바로 옆에 아일

랜드 오브 어드벤처까지 추가되면서 거대한 규모가 되었다. 미국의 대표적인 도시 뉴욕과 샌프란시스코, 할리우드를 세트장처럼 꾸며 놓았고, 만화 속 마을 스프링필드도 재현해 놓았다. 2014년에 해리포터까지 추가되면서 아일랜드 오브 어드벤처와 나란히 인기몰이 중이다.

★ 미니언 랜드 Minion Land

입구 바로 왼쪽에 새롭게 조성된 구역으로 미니언즈들로 가득한 곳이다. 자동 무버에서 화면을 보고 게임을 하듯이 빌런들과 싸우는 Illumination's Villain-Con Minion Blast와 애니메이션 시뮬레이터 라이드 Despicable Me Minion Mayhem은 물론, 귀여움으로 가득한 굿즈 상점과 카페도 인기다.

★ 뉴욕 New York

하늘 높이 솟구치는 아찔한 코스터 할리우드 립 라이드 로킷 Hollywood Rip Ride Rockit을 시작으로 로봇 변신 시리즈 트랜스포머스를 3D로 즐기는 라이드가 인기다. 또한 NBC 스튜디오 투나잇쇼의 지미 팰런이 이끄는 라이드 지미 팰런 뉴욕 레이스 Race Through New York Starring Jimmy Fallon가 있고 바로 안쪽에는 공포스러운 분위기의 인기 라이드 미라의 복수 Revenge of the Mummy가 있다.

★ 샌프란시스코 San Francisco

레이싱 영화를 주제로 한 라이드 패스트 앤 퓨리어스 Fast & Furious를 시작으로 샌프란시스코의 피셔맨스 워프 분위기가 물씬 풍기는 구역이다. 배고픔을 달래 줄 해산물 식당도 있다.

★ 월드 엑스포 World Expo

가장 안쪽에 있는 작은 구역이다. 차량에 올라 이동하며 외계인들을 전자총으로 물리치는 라이드 맨 인 블랙 외계인 침공 Men In Black Alien Attack이 있다.

★ 심슨의 고향 스프링필드
Springfield: Home of the Simpsons

장수 만화 심슨의 배경이 되는 스프링필드를 주제로 한 구역이다. 심슨이 자주 가는 햄버거 집과 도넛 가게, 즐겨 마시는 맥주 브랜드도 있어 심슨 팬들이 특히 좋아한다. 심슨 라이드 The Simpsons Ride는 만화를 모르는 사람도 신나게 즐길 수 있는 재미난 어트랙션이다.

★ 우디 우드페커스 키드존
Woody Woodpecker's KidZone

아이들이 좋아하는 스펀지밥 굿즈들이 가득한 스펀지밥 스토어팬츠 SpongeBob StorePants와 자전거 같은 라이드에 올라 하늘을 나는 듯한 어트랙션인 ET 어드벤처 ET Adventure가 있다.

★ 할리우드 Hollywood

로스앤젤레스 할리우드의 아르데코 양식 건물들이 늘어서 있는 거리를 연상시킨다. 이곳에서 다양한 슈퍼스타 퍼레이드가 펼쳐진다. 영화 제작의 재미난 특수효과와 분장, 트릭 등을 보여주는 호러 메이크업 쇼 Horror Make-up Show도 인기다.

해리포터 팬들이 열광하는 **유니버설 올랜도**

유니버설 올랜도는 전 세계 해리포터 덕후들의 성지로 불린다. 두 개의 테마파크에 각각 해리포터 구역이 있어 가장 크고 디테일한 해리포터 테마파크로 꼽힌다. 또한 두 구역을 연결하는 호그와트 열차가 운행되는 유일한 곳으로 공간의 제약을 영화적인 특수 효과들로 멋지게 살려냈다. 단, 호그와트 열차를 타려면 테마파크 두 곳 모두 입장 가능한 파크 투 파크 Park to Park 티켓이 있어야 한다.

유니버설 스튜디오 Universal Studios

해리포터 마법의 세계 – 다이애건 앨리
The Wizarding World of Harry Potter - Diagon Alley
초입에 위치한 킹스 크로스역으로 들어가면 호그와트 열차를 탈 수 있다. 안쪽 다이애건 앨리는 영화 해리포터에 나온 모습을 재현한 마법사들의 거리다. 재미난 마법 상점들과 무알코올 버터비어를 파는 카페, 공연이 펼쳐지는 작은 무대, 마법지팡이 가게들이 있다. 특히 올리벤더스 Ollivanders에서는 각자에게 맞는 지팡이를 골라주거나 간단한 쇼를 보여준다. 마법지도를 사면 마법의 장소에서 지팡이를 사용해 재미난 마법을

해볼 수 있다. 많은 사람들이 호그와트 교복을 입고 돌아다녀 더욱 흥겨운 분위기가 난다.

● 호그와트 익스프레스 킹스 크로스 스테이션
Hogwarts Express King's Cross Station

킹스 크로스역으로 들어가면 9 3/4 플랫폼에서 출발하는 호그와트 열차를 탈 수 있다. 열차는 아일랜드 오브 어드벤처 파크의 호그스미드로 향하며, 가는 동안 창문의 스크린을 통

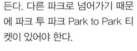

해 열차 여행을 하는 듯한 기분이 든다. 다른 파크로 넘어가기 때문에 파크 투 파크 Park to Park 티켓이 있어야 한다.

● 해리포터와 그린고트 탈출
Harry Potter and the Escape from Gringotts

도깨비들이 운영하는 마법사 은행 그린고트로 들어가 3D 안경을 쓰고 차량에 오르면 은행을 탈출하는 짜릿한 순간들이 펼쳐진다.

해리포터 마을 – 호그스미드

The Wizarding World of Harry Potter – Hogsmeade
해리포터와 아즈카반의 죄수에 나오는 마법사 마을
인 호그스미드를 재현해 놓은 곳이다. 소설에 등장
하는 유명한 과자가게 허니듀크스 Honeydukes와
술집 호그스 헤드 Hog's Head
등이 있다. 길거리 부스에서 비어
버터도 판다. 마법지팡이를 파는
올리벤더스 Ollivanders
에서는 각자에게 맞는 지
팡이를 골라주고 간단한
쇼도 볼 수 있다.

● **호그와트 익스프레스 – 호그스미드 스테이션**

Hogwarts Express – Hogsmeade Station
킹스 크로스역과 호그와트 마법학교를 연결해 주는
호그스미드 마을의 기차역. 유니버설 스튜디오로 넘
어가기 때문에 파크 투 파크 Park to Park 티켓이
있어야 한다.

● **해그리드의 마법의 동물 모험**

Hagrid's Magical Creatures Motorbike Adventure
해그리드와 함께 신비한 동물들이 사는 금지된 숲
으로 들어가는 모험 여행이다. 롤러코스터로 빠르게
지나가지만 하늘로 향한 트랙이 끊겨 역주행하기도
한다. 위기에 빠진 머글들은 해그리드의 지시로 무
사히 돌아온다.

● **히포그리프의 비행** Flight of the Hippogriff

아즈카반의 죄수에
등장했던 마법의
동물 히포그리프
모양의 열차를 타
고 달리는 롤러코
스터. 무섭지 않은
수준이며 구간이 짧아서 어린이들에게 잘 맞는다.

● **해리포터와 금지된 여행**

Harry Potter and the Forbidden Journey
멀리서도 보이는 뾰족한 호그와트성 안에서 즐기는
어트랙션이다. 호그스미드 마을 끝에 있으며 아침
일찍부터 대기줄이 엄청 길다. 호그와트 안으로 들
어서면 마법학교의 분위기가 물씬 풍기는 계단을 걸
으며 영화에도 등장했던 움직이는 액자 등을 볼 수
있다. 열차에 오르면 영화의 장면들이 펼쳐지며 하
늘을 나는 짜릿한 모험이 시작된다.

아일랜드 오브 어드벤처
Island of Adventure
Map P.447

유니버설 올랜도의 또 다른 테마파크로 중앙에 거대한 호수가 있으며 8개 구역으로 구성되어 있다. 마블의 슈퍼 히어로와 영화를 소재로 한 다양한 어트랙션으로 가득한 곳이다. 막대한 투자를 통해 2010년 오픈한 해리포터 구역이 엄청난 성공을 거두면서 유니버설 스튜디오에도 해리포터 구역을 만들어 두 파크를 넘나들 수 있게 되었다. 세트장보다는 탈거리가 많은 편이다.

★ 마블 슈퍼 히어로 아일랜드
Marvel Super Hero Island

마블 팬들이 열광하는 슈퍼 히어로들이 가득한 곳이다. 초록의 괴물 헐크를 연상시키는 360도 회전 롤러코스터 인크레더블 헐크 코스터 The Incredible Hulk Coaster와 자유 낙하로 짜릿함을 더하는 닥터 둠스 피어폴 Doctor Doom's Fearfall, 그리고 3D 안경을 쓰고 라이드를 즐기는 스파이더맨

의 모험 The Amazing Adventure of Spider-Man 모두 인기다.

★ 포트 오브 엔트리 Port of Entry

입구로 들어서면 가장 먼저 나오는 구역으로 이국적인 건물에 스타벅스, 시나봉 등 간단한 스낵을 즐길 수 있는 곳과 기념품점이 있다.

★ 툰 라군 Toon Lagoon

만화 캐릭터가 튀어나온 듯한 컬러풀한 구역으로 물이 튀기는 신나는 라이드 더들리 두 라이트 립소폭포 Dudley Do-Right's Ripsaw Falls와 대형 고무 튜브에 몸을 싣고 급류를 타는 뽀빠이와 블루토의 빌지랫 바지스 Popeye and Bluto's Bilge-Rat Barges가 있다.

Tip

테마파크 내에서 식사하기

파크 내 구역마다 저렴한 식당이 많아 돌아다니다가 편하게 먹기 좋다. 간단한 스낵이나 간편식, 카페테리아 등이 있고 중급 레스토랑도 2~3곳 있다.

★ 킹콩: 해골의 섬 Skull Island: Reign of Kong

구석에 자리한 해골의 섬은 아일랜드 오브 어드벤처에서 가장 최근에 오픈한 구역이다. 으스스한 해골들이 가득한 잿빛 화산섬 모습을 하고 있다. 킹콩 어트랙션은 3D 안경을 쓰고 오픈 트럭에 올라 킹콩을 가까이 즐기는 라이드다.

★ 주라기 공원 Jurassic Park

주라기 공룡들이 곳곳에 인증샷용으로 전시되어 있다. 물이 튀기는 신나는 보트 라이드 주라기 공원 리버 어드벤처 Jurassic Park River Adventure가 있다.

★ 로스트 컨티넨트 The Lost Continent

제목부터 무언가 미스터리한 분위기를 풍기며 잃어버린 대륙을 연상시키는 구역이다. 특별한 어트랙션은 없고, 말하는 분수 The Mystic Fountain와 미소스 레스토랑 Mythos Restaurant이 있다.

★ 수스 랜딩 Seuss Landing

미취학 아동들이 좋아할 만한 구역이다. 귀여운 꼬마 열차를 타고 2층 높이의 레일을 달리는 하늘 높이 수스 트롤리 트레인 라이드 The High in the Sky Seuss Trolley Train Ride와 아이들이 있는 곳이라면 빠지지 않는 회전목마 캐로수셀 Caro-seuss-el, 캣 인 더 햇 Cat In the Hat 등 아동용 라이드들이 있다.

유니버설 스튜디오 시티워크
Universal Studio City Walk
Map P.447

유니버설 스튜디오 테마파크 밖에 조성된 엔터테인먼트 지구다. 테마파크가 아니라 입장료는 없지만 먹고 마시고 쇼핑하는 데 지갑이 술술 열리는 곳이다. 대형 간판의 하드록 카페를 비롯해 부바 검프, 버거킹, 판다 익스프레스 등 다양한 식당과 일부 상점이 있으며 나이트 클럽, 가라오케 등 밤 늦게까지 영업하는 곳이 많다.

주소 6000 Universal Blvd, Orlando, FL 32819 운영 일~목 08:00~24:00, 금·토 08:00~01:00 홈페이지 universalorlando.com

★ 투스섬 초콜릿 Toothsome Chocolate Emporium & Savory Feast Kitchen

유니버설 스튜디오에서 만든 거대한 초콜릿 상점. 거대한 굴뚝이 멀리서도 눈길을 끄는 건물이다. 안으로

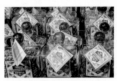

들어가면 먹기 아까울 정도로 예쁘게 포장된 초콜릿과 캔디들로 가득하며 먹음직스러운 케이크들이 예쁘게 진열되어 있다. 초콜릿을 씌운 베이컨 등 재미난 간식도 있다. 안쪽 식당에서는 브런치, 크레페, 키시 같은 간단한 메뉴로 식사를 할 수도 있다.

★ 부두 도넛 Voodoo Doughnut

시티 워크 대부분의 식당들과 상점들이 세계적인 체인이거나 미국에서 쉽게 볼 수 있는 곳들인데 반해 이 도넛 가게는 흔치 않은 곳이다. 킨포크의 고향 포틀랜드에서 탄생한 이 가게는 화려하고 요란한 장식들이 눈에 띈다. 인스타용

화사한 비주얼과 맛까지 갖춘 도넛들로 가득하며 100가지가 넘는 메뉴는 자주 바뀐다. 가게 이름이기도 한 섬찟하면서도 우스꽝스러운 부두 인형 도넛도 있다.

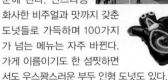

Restaurant

코코 타이 $$
Coco Thai

햄버거, 피자, 콜라가 지겨워질 때면 타이 음식으로 속을 달래보자. 인터내셔널 드라이브에서 가장 인기 있는 타이 식당이다. 여러 가지 동남아시아 메뉴가 섞여 있고 맛도 퓨전에 맞춰 정통 타이식을 원한다면 조금 실망할 수 있지만, 강한 향신료가 적어서 외국인 입맛에 잘 맞는다. 다국적 관광객들이 많이 오기 때문에 대체로 무난한 맛이다.

주소 6304 International Dr 운영 매일 11:00~21:00 가는 방법 I-Ride 트롤리 레드 라인 6- International Dr and Visitors Circle 하차. 홈페이지 www.cocoeat.com

텍사스 데 브라질 $$
Texas de Brazil

유명한 브라질리안 고기 뷔페 체인 레스토랑이다. 한국에도 매장이 있지만 현지에서 즐기는 푸짐함은 남다르다. 샐러드 뷔페만 선택할 수도 있고, 무엇을 주문하든 고소한 치즈빵은 무제한 제공된다. 고기 뷔페를 선택하면 서버들이 고기를 들고 다니면서 접시에 채워준다. 고기의 종류도 매우 다양해서 고기를 좋아하

는 사람이라면 실컷 즐길 수 있다. 평일 점심이 저렴하다.

주소 5259 International Dr Ste F1 운영 월~금 11:30~15:00, 17:00~21:30 (금요일은 ~22:00), 토 12:00~22:00, 일 12:00~21:30 가는 방법 I-Ride 트롤리 레드, 그린 라인 2- Outlet Marketplace 하차. 홈페이지 www.texasdebrazil.com

케케스 브렉퍼스트 카페 $$
Keke's Breakfast Cafe

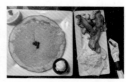

밀레니아 몰 근처에 자리한 인기 브렉퍼스트&브런치 전문 레스토랑이다. 아침 일찍부터 밤 늦게까지 영업하며, 음식도 대체로 푸짐하고 맛있다. 팬케이크가 특히 인기! 에그 베네딕트 종류도 즐겨 먹는 메뉴 중 하나다.

주소 4192 Conroy Rd. 운영 매일 07:00~02:30 가는 방법 링스버스 40번 Conroy Rd and Water Garden Dr 하차. 홈페이지 www.kekes.com

올랜도 인터내셔널 프리미엄 아웃렛 Orlando International Premium Outlets

Map P.425

인터내셔널 드라이브에 자리한 아웃렛으로 유니버설 스튜디오 근처에 있다. 180여 개의 상점이 있으며 20여 개의 식당이 있어 하루 종일 쇼핑과 식사를 즐길 수 있는 곳이다. 미리 홈페이지를 통해 회원 가입을 하면 안내소에서 VIP 쿠폰을 받을 수 있다.

주소 4951 International Dr. 영업 월~토 10:00~21:00, 일 11:00~19:00(연휴 기간에 달라짐) 가는 방법 I-Ride 트롤리 레드, 그린 라인 1- Orlando International Premium Outlets 하차. 홈페이지 www.premiumoutlets.com

올랜도 바인랜드 프리미엄 아웃렛 Orlando Vineland Premium Outlets

Map P.425

디즈니 리조트 근처에 자리한 아웃렛. 올랜도 인터내셔널과 마찬가지로 프리미엄 아웃렛에서 운영하기 때문에 구성이 비슷하고 중복되는 상점이 많으니 두 곳 모두 갈 필요는 없다. 바인랜드점은 매장이 160개 정도로 조금 적지만 프라다, 페라가모, 보테가 베네타 등 명품 브랜드가 있다. 역시 홈페이지를 통해 회원 가입을 하면 안내소에서 VIP 쿠폰을 받을 수 있다.

주소 8200 Vineland Ave. 영업 월~토 10:00~21:00, 일 11:00~19:00(연휴 기간에 달라짐) 가는 방법 I-Ride 트롤리 레드, 그린라인 34- Orlando Vineland Premium Outlets 하차. 홈페이지 www.premiumoutlets.com

기념품을 저렴하게 구매하는 팁

Tip

테마파크의 기념품은 종류가 다양하고 예쁘지만 가격이 비싼 편이다. 좀 더 저렴하게 구입할 수 있는 몇 가지 방법을 소개한다.

① 인터내셔널 드라이브 상점
인터내셔널 드라이브에 기념품 상점들은 물건이 다양한 편이다. 품질이 조금 떨어지는 상품도 있지만 운이 좋으면 가성비 높은 아이템을 찾을 수 있다.

② 프리미엄 아웃렛
아웃렛 안에 자리한 디즈니 아웃렛 스토어에서는 재고물품을 살 수 있다. 아무래도 인기가 별로 없는 품목이고 물건도 별로 없지만 저렴한 가격에 득템할 수 있으니 잠시 들러볼 만하다. 일부러 찾아갈 정도는 아니다.

③ 대형 마트
테마파크 주변의 타겟이나 월마트 등 대형 마트에서 일부 기념품을 팔기도 한다. 종류가 많지는 않지만 열쇠고리, 머그잔, 마그네틱 등 소소한 물품이 있고 캐릭터 아동복이 저렴한 편이다.

플로리다 몰
The Florida Mall
Map P.425

테마파크들이 모여 있는 인터내셔널 드라이브와 올랜도 공항의 중간쯤 자리한 대형 쇼핑몰이다. 백화점과 푸드코트, 그리고 300여 개의 상점이 입점해 있어 웬만한 미국 브랜드는 대부분 찾을 수 있다. 백화점과 상점, 식당 모두 대중적인 브랜드가 많은 편이며 약국, 전자제품점 등 다양한 분야의 상점들이 있다.

주소 8001 S Orange Blossom Trail 영업 월~목 10:00~20:00, 금·토 10:00~21:00, 일 11:00~19:00 가는 방법 링크버스 07, 37, 42, 107, 108, 111번 플로리다 몰 입구 하차. 홈페이지 www.simon.com/mall/the-floridamall

더 몰 앳 밀레니아
The Mall at Millenia
Map P.425

플로리다 몰보다 규모가 작고 입점 업체도 150여 곳으로 훨씬 적지만 더 고급스러운 분위기와 브랜드를 자랑한다. 명품들이 많고, 니먼 마커스, 블루밍데일스, 메이시스 3개의 백화점이 들어서 있다.

주소 4200 Conroy Rd. 영업 월~금 11:00~21:00, 토 10:00~21:00, 일 11:00~19:00 가는 방법 링크버스 24번 밀레니아 입구 하차. 홈페이지 www.mallatmillenia.com

우주를 향한 인류의 꿈, 케네디 스페이스 센터
Kennedy Space Center (KSC)

올랜도에서 75km 떨어진 플로리다 동부 해안에 자리한 미국 항공우주국(NASA)의 우주선 발사 및 통제센터다. NASA의 본부는 워싱턴 DC에 있으며 10곳이 넘는 산하 시설들이 여러 도시에 흩어져 있는데 일반인들에게 가장 잘 알려진 장소가 바로 이곳이다. 그 이유는 다른 시설들이 주로 연구소나 통제센터이지만 이곳은 실제 발사가 행해지는 곳이기 때문이다. 특히 대부분의 유인 우주선들이 발사되는 곳으로 인류 최초로 달에 발을 내딛은 아폴로 11호는 물론 발사 도중 공중에서 폭발했던 챌린저호의 악몽의 현장도 바로 이곳이었다. 대부분 출입 통제

구역이지만 방문자들을 위한 다양한 볼거리와 교육적인 체험 공간이 있다. 인간의 위대함이 느껴지는 감동적인 순간을 경험할 수 있다.

주소 Space Commerce Way, Merritt Island, FL 32953 영업 09:00~17:00(성수기는 1시간 연장될 수 있다(홈페이지 참조). 요금 성인 $75, 3~11세 $65, 주차 $10 가는 방법 가장 편리한 방법은 렌터카를 이용하는 것이다. 올랜도에서 약 75km 거리로 50분 정도 소요된다. 렌터카 이외에는 투어 버스를 이용할 수 있다(올랜도 투어 프로그램 참조). 홈페이지 www.kennedyspacecenter.com

효율적인 일정 짜기

KSC는 700개가 넘는 시설이 자리한 거대한 규모이지만 일반인들의 출입이 허용되는 구역은 10%도 되지 않는다고 한다. 개방된 구역이라도 버스투어로만 갈 수 있는 구역이 있어서 간단히 본다고 해도 3시간은 예상해야 한다. 자세히 보려면 여유 있게 하루를 잡는 것이 좋다. 성수기에는 사람이 많아 줄을 오래 서야 하므로 아침 일찍 도착해서 먼저 버스 투어를 하고 나머지 구역을 자유롭게 다니면서 볼 것을 권한다.

★ KSC 버스 투어
Kennedy Space Center Bus Tour

기본 입장료에 포함된 투어로 버스에 올라 KSC의 일부 구역들을 돌아보며 설명을 듣는다. 실제로 수많은 우주선들이 발사되었던 거대 규모의 발사단지를 지나며, 민간 우주기업으로 잘 알려진 스페이스 엑스 Space X에서 임대해 사용 중인 발사대도 보인다. 버스는 아폴로/새턴 5 센터에 내려주므로 이때부터는 자유로이 관람을 한 뒤 다른 버스를 타고 돌아오면 된다.

★ KSC 제39 발사단지
Kennedy Space Center Launch Complex 39 (LC-39)

버스투어로 지나가면서 볼 수 있는 곳이다. NASA로고가 있는 거대한 건물이며 수많은 우주선들을 쏘아

올렸던 바로 그 장소다. 현재에도 발사가 있는 날이면 전망대에서 발사의 순간을 직접 볼 수 있다.

★ 아폴로/새턴 5 센터 Apollo/Saturn V Center

KSC의 하이라이트라고 할 수 있는 이곳은 버스투어를 할 때 내려준다. 인류 최초로 달에 착륙했던 아폴로 11호와 새턴 5 로켓들이 전시돼 있다. 3단계 발사체의 육중한 몸체가 그대로 전시되어 있으며 아폴로 우주선의 캡슐 (커맨드 모듈 Command Module)과 달 착륙선(루나 모듈 Lunar Module)도 전시되어 있어 가까이서 볼 수 있다. 달에서 가져온 암석도 직접 만져볼 수 있고 통제센터의 모습이나 여러 종류의 우주복들을 볼 수 있다. 우주개발 과정에서 사망한 우주비행사들의 희생을 기리기 위한 곳도 있다. 출입구 근처에는 카페테리아가 있어 간단한 식사를 하고 여유롭게 둘러볼 수도 있다.

★ 스페이스 셔틀 아틀란티스
Space Shuttle Atlantis

방문자센터 안쪽에 자리한 곳으로 입구에 거대한 아틀란티스의 모형이 있어 쉽게 찾을 수 있다. 아폴로/새턴 5 센터와 함께 가장 많은 볼거리를 제공하는 곳으로 전시관과 체험관이 있어 알차고 즐거운 시간을 보낼 수 있다. 우주왕복선인 아틀란티스가 실패를 딛고 성공적인 임무를 완성하기까지의 드라마틱한 과

정들을 볼 수 있다. 셔틀 발사 체험 Shuttle Launch Experience에서는 그 진동과 중력을 조금이나마 느껴볼 수 있다.

Travel Plus ▌ **알고 보면 더욱 감동하는 우주개발의 역사**

- 1957년 소련이 인류 최초로 지구 궤도에 인공위성을 쏘아 올리자 미국은 충격에 빠진다. 사실 미국에서도 진행 중이었지만 공군과 해군의 관할권 문제로 지연되다가 1958년 미 항공우주국이 대통령 직속기구로 설립되면서 본격화되었다.
- 1961년 최초의 유인 우주선도 소련에서 먼저 성공했으며, 바로 한 달 뒤에 미국도 유인 우주 발사에 성공했으나 궤도를 선회하지는 못하고 탄도비행만 했다. 이듬해인 1962년에야 미국도 궤도비행에 성공한다.
- 1966년 소련의 루나 9호가 최초로 달에 착륙하지만 유인 우주선은 아니었고, 이듬해 소유즈 1호는 실패해 우주비행사가 사망했다.
- 1969년 미국의 아폴로 11호가 달에 착륙해 드디어 인류의 첫발을 내딛는다.
- 이후로 소련은 우주정거장 살루트 1호를 발사하고 중국, 영국 등도 인공위성을 쏘아 올린다. 미국 역시 우주정거장 스카이랩을 발사하고 바이킹 1호는 화성을 탐사한다.

- 1981년 미국에서 인류 최초의 유인 우주왕복선 컬럼비아호를 발사한다. 이전의 우주선들이 모든 부분을 버리고 캡슐만 지구로 돌아와 바다에 떨어져 구출하는 식이었다면, 우주왕복선(스페이스 셔틀)은 연료 탱크만을 버리고 나머지 부분은 KSC로 귀환해 활주로에 착륙하는 것으로 재활용은 물론 운반 역할도 할 수 있는 한층 진화된 우주선이다.
- 미국은 이후로도 100회가 넘는 비행을 계속 하지만, 1986년 챌린저호의 폭발로 비행사 7명이 전원 사망하는 사고가 있었고, 2003년에는 컬럼비아호가 귀환 중 폭발하는 사고가 있었다. 그리고 2011년 아틀란티스의 135번째 마지막 비행을 끝으로 우주왕복선 프로젝트가 끝을 맺는다.

★ 아이맥스 극장 IMAX Theater

주제는 종종 바뀌지만 우주 비행이나 우주의 아름다움 등과 관련된 주제로 만들어진 다큐멘터리 영화들을 3D 영상으로 보여주어 더욱 실감나는 곳이다. 미리 스케줄을 확인하고 시간에 맞춰 가도록 하자.

★ 로켓 가든 Rocket Garden

로켓들이 가득 들어서 하늘을 찌를 듯이 서 있는 곳으로 입구에서 들어오면서부터 눈에 띈다. 머큐리 미션 당시의 초창기 모델 로켓에서부터 제미니를 거쳐 아폴로의 새턴 5까지 전시되어 있다.

★ 영웅과 전설 Heroes & Legends

로켓 가든 바로 옆에 자리한 우주비행사들의 자료들이 전시된 명예의 전당으로 사진과 상세한 기록들이 남아 있다.

★ 기념품점

구역마다 기념품점이 있는데 중앙에 자리한 곳이 규모가 크다. 올랜도 공항에도 작은 기념품점이 있다. NASA의 로고가 찍힌 기념품은 언제나 인기 만점이다. 우주비행사의 훈련복부터 시작해 수많은 종류의 기념품이 관광객들을 유혹한다.

아틀란티스
우주왕복선

아폴로
우주선의
캡슐

우주비행사
아이스크림

세인트 어거스틴
St. Augustine

미국에서 가장 역사가 오래된 도시로 1513년에 스페인에 의해 발견되어 1565년부터 개척, 정착하기 시작했다. 식민지 시절 제국들의 다툼으로 영토가 스페인에서 영국, 다시 스페인으로 바뀌었다가 마침내 1821년 미국령이 되었다. 연중 온화한 기후와 아름다운 바다, 그리고 스페인풍의 이국적인 분위기로 미국인들에게 인기 있는 관광지다.

기본 정보

▌유용한 홈페이지 www.visitstaugustine.com

▌관광안내소
산 마르코스 요새 북쪽에 자리한 안내소로 다양한 여행 정보와 투어 등을 소개한다.

주소 10 S. Castillo Drive, St. Augustine
운영 매일 08:30~ 17:30

가는 방법

올랜도에서 자동차로 1시간 45분 거리에 있어 당일치기로 다녀오기 좋다. 그레이하운드 버스를 이용할 경우 2시간 20분 정도 소요되며 버스 정류장이 시내에서 멀지 않아 걸어서 돌아다닐 수 있다. 렌터카의 경우 올드 타운의 공공주차장에 주차해 놓고 걸어 다니면 된다.

Attraction

산 마르코스 요새 국가 지정 기념물
Castillo de San Marcos National Monument

1672년에 지어진 스페인 요새다. 세인트 어거스틴의 역사에서 알 수 있듯이 초기에는 영국을 방어하기 위해 지어졌으며 수차례 점령국이 바뀌며 요새의 이름도 여러 차례 바뀌었다가 현재는 원래 이름인 카스티요 데 산 마르코스로 돌아왔다. 남북전쟁을 치르며 감옥으로 사용되면서 19세기 말에는 인디언 전쟁으로 수많은 아메리카 원주민들이 수감되었던 곳이다. 1900년을 끝으로 감옥을 폐쇄하고 1924년에는 국립 기념물로 지정되어 관리되고 있다.

주소 11 S Castillo Dr, St. Augustine, FL 32084 운영 매일 09:00~17:00 휴무 추수감사절, 크리스마스 요금 일반 $15, 성인과 동반한 15세 이하 무료, 주차 시간당 $2.50 가는 방법 세인트 어거스틴 관광안내소에서 도보 5분. 홈페이지 www. nps.gov/casa

세인트 조지 스트리트
St. George Street

세인트 어거스틴 다운타운의 중심 거리로 스페인 분위기가 물씬 풍기는 골목이다. 자동차가 다니지 않는 보행자 전용이며, 카페와 식당, 상점들이 많아 관광객들이 모여드는 곳이다. 입구는 산 마르코스 요새 옆에 있는 1704년에 지어진 구시가지의 관문 Old City Gate이다. 이 관문을 지나면 오른쪽으로 미국 역사에서 가장 오래되었다는 나무로 지어진 학교 Oldest Wooden Schoolhouse가 나온다. 설립

연도가 알려지지 않아서 기록상으로 오래된 학교는 아니지만(공식적으로 최초의 학교는17세기 보스턴) 1716년부터 세금을 낸 기록이 있다. 엉성하게 나무로 지어진 건물이지만 안으로 들어가 보면 옹기종기한 모습이 재미있다. 학교를 지나 걷다 보면 스페인 식민지 시대의 모습을 볼 수 있는 콜로니얼 쿼터가 나온다.

콜로니얼 쿼터
Colonial Quarter

16~18세기 스페인 식민 통치 시절의 모습을 재현한 곳이다. 시대별로 나뉜 구역에서 당시의 배, 망루, 가옥 등을 볼 수 있으며 간단한 퍼포먼스가 펼쳐지거

나 콘서트가 열리기도 한다. 다소 상업적인 분위기가 있긴 하지만 아이들을 위한 체험장과 가이드 투어가 있고 기념품점과 식당도 위치해 있다.

주소 33 St. George St. 운영 매일 10:00~17:00 요금 일반 $15.99, 5~15세 $9.99 가는 방법 구시가지 관문에서 세인트 조지 스트리트를 따라 도보 2분. 홈페이지 www.colonialquarter.com

세인트 어거스틴 대성당
Cathedral Basilica of St Augustine

세인트 조지 스트리트를 걷다 보면 소소한 볼거리들이 모여 있는 헌법 광장 Plaza de la Constitución이 나온다. 광장 앞에 눈에 띄는 것이 세인트 어거스틴 대성당으로 18세기 말에 지어진 성당이지만 1960년대에 리모델링되어 1970년에 국립 사적지로 지정되었다. 현재 세인트 어거스틴의 가톨릭 주교 성당이며 플로리다에서 가장 오래된 성당이다.

주소 38 Cathedral Pl. 운영 월~금 08:00~17:00, 토·일 휴관 가는 방법 구시가지 관문에서 세인트 조지 스트리트를 따라 도보 7분. 홈페이지 www.thefirstparish.org

헌법 광장
Plaza de la Constitución

세인트 어거스틴의 중심이 되는 광장이다. 대성당 바로 앞에 있으며, 강 옆의 광장 입구에는 1513년에 세인트 어거스틴을 최초로 발견했던 후안 폰세 데 레온 Juan Ponce de Leon의 동상이 있다. 공원처럼 조성된 광장 한쪽에는 지붕과 기둥으로 이루어진 공공 시장 Public Market이 남아 있는데, 초기에 식료품 등을 사고 팔던 시장이었으나 영국 식민지 시대부터는 노예 시장이 되기도 했다.

1960년대 흑인들의 평등권 운동 시기에 상징적인 장소로 활용되었고, 그 결과 마침내 미국의 역사적인 1964년 민권법(The Civil Rights Act of 1964)을 이끌어 낼 수 있었다. 세인트 어거스틴에서 활동했던 민권 운동가들을 기념하기 위해 지어진 기념물 St. Augustine Foot Soldiers Monument이 노예 시장 옆에 자리하고 있는 것은 우연이 아니다. 그 옆에는 또 하나의 기념물이 있는데, 바로 헌법 기념물 Constitution Monument이다. 1812년 스페인 의회를 통해 최초의 헌법이 만들어지면서 전 세계 식민지에 기념물을 세우고 광장의 이름을 헌법 광장으로 바꾸었다. 1814년 다시 군주제로 돌아가면서 기념물들이 파괴되었지만 세인트 어거스틴에서는 파괴 명령을 거부하고 스페인 식민지에서 유일하게 기념물이 남아 있게 되었다.

주소 170 St George St, St. Augustine, FL 32084 가는 방법 구시가지 관문에서 도보 7분.

플래글러 대학
Flagler College

1968년 설립된 사립 대학으로 붉은색이 가미된 스페인 르네상스식 건물이 매우 인상적이다. 건물은 원래 플로리다 개척자로 유명한 사업가 헨리 플래글러가 1888년에 고급 호텔로 지은 것이다. 당시는 전류 시스템에 대해 논쟁이 심했던 때인데, 이 건물은 토머스 에디슨이 설계한 직류 전력으로 이루어진 초기 건물이기도 하다. 2006년에 미국 국립 사적지로 지정되었다.

주소 74 King St, St. Augustine, FL 32084 가는 방법 헌법 광장에서 도보 3분. 홈페이지 www.flagler.edu

Miami
마이애미

미국의 동남부 플로리다반도 끝에 위치한 마이애미는 미국 최고의 휴양도시 중 하나다. 1년 내내 온화한 날씨에 드넓게 펼쳐진 백사장에는 야자나무가 줄지어 있어 이국적인 풍경을 자아낸다. 고급 호텔들과 레스토랑 그리고 쇼핑까지 곁들여 미국 내에서는 물론 유럽의 휴양객들도 자주 찾아와 한겨울 대서양에서 해수욕을 즐기곤 한다. 지역적으로 중남미와 가깝고 이민자들이 많아 영어와 스페인어가 뒤섞인 스팽글리시(Spanglish)를 들을 수 있다.

기본 정보

▎유용한 홈페이지

마이애미 관광청 www.miamiandbeaches.com
마이애미비치 www.miamibeachfl.gov
플로리다주 관광청 www.visitflorida.com

▎관광안내소

Greater Miami Convention and Visitor's Bureau

주소 201 S Biscayne Blvd Suite 2200, Miami, FL 33131

가는 방법

마이애미는 미 대륙 동남쪽 끝에 있는 만큼 미국 내에서 항공으로 이동하는 것이 가장 편리하다. 올랜도에서 이동할 경우라면 자동차로 4시간 정도 거리이므로 육로 이동이 가능하다. 한국에서 직항 노선이 없어 경유편을 이용해야 한다.

비행기 ✈

한국에서 직접 가는 직항 노선이 없어서 대한항공, 델타항공으로 애틀랜타, 뉴욕 등을 경유하거나 캐나다항공으로 토론토 등을 경유해야 한다. 스케줄에 따라 다르지만 적어도 17~19시간 이상 걸린다. 미국에서 국내선을 이용하면 뉴욕에서 직항으로 2시간 30분, LA와 시애틀에서는 4시간 40분 정도 걸린다.

마이애미 국제공항 Miami International Airport

다운타운에서 약 10㎞ 정도 서쪽에 위치한 공항은 규모도 매우 크지만 복잡한 공항으로도 유명하다. 미국 내는 물론, 중남미나 유럽을 오가는 수많은 항공사가 이용하고 있으며 특히 아메리칸 항공이 다양한 직항편을 운항하고 있다. 규모는 크나 아시아 직항편은 아직 없어 한국에서 가려면 댈러스나 애틀랜타 등을 경유해야 한다. 마이애미 국제공항 외에 근교 도시인 포트 로더데일이나 팜 비치에도 미국내선 항공편이 다수 운항되고 있다.

홈페이지 www.miami-airport.com

★ 공항에서 시내로

마이애미 공항에서 시내로 가는 대중교통은 다양하고 저렴하다. 또한 시내에서 멀지 않아 택시를 이용하는 것도 비싸지 않은 편이다. 짐이 많다면 택시나 밴 서비스가 편리하고, 목적지가 대중교통으로 잘 연결된다면 버스나 전차도 괜찮다. 3층에서 연결된 공항 무버 MIA Mover를 타면 시내버스와 전철은 물론, 시외버스, 근교열차 등이 모두 연결된 마이애미 중앙역 Miami Central Station으로 갈 수 있다. MIA Mover 또는 Ground Transportation 사인을 따라 가자.

① 메트로레일 Metrorail
다운타운, 코코넛 그로브, 비즈카야 쪽으로 갈 때 가장 편리하고 저렴하다. 공항 무버를 타고 마이애미 중앙역 Miami Central Station으로 가면 바로 매표소와 개찰구로 연결된다. 다운타운까지 16~20분 소요.

운행 요일마다 다르며 보통 06:00~23:00 요금 $2.25 홈페이지 www.miamidade.gov/transit

② 메트로버스 Metrobus
시간은 오래 걸리지만 코럴 게이블스는 37번 노선을 이용해 갈 수 있다.

운행 노선마다 다르며 보통 06:00~23:00 요금 $2.25 홈페이지 www.miamidade.gov/transit

③ 마이애미비치 에어포트 익스프레스
Miami Beach Airport Express
마이애미 비치로 갈 때 가장 편리하고 저렴하다. 메트로버스 150번 노선이 익스프레스로 운행되며 사우스비치 최남단까지 40분 정도 소요된다.

운행 06:00~23:40 요금 $2.25 홈페이지 www.miamidade.gov/transit

④ 밴 서비스
Share Ride Van

밴 차량에 탑승 전 목적지를 말하면 운전사가 동선 순서대로 내려주기 때문에 편리하다. 다만, 여러 사람들과 함께 이용하기 때문에 시간이 오래 걸린다. 시내에서 공항으로 갈 때는 적어도 하루 전에 예약해야 한다.

운행 24시간 요금 목적지에 따라 $17~29 홈페이지 www.super shuttle.com

⑤ 트라이레일 Tri-Rail
마이애미 근교 도시들을 연결하는 통근 열차로, 공항에서 포트 로더데일 Fort Lauderdale이나 웨스트 팜 비치 West Palm Beach 등 다른 도시로 바로 이동할 때 편리하다. 무버를 타고 마이애미 중앙역 Miami Central Station으로 가면 바로 매표소와 개찰구로 연결된다.

운행 (마이애미 공항 출발 기준) 평일 03:50~21:50, 주말 04:50~20:50 홈페이지 www.tri-rail.com

⑥ 택시
공항에서 출발 시 $2.45 추가 요금이 있으며 주요 관광지는 정찰제로 운행되어 편리하다. 호텔이 밀집된 사우스비치까지 $35, 다운타운까지 $27 정도이며 구역마다 다르다. 짐에 따라 15~20% 정도 팁을 추가로 계산해 주면 된다. 소요 시간은 교통상황에 따라 다르지만 보통 다운타운까지 20~30분.

전화 Yellow Cab 305-444-444

⑦ 렌터카 Rental Car
미국의 어느 도시나 렌터카가 보편화되어 있지만, 특히 마이애미는 렌터카를 이용하는 사람들이 많아 웬만한 렌터카 회사들은 모두 마이애미에 지사를 두고 있을 정도다. 렌트비도 상대적으로 저렴한 편이다. 공항 무버를 타면 렌터카 센터 Rental Car Center로 연결된다.

기차 🚆

올랜도와 포트 로더데일 등을 오가는 열차 브라이트라인 brightline
이 생기면서 다운타운에 현대적인 기차역이 오픈했다.
앰트랙 역은 다운타운에서 북서쪽으로 약 6㎞ 떨어져 있다. 뉴욕과
로스앤젤레스를 오가는 기차들이 발착한다. 역 앞에는 마이애미 비
치로 가는 메트로버스 79번 정류장이 있다. 역에서 400m 정도 걸
으면 트라이레일/메트로레일 환승역 Tri-Rail/Metrorail Transfer
Station이 있어 마이애미 근교로 가는 트라이레일과 마이애미 시내를 관통하는 메트로레일을 이용할 수 있
다. 기차역 주변은 상당히 썰렁한 지역이므로 어두운 시간에 다니지 않도록 하자.
[앰트랙] 주소 8303 NW 37th Ave. 홈페이지 www.amtrak.com
[브라이트라인] 주소 600 NW 1st Ave 홈페이지 www.gobrightline.com

버스 🚌

플릭스버스가 그레이하운드를 합병하면서 스케줄이 늘어나고 정류장도 많아졌다. 마이애미 국제공항을 비롯
해 마이애미 다운타운, 마이애미 비치 등 10곳이나 된다. 정류장 위치는 홈페이지 참조.
홈페이지 www.flixbus.com

시내 교통

마이애미는 매우 큰 도시로 미국의 다른 대도시들과 마찬가지로 대중교통을 이용하기가 편리한 곳은 아니
다. 아름다운 해변 도로를 즐기려면 렌터카로 드라이브를 하는 것이 가장 좋지만, 대중교통을 이용해야만
한다면 메트로 무버, 메트로레일, 트라이 레일 Tri-Rail 등을 이용할 수 있다.

메트로 🚌

마이애미의 대중교통은 메트로 데이드 교통국 Metro-Dade Transit Agency에서 관리하고 있다. 각각 버스,
전철, 모노레일에 해당하는 메트로버스, 메트로레일, 메트로무버 이렇게 세 가지가 있다.
홈페이지 www.miamidade.gov/transit

① 메트로버스 Metrobus
일반 버스인 메트로버스 Metrobus는 배차 간격이
나 노선, 소요시간 등을 고려하면 사실 여행자들에
게 불편하다. 마이애미 비치 내에서는 일방통행으로
이동하며 노선이 단순해 이용하기 편리하고 안전하
지만 그 외 지역에서는 시간도 꽤 오래 걸리고 우범
지역도 많이 지난다. 사우스 비치를 중심으로 노스
비치나 다운타운으로 가는 노선이 이용할 만하다.
운행 06:00~22:00 요금 $2.25

② 메트로레일 Metrorail

전철인 메트로레일 Metrorail은 다운타운을 통과해 마이애미 남쪽의 데이드랜드 Dadeland에서부터 북서쪽의 하이얼리어 Hialeah까지 22개 역에 정차한다. 출퇴근 시간에는 6분 간격, 보통은 15~20분 간격으로 운행된다. 마이애미 남쪽에 위치한 비즈카야 박물관, 코럴 게이블스, 코코넛 그로브 부근에 정차해 관광객들도 가끔 이용할 만하다. 메트로레일 자체는 시설이 좋은 편으로, 대부분의 열차 내에서 무선 인터넷을 사용할 수 있다. 오른쪽 페이지 Tri-Rail과 Metro Rail 노선도를 참고하자.

운행 매일 05:00~24:00 요금 $2.25

③ 메트로무버 Metromover

다운타운을 순환하는 무료 셔틀이다. 메트로레일과도 연결되어 다운타운에서 돌아다닐 때 편리하며, 모노레일이라서 다운타운의 전망을 즐기기에도 좋다.

운행 매일 05:00~24:00 요금 무료

메트로무버

NE 2 Ave
Biscayne Blvd.
NW 16 St.
School Board
Adrienne Arsht Center
Venetian Causeway
NW 14 St.
Mac Arthur CauseWay
N. Miami Ave
NE 13 St.
Museum Park
Eleventh Street
NW 11 St.
Park West
NW 8 St.
Freedom Tower
Port Boulevard
Wilkie D. Ferguson, Jr.
College North
NW 5 St.
N. Miami Ave
College/Bayside
Government Center
First Street
Miami Avenue
W. Flagler St.
Knight Center
Biscayne Blvd.
Bayfront Park
Third Street
Riverwalk
Miami River
Fifth Street
SW 7 St.
S. Miami Ave
Brickell City Center (Eighth Street)
Tenth Street Promenade
SW 11 St.
Brickell Ave
Brickell
Bayshore Dr.
SW 14 St.
Finacial District

Omni Loop
Brickell Loop
Inner Loop
Metrorail

마이애미 비치 트롤리 🚃
South Beach Trolley

대중교통이 다소 불편했던 마이애미 비치에 관광객들을 위한 무료 트롤리가 생겼다. 총 4개의 노선이 운행되고 있는데, 특히 주차요금이 비싼 사우스 비치를 무료로 돌아다닐 수 있어서 좋다.

운행 매일 08:00~23:00(배차 간격은 노선에 따라 15~40분) 요금 무료 홈페이지 www.miamibeachfl. gov/city-hall/transportation

트라이 레일 🚊
Tri-Rail

트라이 레일 Tri-Rail은 트라이 카운티 교통국 Tri-County Commuter Rail Authority에서 운영하는 더블데커 열차로, 마이애미 공항에서 포트 로더데일 Fort Lauderdale을 거쳐 팜 비치 Palm Beach까지 운행한다. 마이애미에서 근교 도시로 이동할 때 차가 없다면 유용한 교통수단이다.

통근열차이기 때문에 주말보다는 주중에 스케줄이 좋아서 한 시간에 1~2회 운행된다. 승차 전에 역에서 미리 티켓을 구입해야 한다.

운행 마이애미 공항 출발 기준 평일 03:50~21:50, 주말 04:50~20:50 요금 $2.50~8.75, 주말 1일권 $5 홈페이지 www.tri-rail.com

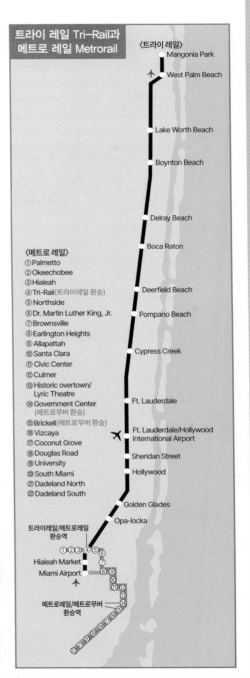

트라이 레일 Tri-Rail과 메트로 레일 Metrorail

〈트라이 레일〉
- Mangonia Park
- West Palm Beach ✈
- Lake Worth Beach
- Boynton Beach
- Delray Beach
- Boca Raton
- Deerfield Beach
- Pompano Beach
- Cypress Creek
- Ft. Lauderdale
- Ft. Lauderdale/Hollywood International Airport ✈
- Sheridan Street
- Hollywood
- Golden Glades
- Opa-locka

〈메트로 레일〉
① Palmetto
② Okeechobee
③ Hialeah
④ Tri-Rail(트라이레일 환승)
⑤ Northside
⑥ Dr. Martin Luther King, Jr.
⑦ Brownsville
⑧ Earlington Heights
⑨ Allapattah
⑩ Santa Clara
⑪ Civic Center
⑫ Culmer
⑬ Historic overtown/ Lyric Theatre
⑭ Government Center (메트로무버 환승)
⑮ Brickell(메트로무버 환승)
⑯ Vizcaya
⑰ Coconut Grove
⑱ Douglas Road
⑲ University
⑳ South Miami
㉑ Dadeland North
㉒ Dadeland South

트라이레일/메트로레일 환승역

Hialeah Market
Miami Airport ✈

메트로레일/메트로무버 환승역

교통요금 내는 방법

마이애미에서 대중교통 이용 시 현지인들은 이지 패스 EASY Card도 많이 쓰지만, 여행자들에게는 가입비가 없는 이지 티켓 EASY Ticket이 유리하다(주요 지하철역 발매기에서 구입 가능). 그러나 한국에서 발급받아간 컨택리스 카드가 있다면 더욱 편리하다. 따로 티켓을 살 필요 없이 자신의 카드로 탭하면 된다. 이를 위해 해외결제 수수료가 없는 컨택리스 카드를 발급받아 갈 것을 권한다. 같은 카드로 계속 이용해 상한요금에 도달하면 하루 중 나머지 시간은 더 이상 요금이 부과되지 않는다.

요금 1회 $2.25, 1일 상한선 $5.65

택시/우버 🚕

대중교통이 불편하고 렌터카가 부담스럽다면 역시 택시가 편리하다. 공항에서 이동 시에는 택시가 정찰제 구간이 있어 우버와 비슷하거나 더 저렴할 수도 있지만, 시내에서는 역시 우버가 택시보다 좀 더 저렴하다.

[Yellow Taxi Miami] 전화 786-490-7855 [Miami Taxi Services] 전화 786-309-8805

요금 택시 기본요금 $2.95, 처음 1/6마일당 ¢85, 1마일 이후부터는 마일당 ¢55

렌터카 🚗

마이애미는 공항뿐만 아니라 마이애미 비치 시내 곳곳에 렌터카 회사들이 있어 편리하게 이용할 수 있다. 사실 사우스 비치 쪽에 머문다면 굳이 공항에서부터 렌트할 필요없이 여행 중간에 차가 필요할 때 마이애미 비치에서 렌트를 하는 것이 편리하다. 마이애미의 콜린스 거리를 걷다 보면 화려한 럭셔리 차들이 늘어선 렌터카 회사들을 쉽게 찾아볼 수 있다.

마이애미 운전 팁

① 시간 여유를 두자

마이애미에서 운전을 하다 보면 출퇴근 시간이 아닌데도 차들이 막혀 있는 걸 종종 볼 수 있다. 이는, 개폐식 다리들이 많아 배가 지나갈 때 다리가 올라가면서 차들이 모두 정차해야 하기 때문이다. 또한 마이애미에는 노인 인구가 상당수를 차지하는 만큼 천천히 달리는 차들이 많아 답답할 때도 많으니 항상 시간을 넉넉히 두고 이동하자.

② 안전 운전을 하자

마이애미는 노인 운전자들뿐만 아니라 젊은 폭주 차량도 많으며, 사우스 비치 쪽에서는 음주운전 차량도 종종 발견된다. 그러다 보니 사고도 많고 보험료도 비싼 편이다. 더구나, 유난히 럭셔리 차량이 많은 마이애미에서는 재규어나 밴틀리, 람보르기니, 포르셰, 페라리 같은 차량들을 쉽게 볼 수 있는 만큼 접촉사고를 내지 않도록 주의하자.

마이애미 투어 프로그램

휴양도시인 만큼 너무나도 많은 종류의 투어가 있다. 기본적인 시티 투어는 물론이고 크루즈 투어, 낚시 투어, 정글 투어, 헬기 투어, 근교 지역인 에버글레이즈 Everglades 국립공원 , 포트 로더데일 Fort Lauderdale, 키 웨스트 Key West 등에 다녀오는 투어, 멀리 올랜도 Orlando나 케네디 우주센터 Kennedy Space Center까지 다녀오는 투어 등 셀 수 없이 많다. 비수기에는 홈페이지를 통해 예약하면 할인되는 경우가 많으니 홈페이지를 확인해보자.

마이애미 투어 컴퍼니
Miami Tour Company

시티 투어, 크루즈 등 반나절 짜리 투어와 에버글레이즈 투어, 키 웨스트 투어 등 다양한 투어들이 있다. 요금은 보통 $28~120.

홈페이지 www.miamitourcompany.com

그레이라인 투어

전 세계에 지점이 있는 대형 투어 회사로 마이애미에서는 다양하면서도 무난한 투어가 진행된다. 시내의 주요 관광지를 순환하며 원하는 곳에서 내렸다 탈 수 있는 Hop on Hop off 버스가 있으며 그 밖에 다양한 주제별 투어가 있다. 요금은 $39~393.

홈페이지 graylinemiami.com

마이애미 투어 Miami Tours

마이애미 시내 투어, 에버글레이즈, 키 웨스트 투어 등 역시 다양한 투어들이 있다. 요금은 보통 $25~100.

홈페이지 miamitours.com

마이애미 비치411

마이애미 관광에 관한 정보가 많은 편이고 각종 투어를 진행하는 사이트로 신뢰도가 높은 편이다. 시티 투어와 에버글레이즈 투어 등이 인기다. 요금은 $19~120.

홈페이지 www.miamibeach411.com

마이애미 덕투어

바다가 있는 관광도시라면 하나쯤 있는 덕 투어는, 수륙양용의 차량이 사우스 비치를 돌다가 바다로 들어간다. 가이드의 농담 섞인 설명(영어)도 인기다. 요금은 성인 $45, 65세 이상 $39, 4~12세 $28, 3세 이하 $10.

홈페이지 www.ducktourssouthbeach.com

마이애미 할인 패스

고 마이애미 패스 Go Miami Pass

여러 가지 볼거리를 저렴하게 돌아볼 수 있는 카드로 특히나 투어가 많은 마이애미에서는 알차게 사용할 수 있다. 크게 세 종류가 있으며, 고 마이애미 패스에 포함된 수많은 볼거리 중에서 특히 인기 있는 것은 다음과 같다.

- Art Deco Walking Tour
- Big Bus Hop On Hop Off
- Duck Tours
- Kennedy Space Center
- Key West Day Trip from Miami by Gray Line
- Miami Seaquarium

- Island Queen Millionaire's Row Sightseeing Cruise.
- Everglades tour at the Everglades Alligator Farm

※ 투어는 대부분 예약해야 한다.

홈페이지 gocity.com/en/miami

고 마이애미 패스 종류

	올 인클루시브 패스 The All Inclusive Pass	익스플로러 패스 The Explorer Pass
요금	1일권 성인 $124, 3~12세 $89 2일권 성인 $169, 3~12세 $139 3일권 성인 $214, 3~12세 $174 5일권 성인 $304, 3~12세 $249 ※ 인터넷 예매 시 할인	2가지 성인 $89, 3~12세 $69 3가지 성인 $109, 3~12세 $84 4가지 성인 $129, 3~12세 $109 5가지 성인 $159, 3~12세 $124 ※ 인터넷 예매 시 할인
내용	정해진 시간 안에 42개 이상의 명소 입장과 투어를 이용할 수 있다. 잘 활용하면 할인율이 55%로 가장 높으며 기간이 길수록 유리하다.	42개 이상의 명소 중 2~5개를 골라 사용한다. 할인율은 40% 정도이며 유효기간은 60일이다.

고 패스 사용 팁

고 패스는 어떻게 사용하는가에 따라 손해를 볼 수도 있고 크게 절약을 할 수도 있다.

즉, 올 인클루시브 패스 성인 2일권이 $169인데, 입장료 $20~30 안팎의 볼거리들을 하루에 4개 이상 보는 것도 만만치 않다. 하지만 $50이 넘는 투어들을 이용하면 금세 $200이 넘어 제법 큰돈을 절약할 수 있게 된다. 그러니까 날짜가 짧을수록 포함내역을 자세히 확인하고 원하는 볼거리 중 비싼 것들을 골라 이용하는 것이 좋다.

이때 주의할 것은, 투어 출발 시간과 소요 시간 등을 미리 알아두어 시간 안배를 잘해야 하며, 박물관 같은 경우 운영 시간과 휴일을 확인해 두어야 한다. 그리고 투어에 따라서 반드시 미리 전화로 예약을 해야 하거나 미리 티켓을 받아두어야 한다.

[예시 – 2일권 성인]

10:00~14:00 Everglades Tour
15:00~17:00 Duck Tours

다음 날

10:30~12:00 Art Deco Walking Tour
13:00~15:00 Island Queen Millionaire's Row Cruise
15:00~17:00 Miami Seaquarium
+ 2일간 아무 때나 Hop-On Hop-Off Bus 이용

이렇게 본다고 가정할 경우 총경비는 $280이 넘기 때문에 $100 이상 절약된다.

추천 일정

마이애미는 크게 다운타운과 마이애미 비치로 나눌 수 있다. 여행의 중심지는 마이애미 비치의 사우스 비치다. 밤늦도록 왁자지껄한 이 동네는 관광객들과 휴양객들로 항상 활기를 띠며 이국적인 분위기로 가득하다. 비스케인만 크루즈를 즐기고 시내를 구경한 뒤에는 사우스 비치에서 여유있는 시간을 보내도록 하자.

보다 알찬 시간을 보내고 싶다면 마이애미를 벗어나 근교에 다녀올 것을 권한다. 반나절 코스로는 에어보트를 타고 악어를 구경할 수 있는 에버글레이즈나 운하도시인 포트 로더데일이 좋고, 하루 코스로는 키 웨스트도 좋다.

1
Day

**비즈카야
박물관과 정원**
①

**비스케인만
크루즈**
②

코코넛 그로브의 근사한
저택 비즈카야에서 남국의
정취를 느껴보자. 저택 뒤
정원에서는 비스케인 만을
바라볼 수 있다.

베이사이드에서 유람선을 타고
비스케인만을 돌아보자.
세계적인 부호들의 별장과
함께 마이애미의 스카이라인도
볼 수 있다(베이사이드
마켓플레이스에서 점심식사).

사우스 비치
③

마이애미 여행의 하이라이트.
아르데코 거리를 따라 걸으며
바닷가 풍경을 즐기자(조스
스톤 크랩에서 저녁식사).

스페인 수도원 방면
The Ancient Spanish Monastery

5

907

112

195

Julia Tuttle Causeway

195

112

112

112

195

마이애미
비치

❶

NW 29th St.

N Miami Ave

NE 2nd Ave

Biscayne Blvd

1

배스 박물관
Bass Museum of Art

힐튼 마이애미
Hilton Downtown

NE 15th St.

Dade Blvd

홀로코스트 기념상
Holocaust Memorial

907

17th St.

로우스 마이애미 비치 호텔
Loews Miami Beach Hotel

Dolphin Expy

95

N Miami Ave

N 2nd Ave

Biscayne Blvd

5

395

Mac Arthur Causeway

에스메 마이애미 비치
Esmé Miami Beach

15th St.

에스파뇰라 웨이

라 물라타
La Mulata

라 샌드위셰리
La sandwicherie

Collins Ave

베이사이드 마켓플레이스
Bayside Marketplace

Hibiscus
Island

더 마를린 호텔
The Marlin Hotel

비스케이 호텔
Viscay Hotel

아르데코
지구

비스케인 만 크루즈
Biscayne Bay Cruise

Palm Island

데코 워크 호스텔
Deco Walk Hostel

Meridian Ave

다운타운
Downtown
Miami

Star Island

더 비컨 호텔
The Beacon Hotel

어 피시 콜드 아발론
A Fish Called Avalon

5th St.

90

41

만다린 오리엔탈
Mandarin
Oriental

사우스 비치 호스텔
SoBe Hostel

사우스 비치

❷

1

5

95

포 시즌스
Four Seasons

조스 스톤 크랩
Joe's Stone Crab Restaurant

Fisher
Island

Brickell Ave

913

Rickenbacker Causeway

Virginia
Key Park

913

❸

Arthur Lamb Jr. Rd

Rickenbacker Causeway

마이애미

ⓒ

ⓓ

Attraction

📷 보는 즐거움

마이애미는 휴양도시이니만큼 빡빡하게 계획을 짜서 돌아다니는 것보다는 해변을 중심으로 여유롭게 머물면서 다양한 이국적 음식과 쇼핑을 즐기다가 관심이 가는 지역을 골라 몇 군데 돌아보는 것으로 마무리할 수 있다. 특별히 무언가를 하지 않아도 한겨울에 느낄 수 있는 따뜻한 바람과 이국적 정취가 마이애미의 가장 큰 매력이다.

마이애미 비치 Miami Beach

'마이애미 비치'라고 하면 두 가지를 뜻한다. 하나는 마이애미 시티 동쪽에 위치한 남북으로 기다란 섬으로, 마이애미 시티와 독립된 도시 이름이다. 그리고 또 하나는 이 마이애미 시티 안에 위치한 해변가 '마이애미 비치'다. 영어로는 이 둘을 구분해서 쓸 때 전자를 'City of Miami Beach'라고 한다. 폭 2.4㎞, 길이 11.4㎞의 남북으로 가늘고 긴 모양의 섬인 마이애미 시티의 절반은 마이애미 비치라고 해도 좋을 만큼 해안선을 따라 모래사장이 끝없이 펼쳐져 있다.

마이애미 비치는 원래 1800년대 후반에 코코넛 농장을 위해 개발되기 시작했는데 1915년 부동산 개발업자들에 의해 도시로 만들어졌으며 마이애미 시티와는 3~4개의 다리로 연결되어 있다. 마이애미 비치는 동쪽면 전체가 해변으로 이루어져 있으며 이 해변가를 따라 화려한 호텔과 고급 레지던스들이 줄지어 서 있다.

사우스 비치
South Beach
Map P.477-D2

마이애미 비치 중에서도 특히 23rd St. 남쪽으로 펼쳐진 지역을 사우스 비치라 부른다. 1980년대에 아르데코 지역을 대대적으로 리노베이션하면서 최신 클럽과 상점들이 들어서 현재는 관광객들에게 가장 인기 있는 지역이 되었다. 아트 갤러리나 개성 있는 부티크들이 많아 맨해튼의 소호 SoHo와 비슷한 느낌을 줘 '소비 SoBe(South Beach)'로도 불린다.

가장 번잡한 지역은 링컨 로드 Lincoln와 콜린스 거리 Collins Ave.(6th~9th St.), 그리고 해변 도로인 오션 드라이브 Ocean Dr.다. 해변에서는 따뜻한 겨울에도 일광욕을 즐기는 사람들을 볼 수 있으며 길거리에서는 수영복 차림으로 돌아다니는 사람들을 쉽게 볼 수 있는 지역이다.

★ 아르데코 지구
Art Deco District

Map P.477-D2

마이애미 비치의 6th St.에서 23rd St.까지, 그중에서도 특히 해변 앞 도로인 오션 드라이브 Ocean Dr.를 따라 6th St.에서 14th St.까지의 화사한 파스텔톤 건물들이 늘어서 있는 곳이 바로 아르데코 지구다. 마이애미 비치 건축 지구 Miami Beach Architectural District 또는 마이애미 역사지구 Old Miami Beach Historic District라고도 불리는 이 지역은 1979년에 미국 역사지구로 지정되기도 했다. 어떻게 보면 좀 유치해 보이기도 하고 어떻게 보면 재미나 보이기도 하는 개성적인 건물들은 아르데코 양식에서 비롯된 것이다. 아르데코란 1925년부터 1940년까지 유행했던 예술 디자인 사조로, 패션이나 회화, 그래픽, 필름과 같은 시각디자인은 물론이고 건축, 인테리어, 산업디자인과 같은 장식미술에 많은 영향을 끼쳤다. 유럽에 이어 미국에서도 1930년대까지 유행하다가 1940년을 전후해 쇠퇴하였으며 1980년대에 그래픽 디자인의 인기와 함께 다시 유행하기도 하였다. 현재 마이애미 비치에 위치한 아르데코 지구는 바로 이 당시인 1980년대에 대대적으로 복원되어 현재 960채의 건물을 지닌 전 세계에서 가장 많은 아르데코 건물이 모여 있는 곳이다.
1976년에 창설된 비영리 단체인 마이애미 디자인 보존 협회 MDPL에서는 가이드 투어, 셀프 투어, 자전거 투어 등 아르데코 지구에 대한 각종 투어를 진행하고 있으며 투어 신청은 아르데코 웰컴 센터 Art Deco Welcome Center에서 할 수 있다.

주소 1001 Ocean Dr. 가이드 투어 10:30 120분 소요 요금 일반 $35, 학생 $30 홈페이지 www.mdpl.org

★ 에스파뇰라 웨이
Map P.477-D2

사우스 비치 중간쯤인 14th St.와 15th St. 사이에 위치한 골목길로 남북으로 뻗은 큰길인 Washington Ave.와 만난다. 이 Washington Ave.에서 Pennsylvania Ave.까지의 거리에는 남미의 분위기를 느낄 수 있는 빨간 지붕의 작고 아담한 레스토랑과 상점들이 자리하고 있다.
비록 2블록의 짧은 길이지만 나무가 우거지고 보도 블록이 깔려 있어 운치를 느낄 수 있다. 에스파뇰라 웨이 사적지 Espanola Way Historic District라고도 불리는 이 지역은 마이애미 비치에서 첫 번째인 1986년에 사적지로 지정된 곳이기도 하다.
위치 14th St.와 15th St. 사이 골목길로, Washington Ave.에서 서쪽으로 이어진 길.

함께 이집트 미라까지 다양한 소재를 접할 수 있다. 간소하면서도 개성있는 내부 인테리어와 세계적인 건축가 아라타 이소자키의 건물이 돋보이는 곳으로, 전시물이 많지 않아서 30분이면 둘러볼 수 있다.

주소 2100 Collins Ave. Miami Beach, FL33139 운영 수~일 12:00~18:00 휴무 월·화 요금 일반 $15, 학생 또는 13~18세, 65세 이상 $8 가는 방법 메트로버스 14·36·79·100·150번 Collins Ave./21 St 하차. 공원 너머로 건물이 보인다. 홈페이지 www.thebass.org

홀로코스트 기념상
Holocaust Memorial
Map P.477-D1

배스 미술관 Bass Museum 근처에 위치한 청동 조각상으로 제2차 세계대전 당시 나치에게 희생당한 600만 명의 유대인을 추모하기 위해 만들어졌다. 하늘을 향해 뻗은 거대한 손 아래로 절규하는 인간 군상들이 새겨진 이 조각은 실제 홀로코스트의 생존자이자 조각가인 케네스 트레이스터에 의해 제작되었으며 작품의 제목은 〈사랑과 고통의 조각 The Sculpture of Love and Anguish〉이다. 거대한 손의 손목 안쪽으로 아우슈비츠 수감자 문신이 새겨져 있으며 그 아래로는 괴로움에 신음하는 130명 유대인들의 비참한 모습을 실감나게 표현했다. 다운타운과 마이애미 비치를 오가는 큰 길에 있어 잠시 들러볼 만하다.

주소 1933–1945 Meridian Ave.

배스 박물관
Bass Museum of Art
Map P.477-D1

미술품 애호가였던 존과 조해나 배스의 기부금으로 1963년 마이애미 비치 시에서 지은 미술관. 르네상스 작품에서부터 현대 미술에 이르는 작품들을 돌아가며 전시하고 있다. 루벤스의 고전적인 작품들과

스페인 수도원
The Ancient Spanish Monastery
Map P.477-C1

마이애미 비치의 북쪽 끝에 내륙과 연결된 노스 마이애미 비치 North Maimi Beach에는 마이애미의 분위기와는 사뭇 다른 아주 오래된 성당이 있다. 원래 이름이 St. Bernard de Clairvaux인 이 성당은 1133~1144년에 스페인의 세고비아 부근에 지어진 서반구에서 가장 오래된 성당이다. 미국인 부호 랜돌프 허스트가 1925년에 구입해서 건물 전체를 분해해 선편을 통해 뉴욕항으로 들여왔다가 재정난 등으로 경매에 넘어가 소유주가 몇 번 바뀌어 결국 이곳 마이애미에서 재조립되었다. 아담한 회랑 안에서는 종종 결혼식이 열리며, 작은 예배당에서는 주말마다 미사가 열린다. 일부러 찾아가기보다는 아벤추라 몰이나 노스 비치 쪽에 갈 때 들러볼 만하다.

주소 16711 West Dixie Highway, North Miami Beach, 33160 운영 수·목 10:00~16:00, 금·토 10:00~14:00, 일 14:00~17:00 휴관 12/31, 1/1, 1/2, 결혼식 등 이벤트가 많아 자주 폐쇄되니 반드시 홈페이지 확인 요금 성인 $10, 학생 또는 62세 이상 $5 가는 방법 North Miami Beach E번 버스를 타고 W Dixie Hwy/NE 22nd Ave. 하차하면 바로 입구가 보인다. 홈페이지 www.spanishmonastery.com

다운타운 Downtown

마이애미의 다운타운은 오피스 단지다. 고층 빌딩들이 솟아 있긴 하지만 그다지 멋진 스카이라인이 그려지지는 않는다. 그러나 다운타운 바로 동쪽은 탁 트인 바다로 이어진 베이사이드 지역이 펼쳐진다. 공원과 쇼핑몰, 그리고 선착장들이 모여 있는 베이사이드에서는 마이애미의 분위기를 한껏 느낄 수 있다.

베이사이드 마켓플레이스
Bayside Marketplace   Map P.477-C2

마이애미 항에 위치한 복합 몰이다. 레스토랑과 카페, 상점들이 모여 있으며 2층에 커다란 푸드 코트가 있어 부담 없이 식사를 즐길 수 있다. 많은 유람선과 투어버스들이 이곳에서 출발해 수많은 관광객들로 붐비는 곳이다. 바로 북쪽으로는 베이사이드 쇼핑몰 Bayside Shopping Mall이 있어 쇼핑을 즐길 수 있다. 오픈 레스토랑에 앉아 유람선과 요트들이 정박해 있는 비스케인 만 Biscayne Bay을 바라보며 휴식을 취하기에도 좋다. 바로 남쪽으로는 바다와 면한 넓은 공원인 베이프런트 파크 Bayfront Park가 있는데 이곳에서는 가끔 야외 콘서트가 열려 흥겨운 분위기를 더해준다. 베이사이드 마켓플레이스는 마이애미 비치에서도 가까운 편이고 코코넛 그로브나 코럴 게이블스에서도 가까워 교통이 편리하다.

주소 401 Biscayne Blvd. 운영 월~목 10:00~22:00, 금·토 10:00~23:00, 일 11:00~21:00 가는 방법 ①메트로버스 3·100·203번 Biscayne Blvd & NE 2 St 하차 ②메트로레일을 이용할 경우에는 College/Bayside Station 하차. 3rd St.를 바다 쪽으로 두고 조금 걸어가다 주차장 있는 큰길을 건너면 보이기 시작한다. 홈페이지 www.baysidemarketplace.com

비스케인 만 크루즈
Biscayne Bay Cruise   Map P.477-C2

마이애미가 대서양과 만나는 지역은 수많은 섬들과 매우 복잡한 해안선으로 이루어져 있다. 마이애미 동쪽으로는 섬과 같이 떠 있는 마이애미 비치가 있고, 남쪽으로는 동서로 13km, 남북으로 56km에 달하는 거대한 만(灣)이 자리하고 있는데 바로 이 만의 이름이 비스케인이다. 비스케인 만 중에서도 20km 남쪽에 자리한 지역은 아직 오염이 되지 않아 수많은 산호초와 바다생물들을 볼 수 있다. 특별히 이 지역을 비스케인 국립공원 Biscayne National Park으로 지정하여 국가에서 보호하고 있다.

마이애미의 베이사이드 Bayside는 비스케인 만으로 향하는 수많은 크루즈들이 출발하는 곳으로 관광객들에게 또 하나의 볼거리를 선사하고 있다. 비스케인 만 크루즈에는 여러 가지가 있는데, 가장 인기 있는 것은 마이애미 주변을 돌아보는 60~90분짜리로 비스케인 만을 향해 지어진 스타들의 초호화 별장들을 볼 수 있다. 각종 투어회사에서 이러한 크루즈 투어를 진행하고 있으며 개인적으로 찾아갈 경우에는 베이사이드에 위치한 아일랜드 퀸 크루즈 Island Queen Cruise 선착장으로 가면 티켓을 구입할 수 있다.

주소 401 Biscayne Blvd. 운행 크루즈 종류에 따라 다른데, 보통 11:00쯤부터 1~2시간 간격으로 출발 요금 크루즈 종류에 따라 $35~ 가는 방법 베이사이드 마켓플레이스 바로 옆이다. 홈페이지 www.islandqueencruises.com

리틀 하바나
Little Havana
Map P.476-B2

다운타운의 서남쪽에 위치한 리틀 하바나는 이름에서 알 수 있듯이 쿠바인들의 마을이다. 1960년대 카스트로 정부를 피해 마이애미로 넘어온 수많은 쿠바인들이 정착한 곳으로 동네의 이름도 쿠바의 수도인 하바나(아바나) Havana에서 따왔다.

동네 분위기는 매우 남미스럽다. 사람들 얼굴도 대부분 라티노인 데다 가난한 동네 분위기, 낡은 건물들과 거리, 하지만 낙천적으로 보이는 사람들…. 심지어 영어도 잘 통하지 않을 때가 있다. 가장 유명한 거리는 칼레 오초 Calle Ocho라는 곳으로 영어로는 8th St., 즉 8번가다. 관광객들을 위한 기념품 가게들이 군데군데 있고 쿠바의 특산품인 시가를 파는 곳, 심지어 시가 공장도 눈에 띈다. 칼레 오초의 중심은 막시모 고메즈 공원 Maximo gomez Park으로 보통은 도미노 공원 Domino Park이라 불린다. 지역 주민들의 만남의 장소로 애용되는 작은 공원에는 삼삼오오 모여 앉아 체스를 두거나 담소를 나누는 사람들을 볼 수 있다. 공원 옆에는 맥도널드가 있는데, 이 맥도널드는 세계에서 유일하게 쿠바커피를 제공하는 곳으로 알려져 있다.

도미노 공원과 맥도널드를 중심으로 세 블록에 걸쳐 바닥에는 별 모양의 석판들이 있는데, 이는 할리우드의 워크 오브 페임 Walk of Fame을 흉내 낸 것으로 각각의 석판에 쿠바 예술가들의 이름이 새겨져 있다. 리틀 하바나가 이렇게 가난한 쿠바인들의 동네지만 수많은 사람들을 끌어모으는 이유 중 하나는 음식이다. 쿠바 음식은 기본이고, 중남미의 원조 음식들을 맛볼 수 있는 지역으로 관광객들은 물론 현지인들에게도 인기다.

가는 방법 메트로버스 8·208번 노선을 타고 SW 8th St/SW 13Ct 하차하면 바로 워크 오브 페임의 시작 지점이다.

Travel Plus 메트로무버로 다운타운 엿보기

메트로무버 Metromover는 마이애미의 다운타운을 순환하는 모노레일이다. 다운타운의 교통체증을 해소하기 위해 무료로 운영된다. 7㎞라는 짧은 거리지만 3개 노선이 있고 배차 간격이 짧아 편리하다. 특히 고가 레일을 이용해 마이애미의 다운타운을 높은 곳에서 감상할 수 있다. 관광용으로 이용하고 싶다면 고층 빌딩과 바다 쪽이 보이는 Brickell Loop 노선이 좋다(시내교통 참조).

코코넛 그로브 Coconut Grove

다운타운 남쪽 해안가에 위치한 코코넛 그로브는 마이애미에서 가장 오래된 지역으로 코코넛 농장을 위해 매입되었다가 도시로 개발되면서 현재의 화려한 모습을 갖추게 됐다. 울창한 가로수길에 아름다운 주택가와 쇼핑센터, 레스토랑 등이 늘어서 있다. 고급 부티크와 노천 카페는 코코넛 그로브 빌리지 Coconut Grove Village에 많으며 대중적인 브랜드숍과 식당들은 코코워크 Coco Walk에 많다(쇼핑편 참조). 볼거리로는 비즈카야 박물관이 유명하며, 투어를 이용하면 마돈나 등 유명한 스타들의 집도 멀리서나마 볼 수 있다.

비즈카야 박물관과 정원
Vizcaya Museum and Gardens
Map P.476-B3

사업가이자 코코넛 그로브 개발업자였던 제임스 디어링의 겨울 별장이었던 건물로 그의 사후인 1926년에 허리케인으로 파괴된 것을 시에서 매입해 박물관으로 개관하였다. 이탈리아 건축양식으로 지어진 건물들은 아름다운 정원과 함께 우아한 분위기를 더하며 유럽의 미

술품들로 장식된 70여 개의 방에서는 당시의 화려함을 엿볼 수 있다. 비스케인 만 Biscayne Bay을 끼고 있는 건물 뒤의 정원은 마치 호수 위에 떠 있는 듯한 아름다운 풍경을 자아낸다. 에단 호크와 귀네스 팰트로가 주연을 맡았던 영화 〈위대한 유산〉의 촬영지로도 유명하다.

주소 3251 S. Miami Ave. 운영 수~월 09:30~16:30 휴관 화요일, 추수감사절, 크리스마스 요금 일반 $25, 6~12세 $10, 5세 이하 무료 (성수기 $29) 가는 방법 메트로버스 12번을 타고 S Miami Ave & Samana Dr 하차, 담장 옆으로 작은 입구가 보인다. 메트로 레일로는 Vizcaya Station 하차, 32nd St.를 200m 정도 내려오면 담장이 보이고 오른쪽으로 꺾어지면 길 건너로 입구가 있다. 홈페이지 www.vizcaya.org

코럴 게이블스 Coral Gables

다운타운 서남쪽, 코코넛 크로브 바로 옆에 위치한 부유한 동네로, 마이애미로부터 독립된 작은 도시다. 스페인풍의 아름다운 건물들과 울창한 가로수들이 이어져 있으며 마이애미 주립대학이 있고 관광객들에게 인기 있는 볼거리들도 있다.

코럴 게이블스의 중심은 미러클 마일 Miracle Mile 거리로, 애초에 기획되었던 비즈니스 지구에 다양한 상점과 노천 카페들이 줄지어 있다. 관광지로 유명한 곳은 미러클 마일 서쪽에 위치한 거대한 빌트모어 호텔과 베니션 풀이다. 부유한 동네답게 무료로 운행되는 트롤리 버스가 시내를 순환해 편리하게 이용할 수 있다.

빌트모어 호텔
Coral Gables Biltmore Hotel
Map P.476-A3

1926년에 지어진 거대한 호텔로 비록 호텔이지만 1996년 국립 사적지 National Historic Landmark로 지정될 만큼 역사적으로 의미 있는 곳이다.

먼저 이 호텔은 제2차 세계대전 기간 중에 병원으로 이용되었고 1968년까지는 마이애미 주립대 의대로 사용되기도 하였다. 다시 호텔로 거듭난 것은 1987년의 일로 완공 당시 플로리다에서 가장 높았으며 수영장도 한때는 세계에서 가장 큰 규모를 자랑했었다. 〈CSI Miami〉 등 많은 드라마와 영화의 배경으로 등장하기도 했다.

주소 1200 Anastasia Ave. Coral Gables 가는 방법 메트로버스 56번 노선을 이용해 Anastasia Ave/Columbus Blvd.에서 하차하면 웅장한 건물이 보인다. 홈페이지 www.biltmorehotel.com

베니션 풀
Venetian Pool
Map P.476-A3

코럴 게이블스에 위치한 유명한 수영장이다. 1920 년대에 석회석 채석장을 개조해 수영장으로 만든 것으로 날마다 샘에서 끌어오는 물을 사용하기 때문에 일반 수영장보다 물이 좀 찬 편이다. 수영장에는 작은 폭포와 동굴도 있고 이탈리아의 베네치아에서 이름을 따온 만큼 유럽적인 분위기도 느낄 수 있다. 특히 사진이 잘 나오는 편이라 여러 행사의 배경이 되기도 하지만 그만큼 사진만 보고 기대를 했다면 살짝 실망할 수도 있겠다.

주소 2701 De Soto Blvd. Coral Gables 운영 각종 행사나 공사 등으로 운영날짜와 시간이 불규칙하므로 홈페이지에서 미리 확인해야 한다. 보통 11:00~ 16:30 요금 시즌별로 일반 $22, 3~12세 $17 가는 방법 빌트모어 호텔 앞으로 뻗어 있는 드 소토 거리 De Soto Blvd.를 따라 500m 정도 걷다 보면 나온다. 홈페이지 www.coralgables.com/venetian-pool

메릭 파크
Shops at Merrick Park
Map P.476-A3

메릭 파크는 코럴 게이블스의 부유함을 상징하는 분위기 좋은 복합몰이다. 코럴 게이블스의 개발자였던 조지 메릭 George Merrick의 이름을 딴 곳으로, 나무와 분수, 조각이 어우러진 아름다운 정원과 함께 쇼핑과 식사, 휴식을 취할 수 있는 다양한 시설들을 갖추고 있다. 남국의 정취가 가득한 야자수들이 고급스러운 인테리어와 잘 어울려 또하나의 볼거리를 안겨준다.

주소 358 San Lorenzo Ave. Coral Gables 운영 월~목 11:00~20:00, 금·토 11:00~21:00, 일 11:00~18:00 가는 방법 메트로 레일 더글러스 로드 Douglas Road역에서 하차. San Lorenzo Ave.로 걸어가거나 무료 트롤리를 타고 Nordstrom 백화점 출구에서 하차. 홈페이지 www.shopsatmerrickpark.com

코럴 게이블스 트롤리 Coral Gables Trolley

메트로레일의 더글러스 로드 Douglas Road역에서부터 폰세드 레온 거리 Ponce de Leon Blvd.와 미러클 마일 Miracle Mile을 지나 북쪽으로 플래글러 거리 Flagler St.까지 왕복하는 무료 셔틀이다. 사실 관광명소보다는 시내 중심을 관통하는 셔틀로, 메트로레일 역에서부터 메릭 파크나 미러클 마을로 이동할 때 이용할 만하다.

운행 월~토 06:30~20:00 휴무 공휴일
홈페이지 www.coralgables.com

🍽️ 먹는 즐거움

마이애미는 휴양 도시인 만큼 온갖 종류의 음식과 유명 레스토랑의 분점들이 모여 있다. 활기 차고 고급스러운 분위기의 레스토랑은 주로 사우스 비치 쪽에 있으며 마이애미 특유의 쿠바 식 음식을 원한다면 리틀 하바나가 좋다. 마이애미 음식의 특징은 쿠바식 음식과 플로리비안 Florribean이라 칭하는 플로리다식 캐리비안 음식이다. 주로 해산물을 이용해 향신료로 맛을 내는 것이 많다. 마이애미에서만 맛볼 수 있는 유명한 음식은 스톤 크랩 Stone Crab이며 키 웨 스트가 발생지인 키 라임 파이 Key Lime Pie도 디저트로 인기다.

사우스 비치

항상 수많은 사람들로 북적이는 사우스 비치에는 저렴한 식당에서부터 최고급 레스토랑에 이르 기까지 다양한 맛집들이 있다. 기왕이면 캐리비안에서만 잡힌다는 스톤 크랩 Stone Crab을 맛 보는 것이 어떨까. 스톤 크랩은 집게발이 매우 크고 딱딱한 게인데, 양식이 안되기 때문에 바다에 서 스톤 크랩을 잡아 집게발만 하나 떼서 돌려보내면 다시 집게발이 자란다고 한다.

조스 스톤 크랩 $$$
Joe's Stone Crab Restaurant Map P.477-D2

100년이 넘는 역 사를 자랑하는 너 무나도 유명한 스 톤 크랩 전문점이 다. 스톤 크랩을 버터에 구워 각종 소스에 찍어 먹는 요리다. 1시간 정도 줄을 서야 할 정도로 항상 만원임 에도 불구하고 예약을 잘 받지 않는다. 보통 5~9월 의 여름에는 영업을 하지 않을 때도 있으니 홈페이 지를 확인하고 가자.

주소 11 Washington Ave. Miami Beach 영업 날짜별로 다 르니 홈페이지 참조 홈페이지 www.joesstonecrab.com

어 피시 콜드 아발론 $$$
A Fish Called Avalon Map P.477-D2

아르데코 지구인 오션 드라이브에 위치한 레스토랑 으로 다양한 해산물 요리로 유명하다. 음식의 모양 에도 신경을 쓰는 고급스러운 레스토랑으로 랍스타 와 가리비, 해산물 리소토 등이 인기다. 큰길가에서 눈에 띄는 연두색 네온사인으로 찾기 쉽다.

주소 700 Ocean Dr. Miami Beach 영업 일~목 17:30~ 22:00, 금·토 17:30~23:00 홈페이지 www.afishcalled avalon.com

라 물라타
La Mulata
$$$
Map P.477-D1

워싱턴 애비뉴와 에스
파뇰라 웨이가 만나는
교차로에 자리한 쿠바
레스토랑으로 분위기
도 이국적이고 흥겨운
음악과 조명이 기분을
더한다. 음식도 맛있고
큼직한 사탕수수를 넣
어주는 시원한 모히토
가 일품이다. 팁이 포함되니 영수증을 확인하자.
주소 1443 Washington Ave, Miami Beach 영업 일~목
09:00~23:30, 금·토 09:00~24:30 홈페이지 https://la
mulatasouthbeach.com

라 샌드위셰리
La Sandwicherie
$$
Map P.477-D2

골목길에 위치한 작은 샌드위치점이다. 이름에서 알
수 있듯 프렌치 스타일의 샌드위치로 바게트나 크루
아상에 치즈, 연어, 신선한 채소 등을 넣어 맛있다.
좌석이 매우 좁아 대부분 테이크아웃 해가는 가성비
맛집이다.
주소 229 14th St, Miami Beach 영업 매일 07:00~17:00
홈페이지 www.lasandwicherie.com

리틀 하바나

쿠바인들이 모여 있는 지역인 만큼 제대로 된 쿠바 음식을 즐길 수 있는 곳이다. 쿠바식당 외에도
남미나 멕시코 식당들이 많다.

라 카레타
La Carreta
$$
Map P.476-A2

쿠바 요리로 유명한 레스토랑이다. 푸짐한 해산물과
육류요리, 신선한 샐러드로 인기가 많아 분점이 8개
로 늘어났다. 원조는 단연 쿠바 타운으로 알려진 리
틀 하바나의 칼레 오초 Calle Ocho에 있으며 분점
들 중 한 곳은 마이애미 공항(터미널 D)에도 있는데
공항점은 주로 간단한 요리들만 있다. 쿠바 음식을
맛보고 싶다면 들러볼 만하다.
주소 3632 SW 8th St. 영업 일~목 08:00~23:00, 금·토
08:00~24:00 홈페이지 www.lacarreta.com

카사 후안초
Casa Juancho
$$
Map P.476-B2

레스토랑의 외관부터 스페인풍의 멕시코를 느낄 수
있는 곳으로 내부 인테리어도 이국적인 느낌이 든

다. 다른 멕시칸 식당에 비해 약간 비싼 편이지만 그
만큼 음식 맛과 질이 좋기로 유명하다. 리틀 하바나
한가운데의 칼레 오초에 있으며, 올리브유를 이용한
고기와 생선 요리와 파에야가 인기다.
주소 2436 Southwest 8th St. 영업 화~목·일 12:00~
22:00 금·토 12:00~23:00 홈페이지 www.casajuancho.com

베르사유 레스토랑
Versailles Restaurant
$$
Map P.476-B2

쿠바 이민 1세대로 유명한 요리사가 된 올란도 가르
시아의 레스토랑이다. 원조인 로스앤젤레스점이 성
공해 곳곳에 분점을 냈다. 쿠바 음식을 이용해 직접
개발한 독특한 소스가 유명하며 가격도 저렴한 편이
라 매우 인기다.
주소 3555 SW 8th St. 영업 월~목 08:00~24:00, 금·토
08:00~01:00, 일 09:00~24:00 홈페이지 www.versailles
restaurant.com

Shopping

🛍 사는 즐거움

전 세계의 부호들이 모여드는 휴양도시인 만큼 럭셔리 쇼핑의 천국이라고 할 수 있다. 여행자들이 부담 없이 구경하며 마이애미의 분위기를 느끼기에는 사우스 비치의 링컨 로드 Lincoln Road가 무난하며, 좀 더 패셔너블한 쇼핑을 원한다면 사우스 비치의 콜린스 애비뉴 Collins Ave, 펑키한 스타일이라면 사우스 비치 바닷가 쪽의 오션 드라이브 Ocean Drive에서 찾을 수 있다. 고급스러운 쇼핑 분위기를 느끼고 싶다면 코럴 게이블스에 위치한 메릭 파크 Village of Merrick Park가 제격이고, 제대로 쇼핑을 즐기고 싶다면 대형 쇼핑몰 아벤추라 몰 Aventura Mall이나 대형 아웃렛 몰인 소그라스 밀스 아웃렛 Sawgrass Mills Outlet, 그리고 일반 매장과 아웃렛이 함께 있는 돌핀 몰 Dolphin Mall도 좋다.

메릭 파크
Shops at Merrick Park

Map P.476-A3

코럴 게이블스에 위치한 고급스러운 분위기의 복합 쇼핑몰이다. 야자수와 분수, 조각이 어우러진 아름다운 정원을 갖추고 있다. 노드스트롬, 니만 마커스 백화점과 함께 다양한 부티크 숍, 수많은 명품숍, 레스토랑, 카페, 피트니스센터, 스파 등이 들어서 있어 휴식을 취하며 쇼핑을 하고 하루를 보내기에 좋다. 마이애미에서만 볼 수 있는 멋진 열대 정원과 고급스러운 인테리어가 어우러져 꼭 쇼핑이 아니더라도 한번쯤 들러볼 만한 곳이다.

주소 358 San Lorenzo Ave. Coral Gables 운영 월~목 11:00~20:00, 금·토 11:00~21:00, 일 11:00~18:00 가는 방법 메트로 레일 더글러스 로드 Douglas Road역에서 하차, 300m 정도 걸어가거나 무료 트롤리를 타고 Nordstrom 백화점 출구에서 하차. 홈페이지 www.shopsatmerrickpark.com

돌핀 몰
Dolphin Mall

마이애미 공항 서쪽에 자리한 대형 쇼핑몰이다. 일반 매장과 아웃렛 매장들이 함께 있어서 원스톱으로 쇼핑을 즐기기 좋다. 규모나 수준 면에서 소그래스 밀스 아웃렛과 종종 비교되는데, 명품 아웃렛은 소그래스가 더 많지만 마이애미에서 멀리 떨어져 있기 때문에 장단점이 있다.

주소 11401 NW 12th St, Miami, FL 33172 영업 월~토 10:00~21:00, 일 11:00~20:00(휴일에는 변경됨) 가는 방법 메트로 버스 7·107·338번을 타고 돌핀 몰에 하차하면 바로 몰 주차장이다. 홈페이지 www.shopdolphinmall.com

밸 하버 숍스
Bal Harbour Shops

마이애미 비치 북쪽 끝에 위치한 고급 쇼핑몰로, 프라다, 돌체앤가바나, 아르마니, 지미추, 샤넬 등 고급 브랜드숍과 다양한 부티크 숍, 그리고 니만 마커스 Neiman Marcus와 삭스 피프스 애버뉴 Saks

Fifth Avenue 백화점이 입점해 있다. 오픈 몰 중앙에는 열대 정원과 분수, 연못을 꾸며놓아 이국적인 분위기를 느낄 수 있다.

몰 자체의 규모는 그리 크지 않지만 대부분의 명품 브랜드는 다 들어와 있으며 상점별 인테리어도 상당히 고급스럽다. 2층에는 오픈 카페와 레스토랑이 있어 식사와 함께 간단한 휴식을 취하기에 좋다.

주소 9700 Collins Ave. Bal Harbour 운영 매일 11:00～21:00 가는 방법 메트로 버스 100번 노선을 타고 Bal Harbour Shops에서 하차. 홈페이지 www.balharbourshops.com

아벤추라 몰
Aventura Mall

규모 면에서 플로리다 주 최대. 미국 내에서 5위 안에 드는 거대한 쇼핑몰이다. 노드스트롬, 블루밍데일스, 메이시즈, 페니, 시어스 백화점이 입점해 있으며 이 백화점을 잇는 통로 1, 2층으로 다양한 상점들이 들어서 있다. 대형 푸드코트는 물론, 치즈케이크 팩토리, 토니 로마스, 그랜드 럭스 카페 등과 같은 레스토랑들이 있고, 3층에는 대형 극장 AMC와 피트니스센터가 있다. 루이비통과 휴고 보스, 버버리 등 일부 독립된 명품매장이 있으나 대부분 바나나 리퍼블릭, 아베크롬비, 세븐진, 트루 릴리전, 자라, 아르마니 익스체인지, 캘빈 클라인 등과 같은 중고급의 대중적인 브랜드가 주를 이루며, 애플 스토어와 세포라 등 전자제품이나 화장품 매장도 있다. 주소 19501 Biscayne Blvd. Aventura FL 33180 운영 월～토 10:00～21:30, 일 11:00～20:00 가는 방법 메트로 버스 3·9·183 노선을 타고 Aventura Mall에서 하차. 대부분 노선이 종점이거나 오래 정차한다. 홈페이지 www.aventuramall.com

데이드랜드 몰
Dadeland Mall

코럴 게이블스 서남쪽에 위치한 대형 쇼핑몰이다. 전형적인 미국의 쇼핑몰로, 플로리다에서 매장이 가장 큰 메이시즈를 비롯한 4개의 백화점과 푸드코트 그리고 웬만한 브랜드 상점들이 다 입점해 있다. 주소 7535 N Kendall Dr. FL 33156 운영 월～토 10:00～21:00, 일 11:00～19:00 가는 방법 메트로 버스 87·88·104번 노선을 타고 Dadeland Mall에서 하차. 홈페이지 www.simon.com/Mall

소그라스 밀스 아웃렛
Sawgrass Mills Outlet

데이드랜드 몰의 소유주이기도 한 사이먼 그룹의 초대형 아웃렛이다. 마이애미에서 북쪽으로 1시간 정도 떨어져 있는 소도시 선라이즈 Sunrise에 있다. 포트 로더데일에서 가까우므로 함께 봐도 좋지만 쇼핑을 좋아하는 사람이라면 하루가 부족할 만큼 거대한 규모를 자랑한다.

특히 이 아웃렛의 강점은 삭스, 노드스트롬, 니만 마커스, 블루밍데일스 등 고급 백화점의 아웃렛 매장이 들어서 있으며 프라다, 페라가모, 휴고보스 등의 명품 브랜드도 독립매장으로 입점해 있다는 것이다. 이러한 야외 매장들은 일반 아웃렛보다 고급스럽게 꾸며져 있다. 300개가 넘는 엄청난 수의 상점과 함께 PF Chang, 치즈케이크 팩토리 등 대중적이면서도 깔끔한 레스토랑들이 있어 하루 종일 쇼핑을 즐기며 식사를 하기에도 좋다.

주소 12801 W Sunrise Blvd, Sunrise FL 33323 운영 월～토 10:00～21:00, 일 11:00～20:00 가는 방법 메트로 버스를 이용하면 2～3번 갈아타야 하고 2시간 이상 걸려 매우 불편하다. 렌터카를 이용하면 마이애미 다운타운에서 40분, 비치에서 50분 소요. 홈페이지 www.simon.com/mall/sawgrass-mills

Stay

마이애미 비치를 즐기러 온 대부분의 관광객들은 사우스 비치 쪽에 숙소를 잡는다. 사우스 비치는 활기찬 해변마을 분위기라서 걸어서 돌아다니기에도 좋다. 하지만 해변보다는 볼거리에 치중하고 싶다면 다운타운 쪽에 숙소를 잡는 것도 괜찮다. 다운타운에서는 리틀 하바나, 코코넛 그로브, 코럴 게이블스 등이 대중교통으로도 잘 연결된다. 자동차가 있는 경우라면 공항이 시내에서 그리 멀지 않기 때문에 공항 근처의 저렴한 숙소를 이용하는 것도 나쁘지 않다.

사우스 비치

현지인보다 관광객이나 휴양객들이 많은 사우스 비치에는 호텔도 매우 많다. 배낭족들을 위한 저렴한 호스텔부터 최고급 럭셔리 호텔, 장기체류자들을 위한 콘도 등 종류도 매우 다양하다. 해변가 분위기와 번화함을 즐기려면 사우스 비치에 숙소를 잡는 것이 좋다.

사우스 비치 호스텔 $
SoBe Hostel   Map P.477-D2

큰길인 Washington Ave.에 있어 찾기 쉽고 바닷가에서도 가까운 편이다. 내부 시설도 깔끔한 편이며 아침식사가 제공된다. 하루에 4번 공항 무료셔틀도 있어 편리하다.
주소 235 Washington Ave. Miami Beach 홈페이지 www.sobe-hostel.com

비스케이 호텔 $$
Viscay Hotel   Map P.477-D2

콜린스 거리 Collins Ave.에 자리한 무난한 중저가 호텔이다. 가격 대비 위치와 시설이 좋은 편이고 특히 방이 넓고 깨끗해 해마다 마이애미에서 휴가를 보내는 단골손님들이 많이 찾는다. 조용한 분위기와 친절한 서비스 그리고 저렴한 숙박비로 인기다.
주소 960 Collins Ave. Miami Beach 홈페이지 vacationstarhotels.com

데코 워크 호스텔 $$
Deco Walk Hostel   Map P.477-D2

아르데코 지구의 Ocean Dr.에 위치한 유일한 호스텔이다. 깔끔한 인테리어를 자랑하며 바로 앞에 해변가 공원이 펼쳐져 있어 분위기도 좋다. 간단한 아침식사가 제공되며 역시 젊은이들이 많아 종종 파티가 열리는 활기찬 곳이다. 겨울철 성수기에는 일찍 예약해야 한다.
주소 928 Ocean Dr. 2F, Miami Beach

에스메 마이애미 비치 $$$
Esmé Miami Beach　　　Map P.477-D1

사우스 비치에서도 위치가 좋은 에스파뇰라 웨이에 자리한 호텔이다. 아르데코 양식의 외관이 눈길을 끄는 이곳은 바다는 물론 번화가인 링컨 로드까지도 가까워 도보이동이 가능해 편리하다. 숙박비가 비싼 사우스 비치에서 이 정도 편의성이면 가격대도 무난한 편이다.

주소 1438 Washington Ave. Miami Beach, FL 33139
홈페이지 www.esmehotel.com

더 마를린 호텔 $$$
The Marlin Hotel　　　Map P.477-D2

마이애미 특유의 아르데코 스타일의 건물이지만 내부는 현대적이면서도 아늑하고 깔끔하게 개조한 호텔이다. 30개 이상의 다양한 룸을 보유하고 있다. 사우스 비치 Collins Ave.의 숙소 밀집지역에 위치하며 무난한 가격대에 조식도 잘 나와서 인기가 많다. 바다가 가까워 걸어나가기 편리하며 쇼핑이나 유흥을 즐기기에도 좋다.

주소 1200 Collins Ave. Miami Beach, FL 33139 홈페이지
www.themarlinhotel.com

더 비컨 호텔 $$$
The Beacon Hotel　　　Map P.477-D2

해변 도로인 오션 드라이브 Ocean Dr.에 위치해 있는 유명한 호텔로 아르데코 건물에 방이 크지는 않지만 마이애미 분위기가 물씬 풍기는 인테리어를 갖추고 있다. 안쪽으로는 아담한 정원이 있고 피트니스 센터도 있다.

주소 720 Ocean Dr. Miami Beach 홈페이지 www.beacon
southbeach.com

로우스 마이애미 비치 호텔 $$$$
Loews Miami Beach Hotel　　　Map P.477-D1

입구는 콜린스 거리 Collins Ave.에 있고 호텔 뒤쪽으로는 풀장과 함께 바로 해변과 연결되어 선탠을 즐기는 사람들로 가득하다. 고급스러운 리조트 분위기를 느낄 수 있는 대형 호텔이자 각종 투어버스가 출발하는 중심 호텔이어서 여러모로 편리하다.

주소 1601 Collins Ave. 홈페이지 www.loewshotels.com

카리용 마이애미 웰니스 리조트 $$$$
Carillon Miami Wellness Resort

사우스 비치는 아니지만 사우스 비치의 중심가 콜린스 거리에서 북쪽으로 이어진 마이애미 비치의 한적한 북쪽 해변가에 자리한 고급 리조트 호텔이다. 이곳은 스파 서비스로 유명한 곳인데 전신 테라피, 스킨케어 마사지 등의 서비스를 이용할 수 있으며 4개의 수영장, 암벽 등반 벽도 갖추고 있다. 노스 비치까지 걸어갈 수 있으며 산책로와 자전거 도로도 있다.

주소 6801 Collins Ave. Miami Beach, FL 33141 홈페이지
www.carillonhotel.com

다운타운

마이애미의 다운타운은 행정과 비즈니스의 중심일 뿐만 아니라 위치상으로도 마이애미의 중심에 있다. 따라서 마이애미 곳곳에 흩어진 다양한 볼거리들을 즐기려면 다운타운에 숙소를 잡는 것도 괜찮다. 단, 다운타운은 바닷가인 동남쪽으로 갈수록 번화하고 안전하며 서쪽으로 갈수록 우범지대가 많아진다. 가급적 비즈니스 지구인 남쪽의 브리켈 Brickell 지역에 숙소를 잡도록 하자.

만다린 오리엔탈
Mandarin Oriental
$$$$
Map P.477-C2

세계적으로 유명한 럭셔리 호텔인 만다린 오리엔탈이 휴양 도시인 마이애미에도 지점을 두고 있다. 다운타운 부근의 조그만 섬인 브리켈 섬 Brickell Key에 위치해 바다를 마주하고 있어 뛰어난 전망과 함께 고급스러운 인테리어를 자랑한다.
주소 500 Brickell Key Dr. Miami FL 33131 홈페이지 www.mandarinoriental.com/miami

포 시즌스
Four Seasons
$$$$
Map P.477-C2

최고급 호텔로 잘 알려진 포 시즌스 역시 휴양 도시 마이애미에 지점을 두고 있다. 다운타운 남쪽의 바닷가 부근에 초고층 빌딩으로 자리 잡고 있으며 야자수에 둘러싸인 수영장과 함께 고급스러운 인테리어를 자랑한다.
주소 1435 Brickell Ave. Miami FL 33131 홈페이지 www.fourseasons.com/miami

힐튼 마이애미
Hilton Miami
$$$$
Map P.477-C1

힐튼 계열 호텔은 마이애미에 30곳이 넘는데, 성수기를 제외하면 $100~280 정도로 다양하면서도 무난한 수준이다. 고급은 역시 사우스 비치에 있지만 중급의 무난한 가격대도 곳곳에 있다.
가장 가성비가 좋은 곳은 공항 서쪽의 Hilton Garden Inn Miami Airport West인데, 가격대비 깔끔한 시설로 인기가 많아 일찍 예약해야 한다. 공항 주변의 다른 한 곳은 Hilton Miami Airport이며, 이보다 좀더 비싼 곳은 다운타운 지점 Hilton Miami Downtown이다.
홈페이지 www.hilton.com

Hampton Inn & Suites by Hilton Miami Brickell Downtown
주소 50 SW 12th St

Homewood Suites by Hilton Miami Downtown/Brickell
주소 1750 SW 1st Ave

Homewood Suites by Hilton Miami Airport West
주소 3590 NW 74th Ave.

Hilton Miami Downtown
주소 1601 Biscayne Blvd

포트 로더데일
Fort Lauderdale

마이애미에서 북쪽으로 1시간 정도 거리에 있는 포트 로더데일은 '미국의 베니스(Venice of America)'라는 별명을 지니고 있다. 그만큼 아름다운 운하도시라는 의미다. 이탈리아의 베니스와 분위기는 전혀 다르지만 더 깨끗한 운하를 즐길 수 있으며 넓은 해변이 있어 바닷가의 풍경도 갖추고 있다. 운하는 대개 부유한 주택가를 끼고 있어 아름다운 집들과 함께 바다의 풍경을 보는 것이 관광 포인트다.

기본 정보

▌유용한 홈페이지
포트 로더데일 관광청 www.visitlauderdale.com

가는 방법

마이애미에서 차로 1시간 거리이기 때문에 가볍게 당일치기가 가능하다. 겨울철 성수기에 마이애미 비치가 너무 복잡하다면 포트 로더데일에 머물면서 마이애미 여행을 해도 괜찮다. 차가 없다면 통근열차인 트라이 레일 Tri-Rail을 이용해 마이애미에서 이동할 수도 있지만, 포트 로더데일 안에서 돌아다닐 것을 생각하면 대중교통보다는 자동차를 권한다.

비행기 ✈

포트 로더데일은 우리에겐 다소 생소하지만 미국내에서는 제법 알려진 휴양도시로, 국내선이 꽤 많이 운행되며 특히 저가항공인 스피리트 항공 spirit airlines이 뉴욕, 로스앤젤레스 등 미국 내 여러 도시를 연결한다. 공항은 시내 바로 남쪽에 위치한 포트 로더데일 할리우드 국제공항 Fort Lauderdale-Hollywood International Airport으로, 상당히 작은 공항이다. 시내 중심에서 불과 6㎞ 정도 거리라서 택시로 10분이면 이동이 가능하며 $20 정도다.

홈페이지 www.fll.net

기차 🚆

마이애미 교통편에서 설명된 트라이 레일 Tri-Rail을 이용하면 저렴하게 이동할 수 있다. 포트 로더데일에는 트라이 레일 역이 두 곳 있는데, 한 곳은 포트 로더데일 공항이며, 다른 한 곳은 시내쪽에 위치해 있다. 하지만 시내 중심까지는 다시 버스를 이용해야 한다. 마이애미에서 포트 로더데일까지 요금은 편도 $5이다.

주소 200 SW 21st Terrace, Fort Lauderdale, FL 33312 홈페이지 www.tri-rail.com

버스 🚌

공항과 기차역 등 시내에 4곳의 버스 정류장이 있으며 그레이하운드와 플릭스버스가 함께 이용한다. 스케줄에 따라 마이애미에서 40분~1시간 걸리고 요금은 편도 $12~16 정도.

홈페이지 www.flixbus.com 또는 www.greyhound.com

시내 교통

무료 셔틀버스를 이용하거나, 운하를 돌아다니는 워터 택시를 이용할 수도 있다. 워터 택시는 교통수단일 뿐만 아니라 관광용으로도 인기가 많다.

로더고 커뮤니티 셔틀
Laudergo Community Shuttle 🚆

포트 로더데일 시내에서 5개 노선을 운행하고 있는 무료 셔틀버스다. 여행자들이 이용할 만한 노선은 비치를 오가는 노선과 번화가인 라스올라스를 오가는 노선이다.

[Beach Link] 운행 매일 10:30~17:00
[Las Olas Link] 운행 금~일 10:30~17:00

워터 택시
Water Taxi 🚗

포트 로더데일의 교통 수단임과 동시에 투어 형식으로 설명을 들을 수 있어 관광객도 이용한다. 10개 정류장에서 타고 내리기를 반복할 수 있으므로 미리 스케줄을 알아두었다가 여유있게 이동하도록 하자. 바다 쪽은 좀 지루한 감이 있고 뉴 리버 New River 쪽으로 들어가면 길이 좁아지면서 운하 크루즈를 하는 기분이 난다. 호화로운 집들이 들어선 운하의 풍경을 감상할 수 있다.

운영 매일 10:00~22:00 요금 1일권 12세 이상 $40(17:00 이후는 $25), 5~11세 $20 홈페이지 www.watertaxi.com

Attraction

보는 즐거움

포트 로더데일은 도시 규모가 작아 하루면 충분히 돌아볼 수 있다. 먼저, 포트 로더데일의 하이라이트인 운하를 돌아보고, 주변의 바닷가나 운하와 연결된 리버 워크 등을 걸어보는 것, 그리고 여유가 있다면 보닛 하우스까지 보는 것으로 마무리할 수 있다.

운하
Waterways

포트 로더데일이 운하의 도시로 불리는 만큼 포트 로더데일을 제대로 보려면 이 운하 여행이 필수다. 물길을 따라 보트를 타고 돌아보는 여행이 이채롭다. 물길 양쪽으로는 부호들의 아름다운 별장들과 함께 예쁜 레스토랑, 카페와 산책로를 볼 수 있으며 뱃길을 열어주기 위해 도개교가 열리는 모습도 구경할 수 있다.

크루즈를 이용하려면 앞부분의 투어 프로그램편을 참조하도록 하고, 직접 돌아다니려면 워터 택시를 이용하면 된다. 워터 택시는 운하 곳곳을 연결해 주는데, 시작점으로는 운하의 가장 안쪽에 해당하는 에스플러나드 공원 Esplanade Park이 무난하다.

에스플러나드 공원 Esplanade Park 주소 400 SW 2nd St.

포트 로더데일 비치
Fort Lauderdale Beach

마이애미와 마찬가지로 동쪽에 대서양을 끼고 있는 도시답게 길고 널따란 해변을 따라 하얀 모래사장이 펼쳐져 있다. 마이애미보다 덜 관광화된 편이고 마이애미 비치가 화려한 호텔들로 이어져 있다면 이곳 포트 로더데일 해안은 럭셔리 고층 콘도들이 줄을 이어 들어서 있어 장기 체류자들의 좀 더 여유로

운 모습을 볼 수 있다. 유럽인들과 게이들이 많아 보다 다채로운 풍경이 펼쳐지기도 한다.

가는 방법 로더고 비치 Beach 노선으로 Beach Place & AIA Ft Lauderdale에서 하차. 라스 올라스 Las Olas 노선도 Beach Place & AIA Ft Lauderdale에서 하차.

라스 올라스 거리
Las Olas Blvd.

포트 로더데일의 번화가다. 포트 로더데일 비치에서 뻗어나온 라스 올라스 Las Olas(스페인어로 파도) 거리를 따라 양쪽으로 나란히 레스토랑과 상점들이 줄지어 있다. 도로 가운데로는 화단이 꾸며져 있어 분위기를 더해주며 운하 옆길인 리버워크 Riverwalk와 바로 연결되어 언제든지 워터 택시를 타고 바다로 나갈 수도 있다. 리버워크 쪽에도 리버프런트 Riverfront라 불리는 식당 및 상점가가 있어 강을 바라보며 식사를 즐기기에 좋다. 뉴 리버 New River

강에는 큰 배가 지나갈 때 다리를 들어 올려 열어주는 도개교가 있어 재미난 풍경을 구경할 수도 있다.
가는 방법 로더고 Las Olas 노선으로 Las olas B/SE 9A 하차. 홈페이지 www.lasolas boulevard.com

정글 퀸 리버보트
Jungle Queen Riverboats

포트 로더데일 비치 공원 Fort Lauderdale Beach Park 옆의 선착장에서 출발해 운하들 사이를 유람하는 크루즈다. 오랜 전통을 자랑하는 크루즈로, 운치가 느껴지는

증기선 모양의 유람선이 분위기를 돋운다. 선체가 커서 다리 밑을 지날 때는 도개교가 열린다. 백만장자들의 별장이 이어진 Millionaire's Row와 포트 로더데일 다운타운, 리버 프런트 River Front, 하버 비치 Harbor Beach, 워터웨이 Waterways 등을 구경할 수 있다.
주소 801 Seabreeze Blvd. Fort Lauderdale, FL 33316 요금 프로그램에 따라 $32~ 가는 방법 워터 택시를 타고 7번 정류장에서 내리면 바로 옆이다. 홈페이지 www.junglequeen.com

보닛 하우스
Bonnet House Museum & Gardens

포트 로더데일 동쪽 해안에 떠있는 가늘고 기다란 섬에는 휴 테일러 버치 주립공원 Hugh Taylor Birch State Park이라는 녹지대가 있는데 그 바로 옆에 위치한 저택이다.

녹지대 이름의 주인공인 휴 테일러 버치는 1895년경에 이 지역을 사들인 사람이다. 그는 1919년 딸에게 결혼선물로 이 보닛 하우스를 주었는데, 불행히도 그의 딸 헬렌 바틀릿은 6년 후에 사망한다. 그 후 남편이었던 프레더릭 바틀릿은 1931년 재혼해 다시 이 보닛 하우스에서 살았으며 1953년 그의 사망 후 부인 에블린 바틀릿이 이곳을 겨울 별장으로 사용하다가 1983년에 플로리다 유적지 보호재단 Florida Trust for Historic Preservation에 기증했다. 집 안 구석구석에는 여러 가지 장식품은 물론 자신들이 그렸던 그림들도 다수 전시되어 있다. 뒤뜰에는 아름다운 숲과 커다란 연못이 있으며 바다로도 연결되어 있다.
주소 900 North Birch Rd. 개관 화~금 11:00~15:00, 토·일 11:00~16:00 휴관 월, 1월 1일, 추수감사절, 크리스마스 요금 일반 $25(가이드 투어 $30), 6~17세 $8, 정원만 관람 시 $15 가는 방법 로더고 비치 Beach 노선으로 Beach Place & A1A Ft Lauderdale에서 하차. 입구는 해변가 안쪽의 North Birch Road로 들어가야 한다. 홈페이지 www.bonnethouse.org

Palm Beach 팜 비치

부유한 미국인들이 휴가를 즐기는 팜 비치는 조용하면서도 고급스러운 동네로 잘 알려져 있다. 우리에게 관광지로 많이 알려져 있지 않지만 그 이름만큼은 여기저기 인용되어 낯설지 않다. 마이애미에서 100㎞ 북쪽에 위치한 웨스트 팜 비치는 야자수가 펼쳐진 마이애미의 풍광을 가지고 있으면서도 마이애미의 번잡함과는 거리가 먼 호젓함을 느낄 수 있다. 케네디가, 록펠러, 트럼프 등 미국 최상층이나 최고의 재벌로 꼽히는 사람들이 겨울을 지내던 곳답게 호화로운 리조트 호텔과 스파, 레스토랑, 쇼핑가 등이 들어서 있다.

기본 정보

▌유용한 홈페이지
팜 비치 관광청 www.thepalmbeaches.com
웨스트 팜 비치 관광청 www.visitpalmbeach.com

▌관광 안내소
West Palm Beach Waterfront Visitor

Information Center
관광지에서는 조금 떨어져 있지만 차가 있다면 어렵지 않게 들을 수 있다.
주소 138 S Flagler Dr, West Palm Beach, FL 33401 운영 매일 10:00~18:00

가는 방법

마이애미에서 차로 1시간 30분 거리이기 때문에 당일치기로 다녀올 수 있다. 차가 없다면 통근열차인 트라이 레일 Tri-Rail을 이용해 마이애미에서 이동할 수도 있지만, 팜 비치 안에서 돌아다니려면 차가 있는 것이 좋다.

비행기 ✈

아메리칸항공, 유나이티드항공 등 주요 항공사와 젯블루, 스피리트항공, 사우스웨스트 등이 미국 주요 도시를 연결한다. 공항은 시내에서 서쪽으로 6㎞ 정도에 위치한 팜 비치 국제공항 Palm Beach International Airport이며, 시내에서 멀지 않아 택시를 이용하거나 팜 트랜 Palm Tran 44번을 이용해 시내로 이동할 수 있다. 30분 소요, $2.

홈페이지 www.pbia.org

기차 🚆

플로리다 동남부의 통근 열차인 트라이 레일 Tri-Rail이 앰트랙 역을 이용한다. 역이 다소 외진 곳에 위치해 있지만 큰길을 건너 10분 정도 걸어가면 바로 시내 중심이 나온다. 마이애미에서 이동할 때 주말에는 그레이하운드보다 저렴하고 빠르다. 평일 왕복 $17.50, 주말 $5, 소요시간 1시간 30분.

주소 203 South Tamarind Ave. West Palm Beach, Florida 33401

버스 🚌

기차역 바로 앞에 그레이하운드 버스 정류장이 있다. 역 주변은 매우 한적하고 썰렁하긴 하지만 우범지역까지는 아니다. 마이애미까지 2시간 정도 걸리고 요금도 편도 $13~19로 주말에는 트라이 레일보다 비싸다.

시내 교통

자동차로 다니는 것이 가장 편리하지만 대중교통을 이용한다면 팜 트랜 Palm Tran 시내버스가 노선이 다양하다. 웨스트 팜 비치 다운타운 안에서는 2개 노선의 무료 트롤리가 있다.

요금 팜 트랜 1회권 일반 $2, 21세 이하 학생 $1, 1일권 일반 $5, 21세 이하 학생 $3.50 홈페이지 www.palmtran.org

팜 비치는 사실 보러 가는 여행지라기보다는 쉬고 즐기는 휴양지다. 하지만 화려한 볼거리들을 그냥 지나칠 순 없다. 오래전부터 부호들의 휴양지였던 팜 비치에는 화려한 별장이나 호텔, 갤러리, 쇼핑가가 발달했다. 그리고 그들 중 일부는 일반인들도 엿볼 수 있게 되었다. 야자수가 펼쳐진 바닷가를 배경으로 그들만의 화려한 세상을 구경해보자.

플레글러 박물관
Flagler Museum

미국의 타지마할이라 불리는 아름다운 저택으로, 석유 재벌이었던 헨리 플레글러가 그의 세 번째 부인에게 결혼선물로 지어줬다. 75개의 방으로 꾸며진 이 저택에는 각기 주제를 지닌 손님방들과 함께 음악실, 무도회장, 갤러리까지 있다. 유럽풍의 인테리어로 가득하지만 동양적 주제를 지닌 방도 있다. 저택의 1층 구석에는 기념품 가게가 있으며 기념품 가게에서 밖으로 나가면 독립된 건물이 있어, 평소에는 카페로 이용되며 간혹 음악회가 열리기도 한다. 정원에서는 바로 호수가 이어져 시원한 전망을 즐길 수 있다.

주소 1 Whitehall Way, Palm Beach, FL 33480 개관 화~토 10:00~17:00, 일 12:00~17:00 폐관 월, 추수감사절, 크리스마스, 1월 1일 요금 일반(13세 이상) $26, 6~12세 $13, 5세 이하 무료(18세 이하는 어른 동반 입장 가능) 가는 방법 팜 트랜 41번 노선으로 Sunrise Ave at Bradley Pl에서 하차, Cocoanut Row 길을 따라 1km 걸어가면 보인다. 홈페이지 www.flaglermuseum.us

워스 애비뉴
Worth Avenue

'남쪽의 로데오 드라이브 Rodeo Drive of the South'라 불리는 명품거리. 베벌리 힐스의 로데오와는 또 다른 분위기를 갖고 있다. 로데오가 관광지로서 매우 번잡한 데 반해, 워스 애비뉴는 화려함은 조금 덜하지만 차분한 고급스러움을 지니고 있다. 사우스 오션 대로 South Ocean Blvd에서부터 코코넛 로 Cocoanut Row까지 이어지는 이 거리에는 200여 개의 부티크와 갤러리, 레스토랑들이 늘어서 있다. 거리 끝부분의 사우스 오션 대로로 나가면 바로 야자수가 늘어선 바닷가 풍경이 펼쳐져 휴양지의 느낌을 더해준다.

또한 워스 애비뉴에서 북쪽으로 두 블록만 올라가면 팜 비치 시청사 Palm Beach Town Hall가 있는데, 스페인 미션 양식의 예쁜 건물로 미국의 국립 사적지로도 등재된 바 있다. 주변에 아담한 분수와 귀여운 동네 분위기가 잘 어울린다. 이처럼 워스 애비뉴 주변은 꼭 쇼핑이 아니더라도 여유롭게 산책을 즐기며 돌아다니기에 좋다.

주소 Worth Ave, Palm Beach FL 33480 가는 방법 팜 트랜 41번 노선으로 Royal Palm Way/ S Country Rd에서 하차, S Country Rd를 따라 남쪽으로 500m 정도 걸으면 워스 애비뉴가 나온다. 가는 길에 시청사가 보인다. 홈페이지 www.worth-avenue.com

노턴 미술관
Norton Museum of Art

웨스트 팜 비치 다운타운에 자리한 노턴 미술관은 팜 비치를 대표하는 미술관으로 훌륭한 작품들을 소장하고 있는 것으로 유명하다. 1941년 사업가였던 랠프 노턴이 은퇴 후 자신의 수집품을 전시하고자 설립하였으며 2003년 대대적인 증축으로 현재의 모습을 갖추게 되었다.

5,000여개의 작품을 돌아가면서 지역별로 구분해 전시하는데, 미국관에는 미국의 대표적인 화가인 호퍼, 오키프, 폴락 등의 작품들이 있으며, 프랑스관에는 인상주의와 후기 인상주의를 대표하는 세잔, 드가, 고갱, 마티스, 모네, 피카소, 르누아르 등의 작품이 있다. 또한 중국관에는 200여 점이 넘는 다양한 조각품들이 있어 눈길을 끈다.

주소 1451 S. Olive Ave, West Palm Beach, FL 33401 개관 월·수~토 10:00~17:00(금 22:00까지), 일 11:00~17:00 휴관 화, 1/1, 추수감사절, 크리스마스 요금 일반 $18, 학생 $5, 12세 이하 무료 가는 방법 웨스트 팜 비치를 남북으로 달리는 팜 트랜 1번 노선이 노턴 미술관을 지난다. 홈페이지 www.norton.org

시티 플레이스
City Place

웨스트 팜 비치 중심에 자리한 복합몰이다. 룰루레몬 Lululemon, H&M, 앤트로폴로지 Anthropologie 등 대중적인 브랜드숍 그리고 많은 레스토랑이 있어 쇼핑뿐 아니라 주민들의 즐거운 휴식처 역할을 하고 있다. 쇼핑이 목적이라면 5km 정도 떨어진 팜 비치 아웃렛 Palm Beach Outlets이 좋다.

주소 700 South Rosemary Ave, West Palm Beach, FL33401 영업 일~수 10:00~21:00, 목~토 10:00~22:00 가는 방법 팜 트랜 1번 QUADRILLE BLVD at Hibiscus ST 하차. 홈페이지 www.cityplace.com

Travel Plus **럭셔리 호텔의 종결자, 브리커스 The Breakers**

부호들의 휴양지 팜 비치에는 럭셔리 호텔과 레스토랑이 많다. 트럼프 리조트로 유명한 마라 라고 Mar-a-Lago 같은 최고급 리조트는 회원만 입장할 수 있는 클럽이다. 하지만 일반인들이 즐길 수 있는 최고급 호텔도 있으니 그 이름도 유명한 브리커스 The Breakers다. 미국 최고의 호텔 중 하나로 꼽히는 브리커스는 건물부터 웅장하다. 호텔로 들어가는 입구 양쪽으로는 골프장이 펼쳐져 있고, 호텔 뒤로는 바로 대서양과 맞닿아 있다. 넓은 욕실과 바다가 보이는 방, 4개의 수영장, 최고급 스파와 사우나 등 모든 것

이 럭셔리 그 자체다. 숙박요금이 부담스럽다면 유명한 선데이 브런치를 즐겨 보는 것도 좋겠다(1인당 $195+세금+팁).

주소 1 South County Rd, Palm Beach, FL33480 가는 방법 팜 트랜 41번 노선으로 S Cnty Rd at Royal Ponciana Wy에서 하차, N Breakers Row 길을 따라 10분 정도 걸어 들어가야 한다. 홈페이지 www.thebreakers.com

Everglades National Park

에버글레이즈 국립공원

1947년에 국립공원으로 지정된 거대한 습지대로 유네스코 세계문화유산에 등재되기도 하였다. 미국 지도를 펼쳐보면 금세 찾을 수 있을 만큼 플로리다 반도 끝부분을 광범위하게 차지하고 있다. 데스밸리 국립공원과 옐로스톤 국립공원 다음으로 미국에서 가장 큰 국립공원이며 북미대륙 유일의 아열대 보존지구로 매우 특이한 생태계를 보이는 곳이기도 하다. 특히 200여 개의 작은 섬들로 이루어진 에버글레이즈 남서쪽의 플로리다 베이는 바닷물과 강물이 뒤엉켜 만나는 곳으로 크로커다일(Crocodiles)과 앨리게이터(Alligators)가 만나는 아주 독특한 환경이다. 이외에도 주둥이가 가늘고 뾰족한 게이비얼(Gavial) 악어, 몸길이가 10cm도 되지 않는 소형 악어 미시시피 케이맨(Mississippi Caiman)도 있다. 이처럼 다양한 악어들을 볼 수 있으며, 그 밖에도 700종이 넘는 동물이 서식하는 지역으로 알려져 있다.

Everglades National Park 알고 가자!

▌국립공원 입구

공원에는 3개의 입구가 있다. 정문은 공원 동남쪽에 위치한 홈스테드/플로리다 시티 Homestead/Florida City에 있으며 24시간 개방된다. 에버글레이즈 공원을 주 목적지로 하는 경우에는 이 입구로 많이 들어가지만 보통 마이애미에서 출발하는 사람들은 공원 북동쪽에 위치한 샤크 밸리 Shark Valley를 많이 이용한다. 공원이 워낙 크고 포장된 길들이 제한적이라 입구끼리 연결이 안 되므로 주의해야 한다.

▌유용한 홈페이지

공식 홈페이지 www.nps.gov/ever

▌방문자센터

드넓은 국립공원 안에는 입구 쪽을 중심으로 방문자 센터가 있어 각종 안내는 물론 여러 가지 투어나 이벤트를 진행한다.

● 어니스트 코 Ernest F. Coe Visitor Center

에버글레이즈 동남쪽의 정문에 위치한 방문자 센터로 연중무휴로 운영된다.

주소 40001 State Rd. 9336 Homestead, FL 33034 운영 4월~12월 중순 09:00~17:00, 12월 중순~3월 08:00~17:00

● 플라밍고 Guy Bradley Visitor Center in Flamingo

에버글레이즈 서남쪽에 자리한 방문자센터로 정문으로 들어오면 60㎞ 정도 안쪽에 있다. 이곳은 국립공원 최남단이기 때문에 출입구는 아니다.

주소 1 Flamingo Lodge Hwy Homestead, Florida 33034 운영 매일 08:00~17:00

● 샤크 밸리 Shark Valley Visitor Center

에버글레이즈의 동북쪽이자 마이애미 서쪽에 위치해 마이애미에서 가장 가깝다.

주소 36000 SW 8th St. Miami, FL 33194 운영 매일 09:00~17:00

● 걸프 코스트 Gulf Coast Visitor Center

에버글레이즈의 서북쪽에 위치해 플로리다 북서쪽에서 들어올 때 이용한다.

주소 815 Oyster Bar Ln. Everglades City, FL34139 운영 임시 휴관

▌요금

자동차 1대당 $35(7일간 유효)

▌방문 시기

여름철에는 우기라서 매우 습하며 모기 등 해충도 많고 폐쇄되는 지역도 많다. 가장 적절한 시즌은 12월부터 3월까지의 건조한 겨울이다. 이 기간에는 투어도 매우 다양하다.

Travel Plus **크로커다일 VS 앨리게이터**

에버글레이즈는 세계에서 유일하게 크로커다일 Crocodiles과 앨리게이터 Alligators가 공존하는 지역이라는데, 대체 이 두 악어는 무엇이 다른 걸까?
크로커다일은 염분에 강해 호주나 아프리카 해안가에 많이 서식하고 앨리게이터는 염분에 약해 중국 양쯔 강이나 미국의 미시시피 강에 서식하는 것으로 알려져 있다. 이처럼 생태 양식이 다른 데다, 외형상으로는 보통 크로커다일이 뾰족한 V형 턱을 지니고 있고 아래턱이 돌출해 아랫니와 윗니가 맞물리며 덧니가 있다. 앨리게이터는 완만한 U형 턱을 지니고 있으며 대체로 크로커다일보다 작은 편이고 아랫니가 윗니 안으로 들어간다.

에버글레이즈 국립공원 투어 프로그램

초간단으로 돌아보려면 투어 프로그램을 이용하는 것이 편하다. 특히 마이애미에서 출발하는 투어회사들이 많아서 차가 없는 사람들에게 편리하다.

대부분의 투어 프로그램에는 에어보트 Airboat 투어가 포함되어 있다. 에어보트는 프로펠러로 움직이는 평평한 바닥의 보트로, 배 아랫부분에 스크루가 없어서 늪지대를 지날 때 걸리지 않고 쉽게 다닐 수 있으며 소음이 심해서 귀마개를 준다. 에버글레이즈는 수면이 매우 낮아 마치 갈대숲길을 지나가는 것처럼 느껴진다. 이 에어보트 외에도 악어쇼나 악어 농장 등을 함께 구경하는 투어가 많다.

마이애미의 투어 프로그램 편에 언급된 투어 회사들 외에도 에버글레이즈 전문 투어 회사들이 많으니 일정과 요금을 비교해보자.

www.evergladestours.com, www.evergladesareatours.com,
www.evergladessafaripark.com,
www.evergladesadventure.com

에버글레이즈 국립공원 일정 짜기

엄청난 규모의 에버글레이즈 국립공원을 하루만에 다 돌아본다는건 무리다. 하지만 일정상 반나절이나 하루 정도 투자해 간단하게 둘러보는 방법도 있으니 다음을 참조하자.

반나절 코스

● 샤크 밸리 Shark Valley

마이애미에서 가장 가까운 샤크 밸리 입구로 들어가는 것이다. 이곳은 위치상으로 가까운 점도 있지만 공원 내부에서의 소요시간도 적게 걸린다. 샤크 밸리 방문자 센터를 지나면 바로 나오는 것이 타미아미 트랙 Tamiami Track이다. 이곳은 일반 여행자들이 걸어서 볼 수 있도록 길을 만들어 놓아서 걷기도 편하고 안전하며 경치도 좋다. 또한 전망대 Shark Valley Observation Tower가 있어 에버글레이즈 공원을 조망하기에도 좋으며, 관광객들을 위해 악어요리를 제공하는 레스토랑까지 갖추고 있다.

하지만 이 트랙도 왕복 24㎞의 거리기 때문에 더운 날씨에 걸어서 다 돌기엔 상당히 힘들다. 보통은 자전거를 빌려 다니거나 또는 트램 투어를 이용한다. 길들이 평지로 이루어져 있어 자전거로 다니기에도 좋은 편이며 보통 2~3시간 걸린다. 트램 투어도 중간중간 정차하기 때문에 2시간 정도 걸린다. 12월 말~4월 말 성수기에는 자전거가 부족한 경우도 있고,

트램 투어도 매진되는 경우가 있으니 미리 예약하는 것이 좋다.

[자전거 렌탈]

운영 렌탈은 08:30~16:00, 반납은 17:00까지. 요금 1대당 $25 (보통 2~3시간 걸린다) 신분증 지참

[트램 투어]

운영 5~12월 중순 09:30, 11:00, 14:00, 16:00, 12월 중순 ~4월 9:00~16:00 1시간 간격 요금 일반 $31, 62세 이상 $24, 3~12세 $16 가는 방법 대중교통은 없고, 자동차로 가면 마이애미 시내에서 FL-90/US-41번 도로로 40분 정도 걸린다. 홈페이지 www.sharkvalleytramtours.com

※ 여름철에는 모기등 해충이 많으니 반드시 방충제, 모기약 등을 챙겨가도록 하고, 덥기는 하지만 얇은 긴팔 점퍼를 입는 것도 좋다.

● 어니스트 코 Ernest Coe(정문)

에버글레이즈 국립공원의 정문은 마이애미에서 남서쪽으로 40마일(64㎞) 떨어진 도시 홈스테드 Homestead를 지나간다. 국립공원의 정문 출입구를 지나면 바로 나오는 곳이 어니스트 코 방문자센터 Ernest Coe Visitor Center다. 바로 여기에서부터 남쪽 끝 출입구인 플라밍고 방문자 센터 Flamingo Visitor Center까지 내려가는 길은 차를 타고 국립공원을 관통한다는 의미가 있어 많은 사람들이 찾는다. 정문에서 21㎞ 정도 들어가면 파헤오키 전망대 Pahayokee Overlook라는 나무로 된 왕복 260m의 간단한 트레일이 나온다. 초원의 호수 Lake of Grass라 불릴 만큼 끝없이 펼쳐진 초원의 풍경을 감상할 수 있는 곳이다. 여기서 다시 40㎞ 남쪽으로 내려가면 도로로 연결된 국립공원의 최남단에 자리한 플라밍고 방문자센터가 나온다. 이곳은 에버글레이즈 국립공원은 물론 플로리다 반도의 끝자락에 위치해 멕시코 만에 떠있는 수많은 섬들을 볼 수 있다. 자전거나 카약, 카누 렌탈도 할 수 있다.

홈페이지 evergladesadventures.com

▶ 하루 코스

● 샤크 밸리 Shark Valley

하루를 모두 에버글레이즈 국립공원에 할애하고 싶다면, 아침 일찍 일어나서 앞에 설명한 두 가지를 모두 하거나 또는 두번째 일정(어니스트 코)으로 가서 중간에 마련된 여러 곳의 트레일을 직접 걸어보고 보트 투어 등을 하며 시간을 보내는 것이다. 에버글레이즈 국립공원의 하이라이트는 늪지대의 동물들을 관찰하는 것이니만큼 망원경을 준비해 가서 여유 있게 즐기는 것이 좋다.

키 웨스트로 가는 길, 오버시스 하이웨이
Overseas Highway

고속도로가 무슨 볼거리가 되겠나 하겠지만, 미국 본토에서 키 웨스트를 향해 뻗은 이 어마어마한 도로는 정말 대단한 볼거리다. 플로리다 반도 동남쪽으로 흩어져 있는 수많은 섬들을 구슬 꿰듯 하나하나 이어서 최남단의 섬인 키 웨스트까지 연결한 이 도로는 205.2㎞나 되는 엄청난 길이(경부고속도로의 절반)로, 섬과 섬을 연결한 다리만 해도 40개가 넘는다.

원래는 이 자리에 철로가 있었는데 1935년 허리케인으로 파괴되어 플로리다 주정부에서 다리를 복구하거나 바로 옆에 새로운 다리를 지어 도로로 연결하였다. 현재 세븐 마일 브리지 Seven Mile Bridge, 바히아 혼다 브리지 Bahia Honda Bridge, 롱 키 브리지 Long Key Bridge 이 세 다리는 미국 국립 사적지 National Register of Historic Places로 등록되어 낚시터로도 이용되고 있다. 특히 세븐 마일 브리지 Seven Mile Bridge는 약 11㎞의 가장 긴 다리로, 수면과 가까운 오버시스 하이웨이의 특징인 '물 위를 달리는 듯한' 짜릿한 기분을 만끽할 수 있어 미국 최고의 드라이브 코스 중 하나로 꼽는다. 동쪽으로 대서양의 일출과 서쪽으로 멕시코 만의 석양을 볼 수 있는 멋진 곳이기도 하다.

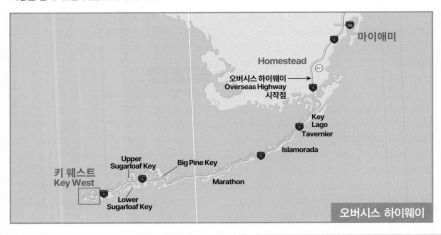

Key West 키 웨스트

길이 6.4㎞에 너비가 3.2㎞에 이르는 작은 섬인 키 웨스트는 미국 최남단의 도시라는 점과 끝없이 펼쳐진 바닷길을 도로로 연결한 오버시스 하이웨이, 미국의 대문호 헤밍웨이 등과 관련한 문화적인 분위기들로 해마다 수많은 관광객들을 끌어모으고 있다. '키 key'는 산호초로 이루어진 작은 섬을 뜻하는 말로, 과거 이 섬에서 많은 유골이 발견되었던 연유로 원래 스페인어로는 '카요 웨소 Cayo Hueso(뼈의 섬)'라 불렀는데 현재도 히스패닉들은 이렇게 부르기도 한다. 그리고 이 웨소라는 말에서 섬의 이름인 웨스트가 나왔다는 말도 있고 가장 서쪽에 있어서 웨스트라 부른다는 말도 있다.

기본 정보

▌유용한 홈페이지

키 웨스트 여행 정보 https://fla-keys.com/key-west
플로리다 여행 정보 www.visitflorida.com

가는 방법

마이애미에서 차량으로 3시간 30분 (260km) 정도 거리이므로 렌터카를 이용하는 것이 가장 편리하다. 특히 바다에 떠 있는 듯한 오버시스 하이웨이를 지나는 드라이브 코스를 직접 즐길 수 있다. 중간에 원하는 섬에서 잠시 내려 구경할 수 있다는 것도 큰 장점이다. 가는 길에는 한적하고 평화로운 섬들이 많다. 나홀로 운전이 부담스럽다면 대중교통도 있다. 플릭스버스 FlixBus 또는 그레이하운드 Greyhound로 3시간 40분~4시간 40분 정도 소요되며 요금은 왕복 $55~70 정도다.

헤밍웨이의 집
Ernest Hemingway Home & Museum

미국의 대문호이자 저널리스트였던 헤밍웨이가 한 때 살았던 집으로 집 안에는 그의 소장품들이 전시되어 있다. 이 저택은 1931년 헤밍웨이의 두 번째 부인 폴린이 삼촌으로부터 결혼선물로 받은 것이며, 그녀와 이혼한 1939년까지 이곳에 살았다. 우리에게도 잘 알려진 〈킬리만자로의 눈(1936)〉, 〈누구를 위하여 종은 울리나(1940)〉 등이 바로 이곳에서 집필되었다. 스페인풍의 저택 뒤 정원에는 작은 수영장이 있는데 당시 키 웨스트에서 최초로 지어진 수영장이라고 한다. 당시 헤밍웨이는 이 수영장을 짓기 위해 $20,000을 들였으며(현재 시가로 3억원 정도) 마지막 동전까지 털었다고 한다. 수영장 옆에 그 마지막 페니가 기념으로 남아

있다. 현재는 미국의 국립유적지로 지정되었고 헤밍웨이가 키우던 6개 발가락 고양이

스노볼 Snowball의 후손 60여 마리가 이 집을 지키고 있는데 많은 고양이들의 발가락이 6~7개다. 키 웨스트 시에서는 한 가정에 4마리 이상의 동물을 금지하고 있지만 이 집만은 예외로 해주었다.

주소 907 Whitehead St. 운영 매일 09:00~17:00 요금 일반 $18, 어린이 $7 홈페이지 www.hemingwayhome.com

키 웨스트 등대
Key West Lighthouse

헤밍웨이의 집 건너편에는 주택가에 어울리지 않는 등대가 있다. 1848년에 지어진 오래된 등대로, 한때 이 섬을 지키는 중요한 역할을 했으나 점차 기술이 발전하면서 필요 없게 되자 1969년부터 방치되었

다. 현재는 해양 유산으로 보존되어 내부를 박물관으로 조성하였다. 등대의 역사는 물론 여기서 생활했던 당시의 모습도 볼 수 있다. 계단을 올라 꼭대기로 가면 멋진 전망이 펼쳐진다.

주소 938 Whitehead St. Key West, FL 33040 영업 매일 10:00~17:00 요금 일반 $17, 7~18세 $9 (온라인 예매 시 할인) 가는 방법 헤밍웨이의 집에서 도보 1분 홈페이지 www.kwahs.org

등대에서 보이는 전망

Travel Plus **어니스트 밀러 헤밍웨이**
Ernest Miller Hemingway(1899~1961)

시카고 근교에서 태어나 고등학교를 졸업하고 기자가 되었다. 제1차 세계대전에는 적십자 운전병으로 참전했으며 전쟁 후에는 특파원으로 유럽에서 활동하면서 집필 작업을 하였다. 낚시, 사냥, 여행을 매우 즐겼고 사회문제에도 관심이 많아 스페인 내전, 일본의 중국 침략 등을 취재하였다. 이러한 경험들은 그의 많은 작품에 녹아있다.
〈태양은 다시 떠오른다 The Sun Also Rises(1927)〉, 〈무기여 잘 있거라 A Farewell to Arms(1929)〉, 〈킬리만자로의 눈 The Snow of Kilimanjaro(1936)〉, 〈누구를 위하여 종은 울리나 For Whom the Bell Tolls(1940)〉 등 수많은 명작을 남겼으며 특히 〈노인과 바다 The Old Man and the Sea(1952)〉로 1953년에 퓰리처상을 수상, 1954년에는 노벨 문학상을 수상하였다. 그가 〈노인과 바다〉를 집필 중일 때는 쿠바에 살고 있었으나 1960년대 카스트로 정권이 들어서면서 추방당해 아이다호에서 머물렀으며 말년에 불안과 우울증에 시달려 치료를 받다가 결국 1961년 자신의 엽총으로 자살하였다.

최남단 포인트
Southernmost Point

Whitehead St.와 South St.가 만나는 코너에 위치
한 선명한 포인트로 이곳이 바로 미국의 남쪽 끝이
라는 표시다. 원래는 그냥 간단한 안내판이 있었는
데 몰래 훔쳐가는 사람들이 많아서 골치를 앓던 키
웨스트 시에서 결국 이렇게 튼실한 시멘트로 꿈쩍
않게 만들어 놓았다. 1983년에 만들어진 이 기념물
에는 'SOUTHERNMOST POINT CONTINENTAL
U.S.A'라고 새겨져 있어 수많은 관광객의 인증샷 장
소가 되었다.

하지만 키 웨스트 지도를 보면 이곳은 섬 안에서
조차 최남단이 아니다. 지도상으로 서남쪽으로 가
장 튀어나온 부분은 트루먼 해군 경비구역 Truman
Annex이라 민간인들이 출입할 수 없다. 결국 키 웨
스트 섬에서 일반인의 출입이 가능한 최남단 지역
은 섬의 서남쪽 끝에 위치한 테일러 요새 주립공
원(또는 자크 요새 주립공원) Fort Zachary Taylor
Historic State Park에 위치한 해변이다. 테일러 요
새는 1866년에 지어진 요새로 1971년에 국립 유적
지로 지정되었다.

그렇다면 트루먼 해군 경비구역이 미국의 최남단
일까? 정답은 아니다. 키 웨스트에서는 가장 남쪽
에 있지만 사실 키 웨스트보다 더 남쪽에 작은 섬
들이 있다. 현재 미국 영토의 최남단에 위치한 섬
은 밸러스트 키 Ballast Key라는 개인 소유의 작은
섬으로 소유주 올카우스
키 Wolkowsky의 이름
을 패러디해 올카우스키
Wolkow's Key라고도 부
른다. 첩보영화 007 시리
즈에도 등장한 적이 있다.

밸러스트 키

주소 Whitehead St &, South St, Key West, FL 33040 가
는 방법 헤밍웨이의 집에서 도보 8분.

듀발 스트리트
Duval Street

최남단 포인트에서 북쪽으로 2km 가까이 이어지
는 키 웨스트의 중심 거리로 카리브해의 분위기가
난다. 야트막한 흰색 건물들이 나란히 이어지며 각
종 상점과 식당, 갤러리가 모여 있다. 거리의 북쪽
끝에는 헤밍웨이가 자주 들렀다는 슬로피 조스 바
Sloppy Joe's Bar가 있어 밤
늦은 시간까지 관광객들로
북적인다.

주소 Key West, FL 33040 가는
방법 헤밍웨이의 집에서 도보 1분.

바하마 빌리지
Bahama Village

키 웨스트 올드타운의 남서쪽에 자리한 동네다. 컬
러풀한 바하마 스타일의 장식과 건물들이 이어지며
아기자기한 상점과 식당들이 모여 있어 흥겨움을 더
하는 곳이다. 헤밍웨이의 집 근처의 페트로니아 거
리 Petronia St.가 중심 거리다.

주소 Whitehead & Petronia St, Key West, FL 33040 가는
방법 헤밍웨이의 집에서 도보 2분

INDEX

ㄱ

개즈비스 태번 박물관	329
거버너스 팰리스	338
고트섬	350
과학 산업 박물관	396
구 시청사(리치먼드)	334
구겐하임 미술관	165
국립 문서 보관소	298
국립 미술관	300
국립 수족관	278
국립 아프리카 미술 박물관	303
국립 우편 박물관	309
국립 자연사 박물관	307
국립 초상화 미술관	311
국립 항공우주 박물관	305
국립 헌법 센터	253
국제연합 본부	162
국회도서관	298
국회의사당	297
그랜드 센트럴역	161
그랜트 장군 기념비	178
그리니치 빌리지	142
꽃시계	354

ㄴ

나이아가라 폭포 전망 타워	350
나이아가라 폴스 주립공원	349
나이아가라 시티 크루즈	353
나이아가라 폴스	342
나이아가라 헬리콥터	355
남부연합 백악관	333
내셔널 몰	299
네이비 야드	217
네이비 피어	399
노이에 갤러리	166
노턴 미술관	499
놀리타	144
뉴버리 스트리트	219

뉴욕	112
뉴욕 공립 도서관	156
뉴욕 현대미술관	149
뉴욕대학교	142
뉴욕증권거래소	136

ㄷ

대학 풋볼 명예의 전당	419
더 루커리 빌딩	382
더 배터리	131
더 숍스 앳 리버티 플레이스	256
더 아메리칸 인디언 국립박물관	309
더 펜타곤	310
덤바턴 오크스	316
덤보	139
도이치 뱅크 센터	174
듀발 스트리트	507
디즈니 스프링스	445
디즈니 애니멀 킹덤	440
디즈니 할리우드 스튜디오	437

ㄹ

라스 올라스 거리	494
러브 공원	255
레인보 브리지	351
렉싱턴 마켓	275
로댕 미술관	259
록펠러 센터	152
록펠러 센터 탑 오브 더 록	154
리글리 빌딩	378
리버 시티	379
리버사이드 교회	178
리처드 델리 센터	384
리치먼드	330
리틀 하바나	482
리프 와이너리	358
링컨 기념관	314
링컨 센터	175

ㅁ

마리나 시티	379
마운트 버넌 마켓플레이스	279

마이애미 466
마틴 루터 킹 주니어 기념비 313
매디슨 스퀘어 가든 156
매사추세츠 공과대학(MIT) 229
매소닉 템플 256
매직 킹덤 434
맨해튼 뮤니시펄 빌딩 138
머천다이즈 마트 379
메릭 파크 484
메이몬트 335
메이시스 백화점 385
메트로폴리탄 박물관 167
모내드녹 빌딩 383
뮤지엄 마일 163
미 연방 정부 청사 기념물 136
미국 식물원 299
미국 역사 박물관 308
미국 연방 대법원 296
미국 연방수사국 310
미국 홀로코스트 기념관 308
미로의 시카고 384
미스트라이더 집라인 353
미트패킹 디스트릭트 144
미합중국 제1·2 은행 254
밀레니엄 파크 386

ㅂ

바람의 동굴 351
바셋 홀 339
바하마 빌리지 507
반스 파운데이션 259
배스 박물관 480
백악관 296
버지니아주 의사당 334
베니션 풀 484
베이사이드 마켓플레이스 481
보닛 하우스 495
보스턴 196
보스턴 공립 도서관 220
보스턴 과학 박물관 225
보스턴 미술관 221
보스턴 티 파티 십스 앤 뮤지엄 225

보스턴 현대 미술관 224
볼링 그린 135
볼티모어 268
볼티모어 바실리카 275
볼티모어 히스토릭 십스 277
뷰 보스턴 220
브로드웨이 158
브루클린 브리지 138
브루클린 하이츠 산책로 139
비스케인 만 크루즈 481
비즈카야 박물관과 정원 483
비컨 힐 218
빌트모어 호텔 483

ㅅ

사우스 비치 478
사우스 스트리트 시포트 137
산 마르코스 요새 국가 지정 기념물 463
서 있는 동물 기념비 385
서밋 원 밴더빌트 162
세계 인권 센터 418
세인트 어거스틴 462
세인트 어거스틴 대성당 464
세인트 조지 스트리트 463
세인트 존 디바인 성당 177
세인트 존스 교회 335
세인트 토머스 교회 148
세인트 패트릭 성당 152
센테니얼 올림픽 공원 419
센트럴 파크 172
셰드 수족관 394
소호 143
스미스소니언 성 303
스카이론 타워 352
스카이뷰 애틀랜타 419
스톤 마운틴 파크 420
스페인 수도원 480
시빅 오페라 하우스 379
시청사(뉴욕) 138
시청사(필라델피아) 255
시카고 364
시카고 건축 센터 377

시카고 극장	385
시카고 대학	396
시카고 문화 센터	385
시카고 미술관	389
시카고 상품 거래소	382
시카고 시청	384
시카고강	377
시티 플레이스	499

ㅇ

아시아 미술 국립박물관	304
아이비 리그	236
아일랜드 오브 어드벤처	452
안개 아가씨 호	350
알렉산드리아	325
알렉산드리아 시청	328
알링턴 국립묘지	315
애들러 천문관	395
애틀랜타	410
애플 미시간 애비뉴	378
어린이 박물관	399
에버글레이즈 국립공원	500
에지 뉴욕	155
엘리스섬	134
엠파이어 스테이트 빌딩	155
엡콧	442
연방 인쇄국(조폐국)	311
연방준비제도 본부	310
올드 사우스 교회	220
올드 사우스 미팅 하우스	212
올랜도	424
요크타운	341
운하	494
워스 애비뉴	498
워싱턴 DC	280
워싱턴 기념탑(볼티모어)	274
워싱턴 기념탑(워싱턴 DC)	312
워싱턴 스퀘어 파크	142
워터 타워	397
워터프런트	329
원 월드	155
원 월드 트레이드 센터	137

월스트리트	136
월터스 미술관	274
월트 디즈니 월드	430
월풀 에어로 카	355
윌리스 타워	380
윌리엄스버그	337
유니버설 스튜디오	448
유니버설 스튜디오 시티워크	454
유니버설 올랜도	446
유니언 스퀘어	143
이너 하버	276
이니스킬린 와인스	359
이사벨라 스튜어트 가드너 뮤지엄	224
이스턴 주립 형무소	261
이스트 빌리지	143
이오지마 전투비	313
인디펜던스 홀	249

ㅈ

자연사 박물관	175
자유의 여신상	133
자유의 종	252
저니 비하인드 더 폴스	353
정글 퀸 리버보트	495
제2차 세계대전 기념비	313
제4 장로 교회	397
제임스 톰슨 센터	384
제임스타운	340
제임스타운 정착지	341
제퍼슨 기념관	315
조각 공원	302
조지 워싱턴 기념관	327
조지아 아쿠아리움	417
조지아주 의사당	420
조지타운	316
조폐국	254
존 핸콕 센터	398
주 의사당	339

ㅊ

차이나타운	144
체이스 타워	383

첼시 아트갤러리 디스트릭트	162	펜실베이니아 미술 아카데미	256
최남단 포인트	507	펠러 와이너리	359
		포트 로더데일	492
ㅋ		포트 로더데일 비치	494
카펜터스 홀	252	포트 맥헨리	278
칼라일 하우스	328	포트 트라이언 파크	179
캠든 구장	275	프랭크 로이드 라이트홈 앤 스튜디오	401
컬럼비아 대학교	177	프랭클린 과학 박물관	260
케네디 도서관과 박물관	225	프랭클린 코트	253
케네디 스페이스 센터	458	프로빈스타운	240
케임브리지	226	프로스펙트 포인트	350
코리아타운	156	프리덤 트레일	208
코카콜라 월드	418	프릭 컬렉션	166
코트하우스	338	플라밍고	382
코플리 스퀘어	219	플래글러 대학	465
콜럼버스 서클	174	플레글러 박물관	498
콜로니얼 윌리엄스버그	338	플리머스	241
콜로니얼 쿼터	464	필드 박물관	394
쿠퍼 휴이트 디자인 박물관	163	필라델피아	242
퀸시 마켓	214	필라델피아 미술관	257
크라이슬러 빌딩	161		
클로이스터스	178	**ㅎ**	
클리프턴 힐	354	하버드 대학교	226
클린턴 요새	131	하버플레이스	279
키 웨스트	505	하우스 오브 블루스	400
키 웨스트 등대	506	하이라인 파크	145
킹 스트리트	328	한국전 참전용사 기념비	313
		해럴드 워싱턴 도서관	383
ㅌ		허시혼 박물관	304
타임스 스퀘어	157	헌법 광장	465
탑 오브 더 록	154	헤밍웨이의 집	506
탑 오브 더 월드 전망대	276	현대 미술관	397
테라핀 포인트	351	홀로코스트 기념상	480
테이블 록 웰컴 센터	352	화이트 워터 워크	354
토피도 팩토리 아트센터	329	휘트니 미술관	145
트럼프 인터내셔널 호텔 앤 타워	378	히스토릭 제임스타운	340
트리니티 교회	135	히스토릭 트라이앵글	336
트리뷴 타워	378	히스토릭 트레드가	332
ㅍ		**알파벳·숫자**	
팜 비치	496	333 웨스트 웨커	379
퍼블릭 가든	218	5번가	148

프렌즈 시리즈 24

프렌즈 미국 동부

발행일 | 초판 1쇄 2014년 8월 1일
　　　　개정 9판 1쇄 2024년 7월 22일

지은이 | 이주은, 한세라

발행인 | 박장희
대표이사 · 제작총괄 | 정철근
본부장 | 이정아
파트장 | 문주미

기획위원 | 박정호

마케팅 | 김주희, 박화인, 이현지, 한륜아
디자인 | 변바희, 김미연
지도 디자인 | 김은정

발행처 | 중앙일보에스(주)
주소 | (03909) 서울특별시 마포구 상암산로 48-6
등록 | 2008년 1월 25일 제2014-000178호
문의 | jbooks@joongang.co.kr
홈페이지 | jbooks.joins.com
네이버 포스트 | post.naver.com/joongangbooks
인스타그램 | @j__books

© 이주은 · 한세라, 2024

ISBN 978-89-278-1321-7 14980
ISBN 978-89-278-8003-5(세트)